3판

전기기기

ELECTRIC MACHINES

신재화 소용철 이경훈 임양수 서일동 김근수 윤석암 이옥형 지음

진샘미디어
JINSAEM

PREFACE

공과대학의 전기과에서 중요과목 중의 하나인 전기기기는 국가기술자격시험의 전기산업기사와 전기공사산업기사의 필기시험과목이다. 자격증을 획득하기 위해 전기기기를 공부하려고 하여도 직류기, 동기기 및 유도기는 회전기기이므로 학생들이 이해하기에는 많은 어려움을 느끼는 것이 현실이다.

본 교재는 전기기기의 원리, 특성 및 취급법 등을 배우고 익히는데 도움이 되고 또한 산업기사의 획득을 할 수 있도록 다른 기기교재와 달리 다음과 같은 특징을 두었다

1. 입체적인 전기기기의 구조에서 동작 원리나 법칙을 쉽게 이해할 수 있도록 그림을 많이 넣었으며 그림내용에 설명을 덧붙였다.
2. 기사시험의 대비를 위한 중요문제를 예제와 연습문제에서 풍부히 다루었으며 풀이도 상세히 하였다.
3. 각 장의 끝 부분에서는 "과년도 기사시험문제"를 객관식으로 넣었다.
4. 한자와 영어는 거의 사용하지 않았다.
5. 기사시험의 출제빈도가 낮은 내용이나 복잡한 수식유도는 생략함으로써 책의 부피를 줄였다.
6. 현재 산업체에서 거의 사용하지 않는 수은정류기를 생략하였다.

이상과 같은 점에 유념하여 스스로 문제를 풀어 나갈 수 있는 능력과 응용력을 갖도록 노력하였다.

저자 일동

CONTENTS

CHAPTER 1 직류기

CHAPTER 2 동기기

CHAPTER 4 유도기

CHAPTER 6 전력용반도체소자

CHAPTER 1 · 직류기

가정에서는 교류를 직류로 정류해서 약간 사용하지만 산업체에서는 전해연마, 동 알루미늄의 정련, 전기화학공업 등에서 직류를 사용하며 총 사용 전력량의 15[%] 내외에 달한다.

대전력의 직류는 반도체 정류기 등에 의해 교류를 직류로 변환하고 있다. 그러므로 직류발전기는 축전기의 충전용, 통신기기의 전원용, 열차의 전등용, 선박용 등의 특수용도에서 소용량의 것이 쓰이고 있다.

직류발전기나 직류전동기는 구조나 원리가 모두 같고 차이점으로 발전기는 기계에너지를 전기에너지로 바꾸는 기계이고 전동기는 반대로 전기에너지를 기계에너지로 바꾸는 것이다.

1.1 직류발전기의 원리와 구조

1.1.1 발전기의 원리

(1) 전자석의 극성

전기기계에서는 거의 전자석을 사용하고 있으며 전류의 방향과 권선의 감는 방향에 따라 극성이 결정된다. 이 극성에 따라 유도 기전력의 방향 및 회전방향이 정해지므로 매우 중요하기 때문에 전자기학에서 배웠겠지만 간단히 요점을 정리한다.

[그림1.1]의 (a)와 같이 종이 위에 철가루를 놓고 도체에 전류를 흐르게 하면 철가루는 도체를 중심으로 여러 개의 원을 형성하므로 주위에 어떤 영향을 주는 것을 볼 수 있는데 이러한 공간을 **자계**라 한다.

또 철가루 대신 나침반을 놓고 그림(a)의 위에서 보면 그림 (d)와 같이 전류가 나오는 방향일 때 나침반의 위치에 따라 N극의 지시방향이 달라진다. 이러한 현상에서 보듯 수많은 선이 N극에서 나와서 S극으로 들어가고 이 선은 눈에 보이지는 않지만 **자력선**이라고 한다.

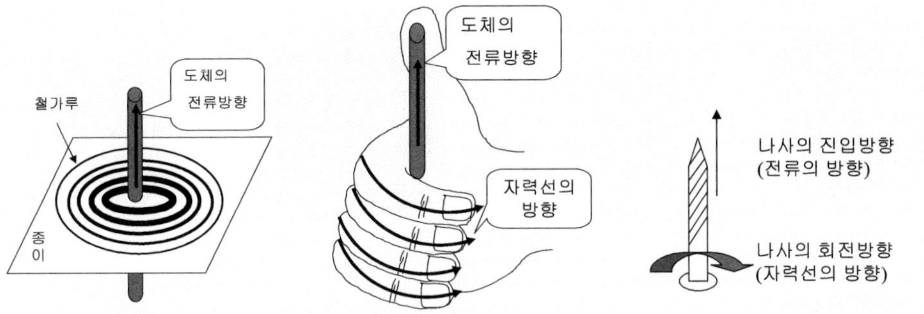

(a) 전류가 흐를 때의 영향 (b) 앙페르의 오른손법칙 (c) 오른나사의 법칙

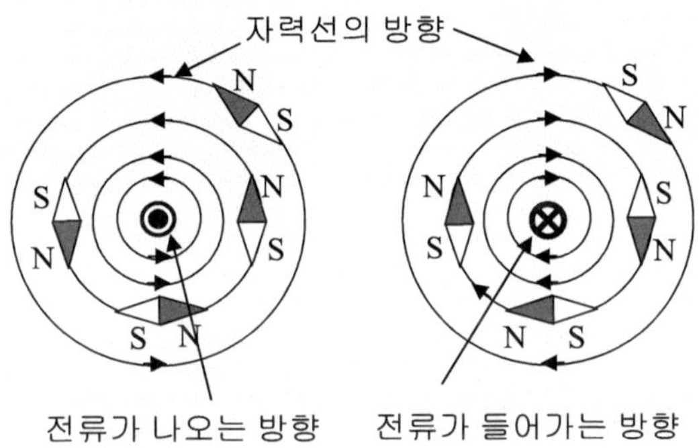

(d) (e)

[그림 1.1] 전류와 자력선의 방향

그림 (a)의 밑에서 보면 그림(e)와 같이 전류가 들어가는 방향일 때의 자력선의 방향을 알 수 있다.

이와 같은 현상을 **앙페르의 오른손 법칙**에 의하면 엄지를 전류의 방향으로 하고 나머지 손가락의 방향은 자력선의 방향, 자계의 방향, 또는 자속의 방향이 되며 **오른나사의 법칙**도 그림(c)와 같이 똑같은 법칙이다.

[그림 1.2]는 예를 들어 설명한 그림이며 (a)와 (b), (c)와 (d)는 각각 서로 같은 모양의 권선이다. 이와 같이 권선의 감은 형태와 전류의 방향에 따라 극성이 바뀌는 것을 확실히 알아두자. 그림에서 자극 N에서부터 선이 나와서 S극으로 들어가고 자석의 내부에서는 S극에서 N극으로 향하는 연속된 선을 **자속**이라고 한다.

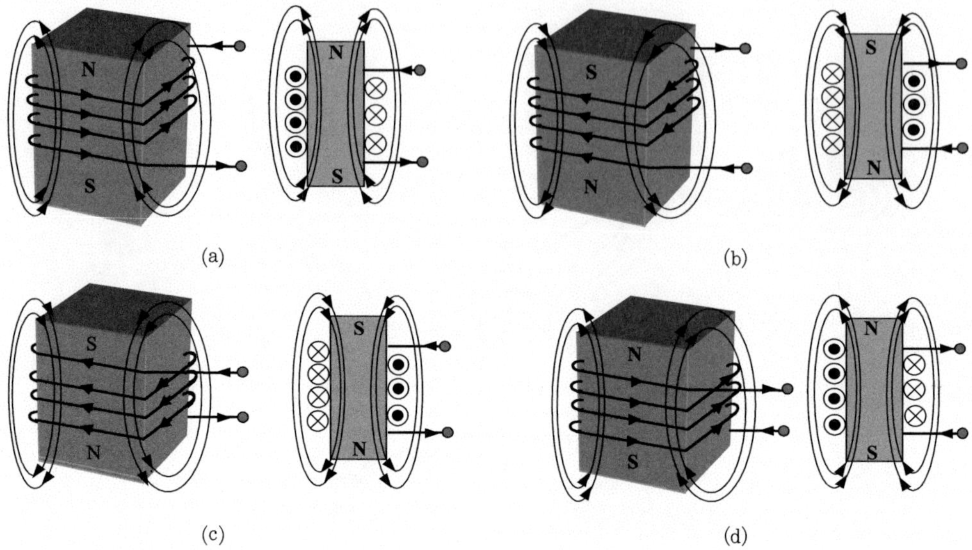

[그림 1.2] 권선과 전류에 따른 극성

[그림 1.3]의 (a), (b)는 같은 그림이며 전자석이 2개일 때도 자력선이 폐회로를 형성하며 이때의 평등자계를 만드는 극수는 중앙의 N, S 극이므로 극수는 2이다. 그림 (b)의 자속, 자계 및 기자력의 방향이 같은 것을 알 수 있다.

자속 Φ 는 식(1.1)으로 설명되는데

$$\Phi = \frac{\text{기자력}\,[\mathrm{AT}]}{\text{자기저항}} = k_3 I_f\,[\mathrm{Wb}] \tag{1.1}$$

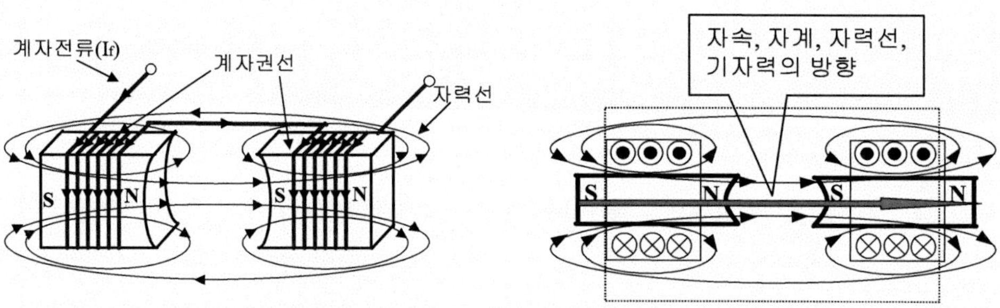

(a) 입체적인 그림 (b) 평면적인 그림

[그림 1.3] 2극인 평등자계

여기서, $k_3 = \frac{권수}{자기저항}$, I_f는 계자전류, 또는 여자전류라고 한다.

기자력의 단위는 [AT]라는 단위를 쓰며 "암페어 턴"이라고 부르는데 [A]를 전류라고 하고 [T]을 권선수라고 한다. 계자전류가 증가하면 당연히 Φ가 증가하지만 자속밀도가 높아져서 포화되면 Φ는 계자전류의 증가에 비례적으로 증가하지 않는다.

예제 1 E·x·e·r·c·i·s·e

앙페르의 오른손 법칙을 설명하시오.

→ 해설 [그림 1.1]과 같이 엄지를 전류의 방향으로 하고 나머지 손가락의 방향은 자력선의 방향, 자계의 방향, 또는 자속의 방향이 된다.

(2) 전자유도작용

전자유도작용은 전자기학이나 전기이론에서 배우지만 간단히 설명하면「도체가 자속을 끊으면 도체에는 기전력이 유도된다」라는 뜻이다.

[그림 1.4]의 중앙 평등자계 내에서 도체를 움직여주면 플레밍의 오른손법칙에 의해 기전력이 유도되는데 이를 발전기의 원리라고 한다.

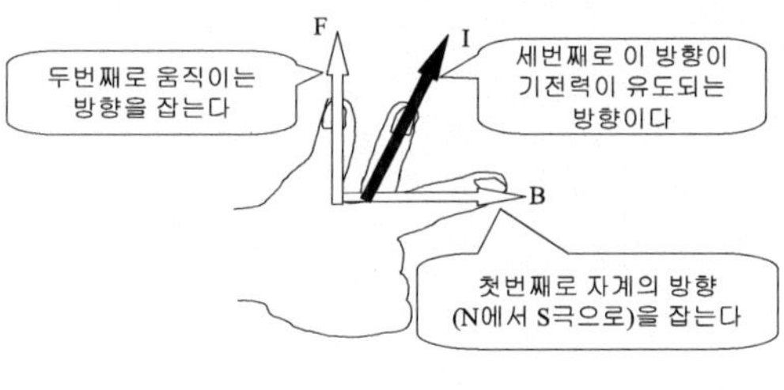

(a) 플레밍의 오른손법칙

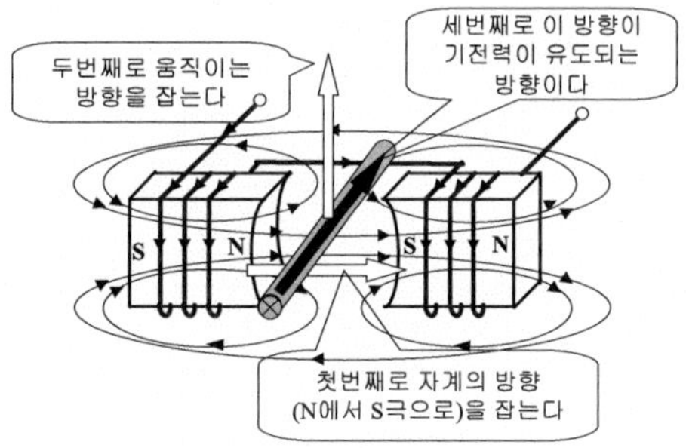

(b) N극이 좌측, S극이 우측에 있을 때

[그림 1.4] 플레밍의 오른손법칙-자속, 운동 및 기전력의 상대적 방향

이런 현상을 설명하려면 [그림 1.4]와 같이 검지를 자속의 방향, 엄지를 운동의 방향으로 하면 기전력의 방향은 장지가 가리킨다. 이것을 **플레밍의 오른손법칙**라고 하며 발전기에서 기전력의 방향을 구할 때 쓰인다.

이 경우 도체에 유도되는 기전력의 크기는 단위시간에 끊은 자속수에 비례한다. 따라서 발전기는 강력한 전자석으로 많은 자속을 만들고 많은 도체를 직렬로 해서 빠른 속도로 운동을 시켜서 기전력을 유도하도록 만들어져 있다.

2극의 직류발전기에서 도체의 길이를 $l\,[\mathrm{m}]$, 도체의 속도를 $v\,[\mathrm{m/s}]$, 자속밀도를 $B\,[\mathrm{Wb/m^2}]$ 이라 하면 도체에 유도되는 기전력은 식(1.2)가 된다.

$$e = Blv\,[\mathrm{V}] \tag{1.2}$$

예제 2 E·x·e·r·c·i·s·e

자극 S 극이 좌측, N 극이 우측에 있을 때에 플레밍의 오른손법칙에 의해 기전력이 유도되는 방향을 설명하시오.

➜ 해설 [그림 1.5 예제 2]는 자극 S 극이 좌측, N 극이 우측에 있을 때에 플레밍의 오른손법칙에 의해 기전력이 유도되는 방향을 나타내었다.

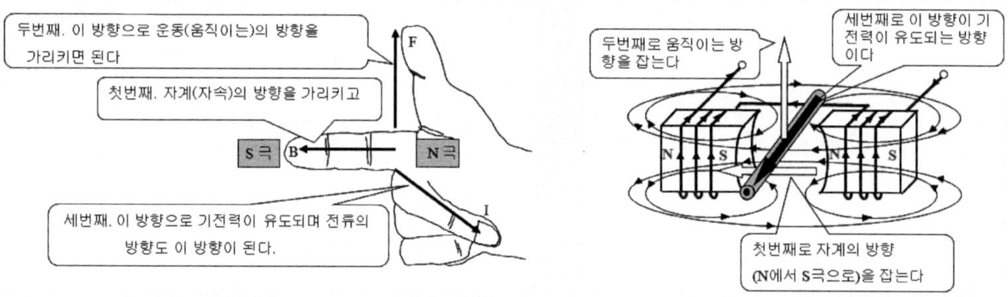

(a) S극이 좌측, N극이 우측에 있을 때　　(b) S극이 좌측, N극이 우측에 있을 때

[그림 1.5 예제 2] 플레밍의 오른손법칙-자속, 운동 및 기전력의 상대적 방향

예제 3 E·x·e·r·c·i·s·e

플레밍의 오른손 법칙을 설명하시오.

➔ 해설 [그림 1.5]와 같이 검지를 자속의 방향, 엄지를 운동의 방향으로 하면 기전력의 방향은 장지가 가리킨다. 발전기에서 기전력의 방향을 구할 때 쓰이며, 직류발전기에서 도체의 길이를 l[m], 도체의 속도를 $v[m/s]$, 자속밀도를 B[Wb/m^2]이라 하면 도체에 유도되는 기전력은 $e = Blv$ [V]가 된다.

(3) 직류발전기의 정류작용

도체에 유도되는 교류를 브러시 B_1, B_2에서는 직류로 바꾸기 위해서 [그림 1.6]과 같이 S_1, S_2와 같은 정류자편을 도체의 끝 부분에 접속하였다.

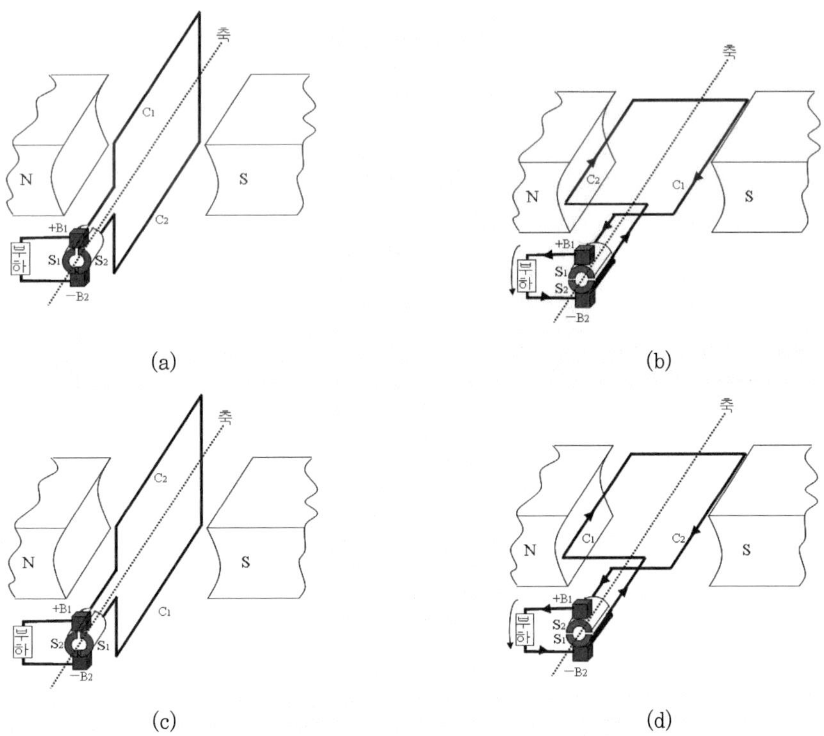

B_1, B_2 : 브러시, C_1, C_2 : 브러시, S_1, S_2 : 정류자편

[그림 1.6] 정류자의 작용

[그림 1.7]은 [그림 1.6]의 도체를 회전할 때, 도체의 위치와 B_1, B_2 간의 기전력 파형이고 또 부하 L 로 흐르는 전류의 파형도 똑같게 된다. 전류는 B_1 에서 L 을 통하여 B_2 의 방향으로 흐르고 도체에 흐르는 교류는 S_1, S_2 와 브러시 B_1, B_2 의 작용에 의해서 직류로 정류된다는 것을 알 수 있다. S_1, S_2 를 정류자편이라고 하고 정류자편으로 구성된 원통환을 **정류자**라 한다.

[그림 1.7]과 같이 부하에 흐르는 전류는 같은 방향으로만 흐르므로 직류라고 하지만 전류의 크기가 순간적으로 크게 변화하므로 맥동률이 큰 **맥류**라고도 한다.

맥동률을 적게 하기 위해서 도체 C_1, C_2 와 직각으로 도체 C_3, C_4 를 설치하고 정류자편을 접속해두고 C_1, C_2 도체와 C_3, C_4 도체가 직렬이 되도록 결선하면 기전력의 파형은 [그림 1.8]과 같이 된다.

그러므로 도체 수, 정류자편 수가 증가한 만큼 맥동률이 낮은 직류를 얻을 수 있으므로 [그림 1.9]와 같이 도체를 많이 넣어서 사용하는데 이런 회전자를 **전기자**라고 한다.

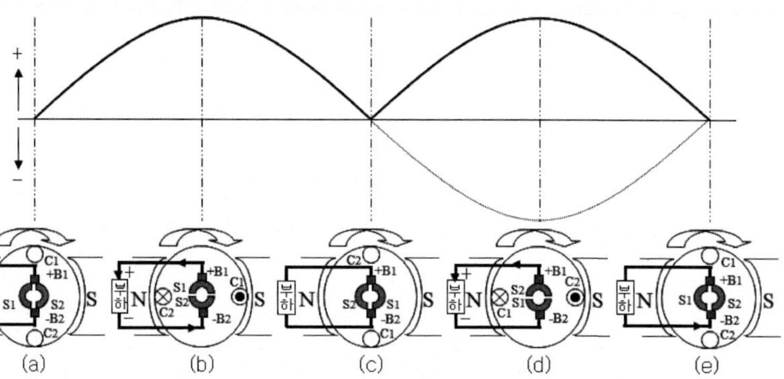

[그림 1.7] 정류작용

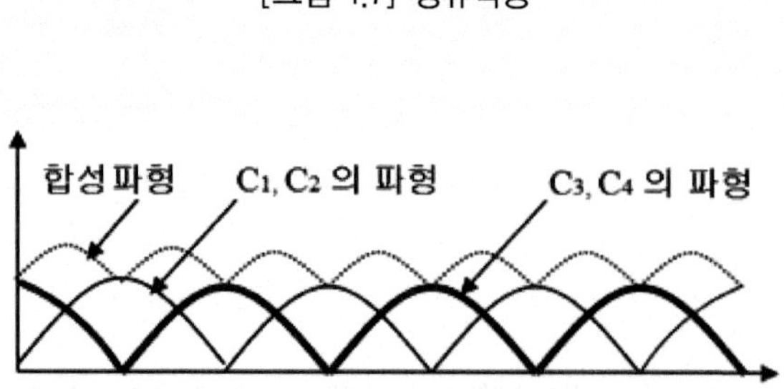

[그림 1.8] 2개의 도체의 기전력파형

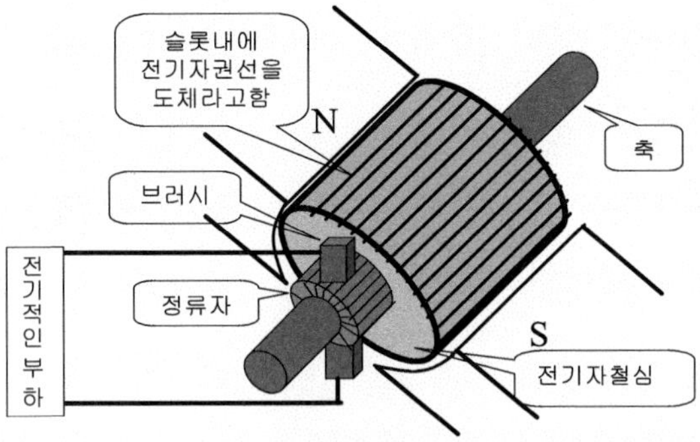

[그림 1.9] 전기자의 그림

1.1.2 직류발전기의 구조

① **전기자**(Armature) : 원동기로 회전시켜주면 자속을 끊으면서 기전력을 유도하는 부분

② **계자**(Field magnet) : 전기자가 쇄교하는 자속을 만드는 부분

③ **정류자**(Commutator) : 브러시와 접촉하여 전기자권선에 유도되는 교류기전력을 정류해서 직류로 만드는 부분.

이들의 요소 이외에 축, 베어링, 브러시, 브러시 홀더, 브러시 진퇴기, 계철 등이 있고, 전기자, 정류자 및 축은 회전자를 구성하고 있다.

[그림 1.10]은 4극 발전기의 자기회로와 자극의 배치를 나타낸 것이며, [그림 1.11]은 소형직류발전기를 분해하여 각 부분을 나타낸 것이다.

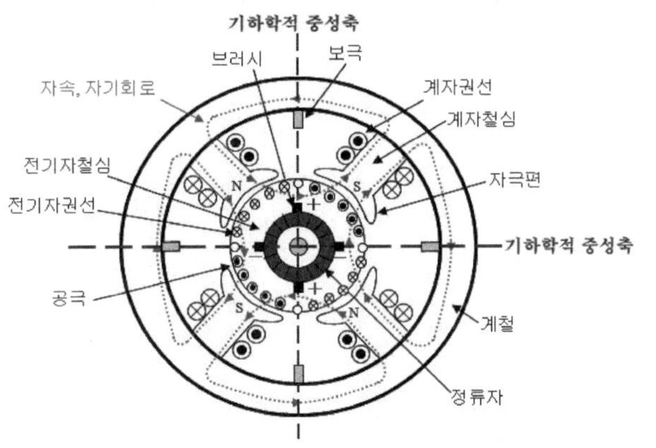

[그림 1.10] 4극 발전기의 자극배치

(1) 전기자

전기자는 전기자철심와 전기자권선으로 구성되어 있다.

① **전기자철심** : 전기자철심은 자극, 자극편, 공극, 계철 등과 함께 자기회로를 이루는 부분이다. 전기자가 회전함에 따라 자속방향이 끊임없이 변화하기 때문에 그 부분에 와전류나 히스테리시현상이 생긴다.

[그림 1.11] 분해된 소형직류발전기

- **성층철심** : [그림 1.12]의 (c)와 같이 전기자 철심의 저항(R)에 와전류 (I)가 흐르면 주울의 열($J = 0.24\,I^2\,R$[cal])이 발생하며 이러한 손실을 와류손(P_e)이라 한다. 와전류를 적게 하기 위하여 두께 0.35[mm], 0.5[mm] 또는 0.7[mm]의 규소 강판이나 무 방향성 규소강대의 표면에 얇게 절연한 것을 겹쳐서 성층철심으로 사용하고 있다.

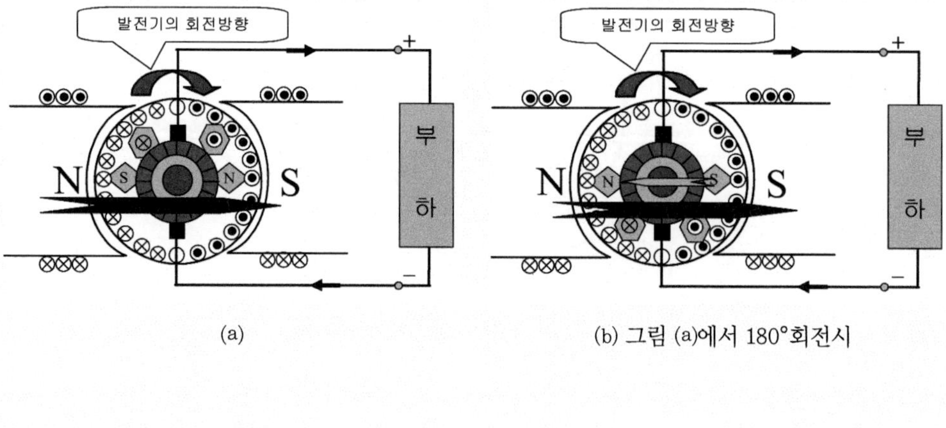

(a) (b) 그림 (a)에서 180°회전시

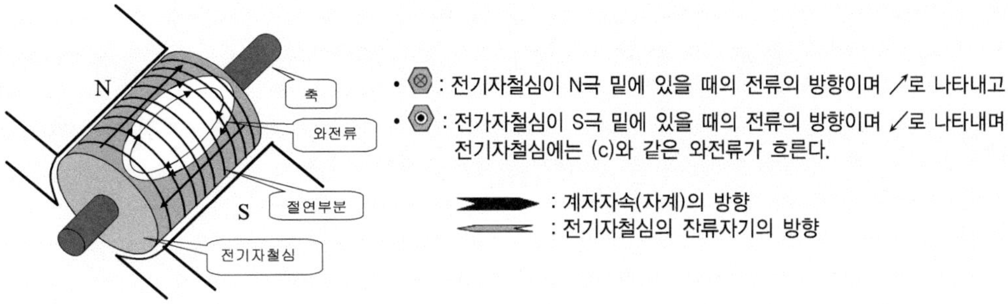

(c) 와전류와 성층철심

[그림 1.12] 히스테리시스 손 및 와류손

- **규소강판** : [그림 1.12]의 (a), (b)와 같이 전기자 철심의 잔류자기에 의하여 계자자속이 감소되어서 생기는 손실을 히스테리스 손(P_h)이라고 하며 얇은 강판에 규소를 넣으면 자기적 성질이 개선되어서 히스테리시스 손이 감소한다. 규소의 함유율 저 규소강(Si의 함유량 1~1.4% 정도)을 사용한다.
  히스테리스 손(P_h)과 와류 손(P_e)을 합한 것을 철손(P_i)이라 한다.
- **전기자철심의 모양** : 소형기계의 규소강판은 [그림 1.13]과 같이 전선을 끼우는 슬롯(slot)이나 축 구멍을 뚫은 원판을 직접 축에 끼운다.
- **전기자철심의 냉각** : 전기자철심을 냉각시키기 위하여 철심의 성층 두께에 약 50[mm]마다 닥트편을 넣으며 폭 10[mm]정도의 통풍닥트를 설치한다. 중형이상은 축 방향에도 통풍구멍을 만든다.
- **슬롯** : 슬롯은 전기자권선을 끼우기 위하여 철심에 만든 홈이며, 그 모양은 [그림 1.14]와 같다.

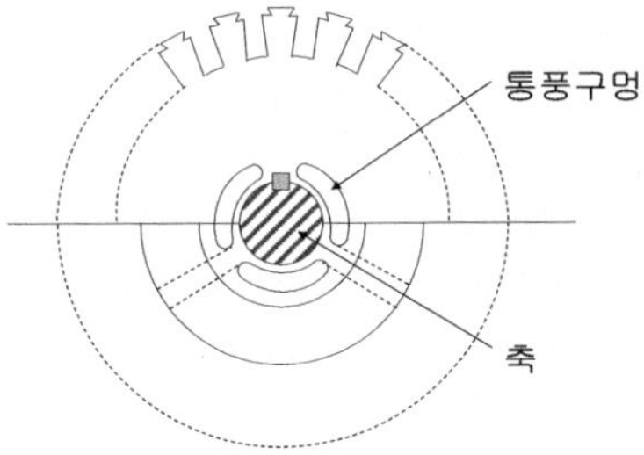

[그림 1.13] 전기자철심의 모양

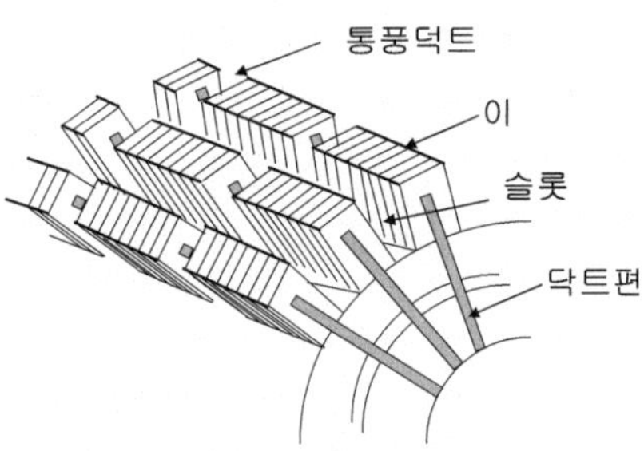

[그림 1.14] 전기자철심의 통풍닥트와 슬롯

② **전기자권선** : 전기자권선을 [그림 1.15]와 같이 형권코일로 만들어서 슬롯에 차례차례로 끼워 넣는데 형권코일의 끝 부분에는 정류자편과 접속한다. 이 그림에서 1개의 코일권수 w 는 4이고 도체 수는 8인 경우이다. 슬롯에 들어가는 부분을 코일변, 슬롯 밖에 있는 부분을 코일단이라고 한다.

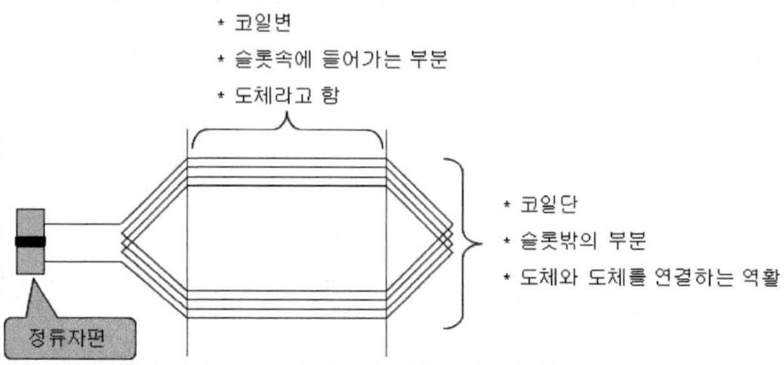

[그림 1.15] 형권코일

(2) 계자

계자는 계자권선, 계자철심, 자극편 및 계철로 구성되어 있다.

① **계철** : 계철은 주철제나 주강제, 또는 연강판을 구부려서 용접하여 조립한 것을 사용한다.

② **자극편** : 자극편은 전기자에 상대하여 계자속을 공극부분에 적당히 분포하는 역할을 한다.

③ **계자철심** : 계자철심은 자속분포의 변동이 없기 때문에 성층철심으로 할 필요는 없으나, 제작의 편의상 [그림 1.16]과 같이 자극편과 함께 강판으로 만드는 것이 보통이다.

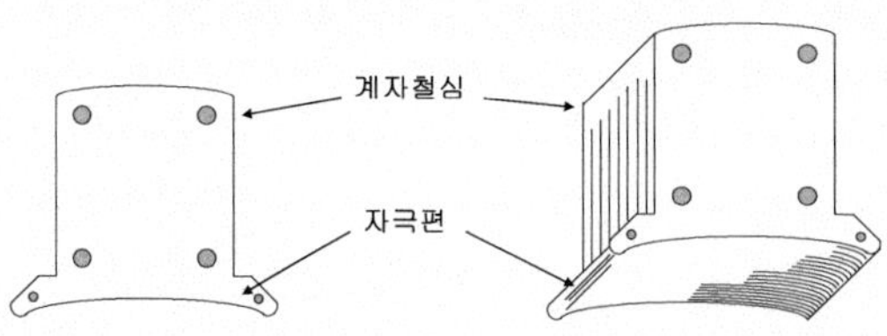

[그림 1.16] 계자철심 및 자극편

④ **계자권선** : 계자권선을 계자철심에 감고, 이 권선에 계자전류를 통하면 [그림 1.10]과 같이 전기자를 통하는 자속이 생긴다.

⑤ **공극** : 자극편과 전기자 사이를 공극이라 하며 좁을수록 계자권선의 기자력이 적어도 된다. 일반적으로 소형기에서는 3[mm], 대형기에서는 6~8[mm] 정도로 한다.

(3) 정류자

정류자는 직류기에서 가장 중요한 부분이며 운전 중에는 항상 브러시와 접촉하여 마찰이 생기므로 마모됨은 물론 불꽃 등으로 고온도가 된다. 따라서 전기적으로나 기계적으로나 충분히 튼튼하게 제작한다.

(4) 브러시

브러시는 정류자면에 접촉하여 전기자권선과 외부회로를 연결하는 것이며, 적당한 접촉저항이 있고 연마성이 적어서 정류자면을 손상시키는 일이 적고 기계적으로 튼튼해야 한다.

① **탄소 브러시** : 불순물이 적은 탄소분말을 원료로 하여 성형 소결한 것이며, 저항률, 마찰계수는 모두 크고, 전류용량이 적으며 주로 소형기에 사용된다.

② **전기흑연 브러시** : 불순물이 적은 탄소를 원료로 하여 전기로 안에서 열처리하고 흑연화하여 성형 소결한 것이며, 브러시로서 가장 우수하다. 각종 기계에 널리 사용한다.

③ **금속흑연 브러시** : 미세한 동의 분말과 흑연분말을 혼합해서 소결한 것이며 전류용량이 크고 저 전압, 대 전류의 기계에 사용된다.

(5) 브러시 홀더

브러시 홀더는 브러시를 기하학적 중성축 위치로 유지하게 하고 스프링에 의하여 적당한 압력(보통 0.15-0.25[kg/cm^2])으로 정류자면에 접촉시키는 장치이다

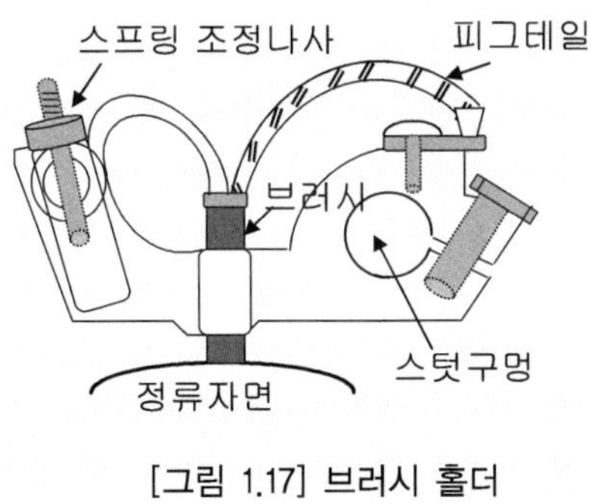

[그림 1.17] 브러시 홀더

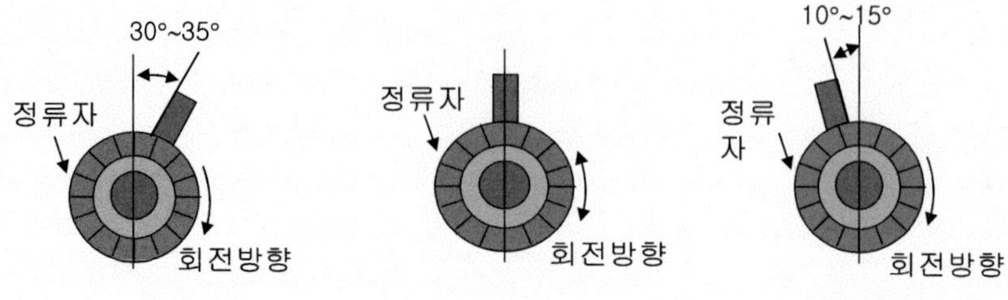

[그림 1.18] 브러시의 경사각도

1.2 직류발전기의 이론

직류발전기를 원동기로 회전할 때에 유도되는 기전력의 크기 및 발전기에 부하를 접속시킬 때 흐르는 전기자전류는 발전기에 어떠한 영향을 미치는지 알아보자.

1.2.1 유도기전력

2극의 직류발전기에서 전기자권선의 주변속도를 v[m/s], 공극의 평균자속밀도를 B[Wb/m^2], 코일변의 유효 길이를 l [m]이라 하면 전기자도체 1개에 유도되는 기전력의 평균값 e[V]는

$$e = Blv\,[\mathrm{V}] \tag{1.3}$$

전기자의 직경을 D[m], 회전수를 n[rps]라 하면 $v = \pi D n$[m/s]이므로, 이것을 식(1.3)에 대입하면,

$$e = Bl\pi Dn\,[\mathrm{V}] \tag{1.4}$$

식 (1.4)에서, $l\pi D$[m^2]은 전기자 주변의 면적이므로 $Bl\pi D$[Wb]는 총자속과 같다. 따라서 자극수를 P, 1극의 자속을 Φ[Wb]라 하면

$$Bl\pi D = P\Phi\,[\mathrm{Wb}] \tag{1.5}$$

이 관계를 식(1.4)에 대입하면

$$e = P\Phi n\,[\mathrm{V}] \tag{1.6}$$

전기자도체의 총수를 Z, 병렬회로의 수를 a (중권에서는 $a=P$, 파권에서는 $a=2$)라고 하면 +, −브러시 사이에 직렬로 연결되어 있는 도체수를 Z/a이므로, 이들의 기전력이 서로 가해지도록 접속되어 있으므로, 브러시 사이에 생기는 유도기전력(직류) E[V]는 다음 식으로 표시된다.

$$E = e\frac{Z}{a} = P\Phi n\frac{Z}{a} = \frac{PZ}{a}\Phi n = k\Phi n[\mathrm{V}] \text{ 단, } k = \frac{PZ}{a} \tag{1.7}$$

각속도를 ω 라 하면 $2\pi n = \omega$, $n = \omega/2\pi$이므로 이것을 (1.7)식에 대입하면

$$E = P\Phi\frac{\omega}{2\pi}\frac{Z}{a} = \frac{PZ}{2\pi a}\Phi\omega = k_1\Phi\omega[\mathrm{V}] \text{ 단, } k_1 = \frac{PZ}{2\pi a} \tag{1.8}$$

예제 4 E·x·e·r·c·i·s·e

극수 P=6 도체수 Z=250인 파권의 직류발전기가 있다. 1극의 자속이 0.04[Wb]일 때 이 발전기를 1,200[rpm]으로 운전하면 유도기전력은 몇 [V]인가?

→ 해설 $E = \frac{P}{a}Zn\Phi = \frac{6}{2}\times 250\times\frac{1,200}{60}\times 0.04 = 600[\mathrm{V}]$

예제 5 E·x·e·r·c·i·s·e

4극, 총 도체수가 160인 중권의 직류발전기가 1,200[rpm]으로 회전 할 때의 유도 기전력을 구하시오. (단, 1자극의 유효자속은 0.04[Wb]이다.)

→ 해설 $E = \frac{P}{a}Zn\Phi = \frac{4}{4}\times 160\times\frac{1,200}{60}\times 0.04 = 128[\mathrm{V}]$

예제 6 E·x·e·r·c·i·s·e

6극, 파권의 전기자가 도체 250개로 되어 있다. 매분 1,200회전한다고 하면 유도기전력을 600[V]로 하는데 필요한 자속은 몇[Wb]인가?

➔ 해설 $600 = \frac{6}{2} \times 250 \times \frac{1,200}{60} \times \Phi, \quad \Phi = 0.04[\mathrm{Wb}]$

예제 7 E·x·e·r·c·i·s·e

4극의 직류발전기가 있다 전기자의 직경이 0.2[m], 축방향의 길이가 0.3[m], 전기자코일수가 32, 한 개의 코일권수 w가 18, 권선법은 단중중권, 공극의 평균자속밀도가 0.2[$\mathrm{Wb/m^2}$]일 때, 이 발전기를 1,500[rpm]으로 회전시키면 유도기전력은 얼마가 되느냐?

➔ 해설 총도체수 Z는 $Z=2\times w\times 32=2\times 18\times 32$이다.

식(1.5)와 식(1.7)에서

$$E = P\Phi n\frac{Z}{a} = Bl\pi D \cdot n \cdot \frac{Z}{a}$$

$$= 0.2\times 0.3\times 3.14\times 0.2\times \frac{1,500}{60}\times \frac{2\times 18\times 32}{4} \fallingdotseq 272[\mathrm{V}]$$

만약에 문제에서 전기자코일수가 32, 한 개의 도체수(=코일변수)가 18로 주어지면 총도체수 Z는 $Z=18\times 32$로 계산해야 한다.

---

(1) 정류자편간 전압

이웃하고 있는 두 개의 정류자편 사이에는, 그 사이에 접속된 코일에 발생하는 전압에 상당하는 전압이 걸리게 된다. 브러시 사이의 기전력을 E[V], 정류자편수를 k, 극수를 P라 하면, 정류자편간의 평균전압 V_c[V]는 다음과 같이 된다.

$$\begin{aligned} &\text{중권에서 } P=a\text{이므로 } V_c = PE/k = aE/k\,[\mathrm{V}] \\ &\text{파권에서는 } a=2 \text{ 이므로 } V_c = 2E/k\,[\mathrm{V}] \end{aligned} \quad (1.9)$$

1.2.2 에너지의 변환

발전기가 $P[\mathrm{W}]$의 전력을 발생하기 위해서는 이에 상당하는 만큼 기계동력을 외부에서 주어야 한다. 그러면, 이러한 동력을 구해 보기로 한다.

자속밀도 $B[\mathrm{Wb/m^2}]$의 평등자계 안에, 길이 $l[\mathrm{m}]$의 도체를 자계와 직각으로 놓고 이것에 전류 $i_a[\mathrm{A}]$를 보내면, **플레밍의 왼손법칙**에 따라 [그림 1.19]와 같이 검지를 자계의 방향, 장지를 전류의 방향으로 할 때 엄지의 방향이 힘의 방향이 되며 이 법칙은 전동기에서 회전방향을 구할 때 주로 쓰인다. 이때 작용하는 힘 $F[\mathrm{N}]$은

$$F = B i_a l\,[\mathrm{N}] \tag{1.10}$$

가 된다.

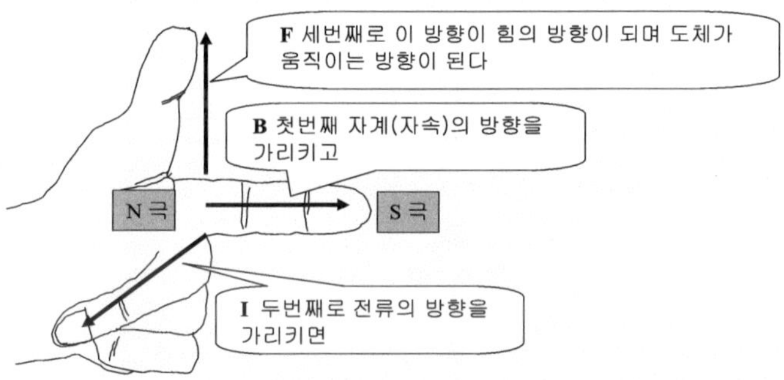

[그림 1.19] 플레밍의 왼손법칙-자속, 전류 및 힘의 방향

발전기에 기계적인 힘을 가하여 회전시키면 [그림 1.20]과 같이 기전력이 유도되고 전기자권선에는 전류(플레밍의 오른손법칙을 적용)가 흐른다. 이 전류와 자계와의 작용하는 힘의 방향(플레밍의 왼손법칙을 적용)은 발전기의 회전방향과는 반대가 된다.

따라서 이 도체를 $v[\mathrm{m/s}]$의 속도로 F와 반대방향으로 운전시키는데 요하는 기계동력 P'는 식(1.3)과 (1.10)을 사용하여,

$$P' = Fv = i_a B l v\,[\mathrm{N \cdot m/s}] = i_a e\,[\mathrm{W}] \tag{1.11}$$

도체수가 Z개 일 때, 이것을 회전시키는 데 요하는 전체의 기계동력 P는

$$P = P'Z = Fv Z = i_a B l v Z\,[\mathrm{N \cdot m/s}] = i_a e Z\,[\mathrm{W}] \tag{1.12}$$

지금 전기자의 병렬회로수를 a, 전기자에서 외부로 흐르는 전류를 I_a[A], +, − 브러시 사이에 생기는 기전력을 E[V] 라 하면,

$$i_a = \frac{I_a}{a},\ e\frac{Z}{a} = E,\ e = \frac{aE}{Z} \tag{1.13}$$

이므로, 이들을 식(1.12)에 대입하면,

$$P = i_a e Z = \frac{I_a}{a} \cdot \frac{aE}{Z} \cdot Z = I_a E[\mathrm{W}] \tag{1.14}$$

즉, 발전기에 P[N · m/s]만큼 기계동력을 주면, $I_a E$[W]만큼의 전력으로 교환되는 것을 알 수 있다. 발전기는 기계적 에너지를 전기적 에너지로 변환하는 장치이며, 기계적 에너지의 공급원으로는 수력, 기력, 내연력 등이 있다.

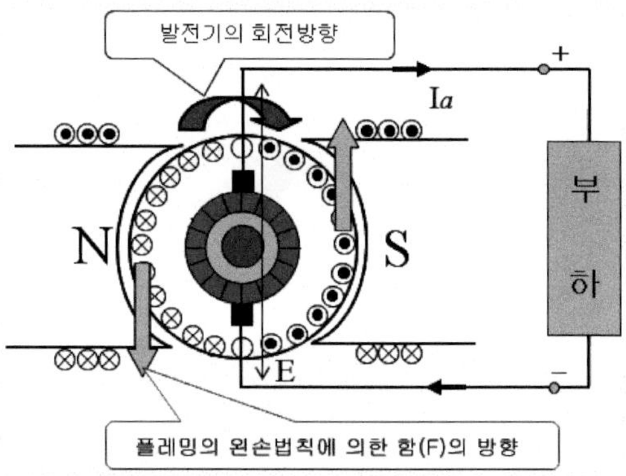

[그림 1.20] 발전기의 회전방향과 힘의 방향

예제 8 E·x·e·r·c·i·s·e

플레밍의 왼손법칙을 설명하시오.

→ 해설 자속밀도 B[Wb/m^2]의 평등자계 안에, 길이 l[m]의 도체를 자계와 직각으로 놓고 이것에 전류 i_a[A]를 보내면, 플레밍의 왼손법칙에 따라 [그림 1.19]와 같이 검지를 자계의 방향, 장지를 전류의 방향으로 할 때 엄지의 방향이 힘의 방향이 되며 이 법칙은 전동기에서 회전방향을 구할 때 주로 쓰인다. 이때 작용하는 힘 F[N]은 $F = B i_a l$ [N]이 된다.

1.2.3 전기자반작용

직류발전기에 부하를 접속하면, 전기자권선에는 전류가 흐른다. 전기자권선에 전류가 흘러서 생긴 기자력은 계자기자력에 영향을 주어서 자속의 분포가 한쪽으로 기울어지고, 자속의 크기가 감소하게 된다. 이와 같은 전기자전류의 작용을 **전기자반작용**이라고 한다.

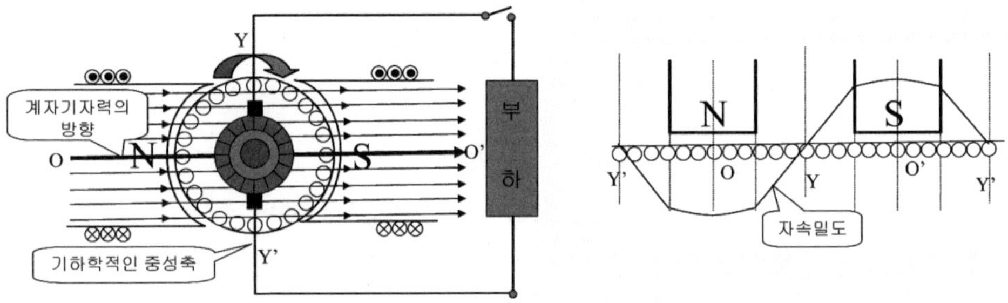

(a) (b)

[그림 1.21] 무부하 상태에서 계자전류에 의한 자속과 공극의 자속밀도분포

(1) 주자속

[그림 1.21]의 (a)는 무부하 상태에서 전압은 유도되지만 전기자권선에는 전류가 흐르지 않는다. 이 때의 자극이 만드는 자속, 즉 주자속의 분포를 나타내는 것이다. 그림 (b)는 이 경우에 공극의 자속밀도분포를 공극에 따라 전개해서 나타낸 것이다. 즉, 주자속은 자극편의 밑에서 거의 일정한 값이 되고, 양쪽 끝에서부터 점점 저하하여 양쪽 극의 중간에서는 0 이 된다. 자속밀도가 0 이 되는 위치 YY'는 중성축이라 한다.

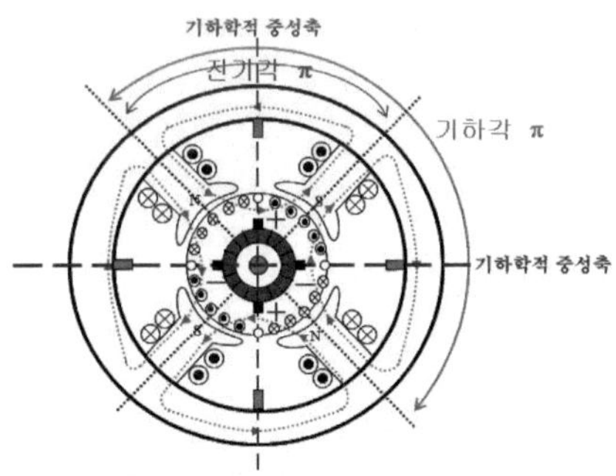

[그림 1.21-(c)] 전기각과 기하각

2 극기의 경우, **중성축** YY'는 **자극의 축** OO'와 기하학적으로나 전기적으로도 π/2가 되고, 다극기의 경우에는 서로 이웃한 N, S 양쪽 자극 사이를 전기적으로 π 라고 생각하기 때문에 중성축과 자극축 사이의 각도는 전기적으로 π/2이다. {[그림 1.21-(c)]는 4극기의 경우이며 참조하기 바람}

전기각도는 기하각도와 식(1.15)의 관계가 된다.

$$\text{전기각도} = \text{기하각도} \times \frac{P}{2} \tag{1.15}$$

1회전시 기하각도는 2π이지만 4극기의 전기각도는 4π이고, 6극기의 전기각도는 6π가 된다.

(2) 교차기자력

계자기자력을 0으로 하고 부하 상태에서 전기자에만 전류가 흐르면, [그림 1.22]의 (a)와 같은 자속분포가 생긴다.

이때 공극의 자속밀도에 대한 분포곡선은 N극과 S극의 중앙에 있는 도체만을 생각하면 그림 (b)와 같이 된다. 즉, 기자력은 중성축 YY'의 부분에서 최대가 되나, N극과 S극의 중앙에 있는 도체사이의 거리가 너무 떨어져 있으므로 자속밀도의 분포는 이부분에서 저하하여 그림 (b)와 같은 곡선으로 된다. 전기자에 흐르는 전류에 따른 기자력은 이와 같이 계자기자력과 전기각도에서 $\pi/2$의 방향으로 일어나기 때문에 **교차기자력**이라고 한다.

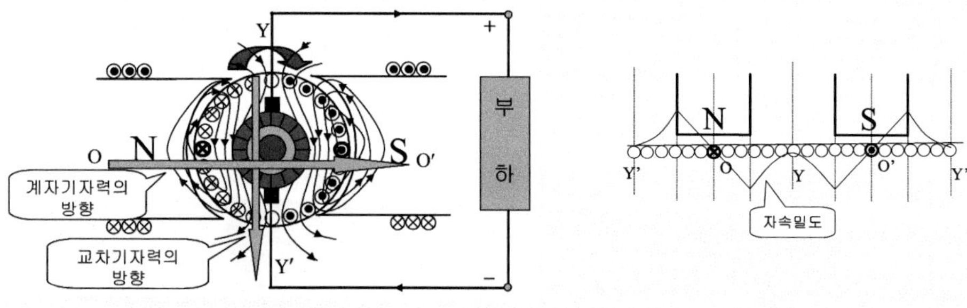

(a) (b)

[그림 1.22] 전기자전류에 의한 자속 및 공극의 자속밀도분포

(3) 편자작용

실제로 직류발전기에 부하를 접속하면 전기자전류와 계자전류가 흐르기 때문에 공극에 대한 자속밀도의 분포는 [그림 1.21]과 [그림 1.22]를 합성한 것이 되어서 [그림 1.23]과 같이 된다. 즉, 회전방향에 대하여 자극의 앞 끝 T_2 및 T_2'에서는 전기자자속이 계자속을 줄여주고 뒤끝 T_2 및 T_2'에서 두자속이 합해지기 때문에 자속분포는 한쪽으로 기울어진다. 이러한 현상을 **편자작용**이라고 한다. 그러므로 계자속을 회전방향으로 이동한

형태가 되어서 중성축 $Y\ Y'$ 도 이에 따라 이동한다. 무 부하일 때의 중성축은 **기하학적 중성축**, 전기자반작용에 의하여 이동한 새로운 중성축 $Y_e\ Y_e'$를 **전기적 중성축**이라 하며, 전기자전류가 증가함에 따라 이동각도가 증가한다.

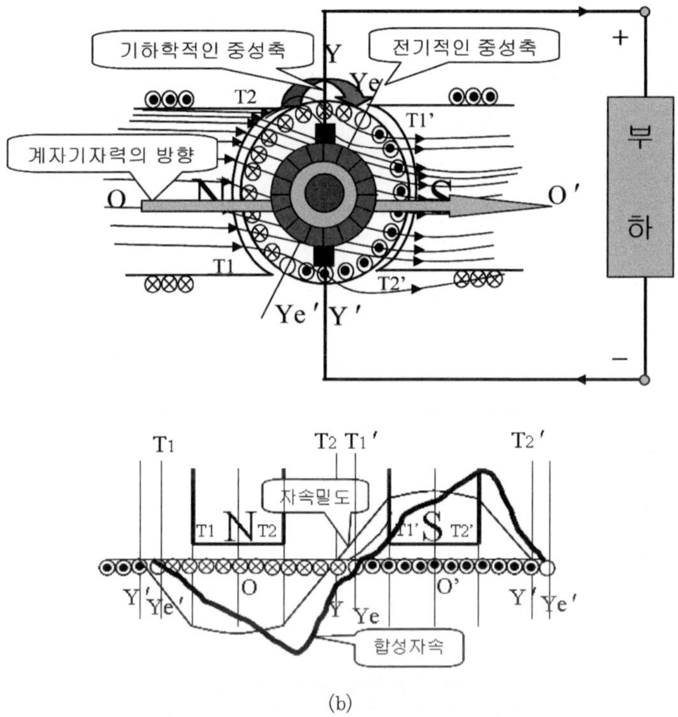

[그림 1.23] 부하상태에서의 합성계자자속 및 공극의 자속밀도분포

편자작용에 의하여 자속이 한쪽으로 기울어져도 자기회로에 포화현상이 없으면 1극당의 자속은 변하지 않으나, 실제로는 포화현상 때문에 자극편의 한 끝에 대한 자속의 증가량은 다른 끝에 대한 감소량을 보충할 수 없으며, 전체 자속은 다소 감소하기 때문에 이로 인해 유도기전력도 감소하는데 이것을 **전기자반작용에 의한 전압강하**(e_a)라고 한다.

전기자반작용에 의하여 중성축이 전기적 중성축으로 이동하면 기하학적 중성축에 있는 브러시에 접촉하는 코일에는 자속이 쇄교하기 때문에, 브러시에 의하여 단락(short)된 코일{이 상태의 그림은 [**그림 1.27**] (b)에 있음}은 자속을 끊고 그 안에 기전력이 발생한다. 이 기전력 때문에 **브러시에는 큰 단락 전류가 흐르고 불꽃**이 생기게 된다. 그러므로 중성축이 이동하면 브러시도 새로운 **전기적 중성축**까지 이동시켜야 한다.

(4) 브러시를 전기적 중성축에 두었을 때의 전기자반작용

브러시를 전기적 중성축 $Y_e\ Y_e'$로 이동시키면, 전기자전류에 의한 자속은 [그림 1.24]의 (a)와 같이 분포하고 그림 (b)의 $Y\ Y'$에서부터 양쪽으로 각도 θ 만큼의 위치에 있는 도체에 의하여 생기는 기자력은 계자기자력과는 반대방향으로도 된다. 이것을 **감자기자력**이라 하며, 이에 상당하는 만큼 유도기전력이 감소한다.

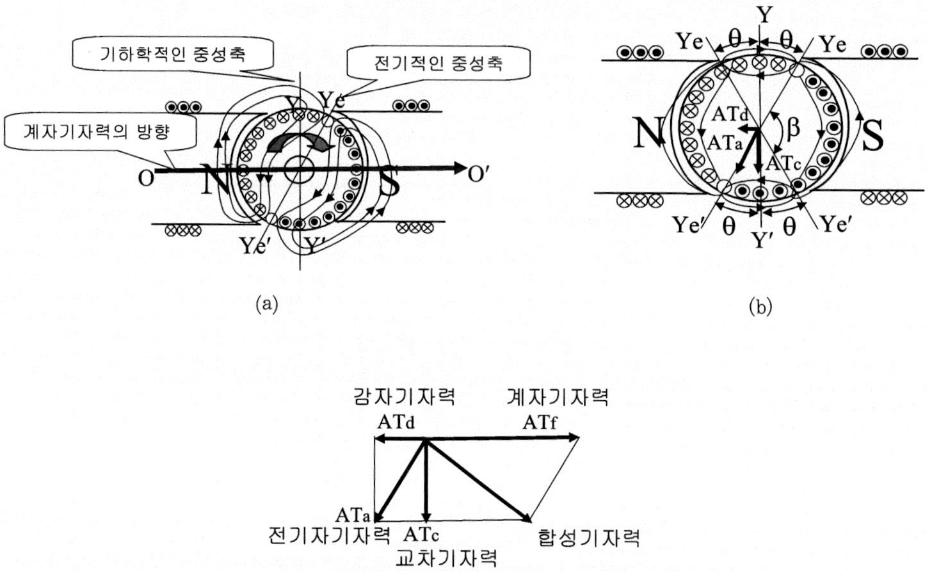

(c) 벡터도

[그림 1.24] 브러시를 전기적 중성축에 두었을 때의 전기자반작용

극수를P, 병렬회로수를 a, 전기자전류를 I_a, 전도체수를 Z라고 하면, 매극 당 감자기자력을 발생하는 도체수가 $\frac{2\theta}{\pi}\times\frac{Z}{P}$이고 이 때의 권수는 $\frac{2\theta}{\pi}\times\frac{Z}{P}\times\frac{1}{2}$이다. 도체의 전류는 $i_a=\frac{I_a}{a}$이므로, 감자기자력 AT_d는

$$\text{감자기자력 } AT_d=\frac{2\theta}{\pi}\times\frac{Z}{P}\times\frac{1}{2}\times\frac{I_a}{a}[\mathrm{AT}/\text{극}] \tag{1.16}$$

이 된다.

$\pi - 2\theta = \beta$에 해당되는 도체는 계자기자력과 수직인 교차기자력 AT_c가 되므로

$$\text{교차기자력}\quad AT_c = \frac{\beta}{\pi} \times \frac{Z}{P} \times \frac{1}{2} \times \frac{I_a}{a} [\text{AT/극}] \tag{1.17}$$

이 된다.

그림 (c)의 AT_a는 $AT_a = AT_d + AT_c$이며 전기자 기자력이라 한다. 전기자 반작용은 이와 같이 편자작용, 감자작용, 중성축의 이동 등을 발생시키고, 또 이들이 부하의 변동에 따라 변화하므로 항상 브러시를 전기적 중성축으로 이동시키지 않으면 불꽃이 생기고 발전기에 나쁜 영향을 미친다.

예제 9 E·x·e·r·c·i·s·e

전기자 총 도체수 152, 4극, 파권인 직류발전기가 전기자전류를 100[A]로 할 때 매극당 감자기자력 및 교차기자력은 얼마인가? (단, 브러시의 이동각은 10°이다.)

➔ 해설 감자기자력 AT_d은

$$AT_d = \frac{2\theta^\circ}{\pi} \times \frac{Z}{P} \times \frac{1}{2} \times \frac{I_a}{a} = \frac{2 \times 10^\circ}{180^\circ} \times \frac{152}{4} \times \frac{1}{2} \times \frac{100}{2} = 105.6[\text{AT/극}]$$

교차기전력 AT_c는 $\beta^\circ = \pi - 2\theta^\circ = 180^\circ - 2 \times 10^\circ = 160^\circ$ 이므로

$$AT_c = \frac{\beta^\circ}{\pi} \times \frac{Z}{P} \times \frac{1}{2} \times \frac{I_a}{a} = \frac{160^\circ}{180^\circ} \times \frac{152}{4} \times \frac{1}{2} \times \frac{100}{2} = 844.4[\text{AT/극}]$$

(5) 전기자 반작용에 대한 대책

전기자 반작용은 앞에서 설명한 바와 같이 발전기에 대하여 여러 가지로 나쁜 영향을 미치는데, 이 영향을 없애주면 운전 상태가 좋게 된다.

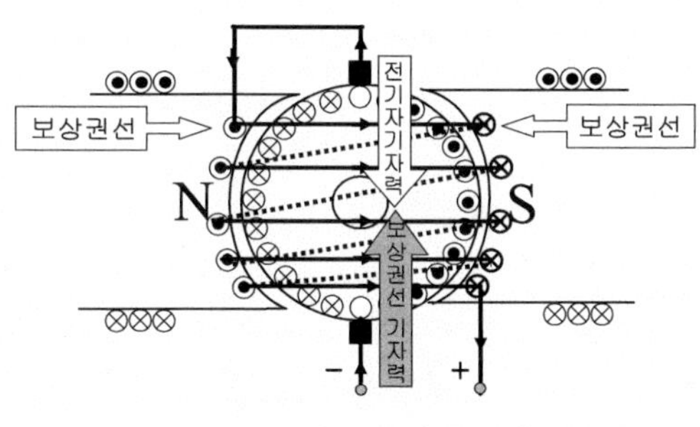

[그림 1.25] 보상권선

[그림 1.26] 보극과 보상권선이 있는 직류발전기

이 방법으로서 전기자전류에 의한 기자력을 없애기 위하여 **보상권선**이나 **보극**을 설치한다. 보극에 대해서는 1.2.4의 정류에서 설명하기로 하고, 보상권선에 대해 알아보기로 한다.

(6) 보상권선

보상권선은 [그림 1.25]와 같이 자극편에 전기자도체와 평행하게 슬롯을 만들고, 여기에 권선을 감아서 전기자전류와 반대방향의 전류를 보내어 전기자의 기자력을 없애도록 한 것이다. 이 권선은 전기자회로와 직렬로 접속하여 부하의 변화에 따라 항상 전기자전류에 의한 기자력, 즉 전기자 반작용을 없애기 때문에 플래시오버가 없고, 중성축도 이동하지 않는 좋은 결과가 된다. 일반적으로 보상권선은 정류작용이 곤란한 경우에 사용한다. [그림 1.26]은 보극과 보상권선이 있는 직류발전기의 예를 나타낸 것이다.

예제 10 E·x·e·r·c·i·s·e

직류기의 전기자반작용과 그 대책에 대하여 설명하시오.

➔ 해설 전기자 권선에 전류가 흘러서 생긴 기자력이 계자기자력에 영향을 끼쳐서 자속의 분포가 한쪽으로 기울어지고, 자속의 크기가 감소하게 된다.

① 전기자반작용로 인해 유도기전력도 감소하는데 이것을 전기자반작용에 의한 전압강하 (e_a)라고 한다.

② 브러시에 의하여 단락된 코일은 기전력이 발생하므로 브러시에는 큰 단락전류가 흐르고 불꽃이 생기게 된다.

③ 브러시도 기하학적 중성축에서 새로운 전기적 중성축까지 이동시켜야 한다.

대책 : 보상권선이나 보극 설치

1.2.4 정류

전기자의 도체에 유도하는 기전력은 N 극 밑에 있을 때와 S 극의 밑에 있을 때, 그 방향이 서로 반대이며, N 극과 S 극 중간에 있는 중성축에 브러시를 설치한다. 따라서 전기자도체의 전류도 전기자도체가 브러시 밑을 통과할 때마다 방향이 반전한다.
그러므로 직류발전기의 전기자권선 안에 유도되는 기전력은 교류이며, 이 교류를 정류자의 작용으로 정류하여 직류기전력으로 변환하는 것을 **정류**라고 한다.

(1) 정류작용

[그림 1.27]에서 어떤 도체 2-5' 생각하면, 그림 (a)의 위치에서는 브러시가 정류자편 3에 접속되고 있고, 도체 2-5'에는 화살표와 같이 오른쪽으로 회전하는 전류 i_a 가 흐르고 있다. 이때, 브러시로부터 나오는 전류는 도체 3과 5'에서 정류자편 3으로 흐르는 전류 2 i_a 이다.

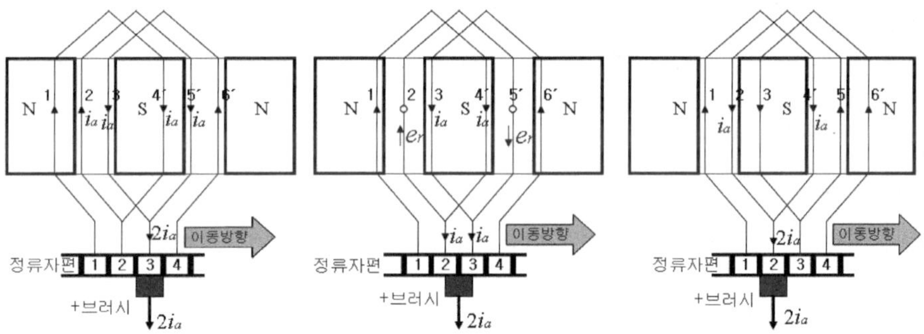

(a) 도체 2–5′ 의 정류개시 (b) 도체 2–5′ 의 정류중간 (c) 도체 2–5′ 의 정류종료

{(b) 기하학적 중성축에 브러시가 있는 위치}

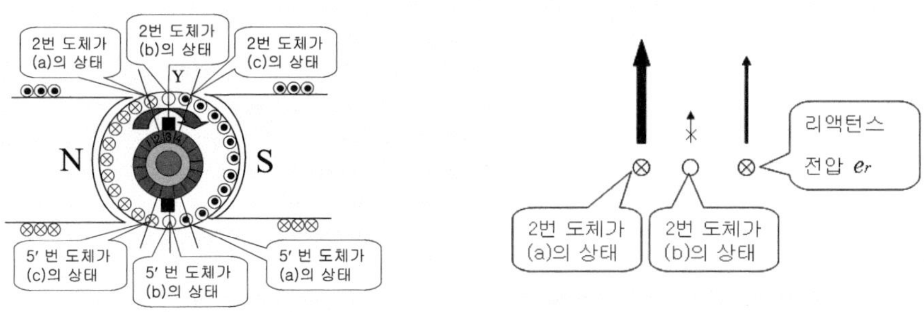

(d) 도체 2–5′를 축방향에서 본 그림 (e) 도체 2에 유도되는 리액턴스 전압

[그림 1.27] 정류작용

전기자가 회전하여 그림 (b)의 위치에 오면 브러시는 정류자편 3과 2에 접촉하고 도체 2-5'는 N 극과 S 극 사이, 즉 기하학적 중성축에 있으므로 기전력이 유도되지 않는다. 그러나 리액턴스전압 e_r 이 유도되어서 정류자편 2와 3이 브러시를 통하여 단락전류가 흐른다. 이때, 브러시로부터 나오는 전류는 도체 4'에서 정류자편 2로 들어가는 전류 i_a 와 도체 3에서 정류자편 3으로 들어가는 전류 i_a 의 합계는 $2\,i_a$ 이다.

다시 전기자가 회전하여 그림 (c)의 위치에 오면 브러시는 정류자편 2 에 접촉하고 도체 2-5'에는 화살표와 같이 좌회전하는 전류 i_a 가 흐르며 그림 (a)의 경우 일 때와 전류의 방향이 반대로 된다. 즉 $-i_a$ 가 된다. 이때는 브러시로부터 나오는 전류는 도체 2와 4'에서 정류자편 2로 들어가는 전류 $2i_a$ 이다. 전기자권선의 각 도체는 1회전할 때마다 자극 수만큼 브러시로 단락되고, 그때마다 권선안의 전류는 $+i_a$ 에서 $-i_a$ 로, 다음에서 $-i_a$ 에서 $+i_a$ 로 방향을 반전한다. 즉 1회전마다 자극 수만큼 정류작용이 이루어진다.
이와 같이 전기자도체가 브러시의 밑을 통과하는 동안에 도체에 흐르는 전류가 반전되는 작용을 **정류작용**이라고 한다.

(2) 정류시간

지금 브러시의 두께를 b[m], 정류자편 사이의 두께를 δ[m], 정류자의 주변속도를 v_c[m/s]라고 하면,

$$T_c = \frac{b-\delta}{v_c}[\mathrm{s}] \tag{1.18}$$

T_c 동안에 정류를 완료하여야 한다. 이 시간은 코일이 브러시로 단락된 순간부터 시작되고, 단락이 해제될 때에 끝나는 것이며, 0.5~2[ms]로 극히 짧은 시간이다. 이 시간 T_c 를 코일의 **정류시간**, 또는 **정류주기**라고 한다.
정류작용을 받고 있는 코일은 [그림 1.29]와 같이 정류시간 T_c 동안에 그 전류가 $+i_a$ 에서 $-i_a$ 로(또는 $-i_a$ 에서 $+i_a$ 로) 변화한다.

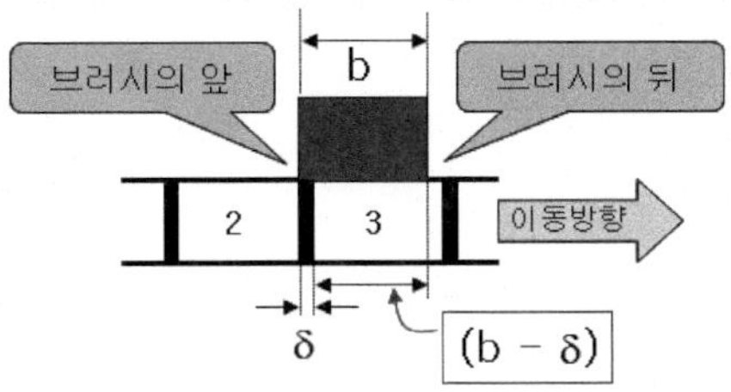

[그림 1.28] 정류시간

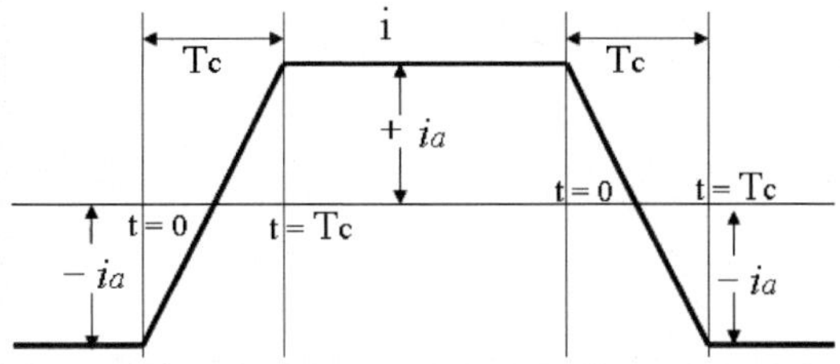

[그림 1.29] 코일의 정류작용

(3) 정류곡선

전기자코일에는 자기 인덕턴스가 있기 때문에 정류 중인 도체 2–5′ 안의 전류가 변화하는 것을 방해하는 작용을 한다. 따라서 도체 2–5′의 전류가 정류시간 중에 완전히 방향을 반전할 수는 없으며, 브러시가 정류자편 3을 이탈하는 순간에 전류가 아직 $-i_a$까지 되지 않았을 경우에는 이 순간에 갑자기 $-i_a$로 되어야 하므로, 인덕턴스 때문에 고전압이 유도되어 정류자편과 브러시 사이에 불꽃이 발생해서 정류자나 브러시를 손상시킨다.

코일의 인덕턴스를 $L[\mathrm{H}]$이라 하면, 전류의 변화를 방해하는 역기전력이 유도되는데 이러한 전압을 **리액턴스전압** e_r이라고 하며 e_r의 크기는

$$e_r = -L\frac{d\,i_a}{dt} = -w\frac{d\,\phi}{dt}[\mathrm{V}] \tag{1.19}$$

가 되며, 또한 **리액턴스전압** e_r은 권선수를 w라 하면 자속 ϕ의 변화를 방해하는 방향으로 역기전력이 유도된다.

정류시간 T_c 사이에 i_a에서 $-i_a$로 변화하므로

$$e_r(\text{평균값}) = -L\frac{i_a-(-i_a)}{T_c} = -L\frac{2\,i_a}{T_c}[\mathrm{V}] \tag{1.20}$$

가 된다.

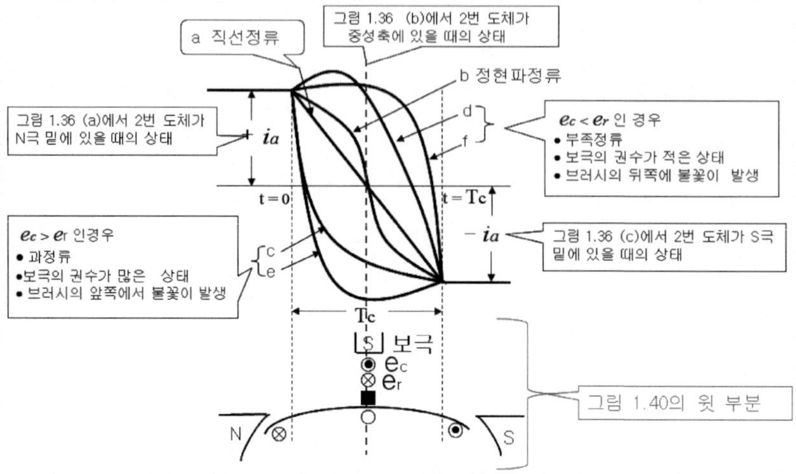

[그림 1.30] 정류곡선

정류시간 중에서 단락코일 안의 전류변화를 나타낸 곡선을 **정류곡선**이라 한다. 곡선 a는 전류가 직선으로 변화하므로, **직선정류**라 하고 브러시의 접촉면에 대한 전류밀도가 항상 균일하여 이상적이다. 곡선 b는 **정현파정류**라고 하며, 정류를 시작할 때와 끝날 때에 전류변화가 없으므로 불꽃이 발생하지 않는다. 이와 같은 정류를 **불꽃 없는 정류**라고 한다.

곡선 c 와 e 는 과정류이라 하며 정류가 시작할 때에 전류의 변화가 커지므로 브러시의 앞쪽에서 불꽃이 발생하기 쉽다.($e_c > e_r$ 인 경우)

곡선 d 와 f 는 부족정류라고 하는데 정류가 끝날 무렵에 전류의 변화가 커져서 브러시의 뒤쪽에서 불꽃이 발생하기 쉽다.($e_c < e_r$ 인 경우)

예제 11 E·x·e·r·c·i·s·e

리액턴스전압이란 무엇인지 설명하시오.

➔ 해설 코일의 인덕턴스를 $L[\mathrm{H}]$이라 하면, 전류의 변화를 방해하는 역기전력이 유도되는데 이러한 전압을 리액턴스전압 e_r이라고 하며 e_r의 크기는 $e_r = -L\dfrac{d\,i_a}{dt} = -w\dfrac{d\phi}{dt}[\mathrm{V}]$가 되며, 또한 리액턴스전압 e_r은 권선수를 w라 하면 자속 ϕ의 변화를 방해하는 방향으로 역기전력이 유도된다.

(4) 정류를 좋게 하는 방법

부하가 증가하면 전기자권선에 흐르는 전류도 증대하기 때문에 리액턴스전압 e_r도 고압이 되므로 불꽃의 발생도 많아지고, 정류자나 브러시를 과열시켜서 손상케 한다. 이것은 코일의 자기 인덕턴스가 원인이기 때문에 다음과 같은 것을 생각할 수 있다.

① **전압정류** : [그림 1.31]과 같이 리액턴스전압 e_r과 반대로 보극의 정류전압 e_c를 정류중인 코일 안에 유도시켜서 리액턴스전압 e_r을 없앤다. 또는 브러시를 전기적 중성축을 지나서 회전방향으로 약간 이동시키고, 브러시에서 단락되는 코일이 주자속을 끊고 생기는 유도기전력에 의하여 e_r을 없애는 방법이 있다. 이와 같이 해서 정류를 좋게 하는 것을 **전압정류**라고 한다.

② **저항정류** : 대개 접촉저항이 큰 브러시를 사용하여서 단락전류를 억제하는데 이 방법을 **저항정류**라고 한다.

(5) 보극

정류작용을 좋게 하기 위해서 브러시를 회전방향으로 이동시키는 것은 간단한 방법이나 그 몫만큼 발전기의 단자전압을 저하시키게 된다. 그러므로 주자극과 별도로 [그림 1.31]과 같이 기하학적 중성축 상에 보극을 설치하고, 보극에 의하여 정류전압을 발생시키는 방법을 많이 채용하고 있다.

보극의 계자권선은 전기자와 직렬로 접속하고, 극성은 그림과 같이 회전방향으로 한 개 앞선 주자극과 같은 극성이 되도록 한다.

일반적으로 보극의 수는 주자극과 동일한 수이지만, 어떤 경우에는 주자극의 수보다 적은 것도 있다. 보극에 의한 자속은 전기자전류에 비례하여 변화하므로 정류에 의한 리액턴스전압을 유효하게 해소하면 불꽃이 없는 정류가 이루어지기 때문에 브러시를 이동시킬 필요가 없다.

또한 보극은 [그림 1.31]과 같이 전기자 반작용도 해소하기 때문에 중성축의 이동도 방지할 수가 있다. 따라서 일반적인 직류기에는 보극만을 설치하고 보상권선이 없는 것도 많다.

그리고 전기자권선의 축과 보상권선의 축은 서로 일치되어 있지만 계자권선의 축과는 수직인 관계가 된다.

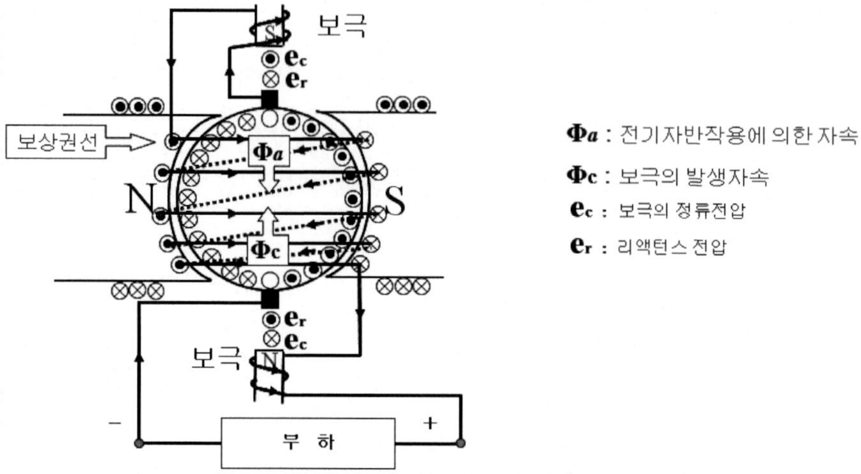

[그림 1.31] 보극과 보상권선

1.3 전기자 권선법

전기자권선은 각 코일에 유도되는 기전력이 서로 가해져서 브러시 사이에 나타나도록 접속한다.

1.3.1 환상권

환상권은 [그림 1.32]의 (a)와 같이 링모양으로 된 전기자철심의 내외 양쪽 면에 절연도선을 링 모양으로 감는 방법이다.

이 방법에서, (1) 기전력을 유도하는 부분은 전기자의 공극에 설치된 도체분이며, 링 안쪽의 도체는 다만 접속선으로 작용하고 기전력을 유도하는 역할은 하지 못하기 때문에 극히 비경제적이다. (2) 환상철심에 도체를 손으로 감아야하기 때문에 제작이나 수리하는 데도 불편하다는 등의 결점이 있으므로 현재에는 전혀 사용하지 않는다.

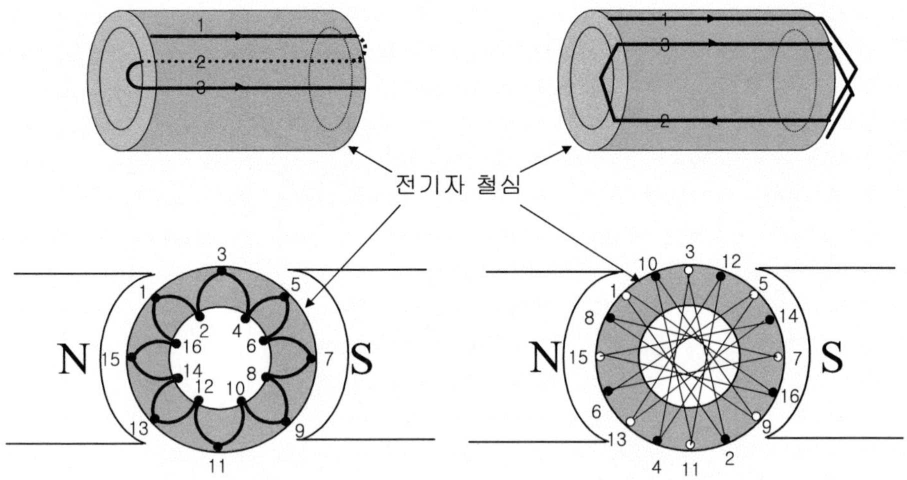

(a) 환상권 (b) 고상권

[그림 1.32] 환상권과 고상권

1.3.2 고상권

고상권은 [그림 1.32]의 (b)와 같이 도체를 전기자의 표면에만 배치하는 것이다. 이 방법에서는 (1) 환상권에 비하여 도체가 극히 유효하게 이용되는 것과 (2) 형권코일([그림 1.33]에서 설명)을 사용할 수 있으므로 제작이나 수리하는데 편리한 이점이 있다. 따라서 현재 전기자권선에는 모두 고상권을 채용하고 있다.

(1) 단층권과 2층권

고상권은 한 개의 슬롯 안에 한 개의 코일변을 넣는 방법으로 **단층권**이라 하고, [그림 1.34]와 같이 한 개의 슬롯 안에 두 개의 코일변을 상하로 겹쳐서 넣는 방법을 **2층권**이라 한다.

2층권은 코일의 제작과 권선작업이 쉽기 때문에 직류기에서는 거의 모두 2층권을 사용한다.

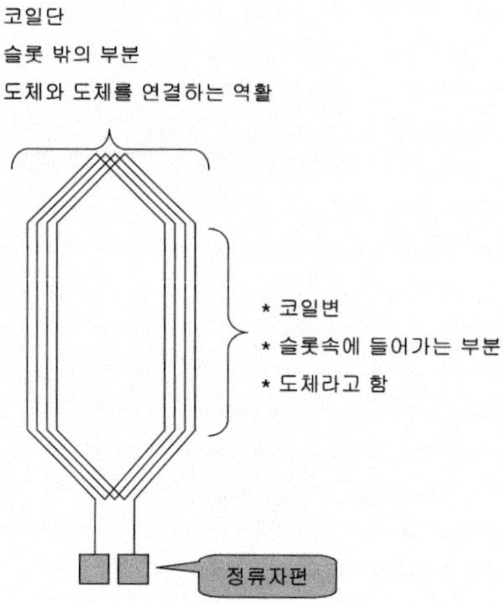

[그림 1.33] 권선도상의 코일표시

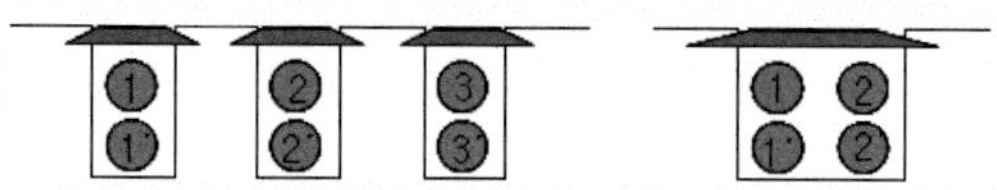

[그림 1.34] 코일변의 번호

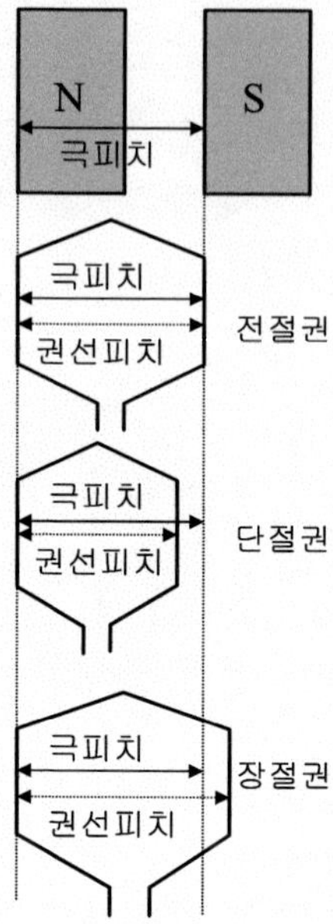

[그림 1.35] 전절권과 단절권

2층권에서 동일한 슬롯의 상하에 있는 코일 변에 동일번호를 붙이고, 상층과 하층을 구별하기 위하여 하층변의 번호에는 대시를 붙인다.

(2) 전절권과 단절권

권선피치가 자극피치와 같은 것을 **전절권**, 자극피치보다 짧은 것을 **단절권**이라 한다. 단절권은 전기자 기전력이 감소하나 정류작용이 개선되고 동선이 절약되므로 보통 단절권이 채용된다.

(3) 중권과 파권

고상권에서는 각 도체의 유도기전력이 서로 가해지도록 접속하는데 중권과 파권의 두 가지 방법이 있다.

1.3.3 중권

(1) 권선도

[그림 1.36]의 (a)는 간단한 중권코일을 배치한 예로써 권선 각 부분의 관계위치를 방사상으로 전개해서 그린 것이며, 전기자권선의 방사선도라 한다.
그림(b)는 같은 것을 축 방향으로 절단하여 전개한 것으로 전개도라 한다. 이 선도들을 권선도라고 한다.

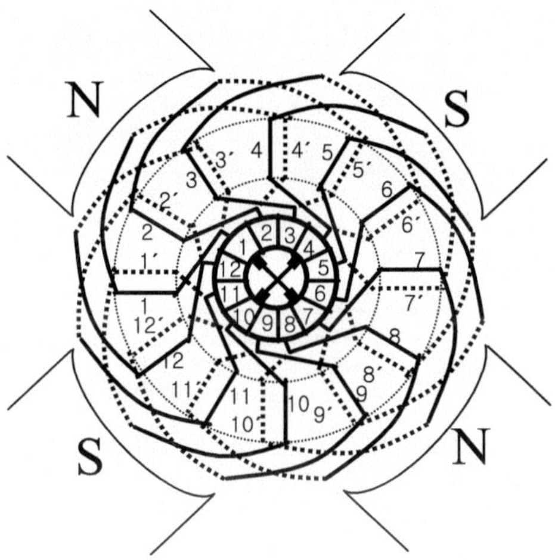

(a) 방사선도

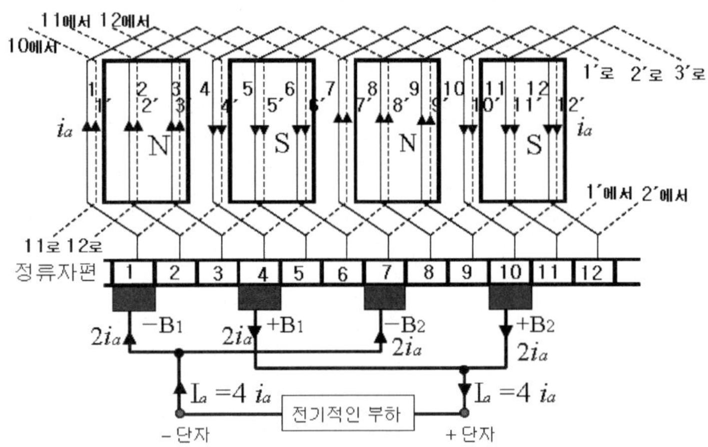

(b) 전개도

[그림 1.36] 중권의 방사선도 및 전개도

(2) 중성축

[그림 1.36]에서 각 코일변의 접속에 따라 유도기전력의 방향을 따라가면 [그림 1.37]과 같이 도중에서 기전력의 방향이 변하는 부분이 4곳이다.

이와 같은 부분을 중성축이라 하고, 이 위치에 있는 코일변에 접속된 정류자편을 접하도록 브러시를 설치하고, $+B_1$ 과 $+B_2$, $-B_1$ 과 $-B_2$ 를 접속하여 외부로 전류를 인출한다. 전기자 내부에서 각 코일은 [그림 1.37]과 같은 병렬회로로 되어 있다.

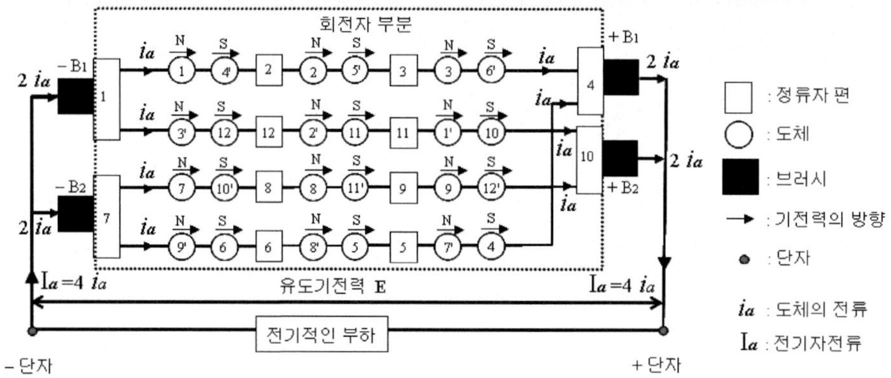

[그림 1.37] 중권의 전기자 내부회로

(3) 병렬권

중권에서는 전기자의 병렬회로수를 a라 하고 극수를 P라고 하면, 병렬회로수는 $a = mP$ 가 된다. 여기서 m은 다중도이며, 단중일 때에는 $m = 1$ 이므로 항상 극수와 같은 병렬회로가 성립하므로 중권은 병렬권이라고도 한다.

중권에서는 어떤 한 점에서부터 권선을 따라가면, 전기자를 일주한 후에 원위치로 돌아오는 하나의 폐회로를 만들고 있다. 이와 같은 권선을 단중권이라 한다.

(4) 유도기전력

전기자도체의 총수를 Z, 병렬회로의 수를 a라고 하면 +, − 브러시 사이에 직렬로 연결되어 있는 도체수를 Z/a이므로, 이들의 기전력이 서로 가해지도록 접속되어 있으면, 브러시 사이에 생기는 유도기전력 E[V]는 다음 식으로 표시되며 식(1.13)에서 사용된다.

$$E = e\frac{Z}{a}[\mathrm{V}]$$

(5) 브러시 수와 자극 수

전기자에서 외부로 흐르는 전기자전류를 I_a라고 하면, 전기자의 각 병렬회로를 흐르는 전류(또는 도체에 흐르는 전류) i_a는 다음과 같다.

$$i_a = \frac{I_a}{P} = \frac{I_a}{a}\,[\mathrm{A}] \tag{1.21}$$

브러시는 중성축마다 설치할 필요가 있기 때문에 중권에서는 브러시 수와 극수는 같게 하지 않으면 안 된다. 브러시 수는 한 개의 중성축에 설치된 몇 개의 브러시를 하나로 센다.

(6) 균압결선

중권의 다극수에 대한 각 병렬회로의 기전력은 [그림 1.36]에서 아는 바와 같이 각각 다른 자극에 의하여 유도되기 때문에 재료의 불균질, 공작상의 오차 등에 따른 각 자극의 자기저항 차이, 공극이 동일하지 않는 것 등의 원인으로 각 +, - 브러시 사이에서 각 회로의 기전력에 약간의 차이가 생긴다.

이와 같은 경우 전기자권선에서 각 회로의 저항은 극히 적기 때문에 약간의 기전력이 같지 않아도 회로 사이에 브러시를 통하여 큰 국부전류가 흘러서 브러시에 불꽃이 생기거나 전기자가 국부적으로 과열한다.

다극기(4개 이상의 극수로 된 것을 다극기라 하고, 2극으로 된 것은 2극기라고 한다.)에서는 이를 방지하기 위하여 [그림 1.38]과 같이 권선의 등전위가 되는 코일을 저항이 적은 도선으로 접속하고 이것에 국부전류를 보낸다. 이와 같은 접속을 **균압결선**, 또는 **균압환**이라 한다.

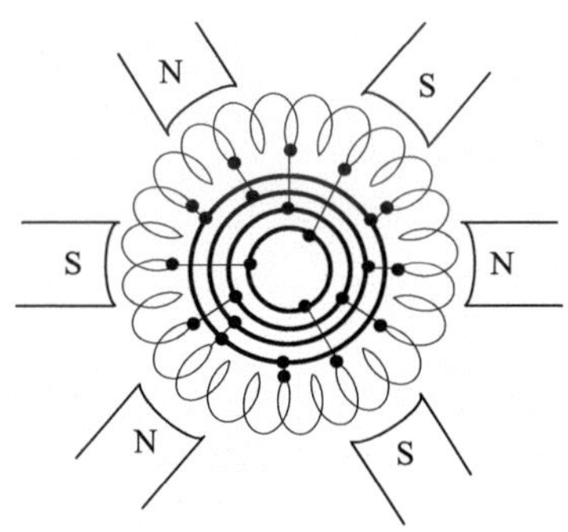

[그림 1.38] 균압결선

(a) 단중 중권(단구권)　(b) 2중 중권(단구권)　(c) 복구권

[그림 1.38-1] 단구권과 복구권

(7) 단중권과 2중권

권선의 한점에서부터 권선을 따라가면 전기자를 일주한 후에 원위치로 돌아오는 하나의 폐회로가 되는 것을 단중권이라고 하며, 전기자를 2주한 후에 하나의 폐회로를 형성하면 2중권이 된다.

(8) 단구권과 복구권

각 독립회로가 하나의 폐회로가 되도록 감은 것은 단구권, 여러개의 폐회로가 되도록 감은 것은 복구권이라고 한다.

1.3.4 파권

(1) 파권의 접속법

[그림 1.39]는 파권의 전기자에 대한 전개도를 나타낸 한 가지 예이다. 도체 1-6′는 약 2자극 피치를 갖는 도체 12-17′에 접속되고, 다시 약 2자극 피치에서 도체 2-7′로 파도와 같은 형태로 접속된다.

이 경우에도 중권일 때와 같이 [그림 1.39]의 권선을 따라가면, 도체변이(1-6′)→(12-17′) → (2-7′)…와 같이 차례로 접속되고 최후에는 코일변 16′에서부터 코일변 1로 돌아와서 하나의 폐회로를 만들면 권선이 완성된다.

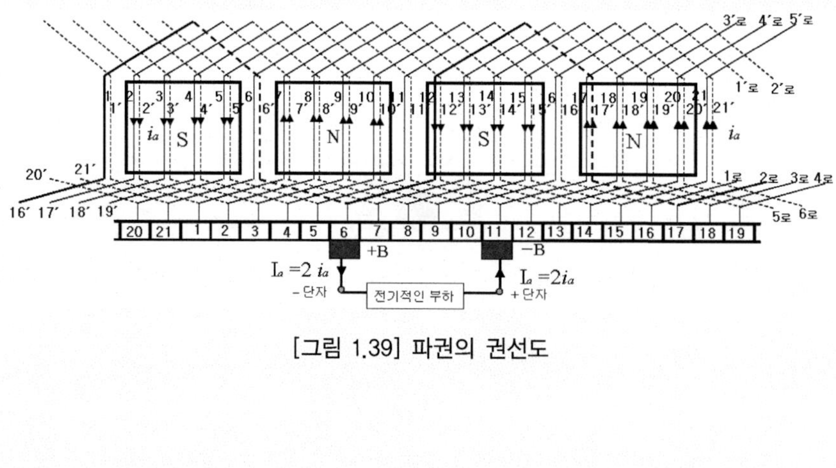

[그림 1.39] 파권의 권선도

(2) 브러시수와 자극수

파권에서는 각 코일의 접속을 따라가면, 중권과는 달리 도중에서 기전력의 방향이 변하는 점이 2부분이다. 따라서 브러시는 한 쌍의 +, - 브러시만으로도 상관은 없으나, 각 중성축에 극수만큼을 두어도 좋다. 파권에서 전기자권선의 각 도체에 흐르는 전류는 다음과 같다.

$$i_a = \frac{I_a}{2} \tag{1.22}$$

(3) 직렬권

파권에서는 전기자 안의 회로가 두 개의 회로로 나누어져서 직렬로 접속되어 있기 때문에 파권은 직렬권이라고도 한다. 파권에서는 +, - 의 브러시 사이에 연결되는 각 병렬회로는 각각 모든 자극 밑을 직렬로 통하고, 각 극의 영향을 동시에 받으므로 병렬회로 사이에 유도기전력의 불균일이 생기는 일이 적으며, 일반적으로 균압결선이 필요하지 않다.

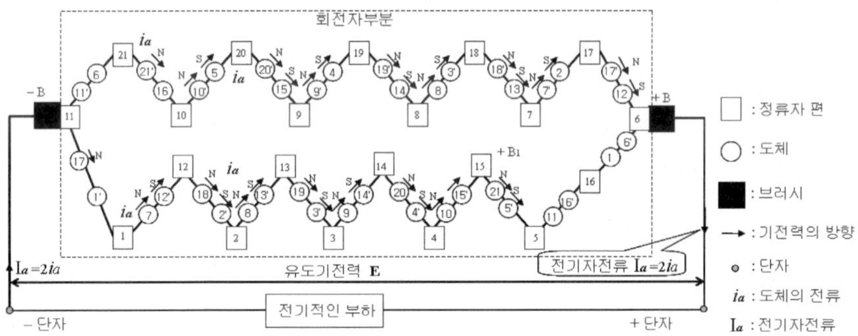

[그림 1.40] 전기자권선의 내부회로(파권)

1.3.5 중권과 파권의 비교

직류기에 대한 전기자권선법의 중권과 파권을 비교하면 [표 1.1]과 같다.

[표 1.1] 중권과 파권의 비교

비교항목	단중 중권	단중 파권
전기자 병렬회로 수	극수 P와 같다.	항상 2이다.
브러시 수	극수 P와 같다.	2개로 좋으나, 극수만큼 두어도 좋다.
전기자도체의 굵기, 권수, 극수가 모두 같을 때	저전압이 되나 대전류가 이루어진다.	전류는 적으나 고전압이 이루어진다.
유도기전력의 불 균일	전기자 병렬회로수가 많고, 각 병렬회로 사이에 기전력의 불 균일이 생기기 쉬우며 브러시를 통하여 국부전류가 흘러서 정류를 해칠 염려가 있다. 따라서 균압결선이 필요하다.	전기자의 병렬 회로 수는 2이며, 각 병렬회로의 도체는 각각 모든 자극 밑을 통하고, 그 영향을 동시에 받기 때문에 병렬회로사이에 기전력의 불 균일이 생기는 일이 적다. 따라서 균압결선을 할 필요가 없다.

예제 12 Exercise

극수 6, 전기자 도체총수 20, 각 도체(코일변)의 평균기전력 e는 6[V], 전기자 도체의 전류 i_a는 10[A]이다.(단,자 간의 유도기전력 E, 전기자 전류 I_a 및 출력 P는 파권 및 중권인 경우에 각각 얼마인가?

해설

① 파권은 병렬 회로수 a 가 항상 2 이므로 +, −브러시 사이의 직렬회로의 도체수는 $\frac{Z}{a}$ 이고 단자간의 유도기전력은

$$E = e \times \frac{Z}{a} = 6 \times \frac{20}{2} = 60[\text{V}]$$

$i_a = \frac{I_a}{2}$ 에서 전기자전류 $I_a = 2i_a = 2 \times 10 = 20[\text{A}]$

출력 $P = EI_a = 60 \times 20 = 1{,}200[\text{W}]$

② 중권은 병렬 회로수 $a = P$이며, +, −브러시 사이의 직렬회로의 도체수는 $\frac{Z}{a}$ 이므로 단자간의 유도기전력은

$$E = e \times \frac{Z}{a} = 6 \times \frac{20}{6} = 20[\text{V}],$$

$i_a = \dfrac{I_a}{a}$ 에서 $I_a = 6\,i_a = 6 \times 10 = 60[\mathrm{A}]$

출력 $P = EI_a = 20 \times 60 = 1{,}200[\mathrm{W}]$

그러므로 출력은 서로 같고 파권은 고전압 소전류, 중권은 저전압 대전류에 쓰인다.

예제 13 E·x·e·r·c·i·s·e

8극, 유도기전력이 50[V] 전기자전류가 200[A]인 직류발전기가 있다. 전기자권선은 중권이었는데 이것을 파권으로 한다면 유도기전력은 몇 [V] 전기자전류는 몇 [A]의 발전기로 되는가?

해설

① 중권에서 $a = P = 8$이므로 $i_a = \dfrac{I_a}{a} = \dfrac{200}{8}$,

$E = e\dfrac{Z}{a}$에서 $e\,Z = aE = 8 \times 50 = 400[\mathrm{V}]$

② 파권에서 $a = 2$이므로 $i_a = \dfrac{I_a}{2}$ $\quad I_a = 2i_a = 2 \times \dfrac{200}{8} = 50[\mathrm{A}]$

$E = e\dfrac{Z}{a} = \dfrac{400}{2} = 200[\mathrm{V}]$

1.4 직류발전기의 종류와 특성

1.4.1 종류

직류발전기를 여자방식에 따라 분류하면 다음과 같다.

(1) 마그네토 발전기

마그네토 발전기는 [그림 1.41]의 (a)와 같이 영구자석을 계자석으로 사용하는 것이며 소형발전기에 사용한다.

(2) 타여자 발전기

타여자 발전기는 (b)와 같이 다른 직류전원으로부터 여자전류를 받아서 계자자속을 만드는 것이며, 특별한 경우외에는 별로 사용하지 않는다.

(3) 자여자 발전기

자여자 발전기는 발전기 자체에서 발생한 기전력에 의하여 계자전류를 공급해서 여자하는 것이며 가장 많이 사용하고 있다. 이 방식은 계자권선과 전기자의 접속방법에 따라 3 가지로 분류한다.

① **직권발전기** : 직권발전기는 (c)와 같이 직권계자권선 F_s 와 전기자 A 가 직렬로 접속된 것이다.

② **분권발전기** : 분권발전기는 (d)와 같이 분권계자권선 F와 전기자 A 가 병렬로 접속된 것이다.

③ **복권발전기** : 복권발전기는 분권계자권선 F와 직권계자권선 F_s 등 두 개의 계자권선이 있는 것이다. (e), (g)와 같이 두 개의 계자권선이 만드는 기자력이 서로 가해지도록 접속된 것을 **가동복권**, 또는 **화동복권**이라 하고, (f), (h)와 같이 두 개의 계자권선이 만드는 기자력이 상반되도록 접속된 것을 **차동복권**이라고 한다. 또, 분권계자권선의 접속방법에 따라 **내분권**과 **외분권**의 두 가지로 구분된다. (e), (f)와 같이 분권계자권선 F 가 전기자와 직권계자권선F_s 사이에 접속된 것은 내분권이라 하고 복권발전기의 표준으로 되어 있다. (g), (h)와 같이 분권계자권선 F 가 단자측에 접속된 것은 외분권이라 하고 복권전동기의 표준으로 되어 있다.

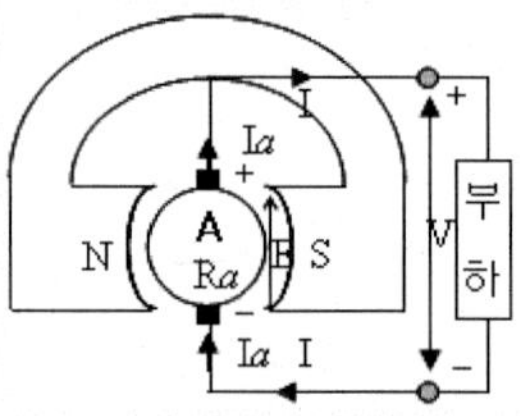

(a) 마그네토 발전기

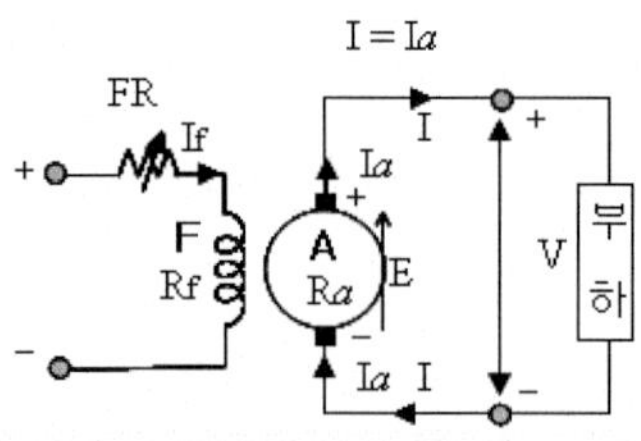

(b) 타여자 발전기

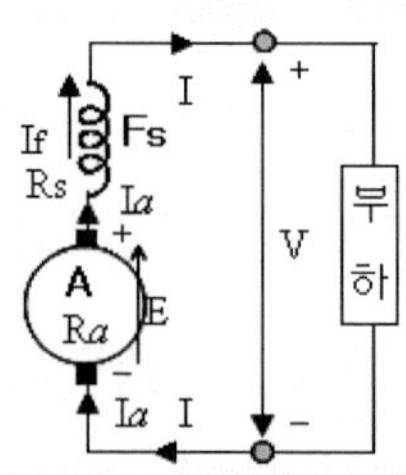

(c) 직권 발전기

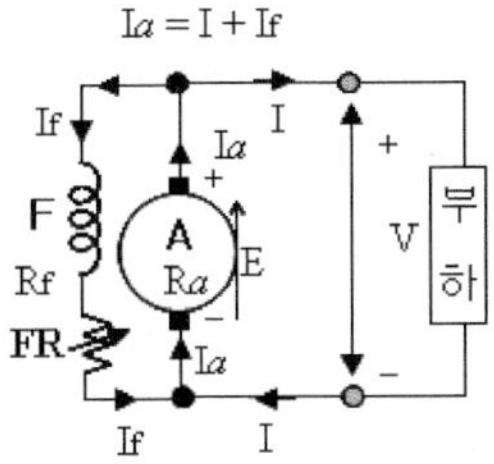

(d) 분권 발전기

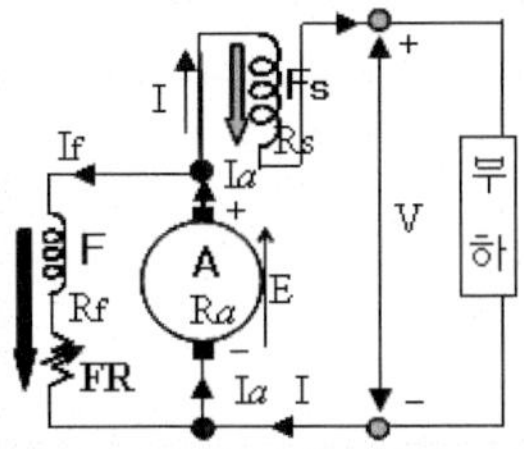

(e) 내분권 (가동, 화동)복권발전기

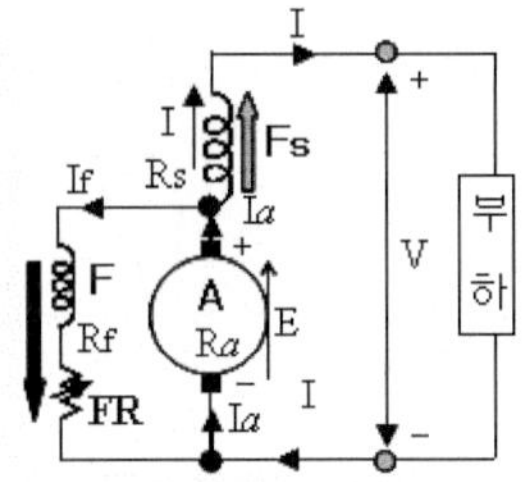

(f) 내분권 (차동)복권발전기

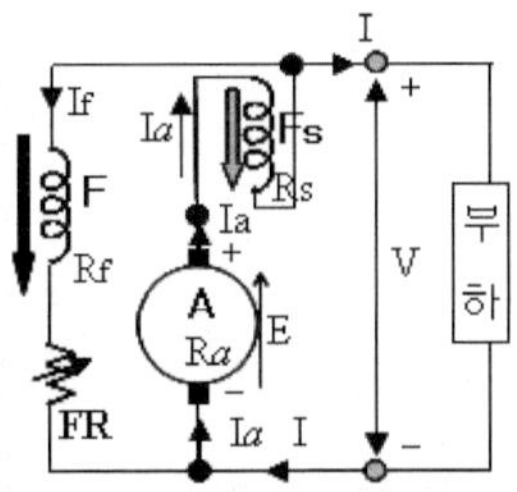

(g) 외분권 (가동, 화동)복권발전기

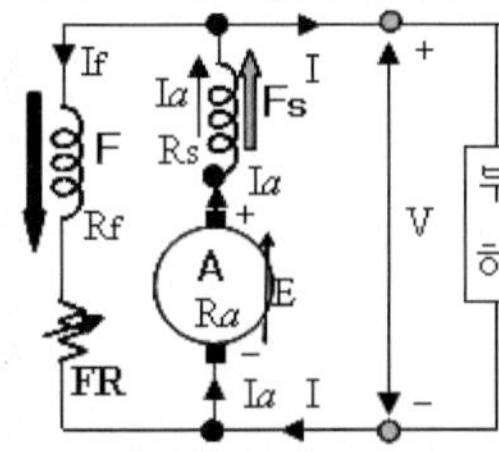

(h) 외분권 (차동)복권발전기

F_s : 직권계자권선　　R_s : 직권계자권선의 저항　　⇩ : 직권계자권선의 자속(Φ_s)의 방향

F : 분권계자권선　　R_f : 분권계자권선의 저항　　⬇ : 분권계자권선의 자속(Φ_f)의 방향

A : 전기자권선　　R_a : 전기자권선의 저항　　I_a : 전기자 전류

I : 부하 전류　　I_f : 계자 전류　　FR : 계자저항기

V : 단자전압　　E : 역기전력

[그림 1.41] 직류발전기의 종류

1.4.2 직류발전기의 특성

직류발전기에도 여러 가지 종류가 있는데, 이것은 서로 다른 특성이 있다. 따라서 그 특성을 충분히 조사하고 용도에 따라 적당한 특성을 선정하여 사용한다.

그 특성을 보기 쉽도록 곡선으로 나타낸 것을 **특성곡선**이라고 한다. 직류발전기에서는 무부하 특성곡선, 부하특성곡선 및 외부특성곡선을 사용한다.

1.4.3 타여자 발전기의 특성

[그림 1.42]는 타여자 발전기의 그림이다.

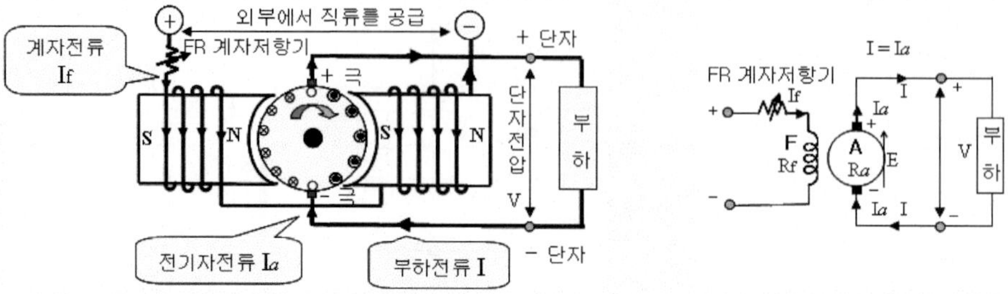

(a) 타여자 발전기의 실제그림 (b) 기호로 그린 타여자 발전기

[그림 1.42] 타여자 발전기

(1) 무부하 특성곡선

무부하 특성곡선은 발전기의 회전수 n[rps]를 일정하게 유지하고, 계자전류 I_f [A]와 무부하 단자전압 $V_o(=E)$[V]의 관계를 표시하는 곡선이며, [그림 1.43]의 (a)에 나타낸 것이다. 직류발전기의 유도기전력 E[V]는 식(1.9)에서

$$E = \frac{PZ}{a}\Phi n = k\Phi n[\text{V}] \tag{1.23}$$

이 식에서 $k=PZ/a$는 설계상으로 정해진 값이며 일정하기 때문에, 회전수를 n[rps] 일정하게 하면 유도기전력 E[V]는 자속 Φ[Wb]에 비례한다. 따라서 Φ는 계자전류 I_f에 의하여 정해지는 것이며, Φ와 I_f의 관계는 자기회로의 자화곡선의 형태로 변화한다. 그리고 회전수 n[rps]이 일정하면 E와 I_f의 관계도 [그림 1.43]과 같이 자화곡선과 같은 형태가 되며 무부하 특성곡선은 무부하 포화곡선이라고도 한다.

다음에 이 곡선을 3 가지 부분으로 나누어서 생각해 보기로 한다.

① **곡선이 시작하는 점 O′** : 계자전류 I_f가 0일 때, 이미 OO′ 만의 전압이 생기고 있으나 이것은 한 번 여자된 계자극에는 잔류자기가 있으므로 이에 의하여 기자력이 유도되기 때문이다.

② **직선에 가까운 부분 AB** : 계자전류 I_f를 증가시키면 계자속 Φ가 이에 비례하여 증가하고, 따라서 기전력 E도 또한 직선적으로 상승하는 것이다.

③ **곡선부분 BC** : 계자전류 I_f가 커지면 자기회로의 자속밀도가 높아져서 결국 포화현상이 일어난다. 이때에는 계자전류에 비례하여 자속과 유도기전력이 증가되지 못하는 것을 나타내고 있다.

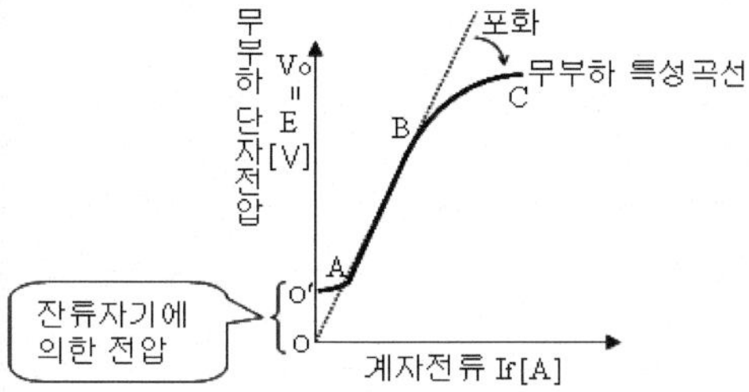

[그림 1.43] 무부하 특성곡선

(2) 부하 특성곡선

타여자 발전기에 부하전류 $I[A]$ (타여자 발전기의 경우에는 전기자전류 $I_a = I$[A])가 흐르면, 전기자회로의 저항(전기자권선의 저항과 보극권선의 저항) $R_a[\Omega]$에 의한 전압강하 $R_a I_a$[V], 브러시의 접촉저항에 따른 전압강하 $e_b = I_a R_b$[V], 전기자반작용에 의한 전압강하 e_a[V]가 일어난다. 따라서 단자전압 V[V]는 다음과 같다.

$$V = E - R_a I_a - e_b - e_a \tag{1.24}$$

발전기의 회전수 n[rps] 및 전기자전류 I_a[A]를 일정하게 하고 계자전류 I_f [A]와 단자전압 V[V]의 관계를 나타낸 곡선을 **부하특성곡선**, 또는 **부하포화곡선**이라고 한다. [그림 1.44]에서 부하가 증가함에 따라 이 곡선은 점차 아래쪽으로 이동한다.
브러시 전압강하 e_b는 전기자전류에 관계없이 일정한 것으로 보고 보통 탄소 및 흑연 브러시는 각 브러시에 대해 1[V], 금속흑연 브러시는 각 브러시에 대해 0.3[V]로 사용한다. e_a는 전기자 반작용이 완전히 해소된 경우에는 생각하지 않아도 좋다.

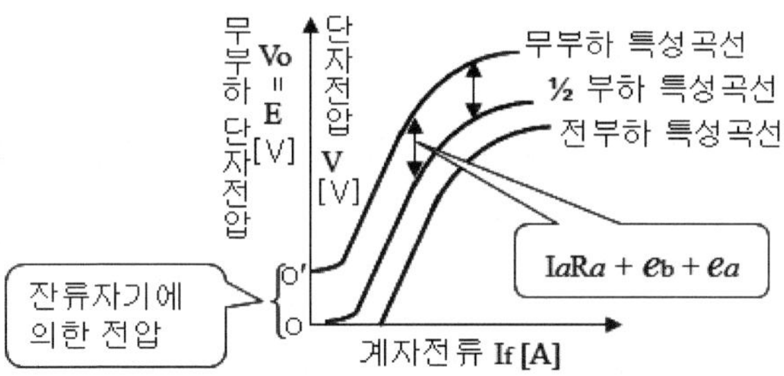

[그림 1.44] 부하특성곡선

(3) 외부특성곡선

발전기에 부하를 걸면 단자전압이 변화한다. 발전기의 회전수 n[rps]와 계자전류 I_f [A]를 일정하게 유지하고 부하전류 I[A]를 점점 증가시켰을 때 단자전압 V[V]가 어떻게 변화하는가를 나타내는 곡선을 **외부특성곡선**이라고 한다. [그림 1.45]의 (b)는 외부특성곡선을 나타낸 것이다.

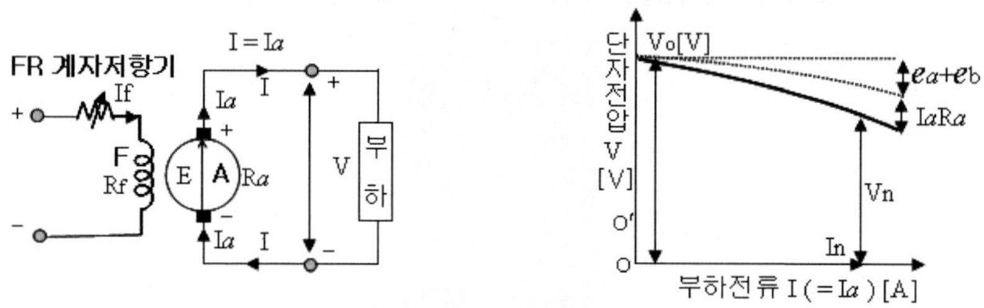

(a) 기호로 그린 타여자 발전기 (b) 외부특성곡선

[그림 1.45] 타여자 발전기의 외부특성곡선

(4) 전압변동률

발전기를 정격속도와 정격전압 및 정격출력으로 운전하면서 여자회로를 조정하지 않고, 또한 속도를 일정하게 유지하고 정격부하에서 무부하로 하였을 때의 비율을 **전압변동률**이라고 하며 정격전압의 백분율로 표시한다.

전기기기의 정격이란, 어떤 규정에 적합한 것이며 기기에 표시되어 있는 사용한도를 말한다. 이것은 출력, 속도, 전압, 전류 등을 포함하며 명판에 기재한다. 이것을 정격출력, 정격속도, 정격전압, 정격전류 등으로 부른다.

지금, 정격전압을 V_n[V], 무부하 단자전압을 $V_o = E$[V]라 하면 전압변동률은 다음 식으로 표시된다.

$$\text{전압변동률} = \frac{V_o - V_n}{V_n} \times 100[\%] = \frac{E - V_n}{V_n} \times 100[\%] \qquad (1.25)$$

(5) 용도

이 발전기는 전압강하가 적고 계자전압은 전기자전압과 관계없이 설계되기 때문에 시험용 등, 특히 고전압의 발전기, 전기 화학용의 저전압 대전류의 발전기 및 단자전압을 광범위하고 상세히 조정하는 용도 (예를 들면 워드 레오나드방식, 일그너 방식등의 발전기, 동기발전기의 주여자기)에 사용되고 있다.

예제 14 E·x·e·r·c·i·s·e

출력 4[kW], 전압 100[V], 회전수 1,500[rpm]인 타여자 발전기가 있다. 전 부하 운전 중에 계자전류를 일정하게 유지하면서 회전수를 1,200[rpm]으로 내렸을 때, 단자전압 및 부하전류는 어떻게 되는가? (단, 전기자 회로의 저항은 0.15[Ω]로 하고 전기자반작용의 영향은 무시한다.)

→ 해설

$$\text{전류} = \frac{\text{출력}}{\text{전압}},\ I = \frac{4{,}000[\mathrm{W}]}{100[\mathrm{V}]} = 40[\mathrm{A}]$$

$$E = V + I_a R_a = 100 + 40 \times 0.15 = 106[\mathrm{V}]$$

1,500[rpm]일 때 $E = k\Phi n$,

1,200[rpm]일 때 $E' = k\Phi n'$,

$$\frac{E'}{E} = \frac{k\Phi n'}{k\Phi n},$$

$$E' = E \times \frac{1{,}200/60}{1{,}500/60} = 106 \times \frac{1{,}200}{1{,}500} = 84.8[\mathrm{V}]$$

부하저항 $R = \frac{V}{I} = \frac{100}{40} = 2.5[\Omega]$이므로

$$I' = \frac{E'}{R_a + R} = \frac{84.8}{0.15 + 2.5} = 32[\mathrm{A}] = I_a'$$

$$V' = I' \times R = 32 \times 2.5 = 80[\mathrm{V}]$$

또는, $V' = E' - R_a I_a' = 84.8 - 0.15 \times 32 = 80[\mathrm{V}]$

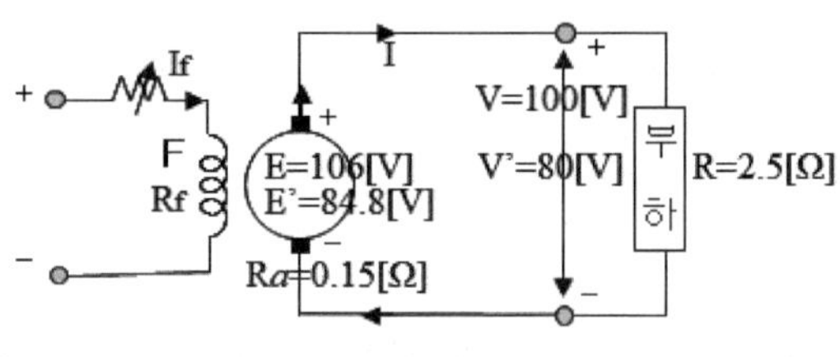

[그림 예제 14]

예제 15 E·x·e·r·c·i·s·e

무부하에서 200[V]의 단자전압을 발생하고 있는 직류발전기가 있다 그 자속을 1.4배로 하고, 회전속도를 1/2로 하여 부하전류 100[A]가 흐를 때에 단자전압을 계산하시오. (단, 내부저항을 0.1[Ω]. 브러시에 의한 전압강하는 2[V]로 한다.)

해설 무부하시의 단자전압은 전기자의 유도기전력과 같다.

$V_o = E$이며 $V_o = E = \dfrac{PZ}{a}\Phi n$, $200 = k\Phi n$ [1]

따라서 자속 Φ를 1.4배, 회전속도를 1/2로 한 때의 유도기전력을 E'라 하면

$E' = k \times \dfrac{1}{2}n \times 1.4\Phi = 0.7k\Phi n$ [2]

식 [2]에 식[1]을 대입하면, $E' = 0.7 \times 200 = 140[V]$
단자전압 V'는

$V' = E' - I_a R_a - e_b = 140 - 100 \times 0.1 - 2 = 128[V]$

예제 16 E·x·e·r·c·i·s·e

무부하 전압이 210[V], 정격전압이 200[V]인 발전기의 전압변동률은 몇 [%]인가?

해설 전압변동률$= \dfrac{V_o - V_n}{V_n} \times 100[\%] = \dfrac{210-200}{200} \times 100[\%] = 5[\%]$

예제 17 E·x·e·r·c·i·s·e

1,500[rpm]으로 200[V]의 유도기전력을 얻는데, 계자전류가 2.5[A]가 필요로 하는 타여자 발전기가 있다. 1,200[rpm]으로 회전하여 220[V]의 유도기전력을 얻으려면 계자전류는 몇 [A] 가 필요한가? (단, 자기회로가 포화하지 않는다.)

해설 $E = k\Phi n = k I_f \dfrac{N}{60}$ 에서 $k = \dfrac{200}{2.5 \times \dfrac{1,500}{60}} = 0.053 \times 60$

$$I_f' = \frac{E'}{k\dfrac{N'}{60}} = \frac{220}{0.053 \times 60 \times \dfrac{1,200}{60}} = 3.46[A]$$

1.4.4 분권발전기의 특성

(1) 무부하 특성곡선

분권발전기에서 계자권선은 전기자와 병렬로 되어 있고 발전기 자신의 유도기전력에 의해서 여자되며, 무부하에서도 계자전류 I_f가 전기자에 흐르므로 그만큼 전압강하가 있지만, 실용상 이를 무시해도 된다.

① 전압의 확립

분권발전기가 자기여자에 의하여 전압을 발생하는 것은 계자석에 약간의 잔류자속이 있고, 이것에 의하여 전기자권선에 약간의 전압([그림 1.46]의 OO′로 표시된 낮은 전압)이 유도되기 때문이다. 이 전압에 따라 전기자 및 계자권선의 회로에 약간의 전류가 흘러서 계자석은 여자된다. 이 경우 계자전류가 잔류자속을 증가시키는 방향으로 흐르면 유도기전력은 점점 증가하여 다시 계자전류가 증가한다.

이와 같이 해서 점점 계자전류가 증가하고 단자전압이 상승한다. 이러한 현상을 **전압의 확립**이라고 한다.

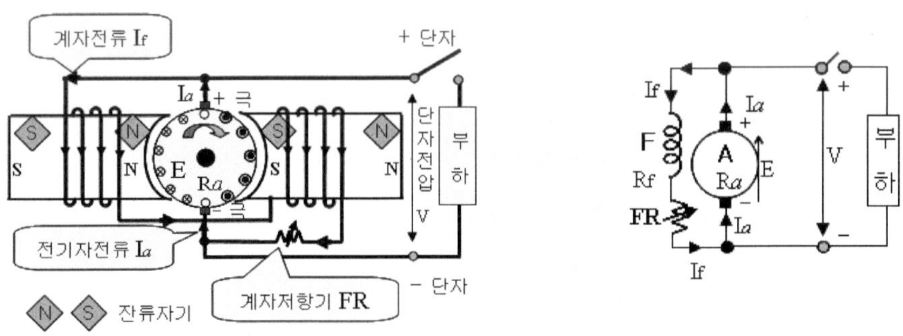

(a) 분권발전기의 실제그림 (b) 기호로 그린 분권 발전기

[그림 1.46] 분권발전기(무부하시)

② 계자저항선

계자회로의 저항을 R_f [Ω], 계자전류를 I_f [A]라 하면, 계자회로의 전압강하 V_f [V]는 $V_f = R_f I_f$ [V]가 된다. V_f 는 I_f에 비례하므로 [그림 1.47]의 $\overline{OA}$ 와 같은 직선이 된다. 직선 $\overline{OA}$ 가 횡축과 이루는 각도를 θ라 하면 기울기($\tan\theta$)는 다음과 같이 계자권선의 저항 R_f로 표시한다.

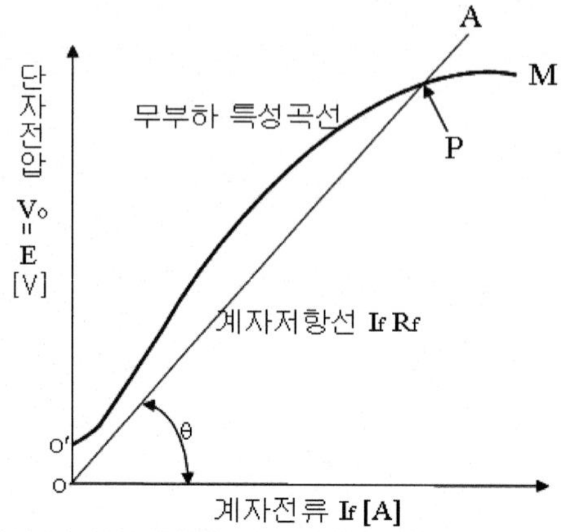

[그림 1.47] 분권발전기의 전압의 확립

$$\tan\theta = \frac{V_f}{I_f} = \frac{R_f I_f}{I_f} = R_f \tag{1.26}$$

직선 $\overline{OA}$ 를 계자저항선이라고 한다.

③ 정상전압

전압의 확립이 될 때에 유도기전력 E[V]는 무부하포화곡선 $O'M$의 위를 움직이고, 계자회로의 전압 V_f [V]는 계자저항선 $\overline{OA}$ 위를 움직이기 때문에 E 와 V_f가 같게 될 때까지, 즉 $\overline{OA}$ 와 $O'M$의 교점 P에 도달할 때까지 단자전압이 상승하여 이 점에서 평형이 된다. 이 발전기가 이루는 최고전압을 **정상전압**이라고 한다.

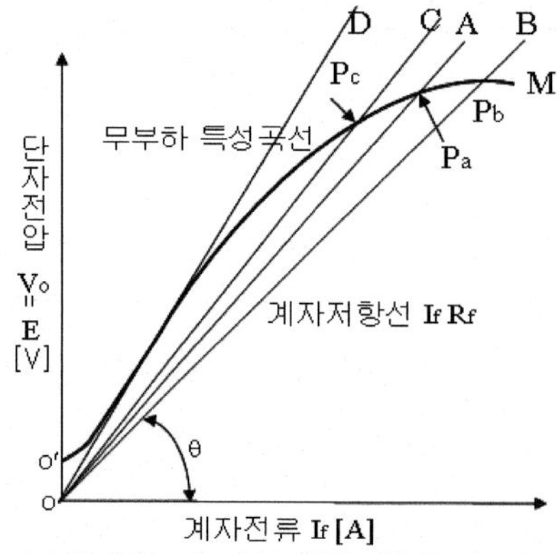

[그림 1.48] 계자저항선의 변화

④ 임계저항

계자저항선이 [그림 1.48]의 $\overline{OA}$ 인 경우에 계자저항기 FR을 조정하여 계자회로의 저항을 감소시키면 P_a에서 P_b로 이동하여 단자전압은 상승하고, 또 계자회로의 저항을 증가하면 P_c로 이동하여 단자전압은 하강한다.

따라서 계자회로의 저항이 어떤 값이 되면 계자저항선은 $\overline{OD}$와 같이 곡선 $O'M$의 일부와 겹치게 된다. 이 경우에 교점 P는 대단히 명확하지 않기 때문에 이 근처에서 단자전압은 대단히 불안정하며, R_f가 약간 변화해도 단자전압은 심하게 변동된다. 이 때에 R_f의 값을 **임계저항**이라고 한다.

(2) 부하특성곡선

[그림 1.49] (c)에서 $O'M$을 무부하 포화곡선, OA를 계자저항선이라 하면, 무부하 전압 V_o[V]는 P로 주어지고, 전부하 전압은 P_1로 주어진다. 부하전류가 점점 증가하면 **부하특성곡선**은 아래 쪽으로 이동하여 단자전압은 갑자기 저하한다.

Reference 임계점

부하전류를 점점 증가시켜서 부하특성곡선이 계자저항선이 OA와 접촉하게 되면, 단자전압은 이의 접점 P_3로 주어지고 이 이상 부하전류를 증가시킬 수 없다. 이러한 점을 **임계점**이라고 한다.

(3) 외부특성곡선

분권발전기의 계자저항 및 회전수를 일정하게 하여 일정한 전압을 유도시키고, 이것에 부하를 증가해 나가면(부하는 병렬로 증가) 합성부하저항은 감소하므로 부하전류는 증가한다.

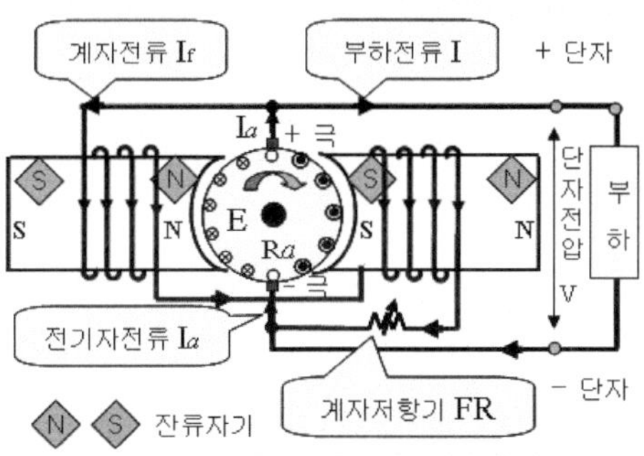

(a) 분권발전기의 실제그림

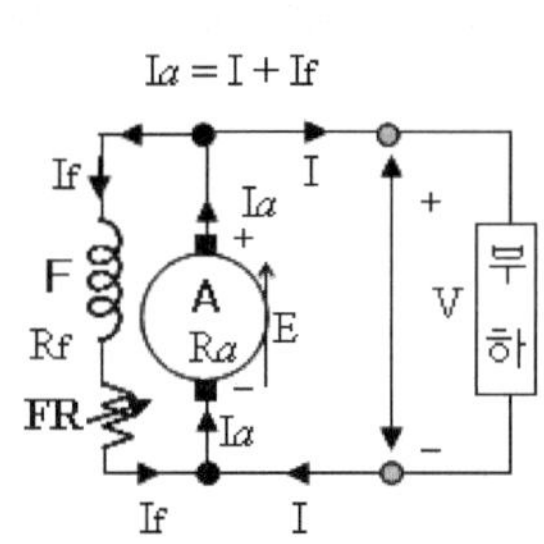

(b) 기호로 그린 분권 발전기

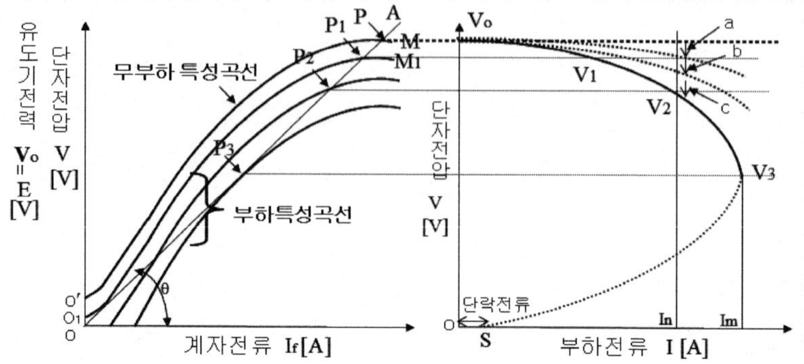

그림 (d)의 설명
a : 전기자 반작용에 의한 전압강하
b : 계자전류의 감소에 의한 유도기전력의 저하
c : 전기자 회로의 전압강하

(c) 분권발전기의 부하특성곡선 (d) 분권 발전기의 외부특성곡선

[그림 1.49] 분권발전기의 부하특성과 외부특성

따라서 전기자저항과 전기자 반작용에 따른 전압강하가 커지므로 단자전압은 점점 저하하여 [그림 1.49]의 (d)와 같이 되는 것은 타여자발전기의 경우와 같으나 단자전압이 내려가면 계자전류도 감소하기 때문에 타여자 발전기보다도 전압강하가 커진다.

그러나, 전부하 근처까지는 타여자 발전기와 거의 변화가 없으나, 과부하가 됨에 따라 전압강하는 갑자기 증가하고, 임계점 P_3에 상당하는 최대 부하전류의 점 V_3를 넘으면 극히 불안정하게 되며 다시 부하의 저항을 감소하여 부하전류를 증가하려고 해도 갑자기 전압이 강하하여 전류는 오히려 감소한다.

따라서 임계점부터 부하저항을 감소하면 안정된 운전은 불가능하게 된다.

① **단락전류 :** 분권발전기의 전부하 전류 I_n은 V_3에 상당하는 최대부하전류 I_m보다 대단히 적으나, 운전 중에 단락 등이 생기면 전류 I_m이 순간적으로는 흐른다.
그러나 단자전압이 심하게 저하되어 계자전류 I_f가 감소하므로 단락전류는 곡선 V_3S를 따라서 점 S에 도달하게 된다. 이 $\overline{OS}$에 상당하는 단락전류는 잔류자기에 의한 약간의 유도기전력으로 흐르는 것이기 때문에 I_m보다 대단히 작은 값이다.

② **자기포화와 여자전류 변동의 영향 :** 자여자 발전기의 여자에는 [그림 1.50]과 같은 포화부분을 사용하고 있으므로 계자전류에 약간의 변동이 있어도 단자전압에는 별로 영향이 없으나, 단자전압이 어떤 값보다 저하하면 계자전류가 약간 감소해도 단자전압을 크게 저하시켜서 대단히 불안정하게 된다.

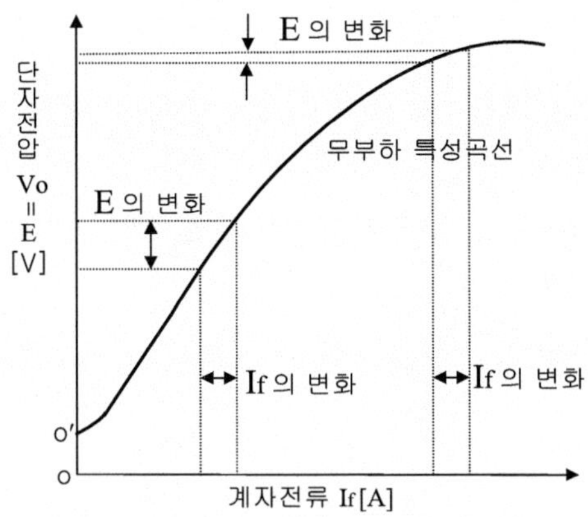

[그림 1.50] 자기포화와 계자전류변동의 영향

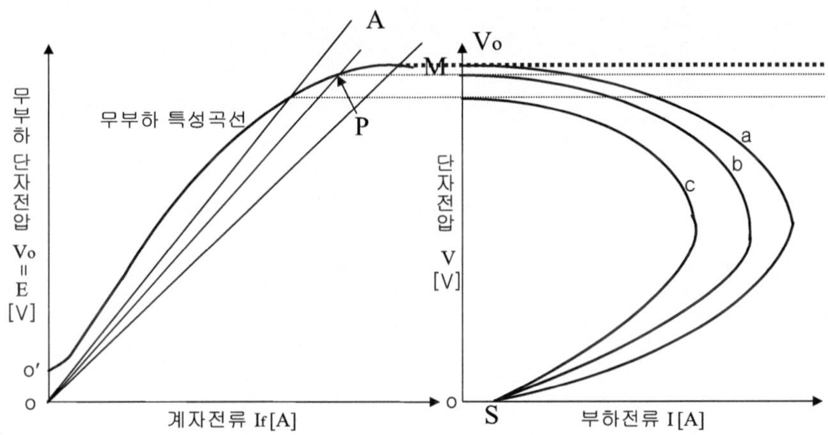

[그림 1.51] 계자저항과 외부특성곡선의 관계

③ **계자저항의 영향 :** 분권발전기의 외부특성곡선은 계자회로의 저항 R_f에 의하여 변화하기 때문에 이의 특성을 변경하려는 경우에는 [그림 1.51]과 같이 계자저항기를 가감시켜서 R_f를 바꾸면 좋다. 그림에는 아는 바와 같이 최대부하전류는 R_f를 증가시키면 감소하지만 단락전류 $\overline{OS}$의 크기는 이 곡선과 관계없이 일정하다.

(4) 용도

분권발전기는 타여자 발전기와 같이 전압변동률이 적고, 또 자여자이므로 다른 여자전원이 필요 없다. 더욱이 어떤 범위로 전압을 조정할 수 있으므로 전기화학용 전원, 전지의 충전용, 동기기의 여자용, 그 밖에 전압변동률을 별로 관계하지 않는 일반용도에 사용한다.

타여자 발전기 및 분권발전기는 전압의 변화가 적으므로 **정전압 발전기**라고 한다.

부록 1

단자전압이 100[V]인 발전기에 100[Ω]의 부하를 병렬로 증가시켜가면 합성저항은 감소하므로 부하전류는 증가한다. 발전기의 부하라는 것은 전등, 에어컨, 텔레비전, 히터, 모터 등 전기를 사용하는 기기를 말하며 부하를 일반적으로 병렬로 사용한다.

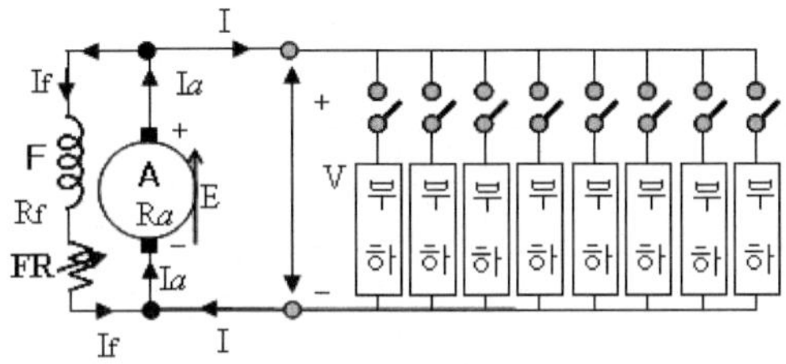

[그림 부록 1] 발전기의 부하증가

- **100[Ω] 이 1개일 경우** : $I=\dfrac{100[\mathrm{V}]}{100[\Omega]}=1[\mathrm{A}]$

- **100[Ω] 이 2개일 경우** : $I=\dfrac{100[\mathrm{V}]}{\dfrac{1}{\dfrac{1}{100[\Omega]}+\dfrac{1}{100[\Omega]}}}=\dfrac{100[\mathrm{V}]}{\dfrac{1}{\dfrac{2}{100[\Omega]}}}=\dfrac{100[\mathrm{V}]}{\dfrac{100[\Omega]}{2}}$

  $=\dfrac{100[\mathrm{V}]}{50[\Omega]}=2[\mathrm{A}]$

- **100[Ω] 이 4개일 경우** : $I=\dfrac{100[\mathrm{V}]}{\dfrac{100[\Omega]}{4}}=\dfrac{100[\mathrm{V}]}{25[\Omega]}=4[\mathrm{A}]$

- **100[Ω] 이 100개일 경우** : $I=\dfrac{100[\mathrm{V}]}{\dfrac{100[\Omega]}{100}}=\dfrac{100[\mathrm{V}]}{1[\Omega]}=100[\mathrm{A}]$

- **100[Ω] 이 1,000개일 경우** : $I=\dfrac{100[\mathrm{V}]}{\dfrac{100[\Omega]}{1,000}}=\dfrac{100[\mathrm{V}]}{0.1[\Omega]}=1,000[\mathrm{A}]$

100[Ω] 이 1,000개일 경우 합성저항은 0.1[Ω] 이며 이러한 때에는 0.1[Ω]의 도체로 단락(short)한 상태가 된다.

예제 18 E·x·e·r·c·i·s·e

정격출력 5[kW], 정격전압 200[V]인 직류분권발전기의 전기자저항이 0.15[Ω]이라면 전부하운전에서의 전압변동률은 얼마인가?

➔ 해설 $I_n = \frac{P_n}{V_n} = \frac{5,000}{200} = 25[A]$, R_f의 값이 없으므로 $I_f = \frac{V}{R_f}$를 무시한 경우이며 $I_a ≒ I$가 된다.

$E = V + I_a R_a = 200 + 25 \times 0.15 = 203.75[V]$

$\epsilon = \frac{E - V_n}{V_n} \times 100 = \frac{203.75 - 200}{200} \times 100 = 1.9[\%]$

예제 19 E·x·e·r·c·i·s·e

무부하전압 213[V], 정격전압 200[V], 정격출력 80[kW]의 분권발전기가 있다. 계자저항 20[Ω], 전부하 일 때에 전기자반작용에 의한 유도기전력의 강하가 4.8[V]라고 하면 전기자 회로의 저항은 몇 [Ω]인가?

➔ 해설 $E(= V_o) = 213[V]$, $R_f = 20[\Omega]$, $I_f = \frac{200}{20} = 10[A]$,

$V_n = 200[V]$, $P_n = 80[kW]$, $e_a = 4.8[V]$

$I = \frac{80,000}{200} = 400[A]$, $I_a = I + I_f = 400 + 10 = 410[A]$

$E = V + I_a R_a + e_a + e_b$ 에서

$R_a = \frac{E - V - e_a}{I_a} = \frac{213 - 200 - 4.8}{410} = 0.02[\Omega]$

1.4.5 직권발전기의 특성

직권발전기에서는 계자권선과 전기자권선이 직렬로 접속되며, 부하전류에 따라 여자되기 때문에 무부하인 경우에는 잔류자기로 약간의 유도기전력이 발생하지만 자기여자에 의한 전압의 확립은 일어나지 않는다.

(1) 무부하 특성곡선

직권발전기는 그대로 무부하 특성곡선을 얻지 못하므로 계자권선을 분리시켜서 타여자로 하여 구한다. [그림 1.52] (c)의 $O'M$은 이와 같이 해서 얻은 무부하 특성곡선이다.

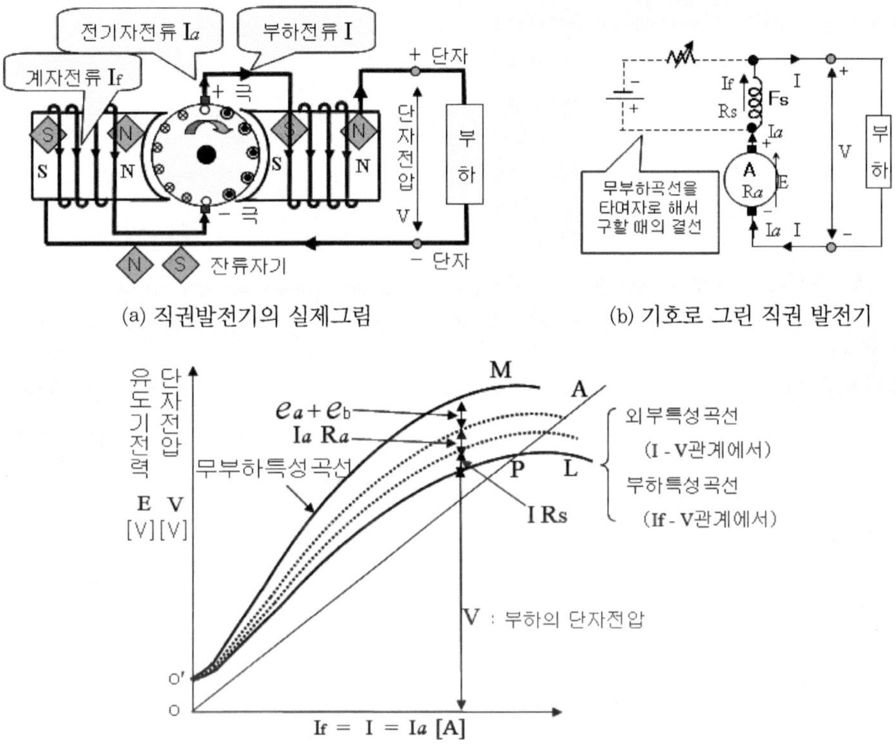

(a) 직권발전기의 실제그림 (b) 기호로 그린 직권 발전기

(c)

[그림 1.52] 직권발전기의 특성곡선

(2) 외부특성곡선

직권발전기에 부하를 접속하면, 전기자로회로에 전류가 흐르고 이 전류는 부하와 직권계자권선에 흐르므로 전압의 확립이 일어나서 부하전류 I[A]의 증가와 동시에 유도기전력 E[V]가 증가하여 단자전압 V[V]도 상승한다.

$$I_a = I_f = I \tag{1.27}$$

$$V = E - I_a(R_a + R_s) - e_b - e_a \tag{1.28}$$

$$V = IR \quad (1.29)$$

여기서 R_a : 전기자권선의 저항[Ω]

I_a : 전기자전류

R_s : 직권계자권선의 저항[Ω]

R : 부하의 저항

e_b : 브러시의 접촉저항에 의한 전압강하[V]

e_a : 전기자 반작용에 의한 전압강하[V]

[그림 1.52] 의 (c)에서 $O'L$은 외부특성곡선을 나타낸 것이다. 또 부하의 저항을 일정하게 하면, 요구하는 단자전압 $V = IR$은 $\overline{OA}$와 같은 직선이 되고 $O'L$과의 교점 P가 동작점이 된다.

외부특성곡선에서 아는 바와 같이 부하전류가 어느 한도를 넘으면 단자전압은 강하한다. 이것은 전류가 어느 한도를 넘으면 자기회로가 포화하므로 유도기전력은 전류가 증가하는 비율로는 증가하지 않고, 또 전기자 반작용과 회로의 저항에 의한 강하는 전류에 비례하여 증가하기 때문이다.

(3) 용도

직권발전기는 오늘날 승압기로서 가끔 사용되는 것 외에 거의 사용되지 않는다.

1.4.6 복권발전기의 특성

(1) 가동복권발전기(화동복권발전기)

분권발전기에서는 부하가 증가하면 전압강하가 커져서 단자전압이 낮아지는데, 가동복권발전기에서는 전기자와 직렬로 접속되어 있는 직권계자권선에 의한 자속(Φ_s [Wb])이 분권계자의 자속(Φ_f [Wb])과 합쳐서 유도기전력을 증가시키고 전기자 반작용에 의한 자속의 감소와 전기자저항에 의한 전압강하를 보충하고 있다.

[그림 1.53]과 같이 직권계자에는 부하전류 I가 흐르므로 **내분권 복권발전기**의 경우 단자전압 V는 식 (1.30)이 된다.

$$V = E - I_a R_a - IR_s - e_a - e_b = k(\Phi_f \pm \Phi_s)n - I_a R_a - IR_s - e_a - e_b [\mathrm{V}] \tag{1.30}$$

단, $k(\Phi_f + \Phi_s)n$는 [그림 1.53]의 내분권 가동복권, $k(\Phi_f - \Phi_s)n$는 [그림 1.54]의 내분권 차동복권일 때이다. $(\Phi_f > \Phi_s)$

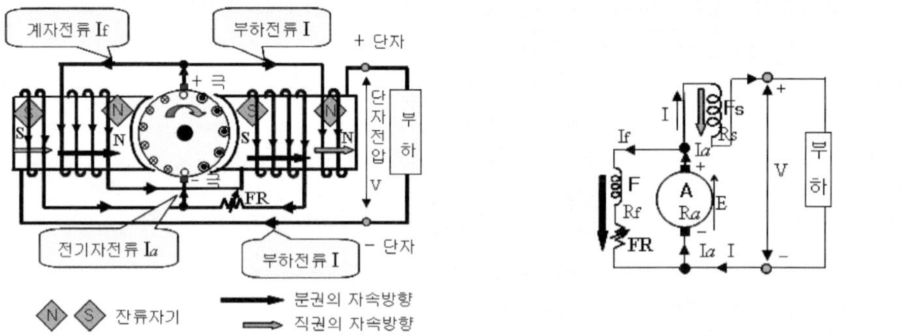

(a) 내분권 가동복권발전기의 실제그림 (b) 기호로 그린 내분권 가동복권발전기

[그림 1.53] 내분권 가동복권발전기

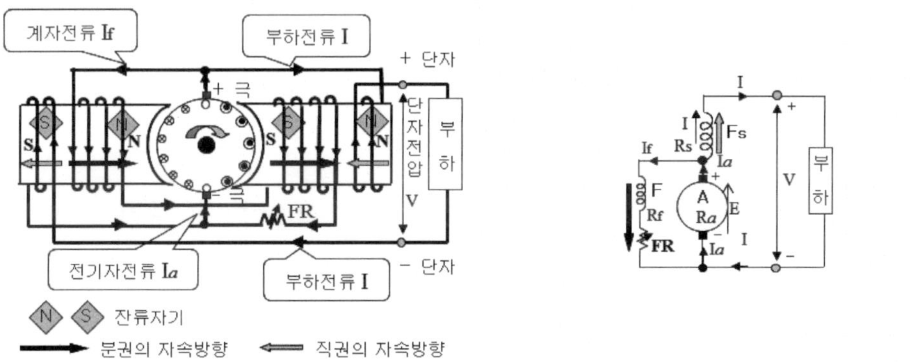

(a) 내분권 차동복권발전기의 실제그림 (b) 기호로 그린 내분권 차동복권발전기

[그림 1.54] 내분권 차동복권 발전기

외분권 복권발전기의 경우에는 [그림 1.55]와 같이 직권계자에는 부하전류 I_a가 흐르므로 단자전압 V는 식 (1.31)이 된다.

$$V = E - I_a R_a - I_a R_s - e_a - e_b = k(\Phi_f \pm \Phi_s)n - I_a(R_a + R_s) - e_a - e_b [\mathrm{V}] \tag{1.31}$$

단, $k(\Phi_f + \Phi_s)n$는 [그림 1.55]는 외분권 가동복권, $k(\Phi_f - \Phi_s)n$는 [그림 1.56]은 외분권 차동복권일 때이다. $(\Phi_f > \Phi_s)$

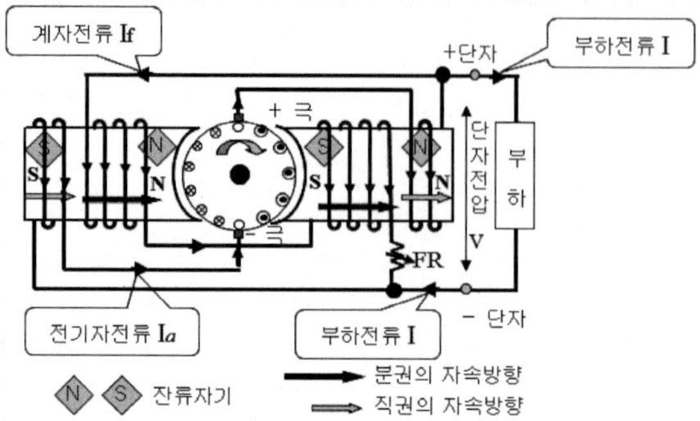

(a) 외분권 가동복권발전기의 실제그림

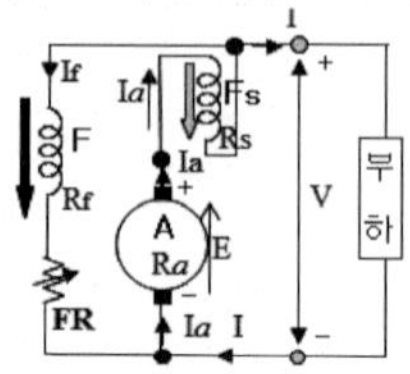

(b) 기호로 그린 외분권 가동복권발전기

[그림 1.55] 외분권 가동복권 발전기

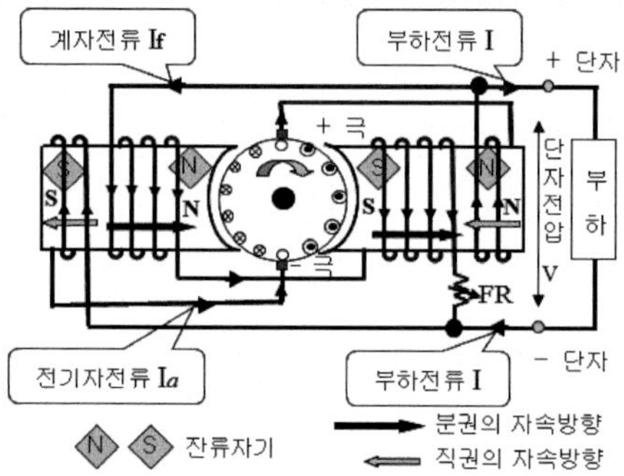

(a) 외분권 차동복권발전기의 실제그림

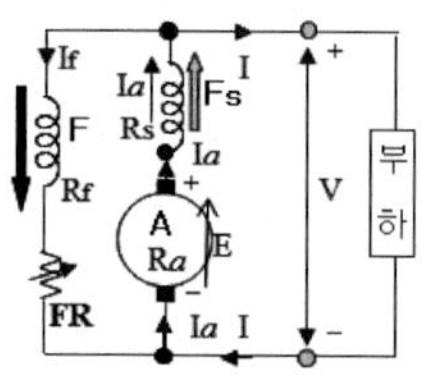

(b) 기호로 그린 외분권 차동복권발전기

[그림 1.56] 외분권 차동복권 발전기

① 평복권발전기

가동복권발전기에서는 단자전압을 부하의 증감에 관계없이 거의 일정하게 유지할 수 있다. 무부하 전압과 전부하 전압이 같은 특성을 갖는 것을 **평복권발전기**라고 한다. 즉, 평복권발전기에서는 전부하인 경우에 전기자 반작용에 의한 전압강하 e_a[V], 전기자 회로의 내부전압강하 $R_a I_a$[V] 및 직권계자권선의 전압강하 $R_s I$[V]의 합이 직권자속에 의한 유도기전력과 같도록 직권계자권선이 설계되면, 외부특성곡선은 [그림 1.57]과 같이 된다. 이와 같이, 부하가 변화해도 전압이 일정하므로 전등용, 선박용, 동기발전기의 부여자기용 등에 쓰인다.

② 과복권발전기

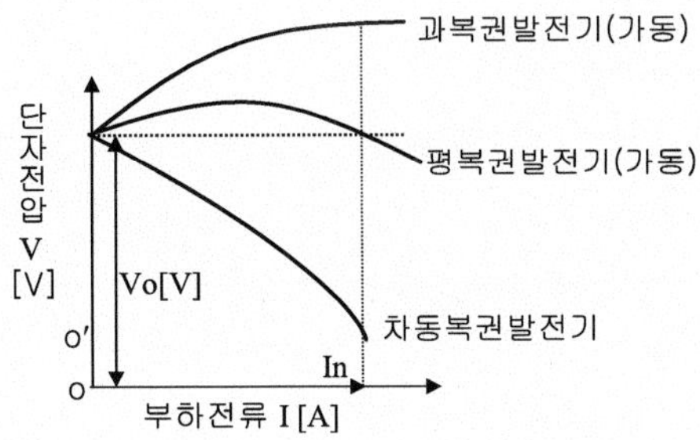

[그림 1.57] 복권발전기의 외부특성곡선

직권계자권선의 기자력을 평복권의 경우보다 크게 설계하고(즉 평복권일 때보다 직권계자권선을 많이 감으면), 직권자속에 의한 유도기전력이 전기자회로의 내부 전압강하보다 크면 외부특성곡선이 [그림1.57]과 같이 되어서 전부하 전압이 무부하전압보다 높은 것을 **과복권발전기**라고 한다. 일반적으로 사용되는 것은 평복권발전기이며, 과복권발전기는 별로 사용하지 않는다.

(2) 차동복권발전기

차동복권발전기에서는 분권계자의 자속(Φ_f [Wb])을 직권계자의 자속(Φ_s [Wb])으로 해소하도록 되어 있으므로, 외부특성곡선은 [그림 1.57]과 같이 부하의 증가에 따라 전압은 현저하게 강하하고 전류는 거의 일정하게 된다. 이와 같은 특성을 **수하특성**이라하고, **정전류**를 만드는 데 사용한다. 이발전기는 전기용접용으로 사용되는 일이 많다. 이와 같이 부하의 변화에 따라 전압이 광범위하게 변화하는 특성이 있는 발전기를 **변전압 발전기**라고 한다.

예제 20 E·x·e·r·c·i·s·e

전기자권선의 저항 $R_a=0.09[\Omega]$, 직권계자권선의 저항 $R_s=0.03[\Omega]$, 분권계자회로의 저항 $R_f=200[\Omega]$인 외분권 가동복권발전기가 있다. 부하전류 $I=50[A]$, 단자전압 $V=400[V]$일 때의 유도기전력 $E[V]$를 구하라. 또, 이 때의 전기자전류 $I_a[A]$는 얼마인가? (단, e_a, e_b는 무시한다.)

해설 [그림 1.58 예제 20]과 같이

$$I_f=\frac{V}{R_f}=\frac{400}{200}=2[A]$$

$$I_a=I_f+I=2+50=52[A]$$

$$E=V+(R_a+R_s)I_a$$
$$=400+(0.09+0.03)\times 52=406.24[V]$$

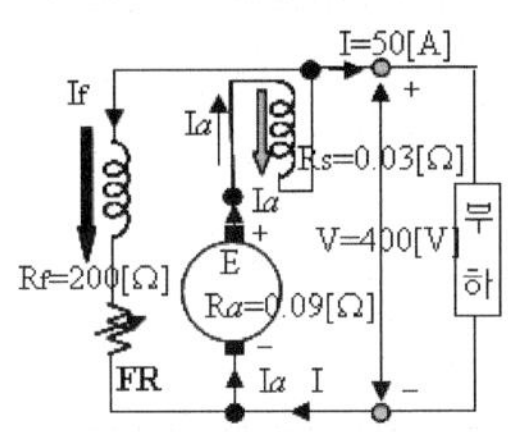

[그림 1.58 예제 20]

예제 21 E·x·e·r·c·i·s·e

직류 내분권 복권발전기가 있다. 전기자, 직권계자 및 분권계자의 저항은 각각 0.10[Ω], 0.10[Ω] 및 57.5[Ω]이다. 유도기전력이 120.2[V], 전기자 전류가 52[A]일 때, 단자전압, 부하전류 및 출력을 구하시오.

해설 분권 계자단자전압은

$$V' = E - I_a R_a$$
$$= 120.2 - 52 \times 0.1 = 115[\text{V}]$$
$$I_f = \frac{V'}{R_f} = \frac{115}{57.5} = 2[\text{A}$$
$$I = I_a - I_f = 52 - 2 = 50[\text{A}]$$
$$V = V' - IR_s$$
$$= 115 - 50 \times 0.1 = 110[\text{V}]$$
$$P = 110 \times 50 \times 10^{-3} = 5.5[\text{kW}]$$

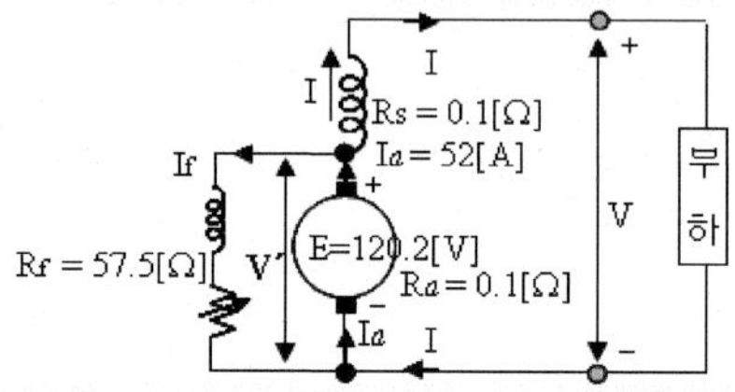

[그림 1.59 예제21]

예제 22 E·x·e·r·c·i·s·e

다음 발전기는 회전방향을 바꾸었을 때에도 그대로 전압을 유도하는가? 만약 기전력이 생기지 않거나 극성이 바뀌는 경우에는 어떻게 하면 좋은가?

(1) 타여자발전기 (2) 분권발전기
(3) 직권발전기 (4) 화동복권발전기

해설 (1) 타여자발전기 : 단자의 극성이 바뀐다.

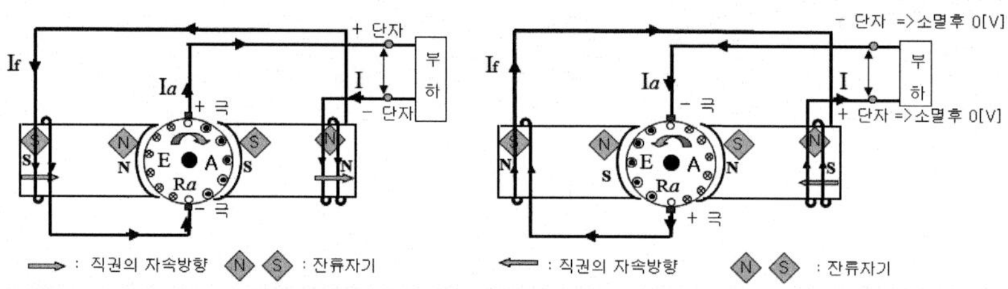

[그림 1.60 예제 22 (1)] 타여자발전기

(2) 분권발전기
(3) 가동(화동)복권발전기

(4) 직권발전기에서는 그림과 같이 잔류자기에 의한 유도기전력이 발생해서 I_f 가 흐르지만 이 I_f 에 의한 자속은 잔류자기를 소멸시키므로 기전력이 유도되지 않는다. 잔류자기가 소멸된 발전기는 계자권선에 외부에서 직류를 흐르게 해서 잔류자기를 만든 후에 정상회전방향으로 회전하면 기전력이 유도된다.

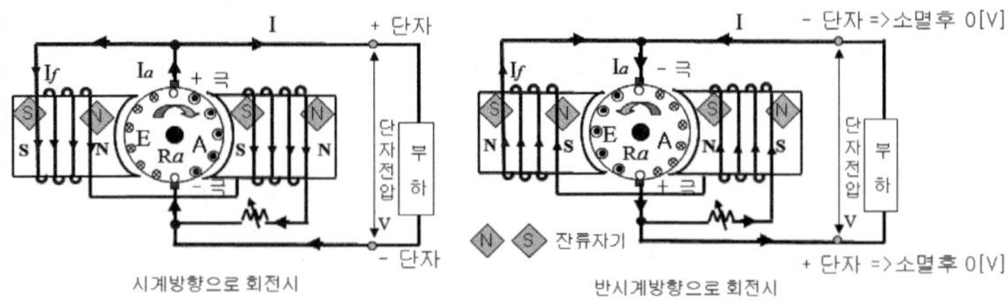

[그림 1.60 예제 22 (2)] 분권발전기

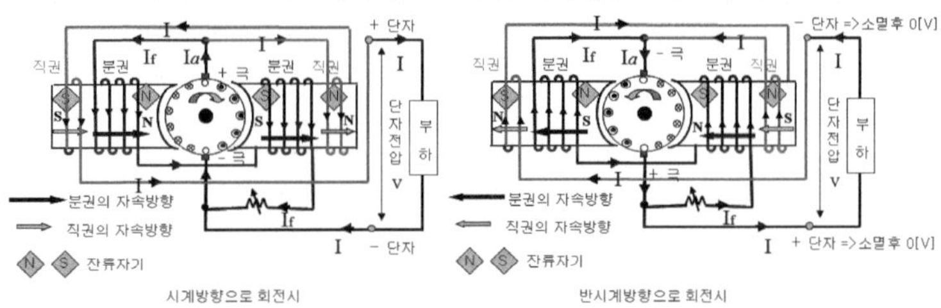

[그림 1.60 예제 22 (3)] 가동(화동)복권 발전기

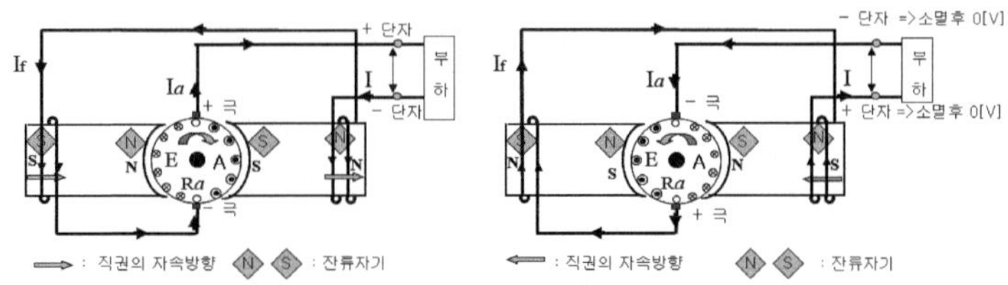

[그림 1.60 예제 22 (4)] 직권 발전기

1.5 직류발전기의 운전

1.5.1 기동. 운전. 정지의 순서

다음 순서로 발전기를 기동한다.

① 계자개폐기를 닫고 계자저항기의 저항을 최대로 한 후, 주회로의 스위치는 열어 놓은 상태로 기동하여 정격 회전수로 한다.

② 계자저항기를 조정하여 규정 전압을 유도시킨다.

③ 주회로의 스위치를 닫고 부하를 가한다.

정지시킬 때에는 이와 반대로 조작한다.

운전 중, 만약 고장이 생긴 경우에는, 즉시 주개폐기를 열어서 부하를 제거하고, 계자회로를 열어서 발전기를 무 전압으로 한다. 그러나 분권계자권선은 권수가 많고 자기인덕턴스가 크기 때문에 계자회로를 열 때, 식 (1.32)와 같이 리액턴스전압 e_r은

$$e_r = -L\frac{d\,i_a}{dt} = -w\frac{d\,\phi}{dt}[\mathrm{V}] \tag{1.32}$$

가 되며, 권선수를 w라 하면 자속 ϕ의 변화를 방해하는 방향으로 역기전력이 유도된다. 이 리액턴스전압이 고압으로 유도되면 계자회로의 절연을 파괴할 염려가 있다.

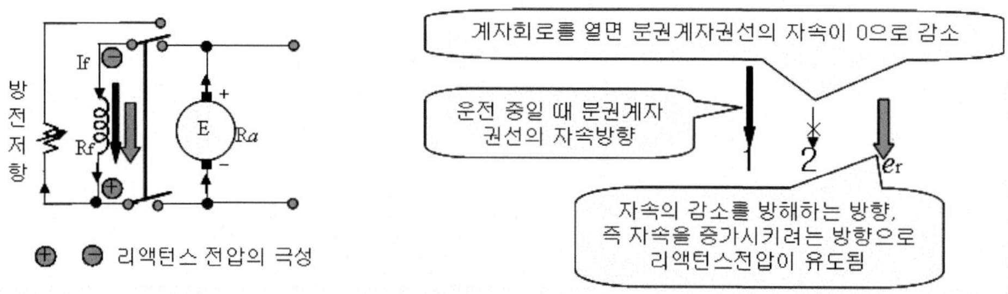

[그림 1.61] 방전저항과 계자개폐기

이것을 방지하기 위해서는 [그림 1.61]과 같은 계자개폐기를 사용하여 계자회로를 여는 동시에, 분권계자권선에 직렬로 계자방전저항을 접속하면 리액턴스전압은 방전저항에서 줄 열($0.24I^2R$[cal])에너지로 소모된다. 하지만 이러한 장치가 없는 경우에는 계자회로를 갑자기 열어서는 안 된다.

1.5.2 전압조정

직류발전기의 단자전압은 식 (1.9)에서 아는 바와 같이 계자전류 및 회전수의 변화에 따라 조정되나, 일반적으로는 회전수를 일정하게 유지하고 다음과 같은 방법으로 계자전류를 가감해서 조정한다.

(1) 타여자 발전기 및 분권발전기

이러한 발전기에는 계자권선과 직렬로 계자저항기를 접속하고, 저항을 가감시켜서 단자전압을 조정한다.

(2) 직권발전기

직권발전기에서는 계자권선과 병렬로 가변저항기를 접속하고, 계자전류를 가감하여 단자전압을 조정할 수 있으나 실제로 조정은 곤란하며 대개 사용하지 않는다. 이 가변저항기를 **분류가감기**라고 한다.

(3) 복권발전기

복권발전기에서는 분권발전기와 같이 분권계자회로의 계자저항기로 단자전압을 조정하나, 직권권선의 영향을 받기 때문에 상세한 전압조정은 곤란하다.

1.5.3 운전방식

직류발전기를 운전하는 데는 그 목적에 따라 다음과 같은 방식이 있다.

(1) 단독운전

1대의 발전기를 다른 발전기와 관계없이 운전하는 방법이다.

(2) 조합운전

2대 이상의 발전기를 직렬 또는 병렬로 접속하여 운전하는 방법이다.

① **직렬운전** : 낮은 전압의 발전기로 높은 전압을 얻으려는 경우에는 [그림 1.62]의 (a)와 같이 접속하고 있다. 각 발전기의 전류용량이 다를 때에는 부하전류는 A, B, C기

중에서 최소정격전류인 C기의 값보다 크게 할 수가 없으므로 100[A]로 하면 부하용량은 300[V]×100[A] = 30,000[W]을 걸고 사용한다. 만약 C기가 고장이라서 C기를 제거하면 300[V]인 부하에 A기와 B기로써 200[V] 밖에 전압을 낼 수 없으므로 이 방식은 현재 거의 사용하지 않는다.

② **병렬운전** : 정전이 되어서는 안 될 전원에 대해서는 1대의 대용량 발전기보다도 여러 개의 발전기를 병렬로 사용하는 것이 예비기의 면에서나 수리, 점검 등에서 유리하다.

(a)와 같은 A, B, C,기를 (b)와 같이 병렬로 사용하면 부하에는 450[A]까지 전류를 흐르게 되므로 부하용량은 100[V]×450[A]= 45,000[W]까지 걸고 사용한다.

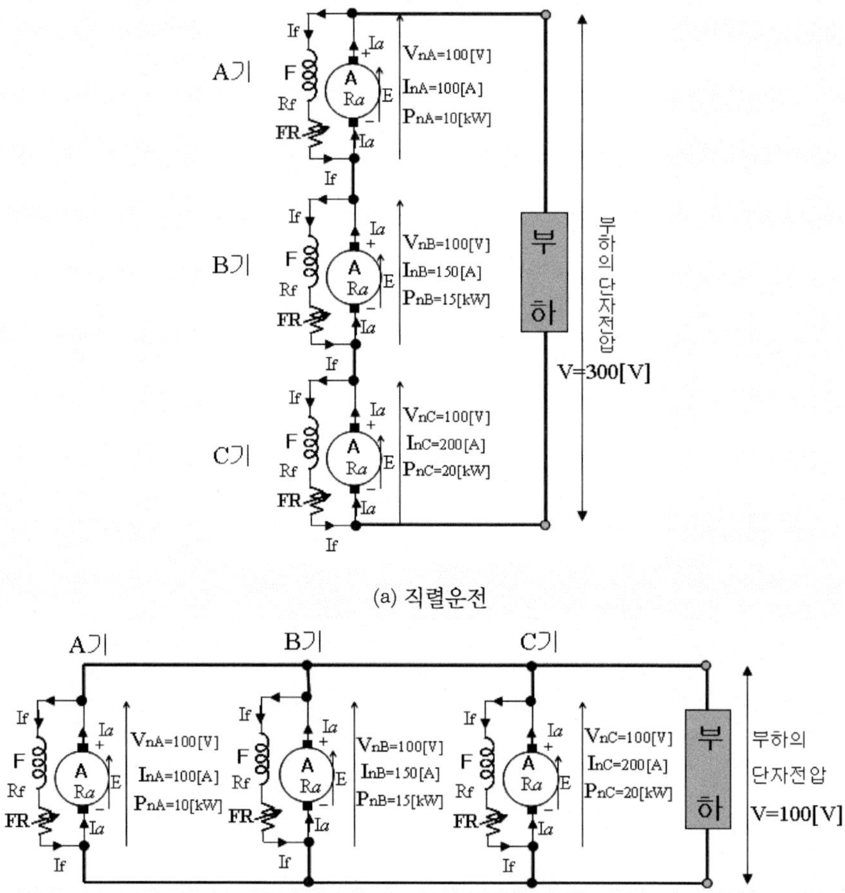

(a) 직렬운전

(b) 병렬운전

[그림 1.62] 직렬운전과 병렬운전

만약 C기가 고장이라서 C기를 제거하면 100[V]인 부하에 A기와 B기로써 250[A]까지 전류를 흐르게 할 수 있으므로 부하용량은 100[V]× 250[A]= 25,000[W]까지 걸고 사용할 수 있다.

1.5.4 병렬운전

(1) 분권발전기의 병렬운전

분권발전기를 병렬로 운전하는 경우에 각 발전기가 구비해야 할 조건은 극성과 단자전압이 같은 것이어야 되며, 유도기전력과 용량은 다른 것이라고 된다.
또한 부하를 평등하게 분담시키거나 부하의 분담을 바꾸려면 부하를 증가시키려는 발전기의 계자저항기를 조정하여 계자를 강하게 하고, 또는 부하를 감소시키려는 발전기의 계자를 약하게 하면 된다.

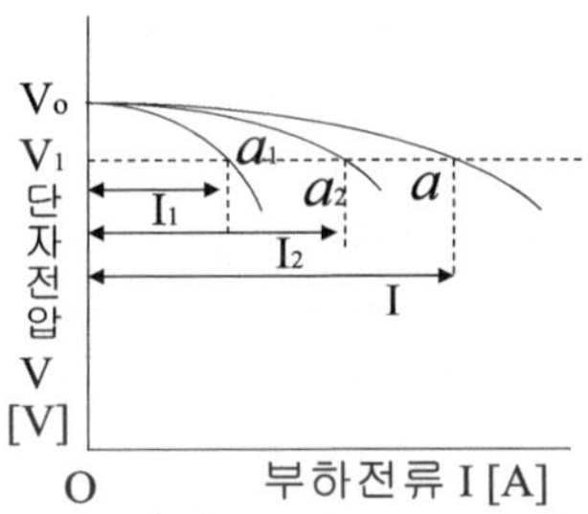

[그림 1.63] 분권발전기의 외부특성곡선과 부하의 분담

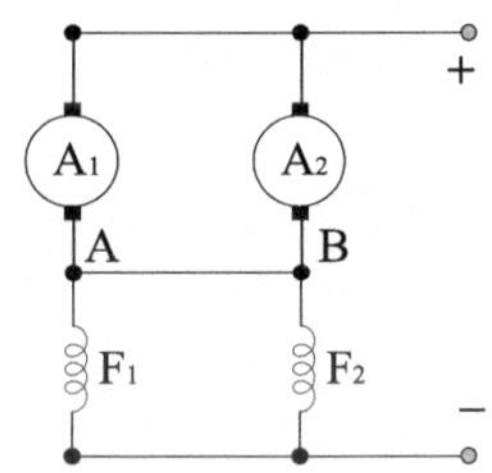

[그림 1.64] 직권발전기의 병렬운전

(2) 직권발전기의 병렬운전

직권발전기의 외부특성은 부하전류(=계자전류)가 증가하면 단자전압이 높아진다.
지금, 용량이 같은 2대의 직권발전기가 평등하게 부하를 분담하여 병렬운전을 하고 있는 경우 어떤 원인으로 한쪽 발전기의 부하가 약간 증가하면, 단자전압이 증가하여 분담하는 부하를 다시 증대시키게 된다. 부하가 증가할수록 단자전압은 증가하기 때문에 부하는 점점 한쪽으로 기울어지고 분권 발전기처럼 안정된 병렬운전은 할 수 없게 된다.
그러나 [그림 1.64]와 같이 저저항의 도체로 직권계자권선의 단자 A, B를 연결하여 두 개의 계자권선을 병렬로 접속하면, 발전기 한 대의 부하전류가 증가된 경우라도 그 전류는 두 발전기의 직권권선으로 분류하고, 두 발전기가 모두 함께 여자되기 때문에 안정된 병렬 운전을 할 수 있다. 이와 같은 도체를 **균압모선**이라고 한다.

(3) 복권발전기의 병렬운전

복권발전기를 병렬 운전하는 경우에도 직권발전기의 경우와 같이 **균압모선**을 사용할 필요가 있다.

예제 23 E·x·e·r·c·i·s·e

직류발전기 2대를 병렬로 운전하여 100[A]를 공급하고 있다. 각 발전기의 유도기전력 및 내부저항은 각각 110[V], 0.04[Ω] 및 112[V], 0.06[Ω]이다. 이 경우 각 발전기에 흐르는 부하전류와 단자전압을 구하시오.

해설 $V = E_A - I_A R_{aA} = E_B - I_B R_{aB}$ ······ ①

$I_A + I_B = 100 \qquad I_A = 100 - I_B$ ······ ②

①과 ②에서 $110 - 0.04(100 - I_B) = 112 - 0.06\,I_B$

$110 - 4 + 0.04 I_B = 112 - 0.06\,I_B$

$0.04 I_B + 0.06\,I_B = 112 - 110 + 4$

$0.1 I_B = 6$

$\therefore\ I_B = 60[\text{A}]$

$\therefore\ I_A = 100 - I_B = 100 - 60 = 40[\text{A}]$

$\therefore\ V = 112 - 60 \times 0.06 = 108.4[\text{V}]$

예제 24 E·x·e·r·c·i·s·e

발전기의 정격이 각 각 100[kW]와 200[kW]이고 부하전류가 300[A]일 때 각 발전기의 분담전류는 몇 [A]인가? (단, 두 발전기의 외부특성곡선은 서로 겹쳐진다.)

해설 두 발전기의 외부특성곡선이 서로 같으므로 용량에 비례하여 부하전류를 분담한다. 100[kW]발전기의 부하전류를 I_1, 200[kW]발전기의 부하전류를 I_2라고 하자.

$I_1 + I_2 = 300[\text{A}]$에서 $I_1 = 300 - I_2$

$100 : 200 = (300 - I_2) : I_2$

$100 I_2 = 200(300 - I_2)$

$100 I_2 = 60{,}000 - 200 I_2$

$$300I_2 = 60{,}000$$
$$I_2 = 200[\mathrm{A}]$$
$$I_1 = 300 - I_2 = 300 - 200 = 100[\mathrm{A}]$$

1.6 특수직류기

직류발전기에는 지금까지 설명한 것 외에 특수한 목적으로 사용하기 위하여 구조를 특수하게 만든 것이 있다. 증폭발전기, 제3브러시 발전기, 승압기, 전기동력계 등이 있다.

1.6.1 증폭발전기

증폭발전기는 대 용량의 전기기계를 자동으로 제어할 때에 전력을 증폭하기 위하여 사용되는 것이며, **앰플리다인**과 로토트롤이 대표적인 것이다.

(1) 앰플리다인

직류발전기에서는 전기자 반작용에 의하여 주 자속이 영향을 받으나 이 반작용을 이용하여 계자권선에 가한 약간의 전력변화를 속응적으로 큰 전력변화로 증폭하는 발전기가 앰플리다인이다. 약간의 계자전류 i 는 2단으로 증폭되어서 큰 전류 I 가 되고 부하회로에 공급된다. 이 때에 증폭율은 20,000~30,000정도이다.

앰플리다인은 직류기의 전압, 전류, 속도의 제어 및 교류발전기의 전압, 또는 역률을 제어 하는데 사용하고 용량은 $10[\mathrm{kW}]$ 정도까지로 된 것을 제작하고 있다.

(2) 로토트롤

로토트롤은 분권 또는 직권계자권선 F_s 외에 기준권선 F_p 와 신호권선 F_c 가 있는 직류발전기이다.

직권형은 직렬저항 FR 안에서 전력이 손실되는 결점이 있으나 신호전류에 변화를 준 다음 로토트롤의 단자전압이 변화되어 끝날 때까지의 시간(응답시간)은 짧다. 또한 분권형은 FR 이 전기자에 병렬로 들어 있는 형태이며 계자손실은 적으나 응답시간이 긴 결점이 있다.

1.6.2 제3브러시 발전기

제3브러시 발전기란 +, - 의 브러시 외에 제3의 브러시가 +, - 브러시 중간에 설치된 것이며, 특성에 따라 **정전압형**과 **정전류형**이 있다. 제3브러시 발전기는 속도가 어느 정도 변해도 단자전압이 별로 변하지 않으므로 자동차 축전지의 충전용이나 열차전등의 전원에 사용하며 2[kW] 정도까지 제작되고 있다.

1.6.3 승압기

직류회로에 직렬로 접속해서 회로의 전압을 광범위하게 제어하기 위하여 사용되는 직류발전기를 **승압기**(booster)라고 한다.

[그림 1.65]는 직권승압기의 접속을 나타낸 것이며, 직권계자는 부하전류로 여자되고 이 전류와 상응된 전압 v 가 회로에 가해지기 때문에, 승압기 B 의 전압 v 를 송전단에서 수전단까지 선로내의 전압강하와 같게 하면, 수전단의 전압을 부하의 크기에 관계없이 일정하게 유지할 수가 있다.

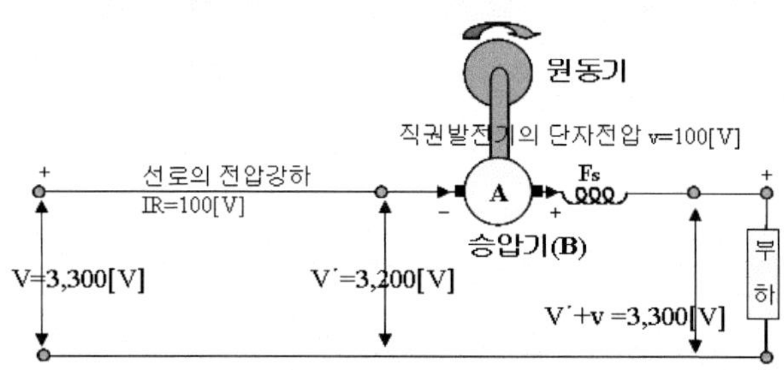

[그림 1.65] 직권 승압기

1.6.4 전기동력계

전기동력계(electric dynamometer)는 일종의 직류발전기(보통 타여식 또는 분권식)이며, 원동기의 출력과 토크를 측정하는 데 널리 사용된다.

일반적인 발전기와 구조면에서 다른 주요한 점은 자기 프레임 전체가 베어링으로 지지되어 있기 때문에 움직일 수 있는 것이다.

[그림 1.66]과 같이 발전기의 전기자는 출력을 측정하려는 원동기에 직결하고 타여자 발전기로서 운전하는데 발전기에 전기적인 부하를 걸면, 전기자전류가 전기자에 흐른다. 이 경우, 전기자전류와 자극 사이에 작용하는 토크 τ_c 는 원동기가 전기자에 주는 토크 τ 와 같은 크기이며 방향은 반대이다.

그리고 이 τ_c 는 반동 작용에 의하여 자기 프레임을 전기자와 동일한 방향으로 회전시키려고 하기 때문에 자기 프레임에 설치한 암 위의 저울에 중량 W' [N] 이 나타나므로 다음 식에서 원동기의 축이 주는 토크를 알 수 있다.

$$\tau_c = \tau = W' L[\mathrm{N} \cdot \mathrm{m}] \tag{1.33}$$

단, L 은 평형이 되었을 때의 암 길이[m]이다.

전기동력계의 회전수를 n[rps]라고 하면 원동기의 출력 P[W]는 (1.45)식으로 구할 수 있다.

$$P = (\text{각속도}) \times (\text{토크}) = \omega\tau = 2\pi n\tau = 2\pi n[\text{회전수/s}] \times W'[\mathrm{N}] \times \mathrm{L}[\mathrm{m}] \text{에서}$$

$$1[\mathrm{N} \cdot \mathrm{m}] = 1[\mathrm{J}],\ 1[\mathrm{J/s}] = 1[\mathrm{W}] \text{이므로} \tag{1.34}$$

$$P = 2\pi n W' L[\mathrm{W}]$$

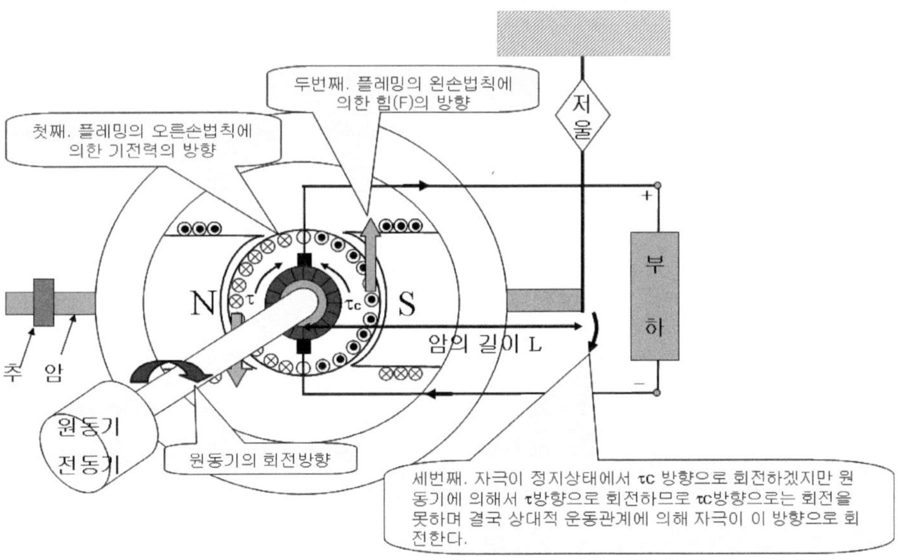

[그림 1.66] 전기동력계

식(1.33)에서 W'는 [N]의 단위이지만 실제로는 W[kg]의 저울이 흔히 사용되므로 W[kg]으로 측정하였을 때의 출력은

$$\tau = \mathrm{W\,L}[\mathrm{kg \cdot m}] = 9.8\mathrm{W\,L}[\mathrm{N \cdot m}],\ \text{단},\ 1[\mathrm{kg \cdot m}] = 9.8[\mathrm{N \cdot m}]$$

$$P = 2\pi n \tau = 2\pi \times \frac{N}{60} \times 9.8\,WL[\mathrm{W}] = 1.026 N W\mathrm{L}\,[\mathrm{W}] \tag{1.35}$$

$$= 1.026\,N\,\tau\,[\mathrm{W}]$$

단, n : 1초간의 회전수[rps], N : 1분간의 회전수[rpm]이며 이식이 많이 사용되고 있다.

예제 25 E·x·e·r·c·i·s·e

전동기의 출력을 측정하기 위해 전기동력계를 직결하고 전동기를 3,600[rpm]으로 회전하였다. 이 때 동력계의 저울이 20[kg]를 지시하였다면 전출력 P[kW]와 토크[N· m]는 얼마인가? (단, 동력계의 암의 길이는 0.2[m]이다.)

해설

$$\tau = 9.8\,WL[\mathrm{N \cdot m}] = 9.8 \times 20 \times 0.2[\mathrm{N \cdot m}] = 39.2[\mathrm{N \cdot m}]$$

$$P = 2\pi n\,\tau = 2\pi \times \frac{N}{60} \times 9.8\,WL[\mathrm{W}] = 1.026\,NWL[\mathrm{W}]$$

$$= 1.026 \times 3{,}600 \times 20 \times 0.2 = 14{,}774[\mathrm{W}] \fallingdotseq 15[\mathrm{kW}]$$

예제 26 E·x·e·r·c·i·s·e

분권발전기와 분권전동기의 차이점은?

해설

① 분권발전기 : 기계적인 에너지(원동기출력)를 전기적인 에너지로 변환, 유기기전력

$$E = P\Phi n \frac{Z}{a} = k\Phi n[\mathrm{V}]$$

$$E = V + I_a R_a[\mathrm{V}]\ ,\ I_a = I + I_f[\mathrm{A}]$$

부하(전기적인 부하)가 증가하면 속도가 감소

② 분권전동기 : 전기적인 에너지를 기계적인 에너지로 변환,

역기전력 $E = P\Phi\, n \dfrac{Z}{a} = k\Phi n[\mathrm{V}]$

$$E = V - I_a R_a[\mathrm{V}]\ ,\ I_a = I - I_f[\mathrm{A}]$$

부하(기계적인 부하)가 증가하면 속도가 감소

③ 기기의 구조는 똑 같으므로 분권발전기를 분권전동기로 사용할 수 있고, 분권전동기를 분권발전기로 사용할 수 있다.

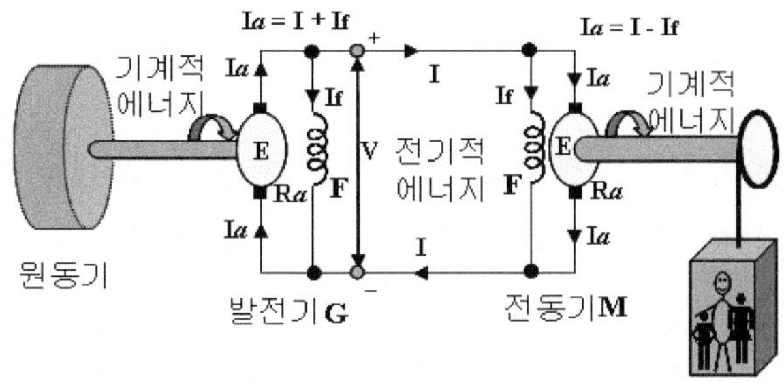

[그림 예제 26] 분권발전기와 분권전동기

1.7 직류전동기의 이론

1.7.1 직류전동기의 원리

[그림 1.67]의 (b)에서 브러시 사이에 직류전압을 가했을 때, 전기자권선에 그림과 같은 방향으로 전류가 흐른다고 하자.

이 전류와 계자속 사이에는 전자력이 작용하고 전기자의 각 도체는 **플레밍의 왼손법칙**에 따라 화살표 방향으로 힘을 받기 때문에 전기자는 회전한다.

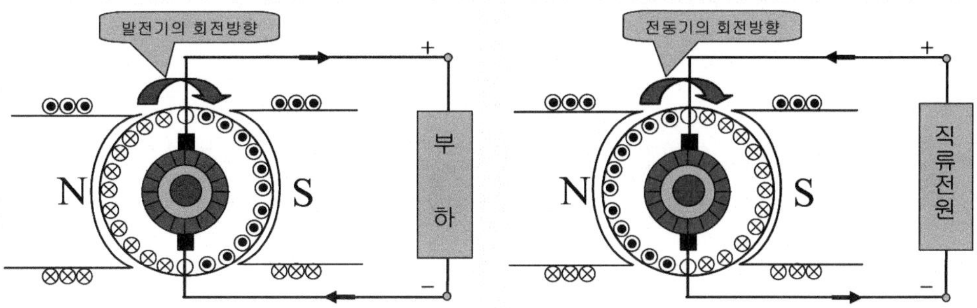

[그림 1.67] 직류발전기와 직류전동기

전기자가 회전하여도 정류자와 브러시의 작용에 의하여 각 자극의 밑에 있는 도체에는 항상 동일한 방향으로 전류가 흐르기 때문에 전기자는 계속해서 동일한 방향으로 회전한다.

이 때의 정류자와 브러시의 작용은 직류전원의 직류를 전기자권선에는 전류의 방향을 바꾸는 전류(轉流) 역할을 한다{즉 N 극 밑의 전기자 권선에는 전류가 나오게 하고 S 극 밑의 전기자 권선에는 전류가 들어가게 한다}. 직류전동기는 이와 같은 원리에 의하여 회전하므로 직류발전기는 그대로 전동기로서 동작할 수 있다.

[그림 1.67]의 (b)는 직류전동기의 경우를 나타낸 것인데, 그림 (a)의 발전기와 비교할 때 자극 및 단자의 극성과 회전방향을 같게 하면 발전기와 전동기는 전기자전류의 방향만이 반대가 된다.

1.7.2 역기전력과 부하전류

[그림 1.67]에서 전동기가 회전하면, 도체는 자속을 끊고 있기 때문에 발전기의 경우와 같이 **플레밍의 오른손 법칙**에 의해 기전력이 유도된다. 이 기전력의 방향은 공급한 단자전압 V[V]와는 반대방향이 되고 전기자전류를 방해하도록 작용하므로 이것을 역기전력이라고 한다. 이 역기전력의 크기 E[V]는 P를 자극수, Φ[Wb]를 1 극당의 자속. Z를 전기자도체총수, a를 전기자의 병렬회로수, n[rps]을 매초의 회전수라 하면 발전기에서 유도기전력을 구하던 식 (1.9)와 같이

$$\text{역기전력 } E = P\Phi n\frac{Z}{a} = \frac{PZ}{a}\Phi n = k\Phi n[\text{V}] \qquad (1.36)$$

$$\text{단, } k = \frac{PZ}{a}$$

이 된다.

전동기에서 단자전압, 역기전력 및 내부전압강하의 관계는 전기자회로의 저항을 R_a[Ω]이라 하고 전기자전류를 I_a[A]라 하면 [그림 1.68]에서 아는 바와 같이 다음 식으로 표시된다.

$$V = E + I_a R_a [\text{V}] \qquad (1.37)$$

따라서, 전기자전류 I_a[A]는

$$I_a = \frac{V-E}{R_a} = \frac{V-k\Phi n}{R_a}[\mathrm{A}] \tag{1.38}$$

이 된다.

역기전력 E는 속도 n에 비례하므로 전동기의 기계적 부하가 증가해서 속도가 떨어지면 E도 감소한다. 그러면 식 (1.38)에서 아는 바와 같이 I_a[A]가 증가하고 전동기의 전기적 입력은 자동적으로 증가하여 기계적 부하의 증가에 따르게 된다.

반대로 기계적 부하가 감소하여 속도가 상승하면 E가 증가하므로 I_a[A]는 감소되고 전동기의 전기적 입력은 자동적으로 감소해서 기계적 부하의 감소에 따른다.

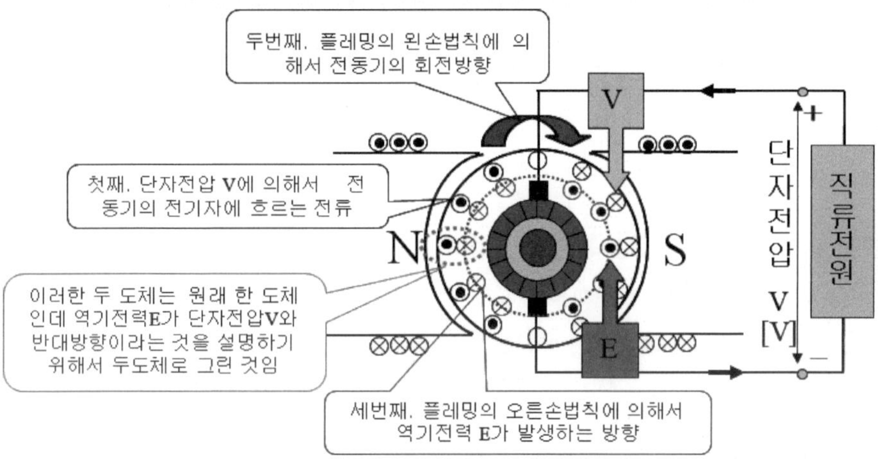

[그림 1.68] 전동기의 역기전력

1.7.3 직류전동기의 종류

이미 설명한 바와 같이 직류발전기는 직류전동기로 사용할 수 있기 때문에 구조는 발전기와 똑같다.

또한, 종류도 발전기의 경우와 같이 계자권선과 전기자권선의 접속방식에 따라 다음과 같이 분류된다.

① 타여자전동기

② 분권전동기

③ 직권전동기

④ 가동(화동)복권전동기-내분권과 외분권이 있다.

⑤ 차동복권전동기-내분권과 외분권이 있다.

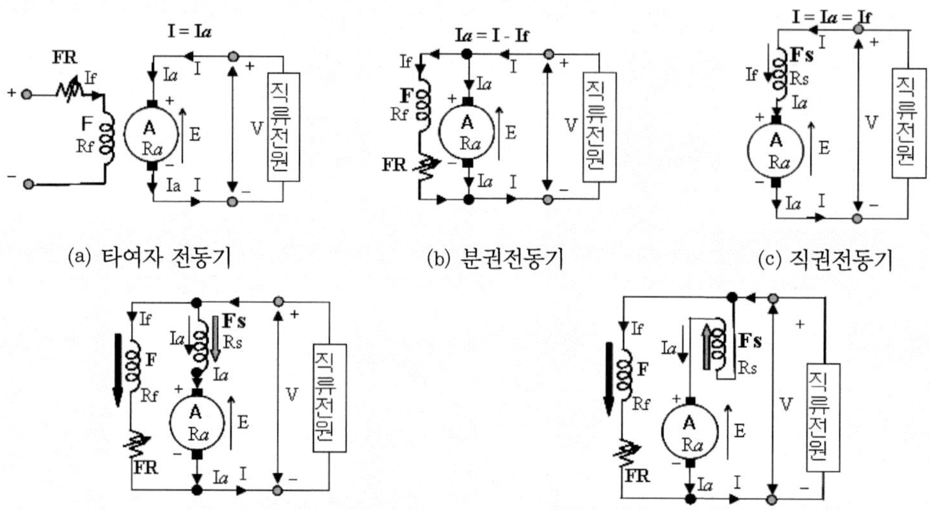

(a) 타여자 전동기 (b) 분권전동기 (c) 직권전동기

(d) 가동(화동) 복권전동기(외분권) (e) 차동 복권전동기(외분권)

F_s : 직권계자권선	R_s : 직권계자권선의 저항	⇓ : 직권계자권선의 자속(Φ_s)의 방향
F : 분권계자권선	R_f : 분권계자권선의 저항	⬇ : 분권계자권선의 자속(Φ_f)의 방향
A : 전기자권선	R_a : 전기자권선의 저항	I_a : 전기자 전류
I : 부하 전류	I_f : 계자 전류	FR : 계자저항기
V : 단자전압	E : 역기전력	

[그림 1.69] 각종 직류전동기의 접속

[그림 1.69]는 이들의 약도를 나타낸 것이다. 복권전동기는 외분권을 표준으로 한다. 전동기의 경우, 타여자란 [그림 1.69]의 (a)와 같이 계자전류를 전기자전류와 전혀 별개 계통의 전원에서 얻는 것을 말한다.

1.7.4 속도와 토크 및 출력

(1) 속도

식(1.36)의 $E = \frac{PZ}{a}\Phi n$[V]과 식(1.37)의 $E = V - I_a R_a$[V]에서 전동기의 속도 n[rps]는

$$n = \frac{a}{PZ}\frac{E}{\Phi} = k_2 \frac{V - I_a R_a}{\Phi} \text{[rps]} \qquad (1.39)$$

$$\text{단, } k_2 = \frac{a}{PZ}$$

즉, 전동기의 속도는 역기전력에 정비례하고 1극의 자속에 반비례하는 것을 알 수 있다.

(2) 토크

전기자전류에 의하여 어떠한 토크가 생기는가를 알아보자. 지금 공극의 자속밀도를 B[Wb/m^2], 전기자도체에 흐르는 전류를 i_a[A], 전기자도체 1개의 유효길이를 l[m]이라 하면 도체 1개에서 발생하는 힘 f[N]은 식(1.12)에서

$$f = B i_a l \text{[N]} \qquad (1.40)$$

또, 전기자의 직경을 D[m], 각 자극의 자속을 Φ[Wb]라 하면, 전기자 표면의 자속밀도 B는 식(1.7)에서 $B\pi D l = P\Phi$[Wb]이므로

$$B = \frac{P\Phi}{\pi D l} \text{[Wb/m}^2\text{]} \qquad (1.41)$$

도체총수를 Z라 하고 전체도체에서 발생하는 힘을 F[N]이라 하면

$$F = f Z = B i_a l Z = \frac{P\Phi}{\pi D l} i_a l Z = \frac{P\Phi}{\pi D} i_a Z \text{[N]} \qquad (1.42)$$

따라서 전기자가 발생하는 토크는 다음 식과 같다.

$$\tau = F\frac{D}{2} = \frac{P\Phi}{\pi D} i_a Z \frac{D}{2} = \frac{P\Phi}{2\pi} i_a Z \text{[N·m]} \qquad (1.43)$$

전기자전류 I_a[A], 전기자의 병렬회로수를 a라 하면 전기자도체를 흐르는 전류 i_a는

$i_a = \frac{I_a}{a}$ 이므로

$$\tau = \frac{P\Phi}{2\pi}\frac{I_a}{a}Z = k_1\Phi I_a [\text{N}\cdot\text{m}] \text{ 단, } k_1 = \frac{PZ}{2a\pi} \quad (1.44)$$

여기서, $I_a = \frac{2\pi a \tau}{P\Phi Z}$가 된다.

위의 식에서 k_1은 전동기에서 정수이므로 전동기가 발생하는 토크 τ는 매극의 자속 Φ와 전기자전류 I_a의 곱에 비례하는 것을 알 수 있다.

(3) 출력

식(1.37)에서

$$V = E + I_a R_a [\text{V}]$$

양변에 I_a를 곱하면

$$VI_a = EI_a + I_a^2 R_a [\text{W}]$$

이 식에서 VI_a는 전기자회로의 입력, $I_a^2 R_a$는 전기자회로의 동손이기 때문에

$$VI_a - I_a^2 R_a = EI_a [\text{W}] \quad (1.44')$$

는 전동기에서 기계적인 동력으로 변환되는 전력이다. 이것을 P_m[W]라 하면 식(1.44′) 및 식(1.44)에서

$$P_m = EI_a = P\Phi n \frac{Z}{a} \cdot \frac{2a\pi\tau}{P\Phi Z} = 2\pi n \tau [\text{W}] \quad (1.45)$$

즉, 전동기에서 기계적인 동력으로 변환되는 전력, 즉 발생출력 P_m[W]은 역기전력 E와 전기자전류 I_a의 곱과 같고 또한, 토크 τ와 회전수 n의 곱에 비례한다.

전동기의 손실은 $I_a^2 R_a$외에 전기자철손과 기계손이 있기 때문에 전동기의 출력 P는

다음과 같다.

$$P = P_m - (\text{철손}+\text{기계적제손실}) \quad (1.46)$$

그러나 전기자철손과 기계손이 없다고 하면 $P = P_m = EI_a$으로 계산한다.

예제 27 E·x·e·r·c·i·s·e

정격전압 100[V], 정격전류 50[A], 전기자회로저항 0.2[Ω]의 직류발전기가 있다. 이것을 전동기로 사용하고 전부하에서 발전기와 같은 속도로 회전시키려면 단자전압은 몇 [V]를 공급해야 하는가? (단, 전기자 반작용 및 계자전류를 무시해도 좋다.)

→ 해설 발전기의 경우 $E = V + I_a R_a [V] = 100 + 50 \times 0.2 = 110[V]$

전동기의 경우 $V = E + I_a R_a [V]$

회전수가 같기 때문에 $E = 110[V]$

$V = 110 + 50 \times 0.2 = 120\ [V]$

예제 28 E·x·e·r·c·i·s·e

극수 4, 전기자 직경 0.2[m], 축방향의 길이 0.3[m], 도체수 220개, 중권인 직류전동기가 전기자 전류 40[A], 회전수 1,200[rpm]으로 운전하고 있다. 이 때의 토크 및 기계적 출력을 구하라. (단, 공극의 평균자속밀도는 0.35[Wb/m²]로 한다.)

→ 해설 전기자 권선은 중권이므로 $a = P$이며, 1극의 자속은 식(1.7)에서 $\Phi = \dfrac{B\pi Dl}{P}$이므로

$$\Phi = \frac{0.35 \times \pi \times 0.2 \times 0.3}{4} = 0.016485[Wb]$$

전기자 총 도체수 Z, 극수 P, 병렬 회로수 a(중권에서는 $a = P$), 전기자 전류 I_a인 경우의 토크는, 식 (1.44)에서

$$\tau = \frac{P\Phi}{2\pi}\frac{I_a}{a}Z = \frac{\Phi}{2\pi}I_a Z = \frac{0.016485}{2\pi} \times 40 \times 220 = 23.1[N \cdot m]$$

출력 $p_m = 2\pi n \tau = 2\pi \times \dfrac{N}{60} \times \tau = 2\pi \times \dfrac{1,200}{60} \times 23.1 = 2,901.36[W]$

예제 29 E·x·e·r·c·i·s·e

정격출력 7.5[kW]의 분권전동기가 1,200[rpm]으로 회전할 때 토크를 [N· m] 및 [kg· m]의 단위로 구하라.

해설 식 (1.46)에서 $P = P_m$ − (철손 + 기계적 제 손실)이지만 손실이 주어지지 않았으므로 $P \fallingdotseq P_m$ 이고 식 (1.45)에서

$$\tau = \frac{P_m}{2\pi n} = \frac{P}{2\pi n} = \frac{7.5 \times 10^3}{2\pi \frac{1,200}{60}} = 59.7[\text{N} \cdot \text{m}]$$

$1[\text{kg} \cdot \text{m}] = 9.8[\text{N} \cdot \text{m}]$ 이므로

$$\tau' = \frac{\tau}{9.8} = \frac{59.7}{9.8} \fallingdotseq 6.1[\text{kg} \cdot \text{m}]$$

예제 30 E·x·e·r·c·i·s·e

정격전압 200[V], 전기자회로의 저항 0.2[Ω]의 직류분권전동기가 정격운전을 할 때 역기전력이 192[V]이라면 전기자전류 및 기계적 출력은 얼마인가?

해설 식(1.38)에서 $I_a = \frac{V - E}{R_a} = \frac{200 - 192}{0.2} = 40[\text{A}]$

식(1.45)에서 기계적 출력은

$P = P_m = EI_a = 192 \times 40 \times 10^{-3} = 7.68[\text{kW}]$

예제 31 E·x·e·r·c·i·s·e

직류분권전동기가 있다. 단자전압 215[V], 전기자전류 50[A], 전기자전저항 0.1[Ω], 1분간의 회전수 1,500[rpm]일 때에 발생하는 토크는 얼마인가?

해설 $E = V - I_a R_a = 215 - 50 \times 0.1 = 210[\text{V}]$

$P_m = EI_a = 2\pi n \tau[\text{W}]$ 에서

$210 \times 50 = 2\pi \frac{1,500}{60} \tau[\text{W}], \quad \tau = 66.85[\text{N} \cdot \text{m}]$

예제 32 E·x·e·r·c·i·s·e

직류전동기가 역기전력 200[V]이고, 속도는 1,200[rpm]일 때 14[kg· m]의 토크가 발생하면 전기자전류는 얼마인가?

➔ 해설 14[kg · m] = 9.8 × 14[N · m] 이며

$P_m = EI_a = 2\pi n \tau$[W] 에서

$$I_a = \frac{2\pi n \tau}{E} = \frac{2\pi \dfrac{1,200}{60} \times 9.8 \times 14[\mathrm{N \cdot m}]}{200} = 86[\mathrm{A}]$$

1.7.5 전기자반작용

전기자반작용은 전기자전류 I_a 에 의한 것이므로 전동기에서도 물론 생긴다. 발전기의 경우와 비교해서 설명하며, [그림 1.70]과 같이 발전기와 전동기에서 자극, 단자의 극성 및 회전방향을 같게 하자.

발전기에 생기는 기자력은 그림 (a)와 같이 하향이 되고 합성자속은 회전방향에 대해 자극편의 뒤끝으로 기울어진다. 따라서 전기적 중성축은 회전방향으로 이동한다.

그러나, 전동기의 경우는 전기자전류의 방향이 발전기의 경우와 반대로 되기 때문에 그림(b)와 같이 전기자기자력은 상향이 되고 합성자속은 회전방향에 대해 자극편의 앞끝으로 기울어지고 전기적 중성축은 회전방향과 반대방향으로 이동한다.

1.7.6 정류작용

발전기와 전동기에서 자극, 단자의 극성 및 회전방향을 같게 하면, 전동기의 경우는 전기자전류가 발전기의 경우와 반대이므로, 정류중인 코일 안에 생기는 리액턴스 전압의 방향도 반대가 된다. 따라서 정류를 돕기 위해서는 [그림 1.70]에서와 같이 브러시를 회전방향과 반대방향으로 이동해야 된다. 즉 전동기에서는 발전기의 브러시 이동방향과는 반대로 브러시를 이동해야 한다.

1.7.7 보극 및 보상권선

이와 같이 전기자 반작용이나 정류작용의 영향이 발전기에 비하여 전동기에서는 서로 반대로 작용하기 때문에 이러한 영향을 방지하기 위한 보상권선의 극성도 반대로 해야 하는 것은 명백한 사실이다. 이 관계를 나타내면 [그림 1.70]과 같이 된다.

예제 33 E·x·e·r·c·i·s·e

직류발전기와 직류전동기에서 보극의 극성은?

→ 해설 직류발전기에서는 주자극의 극을 회전방향과 반대로 회전한 극성이고, 전동기에서는 주자극의 극을 회전방향으로 회전한 극성이다.

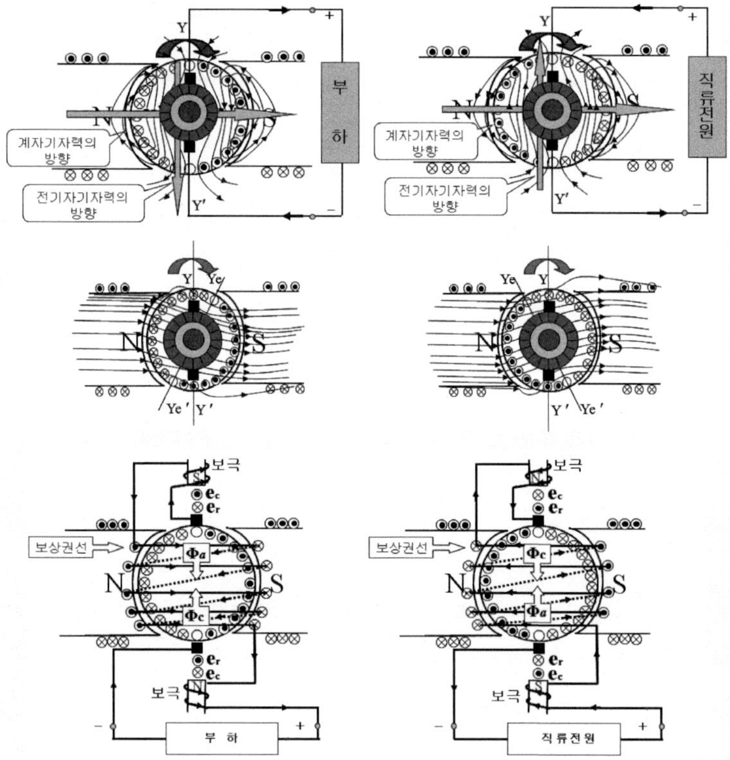

Φ_a : 전기자반작용에 의한 자속
Φ_c : 보극과 보상권선의 발생자속
e_c : 보극의 정류전압
e_r : 리액턴스 전압

(a) 발전기의 경우 (b) 전동기의 경우

[그림 1.70] 전기자 반작용과 보극 및 보상권선의 극성

1.8 직류전동기의 특성과 용도

전동기의 부하변화에 회전수나 토크 등이 어떻게 변화되는가를 아는 것은 전동기를 이용하는 데 극히 중요하다.

① **속도특성** : 단자전압 V 및 계자저항 R_f 를 일정하게 유지하였을 때, 부하전류 I 와 회전수 N 의 관계를 표시한다.

② **토크 특성** : 단자전압 V 및 계자저항 R_f 를 일정하게 유지하였을 때, 부하전류 I 와 토크 τ의 관계를 표시한다.

1.8.1 타여자 전동기의 특성과 용도

(1) 속도특성

직류전동기의 속도 n[rps]은 식(1.39)에서

$$n = \frac{a}{PZ}\frac{E}{\Phi} = k_2 \frac{V - I_a R_a}{\Phi} [\text{rps}] \tag{1.47}$$

타여자 전동기에서는 계자전류, 즉 자속 Φ는 거의 일정하므로 V가 일정하면 n은 $V - I_a R_a$와 거의 비례한다. 따라서 부하전류 $I(= I_a)$가 적을 때에 속도는 전류의 증가에 따라 저하한다.

전기회로의 저항 R_a의 값은 적기 때문에 속도의 감소는 적지만, 어떤 전류 이상이면 전기자 반작용이 커지므로, 감자작용에 의하여 자속이 감소하기 때문에 속도 n은 오히려 상승한다.

[그림 1.71]의 곡선 n 은 타여자 전동기의 부하전류와 속도의 관계를 표시하는 것이며, 이와 같은 곡선을 전동기의 **속도특성곡선**이라고 한다.

타여자 전동기에서는 계자회로의 퓨즈가 녹으면 계자전류가 0이 되고 자속Φ 는 잔류자기만 존재하므로 속도는

$$n = k_2 \frac{V - I_a R_a}{\Phi} = k_2 \frac{V - I_a R_a}{\Phi \fallingdotseq 0} \fallingdotseq \infty [\text{rps}]$$

이므로 급속히 상승하여 위험하기 때문에 계자회로에는 퓨즈를 넣어서는 안된다.

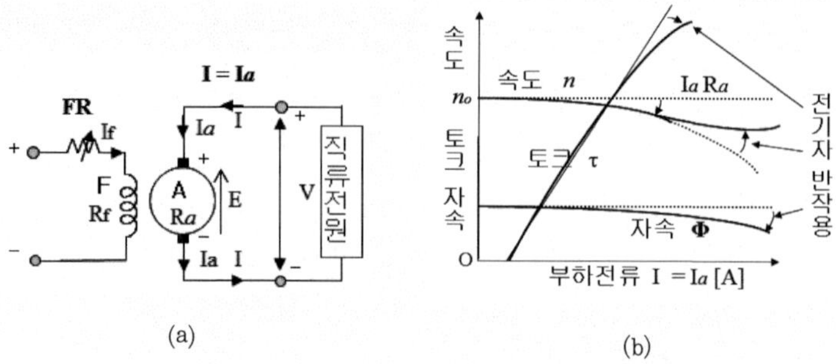

[그림 1.71] 타여자 전동기의 특성곡선

(2) 토크 특성

직류전동기의 토크 τ는 식 (1.44)에서

$$\tau = k_1 \Phi I_a [\mathrm{N \cdot m}]$$

이다.

타여자 전동기에서는 속도특성과 같은 이유로서 부하전류 $I(=I_a)$가 작을 때에는, 토크 τ는 거의 부하전류에 비례하나 어떤 전류 이상이 되면, 전기자 반작용이 커져서 자속 Φ는 감소하므로 토크(τ) 곡선은 [그림 1.71]의 (b)와 같이 다소 완만하다. 부하전류와 토크의 관계를 표시하는 곡선을 토크특성곡선이라고 한다.

(3) 용도

타여자 전동기는 속도를 광범위하고 상세하게 조정할 수 있으므로 대형압연기나 고급 엘리베이터 등에 일그너 방식, 또는 워드 레오나드 방식의 제어장치를 사용하는 경우에 주전동기로 사용한다.

1.8.2 분권전동기의 특성과 용도

(1) 속도특성

직류전동기의 속도n[rps] 은 식(1.47)으로 표시되기 때문에, 단자전압V 및 계자전류 I_f를 일정하게 유지하면 계자속 Φ는 거의 일정하며, 부하가 증가하면 n은 내부전압강하 $I_a R_a$의 증가에 따라 저하한다.

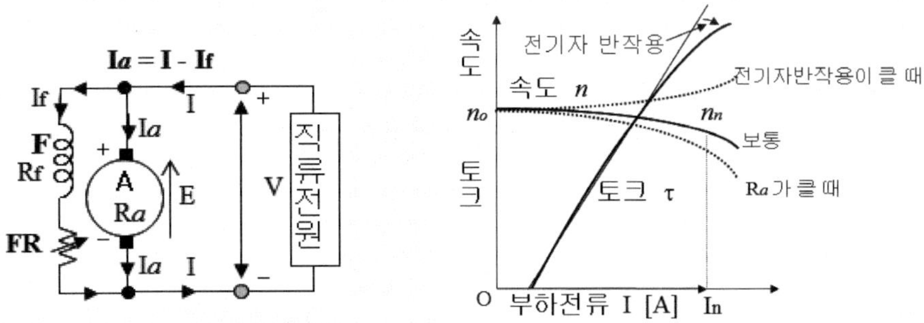

(a) 분권전동기 (b) 분권전동기의 특성

[그림 1.72] 분권전동기의 특성

[그림 1.72]의 (b)는 분권전동기의 특성을 나타낸 것이다.

① **속도변동률** : 전동기의 속도변동의 정도를 표시하는 데에는 속도변동률을 사용한다. 정격전압, 정격부하에서 정격속도 n_n[rps]이 되도록 계자저항기를 조정한 상태에서 무부하로 하였을 때의 속도를 n_o[rps]로 하면 속도변동률은 다음 식으로 표시한다.

$$\text{속도변동률} = \frac{n_o - n_n}{n_n} \times 100[\%] \tag{1.48}$$

② **정속도전동기** : 타여자 전동기 및 분권전동기와 같이 속도변동률이 적은 전동기를 **정속도전동기**라고 한다. 정속도 특성은 **분권특성**이라고도 한다. 이러한 전동기는 계자전류를 가감하여 상당히 광범위하게 속도를 변화시킬 수 있으므로 **가감속도전동기**에도 속한다.

(2) 토크 특성

식 (1.44)에서 $\tau = k_1 \Phi I_a$[N · m]이기 때문에 토크 τ는 전기자전류 I_a에 비례한다. 그러나 부하가 현저하게 증가하면 전기자 반작용이 증가하여 자속 Φ가 감소하기 때문에 토크곡선은 직선이 되지 않고 약간 아래쪽으로 구부러진다.
[그림 1.72]의 (b)는 토크특성을 나타내고 있다.

(3) 용도

분권전동기는 특성상으로 보아 공작기계나 펌프에 적당하나 정속도성의 전동기로는 거의 동일한 특성이 있는 3상유도전동기가 있으므로 분권전동기는 별로 사용하지 않는다.

예제 34 Exercise

직류분권전동기의 출력이 9[kW]일 때, 단자전압은 220[V], 입력전류는51.5[A], 계자전류는 1.5[A], 회전속도는 1,500[rpm]이다. 이 경우에 발생토크 [kg· m]와 효율[%]은 얼마인가? (단, 전기자회로의 저항을 0.1[Ω]이라 한다.)

➔ 해설 효율을 η 라 하면 출력 $P=9[\text{kW}]$이므로

$$\eta = \frac{\text{출력(기계적)}}{\text{입력(전기적)}} \times 100 = \frac{9{,}000}{V \times I} = \frac{9{,}000}{220 \times 51.5} \times 100 = 79.4[\%]$$

$$I_a = I - I_f = 51.5 - 1.5 = 50$$

$$P_m = EI_a = VI_a - I_a^{\,2} R_a = 220 \times 50 - 50^2 \times 0.1 = 10{,}750[\text{W}]$$

※ 이 문제에서 P와 P_m 과의 차이는 식 $P = P_m -$ (철손 + 기계적제손실)에서 보듯이 철손과 기계적제손실에 해당된다.}

발생토크를 τ, 각속도를 ω, 발생출력을 P_m라 하면 $\tau = \dfrac{P_m}{\omega}$ 가 된다.

$$\omega = 2\pi \frac{N}{60} = 2\pi \frac{1{,}500}{60} \quad \text{따라서,} \quad \tau = \frac{10{,}750}{2\pi \dfrac{1{,}500}{60}} = 68.44[\text{N}\cdot\text{m}]$$

$1[\text{kg}\cdot\text{m}] = 9.8[\text{N}\cdot\text{m}]$ 이므로, 토크 $\tau = \dfrac{68.44}{9.8} = 6.98[\text{kg}\cdot\text{m}]$

예제 35 Exercise

3[kW]의 분권전동기가 있다. 전압 100[V], 전기자전류 38[A], 속도 1,500[rpm]으로 운전 중에, 계자전류 및 부하전류를 일정하게 유지하고 단자전압을 120[V]로 올리면 회전수는 얼마가 되느냐? (단, 전기자회로의 저항은 0.5[Ω]으로 하고 전기자 반작용은 무시하는 것으로 한다.)

해설 I와 I_f·가 일정하므로 I_a도 일정하다.

$V=100$[V] 일 때 $V=E+I_aR_a=k\Phi n+I_aR_a$ 에서

$$100=k\Phi\frac{1,500}{60}+38\times 0.5 \text{ 에서 } \quad \therefore k\Phi=3.24 \qquad ①$$

$V=120$[V] 일 때 I_a 및 Φ 는 변하지 않기 때문에

$$120=3.24n+38\times 0.5 \qquad ②$$

식 ①과 ②에서 $n=31.2$[rps], $N=31.2$[rps]$\times 60 \fallingdotseq 1,870$[rpm]

그러므로 전압을 100[V]에서 120[V]로 올리면 속도는 1,500[rpm]에서 1,870[rpm]으로 상승하는 것을 알 수 있다.

예제 36 E·x·e·r·c·i·s·e

단자전압 250[V] 회전수 400[rpm]일 때에 50[kW]를 내는 직류분권발전기를 전동기로서 사용하고 250[V]의 전원에 접속하여 입력 50[kW]를 공급하였다. 이 때의 속도를 구하라. (단, 전기자저항 0.02[Ω] 계자저항 50[Ω] 브러시의 접촉전압강하 e_b[V]를 2[V]로 한다.)

해설 분권발전기에서 $I=\frac{\text{출력[W]}}{\text{전압[V]}}=\frac{50,000}{250}=200$[A]

$I_f=\frac{250}{50}=5$[A], $I_a=I+I_f=200+5=205$[A]

$E_G=V+I_aR_a+e_b=250+205\times 0.02+2=256.1$[V]

분권전동기에서도 단자전압이 같으므로 계자전류가 같고 자속 Φ 도 같다.

$I=\frac{\text{입력[W]}}{\text{전압[V]}}=\frac{50,000}{250}=200$[A], $I_a=I-I_f=200-5=195$[A]

$E_M=V-I_aR_a-e_b=250-195\times 0.02-2=244.1$[V]

$$\frac{E_M}{E_G}=\frac{k_1\Phi N'/60}{k_1\Phi N/60}=\frac{N}{400}$$

$$N'=400\times\frac{244.1}{256.1}=381.25\text{[rpm]}$$

예제 37 E·x·e·r·c·i·s·e

전기자 저항이 0.05[Ω]의 직류분권발전기가 있다. 회전속도가 1,000[rpm]에서 단자전압이 220[V]일 때, 전기자전류가 100[A]를 나타낸다. 또, 이것을 전동기로 사용하고 그 단자전압 및 전기자전류를 같은 값으로 할 때, 이 때의 회전속도는 얼마인가? (단, 전기자반작용은 무시한다.)

➔ 해설 발전기의 유도기전력

$$E_G = V + I_a R_a = 220 + 100 \times 0.05 = 225[\mathrm{V}]$$

전동기의 역기전력

$$E_M = V - I_a R_a = 220 - 100 \times 0.05 = 215[\mathrm{V}]$$

단자전압이 같으므로 계자전류가 같고 자속 Φ 도 같다.

$$\frac{E_M}{E_G} = \frac{k\Phi N'/60}{k\Phi N/60} = \frac{N'}{N} \qquad N' = 1,000 \times \frac{215}{225} = 955.6[\mathrm{rpm}]$$

예제 38 E·x·e·r·c·i·s·e

200[V]의 분권전동기가 있다. 전기자 회로의 저항 0.12[Ω], 전기자 전류 50[A]일 때의 속도 1,000[rpm]이다. 이 전동기를 무 부하로 하면 속도와 속도변동률은 얼마인가? (단, 전기자 반작용은 무시한다.)

➔ 해설 $E = V - I_a R_a = 200 - 50 \times 0.12 = 194[\mathrm{V}]$

무부하시의 역기전력은 $E_o \fallingdotseq V$ 이므로

$$\frac{E_o}{E} = \frac{k\Phi N_o/60}{k\Phi\, 1,000/60}$$

$$N_o = \frac{E_o}{E} \times 1,000 = \frac{200}{194} \times 1,000 = 1,031[\mathrm{rpm}]$$

$$\text{속도변동율} = \frac{1,031 - 1,000}{1,000} \times 100 = 3.1[\%]$$

1.8.3 직권전동기의 특성과 용도

(1) 속도특성

직권전동기는 [그림 1.73]의 (a)와 같이 직권계자권선과 전기자권선이 직렬로 접속되어 있기 때문에, 계자전류 I_f와 전기자전류 I_a 및 부하전류 I는 같으므로 전기자전류는 직권계자권선 중에서도 전압강하가 생긴다. 따라서 속도 n[rps]는 식 (1.47)에 $E=V-I_a(R_a+R_s)$를 대입하면

$$n=\frac{a}{PZ}\frac{E}{\Phi}=k_2\frac{V-I_a(R_a+R_s)}{\Phi}[\mathrm{rps}] \tag{1.49}$$

단, R_s 직권계자권선의 저항[Ω]이고, R_a는 전기자회로의 저항[Ω]이다.
Φ 는 계자전류 $I_f(=I_a)$에 따라 결정되므로 전기자반작용을 무시할 때에 I_a가 작고 자기회로가 포화되지 않으면 Φ 는 I_a에 정비례하기 때문에 $\Phi=k_3I_f=k_3I_a$가 된다.

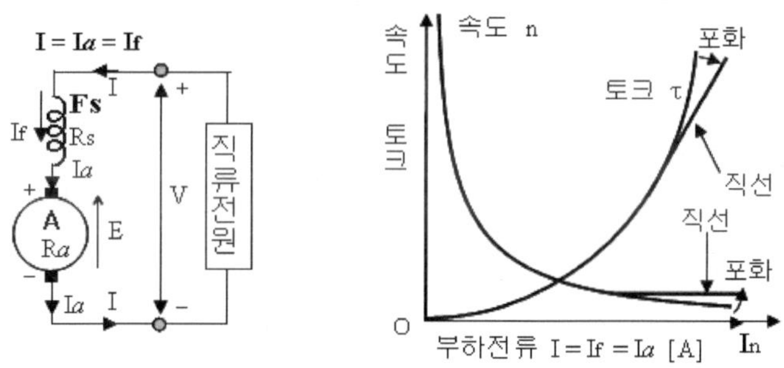

(a) 직권전동기 (b) 직권전동기의 특성

[그림 1.73] 직권전동기의 특성

일반적으로는 $I_a(R_a+R_s)\ll V$이므로 $I_a(R_a+R_s)$를 V에 비해 무시하면 식(1.49)는 다음과 같이 생각할 수 있다.

$$\text{불포화시 } n=k_2\frac{V-I_a(R_a+R_s)}{k_3I_a}=k_4\frac{V}{I_a}[\mathrm{rps}]$$
$$\text{포화시 } n=k_2\frac{V}{\Phi}[\mathrm{rps}] \quad \text{단, } k_4=\frac{k_2}{k_3}\text{는 상수} \tag{1.50}$$

즉, 속도 n 은 전기자전류 I_a 에 반비례한다. 그러나 무 부하 전류가 어느 정도 이상으로 증대하면 자기회로는 포화하기 때문에 Φ 는 I_a 에 정비례해서 증가하지 않고, 포화에 이르면 Φ 는 거의 일정하므로 속도 n 은 거의 일정하게 된다. [그림 1.73]의 (b)는 속도특성을 나타낸다.

이와 같이 직권전동기는 부하가 증가함과 동시에 현저하게 속도가 감소하는 **변속도전동기**이나 부하가 감소하면 갑자기 속도가 상승하고 무부하가 되면 대단한 고속도가 되어서 위험하다. 따라서 직권전동기는 무부하운전이나 벨트 운전은 절대로 해서는 안 되며 톱니바퀴장치를 사용해야 한다.

(2) 토크 특성

식(1.44)에서 토크 τ는 $\tau = k_1 \Phi I_a$ 이다. I_a 가 작고 자기회로가 불포화일 때에는 $\Phi = k_3 I_a$ 이므로

$$\begin{aligned} &\text{불포화시 } \tau = k_1 \Phi I_a = k_1 k_3 I_a{}^2, \ \tau = k_5 I_a{}^2 \\ &\text{포화시 } \tau = k_1 \Phi I_a \ \text{ 단, } k_5 = k_1 k_3 \text{는 상수} \end{aligned} \tag{1.51}$$

즉 부하전류가 크지 않을 때에는 전류의 자승에 비례한 강대한 토크를 내는 특징이 있다. 그러나 부하전류가 어느 정도 이상으로 커지면 자기포화가 생기기 때문에 Φ 는 거의 일정하게 되고 토크는 전류에 비례하게 된다. [그림 1.73]의 (b)는 토크의 특성을 나타낸다.
위의 두 가지 특성에서 직권전동기는 토크가 크면 회전수가 적고, 토크가 작으면 회전수가 커지므로 출력은 식(1.45)에서 $P_m = 2\pi n \tau$[W]이 일정한 **정출력 전동기**이며, 전원에서 직권전동기로 가는 입력은 부하의 대소에 관계없이 거의 일정하다.
그러나 분권전동기는 속도가 거의 일정하므로 기계적 부하에 의한 입력의 변동이 심해서 전철에 사용하면 언덕을 올라갈 때 과부하가 된다.

(3) 용도

직권전동기의 기동토크는 I_a 의 자승에 비례하기 때문에 전동차나 크레인과 같이 부하변동이 심하고 기동토크가 큰 것을 요구하는 용도에 적합하다. 전기철도에는 주로 직류를 사용하고 있으므로 전동기로는 직권전동기를 사용하고 있다.

예제 39 E·x·e·r·c·i·s·e

전기자전류 20[A]일 때에 100[N· m]의 토크를 내는 직권전동기가 있다. 이 전동기의 전기자전류가 40[A] 및 60[A]가 되면 토크는 얼마가 되는가? (단, 자속은 계자전류에 비례하는 것으로 한다.)

해설 $\tau = k_1 \Phi I_a$이고, $\Phi = k_3 I_f = k_3 I_a$ 이므로 $\therefore \tau = k_1 k_3 I_a{}^2 = k_5 I_a{}^2$

$$\frac{\tau'}{\tau} = \frac{I_a'^2}{I_a{}^2}, \quad \tau' = 100 \times \frac{40^2}{20^2} = 400[\mathrm{N \cdot m}]$$

$$\tau'' = 100 \times \frac{60^2}{20^2} = 900[\mathrm{N \cdot m}]$$

예제 40 E·x·e·r·c·i·s·e

직권전동기가 있다. 공급전압 525[V] 전류 50[A]일 때에, 회전수는1,500[rpm]이라고 한다, 공급전압을 400[V]로 감소할 때에는 동일한 전류에 대하여 회전수는 얼마가 되는가? (단, 전기자 및 계자의 전저항을 0.5[Ω]으로 한다.)

해설 $E = V - I_a(R_a + R_s) = 525 - 50 \times 0.5 = 500[\mathrm{V}]$

동일한 전류이므로 계자전류가 같고 자속 Φ도 같다.

$E' = V' - I_a(R_a + R_s) = 400 - 50 \times 0.5 = 375[\mathrm{V}]$

$$\frac{E'}{E} = \frac{k\Phi N'/60}{k\Phi N/60}, \quad N' = 1{,}500 \times \frac{375}{500} = 1{,}125[\mathrm{rpm}]$$

예제 41 E·x·e·r·c·i·s·e

전기자 저항과 직권계자 저항이 각각 0.8[Ω]인 직권전동기에 300[V]를 가하였더니 부하전류가 30[A]이었다면 전동기의 속도는 얼마인가? (단, 정수 K=2이다.)

해설 정수 K=2이라는 것은 다음 식의 $k_4 = 2$라는 뜻임.

$$n = k_2 \frac{E}{\Phi} = k_2 \frac{E}{k_3 I_a} = k_4 \frac{V - I_a(R_a + R_s)}{I_a} = 2 \times \frac{300 - 30(0.8 + 0.8)}{30} = 16.8[\mathrm{rps}]$$

$16.8[\mathrm{rps}] \times 60 = 1.008[\mathrm{rpm}]$

1.8.4 복권전동기의 특성과 용도

(1) 특성

이 전동기에서 주로 사용되는 것은 **가동복권**이며 외분권을 표준으로 한다. 이것의 특성은 분권계자권선과 직권계자권선의 암페어 턴수에 대한 비율을 선정하는 방법에 따라 분권전동기와 직권전동기의 중간특성을 임의로 할 수가 있다. 분권계자가 있으므로 무부하가 되어도 직권전동기와 같이 위험한 고속도로는 되지 않는다.

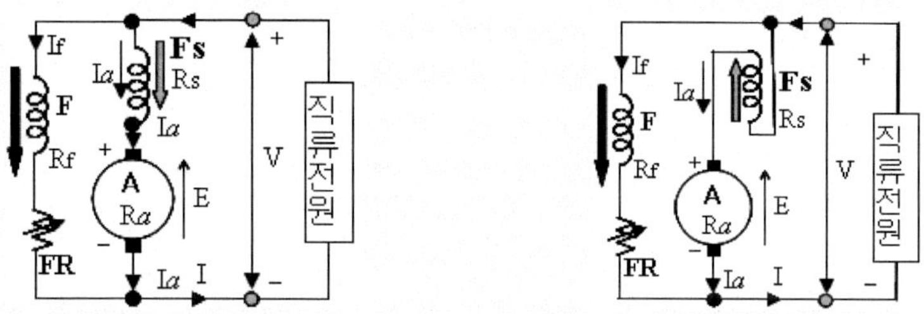

(a) 가동(화동) 복권전동기(외분권)　　(b) 차동 복권전동기(외분권)

[그림 1.74] 복권전동기

[그림 1.75]는 복권전동기의 속도특성을 나타낸 것이며, 비교적 분권전동기에 가까운 특성곡선을 나타내는 것이 정속도성 **가동복권전동기**이다.

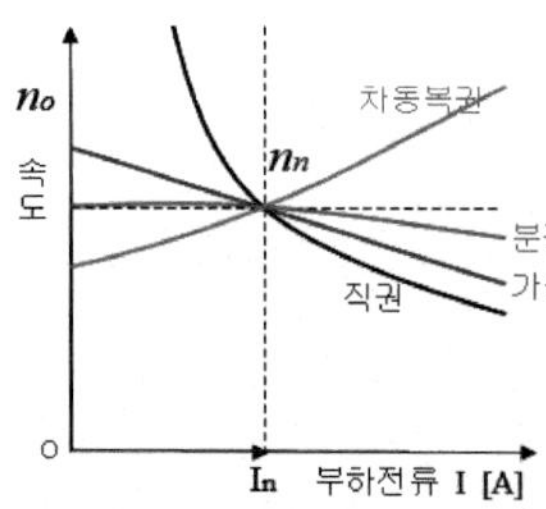

[그림 1.75] 복권전동기의 속도특성

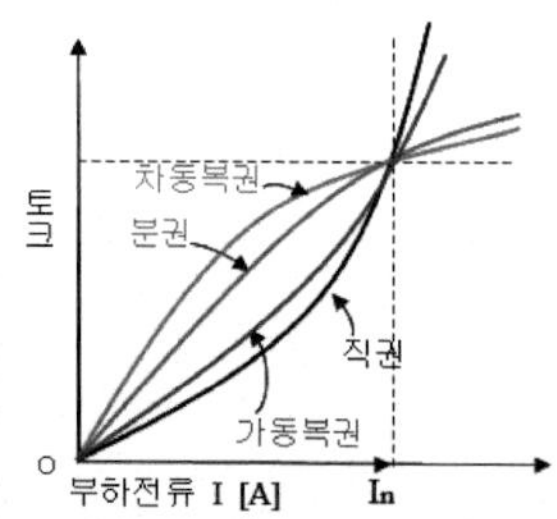

[그림 1.76] 복권전동기의 토크 특성

(2) 용도

가동복권전동기는 크레인, 엘리베이터, 공작기계, 공기압축기 등에 적합하다. **차동복권전동기**는 직권계자의 기자력을 적당히 선정하면 무부하와 전부하의 속도를 같게 할 수 있으나 과부하의 경우에는 속도가 상승하는 위험이 있고, 또한 토크 특성도 좋지 않으므로 거의 사용하지 않는다.

예제 42 E·x·e·r·c·i·s·e

다음의 직류발전기에 동일극성의 전압을 가하고, 직류전동기로 사용할 때 발전기의 회전 방향은 어느 방향으로 회전하는가?

① 분권발전기

② 직권발전기

③ 가동복권발전기

➔ 해설 ① 분권발전기 : B지점을 단락하면 전기자에만 전류의 방향이 바뀌므로 회전방향은 같은 방향

② 직권발전기 : A지점을 개방하면 전기자와 계자의 전류방향이 바뀌므로 회전방향은 반대 방향

③ 가동복권발전기 : [그림 1.77]과 같이 회전방향은 같은 방향이며 차동복권전동기가 됨

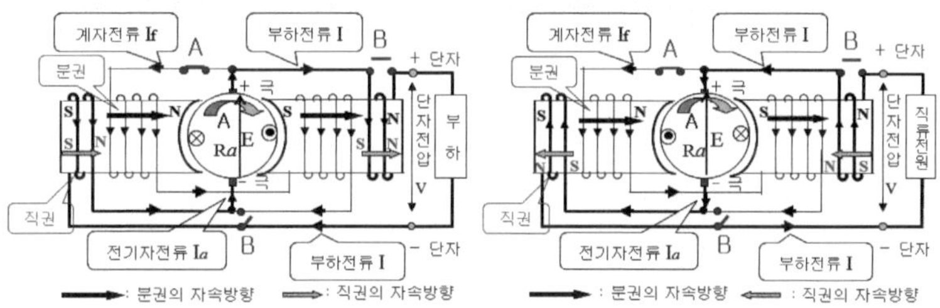

(a) 가동복권발전기 (b) 차동복권 전동기

[그림 1.77 예제 42] 가동복권 발전기와 차동복권 전동기

1.9 직류전동기의 운전

여기서는 직류전동기의 기동방법과 속도제어방법 및 역전운전방법 등에 대해 설명하기로 한다.

1.9.1 기동

정지상태에 있는 전동기를 운전상태로 하는 것을 기동이라고 한다. 직류전동기가 운전 중에 흐르는 전기자전류 I_a 는 식(1.38)에서

$$I_a = \frac{V-E}{R_a} = \frac{V-k\Phi n}{R_a}[\mathrm{A}],\ \text{동저항저항}(ST)\ \text{사용시}\ I_a = \frac{V-o}{R_a+ST}[\mathrm{A}]$$

이다.

R_a는 전기자회로의 저항이며 대단히 작은 값이나 운전 중에는 전기자에 역기전력 E가 발생하므로 I_a는 적당한 값으로 유지되고 있다.

그러나 기동하는 순간에는 역기전력 E가 발생하지 않으므로 전원전압을 그대로 전기자회로에 가하면 대단히 큰 전류(이것을 기동전류라고 한다)가 유입하여 전기자권선, 브러시, 정류자등을 손상시키거나 전원을 교란시킬 염려가 있다. 이것을 방지하기 위하여 전동기를 기동할 때에는 처음에 적당한 저항을 전기자회로에 직렬로 넣고 기동전류를 전부하 전류의 1~2배 정도로 한하고 속도가 증가함에 따라 저항을 천천히 감소하도록 한다. 이와 같은 목적에 사용하는 가감저항기를 기동저항기(ST), 또는 기동기라고 한다.

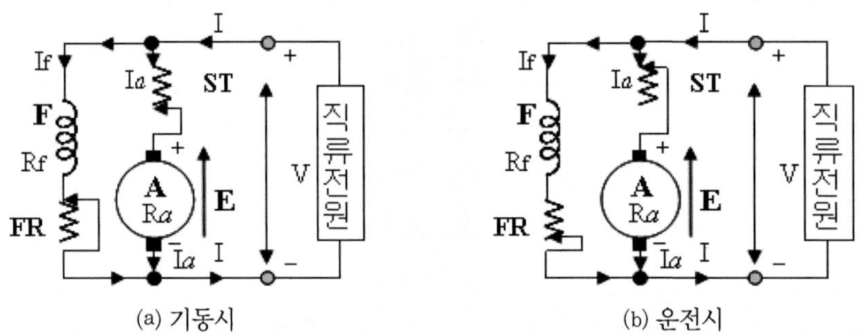

[그림 1.78] 분권전동기의 기동저항과 계자저항기의 위치

(1) 분권전동기의 기동

[그림 1.78]의 (a)와 같이 기동전류를 작게 하기 위하여 전기자와 직렬로 기동저항기ST를 크게 넣고 기동한다. 계자저항기 FR은 0인 상태에서 기동함으로써 최대의 I_f가 흐르고 최대의 Φ에 의해 기동토크를 크게 할 수 있다($\tau = k_1 \Phi I_a$참조).

(2) 직권 및 복권전동기의 기동

직권전동기 및 가동복권전동기의 기동은 분권전동기의 경우와 같이 전기자회로에 직렬로 넣은 기동기로 기동전류를 억제하며 기동시킨다.

1.9.2 역전운전

전동기의 회전방향을 반대로 하려는 경우에는 계자회로나 전기자회로 중 어느 한쪽의 접속을 반대로 하면 된다. 대부분 전기자회로의 접속을 바꾸어서 단자전압의 방향을 반대로 한다. [그림 1.79]는 분권전동기의 경우이며 그림 (a)와 그림 (b)의 회전방향은 반대이다. 보극이나 보상권선이 있는 전동기에서는 전기자권선의 접속을 바꿀 때 보극 및 보상권선의 접속도 반대로 하지 않으면 안 된다. 그 이유는 전기자권선과 보극 및 보상권선을 직렬로 사용하기 때문이다.

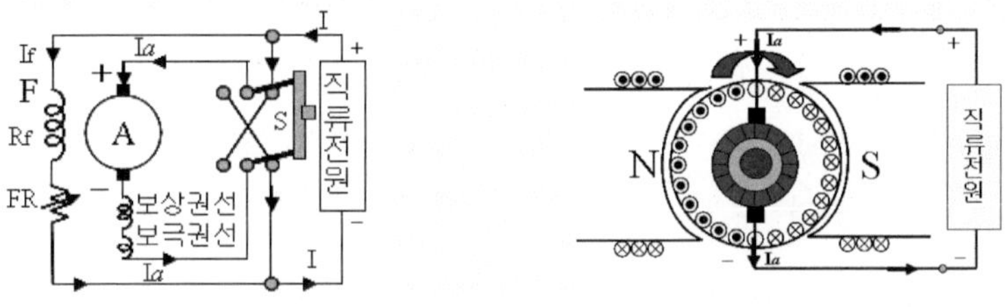

(a) 시계방향으로 회전 시

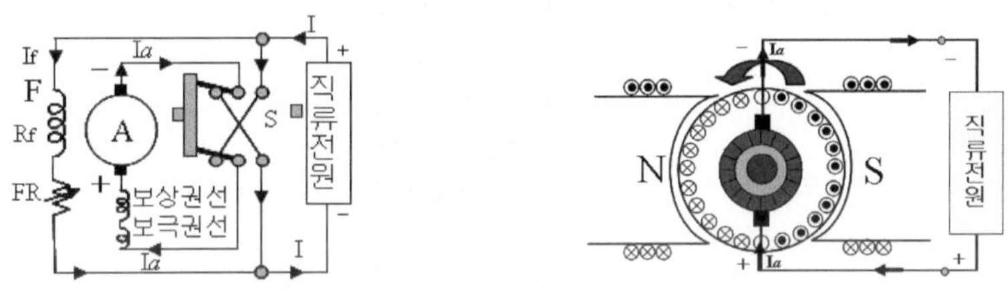

(b) 역회전 시

[그림 1.79] 전동기의 회전방향 변환

1.9.3 속도제어

전동기를 실제로 사용하는 경우에 속도를 적당히 조정하는 것을 속도제어라고 한다. 직류전동기의 속도 n[rps]는 식 (1.39)에서

$$n = \frac{a}{PZ}\frac{E}{\Phi} = k_2 \frac{V - I_a R_a}{\Phi} [\text{rps}]$$

따라서 속도 n을 제어하는 데는 V, R_a, Φ 중 어느 하나를 변화하면 되며 속도제어법은 다음 세 가지로 구분된다.

(1) 계자제어

이것은 계자속 Φ를 변화하는 방법이며, Φ를 변화하는 데는 계자전류를 가감하면 되므로 분권전동기나 타여자 전동기에서는 [그림 1.78]과 같이 계자저항기 FR을 조정하면 된다. 이 방법은 제어하는 전류가 작기 때문에 손실도 적고, 또한 전기자전류에 거의 관계없이 비교적 광범위하게 속도조정이 이루어지므로 정출력 가변속도의 용도에 적합하다.

그 이유는 $P_m = 2\pi n\tau = 2\pi\, k_2 \dfrac{V - I_a R_a}{\Phi} k_1 \Phi I_a = 2\pi k_6 (V - I_a R_a) I_a$가 되어 속도는 변화하여도 출력은 일정하기 때문이다.

그러나, 너무 계자전류를 적게 해서 주자속을 약하게 하면 전기자반작용의 영향이 커져서 정류를 해치고 불안정한 운전이 되기 때문에, 일반적으로 최저 속도와 최고속도의 비는 보극이 없는 것에서 1 : 1.5, 보극이 있는 것은 1 : 2.5이고, 보상권선이 있는 전동기는 1 : 4정도로 되어 있다.

이 방법은 복권전동기의 속도를 제어하는 데도 사용된다.

직권전동기의 경우에는 [그림 1.80]의 (a)와 같이 계자권선에 병렬로 분류가감저항 R을 접속하여 계자전류를 가감해서 Φ를 변화시키거나, 또는 그림(b)와 같이 계자권선에 탭을 설치하고 탭을 바꾸면 직권계자권선수가 바뀌어서 자속크기가 변화되어서 속도를 조정할 수 있다. 이것을 **계자약화제어**라고 하며 전기철도용 전동기에 주로 사용되는 것은 탭이 있는 것이다. 그러나 지나친 고속도인 경우에는 정류가 곤란하게 되는 결점이 있다.

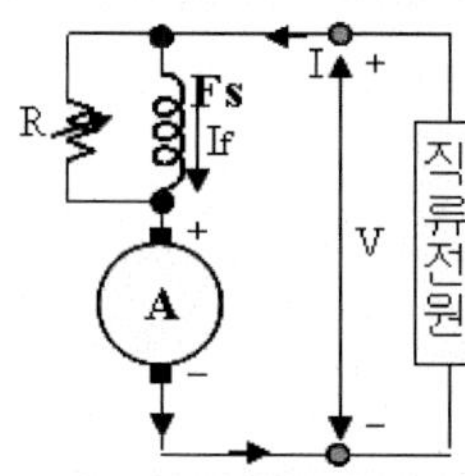

(a) 계자권선에 병렬로 분류가감저항을 접속

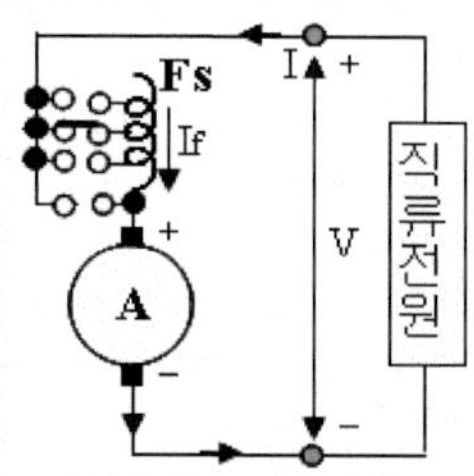

(b) 계자권선에 탭을 설치

[그림 1.80] 계자 약화 제어

(2) 저항제어

저항제어는 [그림 1.81]과 같이 전기자회로에 직렬로 저항 R을 넣고 이것을 가감해서 속도를 제어하는 방법이다.

이 방식에서는 계자전류보다 큰 전기자전류 I_a가 R에 흐르기 때문에 전력손실 I_a^2R[W]가 크므로 효율이 나쁘다.

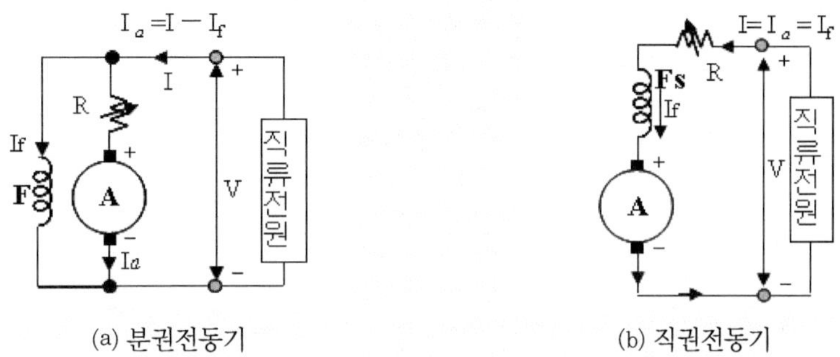

[그림 1.81] 저항 제어

(3) 전압제어

이것은 전기자에 가해지는 단자전압을 변화하여 속도를 조정하는 방법이며, 주로 타여자 전동기에 사용한다. 이 방법에는 워드 레오나드 방식과 일그너 방식이 있다.

① **워드 레오나드 방식** : [그림 1.82]는 워드 레오나드 방식의 한 가지 예이다. 주전동기 M은 타여자 전동기이며 전원으로는 전용의 타여자 발전기 G를 설치하고, 유도전동기 IM, 또는 직류전동기 DM을 G에 직결시켜서 G를 회전시킨다. G의 계자저항기 FR_1을 가감하여 G의 전압을 조정하면 M에 가해지는 단자전압이 변화한다. 따라서 FR_1의 조작만으로도 고속도나 저속도 또는 정지 등을 시킬 수 있다. 이와 같이 광범위하게 속도를 제어할 수 있고 일정한 여자상태에서는 일정한 전기자전류를 보내므로 정토크 가변속도의 용도에 적합하다. 또, G에 있는 계자회로의 절환 스위치 S를 전환하여 역방향의 전압을 공급하면 G의 단자 극성이 바뀌므로 M의 전기자전류의 방향이 바뀌어 M을 역전시킬 수도 있다. 또한, 이 방식에서는 G의 전압을 천천히 올려서 M을 가동시키기 때문에 기동기를 사용하지 않아도 된다. 워드 레오나드 방식은 이와 같이 전용 직류발전기 G의 계자회로만을 조정하여 원활하고 광범위한 속도를 조정할 수 있다. 그러나 보조전동기나 발전기가 필요하여 설비비용이 비싸게 든다. 제철용 압연기, 권상기, 제지용전동기, 신문윤전기. 엘리베이터, 특수한 공작기계에 사용된다.

② **일그너방식** : [그림 1.82]에서 직류전동기 DM 대신에 3상유도전동기를 사용하고 전동발전기의 축에 큰 플라이휠 FW를 설치하면, 주전동기 M에 급격한 부하가 증가해도 M의 부하증가에 따른 속도의 저하에 의하여 FW에 저장된 기계적 에너지가 방출하고, 전원에서 유도전동기에 공급되는 전력의 변동을 완화시켜서 안정된 운전이 이루어진다.

이러한 방식을 일그너 방식이라 하며 제철공장의 대형압연기용전동기 등에 사용된다.

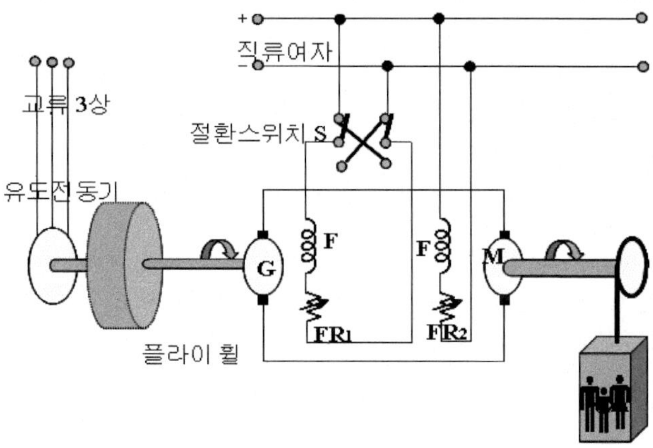

[그림 1.82] 워드 레오나드 방식과 일그너방식

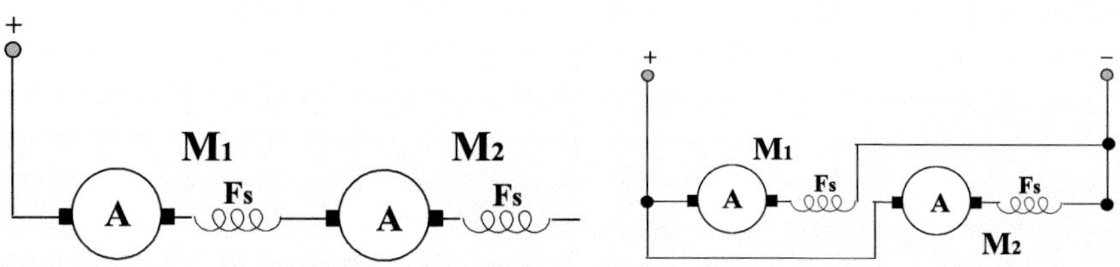

(a) 저속도 운전 (b) 고속도 운전

[그림 1.83] 전동차용 직권전동기의 속도제어 예

③ **직병렬제어** : 2대(일반적으로 짝수 대)가 동일한 정격으로 된 전동기를 사용하는 경우에는 이것을 직렬, 또는 병렬로 설치하면 전동기 한 대에 가해지는 단자전압이 1 : 2로 변화되기 때문에 속도를 2단으로 제어할 수가 있다. 이것을 **직병렬제어**하고 하며 주로 전기철도용의 직권전동기에 저항제어와 조합시켜서 사용한다. [그림 1.83]은 전동차용 전동기에 대한 속도제어의 한 가지 예를 나타낸다.

1.9.4 전기제동

전동기가 회전하고 있을 때에 전원을 열어도 회전부분의 관성 때문에 즉시 정지하지는 않는다. 그런데, 전동기로 운전하는 기계의 종류에 따라서는 기계를 원활하게 정지시키거나 위험한 고속도가 되는 것을 방지할(예를 들면 권상기의 감아 내리기나 언덕을 내려가는 전기기관차 등) 필요가 있다. 이와 같은 경우에는 운동에너지를 어떤 방법으로든 원활하게 소비시키지 않으면 안 된다.
이것을 **제동**이라 하며 기계적 제동과 전기적 제동 등 두 가지 방법이 있다. 기계적 제동이란 수동이나 압축공기 등으로 제동기를 작동시키는 방법이다. 전기적 제동에는 다음과 같은 발전제동, 회생제동, 역전제동 등 세 가지가 있다.

(1) 발전제동

운전 중인 전동기를 전원에서 분리하여 발전기로 작용시키고, 회전체의 운동에너지를 전기적인 에너지로 변환하여 이것을 저항 안에서 열에너지로 소비시켜서 제동하는 방법을 발전제동이라고 한다.

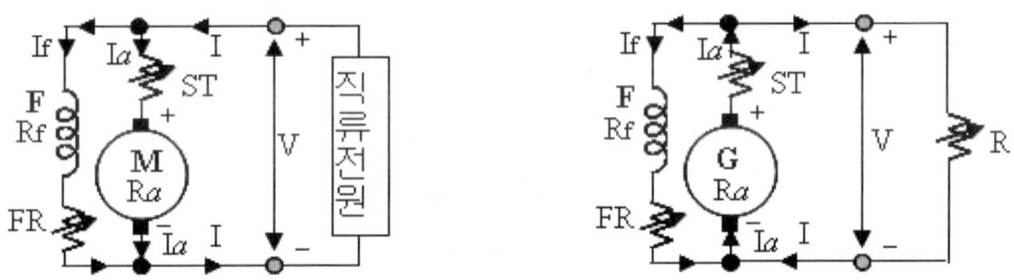

(a) 전동기 운전 (b) 발전제동

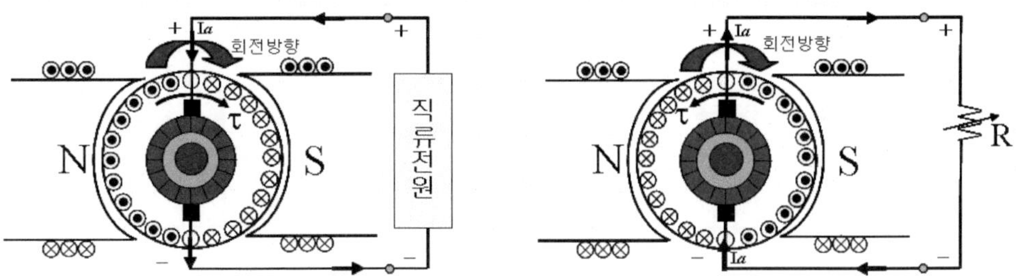

(a) 전동기 운전 (b) 발전제동

[그림 1.84] 분권전동기의 발전제동

① 분권전동기의 발전제동법은 [그림 1.84]의 (b)와 같이 전동기를 전원에서 분리하고 단자 사이에 저항 R을 연결하여 발전기로써 발생한 전력을 R에서 줄 열로 바꾸어 소비시킨다.

② 직권전동기의 경우에는 [그림 1.85]의 (b)와 같이 운전 중의 전동기를 전원에서 분리하고, 단자 사이에 R을 넣어서 발전기로 하면 유도기전력에 의하여 계자권선에 흐르는 전류에 따른 기자력은 전동기일 때의 기자력과 반대방향으로 되기 때문에 잔류자속은 해소되므로 (c)와 같이 유도기전력은 유도되지 않을 뿐만 아니라 제동력도 또한 생기지 않는다.

따라서 직권전동기에서는 그림 (d)와 같이 운전 중의 전동기를 전원에서 분리함과 동시에 계자권선과 전기자의 접속을 반대로 하고 전기자를 저항 R에 접속하면, 계자권선에 흐르는 전류에 의한 기자력은 잔류자기를 강하게 하고 발전기로써 발생한 전력을 저항에서 열로 바꾸어 소비시킨다.

③ 복권전동기의 경우도 똑같이 직권계자의 단자를 반대로 해야 한다.

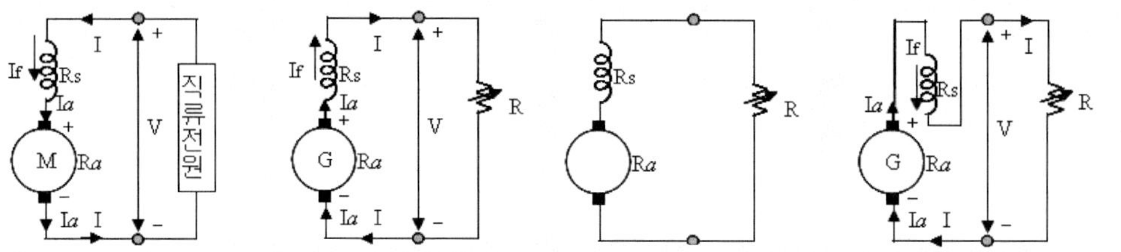

(a) (b) (c) (d)

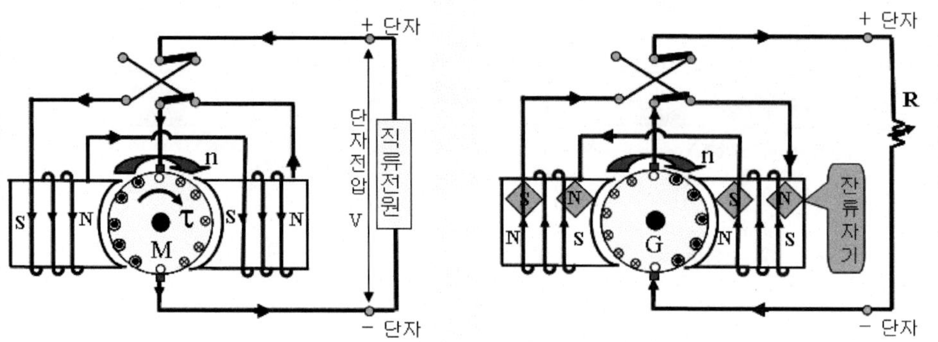

(a) 직권전동기의 운전상태

(b) 계자의 접속을 변경하지 않고 발전기로 운전하는 경우

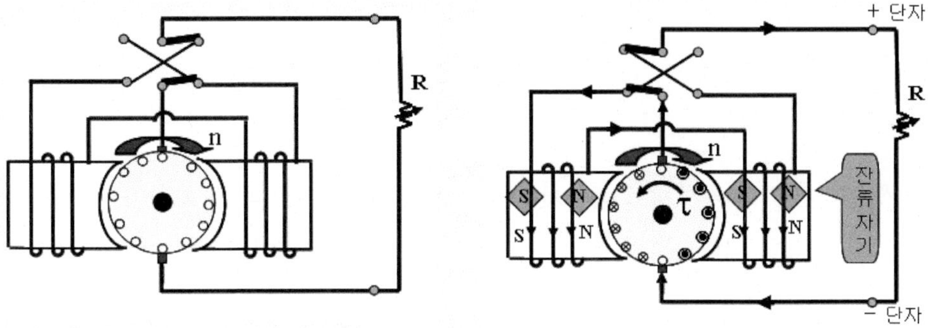

(c) 그림 (b)에서 잔류자속이 소멸 된 경우이며 발전 제동이 불가함

(d) 발전제동(계자의 접속을 변경)

[그림 1.85] 직권전동기의 발전제동

(2) 회생제동

전동기가 갖는 운동에너지를 전기에너지로 변화하고, 이것을 전원으로 반환하여 제동하는 경제적인 방법을 회생제동이라고 한다.

이 방법은 전기기관차가 언덕을 내려가는 경우에 전동기는 발전기로서 동작을 하기 때문에, 이 때에 계자저항기의 저항을 감소해서 자속을 증가시켜 주어서 발생하는 유도기전력이 공급전압보다 높게 유도될 때 전원으로 반환되는 회생전류가 된다.

(3) 역전제동

전동기를 전원에 접속시킨 상태대로 전기자의 접속을 반대로 접속해서 회전방향과 반대방향의 토크를 발생시켜서 전동기를 급속히 정지시키거나 역전시키는 방법을 **역전제동**이라고 한다.

이 방법은 전환하는 순간에 과대한 전류가 흐른다. 또한, 정지를 목적으로 하는 경우에는 정지하기 직전에 전원을 분리시킬 필요가 있다.

1.10 직류기의 손실, 효율 및 정격

1.10.1 손실

전기기계는 모두 어떤 상태의 에너지를 다른 에너지로 변환하는 장치지만, 주어진 에너지가 전부 유효한 에너지로 변환되는 것이 아니고, 그 중의 일부 에너지는 열로 바뀌어서 없어지는 손실이 된다.

① 기계손 : 베어링 마찰손, 브러시 마찰손, 풍손
② 철손 : 히스테리시스손, 와전류손
③ 동손 : 계자권선동손, 전기자권선동손, 브러시의 전기손
④ 표류부하손

(1) 기계손

기계손은 축과 베어링, 브러시와 정류자 등의 마찰로 인한 마찰손과 회전부와 공기의 마찰로 인한 풍손으로 되어 있으며, 기계의 속도가 일정하면 부하전류에 관계없이 거의 일정한 값이다.

(2) 철손

철손은 전기자철심 안에서 자화의 방향이 변하기 때문에 철심부에 생기는 손실이며, 히스테리시스손과 와전류손으로 되어 있고, 전압과 속도가 일정하게 유지되는 기계에서는 거의 일정한 값이다.

(3) 동손

동손은 저항손이라고도 하며, 부하전류 및 계자전류에 의한 저항손으로 전기자, 분권, 직권, 보극, 보상의 각 권선, 브러시 및 계자저항기 등에서 생긴다.
브러시의 전기손은 전기자전류 I_a 와 브러시 전압강하 e_b 의 곱과 같고, 일반적으로 전압강하는 탄소 브러시 및 흑연 브러시에서 각 브러시에 대해 $1[\mathrm{V}]$, 금속흑연 브러시에서는 각 브러시에 대해 $0.3[\mathrm{V}]$ 로 하여 계산한다.

(4) 표류부하손

측정이나 계산으로 구할 수 없는 어떤 종류의 손실이 있는데 이것을 **표류부하손**라고 하며, 부하전류가 흐름에 따라 도체 안이나 철심내부에 생기는 와전류 때문에 생기는 것으로 부하에 따라 증감한다.

(5) 무부하손과 부하손

이들의 손실 중 기계손과 철손 및 동손 가운데서 분권 및 타여자 계자동손은 부하의 변화에 관계없이 거의 일정하므로 이들을 일괄하여 **무부하손**, 또는 **고정손**이라고 하며, 그 밖의 동손 및 표류부하손은 부하에 따라 현저하게 변화하므로 이들을 **부하손** 또는 **가변손**이라고 한다.

1.10.2 효율

직류기의 입력과 출력 사이에는 다음과 같은 관계가 성립한다.

$$\text{출력} = \text{입력} - \text{손실}$$
$$\text{입력} = \text{출력} + \text{손실}$$

효율은 출력과 입력의 비이며, 어떤 입력 중 어느 정도가 유효하게 사용되는가를 다음과 같이 백분율로 표시하고 있다.

① **실측효율** : 직류기에 실제로 부하를 걸어서 입력과 출력을 측정하고 식 (1.52)에 의하여 계산한 효율을 실측효율이라고 한다.

$$\text{효율} = \frac{\text{출력}}{\text{입력}} \times 100[\%] \quad (1.52)$$

② **규약효율** : 규격으로 정해진 방법에 의하여 각 손실을 측정 또는 산출하고 이에 따라 어떤 출력에 대한 입력, 또는 어떤 입력에 대한 출력을 구하여 식(1.53) 또는 식(1.54)에 따라 산출한 효율을 규약효율이라고 한다.

$$\text{발전기의 효율 } \eta_G = \frac{\text{출력}}{\text{출력}+\text{손실}} \times 100[\%] \quad (1.53)$$

$$\text{전동기의 효율 } \eta_M = \frac{\text{입력}-\text{손실}}{\text{입력}} \times 100[\%] \quad (1.54)$$

손실에는 무부하손(α)과 부하손(βI^2)이 있는데 손실이 최소가 되려면 $\alpha = \beta I^2$일 때이며 전기기계는 최고효율이 되도록 설계한다. [그림 1.86]은 직류기가 출력에 따라 효율이 변화하는 상태를 나타내는 한 가지 예이다.

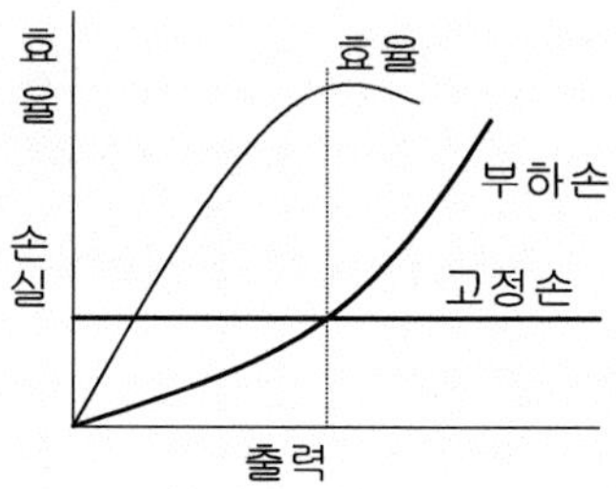

[그림 1.86] 직류기의 효율과 손실

전기기계의 효율에는 실측효율과 규약효율이 있는데 일반적으로 규약효율을 사용한다.

예제 43 E·x·e·r·c·i·s·e

효율이 83[%]이고, 출력이 10[kW]인 발전기의 전손실은 몇 [kW]인가?

해설 $83 = \frac{10}{10+p} \times 100,\ p = \frac{10}{0.83} - 10 = 2.05[\text{kW}]$

예제 44 E·x·e·r·c·i·s·e

100[V], 출력 10[PS]의 직류분권전동기가 있다. 전 부하시의 입력 및 전기자전류를 구하라. (단, 이 때의 효율은 85[%], 계자전류는 2[A]이다. 단, 1[PS]=736[W]이다.)

해설 $\eta = \frac{\text{출력}}{\text{입력}} \times 100 = \frac{10 \times 736}{VI} \times 100 = 85[\%]$ 에서

$VI = 8{,}660[\text{W}]$

$I = \frac{8{,}660[\text{W}]}{100[\text{V}]} = 86.6[\text{A}]$

$I_a = I - I_f = 86.6 - 2 = 84.6[\text{A}]$

1.10.3 정격

회전기에 보증된 사용한도, 출력에 대한 사용한도를 정함과 동시에 전압, 회전속도, 주파수 등을 지정한다. 이들을 각각 정격출력, 정격전압, 정격회전속도, 정격주파수 등으로 칭하며 그 값을 **명판**에 표시하여야 한다.
이 한도 이상으로 이들을 변경하면 손실의 증대, 효율의 저하, 온도상승의 과대, 정류의 불량, 변동률의 증가 등과 같은 불량상태가 발생하며 지정된 규격에 적합하지 않게 된다.

(1) 정격의 종류

① **연속정격** : 연속정격이란 지정 조건하에서 연속으로 사용할 때, 그 기기에 관한 규격에 정해진 온도상승한도를 초과하지 않고 그 밖의 제한도 초월하지 않는 정격을 말한다.

② **단시간정격** : 단시간정격이란, 냉상태에서 시작하여 지정된 일정한 단시간 지정 조건하에서 회전기를 단시간 사용할 때, 그 회전기에 관한 표준규격에 정해져 있는 온도상승한도를 초과하지 않고 기타의 제한에 벗어나지 않는 정격을 말한다. 시간은 10분, 30분, 60 분간 또는 90분간으로 한다.

③ **반복정격** : 지정조건에서 회전기를 반복하여 사용하는 경우, 그 회전기에 관한 표준규격에 정해져 있는 온도상승한도를 초과하지 않고 기타의 제한에 벗어나지 않는 정격이다.
특별한 지정이 없을 경우에는 1주기의 표준치는 10분간으로 하고 부하시간률(부하시간과 1주기와의 비)은 원칙적으로 15, 25, 40, 또는 60[%]로 한다.

④ **등가정격** : 지정조건에서 회전기가 반복하여 사용될 경우 주문자와 제조자와의 협의에 따라서 이 사용과 다른 열적으로 등가한 연속사용, 또는 단시간 사용으로 치환할 수가 있으며 전기철도용에 사용된다.
이 치환과 사용에 대한 시험을 했을 때, 그 회전기에 관한 표준규격에 정해져 있는 온도상승한도를 초과하지 않고 기타의 제한에 벗어나지 않는 정격을 **등가연속정격**, 또는 **등가단시간정격**이라고 한다.

(2) 직류발전기의 정격출력

직류발전기의 정격출력이란 정격속도와 정격전압을 발전기 단자에서 이용할 수 있는 전력을 말하며 [W], 또는 [kW]로 표시한다.

(3) 직류전동기의 정격출력

직류전동기의 정격출력이란 정격속도와 정격전압에서 전동기축에 발생하는 기계적 유효출력을 말하며 [W], 또는 [kW]로 표시한다.

1.11 직류기의 시험

1.11.1 전동기의 실측효율 측정

이를 측정하는 데는 부하로서 효율을 알고 있는 보조발전기를 사용하는 방법과 프로니 브레이크를 사용하는 방법 및 전기동력계를 사용하는 방법이 있다.

(1) 보조발전기를 사용하는 방법

시험하려는 전동기 M과 효율을 알고 있는 보조발전기 G의 축을 서로 직접 결합한다. 그리고 전동기 M의 단자전압을 정격값으로 유지하고 발전기 G에 부하를 걸면, 이때에 G의 단자전압, 부하전류, 효율에서 G의 입력, 즉 전동기 M의 출력을 안다. 또, 전동기 M의 입력은 이때에 M의 단자전압과 부하전류에서 구해지기 때문에 이 전동기의 효율을 산출할 수 있다.

따라서 토크는 이때의 회전수를 n[rps]이라 하면 $\tau = P/2\pi n$[N · m]에 의하여 산출된다. 또한, 이 토크와 전기자전류의 관계를 구하면 토크 특성곡선을 그릴 수가 있다.

예제 45 E·x·e·r·c·i·s·e

정격출력이 10[kW] 효율이 85[%]인 직류발전기와 직결된 전동기가 있다. 정격상태에서 이 전동기의 입력은 200[V], 65[A]이고, 회전수가 1,150[rpm]이라면 이 전동기의 효율, 출력, 토크는 얼마인가?

해설

$$\text{발전기의 입력(=전동기의 출력)} = \frac{10\times10^3}{85}\times100 = 11{,}765[\text{W}]$$

$$\text{전동기의 효율} = \frac{\text{전동기출력}}{\text{전동기입력}}\times100 = \frac{11{,}765}{200\times65}\times100 = 90.5[\%]$$

$$\text{토크 } \tau = \frac{P}{\omega} = \frac{11{,}765}{2\pi\times\dfrac{1{,}150}{60}} = 97.7[\text{N}\cdot\text{m}]$$

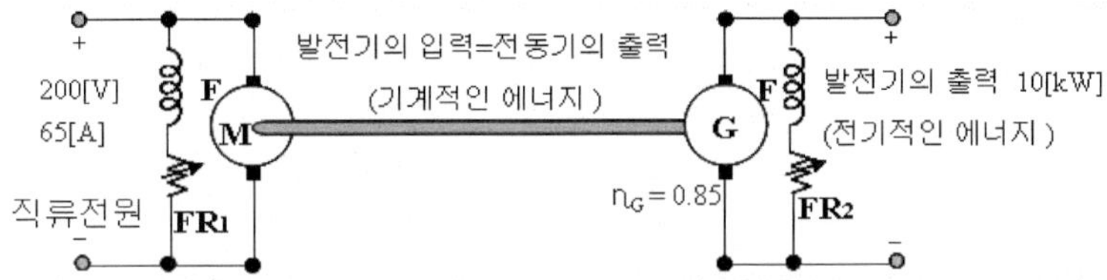

[그림 예제 45]

---

(2) 프로니 브레이크을 사용하는 방법

[그림 1.87]은 프로니 브레이크이다. 한 쌍으로 된 나뭇조각으로 전동기의 벨트풀리를 잡고, 길이가 L[m]인 암의 한쪽 끝을 스프링 저울 B에 연결시켜서 이에 작용하는 힘 W[N]을 측정한다. 나뭇조각을 풀어 놓았을 때에 스프링 저울의 눈금을 w[N]이라 하면 전동기의 토크 τ는

$$\tau = L(W-w)[\text{N}\cdot\text{m}] \tag{1.55}$$

또, 출력 P는 식 (1.34)에서

$$P = 2\pi n\tau = 2\pi nL(W-w)\ [\text{W}] \tag{1.56}$$

전동기의 입력을 P_{in}[W]이라 하면 효율η는 다음 식으로 구한다.

$$\eta = \frac{P}{P_{in}}\times100[\%] \tag{1.57}$$

이 경우에는 토크 τ와 전기자전류의 관계를 구하면 토크 특성곡선을 얻을 수 있다.

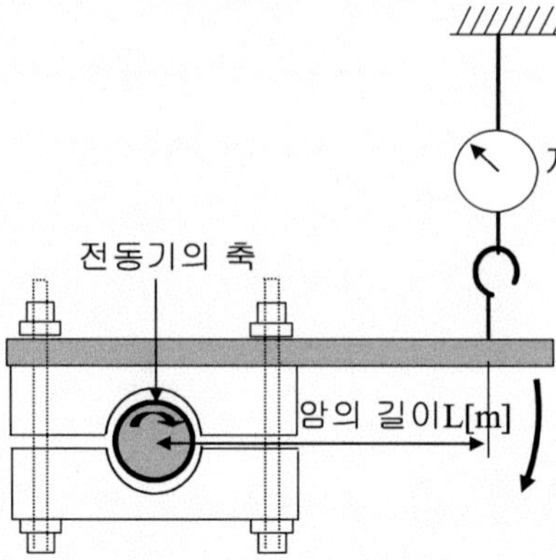

[그림 1.87] 프로니 브레이크

(3) 전기동력계를 사용하는 방법

이 방법은 시험하려는 전동기를 전기동력계의 전기자에 직결하여 전기동력계를 발전기로서 운전하고, 적당히 부하를 걸어서 토크의 평형을 취하면 프로니 브레이크의 경우와 똑같이 전동기의 토크, 출력, 효율 등을 구할 수가 있다.

1.11.2 온도시험

전기기계의 출력은 온도상승에 따라 가장 제한을 받는다. 따라서 기계에 정격부하를 걸고 연속정격인 것은 각 부분의 온도가 일정하게 될 때까지, 단시간 정격인 것은 지정한 시간 동안 운전하여 최종온도 상승이 규정이내에 속하는가를 시험해야 한다. 이것을 온도시험이라고 한다.

Reference 반환부하법

온도시험을 하는 경우에 실부하법은 전력을 소비하는 일이 크고 비경제적이다. 따라서 서로 같든가 비슷한 정격의 직류기가 2대이상 있을 때에는 반환부하법으로 온도시험을 하는 것이 편리하기도 하고 또한 경제적이기도 하다.

이 방법은 2 대를 기계적으로 직결하고 한쪽을 발전기, 다른 쪽을 전동기로하여 발전기가 발생한 전력으로 전동기를 운전하고 전동기가 발생하는 기계력을 발전기축으로 반환하여 두 기계의 손실만을 기계적으로, 즉 다른 보조전동기로부터 공급하는 것을 **홉킨손법**이라 하고, 두 기계의 무부하손을 기계적으로 보조전동기에서 공급하고 동손은 전기적으로 승압기에서 공급하는 것을 **블론델법**이라 한다.
여기서는 전기적으로 전손실을 공급하는 **카프법**에 관하여 설명한다.

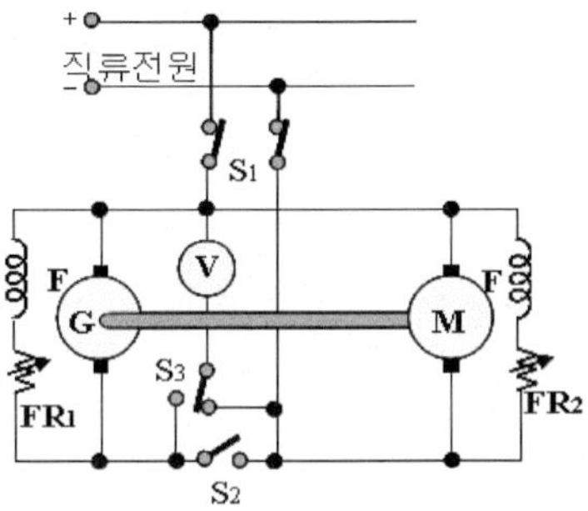

[그림 1.88] 카프법에 의한 반환부하법

[그림 1.88]과 같이 접속하고 한쪽 기계 M을 전동기로써 기동하고 정격 속도로 한 뒤에 발전기 G의 전압을 가감하여 전원전압과 거의 동일하게 되었을 때에 개폐기 S_2를 닫아서 두 기계를 병렬로 한다. 다음에 발전기의 계자전류를 증가하면 발전기는 점점 부하상태가 되고, 따라서 전동기에도 부하가 걸려서 실부하를 걸은 것과 동일한 상태로 된다.

예제 46 E·x·e·r·c·i·s·e

정격이 같은 2대의 직류 타여자 발전기가 있다. 정격출력 10[kW], 정격전압 100[V], 정격속도 1,500 [rpm]이라 한다. 지금 이 2대를 카프법에 의해서 반환부하시험을 할 때 흐르는 전류는 22[A]이라 하면 이 발전기의 효율은 얼마인가? (단, 각 발전기의 계자저항손을 200[W]라 한다.)

➔ 해설 두 기기의 전기자 동손 + 기계손 + 철손 + 표류부하손 =

$VI_o = 100 \times 22 = 2{,}200[\mathrm{W}] = 2.2[\mathrm{kW}]$

각 기기의 계자동손 $R_f\, I_f^{\,2} = 0.2[\mathrm{kW}]$

$$\eta = \frac{VI}{VI + \frac{1}{2}VI_o + R_f I_f^2} \times 100 = \frac{10}{10 + \frac{1}{2} \times 2.2 + 0.2} \times 100 = 88.5[\%]$$

객관식 문제

01 다음 전자석의 그림 중에서 전류의 방향이 화살표와 같을 때 위쪽부분이 N극인 것은?

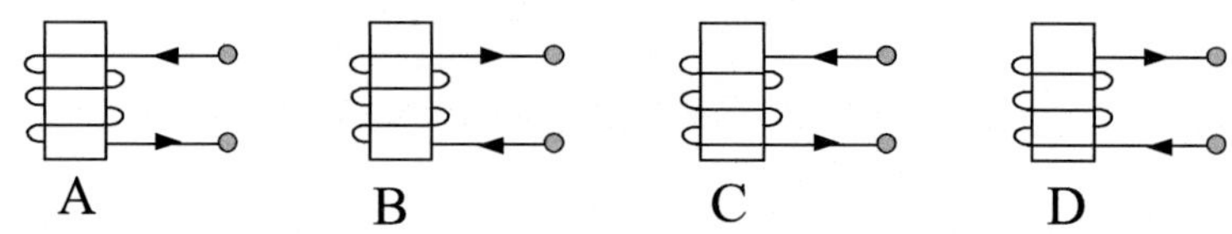

① A, B　　② B, C
③ A, D　　④ B, D

답 ②

02 전기기계에 있어서 히스테리시스손을 감소시키려면?

① 성층철심 사용　　② 규소강판 사용
③ 보극 설치　　④ 보상권선 설치

답 ②

03 다음 권선법 중에서 직류기에 주로 사용되는 것은?

① 폐로권, 환상권, 이층권　　② 폐로권, 고상권, 이층권
③ 개로권, 고상권, 이층권　　④ 개로권, 고상권, 이층권

답 ②

04 직류 분권발전기의 전기자 권선을 단중 중권으로 감으면?

① 병렬 회로수는 항상 2이다.　　② 높은 전압, 적은 전류에 적당하다.
③ 균압선이 필요없다.　　④ 브러시 수는 극수와 같아야 한다.

답 ④

05 **직류발전기의 전기자 권선법 중 파권이 중권에 비해 다른 점은?**

① 고전압 대전류　② 저전압 소전류
③ 고전압 소전류　④ 저전압 대전류　**답** ③

06 **단중 중권으로 된 직류 8극 분권발전기의 전 전류가 I [A]일 때 각 권선에 흐르는 전류는?**

① 4 I　② 8 I
③ I / 4　④ I/ 8　**답** ④

07 **직류기의 다중 중권 권선법에서 전기자 병렬회로수 a와 극수 P 사이에는 어떤 관계가 있는가? (단, 다중도는 m라 한다.)**

① $a=2$　② $a=2m$
③ $a=P$　④ $a=mP$　**답** ④

08 **극수 4, 슬롯수 40, 슬롯 내 코일변수 4인 단중 중권 정류기의 정류자 편수는? (단, 코일권수 $w=1$이며 복구권이다.**

① 60　② 80
③ 90　④ 100

풀이 정류자편수 $= \dfrac{\text{슬롯내 코일변수}}{2} \times \text{슬롯수} = \dfrac{4}{2} \times 40 = 80$　**답** ②

09 **직류발전기의 저주파 및 고주파 맥동을 감소시키기 위한 것이 아닌 것은 어느 것인가?**

① 공극의 길이를 균일하게 한다.
② 자극 간격을 균등히 한다.
③ 자기저항을 전기자 주변에 대하여 균등히 한다.
④ 홈을 1홈절 이상의 사구로 하고 정류자 편수를 감소시킨다.　**답** ④

10 **직류기에서 전기자 반작용이란 전기자 권선에 흐르는 전류로 인하여 생긴 자속이 무엇에 영향을 주는 현상인가?**

① 모든 부분에 영향을 주는 현상
② 계자극에 영향을 주는 현상
③ 감자작용만을 하는 현상
④ 편자작용만을 하는 현상

답 ②

11 **직류 발전기에서 기하학적 중성축과 각 $\alpha°$ 만큼 브러시의 위치 이동되었을 때 감자 기자력[AT/극]의 값은? (단, $K=\dfrac{I_a Z}{2Pa}$)**

① $K \cdot \dfrac{\alpha}{180}$
② $K \cdot \dfrac{2\alpha}{180}$
③ $K \cdot 3\dfrac{\alpha}{180}$
④ $K \cdot \dfrac{2\alpha}{90}$

답 ②

12 **직류발전기에서 기하학적 중성축과 $\alpha°$ 만큼 브러시의 위치가 이동되었을 때 극당 감자기자력은 몇 $[\mathrm{AT}]$인가? (단, 여기서 극수 P, 전기자전류 I_a, 전기자도체수 Z, 병렬회로수 a이다.)**

① $\dfrac{I_a Z}{2Pa} \cdot \dfrac{\alpha}{180}$
② $\dfrac{2Pa}{I_a Z} \cdot \dfrac{\alpha}{180}$
③ $\dfrac{I_a Z}{2Pa} \cdot \dfrac{2\alpha}{180}$
④ $\dfrac{2Pa}{I_a Z} \cdot \dfrac{2\alpha}{180}$

답 ③

13 **다음 사항은 직류기의 전기자 반작용에 관한 사항으로 이중 틀린 것은?**

① 보상권선은 계자극면의 자속분포를 수정할 수 있다.
② 전기자 반작용을 보상하는 효과는 보상권선보다 보극이 유리하다.
③ 고속기나 부하변화가 큰 직류기에는 보상권선이 적당하다
④ 보극은 바로 밑의 전기자 권선에 의한 기자력을 상쇄한 것이다

답 ②

14 **직류 발전기의 전기자 반작용을 설명함에 있어 그 영향을 없애는데 가장 유효한 것은 어느 것인가?**

① 균압환 ② 탄소브러시
③ 보상권선 ④ 보극 답 ③

15 **직류기에서 전기자 반작용을 방지하기 위한 보상권선의 전류 방향은?**

① 계자전류의 방향과 같다. ② 계자전류 방향과 반대이다.
③ 전기자 전류의 방향과 같다. ④ 전기자 전류방향과 반대이다. 답 ④

16 **전기자 반작용이 보상되지 않는 것은?**

① 계자 기자력 증대 ② 보극권선 설치
③ 전기자 전류감소 ④ 보상권선 설치 답 ①

17 **전기자 반작용이 직류 발전기에 주는 영향 중 맞지 않는 것은 어느 것인가?**

① 전기적 중성축을 이동시킨다.
② 자속을 감소시켜 부하시 전압강하의 원인이 된다.
③ 정류자 편간 전압이 불균일하게 되어 섬락이 원인이 된다.
④ 전류의 파형은 찌그러지나 출력에는 변화가 없다. 답 ④

18 **직류발전기의 전기자 반작용을 줄이고 정류를 잘 되게 하기 위해서는?**

① 리액턴스 전압을 크게 할 것
② 보극과 보상권선을 설치할 것
③ 브러시를 이동시키고 주기를 크게 할 것
④ 보상권선을 설치하여 리액턴스 전압을 크게 할 것 답 ②

19 그림과 같이 직류발전기가 회전할 때, 보극의 극성 및 보상권선에 보내려는 전류의 방향은? (단, 위의 보극을 A, 아래 보극을 B, N극에 있는 보상권선을 X, S극에 있는 보상권선을 Y라고 하자.)

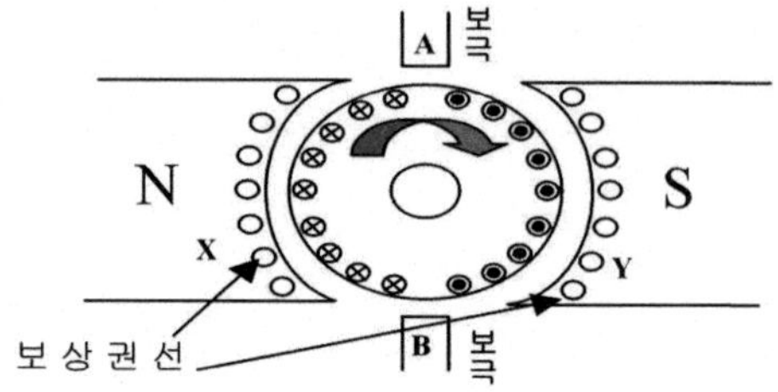

① A는 S극, B는 N극. X는 ⊗방향, Y는 ⊙방향
② A는 N극, B는 S극. X는 ⊗방향, Y는 ⊙방향
③ A는 S극, B는 N극. X는 ⊙방향, Y는 ⊗방향
④ A는 N극, B는 S극. X는 ⊙방향, Y는 ⊗방향

답 ③

20 직류 발전기의 보극에 관한 설명 중 틀린 것은?

① 보극의 계자권선은 전기자권선과 직렬로 접속한다.
② 보극의 극성은 주자극의 극성을 회전방향으로 옮겨 놓은 것과 같은 극성이다.
③ 보극의 수는 주자극과 동일한 수이지만 어떤 경우에는 주자극의 수보다 적은 것도 있다.
④ 보극의 자속이 전가자 권선의 정류에 의한 리액턴스 전압을 유효하게 해소하면 브러시를 이동시킬 필요가 없다.

답 ②

21 보극이 없는 직류발전기는 부하의 증가에 따라 브러시의 위치를 어떻게 하는가?

① 회전방향과 반대로 이동시킨다.
② 그대로 둔다.
③ 극의 중간에 놓는다.
④ 회전방향으로 이동시킨다.

답 ④

22 **직류기에서 양호한 정류를 얻는 조건이 아닌 것은?**

① 정류주기를 크게 한다.
② 전기자 코일의 인덕턴스를 작게 한다.
③ 평균 리액턴스 전압이 브러시 접촉면 전압 강하보다 크게 한다.
④ 브러시의 접촉 저항을 크게 한다. 답 ③

23 **직류기에서 정류를 양호하게 하는 조건이 아닌 것은?**

① 정류 주기를 길게 한다.
② 전절권으로 한다.
③ 회전 속도를 적게 한다.
④ 리액턴스 전압을 감소시킨다. 답 ②

24 **직류발전기에서 양호한 직류를 얻기 위한 방법이 아닌 것은?**

① 보상권선을 마련한다.
② 보극을 마련한다.
③ 브러시의 접촉저항을 작게 한다.
④ 정류를 받는 코일의 자기 인덕턴스(self inductance)를 적게 한다. 답 ③

25 **직류기의 정류작용에 관한 설명으로 틀린 것은?**

① 리액턴스 전압을 상쇄시키기 위해 보극을 둔다.
② 정류작용은 직선 정류가 되도록 한다.
③ 보상권선은 정류작용에 큰 도움이 된다.
④ 보상권선이 있으면 보극은 필요 없다. 답 ④

26 직류발전기에서 회전속도가 빨라지면 정류가 힘이 드는 이유는?

① 리액턴스 전압이 커진다. ② 정류 자속이 감소한다.
③ 브러시 접촉저항이 커진다. ④ 정류 주기가 길어진다.

답 ①

27 직류기에서 정류불량의 원인이 되는 것은?

① 리액턴스 전압의 과다 ② 보상권선의 설치
③ 전기자 권선의 단절권 ④ 균압환의 설치

답 ①

28 직류기에서 정류코일에 자기인덕턴스를 L 이라 할 때 정류코일의 전류가 정류기간 T_c 사이에 I_c 에서 $-I_c$ 로 변화하면 정류코일의 리액턴스 전압(평균치)은?

① $L\dfrac{T_c}{I_c}$ ② $L\dfrac{2T_c}{I_c}$
③ $L\dfrac{I_c}{T_c}$ ④ $L\dfrac{2I_c}{T_c}$

답 ④

29 전압 정류의 역할을 하는 것은?

① 보극 ② 탄소브러시
③ 보상권선 ④ 리액턴스 코일

답 ①

30 직류발전기의 무부하 포화곡선은 다음 중 어느 관계의 것인가?

① 계자전류 대 부하전류 ② 부하전류 대 단락전류
③ 계자전류 대 유기기전력 ④ 계자전류 대 회전력

답 ③

31 포화하고 있지 않은 직류 발전기의 회전수가 1/2로 감소되었을 때 기전력을 전과 같은 값으로 하자면 여자를 속도 변화 전에 비해 얼마로 해야 하는가?

① 1/2 배　② 1 배
③ 2 배　④ 4 배

답 ③

32 직류발전기의 계자철심에 잔류자기가 없어도 발전을 할 수 있는 발전기는?

① 타여자발전기　② 분권발전기
③ 직권발전기　④ 복권발전기

답 ①

33 직류발전기의 외부특성곡선은 다음 중 어느 관계의 것인가?

① 부하전류 대 출력 곡선　② 단자전압 대 출력 곡선
③ 계자전류 대 부하전류 곡선　④ 단자전압 대 부하전류

답 ④

34 직류 분권발전기의 무부하 특성시험을 할 때 계자저항을 증가해서 무부하 전압을 감소시키려는데 계자저항이 어느 값에 도달하면 전압을 안정하게 유지할 수 없다. 그 이유는?

① 전압계 및 전류계의 고장　② 잔류자기의 부족
③ 임계 저항치로 되었기 때문에　④ 계자 저항기의 고장

답 ③

35 직류 분권발전기를 서서히 단락상태로 하면 다음 중 어떠한 상태로 되는가?

① 과전류로 소손된다.　② 과전압이 된다.
③ 소전류가 흐른다.　④ 운전이 정지된다.

답 ③

36 직류 분권발전기에 대하여 적은 것이다. 바른 것은?

① 단자전압이 강하하면 계자전류가 증가한다.
② 타여자 발전기의 경우보다 외부특성 곡선이 상향으로 된다.
③ 분권권선의 접속방법에 관계없이 자기여자로 전압을 올릴 수가 있다.
④ 부하에 의한 전압의 변동이 타여자 발전기에 비하여 크다.

답 ④

37 무부하에서 자기여자로서 전압을 확립하지 못하는 직류 발전기는?

① 타여자 발전기　② 직권 발전기
③ 분권 발전기　④ 차동복권 발전기

답 ②

38 분권 발전기의 회전방향을 반대로 하면?

① 전압이 유기된다.　② 발전기가 소손된다.
③ 잔류자기가 소멸된다.　④ 높은 전압이 발생한다.

답 ③

39 직류분권발전기를 역회전하면?

① 발전되지 않는다.　② 정회전때와 마찬가지다.
③ 과대전압이 유기된다.　④ 섬락이 일어난다.

답 ①

40 가동 복권 발전기의 내부결선을 바꾸어 분권 발전기로 하자면?

① 내분권 복권형으로 해야 한다.
② 외분권 복권형으로 해야 한다.
③ 분권 계자를 단락 시킨다.
④ 직권 계자를 단락 시킨다.

답 ④

41 직류기에서 전압 변동률이 (+)값으로 표시되는 발전기는?

① 과복권 발전기 ② 직권 발전기
③ 분권 발전기 ④ 평복권 발전기

답 ③

42 용접용으로 사용되는 직류 발전기의 특성 중에서 가장 중요한 것은?

① 과부하에 견딜 것
② 경부하일 때 효력이 좋을 것
③ 전압 변동율이 작을 것
④ 전류에 대한 전압특성이 수하특성 일 것

답 ④

43 직류 복권발전기에서 무부하전압과 전부하전압이 같도록 만들어 진 것은?

① 과복권 발전기 ② 부족복권 발전기
③ 차동복권 발전기 ④ 평복권 발전기

답 ④

44 직류분권 발전기의 계자 회로의 개폐기를 운전 중 갑자기 열면?

① 속도가 감소한다.
② 과속도가 된다.
③ 계자 권선에 고압을 유발한다.
④ 정류자에 불꽃을 유발한다.

답 ③

45 직류발전기의 단자전압을 조정하려면 다음 어느 것을 조정하는가?

① 전기자저항 ② 기동저항
③ 방전저항 ④ 계자저항

답 ④

46 **직류분권 발전기의 병렬 운전을 하기 위해서는 발전기용량 P와 정격전압 V는?**

① P도 V도 임의　② P는 임의, V는 같다.
③ P는 같고, V는 임의　④ P도 V도 같다.　답 ②

47 **직류발전기의 병렬운전 조건중 잘못된 것은?**

① 단자전압이 같을 것　② 유도기전력이 같을 것
③ 외부특성이 같을 것　④ 극성을 같게 할 것　답 ②

48 **직류복권 발전기를 병렬로 운전할 때 필요한 것은?**

① 브러시의 이동　② 균압모선
③ 직권권선의 단락　④ 집전환　답 ②

49 **직류 발전기의 병렬운전에서 균압모선을 설치하는 목적은 무엇인가?**

① 고조파의 발생방지　② 전압의 이상상승 방지
③ 손실경감　④ 안정 운전　답 ④

50 **직류발전기의 병렬운전에서 균압모선을 필요로 하지 않는 것은?**

① 분권 발전기　② 직권 발전기
③ 평복권 발전기　④ 과복권 발전기　답 ①

51 **균압선을 설치하여 병렬운전 하는 발전기는?**

① 동기기　② 복권기
③ 분권기　④ 타여자기　답 ②

52 **직류 발전기의 병렬 운전에서는 계자전류를 변화시키면 부하 분담은?**

① 계자전류를 감소시키면 부하분담이 적어진다.
② 계자전류를 증가시키면 부하분담이 적어진다.
③ 계자전류를 감소시키면 부하분담이 커진다.
④ 계자전류와는 무관하다.

답 ①

53 **증폭특성을 이용하여 발전기의 전압이나 전동기의 속도를 제어하는 특수직류기는?**

① 승압기 ② 전기동력계
③ 암플리다인 ④ 전동발전기

답 ③

54 **그림과 같이 전기자 권선에 전류를 보낼 때 회전방향을 알기 위한 법칙 및 회전방향은?**

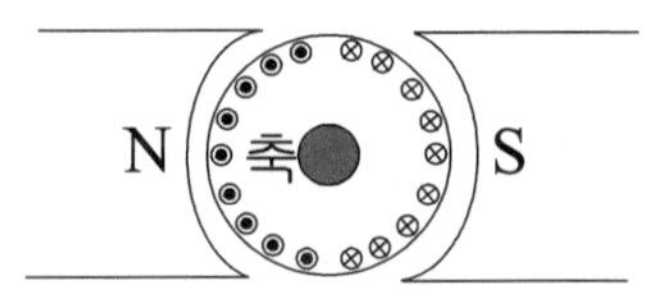

① 플레밍의 왼손법칙, 시계방향 ② 플레밍의 오른손법칙, 시계방향
③ 플레밍의 왼손법칙, 반시계방향 ④ 플레밍의 오른손법칙, 반시계방향

답 ①

55 **직류기에서 브러시와 접촉하고 있는 정류자의 역할을 맞게 설명한 것은? 단, G는 발전기, M은 전동기이다.**

① G에서 전기자 권선의 AC를 브러시에는 AC로 전달
② G에서 전기자 권선의 DC를 브러시에는 DC로 전달
③ M에서 브러시의 DC를 전기자 권선에는 AC로 전달
④ M에서 브러시의 DC를 전기자 권선에는 DC로 전달

답 ③

56 **전동기의 부하가 증가할 때 다음 설명 중 틀린 것은?**

① 전동기의 속도가 떨어진다.
② 역기전력이 감소한다.
③ 전동기의 전류가 증가한다.
④ 전동기의 단자전압이 증가한다.

답 ④

57 **직류 전동기에서 역기전력 E를 설명한 것 중 틀린 것은? (단, E : 역기전력, V : 단자 전압이다.)**

① E와 V는 반대방향이 되고 전기자 전류를 방해한다.
② E는 V보다 적다.
③ 전동기 속도가 증가하면 E는 감소한다.
④ 전동기 부하가 증가하면 E는 감소한다.

답 ③

58 **직류 분권 전동기의 전압이 일정할 때 부하 토크가 2배로 증가하면 부하전류는 약 몇 배가 되는가?**

① 1/4
② 1/2
③ 2
④ 1

풀이 $\tau = \frac{P\Phi}{2\pi}\frac{I_a}{a}Z = k_1\Phi\, I_a[\mathrm{N \cdot m}]$, 단, $k_1 = \frac{PZ}{2a\pi}$에서 전압이 일정할 때에는 계자전류 $I_f = \frac{V}{R_f} \propto$ 일정하다. 그러므로 자속 Φ도 일정하므로 $\tau = k_1\Phi\, I_a$, $\tau' = 2\tau = 2\,k_1\Phi\, I_a = k_1\Phi(2\times I_a)$가 된다. 부하전류 $I = I_a + I_f$에서 I_f가 일정하므로 부하전류는 2배가 된다.

답 ③

59 **직류 분권전동기의 단자전압과 계자전류는 일정히 하고, 2배의 속도로 2배의 토크를 발생하는데 필요한 전력은 처음 전력의?**

① 불변
② 2배
③ 4배
④ 8배

풀이 $P_m = \omega\tau = 2\pi n\tau$, $P_m{}' = 2\pi n'\tau' = 2\pi(2n)(2\tau) = 4\times 2\pi n\tau = 4\times P_m$

답 ③

60 직류전동기에서 극수를 P, 전기자의 전도체수를 Z, 전기자 병렬 회로수를 a, 1극 당의 자속수를 Φ[Wb], 전기자 전류를 I_a[A]라고 할때 토크[N·m]를 나타내는 것은 어느 것인가?

① $\frac{PZ}{2\pi a}\Phi I_a$ ② $\frac{PZ}{a}\Phi I_a$

③ $\frac{2\pi a}{PZ}\frac{a\Phi}{I_a}$ ④ $\frac{2\pi a}{PZ}\Phi I_a$

답 ①

61 보상권선이 없는 직류전동기가 시계방향으로 회전할 때 부하가 증가하면 전기적중성축은 어떻게 되는가? (단, 전기적 중성축과 기하학적 중성축의 사이각을 θ 라고 한다.)

① 시계방향으로 이동하며 θ는 증가
② 시계방향으로 이동하며 θ는 감소
③ 시계방향과 반대로 이동하며 θ는 증가
④ 시계방향과 반대로 이동하며 θ는 감소

답 ③

62 직류직권 전동기에서 토크 T와 회전수 N와의 관계는?

① $T \propto N$ ② $T \propto \frac{1}{N}$

③ $T \propto N^2$ ④ $T \propto \frac{1}{N^2}$

풀이 $n = k_2 \frac{V - I_a(R_a + R_s)}{k_3 I_a} = k_4 \frac{V}{I_a}$[rps] 단, $k_4 = k_2/k_3$는 상수에서 $I_a = k_4 \frac{V}{n}$[A]가 된다.

토크는 $\tau = k_1 \Phi I_a = k_1 k_3 I_a^2$, $\tau = k_5 I_a^2$이므로

$\tau = k_5 I_a^2 = k_5 (k_4 \frac{V}{n})^2 = k_5 \left(k_4 V\right)^2 \left(\frac{1}{n}\right)^2 \propto \left(\frac{1}{n}\right)^2$

답 ④

63 직류 직권 전동기의 전원 극성을 반대로 하면?

① 회전방향이 변하지 않는다. ② 회전방향이 변한다.
③ 속도가 증가한다. ④ 발전기로 된다.

답 ①

64 **직류 직권 전동기가 전차용에 사용되는 이유는?**

① 속도가 클 때 토크가 크다.
② 토크가 클 때 속도가 적다.
③ 기동토크가 크고 속도는 불변한다.
④ 토크는 일정하고 속도는 전류에 비례한다.

답 ②

65 **직류 직권 전동기의 토크는 전기자 전류를 변화시킬 때 어떻게 변하는가? (단, 자기 포화는 무시한다.)**

① 전류에 비례한다.
② 전류에 제곱에 비례한다.
③ 전류에 역비례한다.
④ 전류의 제곱에 역비례한다.

답 ②

66 **직류 직권 전동기에서 벨트(belt)를 걸고 운전하면 안되는 이유는?**

① 손실이 많아진다.
② 직결하지 않으면 속도 제어가 곤란하다.
③ 벨트가 벗어지면 위험 속도에 도달한다.
④ 벨트가 마모하여 보수가 곤란하다.

답 ③

67 **직권 전동기에서 위험 속도가 되는 경우는?**

① 정격전압, 무여자
② 저전압, 과여자
③ 전기자에 저저항 접속
④ 정격 전압, 과부하

답 ①

68 **부하가 변하면 심하게 속도가 변하는 직류전동기는?**

① 직권 전동기
② 분권 전동기
③ 차동 복권 전동기
④ 가동 복권 전동기

답 ①

69 **직류가동복권발전기를 전동기로 사용하자면?**

① 가동복권 전동기로 사용가능
② 차동복권 전동기로 사용가능
③ 속도가 급상승해서 사용불능
④ 직권 코일의 분리가 필요

답 ②

70 **직류 분권전동기의 공급전압의 극성을 반대로 하면 회전방향은?**

① 변하지 않는다.
② 반대로 된다.
③ 회전하지 않는다.
④ 발전기로 된다.

답 ①

71 **부하가 변하면 심하게 속도가 변하는 직류전동기는?**

① 직권 전동기
② 분권 전동기
③ 차동 복권 전동기
④ 가동 복권 전동기

답 ①

72 **직류기의 특성을 설명한 것이다. 옳게 설명한 것은?**

① 전차용 전동기는 차동복권 전동기를 이용하고 있다.
② 분권 전동기의 운전중 계자 회로가 단선되면 위험속도가 된다.
③ 직권 전동기에서는 부하가 줄면 속도가 감소한다.
④ 분권 전동기는 부하에 따라 속도가 많이 변한다.

답 ②

73 **다음 중에서 옳은 것은 어느 것인가?**

① 분권전동기는 부하에 따라 속도가 많이 변한다.
② 전차용 전동기는 차동 복권 전동기이다.
③ 직권 전동기에는 부하가 줄면 속도가 감소한다.
④ 분권전동기의 운전중 계자 회로만이 단선되면 위험속도가 된다.

답 ④

74 분권전동기의 기동시에 계자저항기의 저항값은 어떻게 놓는가?

① 떼어놓는다. ② 최대로 놓는다.
③ 0으로 놓는다. ④ 중으로 놓는다.

답 ③

75 직류분권전동기를 기동하려면 전기자권선과 직렬로 연결된 기동기의 저항 및 계자권선과 직렬로 연결된 계자저항을 어떤 상태로 놓고 전원을 넣는가?

① 기동기의 저항은 최대, 계자저항은 최대
② 기동기의 저항은 최대, 계자저항도 최소
③ 기동기의 저항은 최소, 계자저항도 최대
④ 기동기의 저항은 최소, 계자저항은 최소

답 ④

76 직류 전동기의 속도 제어법 중에서 정출력 제어에 속하는 것은?

① 계자제어법 ② 전압 제어법
③ 전기자 저항 제어법 ④ 워어드 레오너드 제어법

답 ①

77 직류 분권 전동기의 계자전류를 감소시키면 회전수는 어떻게 변하는가?

① 변화없음 ② 정지
③ 증가 ④ 감소

답 ③

78 직류 분권전동기에서 운전 중 계자권선의 저항을 증가하면 회전속도의 값은?

① 감소한다. ② 증가한다.
③ 일정하다. ④ 관계없다.

답 ②

79 직류분권 전동기를 무부하로 운전 중 계자회로에 단선이 생겼다. 다음 중 옳은 것은?

① 즉시 정지한다.
② 과속도로 되어 위험하다.
③ 역전한다.
④ 무부하이므로 서서히 정지한다.

답 ②

80 보극이 있는 직류분권전동기에서 계자제어에 의한 최저속도와 최고속도의 비는?

① 1:1.5
② 1:2.5
③ 1:4
④ 1:8

답 ②

81 직류전동기의 공급전압을 V[V], 자속을 Φ[Wb], 전기자 전류를 I_a[A], 전기자 저항을 R_a[Ω], 속도를 N[rps]라 할 때 속도식은? (단, K는 상수이다.)

① $N = K\dfrac{V+I_aR_a}{\Phi}$
② $N = K\dfrac{V-I_aR_a}{\Phi}$
③ $N = K\dfrac{\Phi}{V+I_aR_a}$
④ $N = K\dfrac{\Phi}{V-I_aR_a}$

답 ②

82 분권직류전동기에서 부하의 변동이 심할 때 광범위하게 또한 안정되게 속도를 제어하는 가장 적당한 방식은?

① 계자제어방식
② 워드레오너드방식
③ 직렬저항제어방식
④ 일그너방식

답 ④

83 워어드 레오나드 속도제어는?

① 전압제어
② 직병렬제어
③ 저항제어
④ 계자제어

답 ①

84 직류전동기의 속도 제어 방법 중 광범위한 속도제어가 가능하며, 운전효율이 좋은 방법은?

① 계자제어　　② 직렬저항제어
③ 병렬저항제어　　④ 전압제어

답 ④

85 직류 전동기의 속도제어 방식 중 직병렬 제어법을 사용할 수 있는 전동기는?

① 직류 타여자전동기　　② 직류 분권 전동기
③ 직류 직권 전동기　　④ 직류 복권 전동기

답 ③

86 직류전동기의 속도 제어법이 아닌 것은?

① 계자제어법　　② 전압제어법
③ 저항제어법　　④ 2차 여자법

답 ④

87 직류기의 다음 손실 중에서 기계손에 속하는 것은 어느것인가?

① 풍손　　② 와류손
③ 브러시의 전기손　　④ 표유 부하손

답 ①

88 직류기의 효율이 최대가 되는 경우는?

① 와류손 = 히스테리시스손　　② 기계손 = 전기자동손
③ 전부하동손 = 철손　　④ 고정손 = 부하손

답 ④

89 일정 전압으로 운전하고 있는 직류 발전기의 손실이 $\alpha+\beta I^2$으로 표시될 때 효율이 최대가 되는 전류는? (단, α, β는 정수이다.)

① $\dfrac{\alpha}{\beta}$　　② $\dfrac{\beta}{\alpha}$

③ $\sqrt{\dfrac{\alpha}{\beta}}$　　④ $\sqrt{\dfrac{\beta}{\alpha}}$

답 ③

90 직류 발전기의 규약 효율은 어떤 식으로 표시된 식에 의하여 구하여진 값인가?

① $\eta=\dfrac{출력}{입력}\times 100[\%]$　　② $\eta=\dfrac{출력}{출력+손실}\times 100[\%]$

③ $\eta=\dfrac{입력-손실}{입력}\times 100[\%]$　　④ $\eta=\dfrac{입력}{출력+손실}\times 100[\%]$

답 ②

91 다음 정격 중에서 가장 많이 쓰이는 정격은 어느 것인가?

① 공칭정격　　② 단시간정격

③ 반복정격　　④ 연속정격

답 ④

92 회전자의 정격 중에서 전기철도용 전원기기에만 적용되는 정격은 어느 것인가?

① 공칭정격　　② 단시간정격

③ 반복정격　　④ 연속정격

답 ①

93 대형 직류전동기의 토크를 측정하는데 가장 적합한 방법은?

① 와전류제동기　　② 프로니브레이크법

③ 전기동력계　　④ 반환부하법

답 ③

94 직류기의 온도시험에는 실부하법과 반환부하법이 있다. 이중에서 반환부하법에 해당되지 않는 것은 어느 것인가?

① 홉킨슨법 ② 프로니 브레이크법
③ 블론델법 ④ 카프법

답 ②

95 직류기의 반환 부하법에 의한 온도 시험이 아닌 것은?

① 키크법 ② 블론델법
③ 홉킨스법 ④ 카프법

답 ①

96 전기기기에 사용되는 절연물의 종류 중 H종 절연에 해당되는 최고 허용온도는?

① 105℃ ② 120℃
③ 155℃ ④ 180℃

답 ④

97 E종 절연물의 최고 허용 온도[℃]는?

① 105 ② 130
③ 90 ④ 120

풀이 〈허용 온도에 의한 절연의 종류〉

절연의 종류	Y	A	E	B	F	H	C
허용 최고 온도[℃]	90	105	120	130	155	180	180 초과

답 ④

98 저전압 대전류에 가장 적합한 브러시 재료는? [13년]

① 금속 흑연질 ② 전기 흑연질
③ 탄소질 ④ 금속질

답 ①

99 직류 발전기의 구조가 아닌 것은? [13년]

① 계자 권선 ② 전기자 권선
③ 내철형 철심 ④ 전기자 철심

답 ③

100 50[kV], 610[V], 1,200[rpm]의 직류 분권전동기가 있다. 70[%]부하일 때 부하전류는 100[A], 회전속도는 1,240[rpm]이다 전기자 발생토크 [kg · m]를 구하라. (단, 전기자의 저항이 0.1[Ω]이고, 계자전류는 전기자전류에 비해 현저히 작다.) [13년]

① 약 39.3 ② 약 40.6
③ 약 47.17 ③ 약 48.75

풀이 $E = V - I_a R_a = 610 - 100 \times 0.1 = 600[\text{V}]$

$P_m = EI_a = 2\pi n \tau[\text{W}]$에서 $600 \times 100 = 2\pi \times \dfrac{1,240}{60} \times \tau$, $\tau = 462[\text{N·m}]$

$\tau = \dfrac{462[\text{N} \cdot \text{m}]}{9.8} = 47.15[\text{kg} \cdot \text{m}]$

답 ③

101 직류분권 전동기의 공급전압이 V[V], 전기자전류 I_a[A], 전기자 저항이 R_a[Ω], 회전수 N[rpm]일때 발생 토크는 몇 [kg · m]인가? [14년]

① $\dfrac{30}{9.8}\dfrac{(VI_a - I_a^2 R_a)}{\pi N}$ ② $\dfrac{30}{9.8}\dfrac{(V - I_a R_a)}{\pi N}$
③ $30\dfrac{(VI_a - I_a^2 R_a)}{\pi N}$ ④ $\dfrac{1}{9.8}\dfrac{(V - I_a R_a)}{2\pi N}$

풀이 $\tau = \dfrac{1}{9.8}\dfrac{(V - I_a R_a) I_a}{2\pi \dfrac{N}{60}} = \dfrac{30}{9.8}\dfrac{(VI_a - I_a^2 R_a)}{\pi N}$

답 ①

102 **직류분권 전동기의 공급전압이 일정할 때 부하토크가 2배로 증가하면 부하전류는 약 몇 배인가?** [14년]

① 4 ② 3
③ 2 ④ 1

풀이 $\tau = k_1 \Phi I_a [\mathrm{N \cdot m}]$이며 공급전압이 일정하면 계자전류($I_f$)와 자속($\Phi$)이 일정하므로 토크가 2배이면 는 부하전류도 약 2배가 된다. **답** ③

103 **직류전동기의 속도제어법 중 정지 워드레오나드방식에 관한 설명으로 틀린 것은?** [13년]

① 광범위한 속도제어가 가능하다.
② 정토크 가변속도의 용도에 적합하다.
③ 제철용압연기, 엘리베이터 등에 사용된다.
④ 직권전동기의 저항제어와 조합하여 사용한다. **답** ④

104 **직류발전기에 $P\,[\mathrm{N \cdot m/s}]$의 기계적 동력을 주면 몇[W]의 전력으로 변환되는가? 단, 손실은 없으며, i_a는 전기자 도체의 전류, e는 전기자 도체의 유도기전력, Z는 총 도체수이다.**

① $P = \dfrac{e\,Z}{i_a}\,[\mathrm{W}]$ ② $P = i_a\,e\,Z\,[\mathrm{W}]$
③ $P = \dfrac{i_a\,e}{Z}\,[\mathrm{W}]$ ④ $P = \dfrac{i_a\,Z}{e}\,[\mathrm{W}]$

풀이 발전기에 기계적인 힘을 가하여 회전시키면, 기전력이 유도되고 전기자권선에는 전류가 흐른다. 이 전류와 자계와의 작용하는 힘 $F = B\,i_a l\,[\mathrm{N}]$의 방향은 발전기의 회전방향과는 반대가 된다. 따라서 한 도체를 $v\,[m/s]$의 속도로 F와 반대 방향으로 운전시키는데 요하는 기계적동력 P'는 $P' = Fv = i_a B l v [\mathrm{N \cdot \ m/s}] = i_a e\,[\mathrm{W}]$이다. 도체수가 Z개일 때, 이것을 회전시키는데 요하는 전체기계동력 P는 $P = i_a\,e\,Z[\mathrm{W}]$이다. **답** ②

105 극수가 24일 때, 전기각 180°에 해당되는 기계각은 얼마인가?

① 30 ° ② 22.5 °
③ 15 ° ④ 7.5 °

풀이 전기각$=\frac{P}{2}\times$기계각, 기계각$=\frac{\text{전기각}}{\frac{P}{2}}=\frac{180^\circ}{\frac{24}{2}}=15^\circ$ 답 ③

CHAPTER 2 · 동기기

우리가 매일 사용하는 전등이나 전기기구는 물론 공장의 동력으로 공급되는 전력은 거의 모두 교류이다. 교류발전기에는 단상과 3상이 있지만 발전소의 발전기는 3상이며, 일정한 주파수의 교류기전력을 발생하기 위해 동기속도로 회전하는 것을 3상동기발전기라고 한다. 이 발전기는 일반적으로 대용량으로 수력발전소에서는 300[MVA], 화력발전소에서는 600[MVA] 정도의 것도 있다.

발전기는 **전자유도작용**을 응용한 것으로 직류발전기와 같은 원리로 되어 있으며, 동기발전기도 구조가 동기전동기와 같으므로 전동기로 운전할 수 있다.

동기전동기는 높은 역률인 상태로 운전할 수 있는 특징이 있고, 무부하 운전시에는 흐르는 전류의 역률을 자유롭게 조정하며 송전선의 정전압송전용에 이용되고 있는 것이 **동기조상기**이다.

2.1 동기발전기의 원리와 종류

2.1.1 교류기전력의 발생

[그림 2.1]과 같이 N, S 사이에 코일을 두고 외부에서 기계적인 힘을 가하여 회전시키면 그 코일에는 교류기전력이 발생한다. 코일의 끝 부분에 슬립링이라는 금속환 R_1, R_2가 연결되어 있고, 슬립링에는 브러시B_1, B_2가 접촉되어 있다.

코일 C_1, C_2가 (a)에 표시된 것과 같이 C_1은 아래에서, C_2는 위의 위치에서 시계 방향으로 회전한다고 하면 코일의 각각의 위치에서의 기전력은 (b)와 같이 되고 1회전하면 1[cycle]인 교류기전력이 유도된다. 이러한 교류가 슬립링에 접촉된 브러시를 통하여 부하 L에는 교류가 공급되므로 이것이 **동기발전기**이며 **교류발전기**라고도 한다.

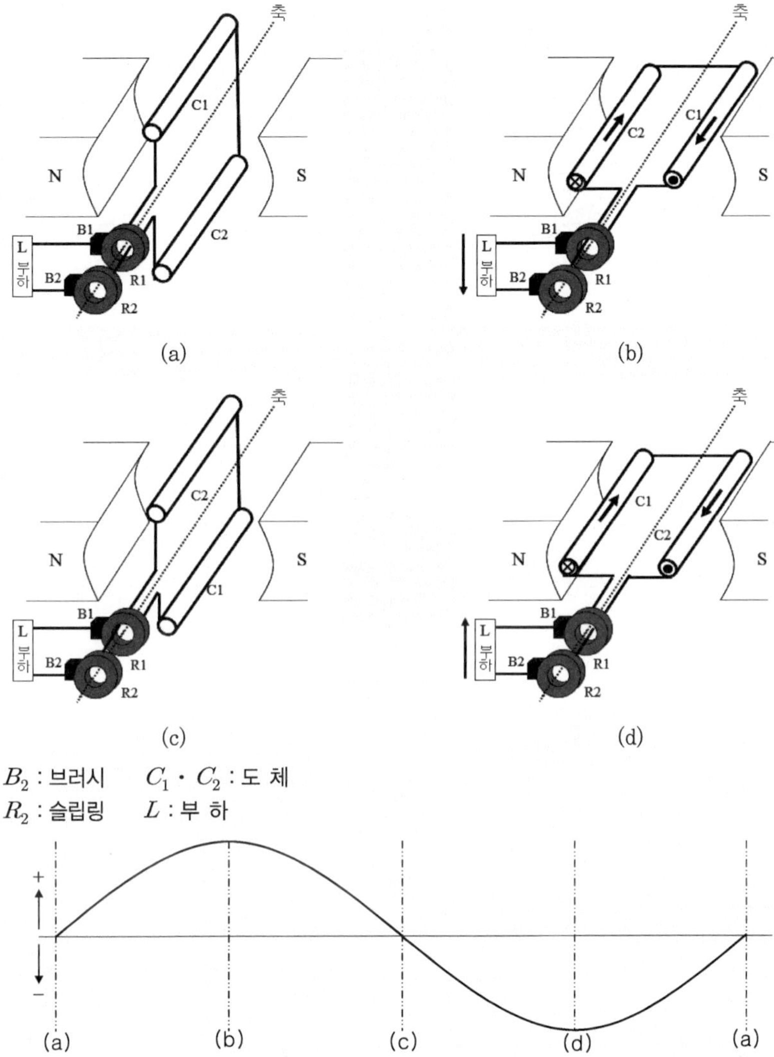

[그림 2.1] 교류발전기의 원리(회전전기자형)

직류발전기에서는 전기자권선에 유도되는 교류기전력이 브러시와 접촉된 정류자의 역할에 의해 직류로 변환되어 부하에 직류가 공급된다는 것을 배웠다. 동기기에서는 직류기처럼 전기자권선이 회전하는 것을 **회전전기자형**이라 한다.

[그림 2.1]에서는 코일이 회전하였지만, 이와 반대로 코일을 고정하고 자석을 회전시켜도 똑같이 교류기전력이 발생한다.

[그림 2.2]의 a, b를 고정코일의 도체로 하고 자석을 화살표의 방향으로 회전하면 플레밍의 오른손법칙에 의해 기전력은 그림의 방향으로 발생하고 1회전하면 [그림 2.3]과 같은 1 [cycle]의 교류기전력을 발생한다.

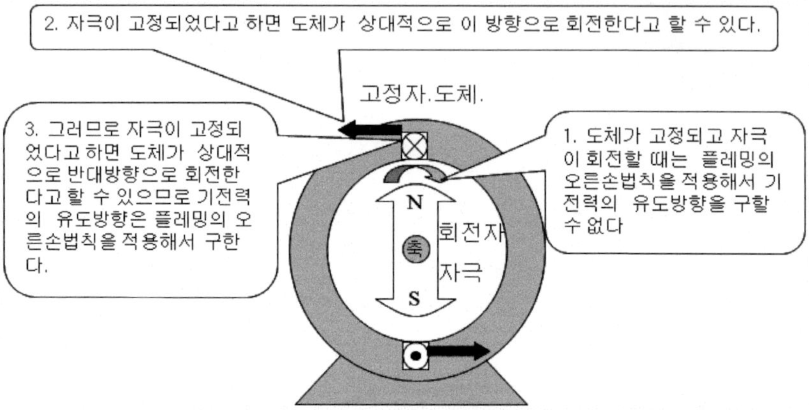

[그림 2.2] 자석의 회전방향과 기전력의 방향

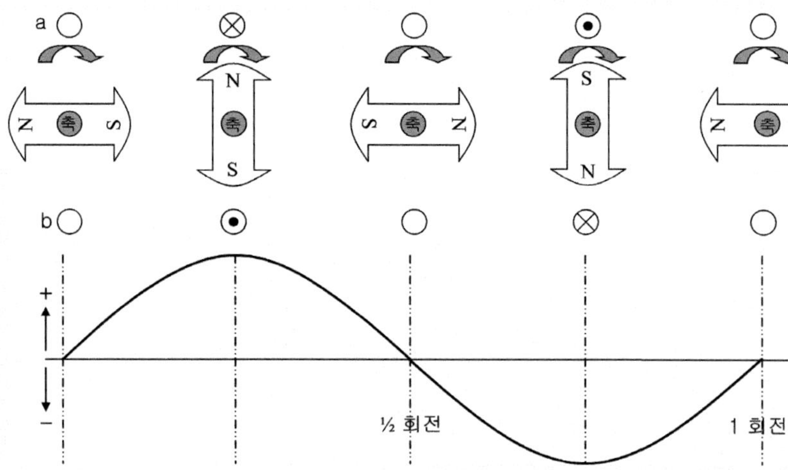

[그림 2.3] 자석이 1회전할 때의 기전력의 파형

따라서 [그림 2.4]의 (a)와 같이 여자기라고 부르는 직류전원에서 슬립링을 통하여 회전자의 계자권선에 직류가 흘러서 전자석 N, S를 만든다. 이와 같이 전자석을 만드는 전류를 계자전류(여자전류)라고 한다.

이것이 일반적으로 많이 이용되고 있는 교류발전기의 원리이며, 계자권선이 회전하므로 **회전계자형**이라 한다. 이러한 경우에 도체가 들어있는 전기자 부분은 고정되어 있으므로 **고정자**(stator)라고 부르고, 계자는 회전하므로 **회전자**(rotor)라고 한다.

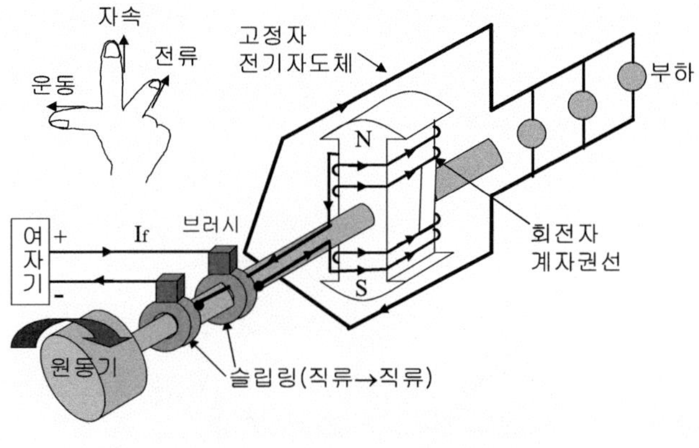

(a) 동기발전기의 기본 구조

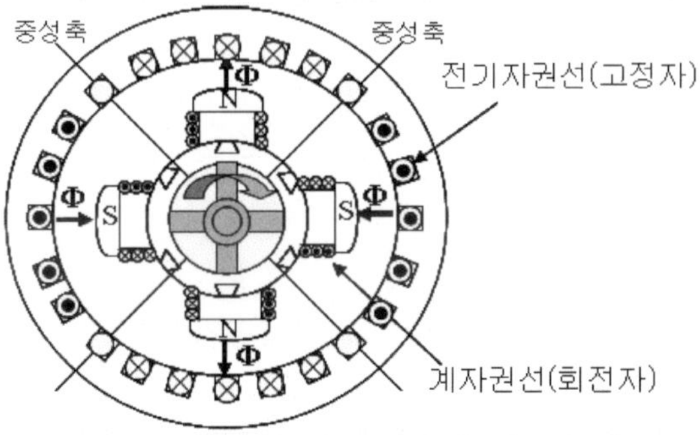

(b) 철극기로 된 회전계자형

[그림 2.4] 동기 발전기

2.1.2 동기속도와 극수

(1) 동기속도

[그림 2.3]과 같이 2극의 회전자가 1초 동안에 1회전하면 1[Hz]가 되었고, P 극인 다극기에서는 [그림 2.5]와 같이 자극피치의 2배마다 1[Hz], 즉 1회전마다 $P/2$[Hz] 의 교류기전력이 발생한다.

일반적으로 1초 동안에 n_s [rps] 로 회전하는 경우에는

$$f = \frac{P}{2} n_s [\text{Hz}] \text{이고}, \quad f = \frac{P}{2} \frac{N_s}{60} \text{에서} \quad N_s = \frac{120f}{P} [\text{rpm}] \tag{2.1}$$

이 되며 이 회전수를 동기속도라고 하는데 속도가 거의 일정한 속도라는 의미이다. 우리나라의 표준상용주파수는 60[Hz]이므로 동기발전기도 일반적으로 이 주파수로 된 것을 제작한다.

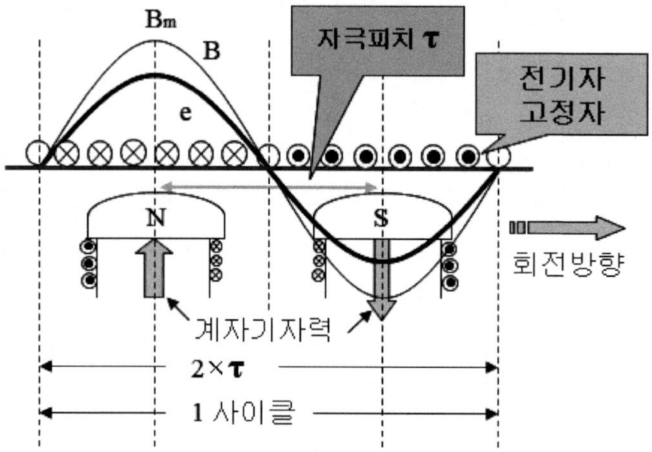

[그림 2.5] 유도기전력의 공간분포

(2) 동기기의 종류

정상운전상태에서 동기속도로 회전하는 교류기를 동기기라고 한다. 동기기에는 동기발전기, 동기전동기, 동기조상기, 동기주파수변환기, 회전변류기 등 여러 종류가 있다. 정상운전상태에서 동기속도 이외의 속도로 회전하는 교류기를 **비동기기**라고 하며 **유도기**는 그 예이다.

(3) 극수와 회전수

동기발전기의 회전수는 발전기를 회전시켜주는 원동기의 회전수로 정하며 터빈발전기에서는 거의 2극을 사용한다. 수차발전기에서는 용량 및 낙차에 따라 6극, 8극, 32극, 48극과 같은 다극기까지 사용된다.

2.1.3 유도기전력의 크기

고정자에 있는 전기자도체에 유도되는 기전력의 순시값 e[V]는 B를 자속밀도 B[Wb/m^2], l을 전기자도체의 유효길이 [m], v를 도체가 이동하는 속도 [m/s]라 하면 다음과 같이 표시한다.

$$e = vlB\,[\mathrm{V}] \tag{2.2}$$

유도기전력의 파형은 이 식에서 아는 바와 같이 자속밀도 B의 분포와 같게 되므로, 공극 내의 자속밀도의 분포가 [그림 2.5]의 곡선B와 같이 정현파이면 유도기전력의 파형도 그림의 곡선 e와 같이 정현파가 된다.

이 경우에 자극 N, S의 중간축이 어떤 전기자도체의 아래로 온 순간부터 시간 t[s]를 측정하면 이 도체 아래에 있는 자속밀도 B는 최대자속밀도를 B_m[Wb/m^2]라고 할 때 시간 t에 대해 다음과 같이 표시된다.

$$B = B_m \sin\omega t\,[\mathrm{Wb/m^2}]$$
$$\text{단, } \omega = 2\pi f\,[\mathrm{rad/s}] \tag{2.3}$$

자극피치를 τ[m]이라 하면 2τ만큼 움직이는 동안에 1[Hz]가 되므로

$$v = 2\tau f\,[\mathrm{m/s}] \tag{2.4}$$

식(2.3) 및 식 (2.4)를 식 (2.2)에 대입하면

$$e = vlB = 2\tau f\, l\, B_m \sin\omega t = E_m \sin\omega t\,[\mathrm{V}]$$
$$\text{단, } E_m = 2\tau f l B_m \tag{2.5}$$

자속밀도의 분포가 정현파인 경우에는 자속밀도의 평균값 B_a는 $B_a = (2/\pi)B_m$ 이므로 매극의 자속Φ[Wb]는 $\Phi = B_a\,\tau l = \frac{2}{\pi}B_m \tau l$ 에서 $B_m = \frac{\pi\Phi}{2\tau l}$을 식(2.5)에 대입하면 기전력의 최대값 E_m은

$$E_m = 2\tau f l B_m = 2\tau f l \frac{\pi\Phi}{2\tau l} = \pi f \Phi\,[\mathrm{V}] \tag{2.6}$$

정현파 전압에서는 1도체에 유기되는 기전력의 실효값을 E'[V]라 하면

$$E' = \frac{E_m}{\sqrt{2}} = \frac{\pi}{\sqrt{2}} f\Phi = 2.22 f\Phi \, [\mathrm{V}] \tag{2.7}$$

한 권선의 양쪽 도체(코일변)가 자극피치 만큼 떨어져서 감겨 있으면 양쪽 도체에 유도되는 기전력 사이의 위상차는 π 가 되고, 양쪽 도체의 기전력이 합해져서 한 권선에 나타나는 기전력 E''[V]는

$$E'' = 2 \times \frac{\pi}{\sqrt{2}} f\Phi = 4\left(\frac{\pi}{2\sqrt{2}}\right) f\Phi = 4(1.11) f\Phi = 4.44 f\Phi \, [\mathrm{V}] \tag{2.8}$$

여기서, $\left(\frac{\pi}{2\sqrt{2}}\right)$을 파형율이라 한다.

1상에 대하여 직렬로 접속된 코일의 권수가 w 이면, 1상의 유도기전력 E[V] 는

$$E = 4.44 f w \Phi \, [\mathrm{V}] \tag{2.9}$$

이것은 공극의 자속밀도가 정현파 분포인 경우에 1상의 유도기전력의 실효값을 표시한 기본식이다.

예제 1 E·x·e·r·c·i·s·e

주파수 60[Hz], 극수 48, 동기발전기의 회전자 직경이 7.5[m]일 때 그 주변속도는 얼마인가?

해설 이 발전기의 회전속도를 n_s 라 하면 식 (2.1)에서

$$n_s = \frac{2 \times f}{P} = \frac{2 \times 60}{48} \, [\mathrm{rps}]$$

회전자의 둘레 u 은 $u = 2\pi r = D\pi = 7.5\pi$ [m] . 따라서 주변속도를 v_s 로 하면

$$v_s = u \cdot n_s = 7.5\pi \times \frac{2 \times 60}{48} = 58.9 \, [\mathrm{m/s}]$$

예제 2 E·x·e·r·c·i·s·e

1,200[rpm]으로 회전하는 엔진이 있다. 60[Hz]의 교류전압을 발생하기 위해서는 몇 극의 발전기를 직결하면 좋은가?

해설 $N_s = 1{,}200$. $f = 60$ 이므로
$P = 120f / N_s = 120 \times 60 / 1{,}200 = 6$
6극의 발전기를 직결하면 된다.

예제 3 E·x·e·r·c·i·s·e

12극의 동기발전기에서 주파수 60[Hz]의 전압을 얻으려면 1분 동안에 몇 회전시키면 되는가?

해설 $N_s = \dfrac{120f}{P} = \dfrac{120 \times 60}{12} = 600[\text{rpm}]$

예제 4 E·x·e·r·c·i·s·e

동기속도 600[rpm], 극수 10인 동기발전기의 주파수는 몇 [Hz]인가? 또, 이 경우에 극수가 12인 동기발전기의 주파수는 어떻게 되는가?

해설 $600 = \dfrac{120f}{10}$, $f = 50[\text{Hz}]$, $600 = \dfrac{120f}{12}$, $f = 60[\text{Hz}]$

예제 5 E·x·e·r·c·i·s·e

50[Hz], 8극의 동기발전기에 12극의 동기발전기를 병렬 운전한다. 회전수는 각각 몇 회전으로 하면 좋은가?

해설 병렬운전하므로 2대의 주파수는 같다.

8극의 동기발전기 : $N_s = \dfrac{120f}{P} = \dfrac{120 \times 50}{8} = 750[\text{rpm}]$

12극의 동기발전기 : $N_s = \dfrac{120f}{P} = \dfrac{120 \times 50}{12} = 500[\text{rpm}]$

2.1.4 동기발전기의 분류

(1) 회전자에 의한 분류

동기발전기는 전기자를 회전시키거나, 계자극을 회전시키거나에 따라 다음과 같이 분류된다.

① **회전전기자형** : 직류기와 같이 계자극을 고정자로 하고 전기자를 회전자로 한 것이며, 극히 소 용량의 동기기, 회전변류기 등 특수한 것 이외에는 사용되는 일이 없다.

② **회전계자형** : 전기자를 고정자로 하고 계자극을 회전자로 한 것이며 장점은 다음과 같다.

ⓐ 전기자권선은 전압이 높고, 결선이 복잡하며, 대용량의 경우에는 전류도 크고, 3상권선의 경우에 회전전기자형으로 하면 적어도 4개의 도선을 슬립링을 통해 인출할 필요가 있다.

ⓑ 계자회로는 직류의 저압회로이며, 소요전력도 적고 인출도선은 2개이다.

ⓒ 계자극은 기계적으로 튼튼하게 만들기 쉽다.

회전계자형에는 **철극기**(또는 **돌극기**)(그림 2.4 참조)와 그림 2.6의 (b)와 같은 **비철극기**(또는 **원통형**)로 나눌 수 있다.

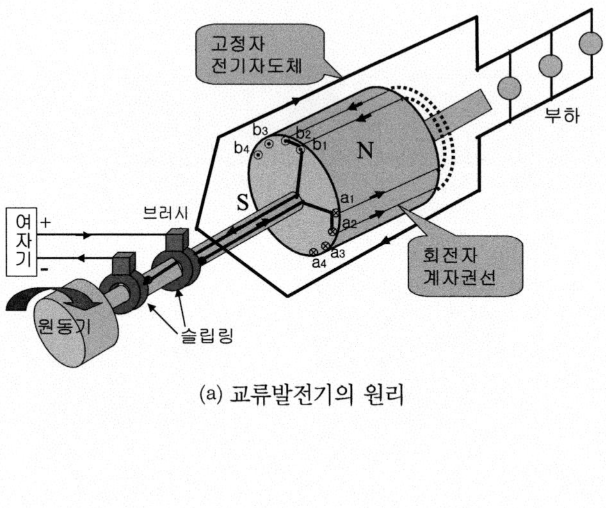

(a) 교류발전기의 원리

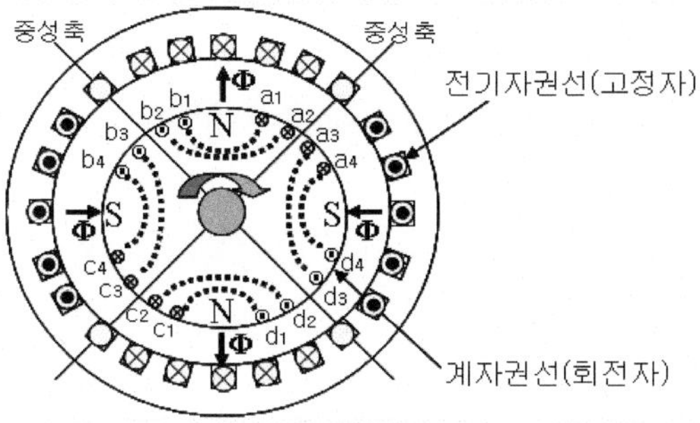

(b) 비철극기로 된 회전계자형

(c) 유도자형

[그림 2.6]

③ 유도자형 : 계자극이나 전기자를 모두 고정시키고, 유도자라고 하는 권선이 없는 회전자를 갖춘 것이며, 주로 수백~20,000[Hz] 정도의 고주파발전기(그림 2.6의 (c)참조)에 사용된다.

(2) 원동기에 의한 분류

동기발전기를 회전시켜주는 원동기에 따라 다음과 같이 분류한다.

① **수차발전기** : 수차로 운전되는 발전기이며 저속도인 것은 100~150[rpm] 정도이고, 고속도인 것은 1,000~1,200[rpm] 정도로 된 것이 있다.
② **터빈 발전기** : 증기터빈, 또는 가스터빈으로 운전되며 회전수는 1,500~3,500[rpm]으로 고속도 운전에 견딜 수 있도록 제작한다.
③ **엔진 발전기** : 내연기관으로 운전되는 것이며 회전수는 100~1,000[rpm] 정도이고, 기관의 특성에 따라 특수한 구조로 된 것이 많다.

(3) 상수에 의한 분류

발생하는 교류의 상수에 따라 다음과 같이 분류할 수 있다.

① **단상발전기** : 단상의 교류전력을 발생하는 발전기이다.
② **다상발전기** : 2상 이상의 교류전력을 발생하는 발전기이며, 보통 전력용으로 사용되는 것은 3상 발전기이다.

(4) 통풍방식에 의한 분류

동기기를 통풍방식으로 분류하면 자기통풍형과 타력통풍형으로 된다.

(5) 외형 및 냉각방식에 의한 분류

동기기를 냉각방식에 따라 다음과 같이 분류할 수 있다.

① 공기냉각식(소형기와 중형기 및 대형 저속기)
② 가스냉각식(대형고속기)
③ 수냉식
④ 유냉식(특히 대형의 고속기)으로 된다.

예제 6 E·x·e·r·c·i·s·e

회전계자형 동기발전기란 어떤 구조의 발전기이며, 회전계자형을 주로 사용하는 이유는?

➔ 해설
① 전기자권선은 전압이 높고, 결선이 복잡하며, 대용량의 경우에는 전류도 크고, 3상권선의 경우에 회전전기자형으로 하면 적어도 4개의 도선을 슬립링을 통해 인출할 필요가 있다.
② 계자회로는 직류의 저압회로이며, 소요전력도 적고 인출도 선은 2개이다.
③ 계자극은 기계적으로 튼튼하게 만들기 쉽다.

2.2 동기발전기의 구조

2.2.1 수차발전기

수차발전기는 축의 설치방법에 따라 수평축형과 수직축형으로 나눈다. 수평축형은 주로 고속도의 소형기에, 수직축형은 주로 저속도의 대형기에 사용한다.

(1) 고정자

전기자철심은 규소강판을 고정자 프레임의 내측에 성층철심으로 하고 양쪽 외측 및 성층두께 약 10[mm]마다 폭 10[mm]정도의 통풍닥트를 만든다.
전기자권선은 형권을 한 2층권이 주로 사용되는 도체로서 소형인 것에는 환동선을 사용하고, 중형 이상에서는 평각동선을 사용한다.
특히 대전류로 된 것은 표피효과나 표류부하손을 적게 하기 위하여 단면이 작은 소선을 각각 절연해서 병렬로 사용하고, 각소선의 위치를 슬롯 안에서 상하좌우로 차례로 바꾸어 넣는다. 이것을 **전위**라고 한다.

(2) 회전자

수차발전기에는 철극형을 사용한다. 이것은 직류기와 비슷하게 돌출한 자극을 회전자계철에 끼운 것이다. 자극면의 공극치수를 양쪽 끝으로 갈수록 크게 함에 따라 정현파에 가까운 자극밀도분포가 되는 것과 계자권선의 냉각이 쉽다는 것이 특징이다.

① **자극철심 :** 자극철심은 두께 1.6~3.2[mm] 의 연강판을 성층철심으로 한 것이 많다. 이때 철심의 양쪽 끝에 단판을 대고 리벳이나 볼트로 조인다. 자극을 회전자계철에 설치할 때에는 [그림 2.7]과 같이 더브테일로 고정시킨다.

② **회전자계철 :** 회전자계철은 그 주변에 자극을 설치해서 자속의 통로가 될 뿐만 아니라 회전원심력에 견디어야 하므로 견고한 구조로 해야 한다.

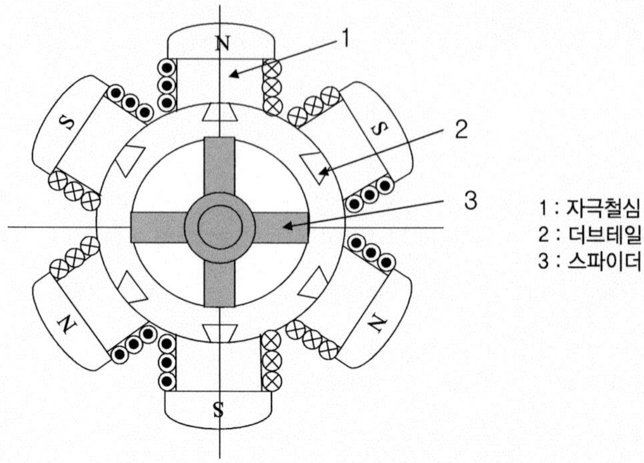

[그림 2.7] 자극설치방법(철극기로 된 회전계자형)

③ **계자코일 :** 계자코일은 소형 및 중형에는 2중면권의 환동선이나 평각동선을 사용하는데 중형 및 대형인 것은 리본모양의 나동대를 평타권으로 감고, 동대 사이를 절연하는 데는 절연종이 또는 내열함침석면을 사용한다.

[그림 2.8]의 (a)는 수평축형의 고정자, (b)는 수평축형의 회전자이다.

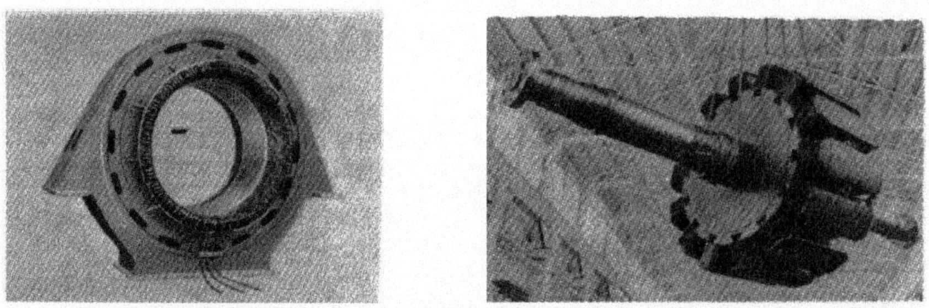

(a) (b)

[그림 2.8] 수평축형의 고정자와 회전자(철극기)

2.2.2 우산형 발전기

우산형 발전기는 수직축형 수차발전기의 한 가지형식이며 저속도(240[rpm] 정도 이하)의 대용량기계에 적합하다.

[그림 2.9]와 같이 보통형에 비하면 구조가 간단하며 동일한 정격에 대하여 중량이 가볍고 값이 저렴할 뿐만 아니라 조립이나 설치가 쉽다. 또, 발전소 건물의 건축비를 경감할 수 있고 크레인으로 달아 올리는 용량과 높이가 적게 되는 등 여러 가지 이점이 있다.

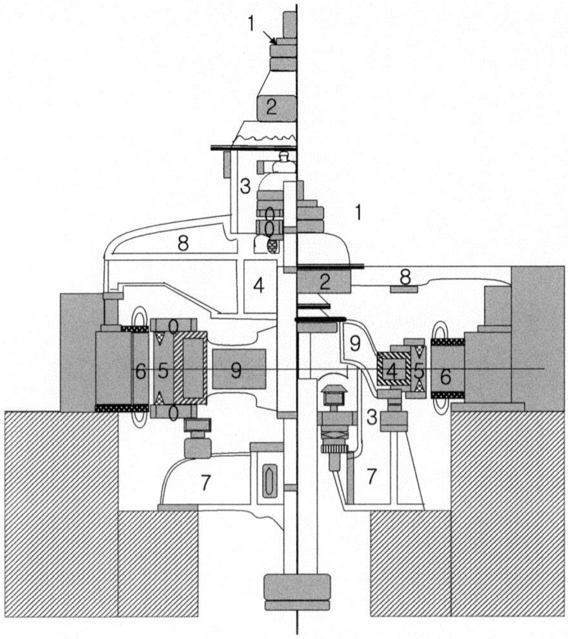

[그림 2.9] 우산형 수차발전기와 보통형 수차발전기의 비교

2.2.3 수소냉각 및 내부냉각동기기

(1) 수소냉각동기기

이것은 전폐 내냉형의 냉각용매체로서 공기대신에 수소를 사용한 것이며 주된 이점은 다음과 같다.

① 수소의 밀도는 공기의 약 7[%]이므로 풍손이 공기냉각인 경우의 약 12[%]로 감소한다. 따라서 전손실 중 풍손이 큰 비율을 차지하는 고속기에서는 효율을 0.75~1[%] 높일 수가 있다.

② 수소의 열전도율은 공기의 약 6.7배, 비열은 약 14배, 표면방산률은 약 1.5배이기 때문에 냉각효과는 크고, 온도상승을 같게 하면 동일한 출력의 기계에서 공기냉각기보다 기계의 크기를 약 25[%] 적게 할 수 있다.

③ 수소는 공기보다 불활성이므로 코일을 절연하는 부분의 수명이 길어진다.

④ 전폐형으로 하기 때문에 이물질의 침입은 없어지고 소음이 현저하게 감소한다. 또, 가스냉각기는 소형이라도 되며 고정자프레임 안에 설치할 수가 있다.

그러나 수소와 공기가 혼합하여 폭발하는 것을 방지하기 위하여 여러 가지 복잡한 부속 설비가 필요하게 되며, 설비비용이 높아지므로 이 방식은 터빈 발전기나 대형동기조상기에 채용된다.

(2) 내부냉각동기기

발전기용량이 커지면 보통구조로 된 수소냉각부에서는 고정자와 회전자가 모두 치수나 중량이 증가하여 축재료의 제조한계를 초과하게 된다. 그러므로 권선의 온도가 상승하는 중에 큰 비율을 차지하는 절연물 안의 온도강하를 제거하기 위하여 도체를 절연물 없이 직접 냉각매체로 냉각하는 **내부냉각방식**이 개발되었다.
이에 따라 구조는 복잡하게 되나 냉각능력은 비약적으로 향상하고 수소냉각방식에 비하여 유효철심길이를 70~50[%]로 할 수 있다.

① **고정자** : 고정자에는 내부수소냉각과 물 또는 오일을 사용하는 내부액체냉각이 있다. 내부수소냉각인 경우에는 [그림 2.10] (a)와 같이 일반적인 도채소선사이에 수소가스의 통로를 형성하고 서로 절연된 고저항 비철금속의 직사각형관을 넣는 구조로 하며, 고정자 코일의 한쪽 끝에서 다른 쪽 끝으로 가스를 유통시켜서 냉각한다. 또, 직접액체냉각을 하는 경우에는 그림 (b)와 같이 소선에 **중공도체**를 사용하고 액체는 기계 밖의 공급 장치에서부터 공급시켜서 코일의 한쪽 끝에서 다른 쪽으로 유통한다. 어떠한 경우에도 도체소선은 **전위**를 한다.

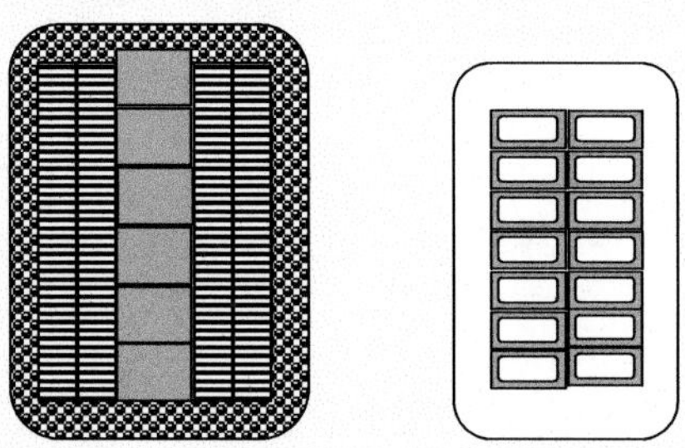

(a) (b)

[그림 2.10] 내부냉각 동기기의 고정자

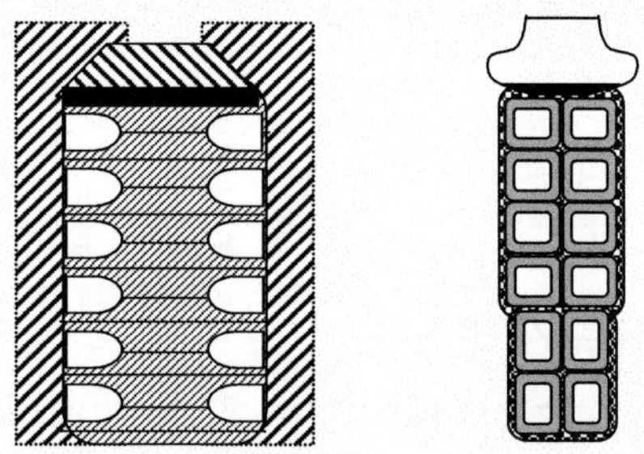

(a) (b)

[그림 2.11] 내부냉각 동기기의 회전자

② **회전자 :** 회전자에 대하여 현재는 거의 직접 수소냉각방식을 사용하며, 계자코일에는 [그림 2.11]의 예와 같이 가스통로를 형성하는 구조로 된 도체를 사용한다.
냉각가스는 공극에서부터 회전자 치의 관통 구멍을 통하여 흡입되고, 냉각 후 다시 공극에 방출되어서 축 방향으로 구분이 많이 된 병렬회로를 갖는 것과 권선의 양쪽 끝부터 들어와서 회전자의 중앙부분에 있는 관통구멍에서 공극으로 방출되는 것이다.

2.2.4 엔진 발전기

엔진 발전기는 디젤기관이나 가스기관과 같은 왕복기관으로 운전되는 발전기이며, 보통 수평축의 회전계자형으로 저속도로 된 것이 많다. 취급이 간단하며 기동에 요하는 준비시간이 짧으므로 예비전원, 보급전원, 멀리 떨어진 섬의 전동전력용 전원 등으로 사용한다. 용량은 비교적 적은 것이 많고 통풍방식은 일반적으로 개방식이다.
왕복기관은 1회전 중의 토크가 같지 않기 때문에, 회전자의 각속도를 균등히 하기 위하여 회전자에 적당한 **플라이휠 효과**를 갖도록 한다.
또, 난조를 방지하기 위하여 자극면에 **제동권선**을 설치한 것이 많다.
회전자에 적당한 플라이휠 효과를 갖게 하기 위해서는 다음과 같은 방법이 있다.

① [그림 2.12]와 같이 플라이휠을 회전자와 기관 사이에 설치한다.
② 철극형의 회전자가 전기자의 외측을 회전하도록 한 회전발전기로 한다.
③ 발전기의 회전자를 전기적으로 필요하게 되는 이상으로 크고 무겁게 하여 소요되는 플라이휠 효과를 갖게 한다.

[그림 2.12] 플라이휠을 설치한 회전자

2.2.5 과속도내력

발전기의 회전자는 운전용 원동기의 조속기가 만족하게 작동되지 않는 경우를 고려하여 [표 2.2]의 속도에 1분간 견디도록 규정되어 있다.

[표 2.1] 속도내력

기계의 종류	속도
수차직결발전기	총합 무 구속 속도
터빈 발전기	정격속도의 15[%]
내연기관 직결발전기	정격속도의 120[%]
회전변류기, 동기전동기, 동기조상기	동기속도의 120[%]

2.3 전기자 권선법

동기발전기의 고정자코일에 유도되는 기전력의 파형은 공극의 자속밀도분포와 비슷하다. 따라서 기전력의 파형을 정현파에 가깝게 하려면 공극의 자속밀도분포가 정현파가 되도록 해야 한다. 그러나 자속밀도의 분포는 [그림 2.17]과 같이 비교적 사다리꼴로 되기 쉽고 기전력의 파형도 변형파로 되기 쉽다. 따라서 기전력의 파형을 개선하기 위해 분포권 및 단절권으로 사용한다.

2.3.1 분포권

[그림 2.13]의 (a)와 같이 매극 매상의 슬롯수(q)가 1이면 유도기전력은 매극 매상의 코일변을 형성하는 각 도체의 유도기전력 사이에 위상차가 없는 경우이며 이와 같은 권선법을 **집중권**이라고 한다.

그러나 실제의 발전기에서 매극 매상의 코일은 2개 이상의 슬롯으로 분산하여 감으며 이것을 **분포권**이라고 한다. 이와 같은 경우에는 서로 다른 슬롯에 감겨 있는 코일변의 유도기전력은 위상차가 있게 된다. [그림 2.13]의 (b)와 같이 슬롯의 간격을 전기각도로 α라고 하면 각 코일변의 유도기전력 사이에는 α만큼의 위상차가 있다.

지금 매극 매상의 코일이 3개의 슬롯에 분포되어 있다고 하면 이 매극 매상의 합성기전력 e_r'는 그림 (c)와 같이 $e_1 = e_2 = e_3 = e$라고 할 때에 $e_r = e_1 + e_2 + e_3 = 3e$가 아니고 이 3개의 벡터의 합 $\overline{ad}$ 와 같게 된다.

따라서 합성기전력은 식(2.9) $E=4.44 f w \Phi[\mathrm{V}]$ 에 **분포계수**(k_d)를 곱하면 된다.

$$k_d = \frac{\overline{ad}}{e_1+e_2+e_3} = \frac{e_r'}{3e} = \frac{e_r'}{e_r}$$

이 k_d를 **분포계수**라고 한다.

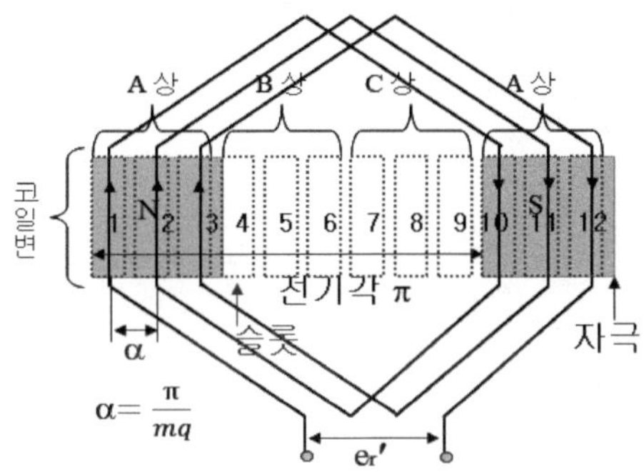

(a) 집중권($q=1$인 경우)

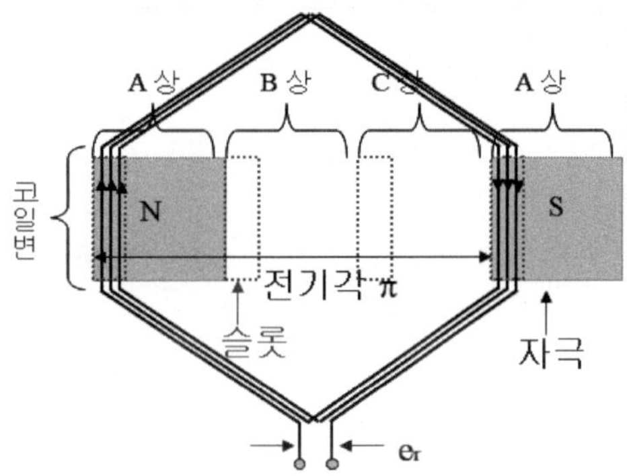

(b) 분포권($q=3$인 경우)

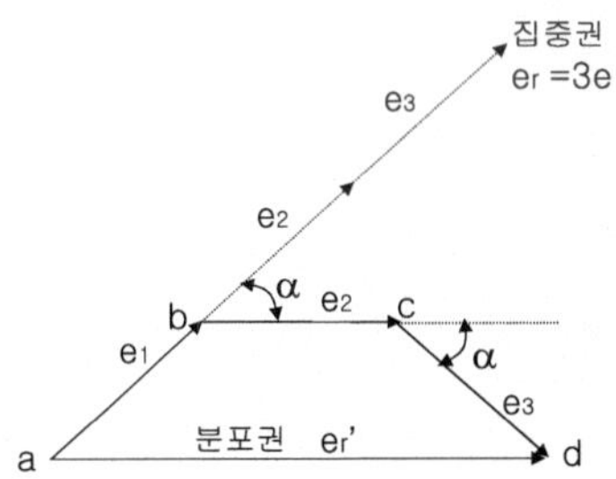

(c) 분포권에서 q가 3개인 경우

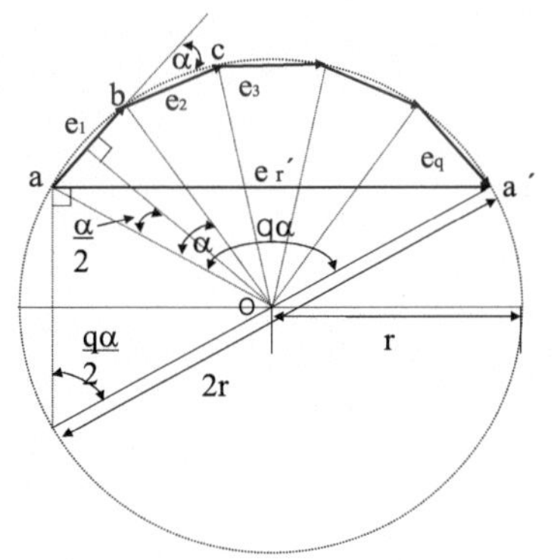

(d) 분포권에서 q가 3보다 많은 경우

[그림 2.13] 집중권과 분포권

(1) 분포계수를 구하는 방법

지금 상수를 m, 매극 매상의 슬롯수를 $q=\dfrac{\text{슬롯수}}{\text{극수}\times\text{상수}}$, 슬롯의 간격을 $\alpha=\dfrac{\pi}{mq}$ 라 하면 그림(d)에서와 같이 이 경우에 대한 매극 매상의 합성유도기전력 $e_r'=\overline{ad}$는 각 코일변의 유도기전력 $e_1, e_2, e_3 \ldots e_q$ (각 각의 크기는 e로 한다.)의 벡터합이 되기 때문에 분포계수 k_d는

$$k_d = \frac{e_r{}'}{e_1 + e_2 + e_3 + \ldots + e_q} = \frac{e_r{}'}{qe}$$

그런데, 이 벡터도에 대한 외접원의 반경을 r이라 하면

$$e = 2r\sin\frac{\alpha}{2},\ e_r{}' = 2r\sin\frac{q\alpha}{2},\ \alpha = \frac{\pi}{mq}$$

$$\therefore\ k_d = \frac{e_r{}'}{qe} = \frac{2r\sin\frac{q\alpha}{2}}{q\ 2r\sin\frac{\alpha}{2}} = \frac{\sin\frac{q\alpha}{2}}{q\sin\frac{\alpha}{2}} = \frac{\sin\frac{q\frac{\pi}{mq}}{2}}{q\sin\frac{\frac{\pi}{mq}}{2}} = \frac{\sin\frac{\pi}{2m}}{q\sin\frac{\pi}{2mq}} \tag{2.10}$$

이것은 기본파에 대한 분포계수이다. 기본파에서는 1극 간격이 π 이지만 h차 고조파에서는 [그림 2.14]와 같이 $h\pi$이므로 슬롯간격 q 는 $\alpha = \frac{h\pi}{mq}$가 되고 이때의 분포권계수 $k_{\alpha h}$는

$$k_{dh} = \frac{\sin\frac{h\pi}{2m}}{q\sin\frac{h\pi}{2mq}} \tag{2.11}$$

이 된다.

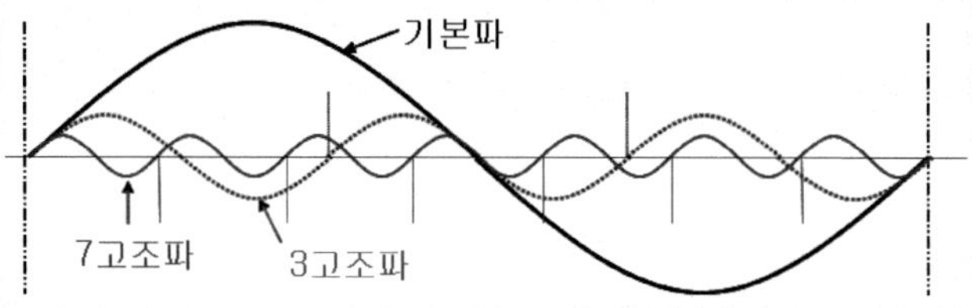

[그림 2.14] 기본파와 고조파

3상 발전기에서의 q의 값은 보통 3~7정도이다.

분포권에서는 집중권에 비하면 합성유도기전력은 감소하나 기전력의 고조파가 감소해서 파형이 좋게 되고 권선의 리액턴스가 감소된다. 또한 열이 고르게 분포되어 과열을 방지하는 이점이 있다.

3상인 경우 기본파에 대한 분포계수는 [표 2.3]과 같다.

[표 2.3] 분포계수의 값

	집중권	분포권						
q	1	2	3	4	5	6	7	∞
k_d	1.00	+0.966	+0.960	+0.958	+0.957	+0.956	+0.956	+0.955

예제 7 E·x·e·r·c·i·s·e

3상 동기발전기로 매극 매상의 슬롯수를 5로 한 경우의 분포계수를 구하시오.

→ 해설

$$k_d = \frac{\sin\frac{\pi}{2m}}{q\sin\frac{\pi}{2mq}} = \frac{\sin\frac{180°}{2\times3}}{5\sin\frac{180°}{2\times3\times5}} = \frac{\sin30°}{5\sin6°}$$

$$= \frac{0.5}{5\times0.1045} = 0.957$$

예제 8 E·x·e·r·c·i·s·e

분포권의 장점을 설명하시오.

→ 해설 분포권에서는 집중권에 비하면 합성유도기전력은 감소하나 기전력의 고조파가 감소해서 파형이 좋게 되고 권선의 리액턴스가 감소된다. 또한 열이 고르게 분포되어 과열을 방지하는 이점이 있다.

2.3.2 단절권

권선피치가 자극피지 τ와 같은 전절권의 경우에는 양쪽 코일변의 유도기전력에 대한 위상은 π만큼 차이가 난다.

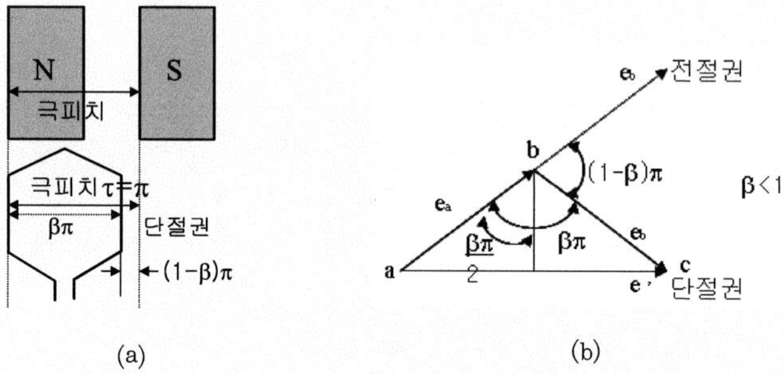

[그림 2.15] 단절계수

그러나 [그림 2.15]의 (a)와 같이 단절권에서 권선피치와 자극피치의 비를 $\beta(\beta < 1)$이라 하면, 양쪽코일 a, b의 유도기전력 e_a와 e_b사이에는 그림 (b)와 같이 $(1-\beta)\pi$만큼의 위상차가 생긴다. 따라서 코일의 양쪽 끝에 나타나는 합성유도기전력 e'는 e_a와 e_b의 벡터합이다.

이 경우에 $e' = 2e\sin\frac{\beta\pi}{2}$이며, $e_a = e_b = e$로 하고 $\frac{e'}{e_a + e_b} = k_p$라 하면

$$k_p = \frac{e'}{e_a + e_b} = \frac{2e\sin\frac{\beta\pi}{2}}{2e} = \sin\frac{\beta\pi}{2} \qquad (2.12)$$

이 k_p를 **단절계수**라고 하며, 코일을 단절권으로 하기 위하여 코일의 양쪽 변에 유도하는 기전력의 위상차에 따라 합성기전력이 감소하는 비율을 나타내는 계수이다. 일반적으로 h 고조파에 대한 단절계수는

$$k_{ph} = \sin\frac{h\beta\pi}{2} \qquad (2.13)$$

으로 표시된다. 3상에서의 각 상 Y형으로 접속되기 때문에 제3고조파는 소멸되지만, 보통 사용되는 β 를 $\beta = 5/6 = 0.833$이라하면, $h = 5$ 및 7 일 때에는 $k_{ph} \fallingdotseq 0.26$, 즉 O

에 가깝기 때문에 제5고조파 및 제 7고조파가 적게 되고 유도기전력의 파형은 현저히 개선된다.

단절권으로 하면 코일단이 짧게 되므로 재료가 절약되며 고조파를 제거해서 기전력의 파형을 좋게 한다.

[표 2.4]는 기본파에 대한 β와 k_p값을 나타낸 것이다.

[표 2.4] 단절계수의 값

	전절권	단절권									
β	1.0	17/18	14/15	11/12	8/9	13/15	5/6	12/15	7/9	9/12	11/15
k_p	1.0	0.996	0.995	0.991	0.985	0.978	0.966	0.951	0.940	0.924	0.914

(1) 권선계수

유도기전력의 기본식인 식(2.9)는 집중권이며 전절권일 때 적용되는 것이다. 따라서 일반적으로 분포권이며 단절권인 경우에 유도기전력은 다음과 같이 된다.

$$E = 4.44\, k_d\ k_p\, f\, w\Phi = 4.44\, k f\, w\, \Phi [\mathrm{V}] \qquad (2.14)$$

여기서, $k = k_d \cdot k_p$이며 k를 권선계수라고 한다.

예제 9 E·x·e·r·c·i·s·e

3상 동기발전기에서 권선피치와 자극피치의 비 $\beta = \dfrac{12}{15}$인 단절권으로 하였을 때의 단절계수는 얼마인가?

➔ 해설

$$k_p = \sin\frac{\beta\pi}{2} = \sin\frac{\frac{12}{15}\times 180^\circ}{2} = \sin 72^\circ = 0.951$$

예제 10 E·x·e·r·c·i·s·e

단절권의 장점을 설명하시오.

해설 단절권으로 하면 코일단이 짧게 되므로 재료가 절약되며 고조파를 제거해서 기전력의 파형을 좋게 한다.

예제 11 E·x·e·r·c·i·s·e

3상, 6극, 총 슬롯수가 72인 동기발전기의 전기자코일은 제1슬롯과 제10슬롯에 연결되어 있다. 기본파에 대한 분포권계수 및 단절권계수는 얼마인가?

해설

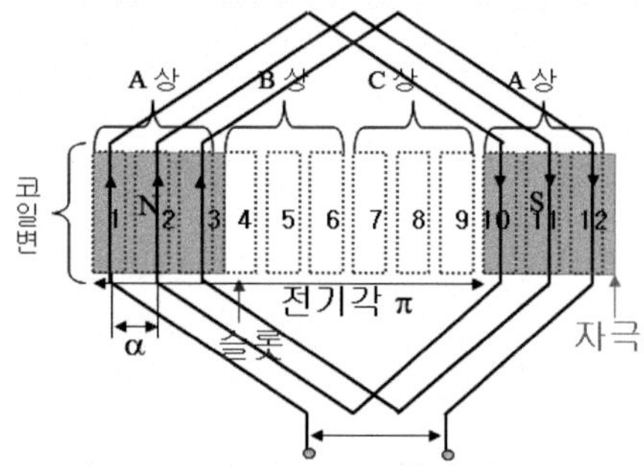

[그림 예제 11]

$m=3$, 매극 매상의 슬롯수 $q=\dfrac{\text{슬롯수}}{\text{극수}\times\text{상수}}=\dfrac{72}{6\times 3}=4$이고, (식 2.10)에서 분포권계수

$$k_d=\frac{\sin\dfrac{\pi}{2m}}{q\sin\dfrac{\pi}{2mq}}=\frac{\sin\dfrac{180°}{2\times 3}}{4\sin\dfrac{180°}{2\times 3\times 4}}=\frac{\sin 30°}{4\sin 7.5°}=0.958$$

자극피치는 72/6=12, 슬롯으로 표시된 권선피치는 10−1=9 이므로

$$\beta=\frac{\text{권선피치}}{\text{자극피치}}=\frac{9}{12}$$

(식 2.12)에서 단절권계수

$$k_p=\sin\frac{\beta\pi}{2}=\sin\frac{\dfrac{9}{12}\times 180°}{2}=0.924$$

2.3.3 전기자권선을 감는 방법

(1) 중권, 파권 및 쇄권

전자기권선법에는 [그림 2.16] (a)와 같은 중권과 그림 (b)의 파권 및 그림 (c)의 쇄권 등 세 가지 종류(그림은 3상권선의 1상만을 표시한다)가 있다.

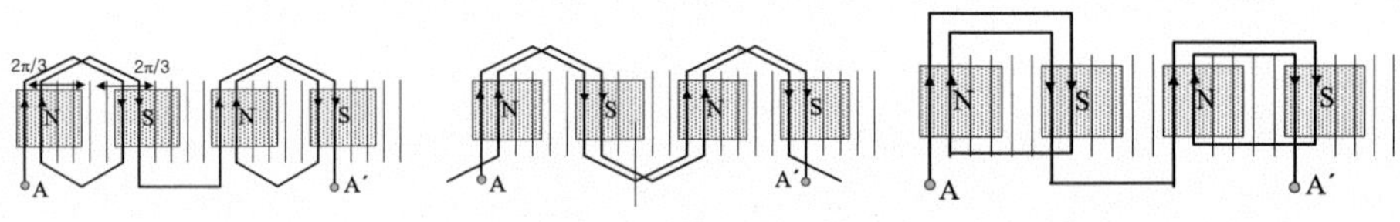

(a) 중권 (b) 파권 (c) 쇄권

[그림 2.16] 권선법의 종류

(2) 단층권과 2층권

중권과 파권은 2층권이며 쇄권은 단층권이다. 동기기에는 보통 2층 중권을 사용한다.

2.3.4 상간접속

3상발전기에서 각 상의 권선을 접속하는 데는 Y형, $\triangle$형, 지그재그 Y형, 2중 Y형, 2중 $\triangle$형, 지그재그 $\triangle$형 등 6가지 방법이 있다. 이중에서 발전기에는 주로 Y형이나 2중Y형 결선을 사용한다. 그 이유는 제3고조파 전류에 의한 순환전류를 제거하며 중성점의 인출이 용이해서 중성점을 이용하여 발전기 보호장치를 설치할 수 있다. 또한, 같은 상전압에서도 $\triangle$결선에 비해 $\sqrt{3}$ 배의 선간전압을 얻을 수 있으므로 고전압송전에 유리하다.

예제 12 E·x·e·r·c·i·s·e

3상 동기발전기의 결선은 일반적으로 Y 접속으로 하고 $\triangle$ 접속을 사용하지 않는다. 그 이유를 설명하시오.

해설 그 이유는 제3고조파 전류에 의한 순환전류를 제거하며 중성점의 인출이 용이해서 중성점을 이용하여 발전기 보호장치를 설치할 수 있다. 또한, 같은 상전압에서도 $\triangle$결선에 비해 $\sqrt{3}$ 배의 선간전압을 얻을 수 있으므로 고전압송전에 유리하다.

2.3.5 발전기의 정격전압

동기발전기에 관한 전기자 정격전압의 표준은 100, 110, 200, 220, 440, 3,300, 6,600, 11,000[V]를 권장하고 있다. 이 밖에, 대용량의 터빈 발전기에서는 13,200, 15,400, 16,500, 18,000, 22,000, 24,000[V]등과 같은 것이 있다.

예제 13 E·x·e·r·c·i·s·e

극수 20, 회전수 360[rpm] 1상당의 코일수 400, 무부하 단자전압이 11[kV]인 3상동기 발전기의 유효자속 [Wb]은 얼마인가? (단, 분포계수는 0.956, 단절계수는 0.966이고 전기자권선은 Y선이다.)

해설 단자전압을 V_l 라 하면 1상의 유도기전력 E 는

$$E = V_l / \sqrt{3} = 11{,}000 / \sqrt{3} = 6{,}351\,[\mathrm{V}]$$

$$f = \frac{N_s \times P}{120} = \frac{360 \times 20}{120} = 60\,[\mathrm{Hz}]$$

$E = 4.44\, k_d\, k_p\, f\, w\, \Phi\,[\mathrm{V}]$ 에서

$$\Phi = \frac{E}{4.44\, k_d k_p f w} = \frac{6351}{4.44 \times 0.956 \times 0.966 \times 60 \times 400} = 0.064\,[\mathrm{Wb}]$$

부록 2

교류에서는 부하의 종류에 따라 전압 V[V]와 전류 I[A]의 위상차가 생기는데 이 위상차를 역률각(φ)라고 하며 역률을 $\cos\varphi$라고 한다.

역률각(φ)은 유도성 리액턴스 (X_L)의 값이 커짐에 따라 증가하며 이 때의 역률($\cos\varphi$)는 적은 값으로 되는데 우리는 역률이 나빠진다고 말한다.

부하	역률각(φ)	역률(($\cos\varphi$))	$\cos\varphi \times 100$[%]
R만의 부하 (그림1)	$\varphi = 0°$	$\cos 0° = 1$	100[%]
$R > X_L$일 때 (그림2)	$\varphi = 30°$ 이라면	$\cos 30° = \frac{\sqrt{3}}{2} = 0.866$	86.6[%]
$R = X_L$일 때 (그림2)	$\varphi = 45°$	$\cos 45° = \frac{1}{\sqrt{2}} = 0.707$	70.7[%]
$R < X_L$일 때 (그림2)	$\varphi = 60°$ 이라면	$\cos 60° = \frac{1}{2} = 0.5$	50[%]
X_L만의~부하 (그림3)	$\varphi = 90°$	$\cos 90° = 0$	0[%]

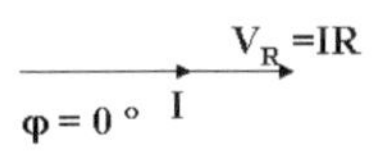

(그림 1) R만의 부하

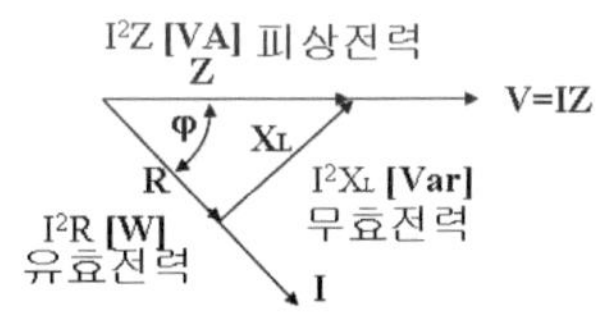

(그림 2) R과 X_L일 때

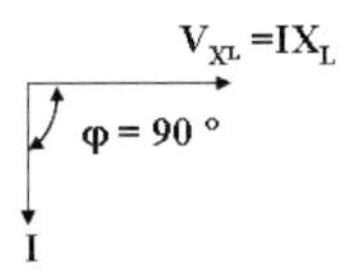

(그림 3) X_L만의 부하

역률은 $\cos\varphi = \frac{R}{Z}$ 또는 $\cos\varphi = \frac{\text{유효전력[W]}}{\text{피상전력[VA]}}$로 구한다.

부록 2

역률을 개선하라는 말은 무효전력을 줄이라는 뜻이며 유도성 리액턴스((X_L) 의 값을 줄이거나 용량성 리액턴스 (X_C) , 또는 동기조상기 등을 사용하여 역률각 (φ) 은 줄여줌에 따라 역률($\cos\varphi$)는 큰 값으로 되는데 우리는 역률이 좋다고 말한다.

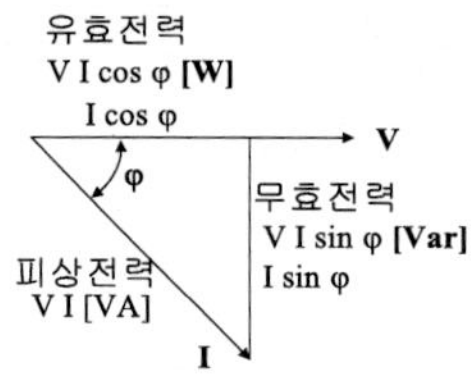

(그림 4)

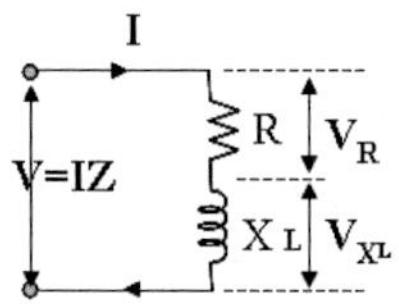

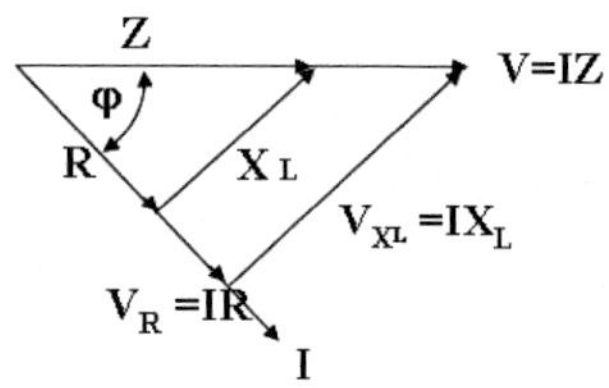

(그림 5) R과 X_L의 부하 (그림 6) R과 X_L의 부하에서 벡터도

또한 (그림 6) R과 X_L의 부하에서 벡터도에서 R에 걸리는 전압 V_R은 전류 I와 평행이고, X_L에 걸리는 전압 V_{X_L}은 전류 I보다 위상이 90° 빠르다거나 전류 I는 X_L에 걸리는 전압 V_{X_L}보다 위상이 90° 늦다고 한다.

2.4 동기발전기의 특성

2.4.1 전기자반작용과 동기임피던스

3상 동기발전기의 전기자권선에 평형 3상 교류전류가 흐르면 유도전동기의 경우와 같이 동기속도로 회전하는 회전자계가 생긴다. 이 회전자계는 자극과 항상 일정한 관계위치를 유지하면서 회전하며, 대부분은 직접 계자의 기자력에 영향을 미쳐서 전기자의 유도기전력을 변화 시키는데 이 작용을 **전기자 반작용**이라 하며, 일부는 전기자권선과 쇄교하는 자속만을 만드는 작용을 **전기자 누설리액턴스**라고 한다.
동기 발전기의 전기자반작용은 전기자전류의 크기는 물론 유도기전력과 전기자전류의 위상관계, 즉 최대전류를 통하고 있는 코일의 코일축과 자극 중심이 이루는 각도에 따라 현저하게 달라진다.

(1) 비철극기의 경우

원통형회전자의 계자권선은 분포권이므로 그 기자력의 분포는 계단 모양이 되나 계자 슬롯수가 많으면 정현파에 가까워지므로 기본파 기자력 F_f만을 생각하는 것으로 한다. [그림 2.17]은 비철극기(원통형)자극과 자속의 분포를 나타낸 그림이다.

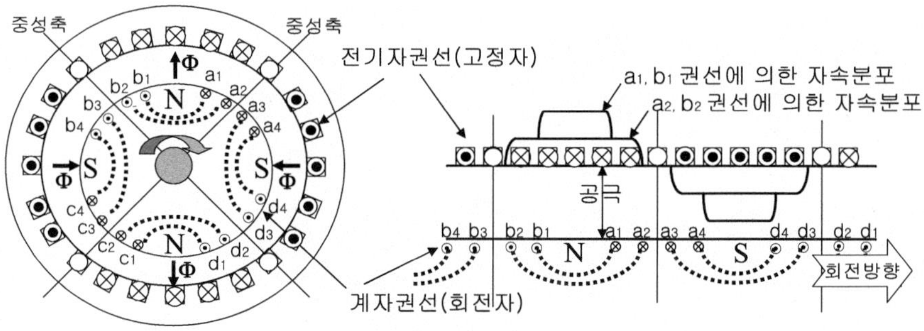

[그림 2.17] 원통형자극과 자속의 분포

① 전기자전류가 무부하유도기전력과 같은 위상의 경우($\boldsymbol{R}$만의 부하)
이 경우에는 [그림 2.18]의 (a)와 같이 전기자의 기자력F_a는 계자의 기자력 F_f와 공간적으로 π/2(전기각) 만큼 떨어져 있으므로 계자에 대하여 **교차자화작용**(또는 **횡**

축반작용)을 미치고, F_f와 F_a의 합성기자력은 F_r이 되어서 F_r에 의한 정현파의 자속분포가 생긴다.

② 전기자전류가 무부하유도기전력보다 $\pi/2$ 뒤진 경우(X_L만의 부하)

이 경우에는 그림 (b) 와 같이 F_a는 F_f와 공간적으로 π만큼 위치가 떨어져 있으므로 F_a는 **직축반작용**중 **감자작용**을 하여 합성기자력 F_r은 F_f보다 적게 되어서 유도기전력 E는 E_o보다 감소한다.

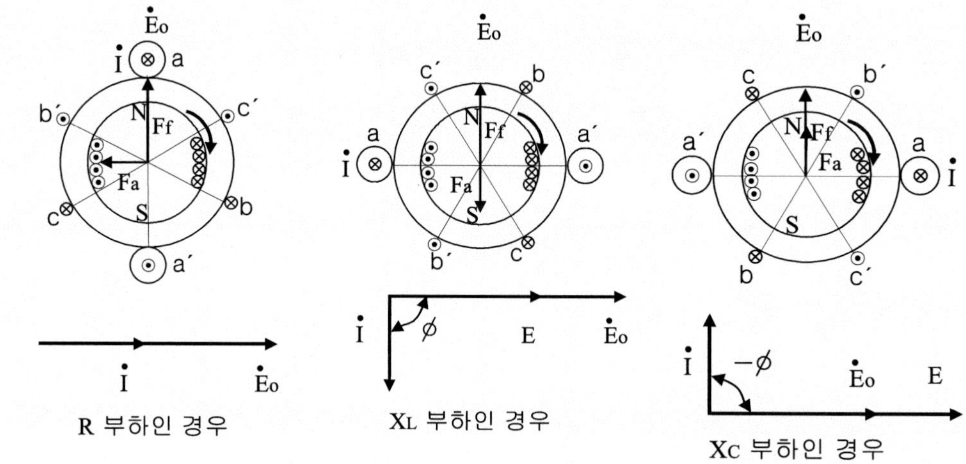

(a) E_o와 I의 각 $\phi=0$ 교차자화작용(횡축반작용)

(b) I가 E_o 보다 $\phi=\pi/2$ 늦음 직축반작용중 감자작용

(c) I가 E_o 보다 $\phi=\pi/2$ 앞섬 직축반작용중 자화(증자)작용

[그림 2.18] 전기자 반작용

③ 전기자전류가 무부하유도기전력보다 $\pi/2$ 앞선 경우(X_C만의 부하)

이 경우에는 그림 (c)와 같이 F_a는 F_f와 동일한 위치에 생기며 F_a는 **직축반작용중자화작용**(또는 **증자작용**)을 하여 합성기자력 F_r은 F_f보다 커지고 E는 E_o보다 증대한다. 이상으로 그림 (a), (b), (c)의 관계는 부하의 성질에 따라 생기는 것이며, 각각 F_f, F_a의 공간각도를 유지한 상태대로 회전한다.

R과 X_L부하일 때는 E_o보다 I의 위상차가 ϕ만큼 뒤지며($\phi>0$), [그림 2.19]와 같이 I를 E_o와의 같은 상분인 $I\cos\phi$와 직분각인 $I\sin\phi$로 나누어서 $I\cos\phi$는 교차작용, $I\sin\phi$는 감자작용을 한다.

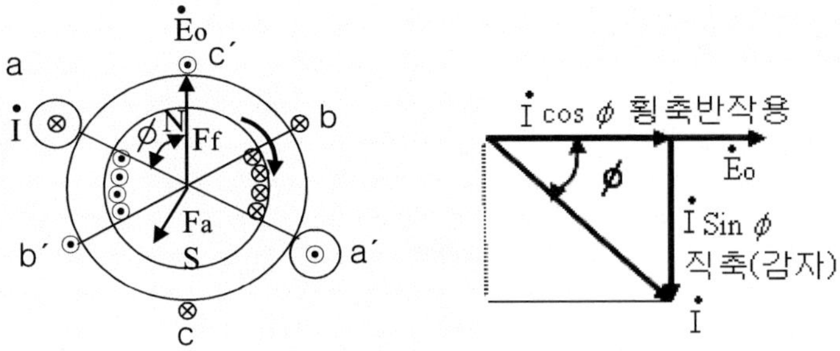

[그림 2.19] R과 X_L부하일 때

R과 X_C부하일 때는 E_o보다 I의 위상차가 ϕ만큼 앞서며($\phi < 0$), [그림 2.20]과 같이 I를 E_o와의 같은 상분인 $I\cos\phi$와 직분각인 $-I\sin\phi$로 나누어서 $I\cos\phi$는 교차작용, $-I\sin\phi$는 증자작용을 한다.

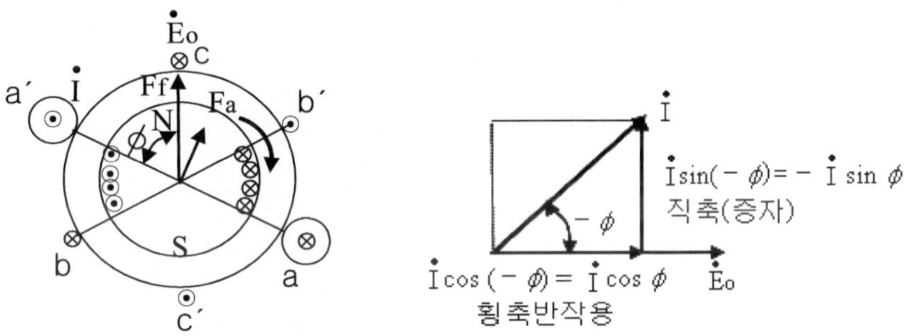

[그림 2.20] R과 X_C부하일 때

④ 벡터도

R과 X_L부하일 때 전기자권선의 1상에 대하여 벡터도를 그리면 [그림 2.21]의 (a)와 같이 된다.

주자속 Φ는 계자기자력 F_f와 전기자기자력 F_a의 합성 F_r에 의하여 생긴다. 주자속 Φ의 변화에 따라 전기자에 유도되는 기전력 E는 $\Phi(F_r)$보다 $\pi/2$정도 뒤지고, 무부하유도기전력 E_o는 F_f보다 $\pi/2$뒤진다.

$$E_o \propto F_f, \ E \propto F_r$$

따라서 $\triangle Oab$와 $\triangle Ocd$는 닮은꼴이 되고, $\overline{cd}$는 $\overline{Oe}$에 수직이기 때문에 $\overline{cd}$, $\overline{ab}$는 I에 비례한다.

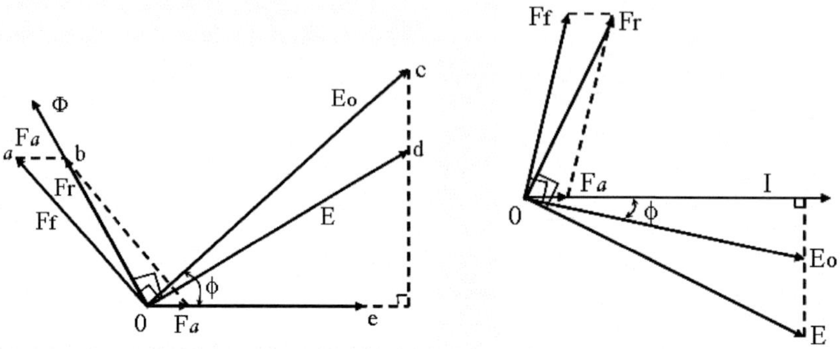

(a) R과 X_L부하일 때 $E < E_o$ (b) R과 X_C부하일 때 $E > E_o$

[그림 2.21] 벡터도

즉, 유도기전력은 전기자 반작용에 의하여 전압 $\dot{E}_o$에서 $\dot{E}$로 변화하였기 때문에 $\overline{cd}$는 전기자반작용에 의한 전압강하로써 표시할 수가 있다.

$$\text{즉,}\ \dot{E}_o - j\dot{I}x_a = \dot{E}\ \ [\mathrm{V}] \tag{2.15}$$

[그림 2.21]의 (a)에서 뒤진 전류의 경우에는 $E < E_o$이나 그림(b)에서 앞선 전류인 경우에는$E > E_o$가 된다.

예제 14 E·x·e·r·c·i·s·e

동기기의 전기자 반작용은 역률에 따라 어떻게 변하는가?

해설 ① 전기자전류(I)가 무부하유도기전력(E_o)과 같은 위상의 경우 (R 만의 부하) : 교차자화작용(횡축반작용)

② I가 E_o 보다 $\pi/2$ 늦은 경우(R 만의 부하) : 직축반작용 중 감자작용

③ I가 E_o 보다 $\pi/2$ 앞서 있는 경우(X_C만의 부하) : 직축반작용 중 자화작용 (또는 증자작용이라고도 함)

④ R과 X_L 부하일 때는 E_o 보다 I의 위상차가 ϕ만큼 뒤지며($\phi > 0$), I를 E_o 와의 같은 상분인 $I\cos\phi$는 교차자화작용(횡축반작용)을 하고 직각 상분인 $I\sin\phi$는 감자작용을 한다.

⑤ R과 X_c 부하일 때는 E_o 보다 I의 위상차가 ϕ만큼 앞서며($\phi < 0$), I를 E_o 와의 같은 상분인 $I\cos\phi$는 교차자화작용(횡축반작용)을 하고 직각 상분인 $I\sin\phi$는 증자(자화)작용을 한다.

---

⑤ 전기자누설리액턴스

전기자전류에 의하여 생기는 자속 중에서 공극을 통하여 자극으로 들어가고 계자자속에 직접 영향을 미치는 것은 전기자 반작용이다. 이 밖에 전기자권선과 쇄교할 뿐이며 계자자속에 영향을 주지 않는 자속은 전기자누설자속이라 한다. 전기자권선에는 전기자누설자속의 변화를 방해하는 방향으로 리액턴스전압(e_r) 즉, 역기전력을 발생시킨다. 이러한 작용을 전기자누설리액턴스 x_l [Ω]이라고 한다.

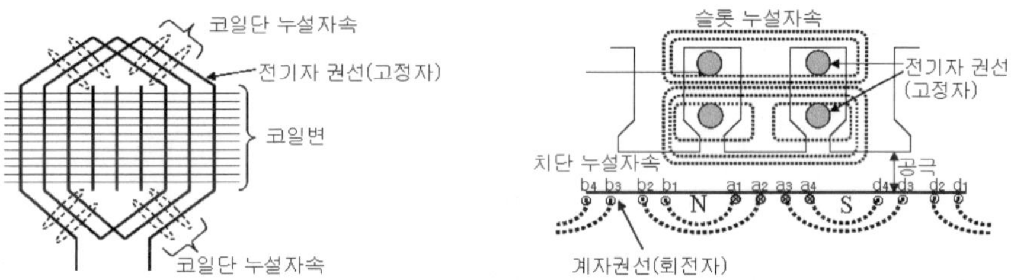

(a) 코일단 누설자속 (b) 치단 누설자속 및 슬롯 누설자속

[그림 2.22] 누설자속

전기자누설자속은 보통 [그림 2.22]와 같이 코일단 누설자속과 치단 누설자속 및 슬롯 누설자속 등 세 가지로 나누어서 생각하고 있다.

⑥ 동기임피던스

벡터도에서 설명한 **전기자 반작용 리액턴스** x_a[Ω]와 **전기자 누설리액턴스** x_l[Ω]을 합하여 $x_a + x_l = x_s$ **동기리액턴스**라고 한다. 또, 동기리액턴스 x_s와 전기자권선의 저항 r_a[Ω]으로 되는 $r_a + j(x_a + x_l) = r_a + jx_s = Z_s$를 **동기임피던스**라고 한다.

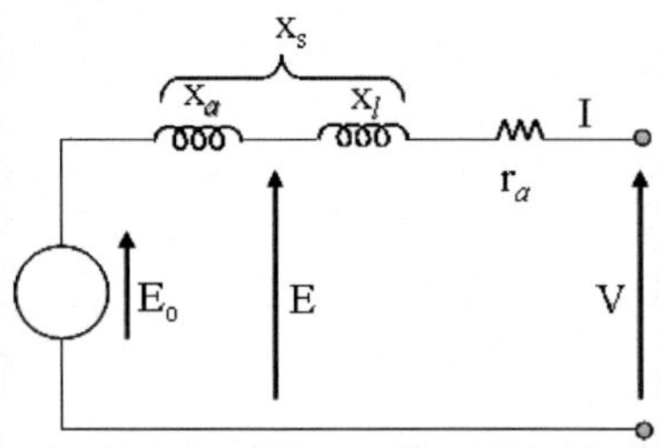

(a) 1상의 등가회로

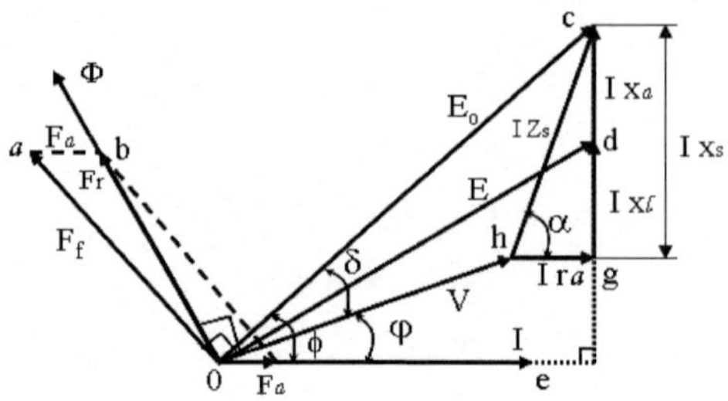

(b) 1상의 벡터도

[그림 2.23] 1상의 등가회로와 벡터도

이와 같이 생각하면 발전기에서 역률 $\cos\varphi$의 부하전류가 흐르고 있을 때의 1상에 대한 등가회로는 [그림 2.23]의 (a)와 같이 되고, 벡터도는 그림 (b)와 같이 된다. 그림의 E_o를 **공칭유도기전력**, E를 **내부기전력**, V를 단자전압이라고 한다. 또, φ는 역률각이며 E_o와 V의 위상차 δ를 **부하각** 또는 **내부상차각**이라고 한다.

따라서 늦은 역률에서는 $V< E< E_0$, $\phi> \varphi$가 되고, 앞선 역률에서도 $V> E> E_0$, $\phi< \varphi$가 된다.

전압의 관계식은 다음과 같다.

$$\dot{V}= \dot{E}_o - \dot{I}\{r_a + j(x_a + x_l)\} = \dot{E}_o - \dot{I}\{r_a + jx_s\} = \dot{E}_o - \dot{I}Z_s\,[\mathrm{V}] \tag{2.16}$$

(2) 철극기의 경우

철극기에서 자극편 부분의 공극은 적고 자기저항이 낮으나 그 밖의 부분에서는 자기저항이 현저하게 높다. 이와 같은 자기회로에 대한 전기자반작용을 [그림 2.24]와 같이 전기자기자력 F_a를 자극축 방향으로 작용하는 직축분 F_d와 이에 직각인 방향, 즉 중성축의 방향으로 작용하는 횡축분 F_q로 나누어 생각한다.

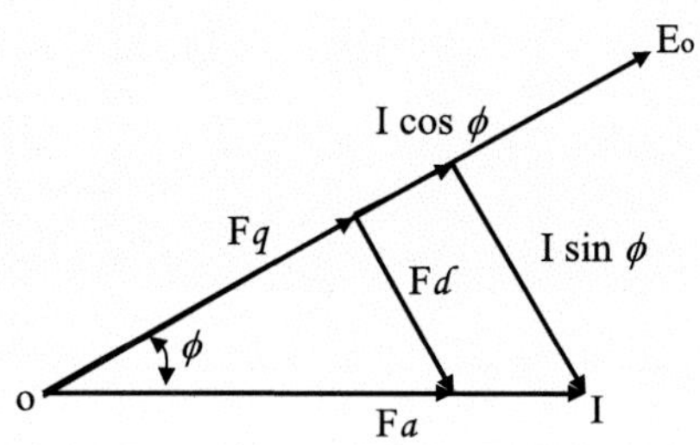

[그림 2.24] 전류의 직축분과 횡축분

이와 같은 방법을 **2반작용이론**이라고 한다.

무부하유도기전력 E_o과 전기자전류 I의 위상차를 ϕ 라고 하면 F_a는 I에, F_d는 $I\sin\phi$에, F_q는 $I\cos\phi$에 각각 비례한다. 직축분 F_d가 작용하는 부분은 주로 자극편에 대한 부분이며, [그림 2.25]의 (a)와 같이 감자작용이 생긴다.

횡축분 F_q에 의한 자속의 분포는 자기회로의 영향으로 그림 (b)의 B_q와 같이 되나 이것은 제 3고조파를 많이 함유하는 파형이다.

직축분 F_d에 해당되는 리액턴스 x_d를 **직축(동기)리액턴스**, 횡축분 F_q에 해당되는 리액턴스 x_q를 **횡축(동기)리액턴스**라 하며 일반적으로 $x_d > x_q$이고, 비철극기에서는 $x_d = x_q = x_s$가 된다.

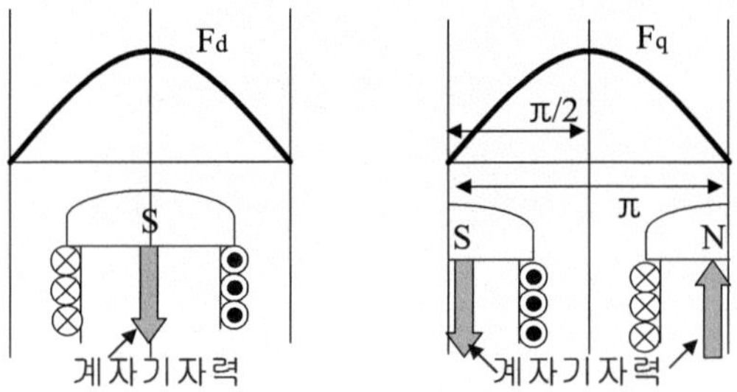

(a) 직축분 (b) 횡축분

[그림 2.25] 철극기에서 전기자기자력의 분해

2.4.2 무부하 유도기전력과 부하각

[그림 2.23] 의 (b)에 있는 1상 벡터도에서

$$\dot{V} = \dot{E}_o - \dot{Z}_s \dot{I} \tag{2.17}$$

이였는데, 이 벡터도를 [그림 2.26]과 같이 자세히 그린다음 E_o및 δ의 값을 구하면

$$E_o = \sqrt{(V\cos\varphi + Ir_a)^2 + (V\sin\varphi + Ix_s)^2} \tag{2.18}$$

$$\delta = \tan^{-1}\frac{Ix_s\cos\varphi - Ir_a\sin\varphi}{V + Ir_a\cos\varphi + Ix_s\sin\varphi} \tag{2.19}$$

앞선 역률인 경우에는 식(2.19)에서$\sin\varphi$를 $-\sin\varphi$, 또 역률이 1인 경우에는 $\cos\varphi = 1$, $\sin\varphi = 0$으로 하면 된다.

■ **출력과 부하각의 관계(비철극기의 경우)**

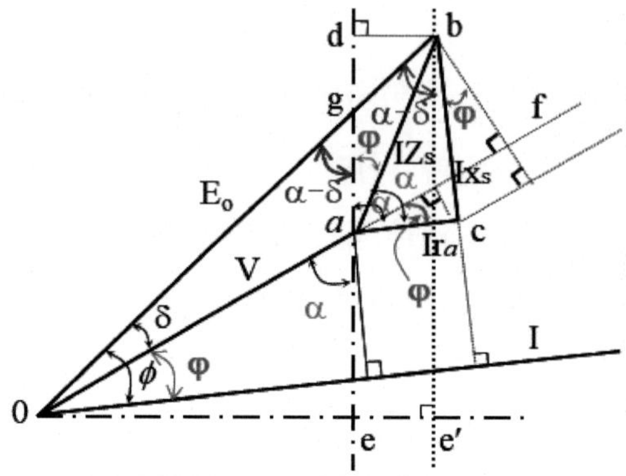

[그림 2.26] x_s 를 사용한 벡터도

[그림 2.23]의 (b)에 있는 1상 벡터도에서 발전기 1상의 출력 P_o는 $P_o = VI\cos\varphi\,[W]$ 이며 식(2.20)과 같이 유도된다.

$$P_o = VI\cos\varphi = \frac{VE_o}{Z_s}\cos(\alpha-\delta) - \frac{V^2}{Z_s}\cos\alpha \tag{2.20}$$

그런데 $\alpha = \tan^{-1}\frac{x_s}{r_a}$ 이며 $x_s \gg r_a$이기 때문에 $\alpha \fallingdotseq \frac{\pi}{2}$ 이다.

$\alpha = \pi/2$라 하면 1상의 출력은 다음과 같이 된다.

$$P_o = \frac{VE_o}{Z_s}\cos\left(\frac{\pi}{2}-\delta\right) = \frac{VE_o}{Z_s}\sin\delta \tag{2.21}$$

즉 발전기의 출력은 부하각 δ의 정현에 비례한다. 따라서 V, E_o를 일정히 하면, 부하가 변하는 경우에 δ 도 이에 따라 변화한다. 또 일정한 부하에 대해서는 일정한 δ 가 필요하다.

철극기에서 동기발전기의 출력을 유도하는 과정은 생략하고 r_a 가 적으므로 무시하면

$$P_o = \frac{VE_o}{x_d}\sin\delta + \frac{(x_d - x_q)}{2x_d x_q}V^2\sin 2\delta \tag{2.22}$$

으로 나타낸다.

2.4.3 특성곡선

(1) 무부하포화곡선

발전기를 무부하 상태에서 정격속도로 운전하고 계자전류를 0에서 천천히 증가시킨 경우의 무부하 단자전압 V_o[V] 와 계자전류 I_f 의 관계를 나타내는 곡선을 **무부하포화곡선**이라고 한다. [그림 2.27]의 OM은 이 곡선을 나타낸 것이며, 전압이 낮은 곳에서 V_o는 I_f에 거의 비례하나 전압이 상승함에 따라 철심부가 포화하고 자기저항이 증가하므로, 일정한 전압을 유도하는 데 필요한 계자전류가 증가한다.

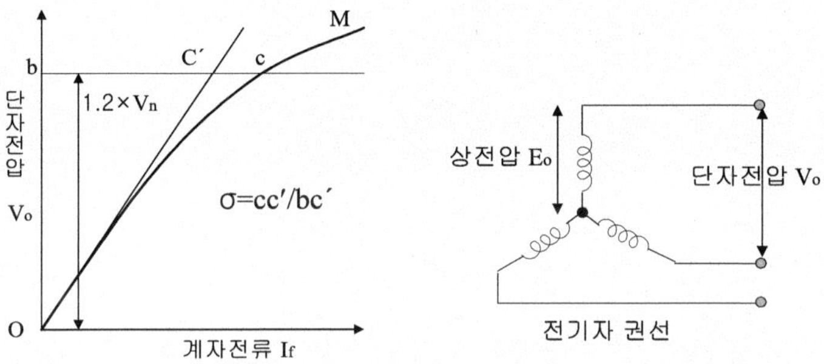

$$\sqrt{3}\ E_o = V_o$$

[그림 2.27] 무부화포화곡선 및 포화계수

① 포화계수 : 포화의 정도를 표시하는데 **포화계수** σ가 사용된다.
무부하 포화곡선상에 점c 를 정격전압 V_n[V]의 1.2배로 취하고, 점c에 횡축으로 평행선을 긋고 종축과의 교점을 b로 한다. 다음에 점 0에서 곡선 OM으로 접선을 그어서 선bc와의 교점을 c'라 하면 포화계수는

$$\sigma = \overline{cc'}\ /\ \overline{bc'} \tag{2.23}$$

이다.

(2) 3상 단락곡선

동기발전기의 중성점을 제외한 모든 단자를 단락해 두고 정격속도로 운전하여, 계자전류 I_f[A]를 천천히 증가시킨 경우의 단락전류 I_s[A]와 I_f[A]의 관계를 표시하는 곡선을 **3상 단락곡선**이라고 한다. [그림 2.28]의 곡선 OS는 이를 나타낸 것이며 거의 직선이다.

단락할 때에 전기자회로는 $r_a \ll x_s$이기 때문에, 이때 흐르는 전류는 전압보다 위상이 90° 뒤진 전류이다. 따라서 이 전기자 반작용은 감자작용이기 때문에 실제로 존재하는 자속은 대단히 적고, 자기회로는 불포화의 상태에 있다. 그러므로 단락곡선은 거의 직선이 된다.

(3) 단락비와 동기임피던스

① **단락비** : [그림 2.28]의 곡선 OM은 무부하포화곡선, 곡선 OS는 단락곡선이다. 정격속도에서 무부하 정격전압 V_n[V]를 발생시키는 데 필요한 계자전류 $I_f{}'$[A]와 정격전류 I_n[A]와 같은 영구단락 전류를 통하는 데 요하는 계자전류 $I_f{}''$[A]와의 비를 **단락비**라고 하며, 동기기의 중요한 특성상수의 한가지이다.

$$\text{단락비 } K_s = \frac{I_f{}'}{I_f{}''} \tag{2.24}$$

단락비 K_s의 값은 수차 및 엔진발전기에서 0.9~1.2 정도, 터빈발전기에서는 0.6~1.0 정도로 된 것이 많다.

② **동기임피던스** : [그림 2.23] (a)의 등가회로에서 아는 바와 같이 영구단락 전류 I_s[A]는 1상의 유도기전력 E_o[V]를 1상의 동기임피던스 Z_s[Ω]으로 나눈 것이기 때문에 $Z_s = E_o/I_s$[Ω]이다.

[그림 2.28]에서 같은 계자전류에 대한 상전압 E_o와 단락전류 I_s의 비에서 Z_s를 구하면 Z_s곡선은 그림과 같이 되며 그 값은 일정한 것이 아니고, 계자전류I_f의 값이 증가함에 따라 자기회로의 포화상태로 인한 Z_s는 다르게 되는 것을 알 수 있다.

일반적으로 동기임피던스라는 것은 정격 상전압 E_n[V](성형결선일 때에는 $V_n/\sqrt{3}$)와 이 E_n을 유도하는데 필요한 것이 계자전류일 때의 3상 단락전류 I_s[A]와의 비로 하여 구해진다. 즉

$$Z_s = \frac{E_n}{I_s} = \frac{V_n/\sqrt{3}}{I_s}\,[\Omega] \tag{2.25}$$

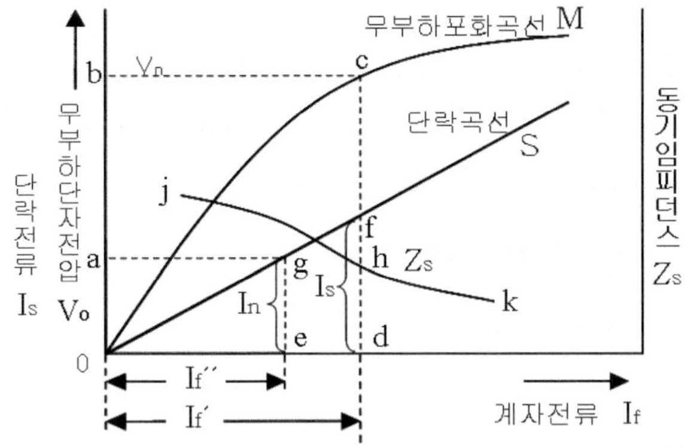

[그림 2.28] 동기임피던스와 단락비

Z_s는 편의상[Ω]으로 표시하지 않고, 정격전류 I_n에 대한 임피던스강하 $Z_s\,I_n$[V]와 정격상전압 E_n[V]의 비에 대한[%] 로 표시하는 일이 많다. 이것을 %동기임피던스 $Z_s{}'(\%Z_s)$라고 한다.

$$\%\text{동기임피던스}\,Z_s{}'(\%Z_s) = \frac{Z_s\,I_n}{E_n} \times 100\,[\%] \tag{2.26}$$

③ **%동기임피던스와 단락비의 관계 :** % 동기임피던스 $Z_s{}'(\%Z_s)$는

$$\begin{aligned} Z_s{}'(\%Z_s) &= \frac{Z_s\,I_n}{E_n} \times 100 = \frac{\dfrac{V_n/\sqrt{3}}{I_s} \times I_n}{\dfrac{V_n}{\sqrt{3}}} \times 100 = \frac{I_n}{I_s} \times 100 \\ &= \frac{I_f{}''}{I_f{}'} \times 100 = \frac{1}{K_s} \times 100\ [\%] \end{aligned} \tag{2.27}$$

④ **단락비와 다른 특성과의 관계 :** K_s와 $Z_s{}'$ 사이에는 식 (2.27)에 의해 단락비가 큰 기계는 % 동기임피던스 $Z_s{}'$가 적고, $Z_s{}'$가 적은 것은 식 (2.26)에 의해 동기임피던스 Z_s가 적은 것이며, 또한 $Z_s = r_a + j(x_a + x_l)$에서 전기자 반작용 리액턴스 x_a가 적은 것을 의미한다. x_a가 적으려면 전기자반작용이 적어야 하므로 자기저항을 크게 하려고 공극을 크게 한다.

공극이 크면 계자자속도 커야만 되기에 계자전류를 크게 해야 된다. 공극이 적은 기계에 비해서 철이 많이 들므로 **철기계**라고도 하며 기계의 중량이 무겁고 가격도 비싸진다.

철기계로 하면 전기자전류가 크더라도 전기자반작용이 적으므로 전압변동률은 적으며, 기계에 여유가 있고 과부하내량이 크고 자기여자 방지법으로 장거리 송전선로를 충전하는 경우에 적합하다. 특히 선로충전용량이 큰 것을 요구하는 경우에는 K_s를 1.5~1.8 정도로 취한 것도 있다.

반대로 단락비가 작은 기계는 전기자전류에 의한 전기자반작용이 크므로 **동기계**라고 한다.

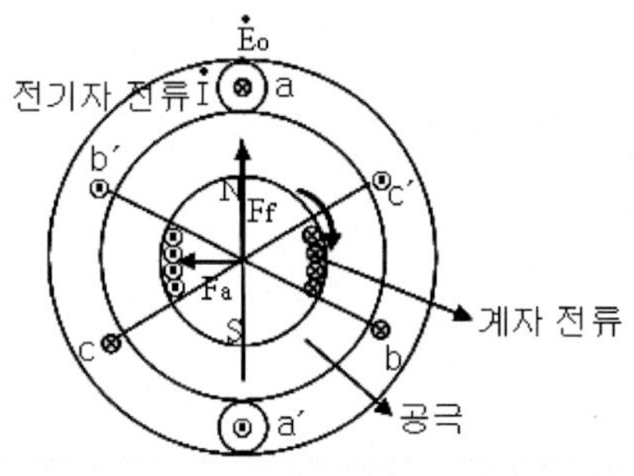

(a) 철기계

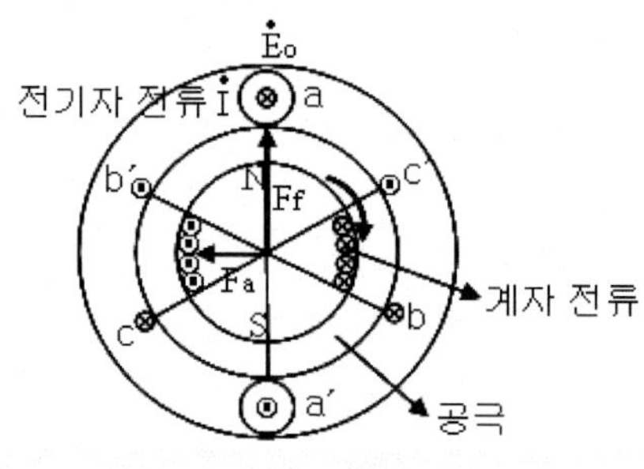

(b) 동기계

[그림 2.29] 철기계와 동기계

예제 15 E·x·e·r·c·i·s·e

정격전압 6,000[V] 용량 5,000[kVA]의 3상 교류발전기에서 계자전류 200[A]에 상당하는 무부하 단자전압은 6,000[V]이고, 단락전류는 600[A]라고 한다. 이 발전기의 단락비 및 동기리액턴스를 구하시오.

해설 3상 발전기의 정격출력 $P_n = \sqrt{3}\, V_n I_n$ 이다.

발전기의 정격전류 I_n 은 $I_n = \dfrac{P_n}{\sqrt{3}\; V_n} = \dfrac{5,000 \times 10^3}{\sqrt{3} \times 6,000} = 481[\text{A}]$

단락곡선은 직선이므로 단락곡선에서 정격전류일 때의 계자전류 I_f'' 는 $\dfrac{I_f''}{I_f'} = \dfrac{I_n}{I_s}$

$\therefore\ I_f'' = 200 \times \dfrac{481}{600} = 160[\text{A}]$

따라서 단락비 K_s는 $K_s = \dfrac{I_f'}{I_f''} = \dfrac{200}{160} = 1.25$

전기자저항 r_a 는 적으므로 무시하면, 동기리액턴스 x_s 는

$$x_s \fallingdotseq Z_s = \frac{E_n}{I_s} = \frac{\frac{V_l}{\sqrt{3}}}{I_s}$$

$$= \frac{\frac{6,000}{\sqrt{3}}}{600} = 5.77[\Omega]$$

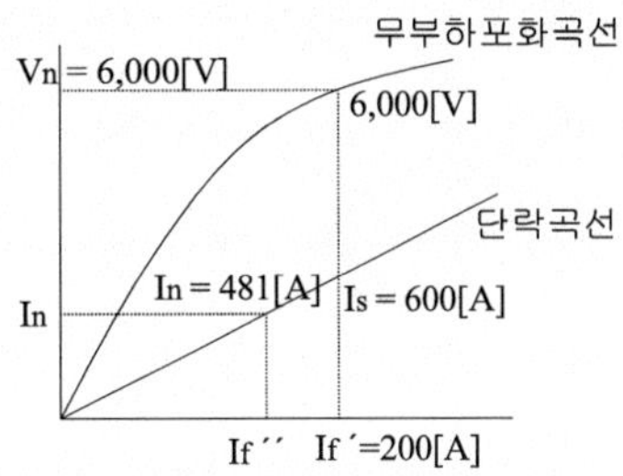

[그림 예제 15]

예제 16 E·x·e·r·c·i·s·e

정격전압 12,000[V], 정격출력 60,000[kVA]의 3상동기발전기가 있다. 계자전류 1,000[A]에 해당 하는 무부하 단자전압은 12,000[V], 단락전류는 4,000[A]이다. 이 발전기의 단락비 및 동기리액턴스를 구하시오. (단, 단락곡선은 직선특성이라 한다.)

➔ 해설

$$I_n = \frac{60,000 \times 10^3}{\sqrt{3} \times 12,000} = 2,887[\mathrm{A}]$$

$4,000 : 2,887 = 1,000 : I_f''$ 또는 $\frac{I_f''}{I_f'} = \frac{I_n}{I_s}$

$$\therefore\ I_f'' = 1,000 \times \frac{2,887}{4,000} = 721.75[\mathrm{A}]$$

$$K_s = \frac{I_f'}{I_f''} = \frac{1,000}{721.75} = 1.385$$

$z_s = r_a + x_s$ 에서, $r_a \ll \cdot x_s$ 이므로 $x_s \fallingdotseq z_s$

$$x_s \fallingdotseq z_s = \frac{\frac{V_n}{\sqrt{3}}}{I_s} = \frac{\frac{12,000}{\sqrt{3}}}{4,000} = 1.732[\Omega]$$

예제 17 E·x·e·r·c·i·s·e

다음의 정격을 갖는 3상동기기의 단락비를 계산하시오.
정격 : 출력 10,000[kVA], 전압 6,600[V], 동기임피던스 3,6[Ω]/상

➔ 해설

$$I_n = \frac{10,000 \times 10^3}{\sqrt{3} \times 6,600} = 874.8[\text{A}]$$

$$Zs' = \frac{Z_s I_n}{\frac{V_n}{\sqrt{3}}} \times 100 = \frac{3.6 \times 874.8}{\frac{6,600}{\sqrt{3}}} \times 100 = 82.6[\%]$$

$$K_s = \frac{100}{Z_s'} = \frac{100}{82.6} = 1.21$$

예제 18 E·x·e·r·c·i·s·e

정격전압 6,600[V], 정격용량 5,000[kVA]의 3상동기발전기에서 계자전류 200[A]일 때 무부하 단자전압은 6,600[V]이고, 단락곡선에서 정격전류 437[A]일 때 계자전류가 160[A]이라 하면 이 발전기의 단락비 및 %동기임피던스는 얼마인가? 또, 동기임피던스는 얼마인가?

➔ 해설

$$I_n = \frac{5,000 \times 10^3}{\sqrt{3} \times 6,600} = 437[\text{A}], \quad K_s = \frac{I_f'}{I_f''} = \frac{200}{160} = 1.25$$

$$\%Z_s = \frac{100}{K_s} = \frac{100}{1.25} = 80[\%]$$

$$\frac{I_s}{I_n} = \frac{I_f'}{I_f''} \qquad I_s = 437 \times \frac{200}{160} = 546.25[\text{A}]$$

$$Z_s = \frac{E_n}{I_s} = \frac{\frac{V_l}{\sqrt{3}}}{I_s} = \frac{\frac{6,600}{\sqrt{3}}}{546.25} = 7[\Omega]$$

예제 19 E·x·e·r·c·i·s·e

정격출력 10[MVA], 정격전압 10[kV]의 3상동기발전기의 동기임피던스[Ω]를 구하시오. (단, 단락비는 1.2라 한다.)

➔ 해설

$$K_s = \frac{100}{Z_s'} \qquad Z_s' = \frac{100}{K_s} = \frac{100}{1.2} = 83.3[\%]$$

$$I_n = \frac{10 \times 10^6}{\sqrt{3} \times 10 \times 10^3} = 577.35[\text{A}], \quad \frac{V_n}{\sqrt{3}} = \frac{10 \times 10^3}{\sqrt{3}} = 5,773.5$$

$$Z_s' = \frac{Z_s I_n}{\frac{V_n}{\sqrt{3}}} \times 100 \text{ 에서}$$

$$Z_s = \frac{Z_s' \times \frac{V_n}{\sqrt{3}}}{I_n \times 100} = \frac{83.3[\%] \times 5{,}773.5}{577.35 \times 100} = 8.33[\Omega]$$

---

(4) 부하포화곡선

발전기를 정격속도로 운전하고, 일정한 역률과 일정한 전류의 부하를 건 경우에, 단자전압과 계자전류의 관계를 표시하는 곡선을 **부하포화곡선**이라고 하며, 정격전류와 일정한 역률에 대한 것은 그 역률에 대한 **전부하 포화곡선**이라고 한다.

[그림 2.30]의 (a)는 역률이 1.0 과 뒤진 역률 0.8 및 0 인경우의 **전부하 포화곡선**이다. 따라서 같은 계자전류에 대한 단자전압의 강하는 역률이 낮을수록 크다. 즉 뒤진전류는 전기자반작용에서 감자작용을 하므로 단자전압은 적어진다. 전부화 포하곡선을 알고 있으면, 이 곡선과 무부하포화곡선에서 전압변동률을 계산할 수 있다.

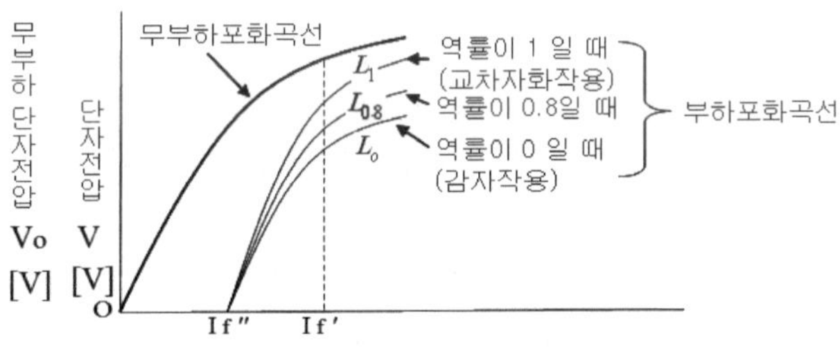

(a) 부하포화곡선

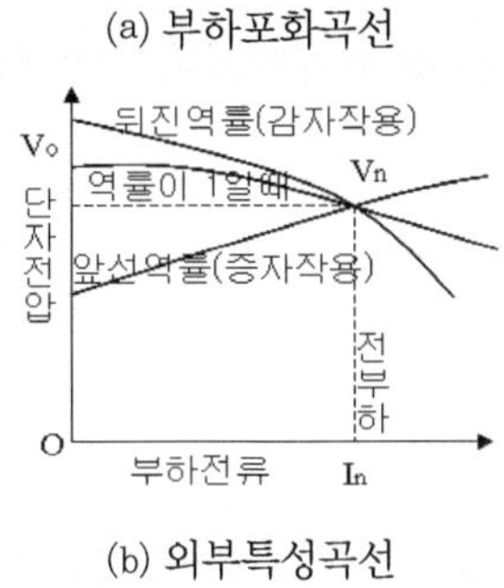

(b) 외부특성곡선

[그림 2.30] 부하포화곡선과 외부특성곡선

(5) 외부특성곡선

발전기를 정격속도로 운전하고 지정한 역률의 정격전류가 흐를 때, 정격전압을 유기되도록 계자전류를 정하고, 계자전류를 그대로 유지하면서 부하전류를 바꿀 때의 단자전압과 부하전류의 관계를 나타내는 곡선을 **외부특성곡선**이라고 한다.
이 곡선은 [그림 2.30]의 (b)와 같이, 뒤진 역률의 경우 (곡선1)에는 부하가 증가하면서 단자전압은 현저하게 내려가고, 앞선 역률의 경우 (곡선3)에는 단자전압이 상승한다. 또, 역률 1의 경우(곡선2)에는 단자전압이 내려가나 그 정도는 얼마 안 된다.

(6) 전압변동률

① **정의** : 발전기의 전압변동률이란, 여자 및 속도를 변경하지 않고 정격역률에 대한 정격출력에서 무부하로 하였을 때의 전압변동비율을 말하며, 이것을 정격전압의 백분율로 표시하고 있다.
지금 정격단자전압을 V_n[V], 정격출력에서 무부하로 하였을 때의 단자전압을 V_o[V]라 하면 전압변동률은 다음 식으로 표시된다.

$$\text{전압변동률} = \frac{V_o - V_n}{V_n} \times 100[\%] \tag{2.28}$$

이 전압변동률은 부하의 역률에 따라 변화하는데 [그림 2.30]에서 뒤진 역률(유도성 부하)인 경우에 전기자반작용이 감자작용을 하므로 ($V_o > V_n$)가 되어 전압변동률은 +값이 되고, 앞선 역률(용량성 부하)인 경우에는 전기자반작용이 증자작용을 하므로 ($V_o < V_n$)가 되어 전압변동률은 −값이 된다.

② **전압변동률의 값** : 발전기에 대한 전압변동률은 자동전압조정기를 사용하지 않을 때에 역률 1.0 에서 15~18[%], 역률 0.8 에서 25~30[%] 정도이며, 자동전압조정기를 사용한 것은 역률 1.0 에서 18~25[%], 역률 0.8 에서 30~40[%] 정도이다.

(7) 자기여자

정전용량 C[F]에서 주파수 f[Hz]의 교류전압 V[V]를 가하면 다음과 같은 앞선 전류 I_c[A]가 흐른다.

$$I_c = \frac{V}{Xc} = \frac{V}{\dfrac{1}{2\pi f c}} [\mathrm{A}] \text{ 에서 } I_c = 2\pi f C V [\mathrm{A}] \tag{2.29}$$

전류를 횡축에, 전압을 종축에 취하여 이 관계를 나타내면, [그림 2.31]의 곡선 a 와 같은 **충전특성곡선**이 된다.

정전용량부하를 접속한 동기발전기를 여자하지 않고 동기속도로 회전하면, 발전기에는 잔류자기에 의하여 대단히 낮은 기전력이 유도되며, 이 기전력에 의해 정전용량을 충전하는 앞선 전류가 흐른다. 이 전류에 의한 전기자 반작용은 증자작용(자화작용)을 하므로 전기자기전력을 상승시킨다. 그러면 충전전류는 다시 증대하고 발전기는 이 전류에 의하여 여자되어서 다시 큰 기전력을 유도한다.

이것을 반복하면 결국 전기자기전력은 그림의 곡선 b 와 같이 상승하고, 어떤 극한값에 도달해서 안정을 유지한다. 이 극한값은 그림의 충전특성곡선 Oa와 앞선 전류에 의하여 여자된 발전기의 포화곡선 $O'b$와의 교점 M에 상당하는 전압이다. 점 M은 정전용량 C의 대소에 따라 변화하는데 정전용량이 매우 커서 M의 전압이 발전기의 정격전압보다 현저하게 높으면 절연을 파괴할 염려가 있다. 이러한 현상을 동기발전기의 **자기여자의 현상**이라고 한다.

Reference 자기여자 방지법

장거리 고압송전선이나 케이블송전선을 무부하에서 충전하는 발전기는, ① 전기자 반작용이 적고 단락비가 큰 발전기를 사용하며 ②발전기를 여러 대 병렬로 연결하고 ③ 송전선의 말단에 뒤진 전류가 흐르도록 전력용 리액터나, 동기조상기를 접속하여 충전전류를 감소하도록 한다.

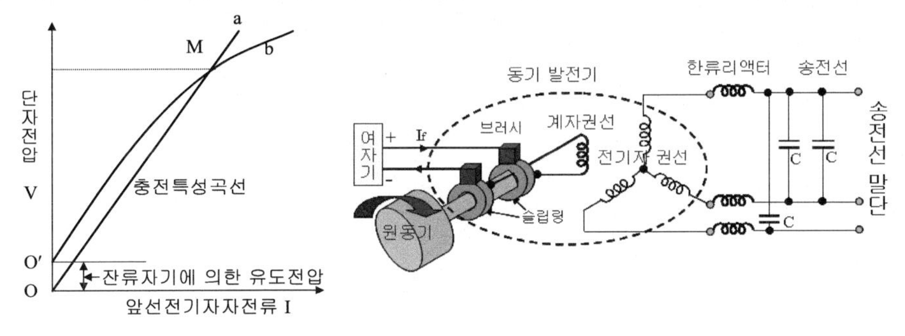

(a) 용량성 부하에 대한 특성 (b) 동기발전기의 자기여자 현상과 한류리액터

[그림 2.31] 자기여자

2.4.4 동기기의 단락현상

(1) 지속단락

3상발전기의 각 상을 단락시키고, 계자전류 I_f 를 O에서부터 점점 증가해 나가면 전기자에는 지속단락전류 I_s가 흐른다. I_f와 I_s의 관계는 [그림 2.28]과 같이 직선이 되고 다음 식으로 표시된다.

$$\dot{I}_s = \frac{\dot{E}_o}{\dot{Z}_s} \tag{2.30}$$

단락에서는 이와 같은 평형단락 외에 1상 중성점간단락, 2상중성점간단락 등의 불평형 단락이 있으나 그 계산은 복잡하기 때문에 생략한다.

(2) 돌발단락

평형 3상 전압을 유도하고 있는 발전기의 3단자를 갑자기 단락하면 큰 과도전류가 흐른 후 점점 감쇠하여 몇 초 뒤에는 지속단락전류의 값으로 된다.

이것은 전기자 반작용이 순간적으로는 나타나지 않기 때문에, 단락하는 순간 단락전류를 제한하는 것은 전기자권선의 저항을 무시한 전기자누설리액턴스 x_l뿐이므로, 대단히 큰 과도전류 (또는 돌발단락전류 $I_s = \dfrac{E}{x_l}$)가 생긴다.

또 몇 초 뒤에는 전기자 반작용이 나타나서 과도전류는 급속히 감쇠하고 결국에는 동기리액턴스에 의하여 정해지는 지속단락전류 ($I_s = \dfrac{E}{x_l + x_a} = \dfrac{E}{x_s}$)로 된다.

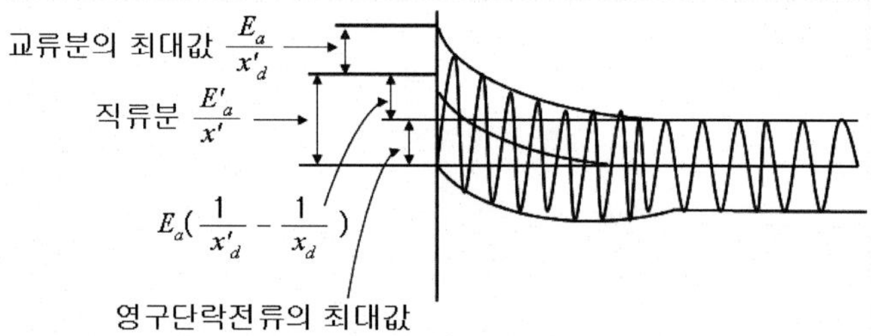

[그림 2.31-1] 발전기의 돌발단락 전류

x_a를 전기자 반작용 리액턴스, x_l를 전기자누설리액턴스, x_f를 계자누설리액턴스 x_d를 제동권선의 리액턴스라고 하면,

- x_s = 동기리액턴스 $= x_a + x_l$
- $x_s{'}$ = 과도리액턴스 $= x_l + x_f$
- $x_s{''}$ = 초기과도리액턴스 $= x_l + x_d$

여기서, $x_s > x_s{'} > x_s{''}$의 관계가 있다.

Reference 한류리액터

전기자누설리액턴스가 적은 발전기에서는 [그림 2.31]의 (b)와 같이 전기자회로에 직렬로 공심의 리액턴스코일을 넣어서 돌발단락전류를 제한하는 일이 있다. 이것을 **한류리액터**라고 한다.

2.5 여자장치와 전압조정

동기발전기에서는 그 계자권선에 계자전류를 공급하는 직류전원이 필요하다. 이 계자전류를 공급하는 것을 여자장치라고 하며 다음과 같은 것이 있다.
동기발전기의 중용량기 이상에서는 직류 타여자 발전기를 주여자기로 사용되고, 주여자기의 계자권선에는 부여자기로 여자하는 방식(복식여자방식이라고 함)을 [그림 2.32]와 같이 사용한다.

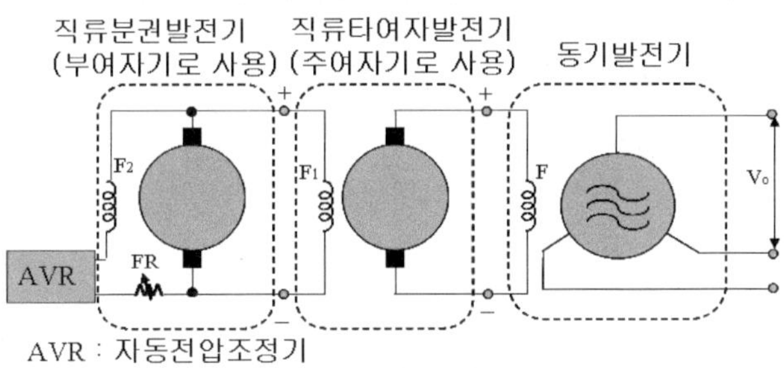

[그림 2.32] 복식여자방식

여자기의 구동방식으로는 [그림 2.33]과 같은 방식이 있다. 그림 (a)는 여자기가 발전기의 축 끝에 직결되는 것이며 가장 많이 사용된다. 그림 (b)는 별도로 장치한 전동발전기

를 사용하는 것이며, 그 전원은 발전기의 출력측에서 변압기를 통하여 얻는다.
또 그림 (c)는 여자기 전용의 원동기를 사용하는 것이다. 그림 (b), (c)는 모두 특수한 경우에 사용된다.
여자기의 용량은 보통 발전기의 [kVA]출력에서 0.5~1.5[%] 정도의 크기가 된다.

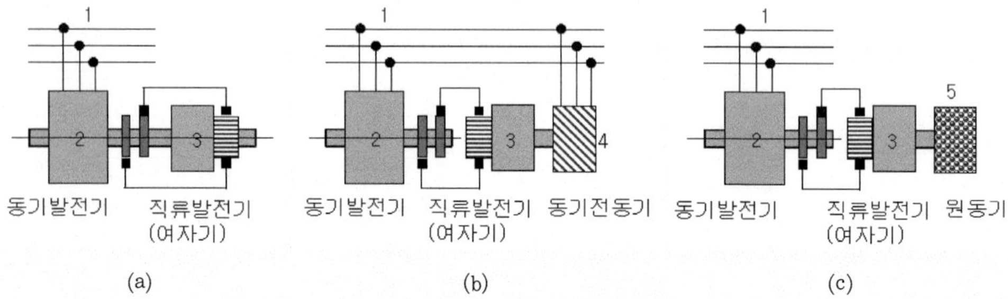

[그림 2.33] 여자기의 구동방식

2.6 동기발전기의 정격출력과 손실 및 효율

2.6.1 정격출력

동기발전기의 출력은 주로 온도상승에 따라 제한된다. 철손은 자속, 즉 전압에 따르고 저항손은 전류에 의하여 결정되므로 철손 및 저항손에 의한 온도상승은 전압과 전류에 의하여 결정된다.
따라서 발전기의 정격출력은 단자에 대한 피상전력[kVA],[MVA]로 표시하며, 발전기는 연속정격이 보통이다.

2.6.2 손실

발전기의 규약효율을 산정할 때에는 다음의 여러 손실을 포함한다.
① **고정손** : 철손, 베어링 마찰손, 브러시 마찰손, 풍손
② **직접부하손** : 전기자권선의 저항손, 회전전기자형의 브러시 전기손
③ **여자손** : 계자권선의 저항손, 브러시의 전기손

④ **표류부하손** : 직접 측정할 수 없는 손실로서, 자속의 변화 때문에 발생하는 철손, 전기자전류에 의하여 발생하는 철심부분의 와전류손 등이다.

⑤ **기타 손실** : 주발전기와 일체를 이루고 측정상 분리가 곤란한 것.

2.6.3 효율

3상동기발전기의 단자전압을 V[V], 부하의 역률을 $\cos\varphi$, 부하전류를 I[A], 효율을 산정하는 데 사용하는 여러 손실의 합을 P_l[W]이라 하면 규약효율 η는 다음과 같이 표시된다.

$$\eta = \frac{\text{출력}}{\text{출력} + \text{손실}} = \frac{\sqrt{3}\,VI\cos\varphi}{\sqrt{3}\,VI\cos\varphi + P_l} \times 100[\%] \tag{2.31}$$

2.7 동기발전기의 병렬운전

동기발전기의 병렬운전은 직류발전기의 경우보다도 한층 중요하다.

2대 이상의 동기발전기를 완전히 병렬로 운전시키는 데는 발전기와 원동기가 모두 각각 구비해야 할 필요조건이 있다.

터빈 발전기나 수차발전기와 같이 1회전 중에 원동기의 토크가 균일한 것에서는 비교적 문제가 별로 없으나, 디젤기관과 같은 왕복기관으로 운전되는 것은 여러 가지로 고려할 문제가 생긴다.

2.7.1 발전기에 필요한 조건

2대 이상의 발전기를 안정하게 병렬 운전시키려면, 각 발전기는 다음의 조건을 만족시킬 필요가 있다.

① 기전력의 크기가 같을 것
② 기전력의 위상이 같을 것
③ 기전력의 주파수가 같을 것
④ 기전력의 파형이 같을 것

(1) 기전력의 크기가 같지 않은 경우

[그림 2.34]의 (a)와 같이 2대의 동기발전기 G_A, G_B가 모선에 병렬로 접속되어 있을 때에, 두 발전기의 1상의 유도기전력 E_A[V] 및 E_B[V]는 모선에 대해서는 같은 위상이지만, 두 발전기의 전기자로 구성되는 내부회로에 대해서 생각하면 그 위상은 π 만큼 다르게 되어 있다.

따라서 이 경우 $E_A = E_B$이면 합성기전력 $\dot{E}_A + (-\dot{E}_B) = \dot{E}_r$[V]는 0이며(즉 (d)의 전압계의 지시가 0[V]상태임), 전기자의 내부회로에는 순환전류가 흐르지 않는다.

그러나 부하시에는 그림(c)와 같이 G_A, G_B에는 E_A, E_B보다 부하의 역률각 φ만큼 늦게 I_A, I_B가 흐른다.

이 경우에 가령 G_A의 계자전류를 증가하면 $E_A > E_B$ 합성기전력 $\dot{E}_A + (-\dot{E}_B) = \dot{E}_r$[V]가 전기자의 내부회로에 작용하고(즉 (d)의 전압계의 지시가 E_r[V]상태임), 두 발전기 사이에 횡류 I_c[A]가 흐르게 된다. (그림 (b), (c) 및 (d) 참조)

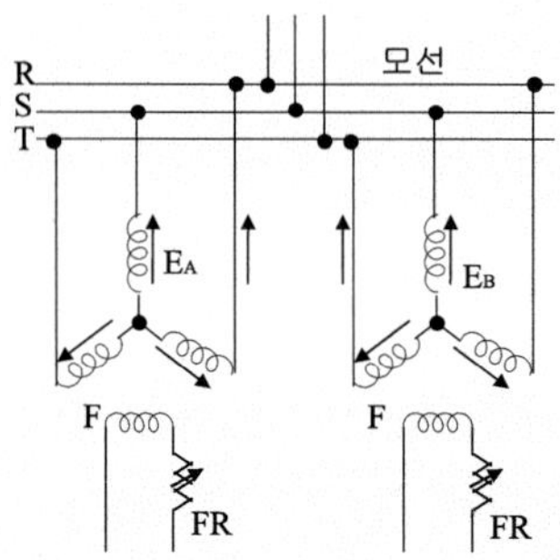

(a) 결선도

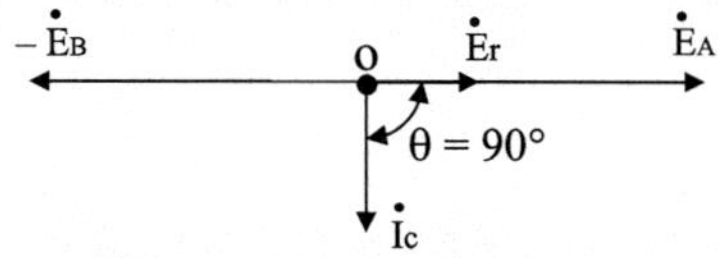

(b) 무부하의 벡터도

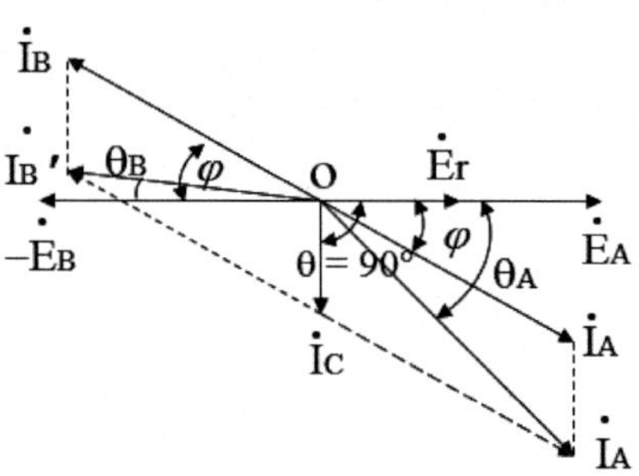

(c) 부하 시의 벡터도

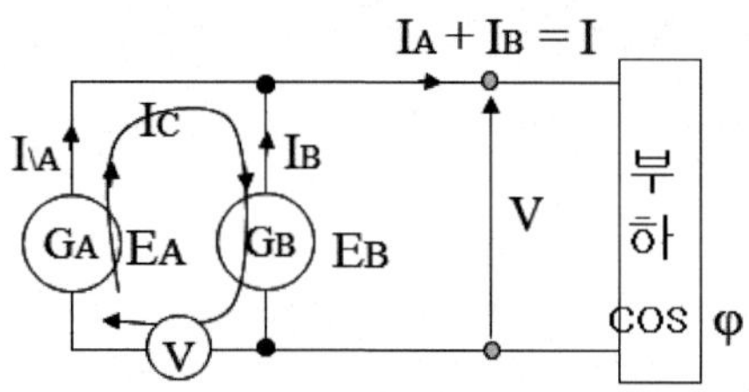

(d) 1상에서의 부하전류과 무효순환전류

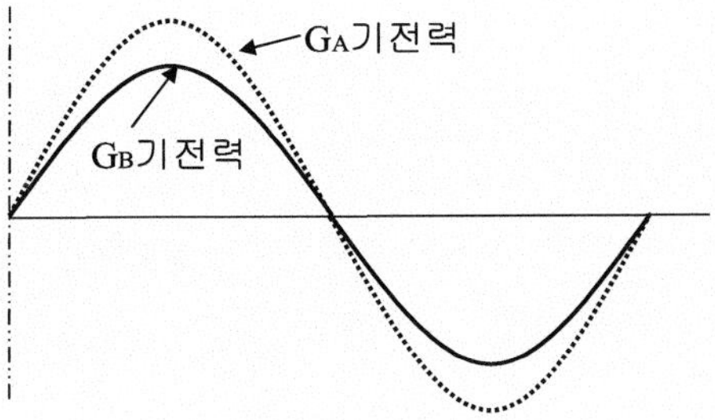

(e) 기전력의 크기가 다를 때

[그림 2.34] 기전력의 크기가 같지 않은 경우

지금 두 발전기의 전기자권선저항 $r_a[\Omega]$ 및 동기리액턴스 $x_s[\Omega]$가 각각 서로 같고, 또 I_c가 E_r보다 늦은 각을 θ로 하고, 모선의 임피던스를 생략하면, I_c 및 θ는 다음과 같이 된다.

$$I_c = \frac{E_r}{2Z_s}[\mathrm{A}], \quad \theta = \tan^{-1}\frac{2x_s}{2r_a} = \tan^{-1}\frac{x_s}{r_a} \tag{2.32}$$

일반적으로 $x_s \gg r_a$이기 때문에 $\theta \fallingdotseq \pi/2$가 된다. 즉 이 횡류 I_c는 G_A에 대하여는 뒤진 전류가 되고 전기자 반작용은 감자작용을 한다.

또 G_B에 대해서는 앞선 전류가 되고 전기자 반작용은 증자작용을 하여 두 발전기의 유도 기전력과 단자전압을 같게 하고, 앞에서 보다 높은 전압으로 평형을 유지하게 된다. 이 I_c는 역률이 거의 0인 무효전류이기 때문에 출력에는 관계가 없으며, 다만 두 발전기 사이를 순환하여 전기자권선에 저항손이 생기게 된다. 이 I_c을 **무효순환전류**라고 한다. 따라서 동기발전기의 병렬운전에서는 한쪽 계자전류를 증가하여 유도기전력을 증가시켜도 다만 무효순환전류가 흐르고, 계자를 강하게 한 발전기 G_A의 역률은 나빠지며, 발전기 G_B의 역률은 좋아져서 두 발전기의 역률이 변할 뿐 유효전력의 분담을 바꿀 수는 없다.

[그림 2.34]의 (c)에서 G_A의 전류는 $\dot{I_1}' = \dot{I_1} + \dot{I_c}$가 되고 역률각(위상각)은 φ에서 θ_A로 증가하기 때문에 역률이 나빠지며, G_B의 전류는 $\dot{I_2}' = \dot{I_2} - \dot{I_c}$가 되고 위상각 φ에서 θ_B로 감소되기 때문에 역률이 좋아진다.

예제 20 E·x·e·r·c·i·s·e

동일정격의 3상 동기발전기 A, B 2대를 병렬 운전하여 800[A], 역률 0.8의 부하에 전력을 공급하고 있다. A기의 여자전류를 증가하여 A 기의 분담전류가 450[A]일 때 B 기의 분담전류와 A, B 기의 역률은 얼마인가?

해설 부하의 유효전류 $I' = I\cos\varphi = 800 \times 0.8 = 640[\mathrm{A}]$

A 기와 B 기의 유효전류는 같으므로

$$I_A' = I_B' = \frac{1}{2} \times 640 = 320[\mathrm{A}]$$

$$\therefore A \text{ 기의 역률} : \cos\theta_A = \frac{I_A'}{I_A} = \frac{320}{450} = 0.71$$

부하의 무효전류 : $I'' = I\sin\phi = 800 \times \sqrt{1-0.8^2} = 480[\mathrm{A}]$

A 기의 무효전류 : $I_A'' = I_A \sin\theta_A = 450 \times \sqrt{1-0.71^2} = 317[\mathrm{A}]$

$I'' = I_A'' + I_B''$ 에서

B 기의 무효전류 : $I_B'' = I'' - I_A'' = 480 - 317 = 163[\mathrm{A}]$

B 기의 피상전류 : $I_B = \sqrt{I_B'^2 + I_B''^2} = \sqrt{320^2 + 163^2} = 359[\mathrm{A}]$

$$\therefore \text{B 기의 역률} : \cos\theta_B = \frac{I_B'}{I_B} = \frac{320}{359} = 0.89$$

그러므로 병렬운전 중 A 기의 여자전류를 증가하면 A 기의 역률은 나빠지고 B 기의 역률은 좋아진다.

주) $\sin\theta^2 + \cos\theta^2 = 1$, $\sin\theta^2 = 1 - \cos\theta^2$,

$\sqrt{\sin\theta^2} = \sqrt{1-\cos\theta^2}$

$\therefore \sin\theta = \sqrt{1-\cos\theta^2}$

주) $\sin\theta^2 + \cos\theta^2 = 1$, $\left(\frac{B}{A}\right)^2 + \left(\frac{C}{A}\right)^2 = 1$,

$B^2 + C^2 = A^2 \quad \therefore A = \sqrt{B^2 + C^2}$

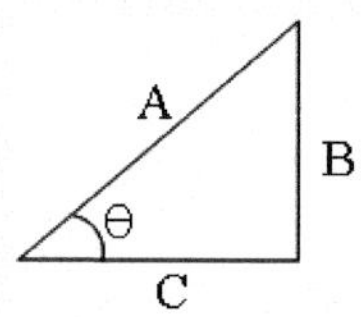

[그림 예제 20-1]

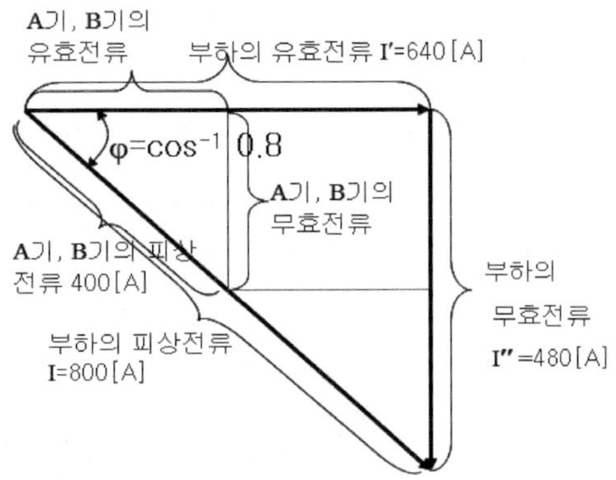

(a) A기의 여자전류를 증가하기 전

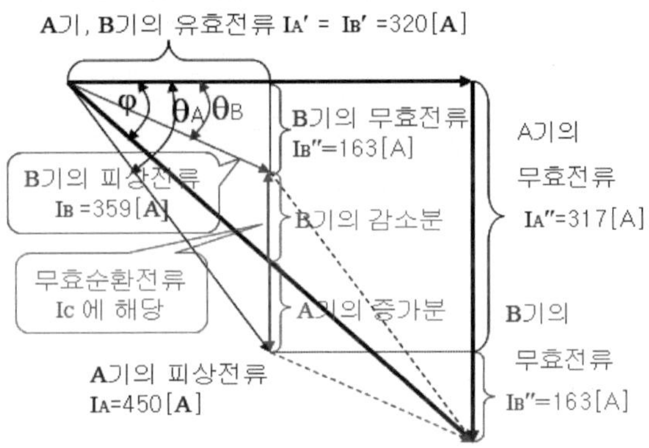

(b) A기의 여자전류를 증가한 후

[그림 예제 20]

예제 21 E·x·e·r·c·i·s·e

동일정격의 3상 동기발전기 A, B 2대를 병렬 운전하여 역률 0.8, 1,000[A]인 부하에 전력을 공급하고 있다. A 기의 여자전류를 감소시켜서 A 기의 역률이 0.9로 될 때 B 기의 전류와 역률은 얼마인가?

해설 부하의 유효전류 $I' = I\cos\varphi = 1{,}000 \times 0.8 = 800[A]$

A기와 B기의 유효전류는 같으므로

$$I_A\cos\theta_A = I_B\cos\theta_B = \frac{1}{2}I\cos\varphi = \frac{1}{2} \times 1{,}000 \times 0.8 = 400[A]$$

A기의 역률이 0.9로 될 때 $\cos\theta_A = \dfrac{I_A'}{I_A}$ 에서

A기의 피상전류 : $I_A = \dfrac{400}{\cos\theta_A} = \dfrac{400}{0.9} = 444[A]$

부하의 무효전류 : $I'' = I\sin\varphi = 1{,}000 \times 0.6 = 600[A]$

A기의 무효전류 : $I_A'' = I_A\sin\theta_A = 444 \times \sqrt{1-0.9^2} = 193.5[A]$

B기의 무효전류 : $I_B'' = I'' - I_A''$ 이므로

$I_B'' = I_B\sin\theta_B = I\sin\varphi - I_A\sin\theta_A = 600 - 193.5 = 406.5[A]$

B기의 피상전류는 $I_B = \sqrt{I_B'^2 + I_B''^2}$ 에서

$I_B = \sqrt{(I_B\cos\theta_B)^2 + (I_B\sin\theta_B)^2} = \sqrt{400^2 + 406^2} = 570[A]$

B기의 역률 $\cos\theta_B = \dfrac{I_B\cos\theta_B}{I_B} = \dfrac{400}{570} = 0.7$

$\therefore$ A기의 여자를 감소하면 A기의 역률은 좋아지고, B기의 역률은 나빠진다.

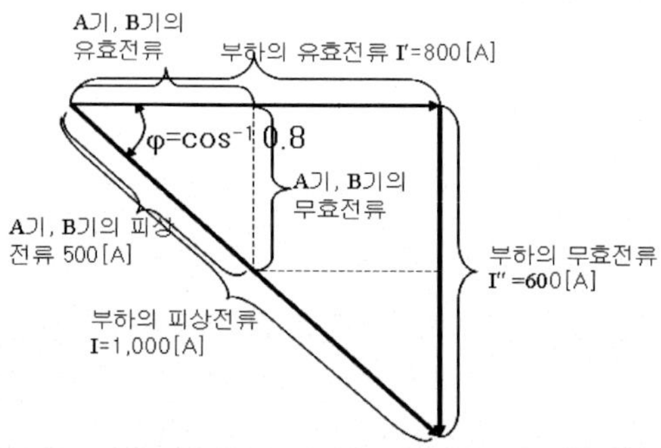

(a) A기의 역률이 바뀌기 전

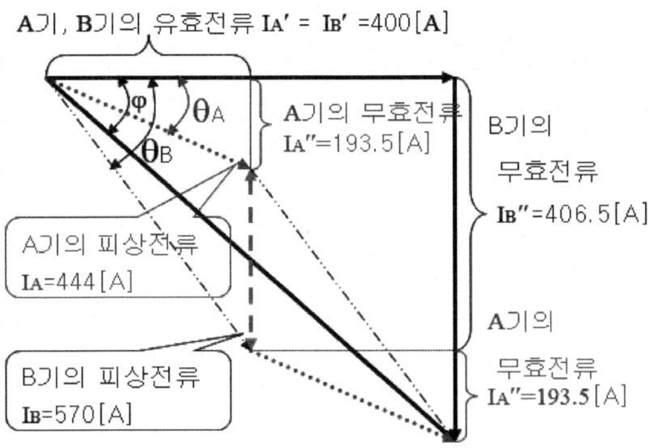

(b) A기의 역률이 바뀐 후

[그림 예제 21]

---

(2) 기전력의 위상이 다른 경우

2대의 발전기 G_A , G_B의 유도기전력이 서로 같고, 또 모선에 대하여 동일한 위상으로 병렬운전을 하던 중 G_A의 속도가 약간 상승했다고 하면, [그림 2.35]와 같이 $\dot{E}_A$은 δ 만큼 진행하여 $\dot{E}_A{}'$가 된다.

그러면 $-\dot{E}_B$와 $\dot{E}_A{}'$의 합성기전력 $\dot{E}_s$ [V] 때문에 이보다 거의 $\pi/2$ 늦은 전류 $\dot{I}_s$ [A]가 흐른다.

그림에서 아는 바와 같이 이 $\dot{I}_s$는 $\dot{E}_A{}'$와 거의 동일한 위상에 있기 때문에, G_A의 부하는 $E_A{}'\ I_s \cos\frac{\delta}{2}$[W] 만큼 증가하고, 따라서 회전속도는 감소하게 된다.

한편 $\dot{I}_s$ 와 $-\dot{E}_B$는 거의 π 의 위상차가 있기 때문에, G_B의 부하는 $E_B\ I_s \cos\frac{\delta}{2}$[W] 만큼 감소하고 따라서 회전속도는 상승한다. 즉 위상이 앞선 G_A는 위상이 늦은 G_B에 전력을 공급하고 자동적으로 $\dot{E}_A$, $\dot{E}_B$를 동일한 위상으로 유지하도록 작용한다. 이 $\dot{I}_s$는 거의 유효전류이며, **동기화전류**라고 한다.

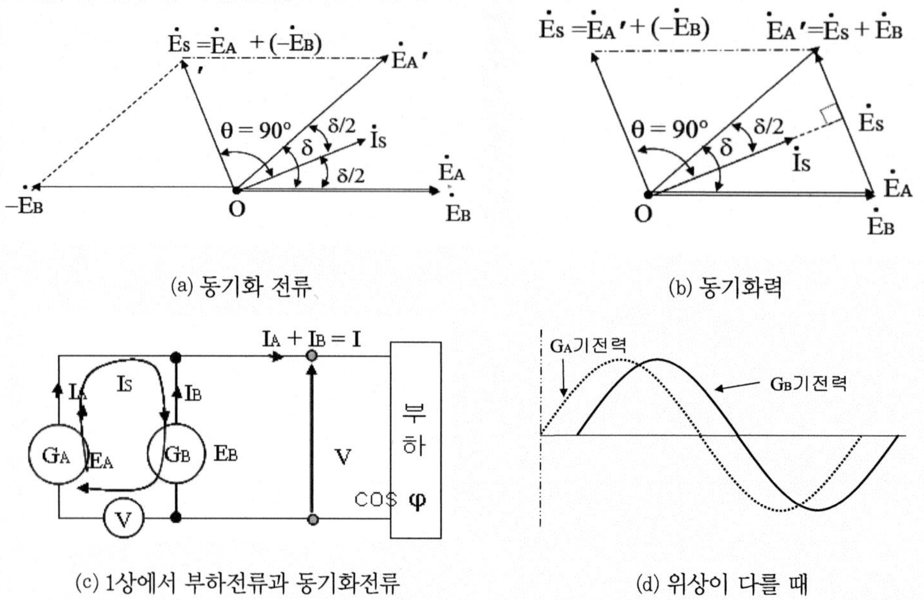

[그림 2.35] 유도기전력의 위상이 다른 경우

① **동기화력** : [그림 2.35]의 (b)는 (a)에서 $|\dot{E}_A| = |\dot{E}_B| = |\dot{E}|$로 가정하고 동기임피던스 Z_s도 서로 같다고 하면, A, B의 두 발전기에서 1상의 **수수전력** P는 다음과 같이 된다.

$$\therefore E_s = 2 \times E\sin\frac{\delta}{2}, \quad I_s = \frac{E_s}{2Z_s} \tag{2.33}$$

$$\begin{aligned}\therefore P &= EI_s\cos\frac{\delta}{2} = E\cdot\frac{E_s}{2Z_s}\cdot\cos\frac{\delta}{2} = E\cdot\frac{2E\sin\frac{\delta}{2}}{2Z_s}\cdot\cos\frac{\delta}{2}\\ &= E\cdot\frac{1}{2Z_s}\cdot E\cdot 2\sin\frac{\delta}{2}cos\frac{\delta}{2} = \frac{1}{2Z_s}E^2\sin\delta\end{aligned} \tag{2.34}$$

$$(\text{주})\ \sin\delta = \sin\left(\frac{\delta}{2}+\frac{\delta}{2}\right) = \sin\frac{\delta}{2}\cos\frac{\delta}{2} + \cos\frac{\delta}{2}\sin\frac{\delta}{2}$$

$$= 2\sin\frac{\delta}{2}cos\frac{\delta}{2}$$

이 전력 P는 A기에 부하가 걸린 상태가 되므로 A기의 위상은 늦어지고(즉 속도가 늦어지고), B 기에서는 부하가 감소한 상태로 되는 것으로 B 기의 위상은 빨라져서(즉 속도가 빨라져서) A, B의 전압위상을 일치시켜서 동기속도로 되도록 작용한다.

이러한 작용은 $dP/d\delta$가 큰 만큼 효과가 크다. 다시 말하면, 동기화전류 I_s에 의해서 상차각 δ를 원상으로($\delta = 0$으로) 복귀시키려는 힘 P_s는 $P_s = dP/d\delta$로서 이것을 **동기화력**이라 한다.

$$P_s = \frac{dP}{d\delta} = \frac{d}{d\delta}\left(\frac{E^2}{2Z_s}\sin\delta\right) = \frac{E^2}{2Z_s}\cos\delta$$
$$\fallingdotseq \frac{E^2}{2X_s}\cos\delta\,[\mathrm{W/rad}] \qquad (2.35)$$

여기서, Z_s는 A, B기의 동기임피던스로서 저항을 무시하면, $Z_s \fallingdotseq X_s$로 된다. 식(2.35)에 의해 P_s가 최대일 때는 $\delta = 0$인 때이고 수수전력 P가 최대인 경우는 식(2.34)에서 $\delta = 90$인 경우이다.

예제 22 E·x·e·r·c·i·s·e

10,000[kVA], 11[kV], 동기임피던스가 5[Ω]인 두 대의 동기발전기가 병렬운전 중에 각 상의 유도기전력사이에 30°의 위상차가 생겼다면 이때의 동기화 전류와 1상의 수수전력은 얼마인가?

→ 해설 $V = 11\times10^3$[V], $Z_s = 5$[Ω], $\delta = 30°$ 이므로

1상의 전압 $E = \dfrac{V}{\sqrt{3}} = \dfrac{11\times10^3}{\sqrt{3}} = 6{,}351$[V]

[그림 2.35]와 식(2.33)에서

$E_s = 2E\cos75° = 2E\sin\dfrac{30°}{2} = 2\times6{,}351\times\sin15° = 3{,}287.5$[V]

$\therefore\ I_s = \dfrac{E_s}{2Z_s} = \dfrac{3{,}287.5}{2\times5} = 329$[A]

식 (2.34)에서 1상의 수수전력은

$P = \dfrac{E^2}{2Z_s}\sin\delta = \dfrac{6{,}351^2}{2\times5}\sin30°\times10^{-3} = 2{,}017$[kW]

예제 23 E·x·e·r·c·i·s·e

1상의 전압이 1,905[V], 동기리액턴스가 5[Ω]인 3상동기발전기 2대를 병렬운전하고 있을 때 기전력사이의 위상차가 30°이면 동기화 전류와 1상의 수수전력은 얼마인가? (단, sin 15°=0.2588이다.)

➔ 해설 $E_s = 2E\cos 75^\circ = 2E\sin 15^\circ = 2\times 1{,}905\times 0.2588 = 986[\mathrm{V}]$

$$I_s = \frac{E_s}{2Z_s} = \frac{986}{2\times 5} = 98.6[\mathrm{A}]$$

$$\text{수수전력 : } P = \frac{E^2}{2Z_s}\times \sin\delta = \frac{1{,}905^2}{2\times 5}\times \sin 30^\circ \times 10^{-3} = 181.4[\mathrm{kW}]$$

(3) 기전력의 주파수가 같지 않은 경우

기전력의 주파수가 조금이라도 다르면, 기전력의 위상이 일치하지 않은 시간이 생기고 **동기화전류**가 두 발전기 사이에 서로 주기적으로 흐른다. 이와 같은 동기화전류의 교환이 심하게 되면 만족한 병렬운전이 되지 않고 난조의 원인이 된다.

(4) 기전력의 파형이 같지 않은 경우

두 기전력의 실효값이 같고 또 같은 위상이라도 그 파형이 다르면 각 순시의 기전력크기가 같지 않기 때문에 **고조파 무효순환전류**가 흐르고, 이것이 크면 전기자권선의 저항손이 증가하여, 과열의 원인이 되는 일이 있다.
실제로는 분포권 및 단절권을 사용해서 정현파가 되도록 설계되어 있으므로 실제의 운전에서는 1, 2, 3의 세 가지 조건만 생각하면 된다.

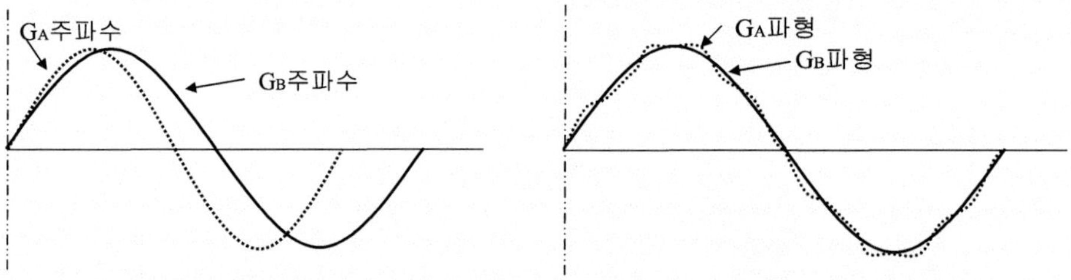

(a) 주파수가 다를 때 (b) 파형이 다를 때

[그림 2.36] 기전력의 주파수 및 파형이 같지 않은 경우

2.7.2 원동기에 필요한 조건

병렬운전에 필요한 조건은 발전기를 구동하는 원동기에 대해서도 생각해야 된다. 이 조건은 다음과 같다.

① 균일한 각속도를 가질 것.

② 적당한 속도조정률을 가질 것.

(1) 균일한 각속도

병렬운전을 하고 있는 발전기의 회전수가 서로 같아도 1회전 중에 대한 각속도가 균일하지 않으면, 순시적으로 기전력의 크기와 위상에 차이가 생기기 때문에 두 발전기 사이에 **고조파횡류**가 흘러 병렬운전이 곤란하게 된다.

이것은 디젤기관이나 그 밖의 왕복동기관에 생기기 쉽다.

(2) 적당한 속도조정률

부하의 변동에 대해서는 속도조정률이 작은 것이 바람직하나, 부하의 분담을 원활히 하기 위해서는 적당한 값의 속도조정률이 필요하다.

2.7.3 난조

병렬운전을 하고 있는 발전기에 부하가 갑자기 변하면, 발전기는 동기화력에 의하여 새로운 부하에 대응하는 속도가 되려고 한다. 그런데, 회전체에는 관성이 있으므로 정지하려는 속도에서 정지하지 않고 새로운 속도를 중심으로 하여 그 전후에 진동을 반복하게 된다(평균회전수는 동기속도이나 순시속도가 동기속도의 전후로 변화한다).

일반적인 상태에서는 이 진폭이 점점 적어지게 되나 진동주기가 동기기의 고유진동에 가까워지면 **공진작용**이 생겨서 진동이 증대한다. 이러한 현상을 **난조**라고 하며 동기기에 나타나는 특유한 이상현상이다.

(1) 난조를 일으키는 원인

① 원동기의 조속기감도가 지나치게 예민한 경우

② 원동기의 토크에 고조파 토크를 포함하는 경우

③ 전기자회로의 저항이 상당히 큰 값으로 되는 경우 등을 고려할 수 있다.

(2) 대책

①의 원인에 의한 난조는 조속기를 적당히 조정해서 충분히 방지할 수 가 있다.
②의 원인에 의한 난조는 디젤 기관 등에서 일어나는 문제이며, 이것은 회전부의 플라이휠 효과를 적당히 선정해서 방지할 수 있다.
③의 원인에 의한 난조는 병렬운전을 하는 동기기가 서로 원격지점에 있고, 이들을 연결하는 송전선로가 길며, 저항이 상당히 큰 값으로 된 경우에 일어나는 일이 있다.

난조가 발생해도 그 정도가 가벼운 것은 실용상 크게 나쁜 영향은 없지만 정도가 커지면 결국에는 동기운전을 이탈하는 일도 있다. 이것을 **동기이탈** 또는, **탈조**라고 한다.

Reference 난조방지법

난조를 방지하기 위해서는 자극 면에 유도전동기의 농형권선과 같은 권선을 설치하면 자극에 슬립이 생겼을 때에 전기자의 회전자계에 의하여 슬립주파수의 전류가 이 권선 안에 흘러서 난조를 제동하는 작용을 한다. 이러한 권선을 **제동권선**이라고 한다.

2.7.4 부하의 분담

교류발전기의 병렬운전에 대한 부하의 분담에 관하여 알아본다.
병렬로 접속된 교류발전기에 임의로 역률의 부하를 걸면, 각 발전기 사이에는 유효전력의 분담과 함께 무효전력의 분담도 고려해야 한다.

(1) 유효전력의 분담

2대의 동기발전기가 병렬 운전하는 경우에 유효전력의 분담을 바꾸기 위해서는 A 발전기 또는 B 발전기의 원동기의 조속기를 조정하여 A 발전기나 B 발전기의 입력을 바꾸면 된다.

(2) 무효전력의 분담

병렬운전을 하고 있는 발전기에 임의의 역률의 부하를 건 경우에, 무효전력 분담은 각 발전기의 계자전류의 크기에 따라 결정된다. 즉, 계자전류를 가감하면 무효순환전류가 바뀌어 지기 때문에 발전기의 역률이 바뀌고 무효전력의 분담이 바뀔 뿐, 유효전력의 분담을 바꿀 수 없다는 점에 주의하여야 한다.

예제 24 E·x·e·r·c·i·s·e

병렬운전하고 있는 A, B 2대의 동기발전기의 부하를 B 기에서 A 기로 이전하는 조작을 설명하시오.

해설 다음과 같이 조작한다.

① B 기의 원동기의 조속기용 전동기를 속도가 감소하도록 조작한다. 그러면 B 기의 원동기 입력이 감소한다.
② A 기는 조속기용 전동기를 속도가 상승하도록 조작한다.
③ ①과 ②의 동작을 반복하여 필요한 만큼 B 기의 부하를 A 기로 이전한 다.
④ 역률에 대해서는 각 역률계의 지시가 부하의 역률계의 지시와 같게 되도록 A, B 양쪽기의 계자전류를 조정한다.

2.7.5 병렬운전법

동기발전기를 동기 운전하는 데는 (**2.7.1 발전기에 필요한 조건**) 및 (**2.7.2 원동기에 필요한 조건**)에서 설명한 각 조건이 만족되어야 한다. 원동기에 관한 것은 처음 설비를 할 때에 고려해야 할 사항이기 때문에, 실제로 운전할 때에는 발전기에 필요한 조건 중 (**2.7.1**)의 (1), (2), (3)을 고려하면 좋다. 이들의 조건을 만족시키도록 발전기의 입력이나 여자를 조정하는 조작을 **동기조정** 또는 **동기화**라고 한다.

(1) 동기조정

모선에 동기발전기를 접속하려면 동기기를 기동하여 여자를 주고 유도기전력의 크기, 위상, 주파수를 모선 측의 각각에 대한 값에 같도록 조정한 후에 회로의 차단기를 닫아야 한다. 이 조건이 만족되지 않으면 차단기를 닫는 순간에 과대한 돌입전류가 생기고 이것이 심한 경우에는 차단기가 자동차단하든가 기계에 충격을 주게 된다.
전압은 전압계, 주파수는 주파수계로 알 수 있으나, 전압의 위상은 **동기검정기**로 알 수가 있다.

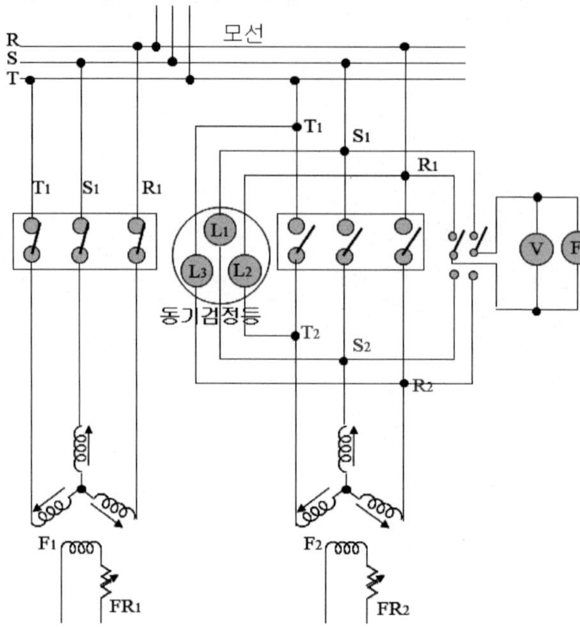

(a) 동기검정등 사용

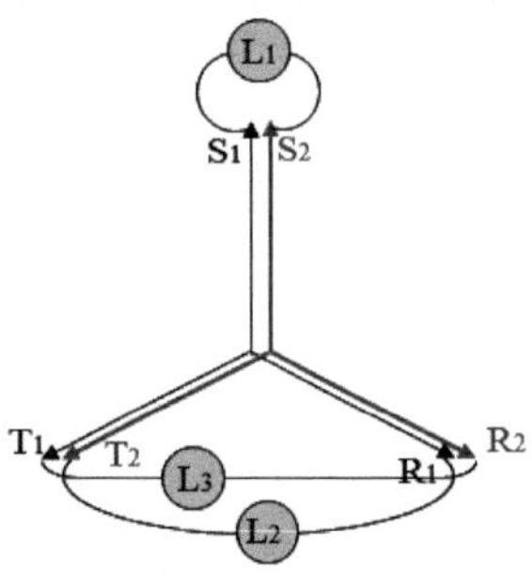

(b) 위상이 일치할 때

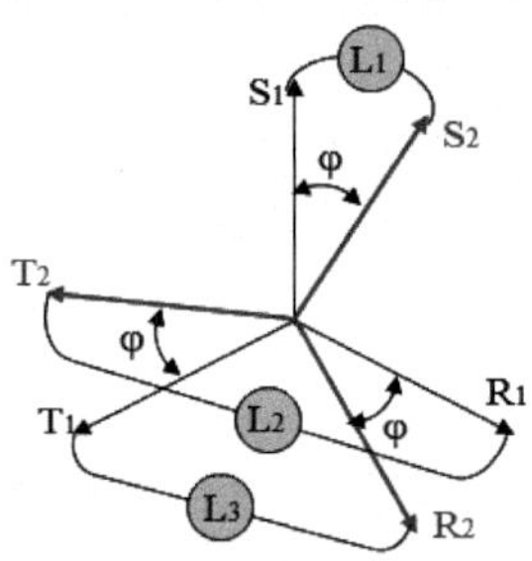

(c) 위상이 다를 때

[그림 2.37] 동기검정등

동기 검정기에는 여러 가지 방식이 있으나 가장 간단한 방법은 [그림 2.37]의 (a)와 같은 **동기 검정등**을 사용하는 방법이다. 이것은 3개의 백열전구 L_1, L_2, L_3을 그림과 같이 접속하는 것이며, 동기기의 유도전압이 모선전압과 거의 같게 되었다고 하면, 동기기의 회전수가 부적당한 동안에 전구는 점멸을 반복하나, 주파수와 위상이 일치하면 그림 (b)의 벡터도에서 아는 바와 같이 램프 L_1은 소등되고 L_2, L_3은 동일한 세기로 희미하게 밝아진다.

위상이 φ만큼 떨어져 있을 때에는 그림 (c)와 같이 L_3이 가장 밝고, L_2가 그 다음에 L_1은 희미하게 밝아진다.
또, 주파수에 약간의 차이가 있는 경우에는 위상 차이에 의해 그림 (c)의 φ가 시간과 함께 변화하기 때문에 L_1, L_2, L_3은 서로 점멸하고 빛이 일정한 방향으로 회전하는 것 같이 보이며, 이 회전방향은 모선주파수에 대하여 기동한 동기기의 주파수가 지나치게 높든가, 지나치게 낮든가에 따라 반대가 된다. 따라서 그림 (b)의 상태로 된 순간에 차단기를 투입하면 돌입전류는 흐르지 않는다.

예제 25 E·x·e·r·c·i·s·e

3상발전기를 병렬 운전하는 경우에 필요한 4가지의 조건을 쓰시오.

해설 ① 기전력의 크기가 같을 것.
② 기전력의 위상이 같을 것.
③ 기전력의 주파수가 같을 것.
④ 전력의 파형이 같을 것.

예제 26 E·x·e·r·c·i·s·e

병렬운전중의 3상 동기발전기에서 횡류가 흐르는 주요한 원인 2가지에 대하여 설명하시오.

해설 ① 동일정격의 3상 동기발전기 A, B 2대를 병렬 운전하던 중, A 기의 여자전류를 증가시키면 A 기의 유도기전력이 증가하므로 기전력의 크기가 같지 않게 되어서 B 기로 무효순환전류(I_c)가 흐르므로, A 기의 역률은 나빠지고 B기의 역률은 좋아진다. 이 I_c는 A 기에서 감자작용을 하고 B기에서는 증자작용을 한다.
② A, B 2대를 병렬 운전하던 중, A 기의 원동기 속도를 증가시키면 A 기의 위상이 빨라지므로 동기화전류(I_s)가 A 기에서 B 기로 흐르므로, A 기는 부하가 증가해서 속도가 감소하고 B 기는 부하가 감소해서 속도가 상승하여 A, B 기가 동기속도로 회전하도록 한다.
B 기의 전력을 A 기에 준다는 뜻에서 이런 전력을 수수전력이라 한다.

예제 27 E·x·e·r·c·i·s·e

병렬운전 중인 동기발전기의 난조의 원인과 그 방지책을 설명하시오.

→ 해설 ① 난조를 일으키는 원인 및 대책

- 원동기의 조속기감도가 지나치게 예민한 경우 : 조속기를 적당히 조정해서 충분히 방지함.
- 원동기의 토크에 고조파 토크를 포함하는 경우 : 플라이휠 효과를 적당히 선정해서 방지함.
- 전기자회로의 저항이 상당히 큰 값으로 되는 경우 등

② 난조방지법 : 자극면에 유도전동기의 농형권선과 같은 제동권선을 설치.

예제 28 E·x·e·r·c·i·s·e

정격용량 1,000[kVA]인 동기발전기가 역률이 0.8인 500[kW]의 부하에 전력을 공급하고 있다. 이 발전기가 정격상태가 될 때까지는 100[W]의 전구를 몇 개나 사용할 수 있는가?

→ 해설 • 부하의 유효전력 : $P_m = 500\,[\text{kW}]$

• 부하의 무효전력 : $Q_m = 500 \times \tan\theta = 500 \times \dfrac{\sin\theta}{\cos\theta} = 500 \times \dfrac{\sqrt{1-0.8^2}}{0.8}$

$= 375\,[\text{kVar}]$

전등은 유효전력이며 P_l이라고 하면 $(P_l + P_m)^2 + Q_m{}^2 = 1{,}000^2$에서

$P_l = \sqrt{1{,}000^2 - Q_m{}^2} - P_m = \sqrt{1{,}000^2 - 375^2} - 500 = 427\,[\text{kW}]$

• 전구의 갯수 $= \dfrac{427 \times 10^3\,[\text{W}]}{100\,[\text{W}]} = 4{,}270\,[\text{개}]$

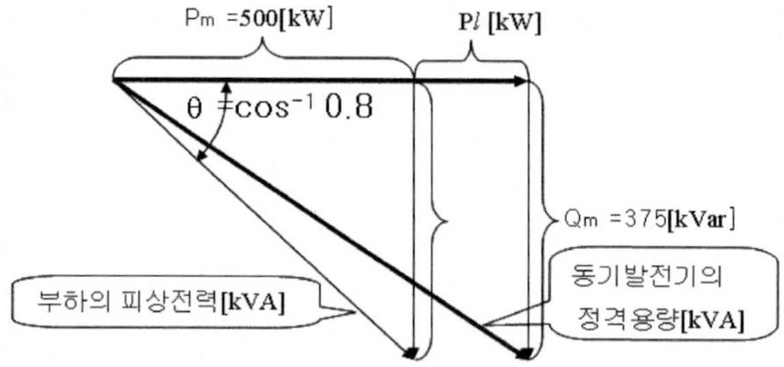

[그림 예제28]

2.8 동기전동기

2.8.1 회전자계

[그림 2.38]과 같이 강판을 성층해서 만든 원통철심의 안쪽에 슬롯을 만들고, 그 안에 절연된 도선 $a_1\, a_1'$, $b_1\, b_1'$, $c_1\, c_1'$를 3개조의 코일로 만들어서, 3상 권선으로 결선한 후에 대칭 3상 교류를 공급하면, 2극인 상태로 일정한 크기의 회전자계가 생긴다.
이 자계의 회전방향은 전류의 상회전 방향과 동일하며 이의 각속도는 전류의 각 속도와 같다. 이와 같은 2극의 경우에는 회전자계가 교류의 1사이클마다 1회전하기 때문에 교류의 주파수를 f_1[Hz], 회전자계의 회전수를 n_s[rps]로 하면 $n_s = f_1$이 된다.

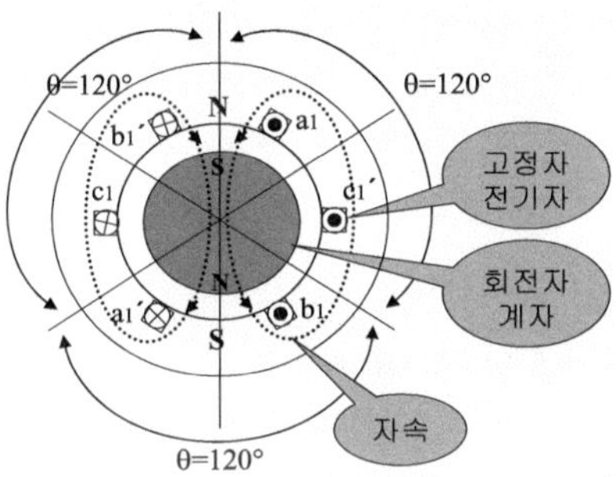

[그림 2.38] 2극3상권선

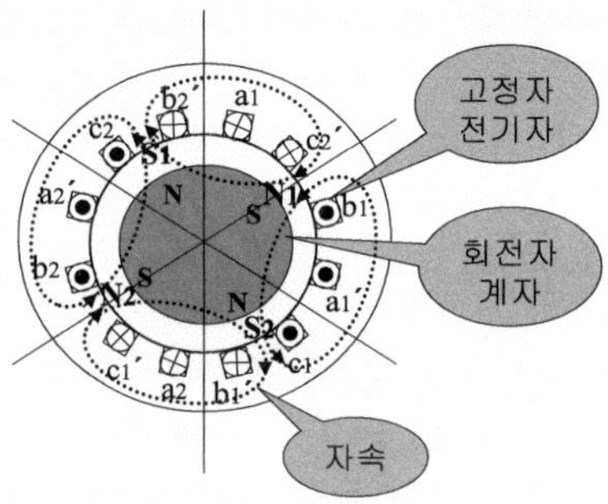

[그림 2.39] 4극3상권선

2.8.2 동기속도

[그림 2.40]의 (a)와 같이 3상 교류를 통하는 경우 t_o, t_1, t_2, t_3의 각 순간에 대한 자극의 위치를 나타낸 것이 [그림 2.41]의 (a)이며 회전자계는 시계방향 회전하므로 회전자도 시계방향 회전한다.
이 그림에서 아는 바와 같이 4극의 자극은 교류의 변화와 함께 회전하고 교류파가 1 사이클[cycle]을 그리는 시간에 회전자계는 1/2회전하고 있다.

$$n_s = \frac{2f}{P}[\text{rps}]\ ,\ N_s = \frac{120f}{P}[\text{rpm}] \qquad (2.36)$$

이와 같은 식으로 주어진 회전자계의 속도를 **동기속도**라고 하며 거의 모든 3상 전동기에서는 이러한 회전자계가 발생한다.

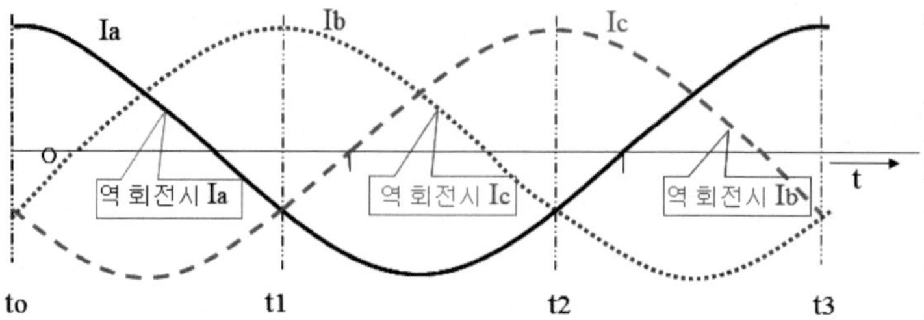

(a) 3상 교류의 상회전

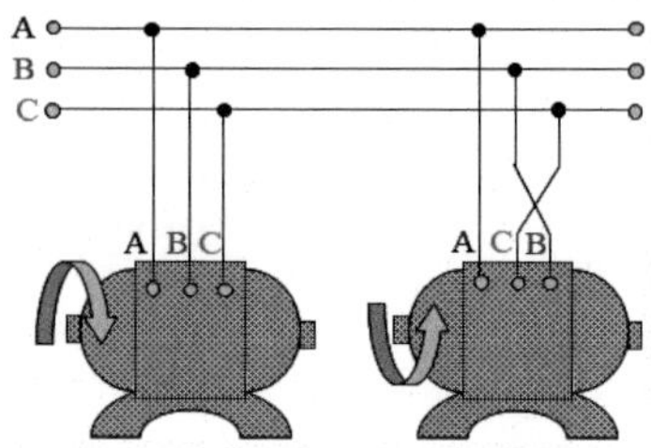

(b) 시계방향 회전 (c) 역회전

[그림 2.40] 3상에서 B상과 C상을 바꿀 때

* 역회전-3상 동기전동기를 역회전하려고 [그림 2.40]의 (c)와 같이 3상에서 B상과 C상을 바꾸면 (a)와 같이 상회전이 바뀌며 [그림 2.41]의 (b)와 같이 회전자계는 역방향 회전하므로 회전자도 역방향 회전한다.

3상 동기전동기의 회전자 회전속도 n[rps]는 회전자계의 속도 n_s[rps]와 같은 속도로 회전한다.

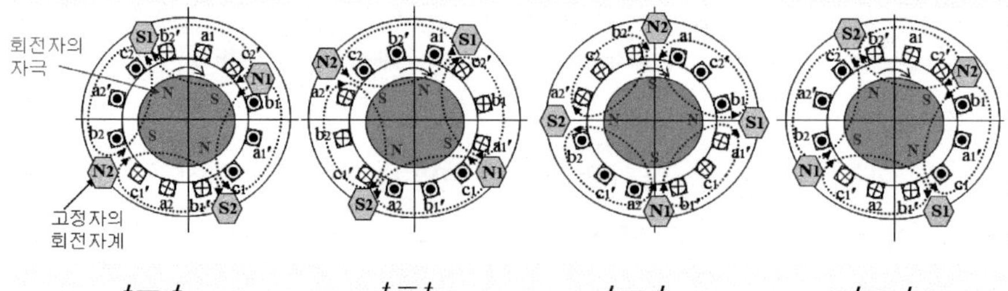

$t = t_o$ $t = t_1$ $t = t_2$ $t = t_3$

(a) 시계방향 회전

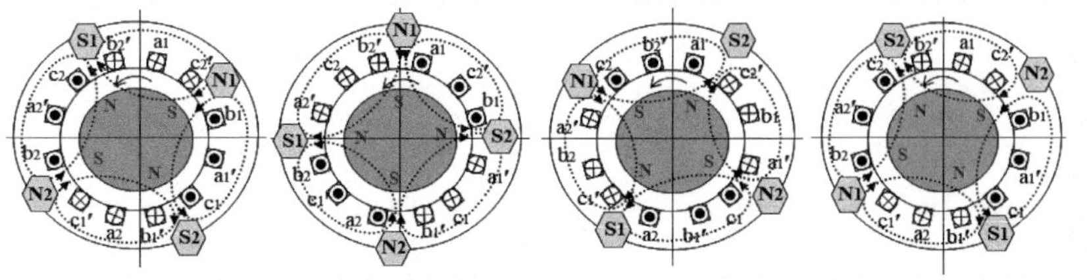

$t = t_o$ $t = t_1$ $t = t_2$ $t = t_3$

(b) 역회전

[그림 2.41] 4극의 회전자계의 생성

2.8.3 구조

일반적인 동기전동기는 철극의 회전계자형 동기발전기와 거의 같은 구조이지만, 기동 및 제동용으로 자극면에 농형권선이 있다. 특히 고속도로 된 것은 원통형회전자이다.

(1) 원리

3상 동기발전기의 전기자권선에 3상 교류를 통하면, 3상 유도전동기의 경우와 같이 $n_s = \dfrac{2f}{P}$ [rps]의 동기속도로 회전하는 회전자계가 생긴다.

지금 2극의 경우로서, [그림 2.42](a)에서 2극의 회전자계 (n), (s) 회전자의 자극 S, N에 대하여 그림과 같은 관계 위치에 있다고 하자.

이때 회전자가 정지하고 있는 것으로 하면, 회전자계 (n), (s)가 시계 방향으로 동기속도와 같이 회전해도 회전자에 주는 토크는 반회전할 때마다 같은 크기로 반대 방향이 되기 때문에 평균 토크는 0이 되고, 회전자는 (n), (s)를 따라 회전할 수는 없다. 즉, 동기전동기는 기동토크가 0이다.($n = 0$[rps]이다)

그런데, 회전자를 다른 전동기(기동전동기)로 미리 (n), (s)의 회전과 같은 방향으로 동기속도로 회전시키면 토크의 방향은 일정하게 되어서 동기전동기는 동기속도로 운전할 수 있다.($n = n_s$[rps]이다)

이와 같이 동기전동기는 회전자가 회전자계와 동일한 속도 n_s로 회전하고 있을 때에만 일정한 방향의 토크를 발생한다.

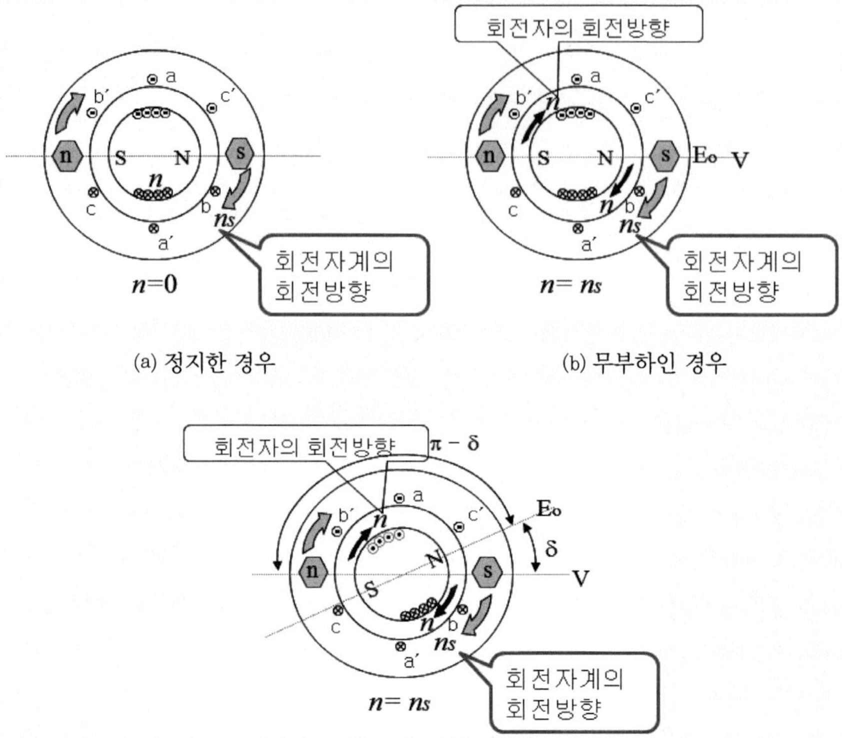

(a) 정지한 경우 (b) 무부하인 경우

(c) 부하가 있는 경우

[그림 2.42] 3상동기전동기의 설명

(2) 부하시 계자극의 위치

무부하로 운전하고 있는 전동기에 부하를 걸면, 그 순간에 회전자(자극)는 속도를 내려서 회전자계보다 늦고, [그림 2.42]의 (c)와 같이 ⓝ, ⓢ와 S, N의 양 중심축 사이에 각도 δ가 생긴다. 그러면, ⓝ과 S, ⓢ와 N 사이에 흡인력이 생기며, 이 흡인력은 시계방향의 토크가 되고, 회전자 그대로 각도 δ 을 유지하며 동기속도로 회전을 계속한다. 여기서 부하와 여자의 크기에 따라 ⓢ와 N의 상대위치가 달라진다. 이 δ 를 **부하 각**이라고 한다.

2.8.4 동기전동기의 특성

(1) 벡터도

동기전동기의 벡터도는 발전기의 경우와 같이 그릴 수가 있다.

① 무부하의 경우 : 동기전동기의 전기자권선에는 발전기와 같이 계자의 자속에 의하여 기전력이 유도된다. 이 유도기전력은 전동기에서는 역기전력 E_o이다. 전동기가 무부하인 경우에는 전기자전류가 무시되기 때문에, 전동기의 여자가 마치 공급전압 $\dot{V}$와 같은 유도기전력 $\dot{E}_o$가 생기는 값인 경우에는 $\dot{E}_o = \dot{V}$이며 벡터도는 [그림 2.43]의 (a)와 같이 된다.[참고 $\dot{V} + (-\dot{E}_o) = \dot{V} - \dot{E}_o = IZ_s \fallingdotseq 0$]

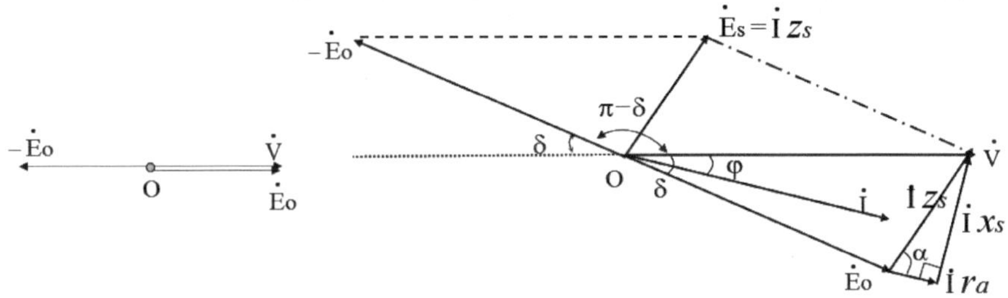

(a) 무부하시 (b) 부하시

[그림 2.43] 동기전동기의 벡터도

② 부하가 있는 경우 : 동기전동기에 부하를 걸면 회전자는 무부하의 위치보다 부하각 δ만큼 늦게 그 위치를 유지하며 회전을 계속한다. 이 경우에는 $\dot{V}$와 $-\dot{E}_o$는 크기가 같으나 위상차는 π가 아니고, 그림 (b)와 같이 π − δ가 된다. 따라서 전동기에는 $\dot{V}$와 $-\dot{E}_o$의 합성기전력 $\dot{E}_s$에 의하여 부하전류 $\dot{I}$가 흐르고, 이 전류 $\dot{I}$와 회전자계사이에 토크가 생겨서 전동기의 속도를 동기속도로 유지한다.
부하가 커지면 δ 가 증가하여 부하전류 $\dot{I}$도 증가하고 부하에 따른 토크를 발생한다. $\dot{I}$의 크기를 결정하는 것은 전동기의 동기임피던스 $\dot{Z}_s$이며, 저항분 r_a는 리액턴스분 x_s에 비하여 적기 때문에 $\dot{I}$는 전압 $\dot{E}_s$에 대하여 거의 $\pi/2$가 늦는다고 생각해도 좋다.(※ $\dot{V} + (-\dot{E}_o) = \dot{V} - \dot{E}_o = \dot{I}Z_s = \dot{E}_s$, $\dot{I} = \frac{\dot{E}_s}{Z_s}$)

공급전압 $\dot{V}$[V]와 $\dot{I}$[A] 사이의 위상차를 φ 라 하면 $VI\cos\varphi$[W]는 전동기의 1상에 공급되는 전력, 즉 입력이다.

(2) 전기자반작용

동기전동기의 경우도 전기자권선에 전류가 흐르면 동기발전기와 같이 누설자속과 전기자 반작용이 생긴다. 이 경우에 전류의 위상과 전기자 반작용의 관계는 $-\dot{E}_o$를 유도하고 있는 발전기를 생각하면, $-\dot{E}_o$에 뒤진 전류는 감자작용을 하고, 앞선 전류는 증자작용을 한다. 다시 말하면, 전동기의 공급전압 $\dot{V}$와 $-\dot{E}_o$는 π의 위상차가 있으므로 공급전압 $\dot{V}$보다 앞선 전류는 감자작용을 하고, 뒤진 전류는 증자작용을 한다.

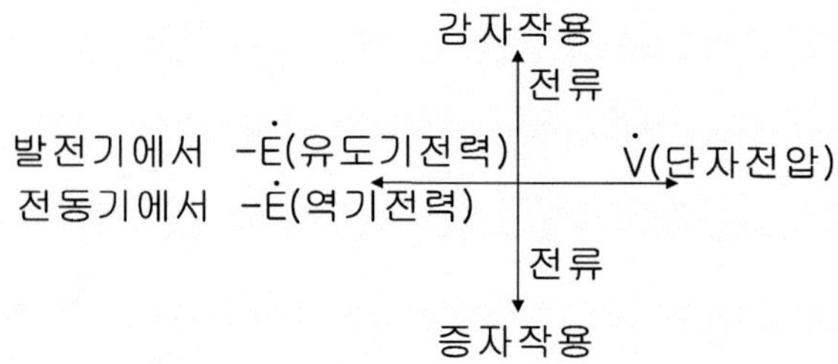

[그림 2.44] 동기전동기의 전기자반작용 벡터도

(3) 위상특성

동기전동기의 공급전압 V 및 부하를 일정하게 유지하면서 계자전류 I_f를 변화하면, 전기자전류 I의 크기가 변화할 뿐만 아니라 V와 I의 위상관계, 즉 역률 $\cos\varphi$도 동시에 변화한다.

부하를 일정하게 유지하고 I_f를 0에서부터 증가시키면, 전기자전류 I는 감소하며 전압보다 뒤진 전류가 된다. 즉 뒤진 역률의 상태가 된다.

I_f를 더욱 증가하면 전류의 값은 최소가 되는데 이 때에는 전압과 전류의 위상이 0인 상태 즉 역률이 1인 상태이다.

I_f를 계속 증가시키면 전기자전류가 점점 증가하며 전압보다 앞선 전류가 흐르게 되며 이 때에는 앞선 역률의 상태가 된다.

이상의 관계에서 I를 종축에, I_f를 횡축에 취해서 그리면 [그림 2.45]와 같은 V형의 곡선이 된다. 이것을 동기전동기의 V 곡선이라고 하며, **블론델 원선도**에 의하여 구한다.

곡선 3은 무부하 상태이고, 곡선 2와 1은 점점 부하를 증가시킨 경우의 곡선이며 부하가 클수록 V 곡선은 위쪽으로 이동한다. 이들 곡선의 최저점은 역률 1에 상당하는 점이며 이보다 오른쪽은 **콘덴서**처럼 앞선 역률이 되고 왼쪽은 **리액터**처럼 뒤진 역률이 된다. 이와 같이 동기전동기의 계자전류를 가감시켜서 전기자전류의 크기와 위상을 조정할 수가 있다. 따라서 항상 역률 1로 운전할 수도 있고, 또 필요에 의하여 뒤진 전류나 앞선 전류를 취할 수도 있다. 이것은 동기전동기의 가장 현저한 특징이며 이 특성을 이용한 것이 **동기조상기의 원리**가 된다.

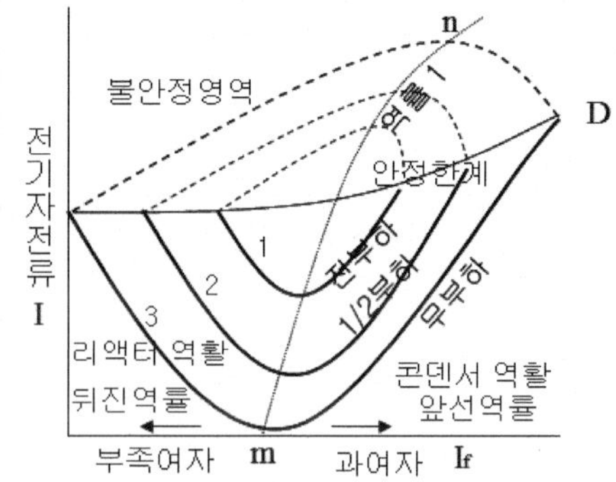

[그림 2.45] V 곡 선(위상특성곡선)

예제 29 E·x·e·r·c·i·s·e

동기전동기의 V 곡선을 설명하시오.

➔ 해설 동기전동기의 공급전압 V 및 부하를 일정하게 유지하고, [그림 2.45] V 곡선과 같이 계자전류 I_f 를 0에서부터 증가시키면 전기자전류가 점점 감소하는데 이 때는 뒤진 역률의 상태이고, 전류가 최소 일 때 역률이 1인 상태이다. 계자 전류를 계속 증가시키면 전기자 전류가 점점 증가하는데 이 때는 앞선 역률의 상태이다.

(4) 비철극기의 입력과 출력

① 입력 : 동기전동기의 임의 역률에 대한 벡터도는 [그림 2.46]과 같이 된다. 지금 동기전동기에 대한 1상의 입력을 P_1[W]라 하면

$$P_1 = V I \cos\varphi \,[\mathrm{W}] \tag{2.37}$$

② **출력** : 동기전동기에 대한 1상의 출력을 P_o [W] 라고 하고, 1상의 저항손을 P_c [W] 라고 하면,

$$P_o = P_1 - P_c = VI\cos\varphi - I^2 r_a = I(V\cos\varphi - Ir_a)[\mathrm{W}]$$

그런데, [그림 2.46]에서 $V\cos\varphi - Ir_a = E_o\cos\phi$이므로

$$P_o = E_o I\cos\phi[\mathrm{W}] \tag{2.38}$$

즉, 출력은 유도기전력 E_o와 전기자전류 I사이의 전력과 같다.

이 P_o중에는 철손과 기계손이 포함되어 있기 때문에, 실제로 유효하게 이용될 수 있는 출력은 P_o에서 이들의 손실을 뺀 것이다.

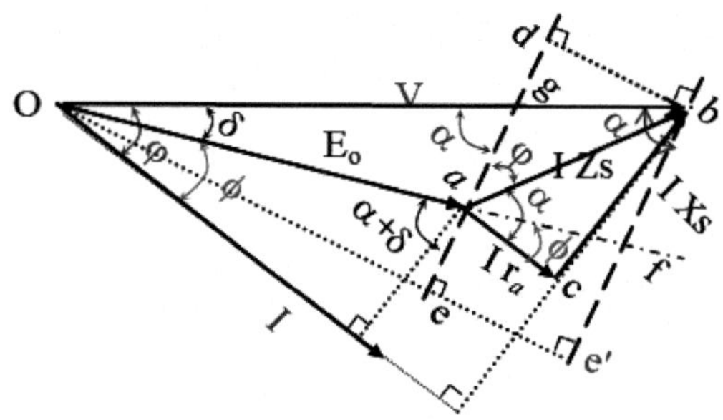

[그림 2.46] 동기전동기의 벡터도

그리고 1상의 출력 P_o는 다음 식으로 유도된다.

$$P_o = E_o I\cos\phi = \frac{VE_o}{Z_s}\cos(\alpha - \delta) - \frac{E_o^2}{Z_s}\cos\alpha \tag{2.39}$$

그런데 $\alpha = \tan^{-1}\dfrac{x_s}{r_a}$, $x_s \gg r_a$이므로, $\alpha \fallingdotseq \dfrac{\pi}{2}$이다. 그러므로 $\alpha = \dfrac{\pi}{2}$라 하면 1상의 출력은 다음과 같이 된다.

$$P_o = \frac{VE_o}{Z_s}\sin\delta \tag{2.40}$$

즉, 비철극 발전기의 경우와 같으며, 전동기의 출력도 부하각 δ의 정현에 비례한다.

부하가 변하면 이에 따라 δ도 변한다. 또, 일정한 부하에 대해서는 일정한 δ가 필요하다.

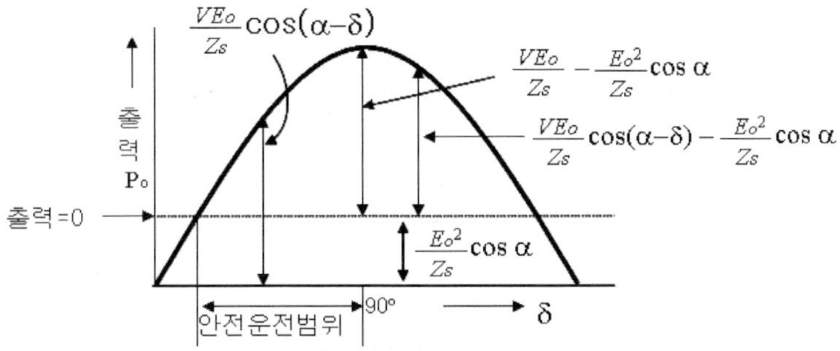

[그림 2.47] 비철극형전동기의 출력과 부하각

(5) 철극기의 입력과 출력

철극형 전동기의 벡터도는 전기자저항 r_a를 무시하면 1상의 전동기입력 P_1은 다음 식으로 유도된다.

$$P_1 = \frac{VE_o}{x_d}\sin\delta + \frac{V^2(x_d - x_q)}{2x_d x_q}\sin 2\delta \tag{2.41}$$

이 식은 손실을 무시한 것으로서 철극형 발전기 1상의 출력과 같다. 따라서 전동기출력과 부하각과의 관계도 [그림 2.48]과 같이 되며 $\delta = 60 \sim 70°$일 때 전력(출력)은 최대가 되지만, 정력 출력은 보통 δ가 30° 이하에서 결정된다.

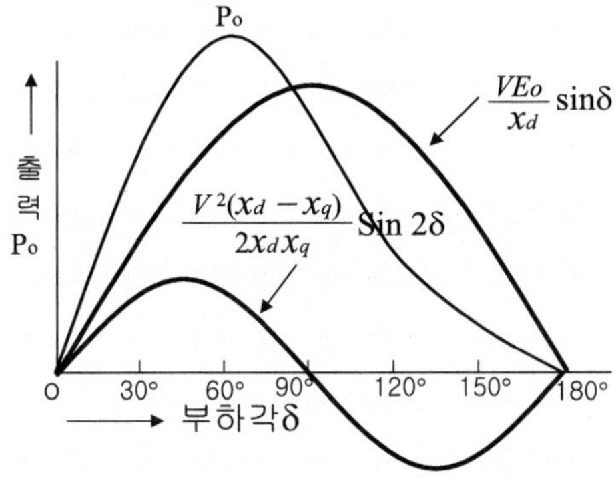

[그림 2.48] 철극기의 출력과 부하각(발전기와 전동기의 경우가 같음)

(6) 부하특성

출력을 증가하려면 식(2.40)에서 $P_o = \frac{VE_o}{Z_s}\sin\delta$이므로 공급전압 V를 증가하거나 계자전류 I_f를 증가시켜서 역기전력 E_o를 증가하면 된다.

공급전압 V 및 계자전류 I_f를 일정하게 하고, 출력과 전기자전류 I 및 출력과 역률 $\cos\phi$의 관계를 구하면 [그림 2.49]와 같이 된다. 이 곡선을 부하특성곡선이라고 한다. 그림은 출력이 100[%]일 때의 역률이 1이 되도록 계자전류를 조정한 경우이다.

그림에서 아는 바와 같이, 전기자전류 I는 부하가 증가함과 동시에 점점 증가하지만, 공급전압이 일정하기 때문에 어느 정도까지 증가하면 동기임피던스에 제한되어서 그 이상 증가하지 않는다.(※ $\dot{I} = \frac{\dot{E}_s}{Z_s}$)

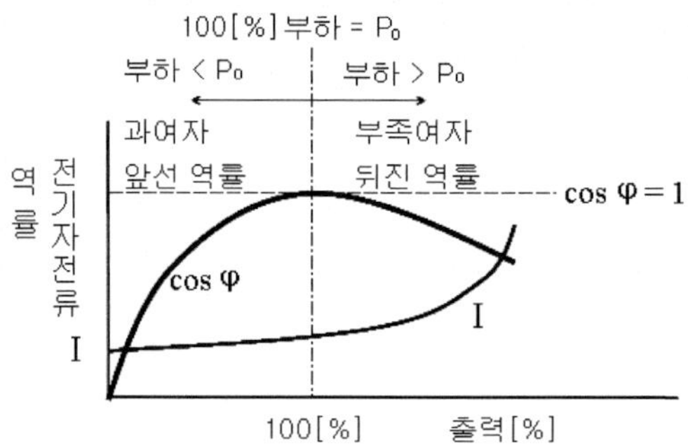

[그림 2.49] 부하특성곡선

또, 출력이 100[%]일 때에 역률을 1로 해두면 전부하 이하에서는 과여자로 되기 때문에 앞선 역률이 되고, 부하가 적어질수록 역률은 낮아진다. 전부하 이상에서는 부족여자로 되기 때문에 늦은 역률이 되고, 과부하가 커짐에 따라 역률은 낮아진다.

(7) 안정도

① **정태안정도** : 동기발전기 또는 동기전동기에서 여자를 일정하게 유지하고 그 부하를 천천히 증대 할 때에 출력이 어느 한도를 넘은 경우에는 안정하게 운전할 수 없게 되며 **동기이탈**을 일으킨다. 이 때의 출력을 **정태안정극한전력**이라고 한다. 이 출력은 발전기에서의 식(2.21)과 전동기에서의 식(2.40)에서 모두 1상의 출력이 $P_o = \frac{VE_o}{Z_s}\sin\delta$,

$Z_s \fallingdotseq x_s$ 이므로 비철극기에서는 부하각 $\delta = 90°$일 때이며 3상 전력은 $3VE_0/x_s$와 같다.

철극기는 $\delta = 60 \sim 70°$일 때이다.

② **과도안정도** : 동기기의 부하가 갑자기 변한 경우에 안정하게 운전을 계속할 수 있는 극한의 전력을 과도안정극한전력이라고 한다.

(8) 난조

동기전동기의 경우에 난조에 대하여 설명한다. [그림 2.50]은 전동기입력과 부하각의 관계를 나타내고, 입력 P_1 에 대한 부하각을 δ_1 , P_1 에 대한 부하각을 δ_1이라고 하자. 전동기가 입력 $P_1 = \dfrac{VE_o}{Z_s}\sin\delta_1$로 운전하고 있을 때에 부하가 갑자기 $P_1{}' = \dfrac{VE_o}{Z_s}\sin\delta_1{}'$로 증가했다고 하면, 그 순간 $P_1{}' - P_1$만큼은 입력부족을 초래하고, 이 때문에 전동기의 회전부는 운동에너지를 방출하면서 감속하고, 부하각은 δ_1 에서 $\delta_1{}'$으로 향해서 이동한다. 이 에너지는 [그림 2.51]의 면적 abd에 비례한다. 동시에 전동기의 입력은 점점 증대하고 $\delta_1{}'$에서 전동기입력과 부하가 평형이 된다. 그러나 부하각의 변화속도는 회전부의 관성 때문에 $\delta_1{}'$에서 정지 할 수는 없고 $\delta_1{}'$보다 커져서 $\delta_1{}''$로 된다.

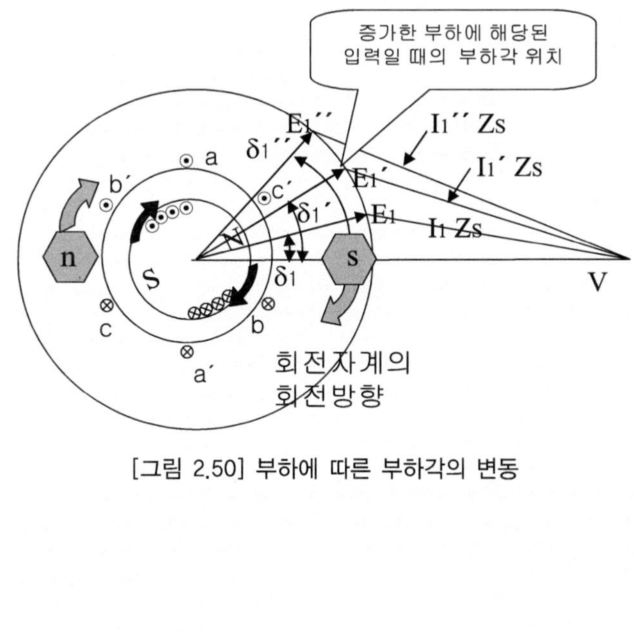

[그림 2.50] 부하에 따른 부하각의 변동

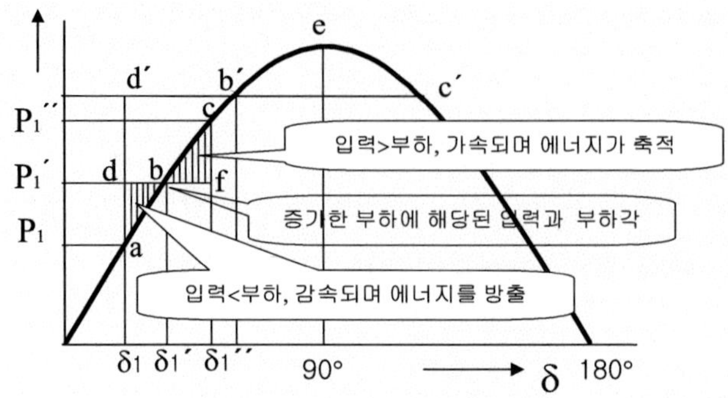

[그림 2.51] 전력대부하곡선

그러면, 이 때의 전동기 입력 $P_1'' = \dfrac{VE_o}{Z_s}\sin\delta_1''$는 부하보다 커져서 회전부가 점점 가속되고 운동에너지를 축적하게 된다. 축적에너지(면적 bcf)는 앞에서 방출한 에너지(면적 abd)와 같게 되는 부하각 δ_1''까지 이동한다. 가속은 계속되어서 동기속도 이상으로 되며 부하각은 감소하여 다시 δ_1'로 돌아가나 관성 때문에 δ_1'를 지났다가 다시 δ_1' 쪽으로 돌아온다.

이와 같이 하여 δ_1'을 중심으로 부하각은 진동을 하다가 전기적 및 기계적손실 때문에 진폭은 점점 감소해서 최후에 δ_1'으로 되며 부하각과 동기속도는 [그림 2.52]와 같다.

또, 전원의 전압($P_o = \dfrac{VE_o}{Z_s}\sin\delta$에서)이나 주파수($N_s = \dfrac{120f}{P}$[rpm]에서) 등이 주기

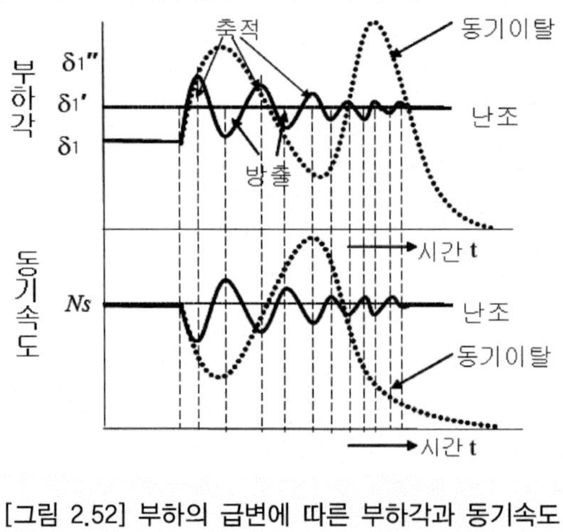

[그림 2.52] 부하의 급변에 따른 부하각과 동기속도

적으로 변동하는 경우에도 이에 따라 부하각 δ가 주기적으로 변화한다. 따라서 전류의 크기와 위상이 주기적으로 변화한다.

이러한 변동의 정도가 심하면 δ 변동의 범위가 커지고, 또 변동을 조장하려는 원인이 가해지면 이와 **동조작용**이 생기고 변동이 증대한다. 이와 같은 현상을 동기전동기의 난조라고 한다. **난조**가 심하게 되면 전원과 동기를 이탈해서 정지하는 일이 있다.

과도안정극한전력은 정태안정극한전력의 40~50[%]가 된다.

① 안정도증진법

ⓐ 단락비를 크게 한다. 따라서 철기계로 되고 기계의 크기, 중량이 커져서 고가로 된다.

ⓑ 회전부의 관성을 크게 한다. 부하각의 동요가 적게 되고 동기이탈의 가능성이 적어진다.

ⓒ 속응여자방식을 채용한다. 부하가 급변시에 급속히 여자전류를 증가하면 부하각의 동요가 적게 되어 과도안정도가 증가한다.

ⓓ 역상 및 영상임피던스를 크게 한다.

② 제동권선

보통 동기전동기에는 난조를 방지할 목적으로 동기발전기와 같이 제동권선을 설치한다. 이 권선은 δ가 일정 할 때에는 회전자속을 자르지 않기 때문에 어떠한 작용도 하지 않으나, δ가 변동하면 회전자속을 자르게 되어서 유도전동기의 원리와 같이 기전력을 유도하고 전류가 흐른다. 이 전류와 회전자속 사이에 생기는 토크는 제동토크로서 δ를 일정한 값이 되도록 작용한다. [그림 2.53]은 제동권선을 설치한 회전자의 예이다.

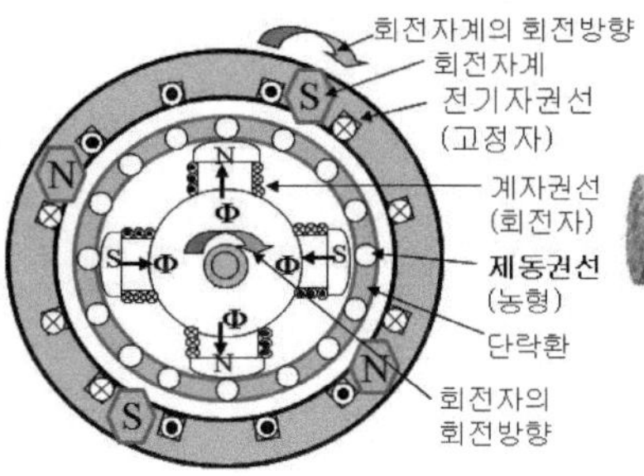

(a) 동기전동기의 제동권선

(b) 동기전동기의 회전자(사진)

[그림 2.53] 동기전동기의 회전자

③ 난조의 원인

전원전압, 주파수의 주기적 변동, 부하토크의 주기적 변동, 플라이휠 효과의 부족, 전기자회로의 저항과대 등이다.

예제 30 E·x·e·r·c·i·s·e

동기전동기의 자극면에 설치한 제동권선의 효용을 설명하시오.

➔ 해설 ① 기동토크를 발생한다. 보통의 동기전동기는 자기기동한다. 이 경우 제동권선은 유도기의 농형권선과 같으므로 기동토크를 발생한다.

② 난조방지작용을 한다. 동기속도에서 운전 중의 회전자는 슬립이 0인 상태로 회전하고 있는 것으로 제동권선은 어떤 작용도 하지 않는다.

그러나, 난조가 일어나면 회전자가 진동하여도 농형회전자에 슬립이 생길 수가 있어서 부하각이 증가하는 때에는 가속하여 부하각을 줄이도록 하고, 반대로 부하각이 감소하는 방법으로 회전자가 동작할 때에는 부하각이 증가하도록 속도를 감소하는 작용을 한다. 그래서 회전자 속도 N의 순간속도는 변화하지만 1분간의 속도는 동기속도 N_S[rpm]과 같게 회전한다.

2.8.5 동기전동기의 토크

(1) 기동토크

동기전동기는 회전자가 동기속도로 회전하고 있는 경우에 한하여 전동기로써 토크를 발생하는 것이기 때문에 동기전동기로서 **기동토크**는 0이다. 그러므로 기동에는 보통 제동권선을 기동권선으로 이용해서 기동토크를 얻는 구조로 되어 있다. 즉, 동기전동기는 유도전동기로서 기동하는 것이며 기동토크는 유도전동기와 비슷하다.

(2) 인입토크

동기전동기의 **인입토크**는 전동기가 기동하여 동기속도 부근에 이르러서 즉시 동기가 되려고 할 때, 정격주파수와 정격전압에서 직류여자를 가하고, 전동기 자체 및 이것과 연결되어 있는 부하의 관성을 넘어서 동기에 들어가는 최대토크이다.

동기전동기가 정격주파수 및 정격전압으로 기동 중 편의상 동기속도의 95[%]속도에서 이용되는 토크를 **공칭인입토크**라 한다.

(3) 탈출토크

동기전동기의 **탈출토크**는 전동기가 정격주파수와 정격전압 및 규정의 여자에서 동기운전될 수 있는 최대토크이며, 공급전압과 여자의 크기에 따라 다르다. 철극형 동기전동기의 탈출토크는 부하각이 60°~70°의 범위에 있다.
부하토크가 전동기에서 발생하는 최대토크 이상이 되면 부하각 δ 는 $\pi/2$ 를 넘고, 부하토크가 감소하지 않는 한 회전자의 늦음은 점점 커져서 결국엔 정지하고 만다. 이런 현상을 **동기이탈**이라고 한다.

2.8.6 동기전동기의 기동법

동기전동기의 기동법에는 자기동법과 기동전동기법이 있다.

(1) 자기동법

이 방법은 제동권선에 의한 기동토크를 이용하는 것이다. 전기자권선에 3상전압을 가하면 회전자계가 생기고, 제동권선은 유도전동기의 2차권선으로서 기동토크를 발생한다. 이 경우에 정격의 모든 전압을 가하면, 큰 기동전류가 흐르고 그 반면에 토크는 크지 않다. 따라서 기동토크를 적당한 값으로 유지하고 전류를 억제하기 위하여 기동용변압기, 기동보상기, 직렬 리액터 또는 변압기의 탭에 의하여 정격전압의 30~50[%] 정도로 저압을 가해서 기동을 한다.
또, 기동할 때에는 회전자속에 의하여 계자권선 안에는 고압이 유도되어 절연을 파괴할 염려가 있기 때문에, 계자권선을 여러 개로 분할하여 이것을 열어 두거나 저항을 통해서 단락하도록 한다. 이와 같이 하여 기동하고 동기속도에 가까워졌을 때에 계자권선을 여자하면 인입토크에 의하여 동기속도로 인입된다. 그 뒤에 전기자전압을 전전압으로 전환해서 운전상태로 한다.
자기동법에 의한 경우의 기동토크는 일반적으로 적고 전부하 토크의 40~60[%] 정도이므로 무부하 또는, 경부하로 기동할 필요가 있다.
기동토크를 증가하는 방법으로는 자극면에 2중농형 또는, 딥슬롯 농형권선을 설치하거나, 고정자회전기동형 동기전동기, 유도동기전동기, 그 밖에 특수한 구조로 된 전동기가 사용된다.

(2) 기동전동기법

이 기동법은 기동용 전동기(동기기에 직결된 유도전동기나 유도동기전동기 또는 직류 전동기)에 의하여 기동시키는 방법이다. 가속한 뒤로 전동기에 여자를 주면 동기발전기로 되기 때문에, 여자전류 및 속도를 조정하여 동기발전기의 병렬운전과 같은 방법으로 동기화해서 전원에 접속한다.

기동전동기로써 **유도전동기**를 사용하는 경우에는 극수가 동기전동기의 극수보다 2극 만큼 적은 것을 사용하며, **유도동기전동기**를 사용하는 경우에는 동기기와 같은 극수로 된 것을 사용한다.

예제 31 E·x·e·r·c·i·s·e

3상 동기전동기(SM)과 3상 유도전동기(IM)을 비교해서 설명하시오.

➔ 해설

	3상 동기전동기(SM)	3상 유도전동기(IM)
같은 점	• 고정자(전기자)권선에 3상을 공급하면 회전자계가 N_s 의 속도로 회전한다.	• 고정자(1차권선)권선에 3상을 공급하면 회전자계가 N_s 의 속도로 회전한다.
다른 점	• 회전자-회전계자형을 주로 사용하는데 철극기(돌극기)와 비철극기(원통형)이 있다. 여자기로부터 슬립링을 통하여 계자전류를 공급한다. • 회전속도 N는 $N=N_s$ • 기동토크가 0이다.	• 회전자(2차측이라함)-권선형과 농형이 있다. 계자전류를 공급하지 않는다. • 회전속도 N는 $N<N_s$ • 기동토크가 크다.

예제 32 E·x·e·r·c·i·s·e

기동전동기로써 유도전동기(IM)를 사용하는 경우에는 극수가 동기전동기(SM)의 극수보다 2극만큼 적은 것을 사용하는 이유는?

해설 극수가 같다면 동기전동기의 회전속도 N[rpm]는 $N = N_s$ 이고, 유도전동기에서는 슬립 $s = \frac{N_s - N}{N_s}$ 에서 $sN_s = N_s - N$, $N = N_s - sN_s$ 로써 유도전동기의 회전속도 N[rpm]는 N_s 보다 sN_s 만큼 적은 속도로 회전한다.

유도전동기의 속도 : $N = N_s$ (회전자계의 속도 = 동기전동기의 속도) $- sN_s$

그러므로 유도전동기의 속도가 동기기속도와 같게 기동하려면 N_s 를 크게 해주어야 하므로 $N_s = \frac{120f}{P}$ 식에서 2극만큼 적은 것을 사용한다.

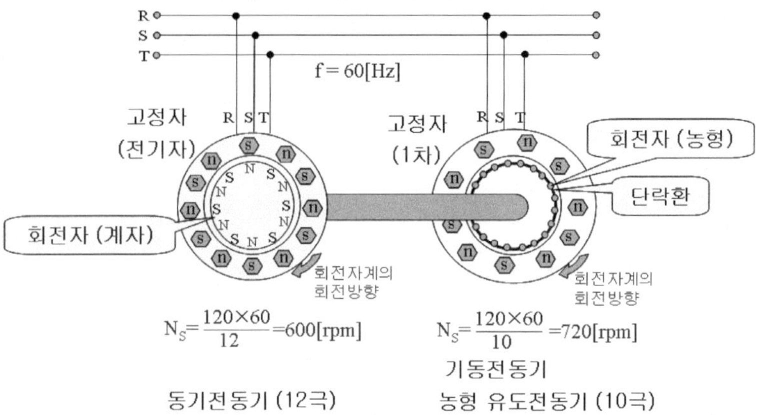

[그림 예제 32]

2.8.7 동기전동기의 용도

동기전동기는 (1) 회전속도 N는 $N = N_s$ 으로써 일정하다. (2) 항상 역률 1로 운전할 수 있다. (3) 필요에 따라 앞선 전류를 취할 수도 있다. (4) 저속도로 된 것은 일반적으로 유도 전동기에 비하여 효율이 좋다는 등의 이점이 있다.

그러나 한편으로는 (1) 일반적인 구조로 된 것은 기동토크가 적다. (2) 난조를 일으킬 염려가 있다. (3) 직류전원을 필요로 한다는 등의 결점도 있다.

이 전동기의 특징을 이용하여 비교적 저속도이고 대용량으로 된 것이 시멘트공장의 분쇄기나 각종 압축기 및 송풍기, 제지용 쇄목기 등에 사용되고 있는 것 외에 **동기조상기**로서 또는 교류전원과 동기적으로 회전해야 될 장치에 널리 사용되고 있다.

2.8.8 동기조상기

동기전동기는 무부하 상태로 계자전류를 가감시킴에 따라 거의 역률이 0인 전기자전류를 취하고 크기를 변화시킬 수 있다. [그림 2.45]의 V곡선에서 위상특성을 이용해서 전력계통의 전압조정과 역률을 개선하기 위하여 송전계통에 접속한 무부하의 동기전동기를 **동기조상기**라고 한다.

[그림 2.54]의 (a)와 같이 동기조상기의 계자를 과여자로 해서 운전하면 선로에는 앞선 전류가 흐르므로 일종의 **콘덴서**로 작용하며, 일반적인 부하의 뒤진 전류를 보상해서 송전선로의 역률을 좋게 하고 전압강하를 감소시킨다.

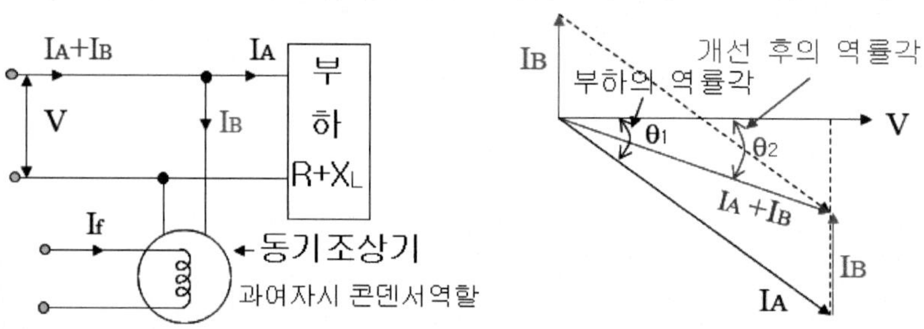

(a) 과여자시 콘덴서역할

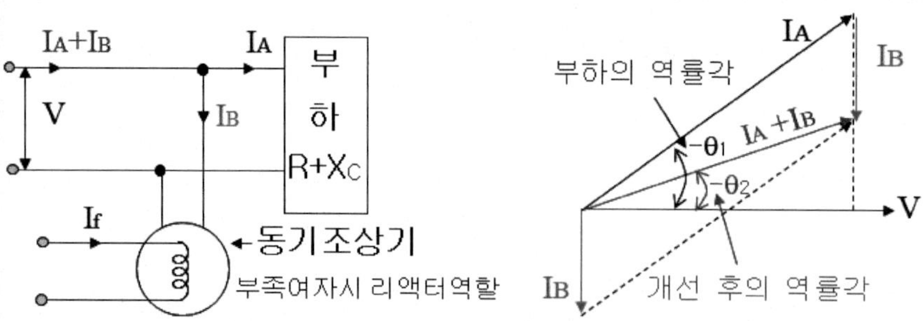

(b) 부족여자시 리액터역할

[그림 2.54] 동기조상기로 역률개선

또 (b)와 같이 부족여자로 운전하면 뒤진전류가 흐르므로 일종의 **리액터**로서 작용하고, 무부하의 장거리 송전선로에 동기발전기를 접속하는 경우, 송전선로에 흐르는 앞선 전류에 의하여 자기여자작용으로 일어나는 단자전압의 이상상승을 방지할 수 있다.
동기조상기의 정격출력은 앞선 전류, 뒤진 전류, 두 가지의 피상전력으로 표시되며 각각 **진상용량**, **지상용량**이라고 한다.

예제 33 E·x·e·r·c·i·s·e

역률이 80[%]인 5,000[kVA]의 3상 유도성부하가 있다. 여기에 병렬로 동기조상기를 접속하여 합성역률을 95[%]로 개선하려고 하면 조상기의 용량은 얼마인가?

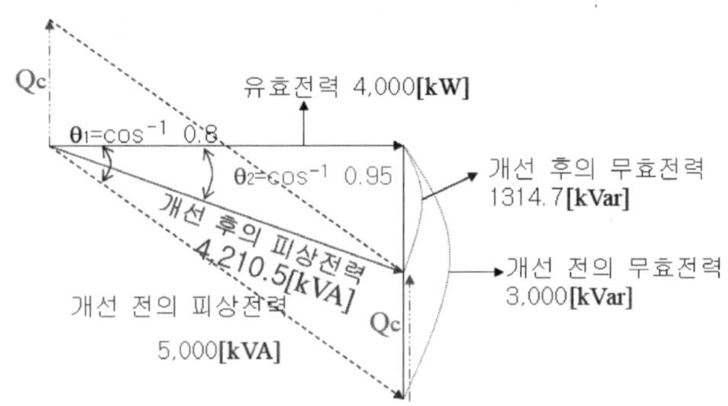

[그림 예제 33]

해설 $\cos\theta_1$ 을 개선 전의 역률, $\cos\theta_2$를 개선 후의 역률이라 하자.
역률을 개선 전이나 개선한 후에도 유효전력은 변함이 없으며
유효전력 = 피상전력 $\times \cos\theta_1 = 5,000 \times 0.8 = 4,000$[kW]

$$\text{개선 전의 무효전력} = \frac{\text{유효전력}}{\cos\theta_1} \times \sin\theta_1 = \frac{4,000}{0.8} \times \sqrt{1-0.8^2} = 3,000[\text{kVar}]$$

$$\text{개선 후의 피상전력} = \frac{\text{유효전력}}{\cos\theta_2}$$

$$\text{개선 후의 무효전력} = \text{개선 후의 피상전력} \times \sin\theta_2$$

$$= \frac{\text{유효전력}}{\cos\theta_2} \times \sin\theta_2 = \frac{4,000}{0.95} \times \sqrt{1-0.95^2} = 1314.7[\text{kVar}]$$

진상기 용량(Q_c) = 개선 전의 무효전력 − 개선 후의 무효전력

$\therefore\ Q_c = 3,000 - 1,314.7 = 1,685.3$[kVA]

이 과정을 정리하면

$$Q_c = P(\tan\theta_1 - \tan\theta_2) = P\left(\frac{\sin\theta_1}{\cos\theta_1} - \frac{\sin\theta_2}{\cos\theta_2}\right)$$

$$= P\left(\frac{\sqrt{1-\cos^2\theta_1}}{\cos\theta_1} - \frac{\sqrt{1-\cos^2\theta_2}}{\cos\theta_2}\right)$$

가 된다. 여기서 P는 유효전력인 점을 주의하고 진상기의 정격출력은 피상전력 [kVA]로 표시된다.

※ 어떤 공장에서 [예제 33]과 같이 역률을 개선하면 역률을 개선 전이나 개선한 후에도 유효전력[kW]은 변함이 없고 전력량[kWh]에 따라 지불하는 전기요금도 변함이 없다. 그러나 이 공장의 배전선의 설비(변압기, 차단기 등)는 피상전력[kVA]로 시설하므로 개선 전의 피상전력－개선 후의 피상전력=배전선의 남는 피상전력을 다른 인근의 공장에 공급할 수 있으므로 한전 측에서 보면 새로운 배전선의 설비비가 절약된다.

예제 34 E·x·e·r·c·i·s·e

3상 10,000[kW], 역률 80[%]인 전력계통의 역률을 91.5[%]로 개선하려면 그 수전단에 몇 [kVA]의 동기조상기를 접속하면 좋은가?

➔ 해설

$$Q_c = P(\tan\theta_1 - \tan\theta_2) = P\left(\frac{\sin\theta_1}{\cos\theta_1} - \frac{\sin\theta_2}{\cos\theta_2}\right)$$

$$= \frac{P}{\cos\theta_1} \times \sin\theta_1 - \frac{P}{\cos\theta_2} \times \sin\theta_2$$

=개선 전의 피상 × $\sin\theta_1$ − 개선 후의 피상 × $\sin\theta_2$

=개선 전의 무효−개선후의 무효

$$= 10{,}000\left(\frac{\sqrt{1-0.8^2}}{0.8} - \frac{\sqrt{1-0.915^2}}{0.915}\right) = 3{,}100\,[\text{kVA}]$$

예제 35 E·x·e·r·c·i·s·e

150[kW], 600[V], 60[Hz]인 단상부하의 역률을 뒤진 역률 65[%]라고 하자. 다음 값을 구하라.

(1) 이 부하의 유효분과 무효분

(2) 역률을 100[%]로 하기 위하여 이 회로에 접속하는 조상기의 용량

해설 (1) 유효전력=150[kW]

$$무효전력=150\tan\theta_1=150\times\frac{\sin\theta_1}{\cos\theta_1}=150\times\frac{\sqrt{1-0.65^2}}{0.65}=175[kVar]$$

(2) 175[kVA] 진상용량

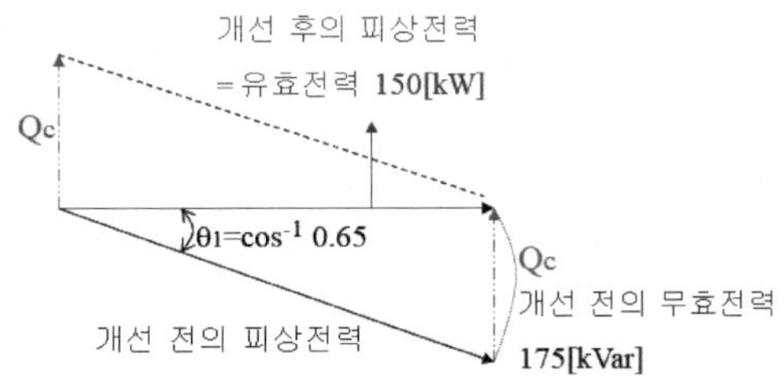

[그림 예제 35]

2.9 특수동기기

2.9.1 단상동기발전기

단상교류전력을 발생하는 동기발전기를 단상동기발전기라고 한다. 소 용량인 것은 신호용이나 실험실용 등으로 사용되고, 대용량인 것은 교류전기철도 등에 사용된다.

단상발전기의 전기자 반작용은 공간적으로 고정된 위치에서 다만 진폭만이 변화하는 교번자계가 된다. 이 때문에 전기자 및 계자권선에 고조파기전력을 유도하므로 이것을 경감시키기 위하여 자극면에 제동권선을 설치한다.

2.9.2 정현파발전기

정현파발전기는 원통형회전자를 채용하여 공극의 자기저항을 균일하게 하고, 부하전류에 의한 공극자속의 변형을 적게 하며, 또 계자권선을 권선형 유도전동기의 회전자와 같이 평형된 모양으로 보통 2상 또는 3상 권선으로 하여 계자기전력의 분포를 정현파형으로 하는 구조로 되어 있다.

2.9.3 고주파발전기

동기발전기에는 식(2.1)의 $f = \frac{P}{2} n_s$ 관계가 있기 때문에 고주파발전기로는 극수를 많게 할 필요가 있다. 그러나 철극기에서는 구조상의 제한이 있으므로 수백~수천[Hz]와 같은 고주파용에는 **유도자형발전기**가 사용된다.

유도자형에서는 [그림 2.55]와 같이 전기자권선과 계자권선이 모두 고정되고, 회전자에는 유도자라고 하는 철괴에 철극과 슬롯이 있고, 전기자코일 밑으로 철극이 닿는 경우와 슬롯이 닿는 경우에는 자기 저항이 변하므로, 전기자코일과 쇄교하는 자속이 증감하는 결과에 따라 전기자권선에 기전력을 유도하는 것이다. 이와 같은 구조로 된 회전자는 고속도에 견디고 극수도 많아짐으로 고주파용에 적합하다.

이런 형에서는 유도자의 철극과 슬롯이 한 개의 조이며, 전기자권선에 1사이클의 기전력을 유도하기 때문에, 유도자의 전체 철극의 극수를 P로 하고 1초 동안의 회전수를 n_s라고 하면 주파수는 $f = \frac{P}{2} n_s$ [Hz]가 된다.

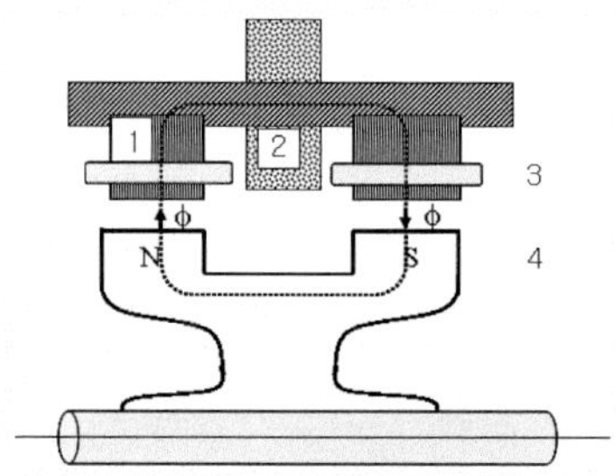

(a) 단면도

1 : 철심 2 : 계자권선
3 : 전기자코일 4 : 유도자
5 : 돌극 6 : 슬롯
7 : 축

(b) 회전자

[그림 2.55] 유도자형 고주파발전기

유도자형발전기는 고주파전기로의 전원으로 1,000[Hz] ~ 3,000[Hz]가 사용되며, 전기기기의 층간절연시험용(변압기의 유도시험), 고주파건조설비용전원 등에 사용된다.

2.9.4 고정자 회전기동형 동기전동기

일반적인 동기전동기는 기동토크가 작기 때문에 무부하 또는, 경부하의 경우가 아니면 기동이 되지 않는다. 그러므로 중부하 상태로도 기동할 수 있도록 제작된 동기전동기가 여러 가지로 고안되어 있는데 **고정자회전기동형**도 그 중의 한 가지이다.

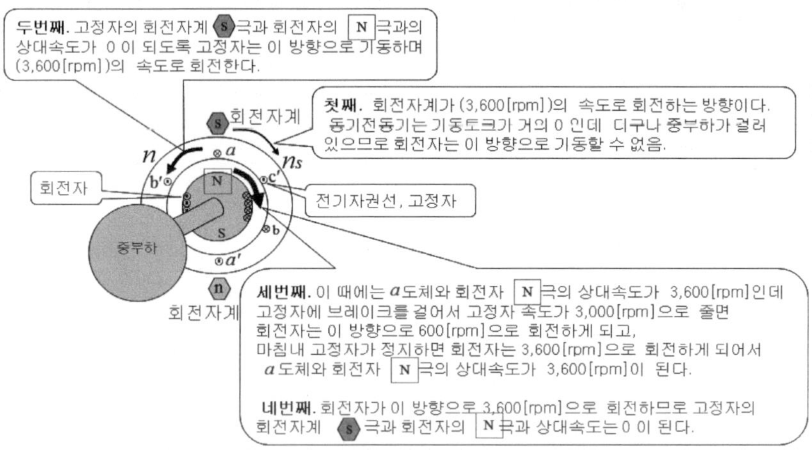

[그림 2.56] 고정자 회전기동형 동기전동기(2극기인 경우)

이 형의 특징은 회전자가 계자권선인 **회전계자형**이고, 전기자권선이 있는 고정자부분이 회전자의 주위를 회전하도록 베어링부를 2중으로 하고 있는 것이다.

[그림 2.56]과 같이 축에 중부하를 걸은 상태대로 2극의 동기전동기를 기동시키기 위하여 고정자의 전기자권선에 전원을 접속하면 회전자계는 3,600[rpm] 의 속도로 회전한다. 그러면 회전자계에 의해서 회전자의 제동권선에는 기전력이 유도되어 전류가 흐른다. 이 전류와 회전자계의 곱인 토크가 생기지만 중부하가 걸려 있으므로 회전자의 기동이 곤란하다.

그러나 고정자(전기자)는 자유롭게 회전할 수 있기 때문에 우선 고정자(전기자)가 회전자계의 방향과 반대방향으로 기동한다. 기동한 다음 점점 속도가 빨라지고 동기속도가 가까워 졌을 때, 회전자에 있는 계자권선을 여자하면 고정자(전기자)는 동기속도로 회전한다. 이 때의 고정자의 회전자계와 회전자자극과의 상대속도는 0인 상태가 된다. 그 다음에 전기자 바깥 프레임에 설치되어 있는 브레이크 드럼에 브레이크를 걸어서 속도를 늦게 하면, 회전자는 고정자(전기자)와 반대방향으로 회전하기 시작하고, 브레이크를 조임에 따라 점점 속도를 증가하여 고정자를 정지시키면 회전자는 동기속도로 된다. 그러면 회전계자형 동기전동기로써 고정자의 회전자계와 회전자자극과의 상대속도는 0인 상태가 된다.

이 방식의 특징은 회전자의 기동토크를 탈출토크까지 할 수 있기 때문에 강력한 기동토크를 얻을 수 있는 것이다. 그러나 외형이 크고 고압의 권선으로 된 전기자를 회전시킬 필요가 있다는 점에 문제가 있다.

이러한 전동기를 **초동기전동기**라고도 하며 시멘트 공장 등에서 사용되고 있다.

2.9.5 유도동기전동기

유도동기전동기는 일반적인 권선형 유도전동기와 같은 구조로 된 것이며, 기동할 때에는 [그림 2.57]과 같이 2차권선인 계자권선을 기동저항기 R을 통하여 폐회로로 해서 유도전동기로서 양호한 기동특성을 이용한다. 동기속도 가까이 되었을 때에 개폐기 S를 전환하고 2차권선에 여자기 E_x로부터 직류여자를 주어서 동기화시키며 운전상태에서는 동기전동기로써 사용한다.

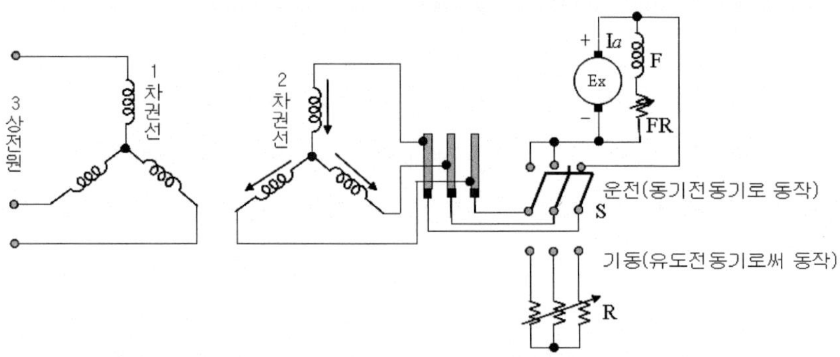

[그림 2.57] 유도 동기전동기의 접속 예

2차권선은 3상식으로 감고 운전상태에서는 성형결선의 3상권선 중 2상을 외부에서 단락하여 병렬로 하고 제3상과 직렬로 하여 여자전원에 연결한다.

2.9.6 동기주파수변환기

주파수가 다른 두 개의 송전계통을 서로 연결하여 전력을 융통할 경우, 또는 상용주파수의 50[Hz], 60[Hz]를 100~180[Hz] 정도의 주파수로 바꾸려는 경우에 사용되는 주파수변환기에는 많은 종류가 있다. 이들 중에서 동기전동기와 동기발전기를 직결하고 각 기계의 극수를 적당히 선정한 정비주파수변환기인 **동기주파수변환기**가 있다.

극수가 P_1인 동기전동기에 입력주파수 f_1인 교류가 흘러 들어가면 동기전동기의 속도는 $N_s = \dfrac{120 f_1}{P_1}$으로 회전한다. 그러면 동기전동기의 축에 연결된 극수 P_2인 동기발전기도 이와 같은 속도로 회전한다.

$$N_s = \frac{120 f_1}{P_1} = \frac{120 f_2}{P_2},\quad \frac{f_1}{P_1} = \frac{f_2}{P_2}$$

$P_1 < P_2$이라면, $f_2 = \dfrac{P_2 f_1}{P_1}$에서 $f_2 > f_1$이 된다.

동기주파수변환기의 구조는 일반적인 철극형 동기기 2대를 [그림 2.58]과 같이 직결한 전동발전기이며 전동기 M에는 자극편에 제동권선을 설치한다. **가역주파수변환기**로써 사용되는 일도 있으나 이 경우에는 발전기 G에도 제동권선을 설치한다.

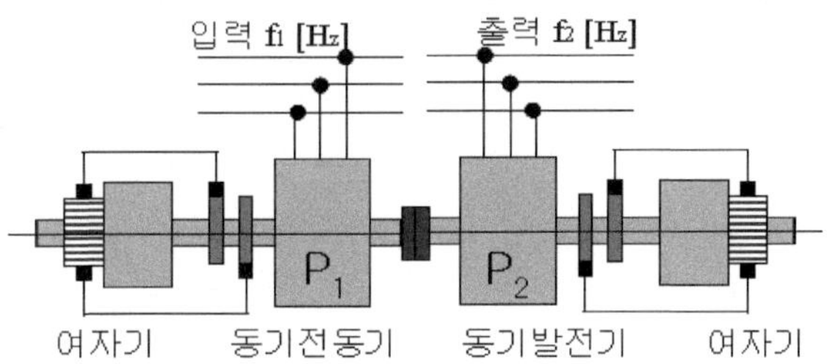

[그림 2.58] 동기주파수 변환기

2.9.7 반작용전동기(반동전동기, reation motor)

동기전동기는 여자를 약화시키면 전기자에 뒤진 전류가 흐르고 전기자 반작용은 계자를 강화시키는 작용을 한다. 따라서 이와 같은 경우에는 직류여자가 없어도 계자가 여자되기 때문에 계자권선이 없다.

전기자권선에 3상교류를 통한 경우에 회전자가 [그림 2.59] ((a)는 철극형, (b)는 회전자에 직사각형의 구멍을 만들고, 가로, 세로의 자기저항을 바꾼 것)와 같이 일정한 수의 자극이 생기기 쉬운 구조로 되어 있으며, 전기자전류의 무효분은 계자속을 만들고, 이것과 전류의 유효분 사이에 토크가 발생하여 동기속도로 회전한다. 이와 같이 직류여자를 필요로 하지 않고 철극성 때문에 토크가 생겨서 동기속도로 회전하는 동기전동기를 **반작용전동기**라고 한다.

3상반작용전동기는 자극면에 설치되어 있는 농형권선에 의하여 스스로 움직이나 전기자권선이 단상인 경우에는 처음에 어떤 방법으로 외부에서 동기속도로 회전시켜 주면 동기전동기로서 운전을 계속한다. 이 전동기는 토크가 비교적 적고, 역률은 대단히 나쁘나 구조가 간단하며 직류여자를 필요로 하지 않고, 또 한번 동기속도가 되면 쉽게 동기이탈이 되지 않으므로 1[HP]정도까지의 소출력 정속도전동기로서 수차발전기의 조속기구동용, 전기시계, 공업계기 등에 사용된다.

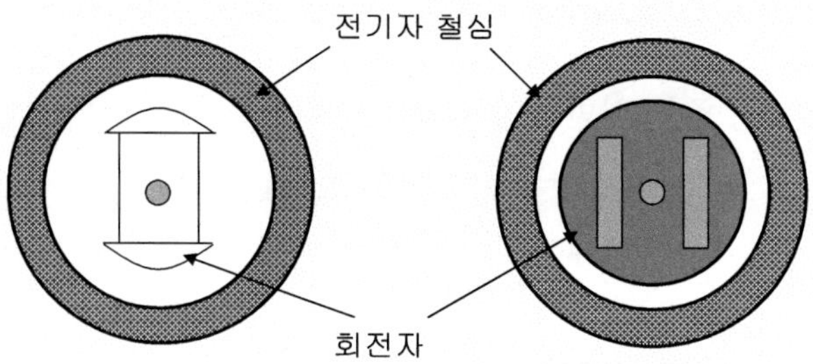

(a) 철극형

(b) 회전자에 직사각형의 구멍을 만들고 가로, 세로의 자기저항을 바꾼 것

[그림 2.59] 반작용전동기

2.9.8 회전변류기

회전변류기는 [그림 2.60]과 같이 **회전전기자형**의 동기전동기이며 회전자의 전기자권선에 슬립링을 통하여 3상 교류를 가하면 회전자계가 생긴다. 이 회전자계의 회전방향과 반대방향으로 회전자는 회전하게 되고 회전계자형의 동기전동기와 같이 회전자의 회전자계와 고정자의 자극과의 상대속도는 0이 된다.

운전 중에는 전기자권선이 고정자의 자극사이에서 회전하므로 직류발전기와 같은 원리에 의해 교류의 역기전력이 유도되기 때문에 전기자와 접속된 정류자에서 직류전압을 얻을 수 있다.

이때 전기자전류는 동기전동기로서의 전류와 직류발전기로서의 전류가 서로 반대로 흐르기 때문에 그 크기는 매우 작으므로 전기자 반작용이나 전기자동손도 적다.

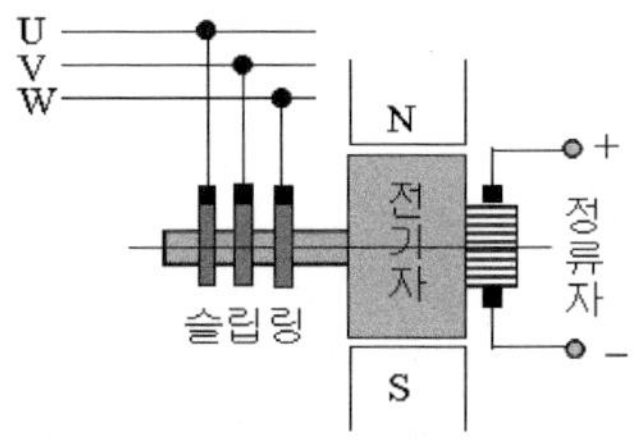

(a) 회전변류기의 구조

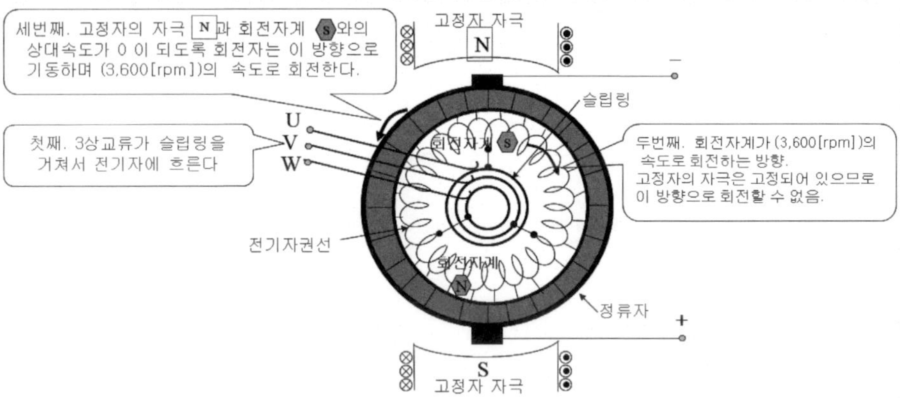

(b) 회전변류기의 전기자

[그림 2.60] 회전변류기

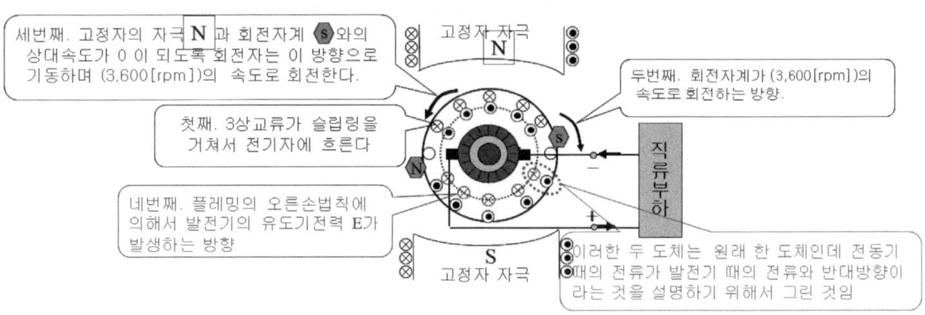

[그림 2.61] 회전변류기의 전기자에 흐르는 전류

이와 같이 회전 변류기는 동기전동기와 직류발전기를 겸하고 있으며, 전류를 바꾸는 역할을 하고 있으므로 기계적 출력을 발생할 필요가 없으므로 축과 베어링은 작아도 된다. 그러나 직류발전기는 여자를 가감하여 전압을 조정할 수 있으나 회전변류기에서는 동기전동기의 V곡선에서 설명한 바와 같이 교류측의 역률만 변화하게 된다.

따라서, 직류측의 전압을 변경하려면 슬립링에 가해지는 교류측전압을 변화시키며 그 방법에는 직렬 리액턴스, 유도전압조정기, 부하시 전압조정변압기, 동기승압기에 의한 방법이 있다.

그리고 교류전압의 실효치 E_a 와 직류전압 E_d 의 관계는

$$\frac{E_a}{E_d} = \frac{1}{\sqrt{2}} \sin\frac{\pi}{m} \quad \text{단, } m = \text{상수} \tag{2.42}$$

이고, 교류측 전류의 실효치 I_a와 직류측 선로전류 I_d의 관계는

$$\frac{I_a}{I_d} = \frac{2\sqrt{2}}{m\cos\theta} \quad \text{단, } \cos\theta = \text{역률} \tag{2.43}$$

이다.

예제 36 E·x·e·r·c·i·s·e

회전변류기의 직류전압을 조정하려면 어떠한 방법이 있는가?

➔ 해설 직류측의 전압을 변경하려면 슬립링에 가해지는 교류측 전압을 변화시키 며 그 방법에는 직렬 리액턴스, 유도전압조정기, 부하시 전압조정변압기, 동기승압기에 의한 방법이 있다.

예제 37 E·x·e·r·c·i·s·e

6상 회전변류기의 직류측에서 1,500[V]를 얻으려면 슬립링 사이의 교류전압을 얼마로 하여야 하는가?

➔ 해설 $\frac{E_a}{E_d} = \frac{1}{\sqrt{2}} \sin\frac{\pi}{m}$, $E_a = \frac{1}{\sqrt{2}} \times \sin\frac{\pi}{6} \times 1{,}500 = 530[\mathrm{V}]$

예제 38 E·x·e·r·c·i·s·e

6상 회전 변류기의 정격출력이 1,000[kW], 정격전압이 600[V]인 경우에 교류측 전압 및 입력전류를 구하라. (단, 역률 및 효율은 모두 100[%]이다.)

해설

직류측 선로전류는 $\dfrac{1,000\times10^3}{600}=1,667[\mathrm{A}]$

$$I_a=\frac{2\sqrt{2}\times I_d}{m\times\cos\theta}=\frac{2\sqrt{2}\times1,667}{6\times1}=785.6[\mathrm{A}]$$

$$E_a=\frac{1}{\sqrt{2}}\times\sin\frac{\pi}{6}\times 600[\mathrm{V}]=\frac{1}{\sqrt{2}}\times\frac{1}{2}\times 600=212[\mathrm{V}]$$

객관식 문제

01 **보통 회전 계자형으로 하는 전기기기는?**

① 직류발전기　② 회전변류기
③ 동기발전기　④ 유도발전기

답 ③

02 **동기발전기의 회전계자형에 쓰이는 슬립링의 역할은 (A) 전류를 브러시와 슬립링을 통하여 계자권선에는 (B) 전류가 흐르도록 한다. 여기서 ( )안의 A, B는?**

① A는 직류, B는 직류　② A는 교류, B는 직류
③ A는 직류, B는 교류　④ A는 교류, B는 교류

답 ①

03 **동기발전기에 회전계자형을 쓰는 경우가 많다. 그 이유에 적합하지 않는 것은?**

① 전기자보다 계자극을 회전자로 하는 것이 기계적으로 튼튼하다.
② 기전력의 파형을 개선한다.
③ 전기자 권선은 고전압으로 소요전력이 크다.
④ 계자회로는 직류 저전압으로 소요전력이 적다.

답 ②

04 **터어빈 발전기의 특징이 잘못된 것은?**

① 회전자는 지름을 작게 하고 축방향으로 길게 원심력을 크게 한다.
② 회전자는 원통형 회전자로 하여 풍손을 작게 한다.
③ 회전자는 평형이 되도록 하여 진동의 발생을 방지한다.
④ 전기자 철심은 철손을 매우 크게 한다.

답 ④

05 **터어빈 발전기의 특징 중 틀린 것은?**

① 회전자는 지름을 크게 하고 축 방향으로 길게 하여 원심력을 크게 한다.
② 회전자는 원통형 회전자로 하여 풍손을 작게 한다.
③ 회전자의 계자철심 및 축은 강도가 큰 특수강으로 한다.
④ 수소냉각 방식을 써서 풍손을 줄인다. 답 ①

06 **빈발전기의 냉각을 수소냉각방식으로 하는 이유가 아닌 것은?**

① 풍손이 공기 냉각시의 약 1/10로 줄어든다.
② 동일 기계일 때 공기냉각시보다 정격출력이 약 25[%] 증가한다.
③ 수분, 먼지 등이 없어 코로나에 의한 손실이 없다.
④ 비열이 공기의 약 14배이므로 철심의 열전도가 약 7배로 된다. 답 ④

07 **동기기에서 집중권이란 매극, 매상의 슬롯(slot)수가 몇 개인가?**

① 1/2 ② 1
③ 2 ④ 3 답 ②

08 **동기 발전기의 권선을 분포권으로 하면?**

① 난조를 방지한다
② 파형이 좋아진다.
③ 권선의 리액턴스가 커진다
④ 집중권에 비하여 합성유도 기전력이 높아진다. 답 ②

09 **동기기에서 집중권에 비해 분포권의 이점에 속하지 않는 것은?**

① 파형이 좋아진다.
② 권선의 누설 리액턴스가 감소한다.
③ 권선의 발생 열을 고루 발산시킨다.
④ 기전력을 높인다. 답 ④

10 **동기발전기에서 기전력의 파형을 좋게 하고 누설 리액턴스를 감소시키기 위하여 채택한 권선법은?**

① 집중권　　② 분포권
③ 단절권　　④ 전절권

답 ②

11 **동기기의 전기자 권선법이 아닌 것은?**

① 분포권　　② 전절권
③ 2층권　　④ 중권

답 ②

12 **동기 발전기의 기전력의 파형을 정현파로 하기위해 채용되는 방법이 아닌 것은?**

① 매극 매상의 슬롯수 q 를 크게 한다
② 단절권 및 분포권으로 한다.
③ 전기자 철심을 경사슬롯으로 한다.
④ 공극의 길이를 작게 한다.

답 ④

13 **교류 발전기의 고조파 발생을 방지하는데 적합하지 않은 것은?**

① 전기자 홈을 스큐 슬롯으로 한다
② 전기자 권선의 결선을 Y형으로 한다.
③ 전기자 반작용을 적게 한다.
④ 전기자 권선을 전절권으로 감는다.

답 ④

14 **동기 발전기의 전기자 권선을 단절권으로 하면?**

① 고조파를 제거한다.　　② 절연이 잘 된다
③ 역률이 좋아진다.　　④ 기전력을 높인다.

답 ①

15 **동기발전기의 전기자 권선을 Y결선하는 이유로서 적당하지 않는 것은?**

① 고조파 순환전류가 흐르지 않는다.
② 이상전압 방지의 대책이 용이하다.
③ 전기자 반작용이 감소한다.
④ 코일의 코로나 열화 등이 감소한다.

답 ③

16 **3상 동기 발전기의 전기자 반작용은 부하의 성질에 따라 다르다. 다음 성질 중 잘못 설명한 것은?**

① $\cos\theta \fallingdotseq 1$ 일 때 전압, 전류가 동상일 때는 실제적으로 교차자화작용을 한다.
② $\cos\theta \fallingdotseq 0$ 일 때 즉 전류가 전압보다 90° 뒤질 때는 감자작용을 한다.
③ $\cos\theta \fallingdotseq 0$ 일 때 즉 전류가 전압보다 90° 앞설 때는 증자작용을 한다.
④ $\cos\theta \fallingdotseq \phi$일 때 즉 전류가 전압보다 ϕ만큼 뒤질 때 증자작용을 한다.

답 ④

17 **동기 발전기에서 전기자 전류를 I, 역률을 $\cos\theta$라 하면 횡축 반작용을 하는 성분은?**

① $I\cos\theta$
② $I\cot\theta$
③ $I\sin\theta$
④ $I\tan\theta$

답 ①

18 **3상 동기 발전기에 무부하 전압보다 90° 늦은 전기자 전류가 흐를 때 전기자 반작용은?**

① 교차자화작용
② 자기여자작용
③ 감자작용
④ 증자작용

답 ③

19 **3상 교류 발전기의 기전력에 대하여 90°늦은 전류가 흐를 때의 반작용 기자력은?**

① 자극축보다 90° 늦은 감자 작용
② 자극축보다 90° 빠른 증자 작용
③ 자극축과 일치하는 감자작용
④ 자극축과 일치하는 증자작용

답 ③

20 **동기 발전기의 부하에 콘덴서를 달아서 앞서는 전류가 흐르고 있다. 다음 중 옳은 것은?**

① 단자전압강하　② 단자전압상승
③ 편자작용　④ 속도상승

답 ②

21 **3상 동기 발전기에 3상전류 A가 흐를 때 전기자 반작용은 이 전류가 기전력에 대하여 A일 때 감자작용이 되고, 전기자전류 B일 때 자화작용이 된다. A, B의 적당한 것은?**

① A : 90° 뒤진 전류, B : 90° 앞선 전류
② A : 90° 앞선 전류, B : 90° 뒤진 전류
③ A : 90° 뒤진 전류, B : 90° 동상인 전류
④ A : 동상인 전류, B : 90° 앞선 전류

답 ①

22 **동기기의 전기자 저항을 r_a, 반작용 리액턴스를 x_a, 누설리액턴스를 x_ℓ 이라 하면 동기 임피이던스 z_s는?**

① $\sqrt{{r_a}^2+(x_a/x_\ell)^2}$　② $\sqrt{{r_a}^2+{x_\ell}^2}$
③ $\sqrt{{r_a}^2+{x_a}^2}$　④ $\sqrt{{r_a}^2+(x_a+x_\ell)^2}$

답 ④

23 **동기기에서 부하각은?**

① 부하전류와 유기기전력의 상차각
② 단자전압과 유기기전력의 상차각
③ 부하전류와 단자전압과의 상차각
④ 단자전압과 전기자전류와 상차각

답 ②

24 돌극형 동기 발전기에서 직축 리액턴스 X_d 와 횡축 리액턴스 X_q 는 그 크기 사이에 어떤 관계가 있는가?

① $X_d = X_q$ ② $X_d > X_q$
③ $X_d < X_q$ ④ $2X_d = X_q$

답 ②

25 원통형 회전자를 가진 동기발전기는 부하각 δ가 몇 도 일 때 최대출력을 낼 수 있는가?

① 0° ② 30°
③ 60° ④ 90°

답 ④

26 비돌극형 동기 발전기의 단자전압(1상)을 V, 유도 기전력(1상)을 E, 동기 리액턴스 X_s, 부하각을 δ라 하면, 1상의 출력은 대략 얼마인가?

① $\dfrac{EV}{X_S}\cos\delta$ ② $\dfrac{EV}{X_S}\sin\delta$
③ $\dfrac{E^2V}{X_S}\sin\delta$ ④ $\dfrac{EV^2}{X_S}\cos\delta$

답 ②

27 돌극형 동기발전기의 특성이 아닌 것은?

① 리액션 토크가 작용
② 최대출력의 부하각은 90°이다.
③ 내부 유기기전력과 관계없는 토크가 존재한다.
④ 직축 리액턴스 및 횡축 리액턴스 값이 다르다.

답 ②

28 그림에서 동기 발전기의 포화율은 어느 것인가?

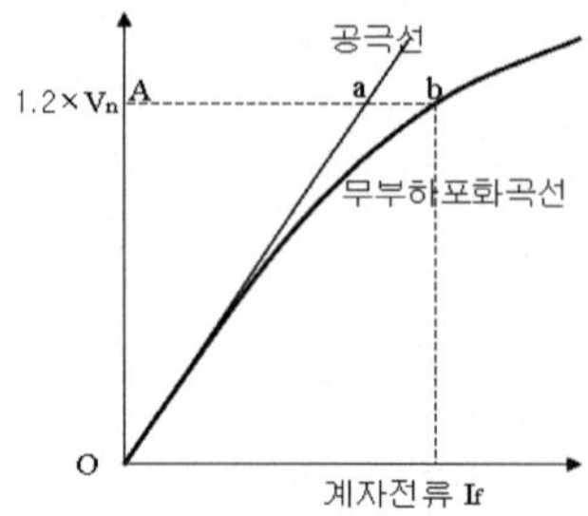

① $\frac{Aa}{ab}$ ② $\frac{Ab}{ab}$

③ $\frac{ab}{Ab}$ ④ $\frac{ab}{Aa}$ 답 ④

29 무부하 포화곡선과 공극선으로써 산출할 수 있는 것은?

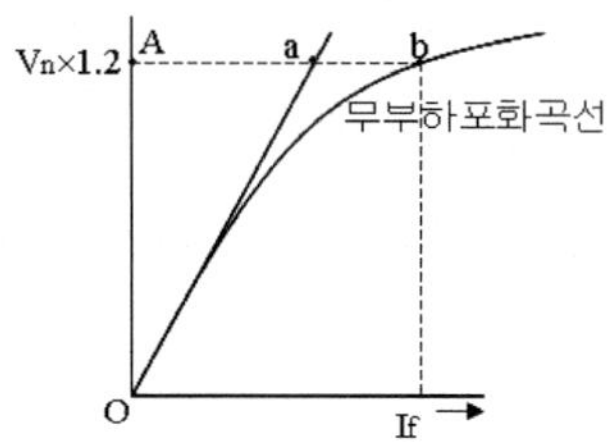

① 동기 임피던스 ② 단락비

③ 전기자 반작용 ④ 포화율 답 ④

30 동기기의 3상 단락곡선이 직선이 되는 이유는?

① 무부하 상태이므로 ② 전기자 반작용이므로

③ 자기포화가 있으므로 ④ 누설리액턴스가 크므로 답 ②

31 동기 발전기에서 무부하 정격전압때의 여자전류를 I_{fo}, 정격부하 정격전압 때의 여자전류를 I_{f1}, 3상 단락정격 전류에 의한 여자전류를 I_{fs}라 하면 정격속도에서의 단락비는?

① I_{fs}/I_{fo}　　② I_{fo}/I_{fs}
③ I_{fs}/I_{f1}　　④ I_{f1}/I_{fs}

답 ②

32 동기발전기의 여자전류 5[A]에 대한 1상의 유기기전력은 600[V]이고, 그 3상 단락 전류는 30[A]이다. 동기 임피던스는 얼마인가?

① 120[Ω]　　② 11.54[Ω]
③ 20[Ω]　　④ 34.64[Ω]

풀이 $Z_s = \dfrac{E_n}{I_s} = \dfrac{600}{30} = 20[\Omega]$

답 ③

33 동기발전기의 단락시험, 무부하시험으로 구할 수 없는 것은?

① 철손　　② 단락비
③ 전기자반작용　　④ 동기임피이던스

답 ③

34 발전기의 단락비나 동기 임피이던스를 산출하는데 필요한 시험은?

① 단상 단락시험과 3상 단락시험
② 무부하 포화시험과 3상 단락시험
③ 정상, 영상, 리액턴스의 측정시험
④ 돌발 단락시험과 부하시험

답 ②

35 단락비가 큰 동기기는?

① 안정도가 높다.　　② 전압변동률이 크다.
③ 기계가 소형이다.　　④ 전기자 반작용이 크다.

답 ①

36 **단락비가 큰 동기 발전기를 설명하는 말 중 틀린 것은?**

① 전기자 반작용이 작다.
② 과부하 내량이 크다.
③ 전압변동율이 크다.
④ 동기 임피이던스가 작다.

답 ③

37 **동기발전기의 단락비는 기계의 특성을 단적으로 잘 나타내는 수치로서 동일정격에 대하여 단락비가 큰 기계는 다음과 같은 특성을 갖는다. 틀린 것은?**

① 동기 임피이던스(Impedance)가 적어져 전압변동율이 좋으며, 송전선 충전용량이 크다.
② 기계의 형태, 중량이 커지며, 철손, 기계손이 증가하고 가격도 비싸다.
③ 과부하 내량이 크고 안정도가 좋다.
④ 극수가 적은 고속기가 된다.

답 ④

38 **전압 변동율이 작은 동기 발전기는?**

① 동기 리액턴스가 크다.
② 전기자 반작용 크다.
③ 단락비가 크다.
④ 값이 싸진다.

답 ③

39 **동기기의 전압변동률은 유도부하의 경우 어떻게 되는가? (단, V : 정격 단자전압, V_o : 정격출력에서 무부하로 하였을 때의 전압)**

① $-(V_o < V)$
② $-(V_o > V)$
③ $+(V_o > V)$
④ $+(V_o < V)$

답 ③

40 **동기발전기의 자기여자 현상의 방지법이 되지 않는 것은?**

① 수전단에 리액턴스를 병렬로 접속한다
② 수전단에 변압기를 병렬로 접속한다.
③ 발전기에 여러 대의 모선에 병렬로 접속한다.
④ 발전기의 단락비를 적게 한다.

답 ④

41 동기발전기 단자 부근에서 단락이 일어났다고 하면 단락 전류는?

① 서서히 증가 점차 감소
② 처음은 큰 전류이나 점차로 감소한다.
③ 처음부터 일정전류
④ 발전기는 즉시 정지한다.

답 ②

42 동기발전기의 돌발 단락 전류를 주로 제한하는 것은?

① 동기 리액턴스　　② 권선저항
③ 누설 리액턴스　　④ 동기임피던스

답 ③

43 제동권선이 있는 교류발전기의 정태 리액턴스를 X, 과도리액턴스를 X' 초기과도리액턴스를 X''라 하면 X, X', X와의 관계는?

① $X < X' < X''$　　② $X > X' > X''$
③ $X > X'' > X'$　　④ $X < X'' < X'$

답 ②

44 A, B 2대의 동기 발전기를 병렬 운전 중 계통 주파수를 바꾸지 않고 B기의 역률을 좋게 하는 것은?

① A기의 여자전류를 증대　　② A기의 원동기 출력을 증대
③ B기의 여자전류를 증대　　④ B기의 원동기 출력을 증대

답 ①

45 병렬 운전 중의 A, B 두 발전기중에서 A발전기의 여자를 B기보다 강하게 하면 A발전기는?

① 90°진상 전류가 흐른다.　　② 90°지상 전류가 흐른다.
③ 동기화 전류가 흐른다.　　④ 부하전류가 증가한다.

답 ②

46 병렬운전을 하고 있는 2대의 3상 동기발전기 사이에 무효순환전류가 흐르는 경우는?

① 여자전류의 변화 ② 원동기의 출력순환
③ 부하의 증가 ④ 부하의 감소

답 ①

47 병렬 운전을 하고 있는 3상 동기 발전기에 동기화 전류가 흐르는 경우는 어느 때인가?

① 부하가 증가할 때
② 여자 전류를 변화시킬 때
③ 부하가 감소할 때
④ 원동기의 출력이 변화할 때

답 ④

48 2대의 동기발전기가 병렬운전하고 있을 때 동기화 전류가 흐르는 경우는?

① 기전력의 크기에 차가 있을 때
② 기전력의 위상에 차가 있을 때
③ 부하 분담에 차가 있을 때
④ 기전력의 파형에 차가 있을 때

답 ②

49 동기발전기의 병행운전시 동기화력은 부하각 δ와 어떠한 관계가 있는가?

① $\sin\delta$에 비례 ② $\cos\delta$에 비례
③ $\sin\delta$에 반비례 ④ $\cos\delta$에 반비례

답 ②

50 동기발전기의 병행운전시에 발생하는 동기화력에 대하여 전기자 저항 r_a을 크게 하면 동기화력은?

① 작게 된다. ② 크게 된다.
③ 관계없다. ④ 돌극기에서만 크게 된다.

답 ①

51 3상 동기 발전기를 병행 운전을 시키는 경우 생각하지 않아도 되는 조건은?

① 발생 전압이 같다. ② 전압 파형이 같다.
③ 회전수가 같다. ④ 상회전이 같다.

답 ③

52 동기발전기의 병렬운전에서 같지 않아도 되는 것은?

① 위상 ② 기전력의 크기
③ 주파수 ④ 용량

답 ④

53 병렬운전하는 두 동기발전기 사이에 그림과 같이 동기검정기가 접속되었을 때 상회전 방향이 일치되어 있다면?

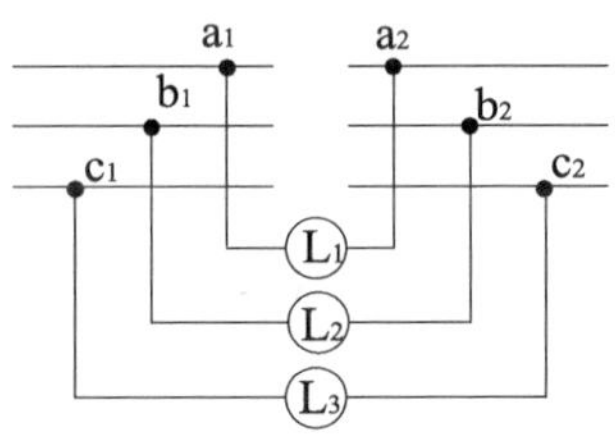

① L_1, L_2, L_3 모두 어둡다.
② L_1, L_2, L_3 모두 밝다.
③ L_1, L_2, L_3 순서대로 명멸한다.
④ L_1, L_2, L_3 모두 점등되지 않는다.

답 ④

54 회전계자형 3상 동기전동기의 부하각(δ)에 관한 설명 중 틀린 것은?

① 회전자계의 S-N극의 축과 회전자의 N-S축과의 사이각을 말한다.
② 무부하시 δ는 0이다.
③ 부하가 증가하면 δ가 감소한다.
④ 동기 전동기 벡터도에서 공급전압 V와 역기전력 E_0와의 사이각이다.

답 ③

55 **동기 전동기에 관한 다음 기술사항 중 틀린 것은?**

① 회전수를 조정할 수 없다. ② 직류 여자기가 필요하다.
③ 난조가 일어나기 쉽다. ④ 역률을 조정할 수 없다.

답 ④

56 **동기전동기에서 전기자 반작용을 설명한 것 중 맞는 것은? (단, V : 공급전압, E : 역기전력, I : 전기자전류이다)**

① V보다 위상이 앞선 I는 감자작용을 한다.
② E보다 위상이 앞선 I는 감자작용을 한다.
③ V보다 위상이 뒤진 I는 감자작용을 한다.
④ E보다 위상이 뒤진 I는 증자작용을 한다.

답 ①

57 **동기 전동기의 진상전류는 어떤 작용을 하는가?**

① 증자작용 ② 감자작용
③ 교차자화작용 ④ 아무작용도 없다.

답 ②

58 **동기전동기의 위상 특성 곡선은 다음의 어느 것인가? (단, p를 출력, If 를 계자전류, I를 전기자전류, $\cos\theta$를 역률로 한다.)**

① $I_f - I$ 곡선, p는 일정 ② $p - I$ 곡선, I_f는 일정
③ $p - I_f$ 곡선, I는 일정 ④ $I_f - I$ 곡선, $\cos\theta$는 일정

답 ①

59 **동기 전동기의 여자를 강화하면?**

① 난조가 발생하기 쉽다.
② 토크가 증가한다.
③ 출력이 증가한다.
④ 전기자 전류의 위상이 앞서는 쪽으로 변한다.

답 ④

60 **전압이 일정한 모선에 접속되어 역률 1로 운전하고 있는 동기 전동기의 여자전류를 감소시키면 이 전동기의 역률 및 전기자 전류는?**

① 역률 앞서고 전기자전류 증가
② 역률 앞서고 전기자전류 감소
③ 역률 뒤지고 전기자전류 증가
④ 역률 뒤지고 전기자전류 감소

답 ③

61 **동기전동기의 공급전압, 주파수 및 부하를 일정하게 유지하고 여자전류만을 변화시키면?**

① 출력이 변화한다.
② 토크가 변화한다.
③ 각속도가 변화한다.
④ 부하각이 변화한다.

답 ④

62 **다음 중 역률이 좋은 전동기는?**

① 단상유도전동기
② 3상유도전동기
③ 동기전동기
④ 반발전동기

답 ③

63 **동기전동기에 일정한 부하를 걸고 계자전류를 0에서 부터 계속 증가할 때 다음 설명 중 맞는 것은? 단, I는 전기자전류이다.**

① I가 부족여자상태일 때 앞선 역률이다.
② I가 과여자상태일 때 뒤진 역률이다.
③ I가 최소일 때 역률이 1이다.
④ I는 증가하다가 감소한다.

답 ③

64 **동기발전기의 안정도를 증진시키기 위하여 설계상 고려할 점으로서 틀린 것은?**

① 자동전압 조정기의 속응도를 크게 한다.
② 정상과도 리액턴스 및 단락비를 작게 한다.
③ 회전자의 관성력을 크게 한다.
④ 영상 및 역상 임피이던스를 크게 한다.

답 ②

65 동기기의 안정도 향상에 유효하지 못한 것은?

① 관성모멘트를 크게 할 것
② 단락비를 크게 할 것
③ 속응여자 방식으로 할 것
④ 동기임피던스를 크게 할 것

답 ④

66 동기기의 안정도를 증진시키는 방법이 아닌 것은?

① 속응여자 방식을 채용한다
② 역상 임피던스를 크게한다.
③ 회전부의 플라이휠 효과를 작게 한다
④ 단락비를 크게, 정상 리액턴스를 작게한다.

답 ③

67 동기기의 제동권선(damper winding)의 효용이 아닌 것은?

① 난조방지
② 불평형부하시의 전류전압 파형개선
③ 과부하 내량의 증대
④ 송전선의 불평형 단락시의 이상전압의 방지

답 ③

68 3상 동기기의 제동권선의 효용은?

① 출력증가
② 효율증가
③ 역률개선
④ 난조방지

답 ④

69 동기 발전기의 제동권선의 목적과 다른 것은?

① 난조시의 안정도 향상
② 고조파 공진억제
③ 과도단락 전류의 경감
④ 단상 단락시의 이상전압 억제

답 ②

70 무부하 운전 중의 동기 전동기에 일정 부하를 걸었을 때 부하각 δ의 변화를 나타내는 곡선은?

①
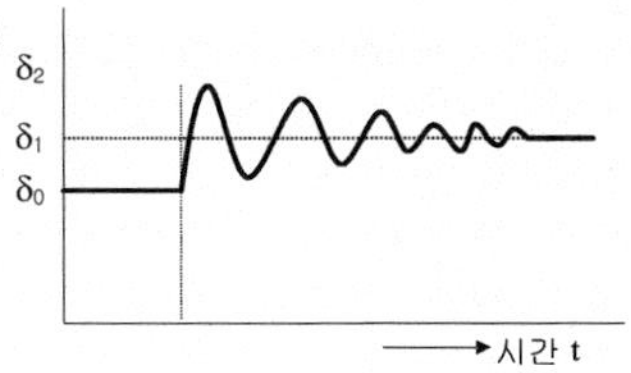

②
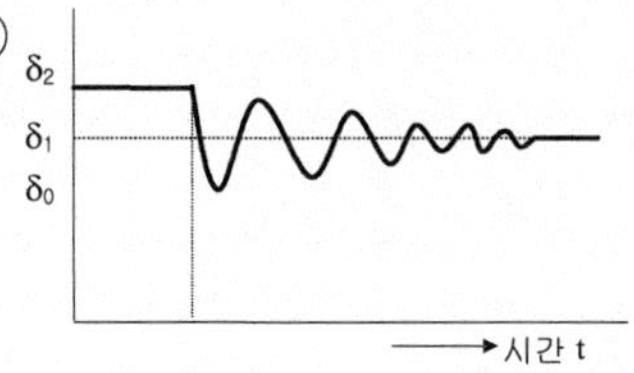

③
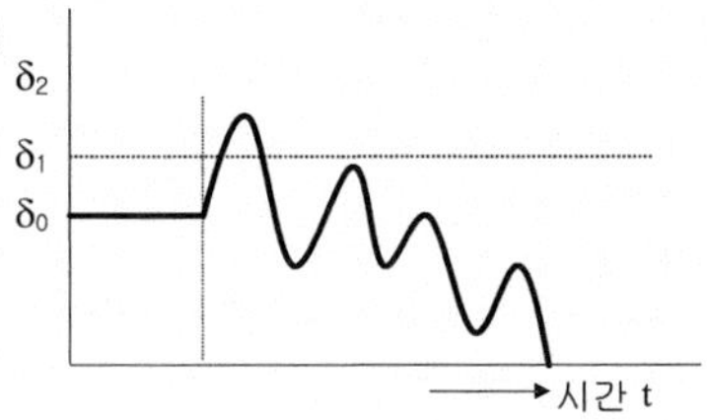

④
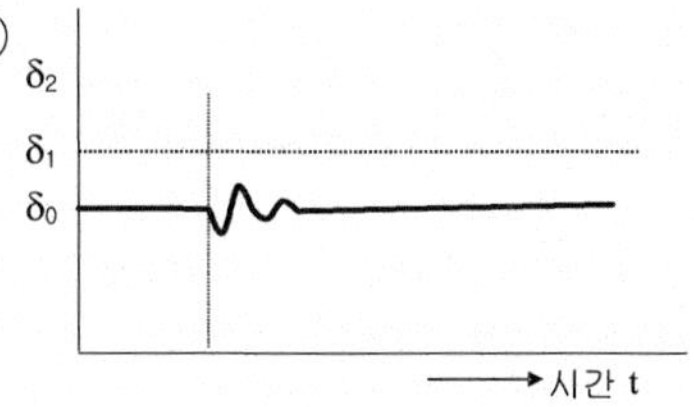

답 ①

71 60[Hz], 600[rpm]인 동기 전동기를 기동하기 위한 직결 유도 전동기의 극수로서 적당한 것은?

① 8 ② 10
③ 12 ④ 14

답 ②

72 동기 전동기의 자기기동에서 계자권선을 단락하는 이유는?

① 고전압이 유도된다. ② 전기자 반작용을 방지한다.
③ 기동권선으로 이용한다. ④ 기동이 쉽다.

답 ①

73 동기전동기는 유도전동기에 비하여 어떤 장점이 있는가?

① 기동특성이 양호하다. ② 전부하 효율이 양호하다.
③ 속도제어가 용이하다. ④ 구조가 간단하다.

답 ②

74 **동기전동기를 부족여자로 운전하면 어떠한 작용을 하는가?**

① 충전전류가 흐른다.
② 콘덴서 작용을 한다.
③ 뒤진 전류가 흐른다.
④ 뒤진 전류를 보상한다. 답 ③

75 **동기조상기를 과여자로 사용하면?**

① 리액터로 작용
② 저항손의 보상
③ 일반 부하의 뒤진 전류의 보상
④ 콘덴서로 작용 답 ④

76 **다음에서 설명하는 전동기는 어느 것인가?**

이 형의 특징은 회전자가 계자권선인 회전계자형이고, 전기자권선이 있는 고정자부분이 회전자의 주위를 회전하도록 베어링부를 2중으로 하고 있으며 강력한 기동토크를 얻을 수 있다.

① 초동기전동기 ② 유도동기전동기
③ 회전변류기기 ④ 반작용전동기 답 ①

77 **고정자회전기동형 동기전동기(초동기전동기)가 정상운전시에는 회전속도(n)와 회전자계의 속도(n_s)와의 관계는?**

① n 는 n_s 와 같은 방향으로 $n = n_s$
② n 는 n_s 와 같은 방향으로 $n < n_s$
③ n 는 n_s 와 반대 방향으로 $n = n_s$
④ n 는 n_s 와 반대 방향으로 $n < n_s$ 답 ③

78 동기주파수 변환기를 사용하여 4극의 동기전동기에 60[Hz]를 공급하면 12극의 동기발 전기에는 몇 [Hz]의 주파수를 얻을 수 있는가?

① 15 ② 120
③ 180 ④ 240

풀이 [그림 2.58]의 동기주파수 변환기에서 동기전동기와 동기발전기는 같은 속도로 회전한다.

답 ③

79 동기 주파수 변환기의 주파수 f_1 및 f_2계통에 접속되는 양극P_1, P_2라 하면 다음 어떤 관계가 성립하는가?

① $\frac{f_1}{f_2}=\frac{P_1}{P_2}$ ② $\frac{f_2}{f_1}=\frac{P_1}{P_2}$
③ $\frac{f_1}{f_2}=\frac{P_2}{P_1}$ ④ $\frac{f_2}{f_1}=P_1 \cdot P_2$

답 ①

80 반동 전동기(reaction motor)의 특성으로 가장 옳은 것은?

① 기동 토크가 특히 큰 전동기
② 전부하 토크가 큰 전동기
③ 여자권선 없이 동기 속도로 회전하는 전동기
④ 속도제어가 용이한 전동기

답 ③

81 3상 회전 변류기에서 직류측의 전압 E_d[V]와 교류측 전압의 실효치를 E_a[V]라 하면 교류, 직류의 전압비 $\frac{E_a}{E_d}$는?

① 1 ② $\sqrt{2}$
③ $\frac{1}{\sqrt{2}}$ ④ $\frac{\sqrt{3}}{2\sqrt{2}}$

풀이 $\frac{E_a}{E_d}=\frac{1}{\sqrt{2}}\sin\frac{\pi}{m}=\frac{1}{\sqrt{2}}\sin\frac{\pi}{3}=\frac{1}{\sqrt{2}}\frac{\sqrt{3}}{2}=\frac{\sqrt{3}}{2\sqrt{2}}$

답 ④

82 6상 회전변류기의 직류 측에서 600[V]를 얻으려면 슬립링 사이의 교류전압은?

① 약 519　　② 약 300

③ 약 212　　④ 약 150

풀이 $\frac{E_a}{E_d} = \frac{1}{\sqrt{2}} \sin\frac{\pi}{6}$, $E_a = E_d \times \frac{1}{2\sqrt{2}} = 600 \times \frac{1}{2\sqrt{2}} = 212[\text{V}]$　　답 ③

83 단중 중권 6상 회전변류기의 직류측 전압이 E_d 일 때 교류측 슬립링간의 기전력 E_a에 대해 옳은 것은?

① $E_a = \frac{1}{2\sqrt{2}} E_d$

② $E_a = 2\sqrt{2}\, E_d$

③ $E_a = \frac{3}{2\sqrt{2}} E_d$

④ $E_a = \frac{1}{\sqrt{2}} E_d$

풀이 $\frac{E_a}{E_d} = \frac{1}{\sqrt{2}} \sin\frac{\pi}{m} = \frac{1}{\sqrt{2}} \sin\frac{\pi}{6} = \frac{1}{\sqrt{2}} \times \frac{1}{2} = \frac{1}{2\sqrt{2}}$, $E_a = E_d \times \frac{1}{2\sqrt{2}}$　　답 ①

84 회전 변류기의 교류측 선전류를 I_a, 직류측 선전류를 I_d 라 하면 I_a / I_d 의 전류비는? (단, 손실은 없고, 역률은 1이고, m은 상수이다)

① $\frac{2\sqrt{2}}{m}$　　② $2\sqrt{2}$

③ $\frac{2\sqrt{2}}{3m}$　　④ $\frac{m}{2\sqrt{2}}$　　답 ①

85 6상 회전변류기의 정격출력이 2,000[kW]이고 직류측 정격전압이 1,000[V]이다. 교류측의 입력전류는? (단, 역률 및 효율은 전부 100[%]이고 $\cos\theta = 1$ 이다.)

① 약 471[A]
② 약 667[A]
③ 약 943[A]
④ 약 1,633[A]

풀이 직류측 선로전류는 $I_d = \dfrac{2,000 \times 10^3}{1,000} = 2,000[A]$

$$I_a = \frac{2\sqrt{2} \times I_d}{m \times \cos\theta} = \frac{2\sqrt{2} \times 2,000}{6 \times 1} = 942.8[A]$$

답 ③

86 회전변류기의 직류측 전압을 조정하려는 방법이 아닌 것은?

① 직렬리액턴스에 의한 방법
② 유도 전압 조정기를 사용하는 방법
③ 여자전류를 조정하는 방법
④ 동기 승압기에 의한 방법

답 ③

87 회전변류기에 관한 설명 중 틀린 것은?

① 회전자는 회전자계의 방향과 반대로 회전한다.
② 3상교류는 슬립링을 통하여 회전자에 공급하며 회전자에 있는 정류자의 브러시에서 직류가 출력된다.
③ 기계적 출력을 발생할 필요가 없으므로 축과 베어링은 작아도 된다.
④ 직류측 전압을 변경하려면 여자전류를 가감하여 조정한다.

답 ④

88 발전기 권선의 층간단락보호에 가장 적합한 계전기는?

① 방향 계전기
② 온도 계전기
③ 접지 계전기
④ 차동 계전기

답 ④

89 동기 발전기의 부하가 불평형이 되어 발전기의 회전자가 과열 소손되는 것을 방지하기 위하여 설치하는 계전기는?

① 과전압 계전기　② 역상 과전류 계전기
③ 계자 상실 계전기　④ 비율 차동 계전기

답 ②

90 1,000[kVA], 역률 92[%], 효율 92[%]인 동기발전기를 구동시키는 원동기의 출력은 몇 [kW]인가?

① 520　② 740
③ 800　④ 1,000

풀이 원동기의 출력은 동기발전기의 입력이다.

$$\text{동기발전기의 입력} = \frac{\text{동기발전기 출력}}{\eta_G} = \frac{1{,}000 \times 0.92[\text{kW}]}{0.92} = 1{,}000[\text{kW}]$$

답 ④

91 4극, 60[Hz]의 동기발전기가 있다. 회전자의 주변속도를 200[m/s]이하로 하려면 회전자의 최대 직경을 약 몇 [m]로 하여야 하는가? [13년]

① 1.5　② 1.8
③ 2.1　④ 2.8

풀이 $n_s = \frac{2 \times f}{P} = \frac{2 \times 60}{4} = 30[\text{rps}]$

회전자의 둘레 u 은 $u = 2\pi r = D\pi$ [m],

주변속도를 v_s로 하면 $v_s = u \cdot n_s$[m/s], $200 = D\pi \cdot 30$[m/s], $\therefore D = 2.12$[m/s]

답 ③

92 동기발전기의 회전자 둘레를 2배로 하면 회전자 주변속도는 몇 배가 되는가? [12년]

① 1 ② 2
③ 4 ④ 8

풀이 회전자의 둘레 u 은 $u = 2\pi r = D\pi$ [m], 주변속도를 v_s로 하면 $v_s = u \cdot n_s$ [m/s] 회전자 둘레를 2배로 하면 회전자 주변속도는 2배가 된다. 답 ②

93 우리나라 발전소에 설치되어 3상교류를 발생하는 발전기는? [14년]

① 동기 발전기 ② 분권 발전기
③ 직권 발전기 ④ 복권 발전기 답 ①

94 3상동기발전기에서 그림과 같이 1상의 권선을 서로 똑같은 2조로 나누어서 그 1조의 권선전압을 E[V], 각 권선의 전류를 I[A]라 하고 2중 Δ 형(double delta)으로 결선하는 경우 선간전압과 선전류 및 피상전력은? [13년]

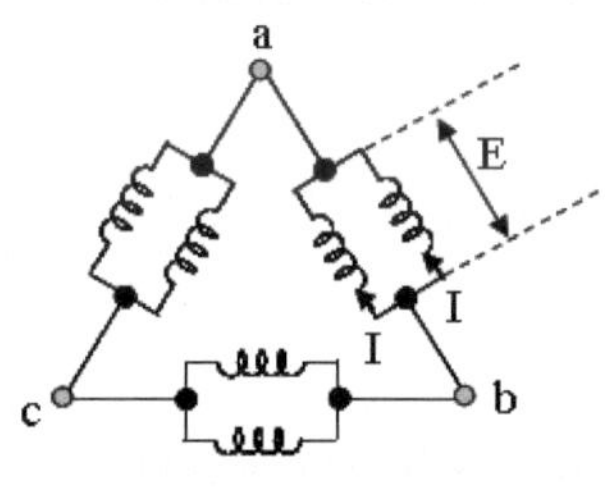

그림. 2중 △형

① $3E,\ I,\ 5.19\,EI$
② $\sqrt{3}\,E,\ 2I,\ 6\,EI$
③ $E,\ 2\sqrt{3}\,I,\ 6\,EI$
④ $\sqrt{3}\,E,\ \sqrt{3}\,I,\ 5.19\,EI$

풀이 선간전압은 $V_l = V_p = E$이고, 선전류는 $I_l = \sqrt{3} \times I_p$(상전류)$= \sqrt{3} \times 2I$ 이 되며 피상전력은 $\sqrt{3}\,V_l I_l = \sqrt{3}\,(E)(\sqrt{3} \times 2I) = 6\,EI$가 된다. 답 ③

95 **비철극(원통)형 회전자 동기발전기에서 동기 리액턴스값이 2배가 되면 발전기의 출력은?** [13년]

① 1/2로 줄어든다. ② 1배이다.
③ 2배로 증가한다. ④ 4배로 증가한다.

풀이 원통형(비철극)형 동기발전기의 출력은 $P_o = \frac{VE_o}{Z_s}\cos\left(\frac{\pi}{2}-\delta\right) = \frac{VE_o}{Z_s}\sin\delta$이므로 동기 리액턴스값이 2배가 되면 출력은 1/2로 줄어든다. 답 ①

96 **동기발전기에 관한 다음 설명 중 옳지 않은 것은?** [13]

① 단락비가 크면 동기임피던스가 적다.
② 단락비가 크면 공극이 크고 철이 많이 소요된다.
③ 단락비를 적게 하기 위해서 분포권과 단절권을 사용한다.
④ 전압강하가 감소되어 전압변동률이 좋다. 답 ③

97 **2대의 발전기가 병렬운전되고 있을 때 B기의 원동기의 조속기를 조정하여 B기의 입력을 증가시키면 B기에는?** [14년]

① 90° 진상 전류가 흐른다. ② 90° 지상 전류가 흐른다.
③ 부하 전류가 감소한다. ④ 부하 전류가 증가한다. 답 ④

98 **동기전동기에서 전기자 반작용을 설명한 것 중 옳은 것은?** [13년]

① 공급전압보다 앞선 전류는 감자작용을 한다.
② 공급전압보다 뒤진 전류는 감자작용을 한다.
③ 공급전압보다 앞선 전류는 교차자화작용을 한다.
④ 공급전압보다 뒤진 전류는 교차자화작용을 한다. 답 ①

99 동기전동기의 공급전압, 주파수 및 부하를 일정하게 유지하고 여자전류를 변화시키면? [14년]

① 전기자 전류가 변화한다. ② 토크가 변화한다.
③ 속도가 증가한다. ④ 속도가 증가한다.

답 ①

100 동기전동기의 위상특성곡선(V곡선)에 대한 설명으로 옳은 것은? [14년]

① 공급전압 V와 부하전류가 일정할 때 계자전류의 변화에 대한 전기자 전류의 변화를 나타낸 곡선
② 출력을 일정하게 유지할 때 계자전류와 전기자 전류의 관계
③ 계자전류를 일정하게 유지할 때 출력과 전기자 전류의 관계
④ 역률을 일정하게 유지할 때 계자전류와 전기자 전류의 관계

답 ②

101 다음 전동기 중 역률이 가장 좋은 전동기는? [13년]

① 동기 전동기 ② 반발 기동 전동기
③ 농형 유도 전동기 ④ 교류 정류자 전동기

답 ①

102 동기기에서 극수와 속도의 관계를 나타내는 곡선은?

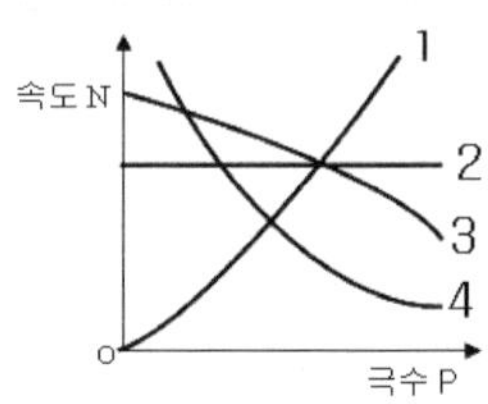

① 1 ② 2
③ 3 ④ 4

풀이 $N_s = \dfrac{120f}{P} \propto \dfrac{1}{P}$

답 ④

103 3상 동기전동기에 설치된 제동권선의 효과는? [14년]

① 정지시간의 단축　　② 출력전압의 증가

③ 기동토크의 발생　　④ 과부하 내량의 증가　　답 ③

104 동기전동기에서 제동권선의 역할에 해당되지 않는 것은? [13년]

① 기동토크를 발생한다.

② 난조 방지작용을 한다.

③ 전기자반작용을 방지한다.

④ 급격한 부하의 변화로 인한 속도의 요동을 방지한다.　　답 ③

105 동기전동기 난조방지가 아닌 것은?

① 조속기 감도예민　　② 플라이 휠

③ 제동권선　　④ 리액턴스 삽입　　답 ④

106 동기전동기에 관한 설명 중 옳지 않은 것은? [13년]

① 기동토크가 작다.　　② 역률을 조정할 수 없다.

③ 난조가 일어나기 쉽다.　　④ 여자기가 필요하다.　　답 ②

107 동기전동기의 기동법으로 옳은 것은? [12년]

① 직류초퍼법, 기동전동기법　　② 자기동법, 기동전동기법

③ 자기동법, 직류초퍼법　　④ 계자제어법, 저항제어법　　답 ②

108 **무부하의 장거리 송전선로에 동기발전기를 접속하는 경우, 송전선로의 자기여자현상을 방지하기 위해서 동기조상기를 사용하였다. 이때 동기조상기의 계자전류를 어떻게 하여야 하는가? [13년]**

① 계자전류를 0으로 한다.
② 부족여자로 한다.
③ 과여자로 한다.
④ 역률이 1인 상태에서 일정하게 한다.

답 ②

109 **동기조상기의 계자전류를 과여자로해서 운전할 경우 틀린 것은? [14년]**

① 콘덴서로 작용한다.
② 위상이 뒤진전류가 흐른다.
③ 송전선의 역률을 좋게 한다.
④ 송전선의 전압강하를 감소시킨다.

답 ②

110 **동기 발전기 유도기전력의 식은 $E = 4\times(\quad) f w \Phi$ 으로 표시된다. 여기서 ( )는 무엇을 가리키는가? (단, Φ 는 매극당 자속, w 은 권수이다.)**

① 실효값 ② 최대값
③ 파고율 ④ 파형률

답 ④

풀이 양쪽 도체의 기전력이 합해져서 한 권선에 나타나는 기전력 E'' [V]는

$$E'' = 2\times\frac{\pi}{\sqrt{2}} f\Phi = 4\left(\frac{\pi}{2\sqrt{2}}\right) f\Phi = 4(1.11) f\Phi = 4.44 f\Phi \text{ [V]}$$

여기서, $\left(\frac{\pi}{2\sqrt{2}}\right)$을 파형률(정현파의 경우)이라 한다.

1상에 대하여 직렬로 접속된 코일의 권수가 w 이면, 1상의 유도기전력 E[V]는 $E = 4.44 f w \Phi$ [V]

CHAPTER 3 · 변압기

교류전력은 역률이 일정하면 전압과 전류의 곱에 비례한다. 따라서 대전력을 송전하려면 전압을 높이고 전류를 적게 해서 송전선의 전압강하를 적게 하는 것이 경제적이다. 우리나라에서는 발전기의 전압을 154[kV]에서 765[kV] 까지 높여서 송전을 하며 1차, 2차변전소에서 전압을 낮추어서 각 공장이나 수용가에 배전되며, 주상변압기에서도 전압을 다시 낮추어서 가정에 공급되고 있다.

3.1 변압기의 이론

3.1.1 변압기의 기본이론

[그림 3.1]의 (a)와 같이 코일 w_1에 스위치 S와 전지를 접속하고 w_2에는 검류계를 접속한다. S를 닫으면 w_1에 전류가 흐르고 **앙페르의 오른손법칙**에 의해서 생긴 자속이 w_2에도 쇄교되므로 **렌쯔의 법칙**에 따라 자속의 변화를 방해하는 방향으로 전류가 흐르도록 기전력이 유도된다. 즉 $e_r = -w\dfrac{d\phi}{dt}$[V]의 기전력이 유도되어 검류계는 움직인다.

그러나 닫은 상태로 그대로 두면 직류에 의한 자속은 시간적으로 변하지 않으므로 검류계는 움직이지 않는다.

다음에 S를 열면 w_1의 자속은 없어지게 되지만, 이 때 w_2에는 자속을 증가시키는 방향으로 기전력이 유도된다.

즉, 검류계는 S를 닫을 때와는 반대방향으로 움직이는데 이를 통해 기전력이 반대방향으로 유도되는 것을 알 수 있다. 연속적으로 S를 개폐하면 검류계는 진동을 계속한다. 이와 같은 현상을 **상호유도작용**이라 한다.

다음에 그림 (b)와 같이 w_1, w_2 코일의 축에 철심을 넣고 S를 개폐하면 검류계의 진동의 폭은 철심이 없을 때에 비해 더욱 커지므로 w_2에 유도되는 기전력이 큰 것을 알 수 있다.

이것은 철을 넣었기 때문에 자기회로의 자기저항이 적어지므로 $\phi = \dfrac{\text{기자력 [AT]}}{\text{자기저항}}$[Wb]의 식에서 자속 ϕ가 크게 되고 쇄교 자속의 변화가 크기 때문이다. 이때의 w_2 코일의 기전력은 **상호유도기전력**이라고 하고 w_1에도 당연히 자속 ϕ의 변화를 방해하려는 방향으로 기전력이 유도되며 이것을 **자기유도기전력**이라 한다.

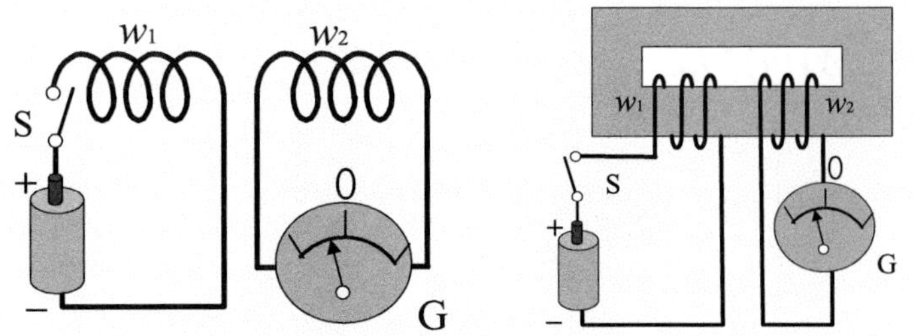

(a) 철심이 없을 때 (b) 철심이 있을 때

[그림 3.1] 변압기의 기본원리

변압기에서 이론을 쉽게 이해하기 위하여 권선의 저항이나 누설 리액턴스를 생략하고, 또 철심의 자기포화나 철손이 없는 변압기, 즉 **이상변압기**에 대하여 전압과 전류의 관계를 알아보기로 하자.

3.1.2 이상변압기

(1) 공급전압과 유도기전력

변압기는 교류전압 및 전류의 크기를 변성하는 장치이며, 2개 이상의 전기회로와 이들과 쇄교하는 1개로 공통된 자기회로로 구성되고 있다. 자기회로의 한쪽을 전원에 접속하고, 다른 쪽을 부하에 접속하면 전력은 자기회로를 거쳐서 부하로 전달된다.
전원에 접속되는 권선을 **1차권선**이라 하고, 부하에 접속되는 권선을 **2차권선**이라 한다. [그림 3.2]는 길이 l [m], 단면적 $A[\mathrm{m}^2]$의 철심에 1차권수 w_1, 2차권수 w_2 의 권선을 평등하게 감고 있다. 1차권선의 자기인덕턴스를 $L_1[\mathrm{H}]$, 2차권선의 자기 인덕턴스를 $L_2[\mathrm{H}]$라고 하면

$$L_1 = \frac{\mu {w_1}^2 A}{l}[\mathrm{H}] \qquad L_2 = \frac{\mu {w_2}^2 A}{l}[\mathrm{H}] \tag{3.1}$$

여기서, μ 는 철심의 투자율이며, 진공의 투자율을 μ_o, 철의 비투자율을 μ_s 라 하면 $\mu = \mu_o \mu_s$ 이다.

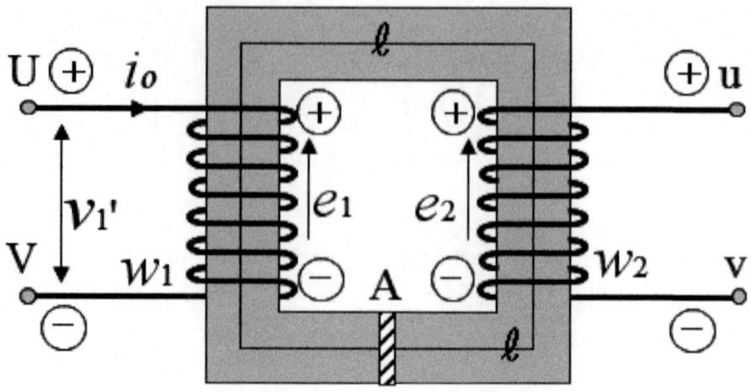

[그림 3.2] 이상변압기

① **여자전류** : 2차단자를 개방하고 1차단자에 실효치 V_1'[V], 주파수 f [Hz](각 주파수 $\omega = 2\pi f$ [rad/s])의 정현파$v_1' = \sqrt{2}\, V_1' \sin\omega t$[V]를 가하면 1차권선에는 다음과 같은 전류가 흐른다.

$$i_o = \frac{\sqrt{2}\, V_1'}{\omega L_1}\sin\left(\omega t - \frac{\pi}{2}\right) = \sqrt{2}\, I_o \sin\left(\omega t - \frac{\pi}{2}\right)[\mathrm{A}] \tag{3.2}$$

$$\text{여기서, } I_o = \frac{V_1'}{\omega L_1}$$

i_o는 **여자전류**라고 하며, 전압 V_1'보다 $\pi/2 = 90°$ 만큼 늦다.

② **자속** : 여자전류에 의하여 철심에는 다음과 같은 교번자속이 생긴다.

$$\phi = \frac{\text{기자력}[\mathrm{AT}]}{\text{자기저항}} = \frac{w_1 i_o}{\dfrac{l}{\mu A}} = \frac{w_1 \mu A i_o}{l}[\mathrm{Wb}] \tag{3.3}$$

식(3.3)에 식 (3.2)의 i_o를 대입하면

$$\phi = \frac{w_1\, \mu A}{l} i_o = \frac{w_1\, \mu A}{l}\frac{\sqrt{2}\, V_1'}{\omega L_1}\sin\left(\omega t - \frac{\pi}{2}\right)[\mathrm{Wb}] \tag{3.4}$$

식(3.4)에 식 (3.1)의 L_1을 대입하면

$$\phi = \frac{w_1\, \mu A}{l}\frac{\sqrt{2}\, V_1'}{\omega\dfrac{\mu {w_1}^2 A}{l}}\sin\left(\omega t - \frac{\pi}{2}\right)[\mathrm{Wb}] \tag{3.5}$$

$$\phi = \frac{\sqrt{2}\, V_1{}'}{\omega w_1} \sin(\omega t - \frac{\pi}{2}) = \sqrt{2}\, \Phi \sin(\omega t - \frac{\pi}{2}) [\mathrm{Wb}] \tag{3.6}$$

여기서, $\Phi = \dfrac{V_1{}'}{\omega w_1} = \dfrac{V_1{}'}{2\pi f w_1}[\mathrm{Wb}]$이며 이 식에서 $V_1{}' = \omega w_1 \Phi$가 된다. 자속 Φ는 전압 $v_1{}'$ 보다 $\pi/2$ 늦고, 여자전류 i_o와 동상이다.

③ **1차유도기전력** : 자속 ϕ의 변화에 따라 1차권선에는 기전력 e_1이 유도된다.

$$\begin{aligned} e_1 &= -w_1 \frac{d\phi}{dt} = -w_1 \frac{d\left[\sqrt{2}\,\Phi \sin\left(\omega t - \frac{\pi}{2}\right)\right]}{dt} \\ &= -w_1 \sqrt{2}\,\Phi \frac{d\sin\left(\omega t - \frac{\pi}{2}\right)}{dt} \\ &= -\sqrt{2}\,\omega w_1 \Phi \sin\omega t = -\sqrt{2}\, V_1{}' \sin\omega t = -v_1{}' \} \end{aligned} \tag{3.7}$$

즉 유도기전력은 공급전압과 크기가 같고 방향이 반대이다. 따라서 1차권선 안에서 2개의 전압이 평형하기 때문에 미소한 전류가 흐른다. 예를 들면 [그림 3.2]에서 $v_1{}' + e_1 = v_1{}' - v_1{}' = 0$이다.
식 (3.7)에서 아는 바와 같이 1차유도기전력의 실효치 E_1은 다음과 같이 된다.
$e_1 = -v_1{}'$이고, $V_1{}' = \omega w_1 \Phi = 2\pi f w_1 \Phi$에서

$$\dot{E}_1 = 2\pi f w_1 \Phi = \sqrt{2}\,\pi f w_1 \sqrt{2}\,\Phi = 4.44 f w_1 \Phi_m [\mathrm{V}] = -\dot{\mathrm{V}}_1{}' \tag{3.8}$$

④ **2차유도기전력** : 자속 ϕ는 동시에 2차권선과도 쇄교하므로 누설자속이 없는 것으로 하면, 2차권선에 유도되는 기전력e_2 및 실효치 E_2는 다음과 같이 되어서 1차권선의 유도기전력e_1과 같은 위상에 있다.

$$e_2 = -w_2 \frac{d\phi}{dt} = -\sqrt{2}\,\omega w_2 \Phi \sin\omega t = -\sqrt{2}\, E_2 \sin\omega t [\mathrm{V}] \tag{3.9}$$

$$E_2 = 2\pi f w_2 \Phi = \sqrt{2}\,\pi f w_2 \sqrt{2}\,\Phi = 4.44 f w_2 \Phi_m [\mathrm{V}] \tag{3.10}$$

⑤ **벡터도** : 이들의 관계를 벡터도로 나타내면 [그림 3.3]과 같이 된다.

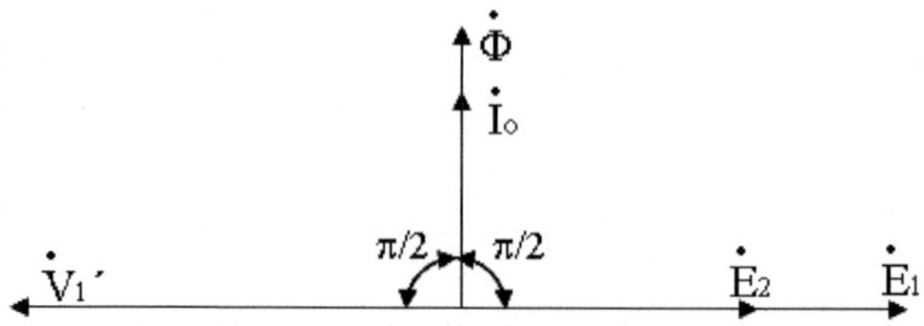

[그림 3.3] 전압, 전류, 자속의 벡터도

⑥ **권선비** : 식 (3.8)의 식 (3.10)의 비를 나타내면

$$\frac{E_1}{E_2} = \frac{4.44\,f\,w_1\,\Phi_m}{4.44\,f\,w_2\,\Phi_m} = \frac{w_1}{w_2} = a \tag{3.11}$$

즉, 변압기의 1차권선 및 2차권선에 유도되는 기전력의 비는 그 권수의 비와 같다. 이것을 a로 표시하고 **권수비**라고 한다.

그리고 $E_1 > E_2$으로 된 권수비의 변압기를 **강압변압기**라고 하며, 반대로 $E_1 < E_2$인 경우의 변압기를 **승압변압기**라고 한다.

(2) 부하전류와 기자력의 평형

이상변압기의 2차 단자에 [그림 3.4]와 같이 임피던스 $\dot{Z} = r + j\,x$의 부하를 접속하면 2차변압기에 다음과 같은 전류가 흐른다. 단, 2차권선의 저항을 0으로 하고 누설자속은 없는 것으로 할 때

$$\dot{I_2} = \frac{\dot{E_2}}{\dot{Z}} = \frac{\dot{E_2}}{r + j\;x} \tag{3.12}$$

① **1차부하전류** : 2차권선에 I_2가 흐르면 기자력 $I_2 w_2$[AT]가 생기고 자속 Φ는 변화하려고 한다. 그러나 1차권선에 가해지고 있는 전압 $V_1{}'$는 일정하며, 이것과 전압의 평형을 유지하는 것은 E_1이기 때문에 E_1은 일정하게 유지하지 않으면 안 된다. 그런데, 식 (3.8)에 의하여 E_1이 일정하게 유지하기 위해서는 Φ가 일정해야 되므로 기자력 $I_2 w_2$[AT]를 해소하려는 전류 $I_1{}'$가 1차권선에 유입한다. 따라서 두 개의 기자력

$I_2 w_2$[AT]와 $I_1' w_1$[AT]의 벡터합은 O 이어야 되기 때문에

$$\dot{I_1}' w_1 + \dot{I_2} w_2 = 0 \quad \therefore \dot{I_1}' = -\frac{w_2}{w_1}\dot{I_2} = -\frac{\dot{I_2}}{a}[\mathrm{A}] \tag{3.13}$$

이 $\dot{I_1}'$를 1차 **부하전류**라고 한다.

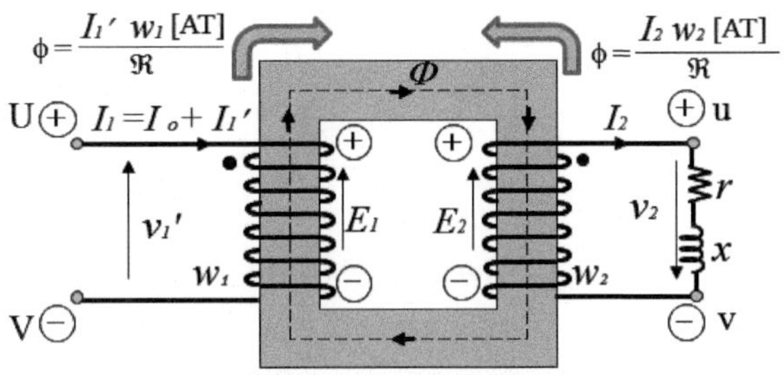

[그림 3.4] 이상변압기에 부하를 접속한 경우

② **1차전류** : 1차전류는 I_1 은 1차 부하전류 I_1'와 여자전류 I_o 의 벡터합이며

$$\dot{I_1} = \dot{I_o} + \dot{I_1}' = \dot{I_o} - \frac{w_2}{w_1}\dot{I_2} \tag{3.14}$$

여자전류$\dot{I_o}$는 대단히 적고, 부하전류가 클 때에는 이것을 무시할 수 있기 때문에 1차전류는 1차 부하전류와 같다고 생각해도 좋다.

$$\therefore\ \dot{I_1} \fallingdotseq -\frac{w_2}{w_1}\dot{I_2}[\mathrm{A}] \qquad \therefore\ \frac{I_1}{I_2} \fallingdotseq \frac{w_2}{w_1} \fallingdotseq \frac{1}{a}[\mathrm{A}] \tag{3.15}$$

③ **변류비** : 식(3.15)에서 아는 바와 같이 1차전류와 2차전류의 크기에 대한 비를 변류비라고 하며 부하전류가 큰 경우에는 권수비에 반비례한다.

④ **벡터도** : 이상의 관계를 벡터도로 나타내면 [그림 3.5]와 같이 된다.

여기서, $\theta_2 = \tan^{-1}\frac{x}{r}$ 이다.

부하에 공급되는 전력 P_2는 $P_2 = E_2 I_2 \cos\theta_2$[W]

또 전원에서 공급되는 전력 P_1는 $P_1 = V_1' I_1 \cos\theta_1$[W]

효율 η는 $\eta = \dfrac{P_2}{P_1} \times 100[\%]$

이상변압기에서는 손실이 없기 때문에 $P_1 = P_2$, $\eta = 100[\%]$로 된다.

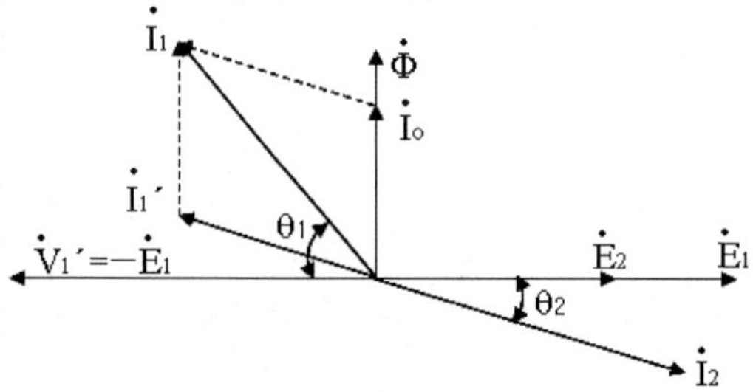

[그림 3.5] 전압과 전류 및 자속의 벡터도

예제 1 E·x·e·r·c·i·s·e

단상변압기의 2차측 110[V]탭 단자에 0.4[Ω]의 저항을 접속하고, 1차 측 단자에 720[V]를 가할 때, 1차 전류는 2[A]로 된다. 이 경우 1차 측 단자는 몇 [V]탭인가? (단, 변압기의 임피던스 및 손실은 무시한다.

해설 손실을 무시하기 때문에 1차측과 2차측의 피상전력은 같다.

$V_1 I_1 = V_2 I_2$, 또, 2차측 부하는 0.4[Ω]의 저항이기 때문에

$I_2 = \dfrac{V_2}{0.4}$ 을 위 식에 대입하면, $V_1 I_1 = \dfrac{{V_2}^2}{0.4}$

여기서, $V_1 = 720$, $I_1 = 2$ 이기 때문에

$720 \times 2 = \dfrac{{V_2}^2}{0.4}$, ${V_2}^2 = 576$, $V_2 = \sqrt{576} = 24$

식(3.11)에서 $\dfrac{E_1}{E_2} = \dfrac{w_1}{w_2} = a$이고,

변압기의 임피던스 및 손실을 무시하면 $E_1 = V_1$, $E_2 = V_2$ 이므로

$\therefore\ a = \dfrac{w_1}{w_2} \fallingdotseq \dfrac{V_1}{V_2} = \dfrac{720}{24} = 30$

1차, 2차의 전압비에서 구하는 1차 측 탭은 1차 탭=2차 탭× a =110× 30= 3,300[V]

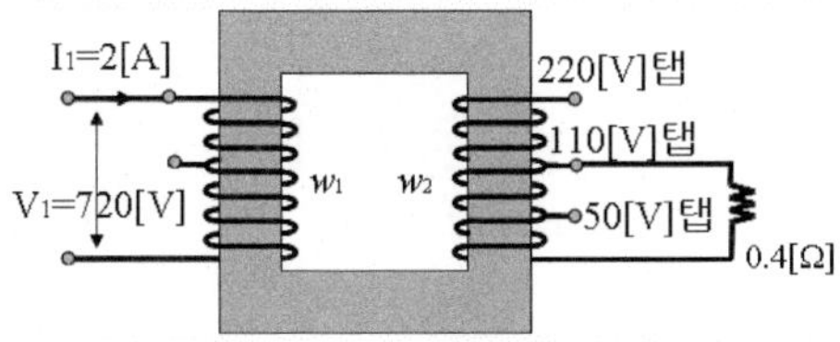

[그림 예제 1]

3.1.3 실제의 변압기

(1) 권선의 저항

이상변압기에서는 권선의 저항를 생략하고 변압기안에는 손실이 없는 것으로 하였으나, 실제의 변압기권선에는 저항이 있으므로 동손이 생기고 전압강하를 일으킨다. 따라서 권선에 생기는 유도기전력은 이상변압기의 경우와 다소 다르게 된다.

이 영향은 [그림 3.6]의 (a)와 같이 권선에는 저항이 없는 것으로 하고 이들 권선의 저항과 같은 1차저항 r_1 및 2차저항 r_2를 각각 1차권선 및 2차권선에 직렬로 접속한 것이라고 생각할 수 있다.

(2) 주자속과 누설자속

이상변압기에서는 자속의 누설이 없고 모든 자속이 1차권선 및 2차권선과 쇄교하는 것으로 하였다. 그러나 실제의 변압기에는 약간의 누설자속이 있다. [그림 3.6]의 (a)에서 Φ는 1차권선 및 2차권선과 쇄교하는 자속이며 주자속이라고 한다.

Φ_{l1}은 1차전류에 의하여 생기는 자속 중에서 다만 1차권선과 쇄교하는 자속이며, Φ_{l2}는 2차전류에 의하여 생기는 자속 중에서 다만 2차권선과 쇄교하는 자속으로서 이들을 **누설자속**이라고 한다. 주자속에 의하여 기전력이 유도하는 것과 같이 누설자속에 의해서도 권선 안에 기전력이 유도된다.

그러나 1차누설자속 Φ_{l1}은 주자속Φ와 같이 2차권선에 기전력을 유도시키지 않고 1차권선에만 기전력을 유도하고, 또 2차누설자속 Φ_{l2}는 1차권선에 기전력을 유도시키지 않고 2차권선에만 기전력을 유도한다.

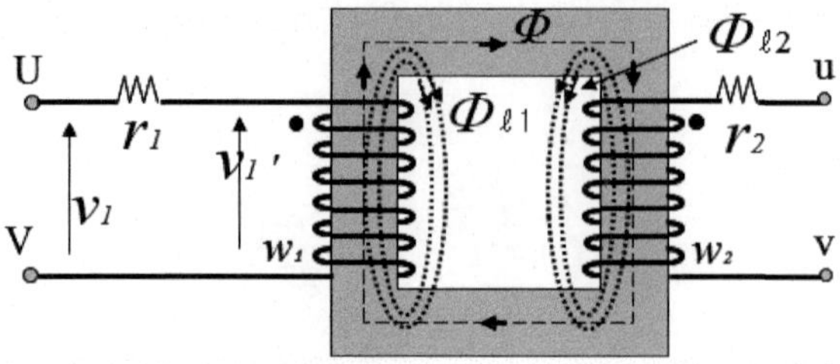

(a)

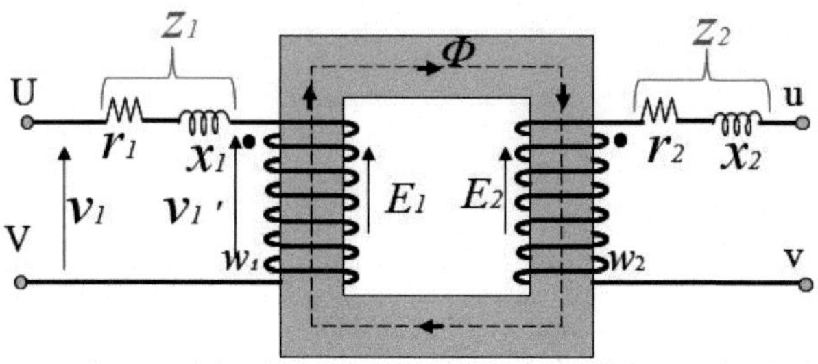

(b)

[그림 3.6] 실제의 변압기

(3) 누설 리액턴스

누설자속에 의하여 유도되는 기전력은 누설자속보다 $\pi/2$만큼 늦고 크기는 누설자속의 크기와 비례한다. 또 Φ_{l1}, Φ_{l2}는 대부분 철심 밖을 통과하므로 1차전류 및 2차전류에 각각 비례하여 증감한다.

따라서 1차누설자속 및 2차누설자속에 의하여 생기는 기전력 E_{l1}과 E_{l2}는 각각 다음과 같이 표시할 수 있다.

$$\left.\begin{aligned} \dot{E}_{l1} &= -jx_1\dot{I}_1, \quad \dot{E}_{l2} = -jx_2\dot{I}_2 \\ e_{l1} &= -w_1\frac{d\phi_{l1}}{dt} = -w_1\frac{1}{R_l}\frac{dF}{dt} = -w_1P_{l1}\frac{d(i_1w_1)}{dt} \end{aligned}\right\} \tag{3.16}$$

지금 $i_1 = \sqrt{2}\,I_1\sin(\omega t - \phi_0)$로 하면 $\dot{E}_{l1} = -jx_1\dot{I}_1$이 된다. ($P_{l1}$를 퍼어미언스라고 한다.)

x_1 및 x_2는 각각 1차 및 2차의 **누설 리액턴스**라고 하며, [그림 3.6] (b)의 x_1, x_2와 같이 각각의 권선에 직렬로 접속한 것으로 취급할 수 있다.

(4) 1차 및 2차 임피던스

$Z_1 = r_1 + jx_1$은 1차 임피던스, $Z_2 = r_2 + jx_2$는 2차 임피던스라고 한다.

3.1.4 여자전류와 철손

(1) 여자전류 파형의 변형과 철손의 영향

변압기의 1차단자에 가하는 전압 v_1'을 정현파이어야 하며 이것을 유도하는 자속 ϕ도 정현파이어야 한다.

[그림 3.7]의 (a)와 같이 포화현상 및 히스테리시스현상이 없다면 ϕ 를 만드는 전류 i_o는 정현파가 된다.

그러나 변압기철심에는 자기포화현상 및 히스테리시스현상이 있기 때문에, 자속 ϕ 를 만드는 전류 i_o는 [그림 3.7]의 (b)와 같이 정현파가 될 수 없고 주로 3고조파를 포함한 왜형파전류로 된다.

히스테리시스에 따른 손실을 **히스테리시스손**이라고 한다. 이 밖에 자속변화 때문에 와전류가 흐르고 이에 따른 손실이 발생한다. 이것을 **와전류손**이라고 한다.

히스테리시스손(P_h)와 와전류손(P_e)의 합을 철손(P_i)이라 하며, 여자전류의 실효치 I_o와 전압 V_1' 사이의 전력과 같다.

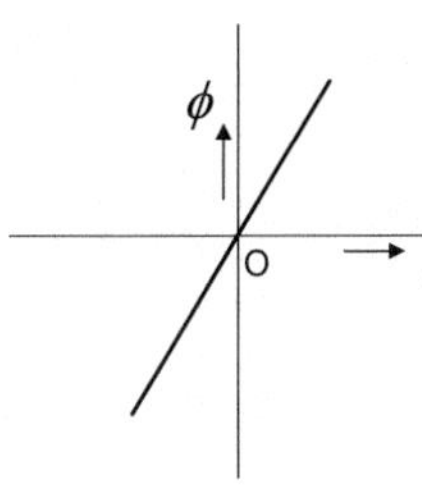

(a) 히스테리시스현상이 없을 때

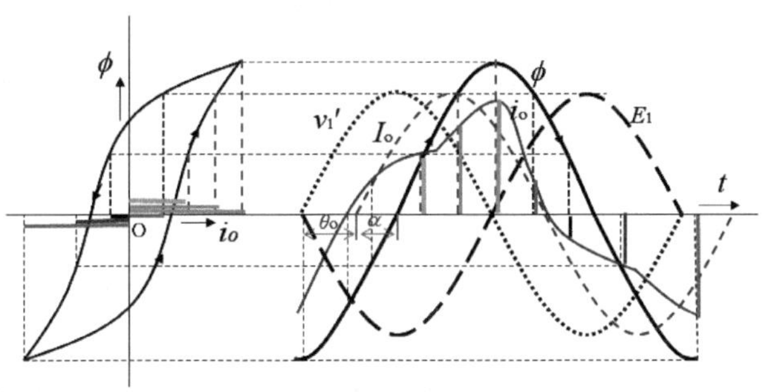

(b) 히스테리시스현상이 있을 때

[그림 3.7] 철심의 히스테리시스에 의한 여자전류 파형의 변형

(2) 여자전류

여자전류 i_o는 정현파가 아니지만 편의상 이것은 동일한 실효값이 있고 또한, 전압 V_1'과 함께 필요한 철손을 공급하는 것과 같은 위상의 등가 정현파로 바꾸어서 취급한다. 여자전류의 실효치를 I_o[A], 철손을 P_i[W], 위상각을 θ_o이라 하면
$P_i = V_1' I_o \cos\theta_o$[W]에서

$$\cos\theta_o = \frac{P_i}{V_1' I_o} \tag{3.17}$$

이와 같이 등가 정현파로 바꾸어 놓으면 전압 V_1'이나 자속 Φ와 같이 I_o를 벡터로 나타낼 수 있다. [그림 3.8]과 같이 I_o은 Φ보다 α만큼 위상이 앞서 있다. 이것은 철손으로 인해 여자전류의 위상이 앞서 있기 때문이며 α를 **철손각**이라고 한다. 여자전류 I_o를 주자속 Φ와 동상의 성분 I_μ 및 직각의 성분 I_w로 나누면

$$\dot{I_o} = \dot{I_\mu} + \dot{I_w} \tag{3.18}$$

$$\left.\begin{aligned} I_\mu &= I_o\cos\alpha = I_o\sin\theta_o \\ I_w &= I_o\sin\alpha = I_o\cos\theta_o \end{aligned}\right\} \tag{3.19}$$

식(3.17)에서 $I_o\cos\theta_o = \dfrac{P_i}{V_1'}$이므로 $I_w = \dfrac{P_i}{V_1'}$, I_w는 철손을 공급하는 전류이며 **철손전류**라 하고, I_μ는 자속을 유지하는 전류로서 **자화전류**라고 한다.

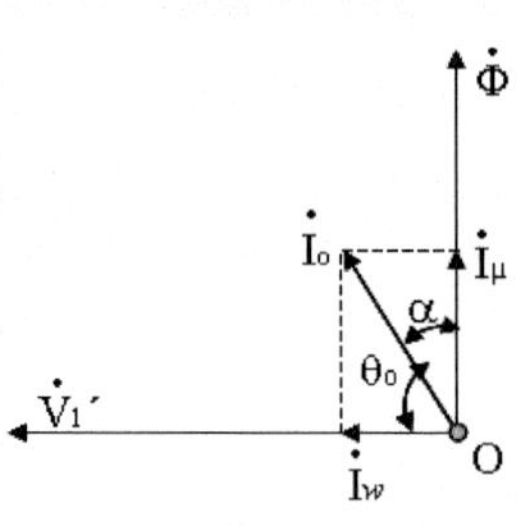

[그림 3.8] 여자전류의 벡터도

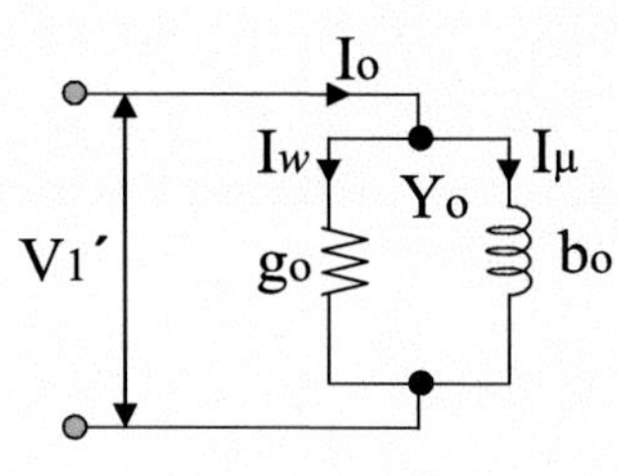

[그림 3.9] 여자회로

(3) 여자 어드미턴스

1차권선에 여자전류 I_o 만 흐른다고 생각하면 1차권선은 [그림 3.9]와 같은 등가회로로 표시된다. 이 등가회로는 **여자회로**라고 한다.

여자회로의 어드미턴스를 Y_o 로 표시하면 $\dot{Y}_o = g_o + jb_o$ 이며 절대치는 다음과 같다.

$$Y_o = \sqrt{{g_o}^2 + {b_o}^2} = \frac{I_o}{V_1'}[\mho] \tag{3.20}$$

$$g_o = \frac{I_w}{V_1'} = \frac{\frac{P_i}{V_1'}}{V_1'} = \frac{P_i}{{V_1'}^2}[\mho] \tag{3.21}$$

$$b_o = \pm\sqrt{(Y_o)^2 - (g_o)^2} = \pm\sqrt{\left(\frac{I_o}{V_1'}\right)^2 - \left(\frac{P_i}{(V_1')^2}\right)^2} \quad [\mho] \tag{3.22}$$

(+ : 용량회로, − : 유도회로)

Y_o 는 **여자 어드미턴스**, g_o 는 **여자 콘덕턴스**, b_o 는 **여자 서셉턴스**라고 한다.

g_o 에 흐르는 전류가 철손전류 I_w 이며, b_o 에 흐르는 전류가 자화 전류 I_μ 이다.

$$\begin{aligned} I_o &= V_1' Y_o = V_1' g_o + j V_1' b_o = I_w + I_\mu \\ I_w &= V_1' g_o, \quad I_\mu = V_1' b_o \end{aligned} \tag{3.23}$$

이와 같이 실제 변압기의 회로는 [그림 3.10]과 같이 나타낼 수 있다.

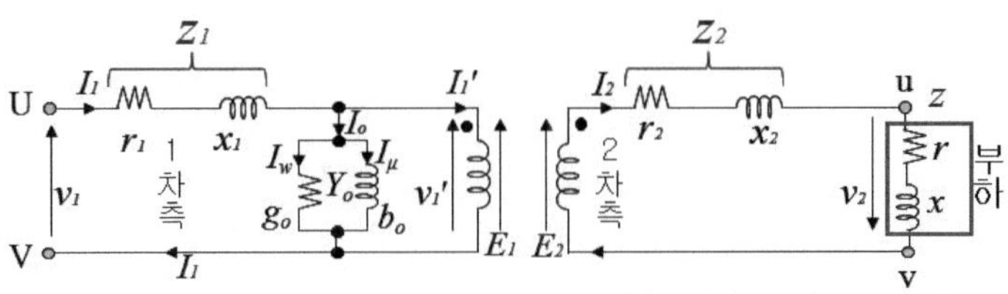

[그림 3.10] 변압기의 회로

3.1.5 전압, 전류의 계산 및 벡터도

(1)전압, 전류의 계산

이상변압기에서는 저항, 누설 리액턴스, 철손 등을 생략하고 계산하였으나, 이들을 고려한 실제의 변압기에 대하여 전압, 전류, 변압비, 변류비 등을 계산하기로 한다. 변압기의 회로를 [그림 3.10]과 같이 나타내고 기호를 다음과 같이 정한다.

- **1차 임피던스** : $\dot{Z}_1 = r_1 + jx_1$
- **2차 임피던스** : $\dot{Z}_2 = r_2 + jx_2$
- **부하 임피던스** : $\dot{Z} = r + jx$
- **여자어드미턴스** : $\dot{Y}_o = g_o + jb_o$

여기서, 1차단자에 가한 전압 : V_1, 2차권선의 단자전압 : V_2, 1차권선의 유도기전력 : E_1, 2차권선의 유도기전력 : E_2, 1차유도기전력E_1과 같은 크기이며 벡터의 방향이 반대인 1차 단자전압 : $\dot{V}_1'(=-\dot{E}_1')$이며 이상변압기와 똑같이 다음 관계가 성립된다.

$$\text{권선비는 } \frac{\dot{E}_1}{\dot{E}_2} = \frac{w_1}{w_2} = a \tag{3.24}$$

① **변압비** : 1차단자전압과 2차단자전압의 비를 말하며

$$\frac{\dot{V}_1}{\dot{V}_2} \fallingdotseq -a \tag{3.25}$$

이 된다. 변압비$\frac{V_1}{V_2}$는 무부하, 또는 경부하인 경우에는 a에 가깝고 부하가 증가함에 따라 a와 차이가 생기나 그 차이는 적다.

② **변류비** : 1차전류와 2차전류의 비, 즉 변류비는

$$\frac{\dot{I}_1}{\dot{I}_2} \fallingdotseq -\frac{1}{a} \tag{3.26}$$

이 된다.

(2) 벡터도

변압기의 전압과 전류의 관계를 벡터도로 그리면 [그림 3.11]과 같이 된다.

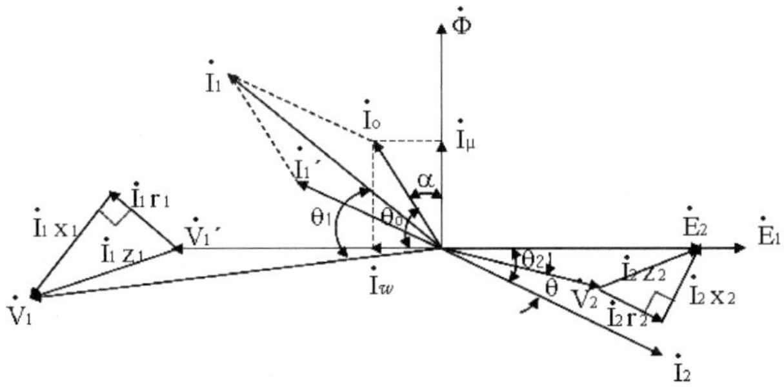

$$\theta_2 = \tan^{-1}\left(\frac{x_2+x}{r_2+r}\right)$$

$$\theta = \tan^{-1}\left(\frac{x}{r}\right)$$

$$\dot{V_1} = \dot{V_1}'(-\dot{E_1}) + \dot{I_1}Z_1$$
$$\dot{E_2} = \dot{V_2} + \dot{I_2}Z_2$$

[그림 3.11] 전압과 전류의 벡터도

예제 2 E·x·e·r·c·i·s·e

권수비 30인 변압기의 1차에 6,600[V]를 가할 때 다음 값을 구하시오.(단, 변압기의 손실은 무시한다.)

(1) 2차전압

(2) 2차에 50[kW] 뒤진 역률 80[%]의 부하를 걸 때 2차 및 1차전류

(3) 1차 입력[kVA]

→ 해설

(1) $V_2 = \frac{V_1}{a} = \frac{6,600}{30} = 220[\text{V}]$

(2) $I_2 = \frac{P}{V_2 \cos\theta} = \frac{50 \times 10^3}{220 \times 0.8} = 284[\text{A}]$

$I_1 = \frac{I_2}{a} = \frac{284}{30} = 9.5[\text{A}]$

(3) 1차 입력 $= 6,600 \times 9.5 \times 10^{-3} = 62.7[\text{kVA}]$

예제 3 E·x·e·r·c·i·s·e

1차 3,150[V] 2차 210[V]의 변압기가 있다. 1차 전압 3,300[V]에서 2차에 부하를 접속한 경우, 1차에 3[A]의 전류가 흐른다. 변압기의 손실을 무시할 때 다음 값을 구하시오.

(1) 2차의 부하 전류

(2) 2차의 출력

→ 해설

(1) $a \fallingdotseq \frac{V_1}{V_2} = \frac{3,150}{210} = 15 \quad I_2 = I_1 \times a = 3 \times 15 = 45[\text{A}]$

(2) $V_1 = 3{,}300$[V] 일 때

$$V_2 = \frac{V_1}{a} = \frac{3{,}300}{15} = 220[\mathrm{V}]$$

2차 출력 $= V_2 \ I_2 = 220 \times 45 \times 10^{-3} = 9.9[\mathrm{kVA}]$

예제 4 E·x·e·r·c·i·s·e

1차 전압 6,300[V] 2차전압 210[V]의 변압기가 있다. 다음 문제에 답하시오.(단, 변압기의 손실은 없는 것으로 한다.

(1) 변압비

(2) 1차 측에 6,600[V]를 가할 때의 2차 전압

(3) 2차 측에 200[V]를 가할 때의 1차 전압

(4) 2차 권수가 80일 때의 1차 권수

(5) 1차 전류가 3[A]일 때의 2차 전류

➔ 해설

(1) $a \fallingdotseq \dfrac{V_1}{V_2} = \dfrac{6{,}300}{210} = 30$

(2) $V_2 = \dfrac{V_1}{a} = \dfrac{6{,}600}{30} = 220[\mathrm{V}]$

(3) $V_1 = a\,V_2 = 30 \times 200 = 6{,}000[\mathrm{V}]$

(4) $w_1 = a w_2 = 30 \times 80 = 2{,}400$ 권수

(5) $I_2 = I_1 \times a = 3 \times 30 = 90[\mathrm{A}]$

예제 5 E·x·e·r·c·i·s·e

철심의 단면적이 10×5[cm^2]이고 최대 자속밀도가 1.5[Wb/m^2]의 변압기가 있다. 50[Hz]의 정현파로서 1차에 6,300[V], 2차에 210[V]을 유도시키려면 각 권선의 권수를 얼마로 하면 좋은가?(단, 철심의 점적률은 90[%]라 한다.)

➔ 해설

$\phi_m = 10 \times 5 \times 0.9(\text{점적률}) \times 10^{-4}(\mathrm{cm}^2 \to \mathrm{m}^2) \times 1.5[\mathrm{Wb/m}^2]$

$= 0.00675[\mathrm{Wb}]$

$E_1 = 4.44 f w_1 \phi_m$

$6{,}300 = 4.44 \times 50 \times w_1 \times 0.00675 \quad \therefore\ w_1 = 4{,}204$

$E_2 = 4.44 f w_2 \phi_m$

$210 = 4.44 \times 50 \times w_2 \times 0.00675 \quad \therefore\ w_2 = 140$

3.1.6 변압기의 등가회로

변압기의 실제회로는 [그림 3.10]과 같이 전자유도작용에 의하여 결합된 두 개의 독립회로로 구성되고 1차측에서 2차측으로 전력이 전달되는 것이나, 단일회로로 생각할 수 있으면 편리하다.

(1) 2차회로를 1차회로로 환산

권수비 $a = \dfrac{w_1}{w_2}$의 변압기에 대한 2차권선을 가령 1차권선과 같게 하면, 현재의 2차측 전압 E_2, 전류 I_2 가 각각 $E_2{}' = aE_2$, $I_2{}' = \dfrac{I_2}{a}$로 변화한다. 이것은 2차회로를 1차회로로 환산한다고 한다.
식(3.27)과 같이 환산의 전후에서 피상전력은 불변이다.

$$E_2{}'\, I_2{}' = aE_2 \cdot \frac{I_2}{a} = E_2\, I_2 \tag{3.27}$$

이 때 원래의 2차회로 임피던스 Z_2를 1차회로측으로 환산하면

$$Z_2{}' = \frac{E_2{}'}{I_2{}'} = \frac{a\,E_2}{\dfrac{I_2}{a}} = a^2\, Z_2 \tag{3.28}$$

로 하면 된다. 이와 같은 $Z_2{}'$를 1차로 환산한 2차 임피던스라고 한다. 따라서 변압기의 2차권선저항 r_2, 누설리액턴스 x_2, 누설임피던스 Z_2 및 부하회로의 저항 r, 리액턴스 x, 임피던스 Z 는 각각 다음과 같이 등가변환이 된다.

$$\left.\begin{aligned} &r_2{}' = a^2 r_2,\ x_2{}' = a^2 x_2,\ \dot{Z}_2{}' = a^2 \dot{Z}_2 = a^2(r_2 + jx_2) \\ &r' = a^2 r,\ x' = a^2 x,\ \dot{Z}' = a^2 \dot{Z} = a^2(r + jx) \end{aligned}\right\} \tag{3.29}$$

다음에 2차유도기전력은 a 배가 되므로, 2차전류 $I_2{}'$ 는 다음과 같이 되어서 크기가 $1/a$ 배가 될 뿐이며, 전압과 전류의 위상차는 변화하지 않는다.

$$\dot{I_2}' = \frac{E_2'}{Z_2' + Z'}$$

$$I_2' = \frac{aE_2}{a^2(r_2 + jx_2) + a^2(r + jx)} = \frac{1}{a}\frac{E_2}{(r_2 + jx_2) + (r + jx)} = \frac{1}{a}I_2 = \frac{I_2}{a} \quad (3.30)$$

전류가 $\frac{1}{a}$ 배가 되고 저항 및 리액턴스가 a^2 배로 되기 때문에, 저항과 리액턴스 강하는 크기가 a 배가 되며 그 위상은 변화하지 않는다. (※ $I_2'Z_2' = \frac{I_2}{a} \times a^2 Z_2 = aI_2Z_2$)

또, 전류가 $\frac{1}{a}$ 배가 되고 권수는 a 배가 되므로 2차의 암페어 턴수는 변화하지 않는다. 따라서 1차전류는 변하지 않고 1차에서 2차로 전달되는 전력도 어떠한 영향을 받지 않는다.(※ $I_2'w_1 = \frac{I_2}{a} \times aw_2 = I_2w_2$[AT])

이와 같이 환산한 제량을 [그림 3.10]의 회로에 맞추어 보면 [그림 3.12]와 같이 된다.

(2) 1차회로를 2차회로로 환산

1차회로를 2차회로로 환산하려면 전압은 $E_1' = \frac{E_1}{a}$, 누설리액턴스는 $x_1' = \frac{x_1}{a^2}$, 누설 임피던스는 $Z_1' = \frac{Z_1}{a^2}$, 여자 어드미턴스는 $Y_o' = a^2 Y_o$, $g_o' = a^2 g_o$, $b_o' = a^2 b_o$ 으로 하면 된다.

전류는 $I_2 = aI_1$ 이며 $I_1' = aI_1$ 라고 하지는 않는다. ($\because$ I_1' 는 1차부하전류로써 $I_1' = \frac{I_2}{a}$ 의 관계가 되기 때문이다.)

(3) 1차와 2차를 합한 경우

2차회로를 1차회로로 환산해서 1차와 합할 때

$$r_{21} = r_1 + a^2 r_2 = r_1 + r_2', \quad x_{21} = x_1 + a^2 x_2 = x_1 + x_2'$$

$Z_{21} = Z_1 + a^2 Z_2 = Z_1 + Z_2'$ 로 사용하고

1차회로를 2차회로로 환산해서 2차와 합할 때

$$r_{12} = \frac{r_1}{a^2} + r_2 = r_1' + r_2, \quad x_{12} = \frac{x_1}{a^2} + x_2 = x_1' + x_2$$

$Z_{12} = \frac{Z_1}{a^2} + Z_2 = Z_1{}' + Z_2$로 사용한다.

(4) 등가회로

2차회로에 대하여 1차측으로 환산을 하면 2차유도기전력 및 2차전류는 다음과 같이 된다.

$$\text{1차측으로 환산한 2차유도기전력}: E_2{}' = a\,E_2 = \frac{w_1}{w_2} E_2 \tag{3.31}$$

$$\text{1차측으로 환산한 2차전류}: I_2{}' = \frac{1}{a} I_2 = \frac{w_2}{w_1} I_2 = I_1{}' \tag{3.32}$$

즉, 전압변성기로서 이상변압기 부분에 대한 2차권선의 기전력은 1차권선의 기전력과 같게 되고, 2차권선에서 유출하는 전류는 1차권선에 유입하는 전류와 같다.
따라서 [그림 3.12]에서 U'와 u'를 결합하고 V'와 v'를 결합하여 [그림 3.13]과 같은 상호유도가 없는 회로로 하여도 아무런 변화가 생기지 않는다.
이와 같은 회로를 **등가회로**라고 한다. 이러한 회로를 사용하면 계산이 간단하게 된다. 단, 계산한 결과에 대해서는 1차회로의 전압과 전류는 실제의 값이지만, 2차회로에서는 전압을 $1/a$ 배 하고 전류는 a 배를 하여야 실제의 값이 된다.

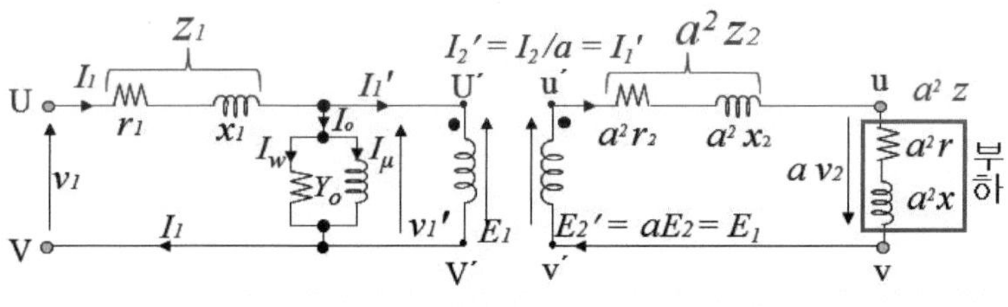

[그림 3.12] 변압기 회로의 환산

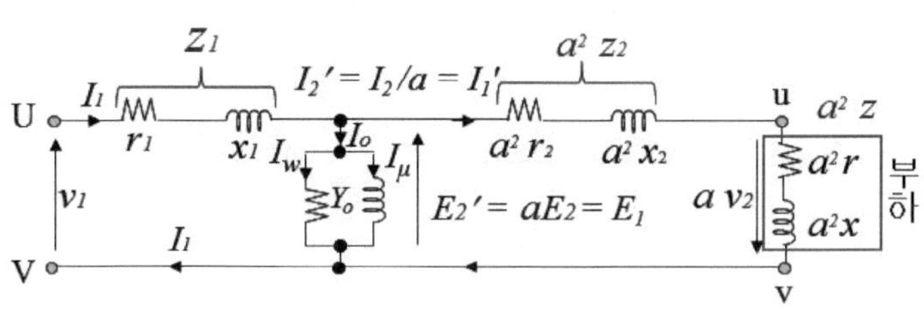

[그림 3.13] 변압기의 등가회로

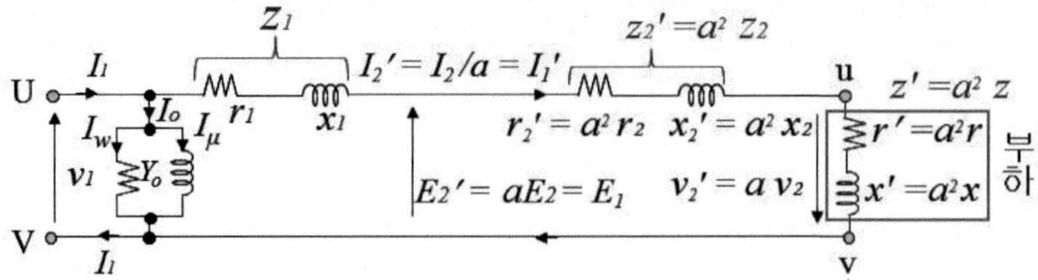

[그림 3.14] 간이등가회로

(5) 간이등가회로

여자 어드미턴스 $\dot{Y}_o$는 대단히 작고, 따라서 여자전류 $\dot{I}_o$도 작다.

또 $\dot{Z}_1 = r_1 + jx_1$는 적은 값이기 때문에 $\dot{I}_1\dot{Z}_1 = (\dot{I}_o + \dot{I}_1')\dot{Z}_1 = \dot{I}_o\dot{Z}_1 + \dot{I}_1'\dot{Z}_1$에서 1차 임피던스 안에서 $\dot{I}_o$에 의한 전압강하 $\dot{I}_o\dot{Z}_1$는 적으므로 무시하면 Z_1에는 $\dot{I}_1'$만 흐른다. 그러므로 $\dot{Y}_o$를 [그림 3.14]와 같이 1차임피던스의 전원측으로 이동시켜도 큰 오차가 생기지 않는다. 이와 같은 회로를 **간이등가회로**라고 한다. 1차전압과 회로의 상수를 주고 간이등가회로에서 전압과 전류의 분포상태를 계산해 보기로 한다.
1차회로로 환산한 2차전류는

$$\dot{I}_2' = \frac{\dot{I}_2}{a} = \dot{I}_1' = \frac{\dot{V}_1}{\dot{Z}_1 + \dot{Z}_2' + \dot{Z}'} \tag{3.33}$$

$$\dot{Z}_1 = r_1 + jx_1, \ \dot{Z}_2' = a^2(r_2 + jx_2), \ \dot{Z}' = a^2(r + jx) \tag{3.34}$$

$$\text{여자전류} : \dot{I}_o = \dot{V}_1\dot{Y}_o \ \text{단}, \ \dot{Y}_o = g_o + jb_o \tag{3.35}$$

2차단자를 단락(short)시킨 경우($\dot{Z}' = 0$) 1차로 환산한 2차 단락전류 I_{2s}'는

$$\dot{I}_{2s}' = \frac{\dot{V}_1}{\dot{Z}_1 + \dot{Z}_2'} \tag{3.36}$$

이 되고, 2차 단락전류는 $I_{2s} = I_{2s}' \times a$이 된다.

2차단자를 단락시킨 경우 1차 단락전류 I_{1s}는

$$\dot{I}_{1s} = \dot{V}_1 \left(\dot{Y}_o + \frac{1}{\dot{Z}_1 + \dot{Z}_2{}'} \right) \fallingdotseq \frac{\dot{V}_1}{\dot{Z}_1 + \dot{Z}_2{}'} = \dot{I}_{2s}{}' \tag{3.37}$$
$$I_{2s} = I_{2s}{}' \times a \quad [\because \; I_2 = I_1 \times a]$$

예제 6 E·x·e·r·c·i·s·e

정격용량 2[kVA] 3,150/105[V]인 변압기에서 $r_1 = 40[\Omega]$, $r_2 = 0.05[\Omega]$, $x_1 = 150[\Omega]$, $x_2 = 0.2[\Omega]$, $g_o = 22 \times 10^{-6}[\mho]$, $b_o = -20 \times 10^{-6}[\mho]$이다. 1차로 환산한 등가회로를 그리시오.

해설 $3{,}150 / 105 = 30 = a$

$r_2{}' = a^2 r_2 = 30^2 \times 0.05 = 45[\Omega]$

$x_2{}' = a^2 x_2 = 30^2 \times 0.2 = 180[\Omega]$

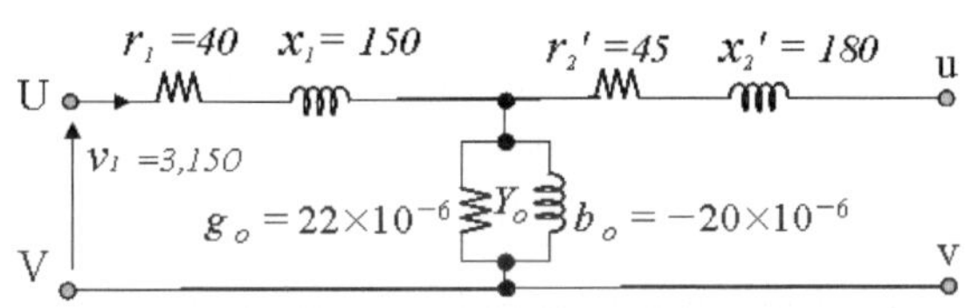

[그림 예제 6]

예제 7 E·x·e·r·c·i·s·e

변압기의 2차를 개방한 경우와 단락시킨 경우에서 1차에 유입되는 전류의 값은 무엇에 의해 정해지는가를 설명하시오.

해설 ① 2차개방시 : $I_o = E_1(g_o + j\, b_o) = V_1{}'(g_o + jb_o)$

② 단락시 : $I_{1s} = \dfrac{V_1}{Z_1 + Z_2{}'}$

예제 8 E·x·e·r·c·i·s·e

변압비 3,150/105[V]인 단상변압기(용량은 수 [kVA]정도) 2대의 고압측을 그림과 같이 직렬로 5,000[V]전원에 연결하고 저압측에 각각 5[Ω] 및 7[Ω]의 저항을 접속했다고 하면 고압측의 각 단자전압 V_A 및 V_B는 어느 정도인가?

→ 해설 $a = \dfrac{3,150}{105} = 30$

저압측을 고압측으로 환산

$R' = (5+7) \times 30^2 = 10,800[\Omega]$

$I_1 = \dfrac{5,000}{10,800} = 0.463[A]$

$I_2 = a\,I_1 = 30 \times 0.463 = 13.89[A]$

$\therefore$ 2차 $V_A' = 13.89 \times 5 = 69.45$

1차 $V_A = 69.45 \times 30 = 2,083.5[V]$

$\therefore$ 2차 $V_B' = 13.89 \times 7 = 97.23$

1차 $V_B = 97.23 \times 30 = 2,916.9[V]$

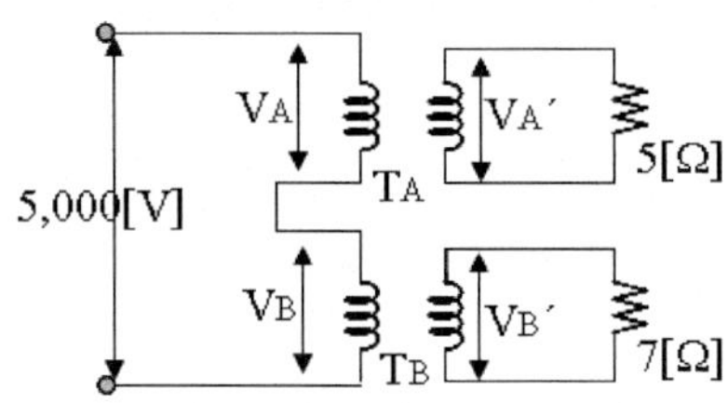

[그림 예제 8]

예제 9 E·x·e·r·c·i·s·e

단상 배전선로의 인출구 전압 3,300[V]는 항상 일정하다. 왕복선의 전저항 18[Ω], 리액턴스 15[Ω] 또 주상변압기의 고압측에서 측정한 등가저항 12[Ω] 등가 리액턴스는 25[Ω]이다. 지금 주상변압기의 2차측에 단락이 생겼다고 하면 단락점의 전류는 몇 [A]인가? (단, 변압기의 전압비는 3,150/105[V]이다.

➔ 해설

$$I_{1s} = \frac{V_1}{(R+r_1+r_2{}')+j(X+x_1+x_2{}')} = \frac{3,300}{(18+12)+j(15+25)}$$

$$= \frac{3,300}{30+j40} = \frac{3,300}{\sqrt{30^2+40^2}} = \frac{3,300}{50} = 66[\mathrm{A}]$$

$$I_{2s} = a\times I_{1s} = 30\times 66 = 1,980[\mathrm{A}]$$

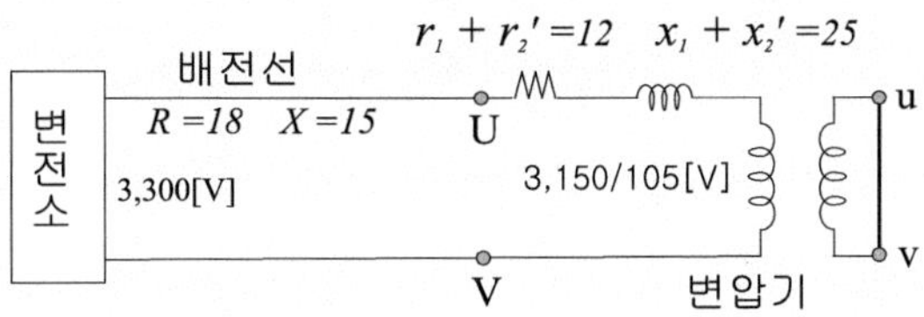

[그림 예제 9]

3.2 변압기의 구조

3.2.1 변압기의 분류

변압기는 자기회로인 철심과 전기회로인 권선이 쇄교한 것이 본체를 이루며, 구조는 철심과 권선에 따라 다음과 같이 두 가지로 나눈다.

(1) 내철형

내철형은 철심이 내측에 있으며 권선이 [그림 3.15]의 (a)와 같이 두 개로 된 레그부에 감겨진 것이다.

(2) 외철형

외철형은 권선이 [그림 3.15]의 (b)와 같이 내측에 있으며 철심으로 둘러싸인 모양이다. 변압기의 철심은 단책형으로 절단한 얇은 규소강판을 겹친 것이 일반적이나 **권철심형**이라고 하여 [그림 3.15]의 (c)와 같이 권선 주위에 방향성 규소강대를 나선형으로 감아서 철심으로 한 것도 있다.

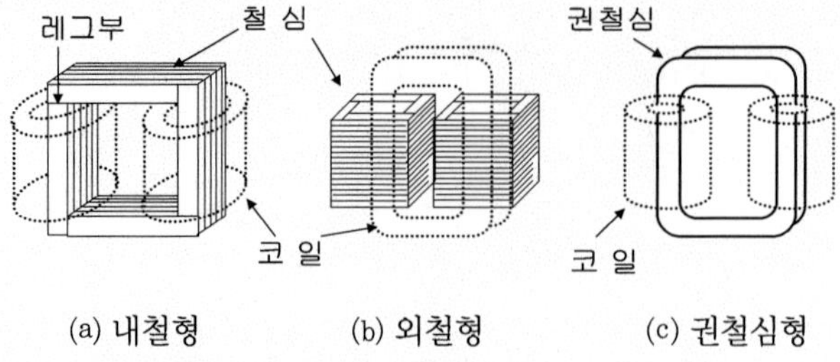

[그림 3.15] 변압기의 분류

3.2.2 변압기의 재료

(1) 철심

철심에는 비투자율과 저항률이 크고 히스테리시스손이 적은 규소강판을 사용한다. 규소강판의 규소함유량은 약 4[%]이며 두께는 전력용이 보통 0.35[mm]이다.

(2) 도체

권선도체에는 둥근 동선이나 평각동선 등을 사용하며 전류가 적은 경우에는 주로 둥근 동선을 사용한다.

(3) 절연

변압기의 절연은 철심과 권선 사이의 절연, 권선상호간의 절연, 권선층간의 절연으로 나눈다.

(4) 절연의 종류

전기기기의 권선이나 그 밖의 도전부분에 한 절연은 그 내열특성에 따라 Y종, A종, E종, B종, F종, H종 및 C종으로 구별되며, [표 3.1]은 그 종별에 따라 허용최고 온도를 나타낸 것이다.

① **Y종절연** : 목면, 천, 종이 등으로 구성되며 바니시를 함침시키지 않고, 또 기름에 담그지 않은 것.

② **A종절연** : 목면, 천, 종이와 같은 자연식물성 및 동물성섬유 재료로 구성되며 함침시키고 또는 기름에 담근 것을 말한다.

③ **E종절연** : 면, 또는 종이를 적층시킨 것을 합성수지, 바니시 등으로 담근 것.

④ **B종절연** : 운모, 석면, 유리섬유 등의 재료를 접착재료와 함께 사용한 것을 말한다.

⑤ **F종절연** : 운모, 석면, 유리섬유 등의 재료를 실리콘 알키드 수지 등의 접착재료와 함께 사용하여 구성한 것.

⑥ **H종절연** : 운모, 석면, 유리섬유 등의 재료를 규소수지 또는 이와 동등한 성질을 가진 재료로 된 접착재료를 함께 사용해서 구성한 것.

⑦ **C종절연** : 생운모, 석면, 자기 등을 단독으로 사용하여 구성한 것.

[표 3.1] 각종 절연의 허용 최고온도

절연의 종류	허용최고온도[℃]	절연의 종류	허용최고온도[℃]
Y	90	F	155
A	105	H	180
E	120	C	180을 초과
B	130		

3.2.3 철심

(1) 내철형철심

내철형변압기의 철심은 규소강판을 단책형으로 절단하고, 필요에 따라 볼트 구멍을 뚫은 다음 겹쳐서 내열성절연을 한 볼트로 체결하여 성층철심으로 한다. 양쪽 끝은 계철로 연결하여 자기회로를 형성한다.

(2) 외철형철심

외철형 변압기에서는 권선을 조립한 다음, 이것을 하부지지 프레임 위에 코일면이 수직이 되도록 세우고, 세로로 된 두 변의 주위에 단책형의 철판을 1장씩 정(井)모양으로 쌓아 상부지지 프레임을 얹어서 로드로 체결한다.

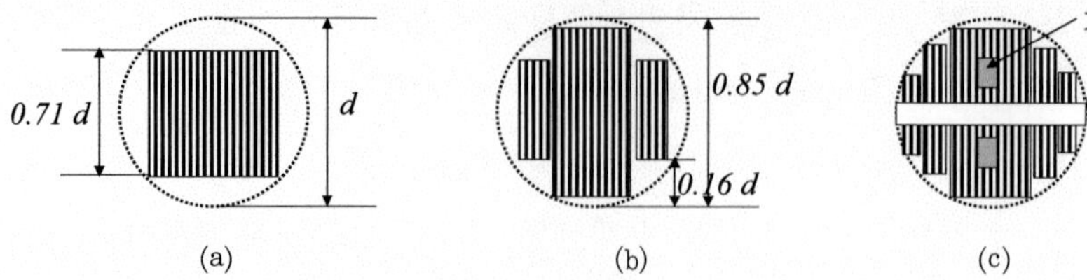

[그림 3.16] 내철형 철심 레그부의 단면

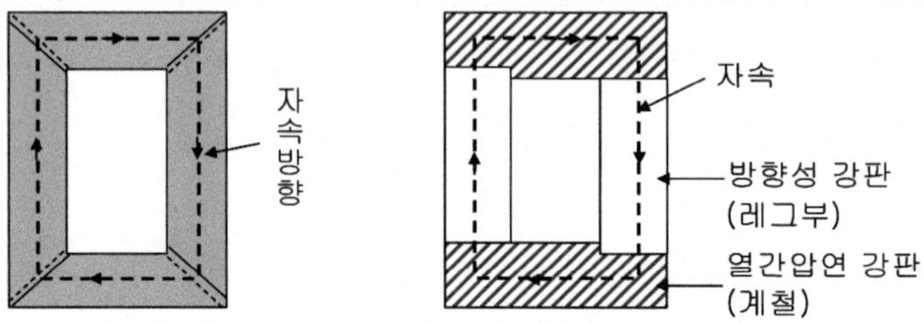

(a) 연귀 접합법 (b) 방향강판과 무방향성 강판의 결합

[그림 3.17] 방향성 강판의 사용방법

(3) 권철심형철심

이 모양은 권선 주위에 방향성 규소강대로 구성된 철심을 [그림 3.18]의 (a)와 같이 감은 것으로, 자속을 방향성규소강대의 압연방향으로 통하게 해서 그 특성을 유효하게 이용하고 있다. 권철심 변압기는 동일한 용량으로 된 적철심 변압기와 비교하면 다음과 같은 장점이 있다.

① 철손이 적다(약 65[%]가 된다).

② 여자전류가 적다(약 40[%]가 된다)

③ 소형경량이다(중량은 약 80[%], 체적은 약 90[%]가 된다).

이 모양으로 된 조립방식에는 여러 가지가 있는데, 그림 (b)와 같이 거의 직사각형으로 감아서 접착재로 고착시킨 것을 상하 두 조각으로 C형과 같이 절단하여 권선을 조립하는 방식(C형철심 : 30[kVA]정도)과 그림 (c)와 같이 거의 직사각형으로 감은 것 중 한 곳을 절단하여 코일에 끼우는 방식(lap 철심 : 50 ~ 200[kVA])등이 있다.

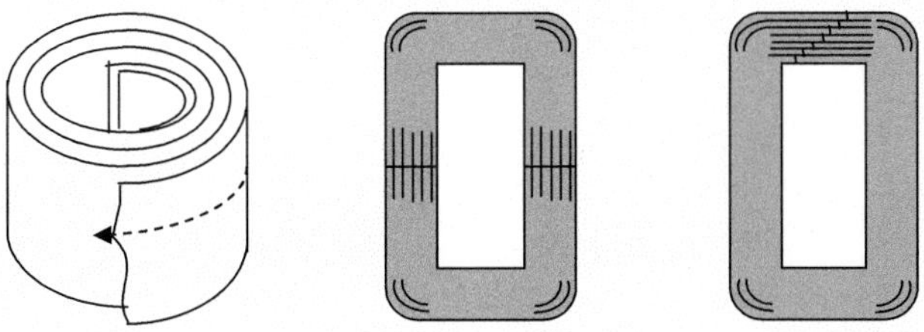

[그림 3.18] 권철심

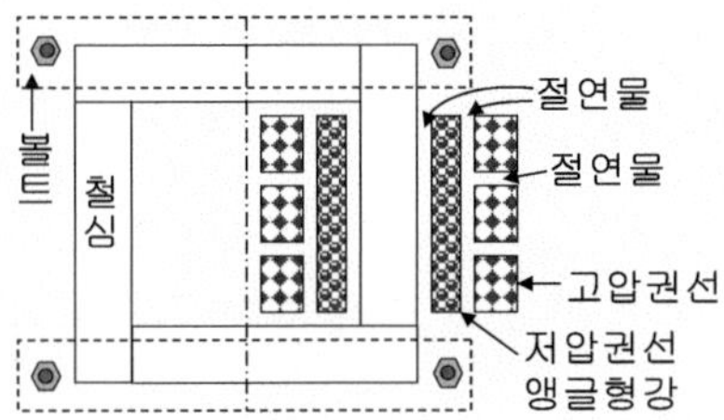

[그림 3.19] 직권권선의 배치

3.2.4 권선

변압기의 권선법은 직권과 형권 등 두 가지 종류도 크게 나눈다.

(1) 직권코일

[그림 3.19]는 내철형 철심의 1 레그에 권선을 감은 상태를 표시한다. 직권은 권선과 철심 사이 및 권선상호간의 공극이 적고, 누설자속이 적다.

(2) 형권코일

[그림 3.20]은 대용량변압기의 코일을 나타낸 것이다. 그림 (a)는 원통코일을 나타낸 것이며 권형 위에 한쪽 끝부터 밀접시켜서 솔레노이드모양으로 감는다.

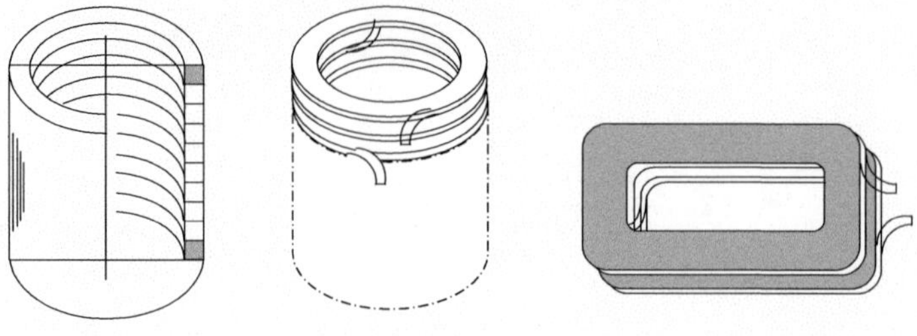

(a) 원통코일　　(b) 원판코일　　(c) 직사각형 판코일

[그림 3.20] 형권코일

그림 (b)는 원판코일을 사용한 권선이며 절연통의 외주에 세로로 간격편을 부착시키고, 외측에 평각도체의 평권 2개을 합쳐서 내측으로 접속하여 쌍자 코일로 한다. 이것을 각 코일 사이에 간격 편을 끼워서 소요되는 수만큼 겹치고, 구출선을 차례로 접속하여 직렬로 해서 권선을 조립한다.
그림 (c)는 직사각형판 코일이며 판 모양으로 하여 절연처리를 한 것이다.

3.2.5 외함과 부싱

(1) 외함

변압기본체와 절연유를 넣은 외함은 주철제나 강판을 용접해서 만든다.

(2) 부싱

변압기의 구출선은 외함을 관통하여 외부로 나오며, 외함은 철심과 함께 대지와 같이 전위가 0이기 때문에, 구출선과 외함은 변압기의 사용 전압에 견디도록 충분히 절연되어야 한다.
이와 같이 절연에 사용하는 것을 **부싱**이라고 한다. 또, 부싱은 구출선과 외함 사이에 누설전류가 생기지 않도록 충분히 연면거리를 갖고 이상전압 상승, 또는 전압에 대하여 안전하도록 적당한 플래시오우버 전압값을 갖는 형상으로 한다.

① **단일형 부싱** : 간단한 모양의 자기제로 된 애자관을 부싱으로 사용하고, 연면거리를 증가하기 위하여 표면 핀을 설치한다.

② **컴파운드 부싱** : 자기제 애자관과 중심도체 사이에 절연 컴파운드를 채워서 공기가 남지 않도록 하여 절연내력을 증가시킨 부싱이며 77[kV]급까지 사용된다.
③ **유입 부싱** : 전압이 66[kV]이상이 되면 보통 유입부싱 및 콘덴서형 부싱을 사용한다.
④ **콘덴서 부싱** : 콘덴서형 부싱의 본체는 [그림 3.21]의 (b)와 같이 중심도체의 주위에 절연종이와 금속박을 교대로 동일한 축에 감어서 가장 외층에 있는 금속박을 접지하고, 각 층을 각각 같은 정전용량으로 된 여러 개의 원통형 콘덴서로 형성시켜서, 절연종이에 걸리는 전압을 각층마다 균등화하여 절연물의 이용률을 향상시키는 구조인 것이다.

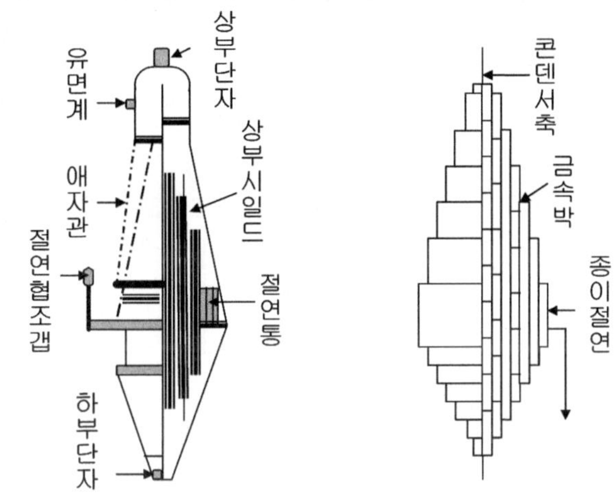

(a) 유입부싱 (b) 콘덴서부싱

[그림 3.21] 부싱

3.2.6 변압기유와 열화방지

(1) 변압기유

광유는 공기에 비해 수배의 절연내력이 있고, 비열이 공기보다도 크며 냉각매체로 유효하기 때문에, 변압기의 절연 및 냉각작용을 시키기 위하여 광유를 사용하고 있다.
변압기에 사용하는 절연유는 (1) 절연내력이 클 것, (2) 절연재료 및 금속과 접촉해도 화학작용을 미치지 않을 것, (3) 인화점이 높을 것, (4) 유동성이 풍부하고 비열이 커서 냉각효과가 클 것, (5) 고온도에서도 석출물이 생기거나 산화하지 않을 것 등의 성질을 가지고 있어야 한다.

(2) 오일의 열화방지

변압기의 외함은 밀폐되어 있으나 외부 공기의 온도변화나 부하의 변동에 따라 외함내의 오일 온도가 변화하고 따라서 용적이 변화하기 때문에 외함내의 기압과 대기압에 차이가 생겨서 공기가 출입한다. 이것을 변압기의 호흡작용이라고 한다. 이 때문에 변압기 안에 습기가 들어 와서 오일의 절연내력이 저하하고, 또 열을 받은 오일이 공기와 접촉하기 때문에 산화작용으로 오일을 열화시키고 불용해성 침전물이 생긴다. 이러한 작용을 방지하기 위하여 [그림 3.22]와 같이 **콘서베이터**를 설치한다.
침전물이나 수분은 콘서베이터의 하부에 고이므로 가끔 배수밸브를 열어서 배출한다.
화학적 방법을 사용하여 콘서베이터 안에 들어가는 공기로부터 수분 및 산소를 제거하면 오일의 열화는 한층 방지된다.

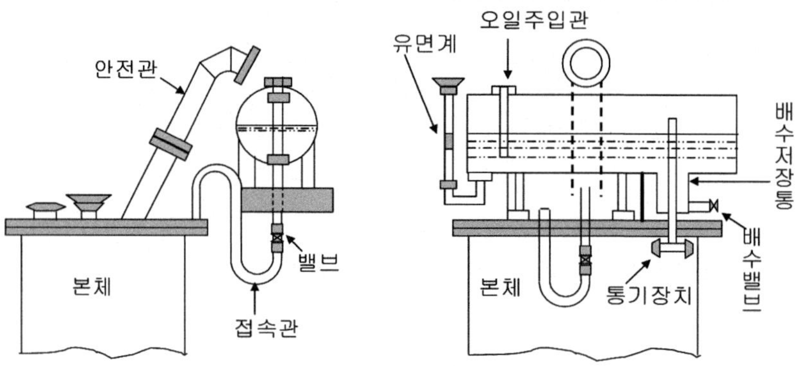

[그림 3.22] 콘서베이터

3.2.7 냉각방식

(1) 건식자냉식

극히 소용량의 변압기는 전력손실에 의한 발생열량에 대하여 냉각면적이 크기 때문에 공기 중에서 그대로 사용하고 공기의 대류에 의하여 냉각한다. 22[kV] 정도 이하의 계기용변압기나 저압변압기에 사용한다.

(2) 건식풍냉식

이것은 건식변압기에 송풍기로 강제통풍을 하므로 냉각효과를 크게 한 것이나 절연유를 사용하지 않기 때문에 22[kV] 정도 이상의 고압에는 사용하지 않는다. 오일에 의한 화재를 특히 방지할 필요가 있는 장소나 지하실의 변전소, 또는 전기로용 변압기 등에 사용한다.

(3) 유입자냉식

이것은 절연유를 충만시킨 외함 내에 변압기를 수용하고, 오일의 대류작용에 의하여 철심 및 권선에 발생한 열을 외함에 전달하며, 외함의 방산이나 대류에 의하여 열을 대기로 방산시키는 방식이다.

소용량의 변압기는 [그림 3.23]의 (a)와 같이 외함의 표면은 평활하나, 용량이 커지면 (b)와 같이 외함표면에 핀이나 방열관 또는, 파형강판을 사용하고 다시 대형이 되면 그림 (c)와 같이 방열기를 설치해서 냉각효과를 증가시킨다.

이 방식은 설비가 간단하고 취급이나 보수도 쉬우므로 소형배전변압기에서 대형전력변압기까지 널리 채용되고 있다.

(4) 유입풍냉식

이것은 방열기를 부착한 유입변압기에 송풍기를 설치해서 강제통풍으로 냉각효과를 높이는 방식이며 대용량에 널리 사용한다.

(5) 유입수냉식

이것은 외함 상부의 오일속에 냉각관을 설치하고 냉각수를 순환시켜서 냉각하는 방식이다. 즉, 손실에 의하여 생긴 열은 오일의 대류에 의하여 상부로 이동하고 오일속의 냉각관을 지나는 물에 전달되어서 없어진다.

(6) 유입송유식

유입자냉식 및 유입풍냉식은 오일의 자연대류를 이용하여 냉각을 하므로 대용량 (30[MVA] 정도이상)에는 부적당하다. 유입 송유식은 오일을 펌프로 외부에 있는 냉각기로 보내고 냉각된 오일을 외함의 밑 부분에서 공급하는 방식이다.

(a) (b) (c) A는 방열기

[그림 3.23] 유입자냉식 변압기의 예

[그림 3.23-1] 몰드 변압기의 예

3.3 변압기의 정격과 특성

3.3.1 정격

변압기의 정격이란 제조자에 따라 보장된 사용한도이며, 사용한도는 피상전력으로 표시하고 이것을 **정격용량**이라고 한다.

지정된 조건이란 정격용량에 대한 전압과 전류 및 주파수와 역률을 말하며, 이것을 각각 정격전압, 정격전류, 정격주파수 및 정격역률이라고 한다. 사용한도 및 지정조건은 변압기의 명판에 표시되어 있다.

(1) 정격량의 표시

변압기의 정격용량은 정격2차전압, 정격2차전류, 정격주파수 및 정격역률에 대하여 2차단자 사이에서 얻어지는 피상전력으로 나타내고 이것을[VA], [kVA] 또는 [MVA]로 표시한다.

여기서, 정격역률은 그 역률에서 사용되는 변압기가 설계된 역률을 말한다.

(2) 정격전압

변압기의 정격 2차전압이란 명판에 기록된 권선의 단자전압의 **실효치**이며, 이 전압에서 정격출력을 얻는 전압을 말한다. 3상변압기에서 정격전압은 선로단자간의 전압으로 표시한다.

(3) 탭전압

1차나 2차 또는 쌍방의 권선에 두 개 이상의 전압이 있는 경우에는 각 권선에 지정된 전압만을 정격전압이라 하고 그 밖의 전압은 **탭전압**이라고 한다.

(4) 정격전류

변압기의 정격1차전류란 이것과 정격1차전압에서 정격용량과 같은 피상전력이 되는 전류를 말한다.

정격 2차전류란 이것과 정격 2차전압에서 정격용량이 되는 전류를 말한다.

3.3.2 백분율전압강하

변압기에서 2차측을 단락하고 1차측에 낮은 전압을 가하면서 1차전류가 정격전류 I_{1n}과 같도록 조정했을 때의 1차전압 V_s를 **임피던스 전압**이라 하며, 이 때의 1차입력 P_s를 **임피던스 와트**라고 한다.

이러한 경우의 저항강하와 리액턴스강하 및 임피던스강하를 정격1차전압 V_{1n}의 백분율로 표시한 것을 각각 **백분율저항강하**(p, 또는 $\%p$), **백분율리액턴스강하**(q, 또는 $\%q$), **백분율임피던스강하**(z, 또는 $\%z$)라고 한다.

① **백분율저항강하**

$$p(\%p) = \frac{(r_1 + r_2{}')\, I_{1n}}{V_{1n}} \times 100 = \frac{r_{21}\, I_{1n}{}^2}{V_{1n} I_{1n}} \times 100$$

$$= \frac{P_s}{V_{1n} I_{1n}} \times 100[\%] = \frac{\text{전부하동손[W]}}{\text{정격용량[VA]}} \times 100[\%] \quad (3.38)$$

$$\text{또는, } p(\%p) = \frac{(r_1{}' + r_2)\, I_{2n}}{V_{2n}} \times 100 = \frac{r_{12}\, I_{2n}{}^2}{V_{2n}\, I_{2n}} \times 100[\%]$$

② **백분율리액턴스강하**

$$q(\%q) = \frac{(x_1 + x_2{}')\, I_{1n}}{V_{1n}} \times 100 = \frac{x_{21}\, I_{1n}}{V_{1n}} \times 100[\%]$$

$$\text{또는, } q(\%q) = \frac{(x_1{}' + x_2)\, I_{2n}}{V_{2n}} \times 100 = \frac{x_{12}\, I_{2n}}{V_{2n}} \times 100[\%] \quad (3.39)$$

③ **백분율임피던스강하**

$$z(\%z) = \sqrt{p^2 + q^2} = \frac{\sqrt{(r_1 + r_2{}')^2 + (x_1 + x_2{}')^2}\; I_{1n}}{V_{1n}} \times 100$$

$$= \frac{(z_1 + z_2{}')\, I_{1n}}{V_{1n}} \times 100 = \frac{V_s}{V_{1n}} \times 100[\%] \quad (3.40)$$

$$\text{또는, } z(\%z) = \frac{(z_1{}' + z_2)\, I_{2n}}{V_{2n}} \times 100 = \frac{z_{12}\, I_{2n}}{V_{2n}} \times 100[\%]$$

[여기서, $P_s \neq V_s I_{1n}$ 이다. $\because$ $P_s = (r_1 + r_2{}')I_{1n}{}^2$ 이고, $V_s = (z_1 + z_2{}')\, I_{1n}$ 이기 때문이다.]

2차를 단락하고 1차단자에 정격전압을 가할 때의 1차단락전류 I_{1s} 는 식(3.37)에서

$I_{1s} = \dfrac{V_{1n}}{Z_1 + Z_2{}'} = \dfrac{V_{1n}}{\sqrt{(r_1 + r_2{}')^2 + (x_1 + x_2{}')^2}}$ 이며 I_{1s} 와 I_{1n} 의 비는

$$\left.\begin{aligned}\frac{I_{1s}}{I_{1n}} &= \frac{\dfrac{V_{1n}}{\sqrt{(r_1+r_2{}')^2+(x_1+x_2{}')^2}}}{I_{1n}} \\ &= \frac{1}{\left(\dfrac{\sqrt{(r_1+r_2{}')^2+(x_1+x_2{}')^2}\ I_{1n}}{V_{1n}}\times 100\right)}\times 100 \\ (\ \ )\text{안에 식 (3.40)을 대입하면 } &\therefore \frac{I_{1s}}{I_{1n}}=\frac{100}{z}\ \text{또는}\ \therefore \frac{I_{2s}}{I_{2n}}=\frac{100}{z}\end{aligned}\right\} \tag{3.41}$$

이 된다.

이들은 전압변동률이나 단락전류 등을 계산하는 데 잘 사용되는 것이며 p 및 q 의 실측치에 대한 예를 표시하며 [표 3.2]와 같다.

[표 3.2] p 및 q 의 실측값

용량[kVA]	사용전압[V]	p (75℃)	q
1	3,300	2.9	0.9
15	3,300	1.75	2.4
100	11,000	1.64	4.62
3,000	66,000	0.8	6.83
15,000	169,000	0.558	9.3

예제 10 E·x·e·r·c·i·s·e

용량 3[kVA] 3,150/210[V]인 변압기의 1차 임피던스가 $\dot{Z}_1=56+j22$ 2차 임피던스가 $\dot{Z}_2=0.2+j\ 0.1$ 일 때 p, q, z를 계산하여라.

➔ 해설

$V_{1n}=3{,}150[\text{V}]$, $I_{1n}=\dfrac{3\times 10^3}{3{,}150}=0.95[\text{A}]$, $a=\dfrac{3{,}150}{210}=15$

$r_1+r_2{}'=56+0.2\times 15^2=56+45=101[\Omega]$

$x_1+x_2{}'=22+0.1\times 15^2=22+22.5=44.5[\Omega]$

식 (3.38)에서 $p=\dfrac{101\times 0.95}{3{,}150}\times 100 \fallingdotseq 3.04[\%]$

식 (3.39)에서 $q = \dfrac{44.5 \times 0.95}{3{,}150} \times 100 \fallingdotseq 1.34[\%]$

식 (3.40)에서 $z = \sqrt{3.04^2 + 1.34^2} = \sqrt{9.24 + 1.79} \fallingdotseq 3.32[\%]$

예제 11 E·x·e·r·c·i·s·e

3,300/210[V] 20[kVA]의 주상변압기가 있다. %임피던스강하가 3.2[%]이다. 2차를 단락하고 1차단자에 정격전압을 가하였을 때의 1차, 2차 단락전류를 구하여라.

→ 해설

2차정격전류 : $I_{2n} = \dfrac{20 \times 10^3}{210} = 95.2[\mathrm{A}]$

식 (3.41)에서

$$I_{2s} = \frac{100}{z} \times I_{2n} = \frac{100}{3.2} \times 95.2 = 2{,}975[\mathrm{A}]$$

$$I_{1s} = I_{2s} \times \frac{1}{a} = 2{,}975 \times \frac{1}{\dfrac{3{,}300}{210}} = 189.3[\mathrm{A}]$$

3.3.3 전압변동률

전압변동률은 전부하일 때와 무부하일 때의 2차 단자전압이 서로 다른 정도를 표시하는 것이며, 이러한 비율이 큰 변압기에서는 부하의 증감에 따른 2차전압의 변동이 크다. 따라서 전압변동률은 전등의 광도, 수명, 전동기의 출력 등에 영향을 미치는 중요한 성질이다.

변압기의 2차단자에 정격주파수와 정격전압에 대해 정격역률의 정격전류를 취하려는 부하를 접속하고, 정격2차전압 V_{2n} 이 되도록 1차단자전압 V_1 을 조정하고, V_1 을 일정하게 유지한 대로 부하를 감소시켜서 무부하로 하였을 때의 2차단자전압을 V_{2o} 이라 하면, 전압변동률 ϵ 은 다음과 같이 표시한다.

$$\epsilon = \frac{V_{2o} - V_{2n}}{V_{2n}} \times 100[\%] \tag{3.42}$$

또는 전압변동률 ϵ은 다음과 같이 구한다.

$$\left.\begin{aligned} \epsilon &\fallingdotseq p\cos\theta + q\sin\theta(\text{뒤진역률인 경우}) \\ \epsilon &\fallingdotseq p\cos(-\theta) + q\sin(-\theta) \\ &\fallingdotseq p\cos\theta - q\sin\theta(\text{앞선역률인 경우}) \end{aligned}\right\} \quad (3.43)$$

예제 12 E·x·e·r·c·i·s·e

백분율저항강하 p =1.8[%], 백분율리액턴스강하 $q=2$[%]인 변압기에서 전압변동률 $\epsilon \fallingdotseq p\cos\theta + q\sin\theta$ 가 최대값 및 최소값이 되는 부하의 역률을 구하라.

해설

$$\epsilon \fallingdotseq p\cos\theta + q\sin\theta = \sqrt{p^2+q^2}\left(\cos\theta \frac{p}{\sqrt{p^2+q^2}} + \sin\theta \frac{q}{\sqrt{p^2+q^2}}\right)$$

$$= \sqrt{p^2+q^2}\,(\cos\theta\cos\alpha + \sin\theta\sin\alpha) = \sqrt{p^2+q^2}\,\cos(\theta-\alpha)$$

ϵ 이 최대가 되려면 $\theta=\alpha$ 이고, $\epsilon = \sqrt{p^2+q^2}$ 이다.

ϵ 이 최대일 때의 역률은 $\cos\theta = \cos\alpha = \dfrac{p}{\sqrt{p^2+q^2}}$ 로 된다.

$$\therefore\ \cos\theta = \frac{p}{\sqrt{p^2+q^2}} = \frac{1.8}{\sqrt{1.8^2+2^2}} = 0.669$$

ϵ 이 최소가 되는 역률은 $\theta-\alpha=\dfrac{\pi}{2}$ 이고, $\theta=\dfrac{\pi}{2}+\alpha$ 이다.

$\cos\theta = \cos\left(\dfrac{\pi}{2}+\alpha\right) = -\sin\alpha$ 이므로 앞선 역률이 되고

$$\therefore\ \cos\theta = \sin\alpha = \frac{q}{\sqrt{p^2+q^2}} = \frac{2}{\sqrt{1.8^2+2^2}}$$

$$= 0.74$$

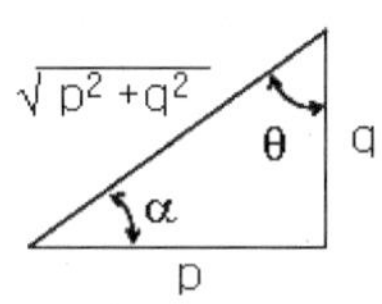

[그림 예제 12]

예제 13 E·x·e·r·c·i·s·e

정격 1차전압 3,150[V] 권수비 15, 정격용량 3[kVA]의 주상변압기가 있다. 1차저항은 56.7[Ω], 2차저항은 0.208[Ω]이며 1차로 환산한 전체 누설리액턴스는 44.6[Ω]이다. 전부하 전류에서 역률 0.8일 때의 전압변동률을 구하라

→ 해설 변압기의 2차회로를 1차회로로 환산한 전체저항을 r_{21}, 전체누설 리액턴스를 x_{21} 이라 하면

$r_{21} = r_1 + a^2 r_2 = 56.7 + 15^2 \times 0.208 = 56.7 + 46.8 = 103.5[\Omega]$

$x_{21} = x_1 + a^2 x_2 = 44.6[\Omega]$

1차측의 전부하전류 I_{1n} 은 $I_{1n} = \dfrac{3 \times 10^3}{3,150} = 0.95[\mathrm{A}]$

$\cos\theta = 0.8$ 이기 때문에 $\sin\theta = \sqrt{1-0.8^2} = 0.6$

식(3.38), 식(3.39) 및 식(3.43)에서

$$\epsilon \fallingdotseq p\cos\theta + q\sin\theta = \frac{I_{1n} r_{21} \times 100}{V_{1n}} \cos\theta + \frac{I_{1n} x_{21} \times 100}{V_{1n}} \sin\theta$$

$$= \frac{0.95 \times 103.5 \times 100}{3,150} \times 0.8 + \frac{0.95 \times 44.6 \times 100}{3,150} \times 0.6$$

$$= 3.12 \times 0.8 + 1.34 \times 0.6 = 3.31[\%]$$

예제 14 E·x·e·r·c·i·s·e

뒤진 역률 75[%]의 정격부하에 의해 전압변동률이 5[%]로 되는 정격 주파수 50[Hz]의 변압기가 있다. 여기서, 60[Hz]의 같은 조건의 부하를 걸었을 때, 전압변동률은 얼마가 되는가? (단, 정격상태에서 리액턴스강하는 저항강하의 10배라 한다.)

→ 해설 $\cos\theta = 0.75$ 이므로, $\sin\theta = \sqrt{1-\cos^2\theta} = 0.66$

$\therefore\ 5 = 0.75p + 0.66q$

$q = 10\,p$ 이기 때문에 $5 = 0.75\,p + 0.66 \times 10p = 7.35\,p$

$\therefore\ p = \dfrac{5}{7.35} = 0.68$ 따라서, $q = 6.8$

여기서, 전원주파수는 50[Hz]에서 60[Hz]로 되며, 저항치는 변화하지 않지만, 리액턴스는 주파수에 비례하여 증가하는 것으로 60[Hz]의 백분율리액턴스강하 q' 는

$q' = q \times \dfrac{60}{50} = 6.8 \times 1.2 = 8.16$

따라서, 60[Hz]때의 변동률 ε' 는

$\epsilon' \fallingdotseq p\cos\theta + q'\sin\theta = 0.68 \times 0.75 + 8.16 \times 0.66 = 5.9[\%]$

예제 15 E·x·e·r·c·i·s·e

75[kVA] 6,000/200[V]인 단상변압기의 백분율임피던스강하가 4[%]이다. 2차를 단락할 때의 1차 단락전류를 구하시오.

해설 $I_{1n}=P_n[\mathrm{VA}]/V_{1n}=75\times 10^3/6{,}000=12.5[\mathrm{A}]$

$$z=\frac{(Z_1+Z_2')I_{1n}}{V_{1n}}\times 100 \quad \text{에서}$$

$$4=\frac{(Z_1+Z_2')\times 12.5}{6000}\times 100 \qquad \therefore\ Z_1+Z_2'=19.2$$

$$I_{1s}=\frac{V_{1n}}{Z_1+Z_2'}=\frac{6{,}000}{19.2}=312.5[\mathrm{A}]$$

예제 16 E·x·e·r·c·i·s·e

역률 100[%]인 경우의 변압기에 대한 전압변동률 ϵ 은 백분율저항강하 p 와 거의 같다는 것을 증명하시오.

해설 $\cos\theta=1$ 일 때, $\theta=0$ 이고 $\sin 0=0°$ 이므로

$$\epsilon=p\cos\theta+q\sin\theta=p\times 1+q\times 0=p$$

예제 17 E·x·e·r·c·i·s·e

단상변압기가 있다. 전부하에 대한 2차전압은 105[V]이며 전압변동률은 2[%]이다. 무부하시 1차단자전압을 구하라. (단, 권수비는 30으로 한다.)

해설

$$\epsilon=\frac{V_{20}-V_{2n}}{V_{2n}}\times 100$$

$$2=\frac{V_{20}-105}{105}\times 100$$

$$V_{20}=107.1 \qquad \therefore\ V_{10}=107.1\times 30=3{,}213[\mathrm{V}]$$

예제 18 E·x·e·r·c·i·s·e

5[kVA] 50[Hz] 3,150/210[V]의 변압기가 있다. 2차로 환산한 저항이 0.1[Ω], 누설 리액턴스가 0.24[Ω]이라 하면, 이 변압기의 유도성 부하의 역률 80[%]에 대한 전압변동률은 얼마인가?

해설 $I_{2n} = 5\times 10^3 / 210 = 23.8[\mathrm{A}]$

$$p = \frac{(r_1{}' + r_2)I_{2n}}{V_{2n}} \times 100 = \frac{0.1\times 23.8}{210} \times 100 = 1.13[\%]$$

$$q = \frac{(x_1{}' + x_2)I_{2n}}{V_{2n}} \times 100 = \frac{0.24\times 23.8}{210} \times 100 = 2.72[\%]$$

$\epsilon = 1.13\times 0.8 + 2.72\times 0.6 = 0.904 + 1.632 = 2.53[\%]$

예제 19 E·x·e·r·c·i·s·e

어느 변압기의 전압변동률이 역률 80[%]에서 최대이고, 그 값은 4[%]이다. 이 변압기의 무유도 부하시의 전압변동률을 구하시오.

해설 예제 12에서 ε이 최대일 때 $\epsilon = \sqrt{p^2+q^2}\cos(\theta-\alpha) = \sqrt{p^2+q^2} = 4[\%]$

이때의 역률 $\cos\theta = \dfrac{p}{\sqrt{p^2+q^2}} = 0.8$

$\therefore \dfrac{p}{4} = 0.8,\ p = 3.2$

무유도시 $\cos\theta = 1$ 이므로, $\epsilon = p = 3.2[\%]$

예제 20 E·x·e·r·c·i·s·e

어느 변압기의 전압변동률은 부하역률 100[%]에서 2[%], 부하역률80[%]에서 3[%]이다. 이 변압기의 최대전압변동률 및 이 때의 부하역률을 구하시오.

해설 $\cos\theta = 1$ 일 때, $\epsilon = p = 2$ ①

$\cos\theta = 0.8$ 일 때 $3 = p\times 0.8 + q\times 0.6$ ②

①과 ②에서 $3 = 2\times 0.8 + q\times 0.6$

$q = 2.33$

ε이 최대일 때 $\varepsilon = \sqrt{p^2+q^2} = \sqrt{2^2+2.33^2} = 3.07[\%]$

$\cos\theta = \dfrac{p}{\sqrt{p^2+q^2}} = \dfrac{2}{3.07} = 0.65$

예제 21 E·x·e·r·c·i·s·e

어느 변압기의 단락시험결과 $p = 1.5[\%]$, $q = 3[\%]$이다. 앞선 역률80[%]일 때의 전압 변동률은?

➜ 해설 $\epsilon = p\cos\theta - q\sin\theta = 1.5\times 0.8 - 3\times 0.6 = -0.6[\%]$

예제 22 E·x·e·r·c·i·s·e

10[kVA] 3,150/210[V]의 단상변압기가 있다. 1차 및 2차권선의 저항은 각각 12.4[Ω], 0.056[Ω]이고, 누설 리액턴스는 각 각 19.1[Ω] 0.084[Ω]이다. 이 변압기의 %임피던스 전압강하를 계산하시오. 또, 1차 단자에 정격전압을 공급하고, 2차단자를 단락할 때의 단락전류는 정격전류의 몇 배인가?

➜ 해설

$a = \dfrac{3,150}{210} = 15$

$r_1 + a^2 r_2 = 12.4 + 15^2 \times 0.056 = 25[\Omega]$

$x_1 + a^2 x_2 = 19.1 + 15^2 \times 0.084 = 38[\Omega]$

$I_{1n} = 10\times 10^3 / 3,150 = 3.17$

$p = \dfrac{25\times 3.17}{3,150}\times 100 = 2.516[\%]$, $\quad q = \dfrac{38\times 3.17}{3,150}\times 100 = 3.82[\%]$

$z = \sqrt{p^2+q^2} = \sqrt{2.516^2+3.82^2} = 4.57[\%]$

$\therefore \dfrac{I_{1s}}{I_{1n}} = \dfrac{100}{z} = \dfrac{100}{4.57} = 21.88$배

3.3.4 손실

변압기에는 회전부분이 없으므로 기계손은 없고, 대부분이 철손 및 동손(저항손)이기 때문에 효율은 회전전기기계에 비하여 좋다. 변압기는 부하가 접속되지 않은 경우라도 1차측이 회로에 접속되어 있으면 무부하전류, 즉 여자전류에 의한 손실이 생기므로 손실을 무부하손과 부하손으로 나누어 생각한다.

(1) 무부하손

무부하손은 2차단자를 개방하고, 1차단자에 정격전압을 가한 경우에 생기는 손실이며, 철손이나 여자전류에 의한 권선의 저항손 및 절연물 안에서 일어나는 **유전체손**을 포함하고 있다.

이 중에서 저항손은 여자전류를 I_o[A], 1차권선의 저항을 r_1[Ω]이라 하면 $r_1 I_o^2$[W]로 극히 작은 전력이며, 또한 유전체손은 전압이 대단히 높을 때 이외에는 극히 작기 때문에 일반적인 변압기에서는 무시해도 좋다.

철손은 히스테리시스손과 와전류손으로 이루어지며 무부하의 대부분을 차지하고 있기 때문에 보통 무부하손이라고 하면 철손으로 생각하여도 된다.

히스테리시스손은 다음 식으로 표시된다.

$$P_h = \sigma_h f B_m^{1.6} \sim \sigma_h f B_m^{2} [\mathrm{W/kg}] \tag{3.44}$$

여기서, σ_h 는 재료에 의한 상수로 히스테리시스 상수라 하며, f는 주파수[Hz], B_m은 자속밀도의 최대값[$\mathrm{Wb/m^2}$]이다.

B_m이 1[$\mathrm{Wb/m^2}$]이하일 때에 P_h는 대개 $B_m^{1.6}$에 비례하고, B_m이 1[$\mathrm{Wb/m^2}$]을 넘을 때에 P_h 는 대개 B_m^2에 비례한다.

철손의 약 80[%]는 히스테리시스손이며, 또한, 변압기에서는 기계손이 없고 철손의 대소가 효율에 큰 영향을 주므로 철심으로서는 σ_h가 적은 규소강판이 사용된다.

와전류손은 자속의 변화에 따라 철심 안에 유도되는 와전류에 의한 것이며 다음 식으로 표시된다.

$$P_e = \sigma_e (t f k_f B_m)^2 [\mathrm{W/kg}] \tag{3.45}$$

여기서, σ_e는 재료에 의한 상수, t는 철판의 두께[m], f는 주파수[Hz], k_f는 기전력의 파형률, B_m은 자속밀도의 최대값[Wb/m^2]이다.
식 (3.45)에서 아는 바와 같이 와전류손은 철판 두께의 제곱에 비례하기 때문에 가능한 한 얇은 것을 사용하는 것이 바람직하다.

예제 23 E·x·e·r·c·i·s·e

변압기의 1차전압을 정격치로 하고 정격주파수 50[Hz]의 것을 60[Hz]로 사용할 때에는 어떤 변화가 일어나는가.

해설

$E_1 = 4.44\,f w_1 \Phi_m$, $\Phi_m = \dfrac{E_1}{4.44\,f\,w_1}$, $\Phi_m \propto \dfrac{1}{f}$ 이므로 Φ_m이 감소되므로 I_μ도 감소된다. 즉 $I_o = I_w + jI_\mu$ 가 감소되고, $\dot{I}_1 = \dot{I}_o + \dot{I}_1{}'$ 도 감소된다.

$P_h = \sigma_h f B_m{}^{1.6} \sim \sigma_h f B_m{}^2$ $P_h \propto \dfrac{1}{f^{0.6}} \sim \dfrac{1}{f}$ ∴ P_h는 감소

$P_e = \sigma_e (tfk_f B_m)^2 = \sigma_e (tfk_f \dfrac{1}{f})^2 = \sigma_e (tk_f)^2$,

∴ P_e는 주파수에 관계없이 일정하다.

철손 $P_i = P_h + P_e$ $P_h \gg P_e$ ($P_h : P_e = 8:2$) 이므로, 철손은 감소되며 온도상승도 감소된다.

누설 리액턴스 $x = 2\pi f L \propto f$ 이므로 누설 리액턴스는 증가하며 또한 %리액턴스 강하 $\{\%q = \dfrac{x_{21} I_{1n}}{V_{1n}} \times 100\}$도 증가하게 되므로 % 임피던스$\{z(\%z) = \sqrt{p^2+q^2}\}$도 증가하며 전압변동률$\{\epsilon \fallingdotseq p\cos\theta + q\sin\theta\}$도 증가한다.

(2) 무부하시험

[그림 3.24]와 같이 접속하고 1차측(고전압측)을 개방한 상태로 2차단자에 정격주파수의 정격전압 V_{2n}[V]를 가하여 전류 및 전력을 측정한다. 그림에서 W는 전력, V는 전압계, A는 전류계, IR은 유도전압조정기, T는 피시험변압기를 표시한다.
전력계에서 무부하손 P_o[W]가 측정되나 이중에서 2차동손을 뺀 것이 철손P_i[W]가 된다(유전체손을 무시할 때). 또, 전류계로 여자전류 I_o[A]를 알 수 있다.

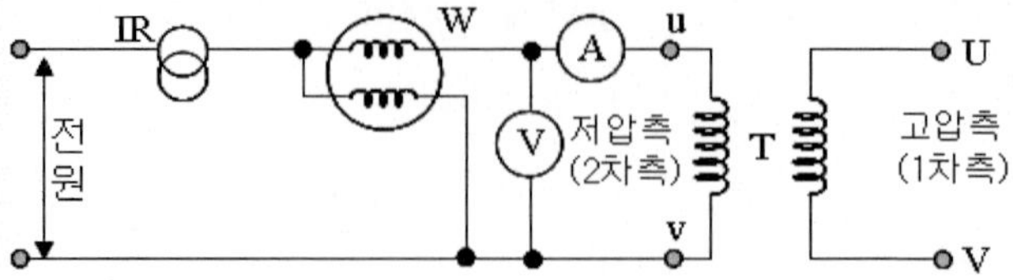

[그림 3.24] 무부하시험

이 시험결과에서 여자 어드민턴스 Y_o[℧] 및 여자전류의 위상각 θ_o를 계산하면 다음과 같이 된다. 여기서 V_{1n}[V]는 정격 1차전압이다.

$$\left.\begin{array}{l} Y_o = \dfrac{I_o'}{V_{1n}}, \quad g_o = \dfrac{I_w}{V_{1n}} = \dfrac{\dfrac{P_i}{V_{1n}}}{V_{1n}} = \dfrac{P_i}{{V_{1n}}^2} \\ b_o = -\sqrt{(Y_o)^2 - (g_o)^2} = -\sqrt{(\dfrac{I_o'}{V_{1n}})^2 - (\dfrac{P_i}{{V_{1n}}^2})^2} \quad \cos\theta_o = \dfrac{P_i}{V_{1n} I_o'} \\ \text{여기서, } I_o' = I_o / a \text{ 이다. } (\because I_1 \fallingdotseq \dfrac{I_2}{a} \text{이기 때문에}) \end{array}\right\} \tag{3.46}$$

(3) 부하손

변압기의 부하손은 다음과 같이 분류된다.

① 부하전류에 의한 권선의 저항손

② 권선에 부하전류가 흐르면 누설자속이 증가하고 이것이 권선, 철심 및 그 밖의 금속 부분을 통하여 그 곳에 생기는 와전류에 의하여 일어나는 손실을 **표류부하손**이라 하며 일반적으로 대단히 적다.

1차전류를 I_1[A], 2차전류를 I_2[A], 1차 저항을 r_1[Ω], 1차로 환산한 2차 저항을 r_2'[Ω]이라 하면, 부하손(동손) P_c는 다음 식으로 된다.

$$P_c = k(r_1 {I_1}^2 + r_2 {I_2}^2) = k\left(r_1 {I_1}^2 + a^2 r_2 (\frac{I_2}{a})^2\right) = k(r_1 + r_2')\, {I_1}^2 = k\, r_{21} {I_1}^2 \tag{3.47}$$

위 식의 k는 1보다 큰 상수이며, k와 1의 차이 부분은 표류부하손에 의한 증가분을 표시하고 있다.

(4) 손실의 예

각종 용량의 변압기에 대하여 손실의 예를 나타내면 [표 3.3]과 같다.

[표 3.3] 손실 및 효율의 예

용량 [kVA]	사용전압 [kV]	무부하손 [W]	저항손 [W]	표류부하손 [W]	효율[%] $\cos\theta=1$	$\frac{\text{여자전류}}{\text{부하전류}}\times 100$
1	3.3	37	39	-	93.8	15.0
15	3.3	183	261	-	97.0	6.0
100	11.0	834	1,520	155	97.6	5.58
3,000	66.0	15,600	21,800	2,200	98.7	4.66
15,000	169.0	57,000	73,800	12,200	99.0	3.0

(5) 단락시험

[그림 3.25]와 같이 2차측을 단락하고, 1차 측에 정격주파수의 전압을 천천히 상승시키면서 1차 전류와 입력을 측정한다. 그림에서 T는 피시험 변압기, IR은 유도전압조정기, A는 전류계, V는 전압계, W는 전력계를 표시한다.

1차 전류가 정격전류 I_{1n}[A]에 도달했을 때의 입력 P_s[W]가 전부하 동손이며 **임피던스 와트**라고 하고, 또 이때의 전압 V_s[V]는 **임피던스 전압**이라고 한다.

V_{1n}[V]를 정격 1차전압이라 하고, I_{1s}[A]를 1차 단락전류라고하면 $\frac{V_{1n}}{V_s}=\frac{I_{1s}}{I_{1n}}$, $V_{1n} \gg V_s$, $I_{1s} \gg I_{1n}$의 관계가 된다.

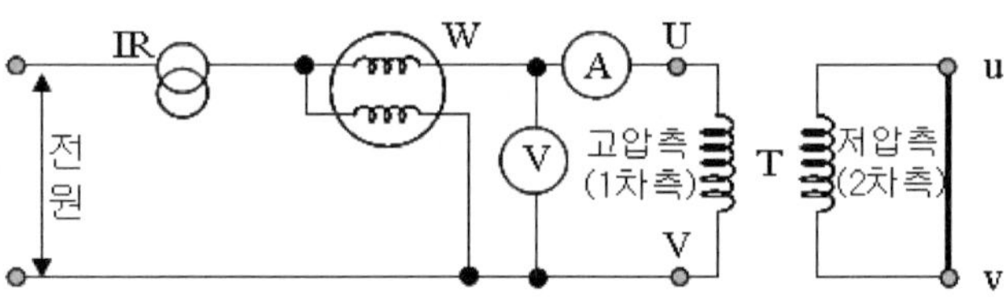

[그림 3.25] 단락시험

이러한 시험을 단락시험이라 하며, 이 결과에서 권선의 저항, 누설 리액턴스, 백분율전압강하, 전압변동률 등은 다음과 같이 계산에 의하여 구할 수가 있다. 여기서 V_{1n}[V]는 정격 1차 전압이다.

(1) $r_{21} = r_1 + r_2{}' = \dfrac{P_s}{{I_{1n}}^2}[\Omega]$ **(3.48)**

$$Z_{21} = Z_1 + Z_2{}' = \frac{V_s}{I_{1n}}[\Omega]$$

$$x_{21} = x_1 + x_2{}' = \sqrt{(Z_{21})^2 - (r_{21})^2} = \sqrt{(\frac{V_s}{I_{1n}})^2 - (\frac{P_s}{{I_{1n}}^2})^2}\ [\Omega]$$

(2) $p = \dfrac{P_s}{V_{1n} I_{1n}} \times 100[\%]$

(3.40)에서 $z = \dfrac{V_s}{V_{1n}} \times 100[\%]$이므로

$q = \dfrac{x_{21} I_{1n}}{V_{1n}} \times 100 = \sqrt{(z)^2 - (p)^2} = \sqrt{(\dfrac{V_s}{V_{1n}})^2 - (\dfrac{P_s}{V_{1n} I_{1n}})^2} \times 100[\%]$ **(3.49)**

(3) $\epsilon \fallingdotseq p\cos\theta + q\sin\theta[\%]$ 여기서, $\cos\theta =$ 역률

예제 24 E·x·e·r·c·i·s·e

3,300/210[V] 5[kVA]의 단상변압기의 백분율저항강하(p)와 백분율 리액턴스강하(q)는 2.4[%]와 1.6[%]이다. 이 변압기의 V_s와 P_s를 구하시오.

해설 $I_{1n} = 5 \times 10^3 / 3{,}300 = 1.51[\text{A}]$

$$p = \frac{(r_1 + r_2{}')I_{1n}}{V_{1n}} \times 100, \qquad 2.4 = \frac{(r_1 + r_2{}') \times 1.51}{3{,}300} \times 100,$$

$$\therefore\ r_1 + r_2{}' = 52.5[\Omega]$$

$$P_s = I_{1n}^2 (r_1 + r_2{}') = 1.51^2 \times 52.5 = 120[\text{W}]$$

$$q = \frac{(x_1 + x_2{}')I_{1n}}{V_{1n}} \times 100, \qquad 1.6 = \frac{(x_1 + x_2{}') \times 1.51}{3{,}300} \times 100,$$

$$\therefore\ x_1 + x_2{}' = 35[\Omega]$$

$$V_s = I_{1n} \times (z_1 + z_2{}') = I_{1n} \sqrt{(r_1 + r_2{}')^2 + (x_1 + x_2{}')^2}$$

$$= 1.51\sqrt{(52.5)^2 + (35)^2} = 1.51\sqrt{2{,}756.25 + 1{,}225}$$

$$= 1.51 \times 63 = 95[\text{V}]$$

예제 25 E·x·e·r·c·i·s·e

100[kVA], 50[Hz], 3,300/210[V]의 단상변압기가 있다. 전부하의 백분율임피던스강하는 3.3[%] 전부하 동손(임피던스 와트)은 1.45[kW]이다. 부하역률 100[%] 및 80[%]에서의 전압변동률은?

해설 $z=3.3[\%]$, $Ps=1.45[\text{kW}]$ 이며

$$I_{1n}=\frac{100\times 10^3}{3{,}300}=30.3[\text{A}]$$

$$p=\frac{(r_1+r_2')I_{1n}^{\ 2}}{V_{1n}I_{1n}}\times 100=\frac{P_s}{\text{정격용량}}\times 100=\frac{1.45\times 10^3}{100\times 10^3}\times 100=1.45[\%]$$

$z=\sqrt{p^2+q^2}$ 에서, $q=\sqrt{z^2-p^2}=\sqrt{3.3^2-1.45^2}=2.97$

$\cos\theta=100[\%]$ 일 때, $\epsilon=p=1.45[\%]$

$\cos\theta=80[\%]$ 일 때

$$\epsilon=p\cos\theta+q\sin\theta=1.45\times 0.8+2.97\times 0.6$$
$$=1.16+1.78=2.94[\%]$$

예제 26 E·x·e·r·c·i·s·e

3,300/100[V], 20[kVA]의 단상변압기에서 최대전압변동률은 무부하 역률이 0.4일 때 생기고 그 값은 3.5[%]이다. 이 변압기의 전부하 동손과 임피던스 전압을 구하시오.

해설 최대전압변동률은 무부하 역률 0.4일 때

$$\cos\theta=\frac{p}{\sqrt{p^2+q^2}},\qquad 0.4=\frac{p}{3.5},\qquad p=1.4$$

$$p=\frac{P_s}{V_{1n}I_{1n}}\times 100$$

$$1.4=\frac{P_s}{20\times 10^3}\times 100,\ \ \therefore P_s=280[\text{W}]$$

$$\epsilon_{\max}=3.5[\%]=\sqrt{p^2+q^2}=z$$

$$z=\sqrt{p^2+q^2}=\frac{(z_1+z_2')\times I_{1n}}{V_{1n}}\times 100$$

$$3.5=\frac{V_s}{3{,}300}\times 100,\ \ \therefore V_s=115.5[\text{V}]$$

예제 27 E·x·e·r·c·i·s·e

5[kVA], 3,000/200[V]인 단상변압기의 단락시험에서 정격 1차전류가 1.67[A]일 때 $V_s = 120$[V], $P_s = 150$[W]로 되면 전압변동률은 얼마인가? (단, 역률은 0.8 이다.)

➔ 해설

$$p = \frac{P_s}{V_{1n} I_{1n}} \times 100 = \frac{150}{5 \times 10^3} \times 100 = 3[\%]$$

$$q = \frac{x_{21} I_{1n}}{V_{1n}} \times 100 = \sqrt{(z)^2 - (p)^2}$$

$$= \sqrt{\left(\frac{V_s}{V_{1n}}\right)^2 - \left(\frac{P_s}{V_{1n} I_{1n}}\right)^2} \times 100[\%]$$

$$= \sqrt{\left(\frac{120}{3{,}000}\right)^2 - \left(\frac{150}{5 \times 10^3}\right)^2} \times 100 = 2.6[\%]$$

$$\epsilon = p\cos\theta + q\sin\theta = 3 \times 0.8 + 2.6 \times 0.6 = 3.96[\%]$$

3.3.5 효율

(1) 효율의 종류

전기기계의 효율에는 출력과 입력을 측정하여 계산한 **실측효율**과 규약에 따라 손실을 결정하여 산출하는 **규약효율**이 있는데 변압기에 대한 효율의 표준으로는 규약효율을 사용한다.

(2) 규약효율

변압기의 효율은 정격 2차전압 및 정격주파수에 대한 출력[kW] 또는 입력과 전체손실을 기본으로 하여 다음과 같은 식으로 표시된다.

$$\left.\begin{aligned} \text{효율}\ \eta &= \frac{\text{출력[kW]}}{\text{출력[kW]} + \text{손실[kW]}} \times 100[\%] \\ &= \frac{\text{입력[kW]} - \text{손실[kW]}}{\text{입력[kW]}} \times 100[\%] \end{aligned}\right\} \quad (3.50)$$

정격 2차전압을 V_{2n}[V], 정격 2차전류를 I_{2n}[A], 부하의 역률을 $\cos\theta$, 철손을 P_i [W], 2차측으로 환산한 전체 저항을 r_{12}[Ω]이라 하면 효율 η는 다음 식으로 표시된다.

$$\eta = \frac{V_{2n} I_{2n} \cos\theta}{V_{2n} I_{2n} \cos\theta + P_i + I_{2n}^{\ 2} r_{12}} \times 100[\%] \tag{3.51}$$

또, $1/n$ 부하에 대한 효율은 다음과 같다.

$$\eta_{(\frac{1}{n})} = \frac{\left(\frac{1}{n}\right) V_{2n} I_{2n} \cos\theta}{\left(\frac{1}{n}\right) V_{2n} I_{2n} \cos\theta + P_i + \left(\frac{1}{n}\right)^2 I_{2n}^{\ 2} r_{12}} \times 100[\%] \tag{3.52}$$

(3) 최대효율

일정한 전압과 일정한 역률에서 변압기는 어떠한 부하일 때에 최대효율이 될 것인가? 식 (3.52)에서

$$\eta_{\frac{1}{n}} = \frac{(\frac{n}{I_{2n}}) \times \left(\frac{1}{n}\right) V_{2n} I_{2n} \cos\theta}{(\frac{n}{I_{2n}}) \times \left[\left(\frac{1}{n}\right) V_{2n} I_{2n} \cos\theta + P_i + (\frac{1}{n})^2 I_{2n}^{\ 2} r_{12}\right]} \times 100[\%]$$

$$= \frac{V_{2n} \cos\theta}{V_{2n} \cos\theta + \frac{P_i}{\frac{I_{2n}}{n}} + \frac{I_{2n} r_{12}}{n}} \times 100[\%]$$

V_{2n} 및 $\cos\theta$가 일정하기 때문에 η가 최대로 되기 위해서는 $\frac{P_i}{\frac{I_{2n}}{n}} + \frac{I_{2n} r_{12}}{n}$이 최소가 되면 좋다. 그런데 $\frac{P_i}{\frac{I_{2n}}{n}} \times \frac{I_{2n} r_{12}}{n} = P_i r_{12}$은 일정하기 때문에, $\frac{P_i}{\frac{I_{2n}}{n}} = \frac{I_{2n} r_{12}}{n}$이다.

$$\left.\begin{aligned} &\text{즉, } P_i = \left(\frac{I_{2n}}{n}\right)^2 r_{12}, \quad P_i = \left(\frac{1}{n}\right)^2 I_{2n}^{\ 2} r_{12}, \quad P_i = \left(\frac{1}{n}\right)^2 P_c \\ &\frac{P_i}{P_c} = \left(\frac{1}{n}\right)^2, \quad \left(\frac{1}{n}\right) = \sqrt{\frac{P_i}{P_c}} \end{aligned}\right\} \tag{3.53}$$

일 때 η는 최대가 된다.

따라서, 동손과 철손이 같은 부하일 때에 효율이 최대가 된다. [그림 3.26]에서 부하와 효율 및 손실의 관계를 알 수 있다.

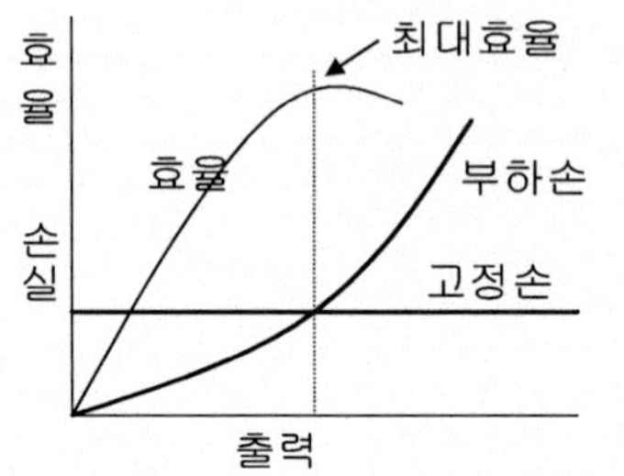

[그림 3.26] 부하와 효율의 관계

예제 28 E·x·e·r·c·i·s·e

용량 10[kVA] 철손 120[W], 전부하동손 240[W]의 변압기가 있다. 부하역률 80[%]에서 전부하 및 1/4 부하의 효율을 구하시오. 또, 최대효율은 얼마인가?

해설 전부하의 효율 η_o[%]는

$$\eta_o = \frac{10 \times 10^3 \times 0.8}{10 \times 10^3 \times 0.8 + 120 + 240} \times 100 = 95.7[\%]$$

1/4부하의 효율 $\eta_{\left(\frac{1}{n}\right)}$[%]는

$$\eta_{\left(\frac{1}{n}\right)} = \frac{\left(\frac{1}{4}\right) \times 10 \times 10^3 \times 0.8}{\left(\frac{1}{4}\right) \times 10 \times 10^3 \times 0.8 + 120 + \left(\frac{1}{4}\right)^2 \times 240} \times 100 = 93.7[\%]$$

최대효율이 생기는 부하를 전부하의 $1/n$ 이라 하면

$$\frac{1}{n} = \sqrt{\frac{P_i}{P_c}} = \sqrt{\frac{120}{240}} = 0.707$$

따라서, 최대효율 η_{max}[%]는

$$\eta_{max} = \frac{0.707 \times 10 \times 10^3 \times 0.8}{0.707 \times 10 \times 10^3 \times 0.8 + 120 + 120} \times 100 = 95.9[\%]$$

예제 29 E·x·e·r·c·i·s·e

정격용량 10[kVA] 정격전압에서의 철손 120[W], 정격전류에서의 동손 180[W]인 단상변압기를 정격전압에서 뒤진 역률 0.8, 정격전류의 3/4부하에서 사용한 경우의 효율을 계산하시오.

➔ 해설

$$\eta_{\left(\frac{3}{4}\right)}=\frac{\left(\frac{3}{4}\right)\times 10\times 10^3\times 0.8}{\left(\frac{3}{4}\right)\times 10\times 10^3\times 0.8+120+\left(\frac{3}{4}\right)^2\times 180}\times 100=96.4[\%]$$

(4) 전일효율

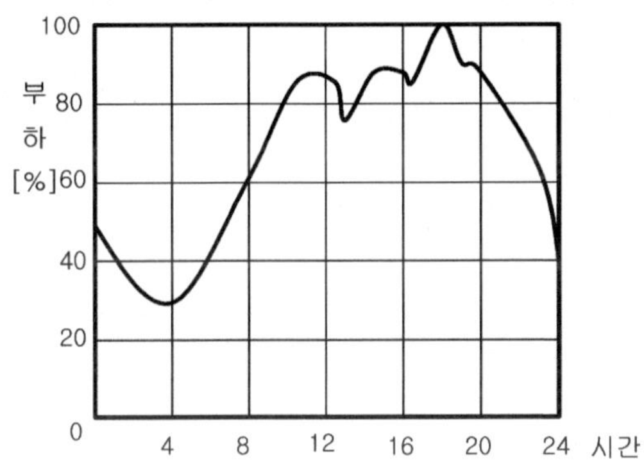

[그림 3.27] 배전변압기의 부하곡선 예

변압기의 부하는 1일 동안에 일정하지 않고 변동하는 것이 보통이다. 전등용 배전변압기는 특히 부하의 변동이 심하다. [그림 3.27]은 부하변동의 예를 나타낸 것이다.
동손은 부하에 의하여 변화하고 무부하의 동손은 대단히 작으나, 철손은 부하에 관계없이 일정하기 때문에 1일 동안의 총합효율을 생각할 필요가 있다.
총합효율을 **전일효율**이라고 한다. 지금, 1일 중 T시간 동안에 사용되는 부하는 $V_{2n}\, I_2 \cos\theta$이고, 그 외의 시간은 무부하인 경우의 전일효율 η_d 는 다음과 같이 된다.

$$\eta_d=\frac{V_{2n}\, I_2 \cos\theta\times T}{V_{2n}\, I_2 \cos\theta\times T+24\, P_i+I_2{}^2 r_{12}\times T}\times 100[\%] \tag{3.54}$$

전일효율을 최대로 하기 위해서는 무부하손의 합과 부하손의 합이 같을 때이며

$$24\,P_i = I_2^{\,2} r_{12} \times T\,, \quad \therefore P_i = I_2^{\,2} r_{12} \frac{T}{24} \tag{3.55}$$

따라서 전부하 시간이 짧을수록 철손을 동손보다 적게 해야 한다.

예제 30 E·x·e·r·c·i·s·e

정격용량 50[kVA]의 변압기가 있다. 철손은 400[W] 전부하동손은 800[W]가 된다. 이 변압기가 하루에 8시간씩 무부하, 1/2 부하, 전부하로 된다고 하면 전일효율은 얼마인가? (단, 부하의 역률은 100[%]로 한다.)

해설

전부하일 때의 전력량 $= 8 \times 50 \times 1.0 = 400$[kW h]

1/2부하일 때의 전력량 $= 8 \times \frac{1}{2} \times 50 \times 1.0 = 200$[kW h]

1일 중의 전체 공급 전력량 $= 400 + 200 = 600$[kW h]

1일 중의 철손 $= 24 \times 0.4 = 9.6$[kW h]

1일 중의 동손 $= 8 \times 0.8 + 8 \times 0.8 \times \left(\frac{1}{2}\right)^2 = 6.4 + 1.6 = 8$[kW h]

전일효율 $\eta_d = \frac{600}{600 + 9.6 + 8} \times 100 = 97.2$[%]

예제 31 E·x·e·r·c·i·s·e

정격주파수 50[Hz]의 변압기를 60[Hz]의 전원에 접속할 때

(1) 전압을 정격값으로 유지한 경우에 고려할 사항과 그 이유를 설명하시오.

(2) 전압이 정격값의 20[%]증가한 경우에 철손은 어떻게 변화하는가? 또, 그 외의 문제는 없는가?

해설

(1) 철손이 감소. 누설리액턴스는 증가. 전압변동률도 증가. (예제23 참조)

(2) $\Phi_m{}' = E_1{}'/4.44 f' w_1 = 1.2E/(4.44 \times 1.2 f w_1)$

$= E/(4.44 \times f w_1)$ = 일정

$\therefore$ 철손은 일정

예제 32 E·x·e·r·c·i·s·e

30[kVA], 60[Hz], 3,300/210[V]인 변압기의 와류손은 30[W]이다. 이 변압기를 3,000[V], 50[Hz]에서 사용할 때의 와류손은 몇 [W]인가?

➔ 해설

$$P_e = \sigma_e(tf K_f B_m)^2 = \sigma_e[tf K_f \times \frac{E_1}{4.44 f w_1}]^2 \propto E_1^{\ 2}$$

$$\frac{P_e{}'}{P_e} = \frac{E_1{}'^2}{E_1^{\ 2}} \qquad P_e{}' = 30 \times (\frac{3{,}000}{3{,}300})^2 = 24.8[\text{W}]$$

예제 33 E·x·e·r·c·i·s·e

공급전압을 일정하게 하면 히스테리시스손실은 주파수의 0.6~1 제곱에 반비례하고, 또, 와전류손은 주파수에 관계없이 일정한 것을 설명하시오.

➔ 해설

$$E_1 = 4.44 f w_1 \phi_m, \quad \phi_m = \frac{E_1}{4.44 f w_1}$$

$$P_e = \sigma_e(tf k_f B_m)^2 = \sigma_e(t f k_f \frac{1}{f})^2 = \text{일정}$$

$$P_h = \sigma_h f B_m^{\ 1.6} \sim \sigma_h f B_m^{\ 2} = \sigma_h f \times \frac{1}{f^{1.6}} \sim \sigma_h f \times \frac{1}{f^2}$$

$$= \sigma_h \frac{1}{f^{0.6}} \sim \sigma_h \frac{1}{f}$$

∴ P_h 는 주파수의 0.6~1 제곱에 반비례한다.

예제 34 E·x·e·r·c·i·s·e

전부하의 동손 2[%], 철손 1[%]의 변압기가 있다. 역률 80[%], 3/4부하에서의 효율은 얼마인가?

➔ 해설 출력 $P=1$이라하면 $P_c = 0.02$, $P_i = 0.01$ 이며

$$\eta = \frac{\frac{3}{4} \times 1 \times 0.8}{\frac{3}{4} \times 1 \times 0.8 + 0.01 + (\frac{3}{4})^2 \times 0.02} \times 100$$

$$= \frac{0.6}{0.6 + 0.01 + 0.01125} \times 100 = 97[\%]$$

예제 35 E·x·e·r·c·i·s·e

어느 변압기의 무유도 전부하에서의 효율은 98[%]이다. 이 변압기의 역률 80[%]에서의 전부하 효율은 얼마인가?

해설 무유도시 역률은 $\cos\theta = 1$이며

$$\eta = \frac{P \times 1}{P \times 1 + P_i + P_c} = 0.98$$

$$P = 0.98P + 0.98(P_i + P_c)$$

$$0.0204P = P_i + P_c$$

$$\eta = \frac{P \times 0.8}{P \times 0.8 + 0.0204 \times P} \times 100 = 97.5[\%]$$

예제 36 E·x·e·r·c·i·s·e

출력 2[kW] 및 8[kW](어느 것도 역률은 100[%])에서 효율이 96[%]가 되는 단상변압기가 있다.

(1) 출력 8[kW]에서의 철손 및 동손은 얼마인가?

(2) 최대효율은 얼마의 출력에서 얻어지는가?

(3) 최고효율의 값은 얼마인가?

해설

(1) 2[kW] 시 $\eta = \dfrac{\left(\frac{1}{4}\right) \times 8 \times 10^3}{\left(\frac{1}{4}\right) \times 8 \times 10^3 + P_i + \left(\frac{1}{4}\right)^2 \times P_c} \times 100 = 96[\%]$

$$P_i + \frac{1}{16} \times P_c = 83.3 \quad \cdots\cdots \text{①}$$

8[kW] 시 $\eta = \dfrac{8 \times 10^3}{8 \times 10^3 + P_i + P_c} \times 100 = 96[\%]$

$$P_i + P_c = 333.3 \quad \cdots\cdots \text{②}$$

①과 ②에서 $P_i = 66.7[W]$, $P_c = 266.7[W]$

(2) $\left(\dfrac{1}{n}\right)^2 P_c = P_i \qquad \dfrac{1}{n} = \sqrt{\dfrac{66.7}{266.7}} = 0.5 = \dfrac{1}{2}$

$$P_{max} = 8 \times 10^3 \times \frac{1}{2} \times 10^{-3} = 4[kW]$$

(3) $\eta_{max} = \dfrac{4 \times 10^3}{4 \times 10^3 + 2 \times 66.7} \times 100 = 96.8[\%]$

예제 37 E·x·e·r·c·i·s·e

어느 단상변압기가 85[%]인 부하에서 효율이 최대로 될 때, 전부하 및 1/2부하에서 동손과 철손의 비는 각각 얼마인가?

해설 $P_i = 0.85^2 P_c$,

전부하시 $\dfrac{P_c}{P_i} = \left(\dfrac{1}{0.85}\right)^2 = 1.384$

1/2부하시 $\dfrac{\left(\dfrac{1}{2}\right)^2 P_c}{P_i} = \left(\dfrac{1}{2}\right)^2 \left(\dfrac{1}{0.85}\right)^2 = \dfrac{1}{4} \times 1.384 = 0.346$

3.4 변압기의 결선, 상변환 및 병렬운전

3상교류전압을 변압하는 데는 3상변압기를 사용하든가, 단상변압기 3개 또는 2개를 적절히 결선해서 사용한다. 부하의 종류에 따라서는 교류의 상수를 바꿀 필요가 있으며, 또 부하의 증가에 따르기 위하여 여러 대의 변압기를 병렬로 연결해서 운전할 필요가 있게 된다. 이러한 경우에는 극성, 즉 전압의 위상관계나 접속 등을 잘 알고 접속하여야 한다.

3.4.1 변압기의 극성

2대 이상의 변압기를 결선하는 경우, 또는 1개의 변압기라도 많은 권선이 있을 때, 이것을 결선하는 경우에는 유도기전력이 방향을 알고 있어야 한다. 변압기의 극성이란 어떤 순간에 1차단자와 2차단자에 나타나는 유도기전력의 상대적 방향을 표시하는 말이다. 이와 같이 극성은 변압기를 단독으로 사용하는 경우에는 거의 문제가 되지 않지만, 3상결선을 하거나 병렬운전을 하는 경우에는 극성을 명확히 하여야 한다.

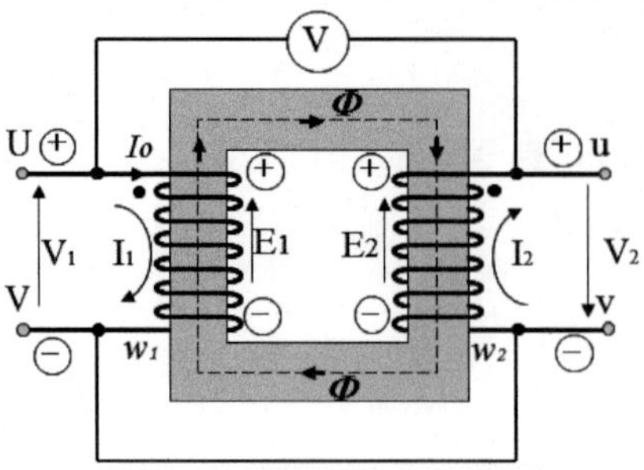

(a) 감극성

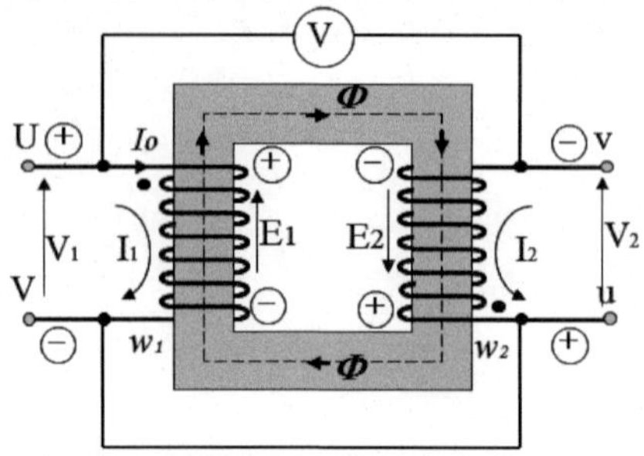

(b) 가극성

[그림 3.28] 극성결정방법

(1) 극성의 결정방법

[그림 3.28]과 같이 외함의 같은 쪽에 있는 고저압단자 U와 u를 접속하고, 다른 단자 V와 v 사이에 전압계를 접속한다. 그리고 고압측 U, V사이에 적당한 전압 V_1를 가한 경우의 저압측 u, v 사이의 전압을 V_2, 또 전압계 의 지시치를 V_o로 한다. 이 경우에 $V_0 = V_1 - V_2$ 이면 이 변압기를 **감극성**의 변압기라고 한다.

그런데 2차권선을 감는 방법이 그림 (a)와 반대인 경우는 그림 (b)의 상태인데 고저압단자 U와 v를 접속하고, 다른 단자 V와 u 사이에 전압계를 접속한다. 이 때의 전압계의 지시치는 $V_0 = V_1 + V_2$가 되며 이와 같은 변압기를 **가극성**의 변압기라고 한다. 우리나라에서는 감극성을 표준으로 정하고 있다.

예제 38 E·x·e·r·c·i·s·e

3,150/210[V]의 단상변압기를 그림과 같이 결선하고 극성시험을 할 때 고압측에 90[V]의 전압을 가하면 가극성 및 감극성일 때에 전압계의 지시는 각각 몇 [V]인가?

➔ 해설

$a = \frac{3,150}{210} = 15.\ V_2 = \frac{V_1}{a} = \frac{90}{15} = 6$

$V = V_1 - V_2 = 90 - 6 = 84$[V]이면 감극성

$V = V_1 + V_2 = 90 + 6 = 96$[V]이면 가극성

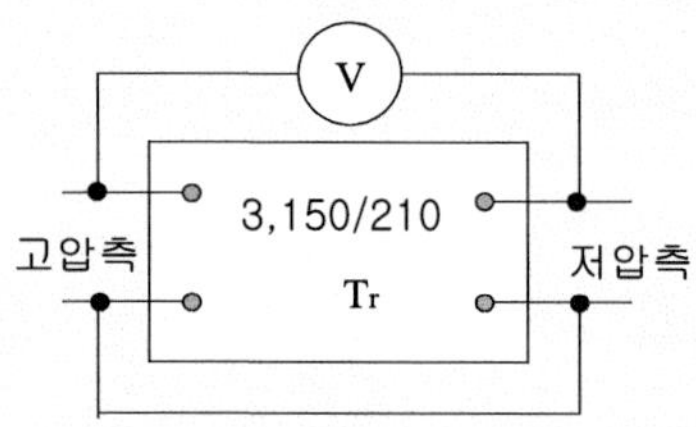

[그림 예제 38]

(2) 단자기호

표준단자기호는 1차권선을 U, V로 하고, 2차권선을 u, v로 해서 [그림 3.29]와 같이 각각 외함의 같은 쪽에 붙인다.

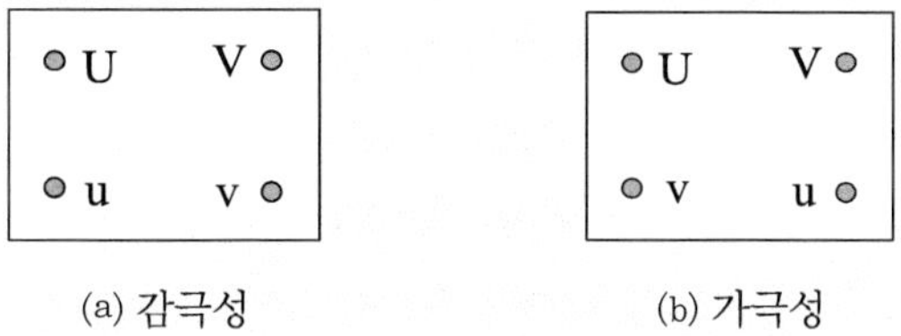

[그림 3.29] 극성의 기호

또 U단자를 1차단자측에서 보아 오른쪽으로 놓는다. 따라서 U와 u가 외함의 동일한 쪽에 있는 것이 감극성이며, U와 u가 대각선상에 있는 것이 가극성이다. 이 기호는 유도기전력의 방향이 $U\ V$에서 $V \rightarrow U$의 방향이면 $u\ v$에서도 동일하게 $v \rightarrow u$의 방향이라는 뜻이다.

3개의 단상변압기로 3상결선을 하는 경우에 극성을 알고 있으면 [그림 3.30]과 같이 결선을 하지만, 극성이 불명확할 때에는 시험해서 극성을 명확히 알아야 한다. 이것을 [그림 3.31]과 같이 1차와 2차로 나누어서 기입하고 변압기 한 개의 1차와 2차는 병행하게 그려서 알기 쉽게 한다.

1차는 Y 결선이므로 각 권선을 감기 시작하는 $V_1 \cdot V_2 \cdot V_3$을 결합해서 중성점으로 하고 $U_1 \cdot U_2 \cdot U_3$을 단자로 하여 $U \cdot V \cdot W$의 기호로 바꾼다. 2차는△ 결선이며 각 권선을 차례로 접속하고 결합점을 $u \cdot v \cdot w$단자로 한다.

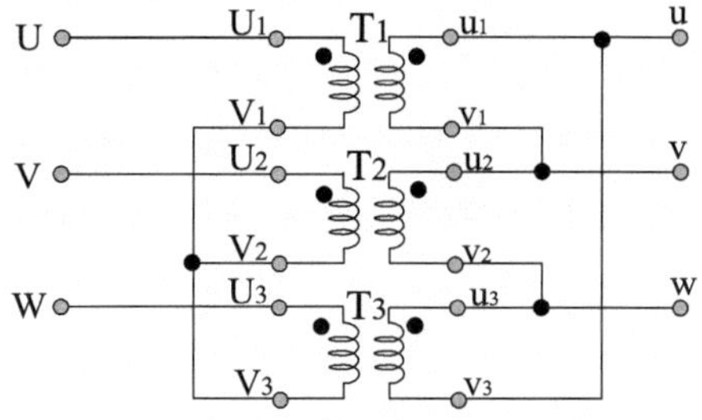

[그림 3.30] 3상결선

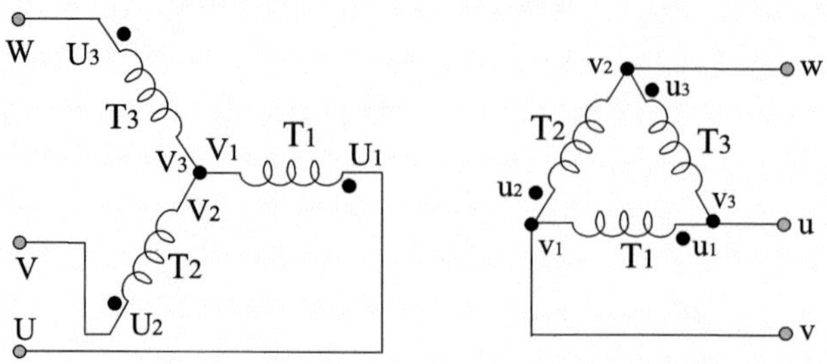

(a) 1차측(Y) (b) 2차측(Δ)

[그림 3.31] 3상결선도의 기입 표시방법

(3) 각 종 결선에서 1차, 2차간의 전압과 전류의 환산관계

$\dfrac{I_1{}'(1차부하전류)}{I_2(2차전류)} = \dfrac{w_2}{w_1} = \dfrac{1}{a}$, $\dfrac{I_1(1차전류)}{I_2(2차전류)} \fallingdotseq \dfrac{1}{a}$ 의 관계가 되는 것을 알았다.

3상에서는 [그림 3.32]의 (b)와 같이 $\dfrac{E_1}{E_2} = \dfrac{V_{1p}(1차 \enspace 상전압)}{V_{2p}(2차 \enspace 상전압)} = a$, $\dfrac{I_{1p}(1차 \enspace 상전류)}{I_{2p}(2차 \enspace 상전류)} = \dfrac{1}{a}$ 으로 환산한다.

3상에서 $\dfrac{V_{1l}(1차 \enspace 선간전압)}{V_{2l}(2차 \enspace 선간전압)} \neq a$, $\dfrac{I_{1l}(1차 \enspace 선전류)}{I_{2l}(2차 \enspace 선전류)} \neq \dfrac{1}{a}$ 으로 환산할 수 없으며 이런 관계로 계산을 하면 결과는 틀린 답이 된다.

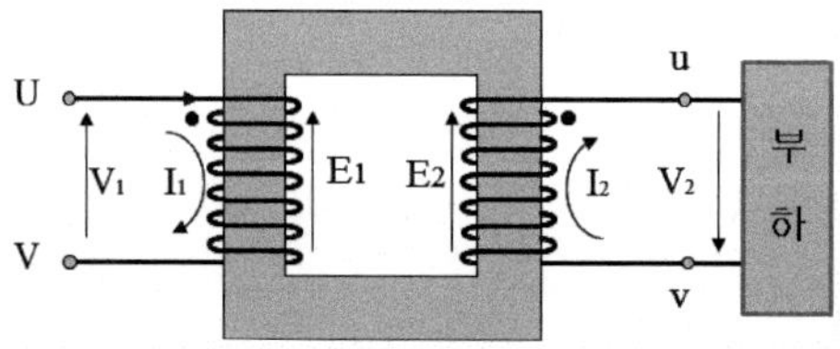

(a) 단상변압기

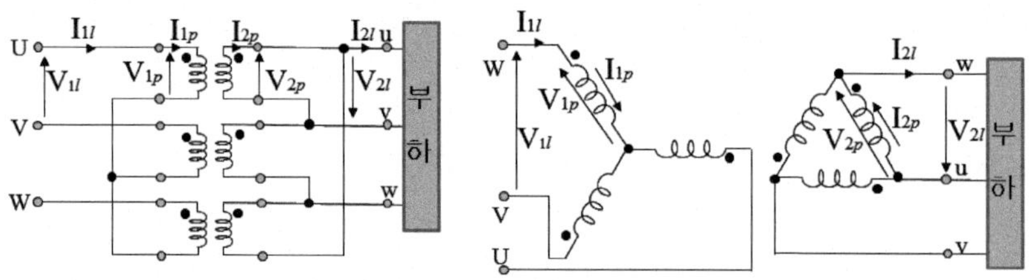

(b) 3상결선

[그림 3.32] 상전압, 선간전압 및 상전류, 선전류의 표시

단상에서는 [그림 3.32]의 (a)와 같이

$$\frac{E_1(\text{1차유도기전력})}{E_2(\text{2차유도기전력})} = \frac{w_1}{w_2} = a, \quad \frac{V_1(\text{1차단자전압})}{V_2(\text{2차단자전압})} \fallingdotseq a$$

3.4.2 각종 3상결선

단상변압기를 사용하여 3상변압을 할 때에는 대개 3개, 또는 2개의 변압기를 사용한다. 이때에 변압기는 용량, 전압, 주파수 등의 정격이 동일하며, 권선의 저항, 누설 리액턴스, 여자전류 등이 모두 똑같아야 한다.

(1) $\Delta-\Delta$ 결선

[그림 3.33]은 3개의 단상변압기를 1차와 2차 모두 Δ 결선으로 한 것이며, 이것을 1차와 2차로 나누어서 나타내면 [그림 3.34]와 같다. 1차권선에는 선간전압 $\dot{V}_{UV}$, $\dot{V}_{VW}$, $\dot{V}_{WU}$가 그대로 가해지고 각 상에 여자전류가 흘러서 1차 기전력(상전압) $\dot{E}_U$, $\dot{E}_V$, $\dot{E}_W$를 유도한다. 2차권선에서는 각각 크기가 1차기전력의 $\frac{1}{a}$ 이며 같은 상의 2차 기전력(상전압) $\dot{E}_u$, $\dot{E}_v$, $\dot{E}_w$ 를 유도한다.

다음에 2차단자에 평균부하를 접속시키면 3상전류가 흐른다. 2차상전류 $\dot{I}_a \cdot \dot{I}_\beta \cdot \dot{I}_r$ 는 2차기전력 $\dot{E}_u \cdot \dot{E}_v \cdot \dot{E}_w$보다 각각 변압기의 역률각 $\theta = \tan^{-1}\frac{x_2}{r_2}$ 만큼 늦고, 2차선전류 $\dot{I}_u \cdot \dot{I}_v \cdot \dot{I}_w$와 상전류의 관계 및 1차측에 대한 전압, 전류의 관계를 벡터도로 나타내면 [그림 3.35]와 같이 된다. 단, 여자전류는 작기 때문에 생략하고 있다.

[그림 3.34]의 (a)에서 U점에 흘러들어가는 전류의 합은 흘러나가는 전류와 같다. 이 관계를 [**그림** 3.35]의 (a)벡터도에서

$$\dot{I}_U + \dot{I}_c = \dot{I}_a \text{에서 } \dot{I}_U = \dot{I}_a + (-\dot{I}_c) = 2 \times \dot{I}_a \times \cos 30^\circ = 2 \times \dot{I}_a \times \frac{\sqrt{3}}{2} = \sqrt{3}\ \dot{I}_a$$

즉 선전류는 상전류의 $\sqrt{3}$ 배가 된다.

Δ 결선에서는 $V_l(\text{선간전압}) = V_p(\text{상전압})$, $I_l(\text{선전류}) = \sqrt{3}\ I_p(\text{상전류})$의 관계인 것을 알 수 있다.

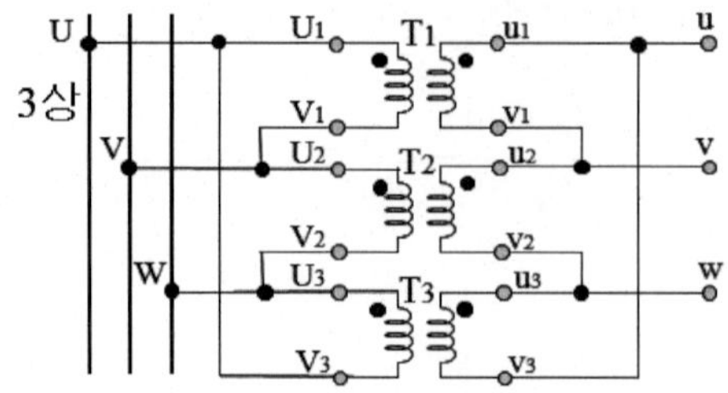

[그림 3.33] $\Delta-\Delta$ 결선

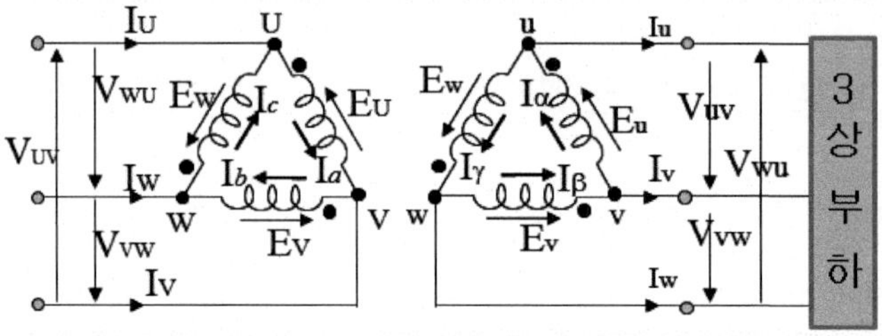

(a) 1차측 (b) 2차측

[그림 3.34] $\Delta-\Delta$ 결선

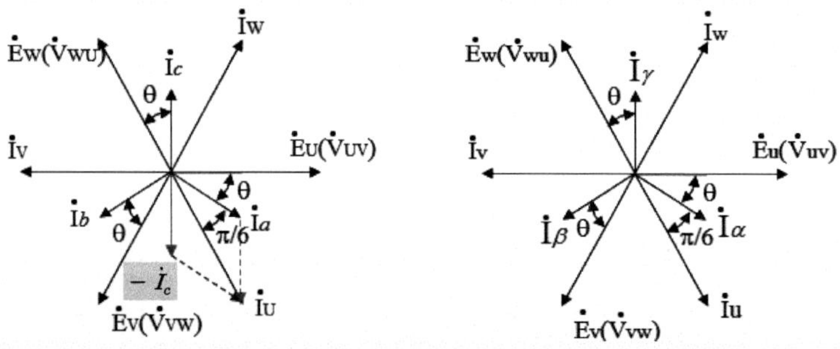

(a) 1차측(Δ) (b) 2차측(Δ)

[그림 3.35] $\Delta-\Delta$ 결선의 벡터도

(2) $Y-Y$ 결선

[그림 3.36]은 1차와 2차가 모든 Y 결선한 것이며, 이것을 1차와 2차로 나누어서 단자 접속 및 전압과 전류의 관계를 나타내면 [그림 3.37]과 같이 된다. 1차 및 2차의 전압과 전류의 관계를 벡터도로 나타내면 [그림 3.38]과 같다.

[그림 3.37]의 (a)에서 UV사이의 전압은 [그림 3.38]의 (a)벡터도에서

$$\dot{V}_{UV} = \dot{E}_U - \dot{E}_V = \dot{E}_U + (-\dot{E}_V)$$
$$= 2 \times \dot{E}_U \times \cos 30° = 2 \times \dot{E}_U \times \frac{\sqrt{3}}{2} = \sqrt{3}\ \dot{E}_U$$

즉 선간전압는 상전압의 $\sqrt{3}$ 배가 된다.

Y 결선에서는 V_l(선간전압) $= \sqrt{3}\ V_p$(상전압), I_l(선전류) $= I_p$(상전류)의 관계인 것을 알 수 있다.

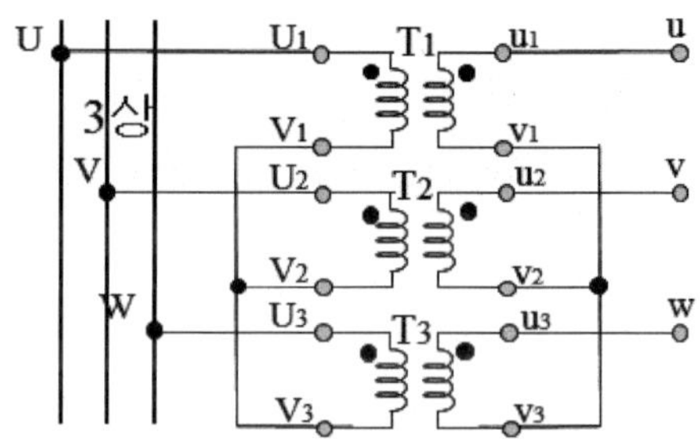

[그림 3.36] $Y-Y$ 결선

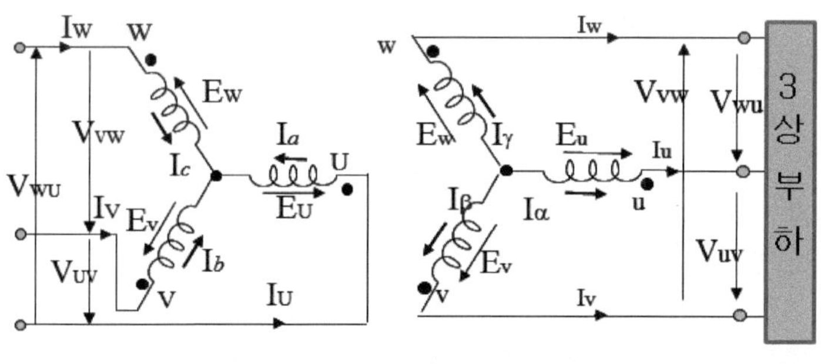

(a) 1차측(Y) (b) 2차측(Y)

[그림 3.37] $Y-Y$ 결선

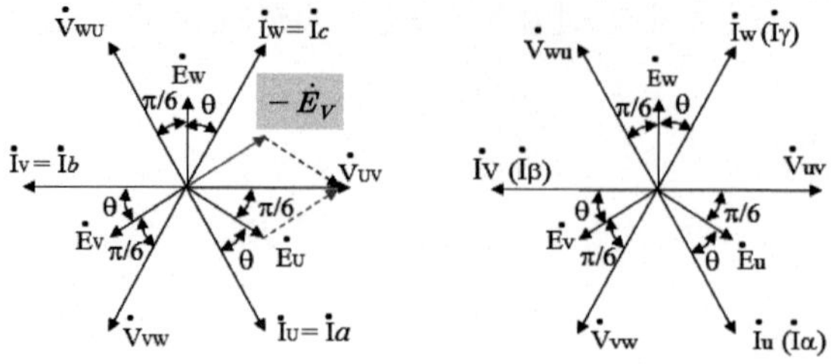

(a) 1차측(Y)　　　(b) 2차측(Y)

[그림 3.38] $Y-Y$ 결선의 벡터도

(3) $\Delta - Y$ 결선

[그림 3.39]와 같이 1차를 Δ, 2차를 Y로 결선한 것이며, 1차 및 2차의 전압과 전류의 관계를 벡터도로 그리면 [그림 3.40]과 같이 되고, 2차선간전압 $\dot{V}_{uv}$는 1차선간전압 $\dot{V}_{UV}$보다 $\frac{\pi}{6}$ 정도 앞서는 것에 주의를 해야 한다.

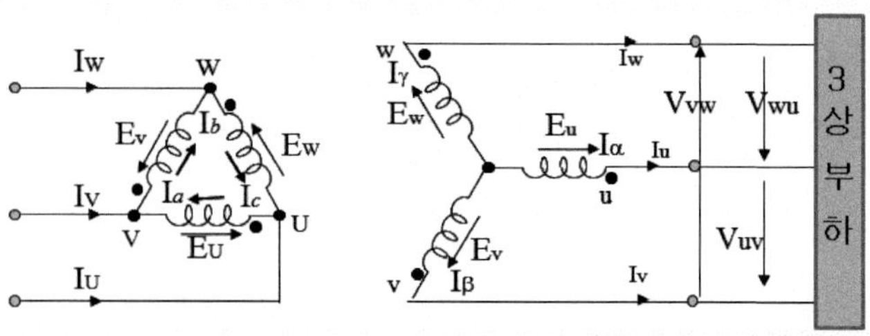

(a) 1차측(Δ)　　　(b) 2차측(Y)

[그림 3.39] $\Delta - Y$ 결선

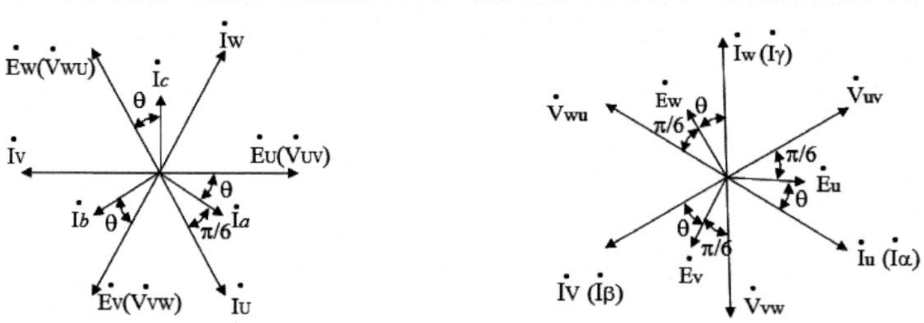

(a) 1차측(Δ)　　　(b) 2차측(Y)

[그림 3.40] $\Delta - Y$ 결선의 벡터도

예제 39 E·x·e·r·c·i·s·e

변압기를 $\Delta - Y$ 결선을 했을 때의 1차선간전압과 2차선간전압의 위상차는 각각 얼마인가?

➔ 해설 $\Delta - Y$ 결선의 2차선간전압은 $\frac{\pi}{6}$ 앞섬

(4) $Y-\Delta$ 결선

[그림 3.41]은 1차를 Y, 2차를 Δ 로 접속한 것이다. 1차 및 2차의 전류와 전압의 관계를 벡터도로 그리면 [그림 3.42]와 같이 되고, 2차선간전압 V_{uv} 는 1차선간전압 $\dot{V}_{UV}$ 보다 $\frac{\pi}{6}$ 만큼 늦는 것을 알 수 있다.

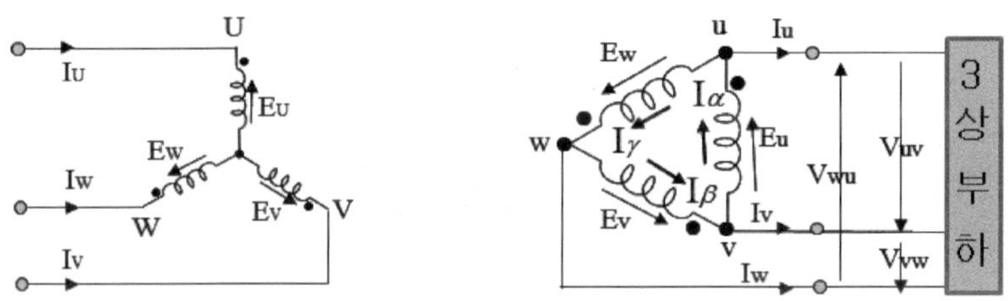

(a) 1차측(Y) (b) 2차측(Δ)

[그림 3.41] $Y-\Delta$ 결선

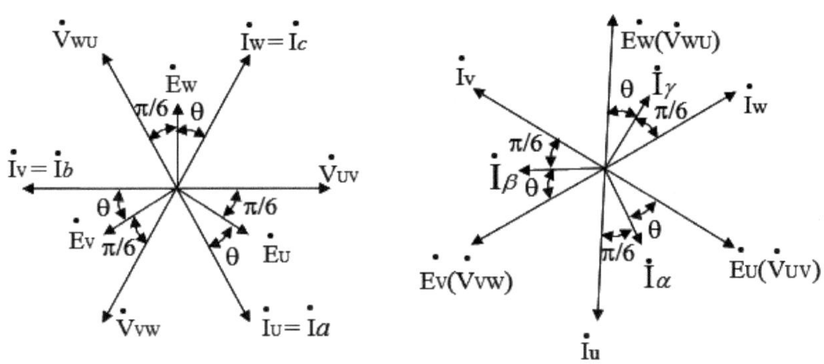

[그림 3.42] $Y-\Delta$ 결선의 벡터도

예제 40 E·x·e·r·c·i·s·e

변압기를 $Y-\Delta$ 결선을 했을 때의 1차선간전압과 2차선간전압의 위상차는 각각 얼마인가?

➔ 해설 $Y-\Delta$ 결선의 2차선간전압은 $\frac{\pi}{6}$ 뒤짐.

(5) V 결선

V 결선은 [그림 3.43]과 같이 $\Delta-\Delta$ 결선으로 한 단상변압기 3개중 1대(E_w)를 제거한 결선법이다. 즉, 3개의 단상변압기에서 1차와 2차가 모두 $\Delta-\Delta$ 결선을 구성한 경우 그중 한 개를 제거해도 나머지 2개의 변압기로 규정전압의 상태대로 3상전압을 3상으로 변환할 수가 있다.

즉 [그림 3.43]의 (b)에서 2차측의 각 단자전압 V_{uv}, V_{vw}, V_{wu} 는 다음과 같이 된다.

$$\dot{V}_{uv}=\dot{E}_u,\ \ \dot{V}_{vw}=\dot{E}_v,\ \ \dot{V}_{wu}\,(\dot{E}_w)=-\dot{E}_u+(-\dot{E}_v)$$

$$=2\times\dot{E}_u\times\cos 60^\circ=2\times\dot{E}_u\times\frac{1}{2}=\dot{E}_u\text{은 상전압과 같다.}$$

이것을 벡터도로 그리면 [그림 3.43]의 (c)와 같이 되어서 $\dot{V}_{uv}$, $\dot{V}_{vw}$, $\dot{V}_{wu}$는 대칭 3상전압으로 된다.

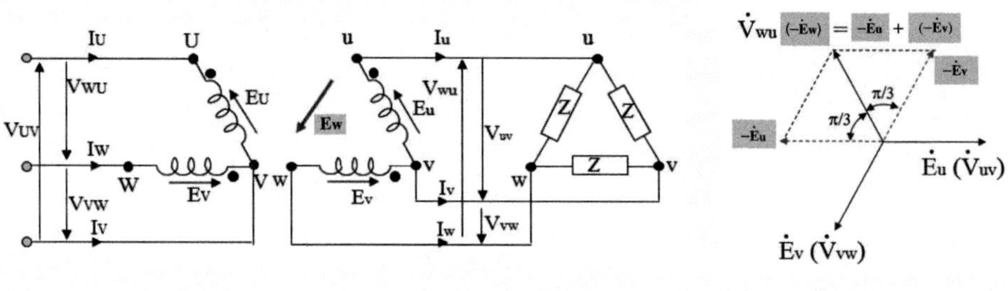

(a) 1차측(V) (b) 2차측(V) (c) V 결선의 벡터도

[그림 3.43] V 결선

(6) 역 V 결선

[그림 3.44]는 2차측 2대 중 1대($\boldsymbol{E_v}$)를 역으로 결선한 경우이며 이때의 벡터도는 (b)와 같고 선간전압 V_{wu}는 $-\dot{V}_{wu}(-\dot{E}_w)=\dot{E}_u+(-\dot{E}_v)=2\times\dot{E}_u\cos 30^\circ=2\times\dot{E}_u\dfrac{\sqrt{3}}{2}=\sqrt{3}\,\dot{E}_u$는 상전압의 $\sqrt{3}$ 배가 된다.

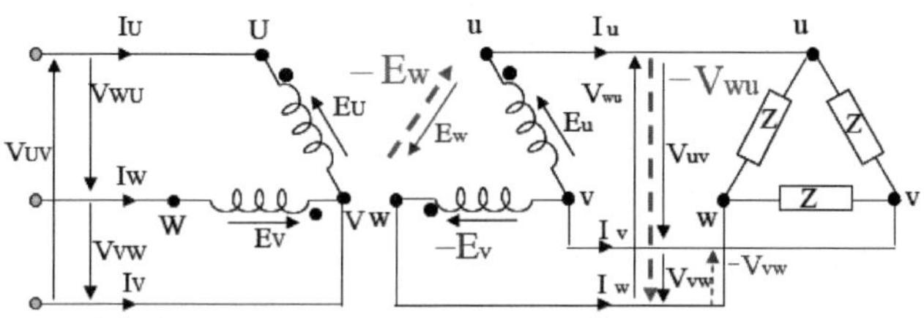

(a) 2차측 2대 중 1대($\boldsymbol{E_v}$)를 역으로 결선한 경우

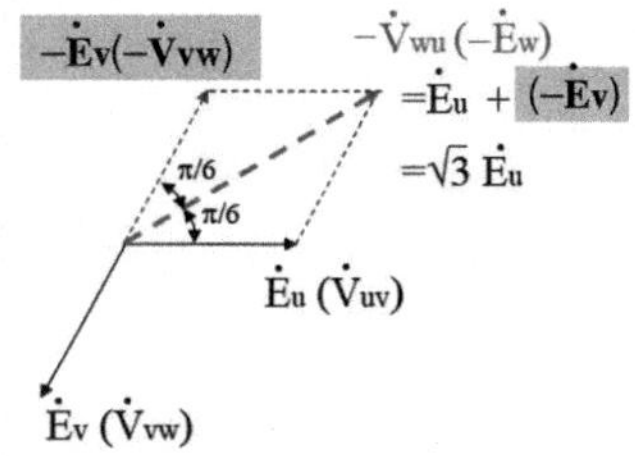

(b) 역 V 결선한 경우의 벡터도

[그림 3.44] 역 V 결선

3.4.3 각 종 3상결선의 비교

변압기의 결선은 송전이나 배전에서 특히 중요한 문제이다. 결선방식을 결정할 때에는 여러 가지 방면에서 비교 검토되나 여기서는 중요한 점에 대해서만 알아본다.

(1) $\Delta-\Delta$ 결선

① 단상변압기 3대중 한 대가 고장일 때에는 이것을 제거하고 나머지 2대를 V 결선으로 하여 송전을 계속할 수 있다.

② 제3고조파전압은 각 상이 동상으로 되기 때문에 권선 안에는 순환전류가 흐르지만, 외부에는 흐르지 않으므로 통신장해의 염려가 없다.

③ 중성점을 접지할 수 없다. 따라서 33[kV]이하의 배전변압기에 주로 사용되며 110[kV]이상의 계통에는 전혀 사용하지 않는다.

④ 동일한 선간전압에 대하여 Y 결선보다도 1상에 가해지는 전압이 높으므로 권수가 많아지고 대부분의 경우에는 절연 때문에 권선의 점적률이 낮아진다.

(2) $Y-Y$ 결선

① 중성점을 접지시킬 수 있다.

② 권선전압이 선간전압의 $\frac{1}{\sqrt{3}}$ 이 되기 때문에 절연이 쉽게 되는 등의 이점이 있다.

③ 기전력에 고조파를 포함하고, 중성점이 접지되어 있을 때에는 선로에 주로 제 3고조파의 충전전류가 흐르고 통신장해를 주는 일이 있다. 따라서 이 결선은 거의 사용하지 않으나, 3차권선을 설치하여 $Y-Y-\Delta$ 의 3권선변압기로 한 것은 송전용에 널리 사용된다.

(3) $Y-\Delta$ 결선, $\Delta-Y$ 결선

$\Delta-Y$ 결선은 발전소용 변압기와 같이 낮은 전압을 높은 전압으로 올리는 경우에 주로 사용되고, $Y-\Delta$ 결선은 수전단 변전소용 변압기와 같이 높은 전압을 낮은 전압으로 내리는 경우에 주로 사용된다.

① 이 결선에서는 1차측이든지 2차측이든지 어느 한쪽에 Δ 결선이 있고 여자전류의 제3고조파 통로가 있기 때문에 제3고조파에 의한 장해가 적다.
② Y 결선의 중성점을 접지 할 수 있다.
③ 1차선간전압과 2차선간전압 사이에 $\frac{\pi}{6}$ 의 위상차가 생긴다.

(4) V 결선

① 주상변압기에서는 장치방법이 간단하며 소용량에서는 가격도 싸기 때문에 3상부하에 널리 사용된다.
② 부하가 증가하는 경우 $\Delta-\Delta$ 결선($P_n = 3V_{2n}I_{2n}$)으로 할 것을 예정하여 처음에 2개로 V 결선($P_n = \sqrt{3}\,V_{2n}I_{2n}$)해서 사용하는 일이 있다.
③ 변압기용량의 이용률은 $\frac{\sqrt{3}\,V_{2n}I_{2n}}{2\,V_{2n}I_{2n}} = \frac{\sqrt{3}}{2} = 0.866$ 으로 나쁘고 부하의 상태에 따라서는 2차 단자전압이 불평형으로 된다.

단상 변압기 2차측의 정격전압 및 전류를 각각 V_{2n}, I_{2n} 이라 하면, 전부하일 때의 선간전압 V_{l2}, 선전류 I_{l2} 및 용량은 다음과 같이 된다.

3상출력=3×단상정격출력

Y 결선에서는 $V_{2l}=\sqrt{3}\,V_{2n}$, $I_{2l}=I_{2n}$

용량 $P_Y=\sqrt{3}\,V_{2l}\,I_{2l}\times 10^{-3}=3\,V_{2n}\,I_{2n}\times 10^{-3}$[kVA]

Δ 결선에서는 $V_{2l}=V_{2n}$, $I_{2l}=\sqrt{3}\,I_{2n}$

용량 $P_\Delta=\sqrt{3}\,V_{2l}\,I_{2l}\times 10^{-3}=3\,V_{2n}\,I_{2n}\times 10^{-3}$[kVA]

V 결선에서 $V_{2l}=V_{2n}$, $I_{2l}=I_{2n}$

용량 $P_v=\sqrt{3}\,V_{l2}\,I_{l2}\times 10^{-3}=\sqrt{3}\,V_{2n}\,I_{2n}\times 10^{-3}$[kVA]

따라서 V 결선과 Δ 결선의 용량비는 다음과 같다.

$$\frac{P_v}{P_\Delta}=\frac{\sqrt{3}\,V_{2n}I_{2n}}{3\,V_{2n}I_{2n}}=\frac{1}{\sqrt{3}}\fallingdotseq 0.577 \tag{3.56}$$

동시에 V 결선한 변압기 1개당의 이용률은 다음과 같이 된다.

$$\frac{P_v}{\text{2대의 용량}}=\frac{\sqrt{3}\,V_{2n}I_{2n}}{2\,V_{2n}I_{2n}}=\frac{\sqrt{3}}{2}\fallingdotseq 0.866 \tag{3.57}$$

예제 41 E·x·e·r·c·i·s·e

7.5[kVA], 3,000/100[V]의 단상변압기 3대를 $\Delta-\Delta$ 결선으로 하고 3상평형부하 15 [kVA]를 걸었을 때, 1차 및 2차의 상전류 및 선전류를 구하라.(단, 변압기내의 저항, 리액턴스, 여자전류는 무시한다.

→ 해설

권수비 $a=\dfrac{3,000}{100}=30$, 1차, 2차의 선간전압을 V_{1l}, V_{2l}, 상전류를 I_{1p}, I_{2p}, 선전류를 I_1, I_{2l} 이라하면,

$\sqrt{3}\,V_{2l}\,I_{2l}=15\times 10^3$[VA], $\therefore\ I_{2l}=\dfrac{15\times 10^3}{\sqrt{3}\times 100}=86.6$[A]

$I_{2p}=\dfrac{I_{2l}}{\sqrt{3}}=\dfrac{86.6}{\sqrt{3}}=50$[A], $I_{1p}=\dfrac{I_{2p}}{a}=\dfrac{50}{30}=1.67$[A]

$I_{1l}=I_{1p}\times\sqrt{3}=1.67\times\sqrt{3}=2.89$[A]

예제 42 E·x·e·r·c·i·s·e

특성이 같은 단상변압기 3대를 $\Delta - Y$ 결선 하여서 2,300[V]의 3상에서 3상 66[kV], 400[kW] 역률 70[%]의 부하에 전력을 공급할 때 단상 변압기의 전압, 전류, 용량을 구하라.

해설

부하의 피상전력$=\dfrac{400}{0.7}=570[\text{kVA}]$

1차 상전압 $V_{1p}=V_{1l}=2{,}300[\text{V}]$

2차 상전압 $V_{2p}=\dfrac{V_{2l}}{\sqrt{3}}=\dfrac{66\times10^3}{\sqrt{3}}=38{,}100[\text{V}]$

2차 상전류 : $I_{2p}=I_{2l}=\dfrac{570\times10^3}{\sqrt{3}\times66{,}000}=5[\text{A}]$

1차 상전류 : $I_{1p}=\dfrac{I_{2p}}{a}=\dfrac{5}{\dfrac{2{,}300}{38{,}100}}=82.8[\text{A}]$

단상변압기용량$=V_{2p}I_{2p}\times10^{-3}=38{,}100\times5\times10^{-3}=190[\text{kVA}]$

즉, 변압기가 표준용량이라면 200[kVA]를 3대 사용한 것임.

예제 43 E·x·e·r·c·i·s·e

권수비가 a 인 단상변압기를 1차에 Δ, 2차에 Y로 결선하여 3상평형 부하로 접속한 경우, 2차단자전압이 V 이고 2차전류가 I일 때에 1차 단자전압 및 1차 선전류를 구하시오. (단, 변압기의 임피던스 및 여자전류는 무시한다.)

해설

Y결선에서 $V_{2p}=\dfrac{V_{2l}}{\sqrt{3}}=\dfrac{V}{\sqrt{3}}$

Δ 결선에서 $V_{1p}=a\times V_{2p}=a\times\dfrac{V}{\sqrt{3}}$,

$V_{1l}=V_{1p}=a\times\dfrac{V}{\sqrt{3}}$

Y결선에서 $I_{2p}=I_{2l}=I$

Δ 결선에서 $I_{1p}=\dfrac{I_{2p}}{a}=\dfrac{I}{a}$,

$I_{1l}=\sqrt{3}\,I_{1p}=\sqrt{3}\,\dfrac{I}{a}$

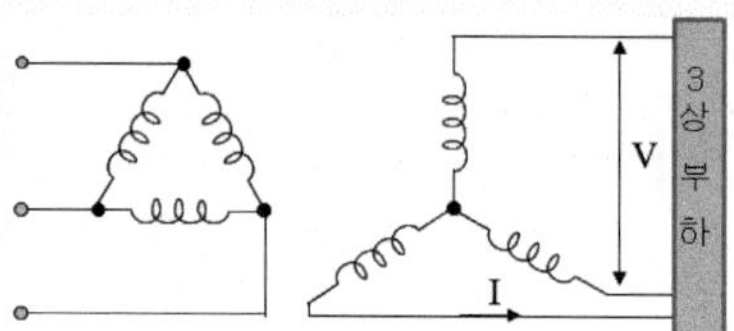

[그림 예제 43]

예제 44 E·x·e·r·c·i·s·e

권수비가 a 인 단상변압기 3대가 있다. 이것을 1차에 Y, 2차에 Δ 로 결선하여 3상교류평형 회로에 접속할 때, 1차측의 단자전압을 V, 전류를 I로 하면 2차측의 단자전압 및 선전류는 얼마인가? (단, 변압기의 저항, 누설 리액턴스, 여자전류는 무시한다.)

➔ 해설

Y 결선에서

$$V_{1p}=\frac{V}{\sqrt{3}}\ ,\ V_{2p}=\frac{V_{1p}}{a}=\frac{V}{\sqrt{3}\ a}$$

Δ 결선에서 $V_{2l}=V_{2p}=\dfrac{V}{\sqrt{3}\ a}$

Y 결선에서 $I_{1p}=I_{1l}=I$

Δ 결선에서 $I_{2p}=a\times I_{1p}=a\times I$,

$I_{2l}=\sqrt{3}\ I_{2p}=\sqrt{3}\ a\times I$

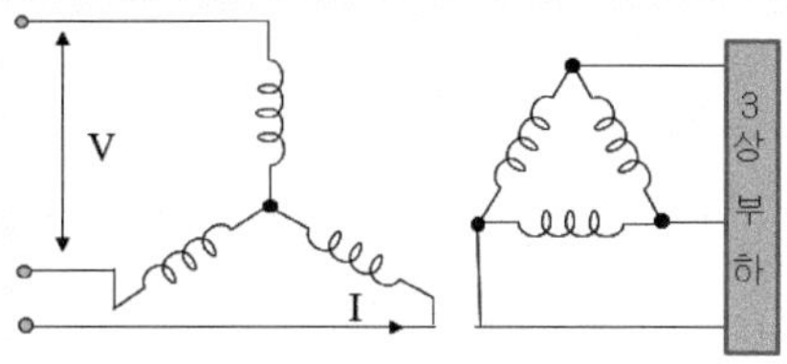

[그림 예제 44]

예제 45 E·x·e·r·c·i·s·e

권수비 10:1의 단상변압기 3대로 $Y-\Delta$ 결선으로 하여 3상변압을 하고 있다. 2차에 단자전압 200[V]의 평형부하 75[kVA]를 가할 때, 각 변압기의 1차권선, 2차권선에 흐르는 전류 및 1차선간전압은 얼마나 되는가? (단, 변압기의 여자전류 및 임피던스는 무시한다.)

➔ 해설

$a=10:1$

$\sqrt{3}\times V_{2l}\times I_{2l}=75\times 10^3$

$\sqrt{3}\times 200\times I_{2l}=75\times 10^3$,

$I_{2l}=216.5[\mathrm{A}]$

Δ의 상전류(I_{2p})

$=\dfrac{I_{2l}}{\sqrt{3}}=\dfrac{216.5}{\sqrt{3}}=125[\mathrm{A}]$

Y의 상전류$(I_{1p})=\dfrac{I_{2p}}{a}=\dfrac{125}{10}=12.5[\mathrm{A}]$

$V_{1p}=a\times V_{2p}=10\times V_{2l}=2{,}000[\mathrm{V}]$

$V_{1l}=\sqrt{3}\times V_{1p}=\sqrt{3}\times 2{,}000=3{,}464[\mathrm{V}]$

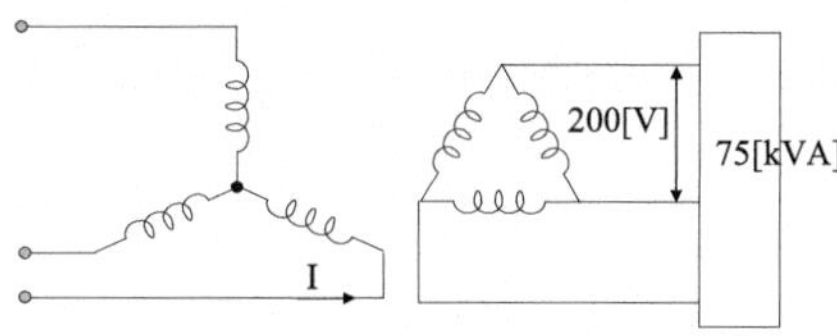

[그림 예제 45]

예제 46 E·x·e·r·c·i·s·e

단상변압기 3대를 사용하여 3상전압 20,000[V]를 3,000[V]로 내려서 3,000[kW](역률 80[%])의 3상평형부하에 전력을 제공할 때에 변압기 1대의 용량 및 1차, 2차 정격전압을 각종 결선에 대해서 구하시오.

해설 $\dfrac{3,000[\mathrm{KW}]}{0.8}=3,750[\mathrm{kVA}]$

1대의 용량$=\dfrac{3,750}{3\text{대}}=1,250[\mathrm{kVA}]$

$\Delta-\Delta$결선시 1,250[kVA], 1차측 20,000[V], 2차측 3,000[V]

$Y-Y$ 결선시 1,250[kVA], 1차측 $20,000/\sqrt{3}$[V], 2차측 $3,000/\sqrt{3}$[V]

$Y-\Delta$ 결선시 1,250[kVA], 1차측 $20,000/\sqrt{3}$[V], 2차측 3,000[V]

$\Delta-Y$ 결선시 1,250[kVA], 1차측 20,000[V], 2차측 $3,000/\sqrt{3}$[V]

예제 47 E·x·e·r·c·i·s·e

권수비 20:1의 단상변압기 3대가 있다. 1차를 Δ 결선, 2차를 Y 결선하고, 여기에 3개의 같은 저항을 성형으로 하고, 1차에 3,000[V]전압을 가하면, 2차측 선로에 150[A]가 흐른다.

동일부하에 대하여 1차를 Y, 2차를 Δ 결선으로 하고, 같은 선간전압을 1차에 가할 때 2차 선전류는 얼마나 되는가? (단, 변압기내의 전압강하 및 손실은 무시한다.)

해설 $a=20:1$

$\Delta-Y$ 결선에서의 1차 상전압은 $V_{1p}=3,000$ 이고, $\Delta-Y$ 결선에서의 2차 선간전압은

$$V_{2l}=V_{2p}\times\sqrt{3}=\frac{V_{1p}}{a}\times\sqrt{3}=\frac{3,000}{20}\times\sqrt{3}=150\times\sqrt{3}[\mathrm{V}],$$

$Y-\Delta$ 결선에서 1차 상전압은 $V_{1p}{}'=\dfrac{3,000}{\sqrt{3}}[\mathrm{V}]$이고, $Y-\Delta$ 결선에서의 2차 선간전압은 $V_{2l}{}'=V_{2p}{}'=V_{1p}{}'\times\dfrac{1}{a}=\dfrac{3,000}{\sqrt{3}}\times\dfrac{1}{20}=150\times\dfrac{1}{\sqrt{3}}[\mathrm{V}]$

2차전류 $I_2{}'$는 저항부하에서 2차전압에 비례한다.

$$\frac{I_{2l}{}'}{I_{2l}}=\frac{V_{2l}{}'}{V_{2l}},\ \therefore\ I_{2l}{}'=150\times\frac{150\times\frac{1}{\sqrt{3}}}{150\times\sqrt{3}}=150\times\frac{1}{3}=50[\mathrm{A}]$$

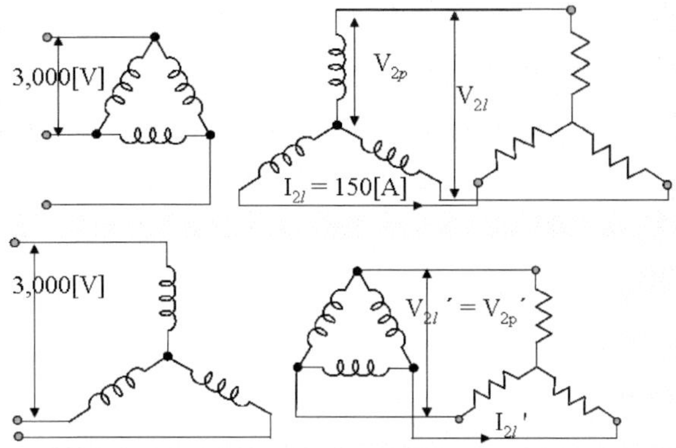

[그림 예제 47]

예제 48 E•x•e•r•c•i•s•e

3상 3선식 선로에서 2대의 단상 변압기를 사용해서 105[V]의 전등 및 210[V]의 3상전동기에 전력을 공급하는 접속도를 그려라.

해설 [그림 예제 48]과 같은 V결선 그림

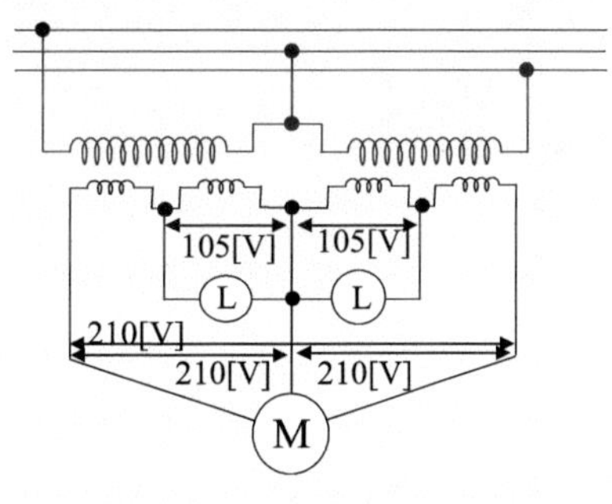

[그림 예제 48]

예제 49 E•x•e•r•c•i•s•e

3,300[V], 210[V], 10[kVA]의 단상변압기 3대를 $\Delta - \Delta$ 접속하고 2차측의 두 선 간에 단상전열부하를 접속한다. 접속할 최대전열부하 및 1차전류를 구하라.

➔ 해설 [그림 예제 49]와 같이 ca 단자에 단상부하를 걸은 경우 ca 에서 본 전원내부의 임피던스는 Z 와 $2Z$ 의 병렬회로가 된다.

따라서, ca 간에 흐르는 전류는 $\frac{2Z}{2Z+Z}I=\frac{2}{3}I$ 이고, cba 간에 흐르는 전류는 $\frac{Z}{2Z+Z}I=\frac{1}{3}I$ 이다. $\frac{2}{3}I$ 가 $\frac{I}{3}$ 보다 더 크기 때문에 10[kVA] 변압기의 정격전류를 I_{2n} 이라 하면

$$I_{2n}=\frac{2}{3}I \quad \therefore \ I=I_{2n}\times\frac{3}{2}$$

$$V_{2n}I=V_{2n}I_{2n}\times\frac{3}{2}=10\times\frac{3}{2}=15[\text{kW}]$$

따라서 단상부하는 15[kW]이다. 이 때의 1차 부하전류 I_1 은

$$I_1=\frac{15\times10^3}{3{,}300}=4.55[\text{A}]$$

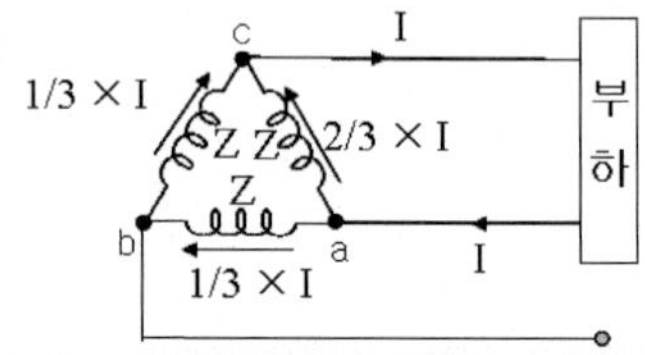

[그림 예제 49]

예제 50 E·x·e·r·c·i·s·e

동일정격의 50[kVA], 변압기3대를 Δ－Δ 결선하고, 역률 1, 전압 200[V]의 3상평형 부하 120[kW]로 공급하도록 하고 있다. 변압기 중 1대의 중성점과 1단자 사이에 100[V]의 전등을 사용하려고 한다. 변압기의 정격전류를 사용하는 범위 내에서 전등부하를 몇 [kW]까지 부담할 수 있는가?

➔ 해설

$$I_{2p}=\frac{120\times10^3}{3\times200}=200[\text{A}]$$

$$I_{2n}=\frac{50{,}000}{200}=250[\text{A}]$$

$250-200=50,\quad \frac{5}{6}\times I=50[\text{A}]$ 라 놓으면 $I=60[\text{A}]$

$\therefore\ P_1=100[\text{V}]\times60[\text{A}]=6{,}000[\text{W}]=6[\text{kW}]$

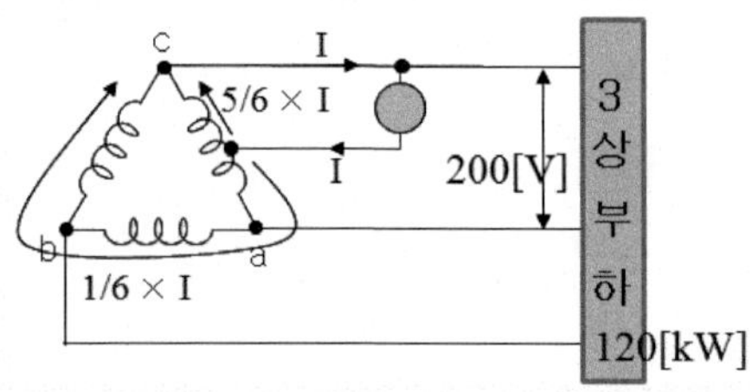

[그림 예제 50]

예제 51 E·x·e·r·c·i·s·e

2[kVA]인 단상변압기 3대를 사용하여 Δ 결선에 의해 급전을 할 때, 1대의 변압기가 고장이 나서 이것을 제거하였다. 부하가 5.16[kVA]라 하면 나머지 2대의 변압기로서 V 결선으로 운전하면 몇 [%]의 과부하가 되는가?

➔ 해설 $\dfrac{5.16}{\sqrt{3} \times V_n I_n} = \dfrac{5.16}{\sqrt{3} \times 2} = 1.4895$, 49[%] 의 과부하

예제 52 E·x·e·r·c·i·s·e

500[kVA]의 단상변압기 3대(Δ − Δ 결선)와 예비로 1대를 갖고 있는 변전소가 있다. 지금 부하의 증가에 대비하기 위해 예비기도 사용해서 결선법을 변경하여 사용할 때는 얼마의 최대부하를 걸 수 있는가?

➔ 해설 2대로 V결선한 출력 $\sqrt{3} \times 500 = 865$[kVA]

3대로 Δ, 또는 Y결선한 출력

$3 \times 500 = 1{,}500$[kVA]

4대로 $2 \times \sqrt{3} \times 500 = 1{,}730$[kVA]

그림과 같이 2대의 변압기로서 V 결선으로 한 것을 병렬로 운전하면 1,730[kVA]의 출력을 낼 수 있다.

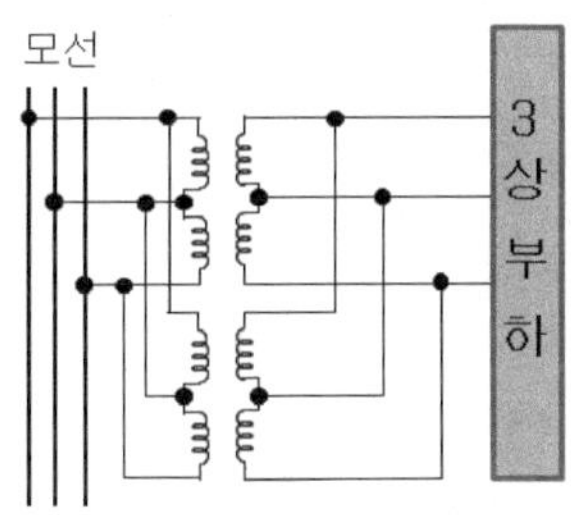

[그림 예제 52] V결선의 병렬운전

예제 53 E·x·e·r·c·i·s·e

정격용량 50[kVA]의 단상변압기 2대를 사용하여 3상변압을 하는 경우에 2차측에 부하를 걸 수 있는 최대용량은 얼마인가?

→ 해설 $50 \times 2 \times \frac{\sqrt{3}}{2}$(이용률)$=86.6$[kVA],

또는, $\sqrt{3} \times 50 = 86.6$[kVA]

예제 54 E·x·e·r·c·i·s·e

P[kVA]의 변압기 3대로 Δ 결선으로 사용하는 중에 1대가 고장이 나서 제거하고 V 결선으로 사용하면 공급전력은 고장 전 전력의 몇 [%]인가?

→ 해설 $\frac{\sqrt{3}P}{3P} = 0.577$, 57.7[%]

3.4.4 상수변환

전력은 보통 3상교류로 공급되나 부하의 종류에 따라 3상으로는 불편하기 때문에 상수변환을 할 필요가 있다.

예를 들면, 단상교류전기철도에서 전원에 대한 부하의 불평형을 경감하기 위하여, 2상으로 변환하고 2회로를 1뱅크의 변압기로부터 공급한다.

또 정류기기에서는 효율을 좋게 하고 직류의 파형을 개선하기 위하여 3상을 6상, 또는 12상 등으로 변환시킨 다음, 정류하는 방법이 이루어지고 있다.

(1) 3상–2상 사이의 상수변환

단상변압기 2대를 사용하여 3상에서 2상으로 변환하는 방법에는 **스코트 결선**이며, T**결선** 이라고도 한다. 이 이외에 **메이어 결선**과 **우드브리지 결선**이 있으나 복잡하므로 생략한다.

[그림 3.45]의 (a)와 같이 용량이 동일한 변압기M, T 2대를 사용하는 데 M의 1차권선 중심점 O와T의 1차권선 끝을 연결하고, T 변압기에서 1차측 전체권수의 $\sqrt{3}/2$

= 0.866 인 점에 구출선을 설치한 단자와, M의 양쪽 끝에 설치한 단자에 각각 3상전원에 접속한다.

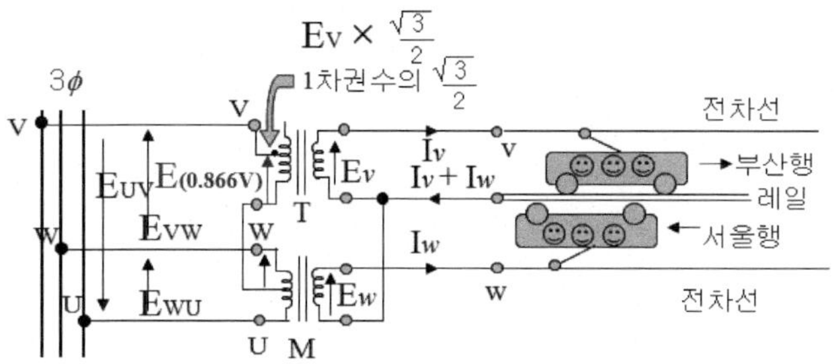

(a)

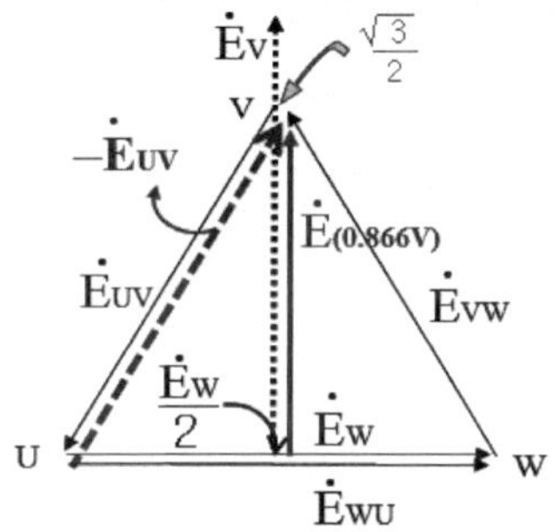

(b) 1차 벡터도(3상)

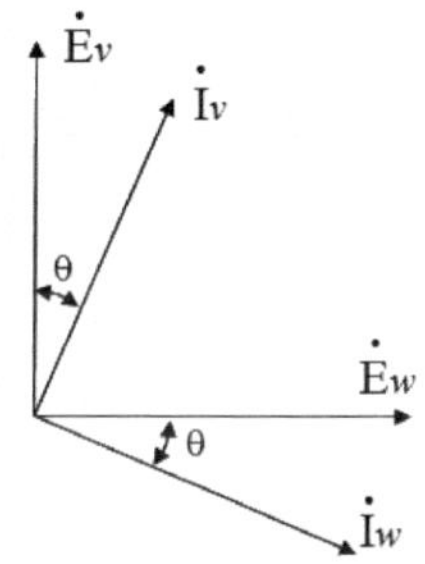

(c) 2차 벡터도(2상)

[그림 3.45] 스코트 결선

2차측은 두 변압기가 동일한 극성인 점을 공통의 도선으로 하고, 또한 양쪽 끝에서 도선을 인출하면 2상3선식의 전원이 된다.

변압기가 M을 **주좌변압기**, 변압기 T를 **T좌변압기**라고 한다. 지금 기전력 및 전류의 정방향을 그림 (a)와 같이 정하면 변압기 T의 1차권수는 T의 전체권수에 대해 $\dfrac{\sqrt{3}}{2}$이기 때문에 $E_{0.866\,V} = \dfrac{\sqrt{3}}{2}E_V$이며 벡터도는 그림 (b)와 같이 되기 때문에

$$\dot{E}_{0.866\,V} = \dot{E}_{VW} + \frac{1}{2}\dot{E}_W \text{에서 } \dot{E}_{0.866\,V} - \frac{1}{2}\dot{E}_W = \dot{E}_{VW},$$

$$\frac{1}{2}\dot{E}_W + \dot{E}_{0.866\,V} = -\dot{E}_{UV} \text{에서 } -\frac{1}{2}\dot{E}_W - \dot{E}_{0.866\,V} = \dot{E}_{UV}$$

그러므로 $E_{VW} = E_{UV} = E_{WU}$가 되고 삼각형 VWU는 정삼각형이 되어서 1차 유도기전력은 대칭 3상기전력이다. 즉 1차측에 크기 E의 대칭 3상전압을 주면, 변압기 M의 1차에는 이와 크기가 같은 기전력 $\dot{E}_W$가 생기고, 2차측에는 크기 $E_w = \frac{E_W}{a}$이며, 동상의 기전력 $\dot{E}_w$가 생긴다.

변압기 T에서 1차의 크기는 $\dot{E}_{0.866\,V} = \frac{\sqrt{3}}{2}E_V$이며, $\dot{E}_W$보다 $\pi\ /2$ 앞서 있는 기전력 $\dot{E}_{0.866\,V}$가 생긴다. T의 2차기전력 $\dot{E}_v$는 $\dot{E}_V$와 동상이며, $\dot{E}_v$의 크기는 권수비가 $\frac{\sqrt{3}}{2}w_1 \div w_2 = \frac{\sqrt{3}}{2}a$이기 때문에 $E_v = E_{0.866\,V} \div \frac{\sqrt{3}}{2}a = \frac{\sqrt{3}}{2}E_V \div \frac{\sqrt{3}}{2}a = \frac{E_V}{a}$가 된다. 따라서 $\dot{E}_w$와 $\dot{E}_v$는 크기가 같고 $\pi\ /2$의 위상차가 있기 때문에 그림 (c)와 같이 2차측은 완전한 2상3선식의 전원이 된다.

(2) 스코트 결선의 이용률

각 변압기의 정격전압을 V_n, 정격전류를 I_n라 하면 정격용량의 합은 $2V_n I_n$이지만 스코트 결선의 출력은 $\sqrt{3}\,V_n I_n$이기 때문에

$$\text{이용률} = \frac{\sqrt{3}\,V_n\ I_n}{2V_n\ I_n} = \frac{\sqrt{3}}{2} = 0.866 \tag{3.58}$$

이 방식은 단상교류전기철도 변전소에서 복선구간의 상하행선에 각각 급전하는데 사용되고 있다.

예제 55 E·x·e·r·c·i·s·e

단상변압기 2대를 사용하여 3,150[V]의 평형 3상식에서 210[V]의 평형2상식으로 변전하는 경우에 각 변압기의 1차전압과 2차전압은 얼마인가?

해설 주좌 변압기 1차 3,150[V], 2차 210[V]

T좌 변압기 1차 $3{,}150 \times \frac{\sqrt{3}}{2}$[V], 2차 210[V]

예제 56 E·x·e·r·c·i·s·e

주좌와 T좌변압기의 용량은 같고, T좌 1차측탭을 86.6[%]에서 냈을 때의 이용률은 얼마인가?

➔ 해설

$$\text{이용률} = \frac{\sqrt{3}\,V_n\,I_n}{2\,V_n\,I_n} = \frac{\sqrt{3}}{2} = 0.866$$

(3) 3상–6상 사이의 상수변환

[그림 3.46]과 같이 대칭 3상전압 $\dot{E}_u, \dot{E}_v, \dot{E}_w$가 있을 때에, 이들을 각각 π 만큼씩 이동한 $\dot{E}_u, \dot{E}_v, \dot{E}_w$를 만들면, 이들은 대칭6상식의 전압을 형성한다. 따라서 변압기 2차측의 각 상에 2개씩 동일한 코일을 두고 이들을 적당히 결선해서 3상전압을 6상전압으로 변환할 수가 있다. 1차측의 결선은 Δ 결선 또는 Y 결선으로 하고, 2차측에는 여러 가지 결선법이 있다.

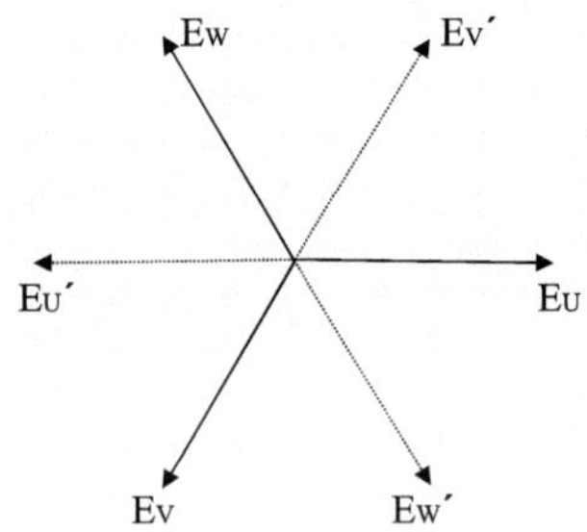

[그림 3.46] 대칭 6상전압

3상을 6상으로 상수를 변환하는 방법에는 다음과 같은 방법이 있다.

① 환상결선
② 대각결선
③ 단중성점 2중성형결선
④ 2중Δ 결선
⑤ 포크 결선

3.4.5 병렬운전

변압기의 부하가 증가하여 새로운 변압기를 증설할 경우, 또는 경제적인 운전을 하는 점 등으로 보아 2개 이상의 변압기 1차측과 2차측을 각각 병렬로 연결하여 운전할 필요가 있게 된다. 이것을 **병렬운전**이라고 한다.

(1) 단상변압기의 병렬운전조건

① 각 변압기의 극성이 일치할 것

② 각 변압기의 권수비가 같고, 1차 및 2차의 정격전압이 같을 것

③ 각 변압기의 백분율임피던스강하가 같을 것

④ 각 변압기의 r/x 비가 같을 것

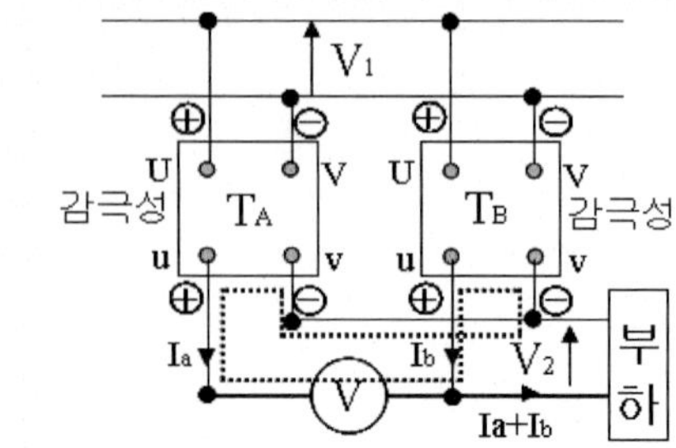

(a) 극성이 일치할 때

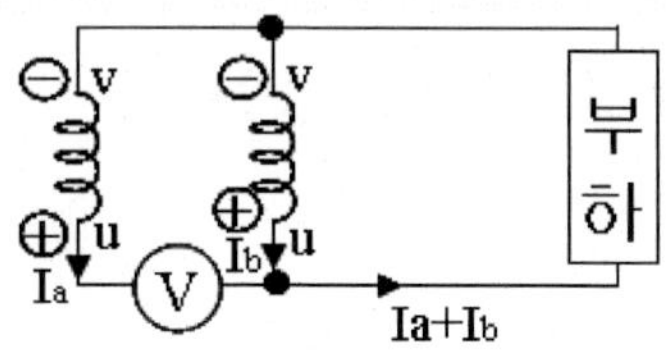

(b) 그림에서 점선으로 표시된 회로

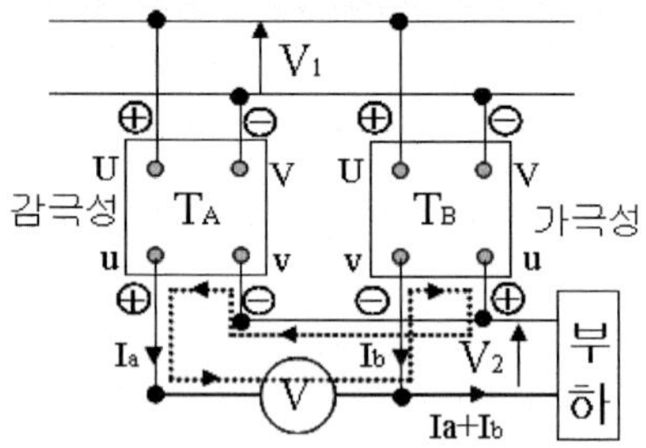

(c) 극성이 틀린 경우

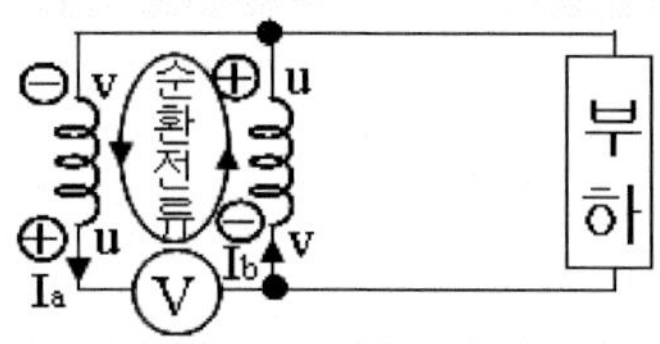

(d) 그림에서 점선으로 표시된 회로

[그림 3.47] 단상변압기의 병렬운전

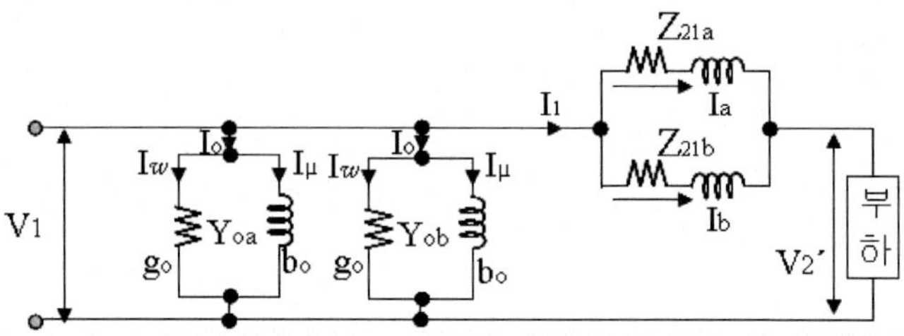

[그림 3.48] 병렬운전의 간이등가회로

이 조건에 대하여 그 이유를 알아본다.

① 병렬운전하는 경우에 가장 주의해야 할 것은 변압기의 극성을 맞추어야 한다. 즉,

[그림 3.47]의 (a)와 같이 1차측에서는 U와 U, V와 V를 접속하고 2차측에서는 u와 u를, v와 v를 접속한다.

만약, 극성이 틀려서 (b)와 같이 반대로 u와 v를 접속한 때에는 전압계에 2차전압이 동상이 되어서 서로 가해지고 이것이 2차권선으로 된 폐회로(점선으로 표시된 회로)에 작용하여 권선의 임피던스가 적기 때문에 대단히 큰 순환전류가 흘러서 권선을 소손한다.

② 권수비가 틀리면 2차전압의 차이에 따라 2차권선 사이에 소용없는 순환전류(횡류라고도 한다)가 흘러서 권선이 과열하는 원인이 된다.

③ 백분율임피던스강하가 같지 않으면 부하의 분담이 부적당하게 된다.

■ 부하의 분담

[그림 3.47]과 같이 T_a, T_b의 변압기 2대가 병렬운전하고 있는 경우의 부하분담에 대하여 1차로 환산한 간이등가회로를 만들면 [그림 3.48]과 같이 된다.

1차측이나 2차측도 각각 동일한 선로 또는, 모선에 연결되어 있기 때문에 1차 및 2차 단자전압은 같고 각각 V_1[V], V_2[V]로 된다. 또 각 변압기의 부하전류를 각각 I_a, I_b라 하면

$$\dot{V}_1 = \dot{Z}_{21a}\dot{I}_a + \dot{V}_2{}' \qquad \dot{V}_1 = \dot{Z}_{21b}\dot{I}_b + \dot{V}_2{}' \tag{3.59}$$

그리하여 여자전류를 무시하면, 1차전류$\dot{I}_1$은

$$\dot{I}_1 = \dot{I}_a + \dot{I}_b \tag{3.60}$$

또, $\dot{Z}_{21a}\dot{I}_a = \dot{Z}_{21b}\dot{I}_b = \dot{Z}_1\dot{I}_1$

단, $\dot{Z}_1$($\dot{Z}_{21a}$와 $\dot{Z}_{21b}$의 병렬합성임피던스) $= \dfrac{\dot{Z}_{21a}\dot{Z}_{21b}}{\dot{Z}_{21a}+\dot{Z}_{21b}}$

$$\therefore \frac{\dot{I}_a}{\dot{I}_b} = \frac{\dot{Z}_{21b}}{\dot{Z}_{21a}} \tag{3.61}$$

$$\dot{I}_a = \dot{I}_1 \frac{\dot{Z}_1}{\dot{Z}_{21a}} = \dot{I}_1 \frac{\dot{Z}_{21b}}{\dot{Z}_{21a} + \dot{Z}_{21b}}, \quad \dot{I}_b = \dot{I}_1 \frac{\dot{Z}_1}{\dot{Z}_{21b}} = \dot{I}_1 \frac{\dot{Z}_{21a}}{\dot{Z}_{21a} + \dot{Z}_{21b}} \tag{3.62}$$

이상의 관계는 3개 이상의 경우에도 성립한다.

두 변압기 T_a, T_b의 1차정격전류를 I_{an}[A], I_{bn}[A]로 하고, 1차정격전압을 V_n[V]라 하면 백분율임피던스강하 $\%z_a$, $\%z_b$는

$$\begin{aligned} \%z_a &= \frac{Z_{21a} I_{an}}{V_n} \times 100 \qquad \therefore Z_{21a} = \frac{\%z_a V_n}{I_{an} \times 100} \\ \%z_b &= \frac{Z_{21b} I_{bn}}{V_n} \times 100 \qquad \therefore Z_{21b} = \frac{\%z_b V_n}{I_{bn} \times 100} \end{aligned} \tag{3.63}$$

식(3.63)을 식 (3.61)에 대입하면

$$\frac{I_a}{I_b} = \frac{Z_{21b}}{Z_{21a}} = \frac{\%z_b V_n I_{an}}{\%z_a V_n I_{bn}} = \frac{\%z_b}{\%z_a} \times \frac{V_n I_{an}}{V_n I_{bn}} = \frac{\%z_b}{\%z_a} \frac{P_{an}}{P_{bn}} \tag{3.64}$$

여기서, P_{an}[VA] 및 P_{bn}[VA]는 각 변압기의 정격용량이다.

$$\therefore \frac{I_a}{I_b} = \frac{V_n I_a}{V_n I_b} = \frac{P_a}{P_b} \tag{3.65}$$

식(3.64)와 식(3.65)에서

$$\frac{I_a}{I_b} = \frac{P_a}{P_b} = \frac{\%z_b}{\%z_a} \frac{P_{an}}{P_{bn}} \tag{3.66}$$

두 변압기의 정격용량이 같다면 (3.66)에서

$$\frac{P_a}{\%z_b} = \frac{P_b}{\%z_a} = \frac{P_a + P_b}{\%z_a + \%z_b} \tag{3.67}$$

변압기 T_a의 정격용량을 변압기 T_b 용량의 m 배라고 하면, $\frac{P_{an}}{P_{bn}} = m$, 식(3.66)에서

$$\frac{P_a}{\%z_b} = \frac{P_b}{\%z_a} \frac{P_{an}}{P_{bn}} = \frac{P_b}{\%z_a} m \tag{3.68}$$

따라서, 어떠한 부하에 대해서도 각 변압기가 분담하는 전류가 정격용량에 비례하고 $I_a/I_b = m$ 로 되기 위해서는 식(3.64)에서 두 변압기의 백분율임피던스강하 z_a와 z_b가 같아야 한다는 것을 알 수 있다.

일반적으로 두 변압기에 정격용량의 비가 3:1이내이고, 백분율임피던스의 차이가 그 평균치의 10[%]이내이면 병렬운전을 해도 상관없다.

예제 57 E·x·e·r·c·i·s·e

정격전압이 같은 ㉮, ㉯ 두 개의 단상변압기가 있다. ㉮는 용량이100[kVA], 백분율임피던스강하 5[%], ㉯는 용량이 300[kVA], 백분율임피던스강하 3[%]이다. 이들을 병렬로 하여 2차측에 360[kVA]의 부하를 걸었을 때, 각 변압기에 대한 부하의 분담은 어느 정도인가? 또, 백분율임피던스강하가 같을 때에는 얼마인가?(단, 각 변압기의 저항과 리액턴스의 비는 같다.)

해설 두 변압기의 정격용량을 각각 P_{an}[VA], P_{bn}[VA], 백분율임피던스강하를 각 각 z_a, z_b 라 하면 식(3.68)에서 $\dfrac{P_a}{\%z_b} = \dfrac{P_b}{\%z_a}\dfrac{P_{an}}{P_{bn}}$ 에서 $\dfrac{P_a}{3} = \dfrac{P_b}{5}\dfrac{100}{300} = \dfrac{P_a+P_b}{3+15}$

㉮ 변압기의 분담 부하 $P_a = 3\times\dfrac{P_a+P_b}{3+15} = 3\times\dfrac{360}{3+15} = 60[\mathrm{kVA}]$

㉯ 변압기의 분담부하 $P_b = 15\times\dfrac{P_a+P_b}{3+15} = 15\times\dfrac{360}{3+15} = 300[\mathrm{kVA}]$

즉, 변압기의 병렬운전에서는 이 이상의 부하를 부담할 수는 없다.

㉯ 변압기는 전부하가 되지만 ㉮ 변압기는 60[%]의 경부하로 된다.

만약, 백분율임피던스가 같으면, 분담부하는 각각의 용량에 비례하기 때문에

$\dfrac{I_a}{I_b} = \dfrac{P_{an}}{P_{bn}} = \dfrac{1}{3}$ 이 되고, ㉮ 변압기는 90[kVA], ㉯ 변압기는 270[kVA]가 된다.

---

④ r/x 비가 갖지 않으면 각 변압기의 전류 사이에 위상차가 있기 때문에 변압기의 동손이 증가하게 된다.

경우 I_1 에 대하여 I_a 와 I_b 의 위상이 틀리면 변압기는 유효하게 이용되지 못한다. 일정한 I_1 에 대하여 I_a, I_b 를 최소로 해서 사용하는 것이 동손을 최소로 하게 된다. 이를 위해서는 I_a 와 I_b 가 동상이어야 한다.

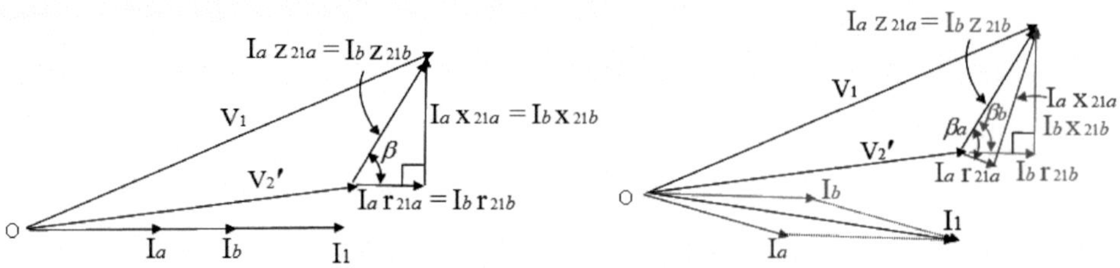

(a) $\dfrac{r_a}{x_a} = \dfrac{r_b}{x_b}$ 인 경우 (b) $\dfrac{r_a}{x_a} \neq \dfrac{r_b}{x_b}$ 인 경우

[그림 3.49] 병렬운전의 벡터도

[그림 3.49]의 (a), (b)는 이러한 경우의 관계를 나타낸 벡터도이다. 그림 (a)에서는 각 변압기의 임피던스의 각 β 는 같고, $\dfrac{r_a}{x_a} = \dfrac{r_b}{x_b}$이기 때문에 전체의 부하전류 I_1은 $I_1 = I_a + I_b$와 같이 대수합이 되고, 그림 (b)에서는 $\dfrac{r_a}{x_a} \neq \dfrac{r_b}{x_b}$로 $\beta_a \neq \beta_b$가 되고, 전체의 부하전류 I_1 은 $\dot{I}_1 = \dot{I}_a + \dot{I}_b$의 벡터합이 된다.

예제 58 E·x·e·r·c·i·s·e

변압기를 병렬로 운전하는 경우에 기전력이 서로 다를 때와 극성이 서로 다를 때에는 어떠한 현상이 생기는가?

→ 해설 극성이 틀리면 양쪽의 2차전압이 동상이 되어서 서로 가해지고, 이것이 2차권선으로 된 폐회로에 작용하여 권선의 임피던스가 적기 때문에 대단히 큰 순환전류가 흘러서 권선을 소손한다.

예제 59 E·x·e·r·c·i·s·e

단상변압기를 병렬로 운전하는 경우, 부하분담을 용량에 비례하기 위한 조건을 설명하시오.

→ 해설 백분율 임피던스강하가 같아야 한다.

예제 60 E·x·e·r·c·i·s·e

단상변압기의 병렬운전조건과 3상 변압기의 병렬운전조건을 쓰시오.

해설 단상변압기의 병렬운전조건

① 각 변압기의 극성이 일치할 것.
② 각 변압기의 권수비가 같고, 1차 및 2차의 정격전압이 같을 것.
③ 각 변압기의 백분율임피던스강하가 같을 것.
④ 각 변압기의 r/x 비가 같을 것.

3상 변압기의 병렬운전조건-단상변압기의 병렬운전조건외에 상회전의 방향 및 1차, 2차선간 유도기전력의 위상변위가 같아야 된다.

예제 61 E·x·e·r·c·i·s·e

정격이 같은 2대의 변압기를 병렬운전하고 있다. 1차로 환산한 누설임피던스가 각각 $2+j3[\Omega]$과 $3+j2[\Omega]$이다. 이 경우 두 변압기의 2차권선내에 흐르는 순환전류는 몇 [A]인가? (단, 부하전류는 100[A]라고 한다.)

해설 식(3.61)에서 $\dfrac{\dot{I}_a}{\dot{I}_b}=\dfrac{\dot{Z}_{21b}}{\dot{Z}_{21a}}$, $\dfrac{I_a}{Z_{21b}}=\dfrac{I_b}{Z_{21a}}=\dfrac{I_a+I_b}{Z_{21b}+Z_{21a}}$,

$$\frac{I_a}{3+j2}=\frac{I_b}{2+j3}=\frac{2I}{5+j5}$$

$$I_a=\frac{2I(3+j2)(5-j5)}{(5+j5)(5-j5)}=I\frac{(6+j4)(5-j5)}{5^2+5^2}=I\ \frac{50-j10}{50}$$

$$I_a=I(1-j0.2)$$

$$I_b=\frac{2I(2+j3)(5-j5)}{(5+j5)(5-j5)}=I\frac{(4+j6)(5-j5)}{5^2+5^2}=I\ \frac{50+j10}{50}$$

$$I_b=I(1+j0.2)$$

$I_b=I(1+j0.2)$, $2I=100$이므로 $I=50[\mathrm{A}]$이고, $j0.2I=j0.2\times50=j10[\mathrm{A}]$, 10[A]의 순환전류가 흐른다.

(2) 3상 뱅크의 병렬운전

단상변압기 3대를 조합 뱅크시켜서 서로 병렬운전하는 경우에는, 단상변압기의 병렬운전 조건외에 **상회전**의 방향 및 1차, 2차선간 유도기전력의 **위상변위**가 같지 않으면 안 된다. 정격1차, 2차전압이 같으면 같은 위상변위일 때 동일한 기호의 단자를 접속하여 병렬운전을 할 수 있다.

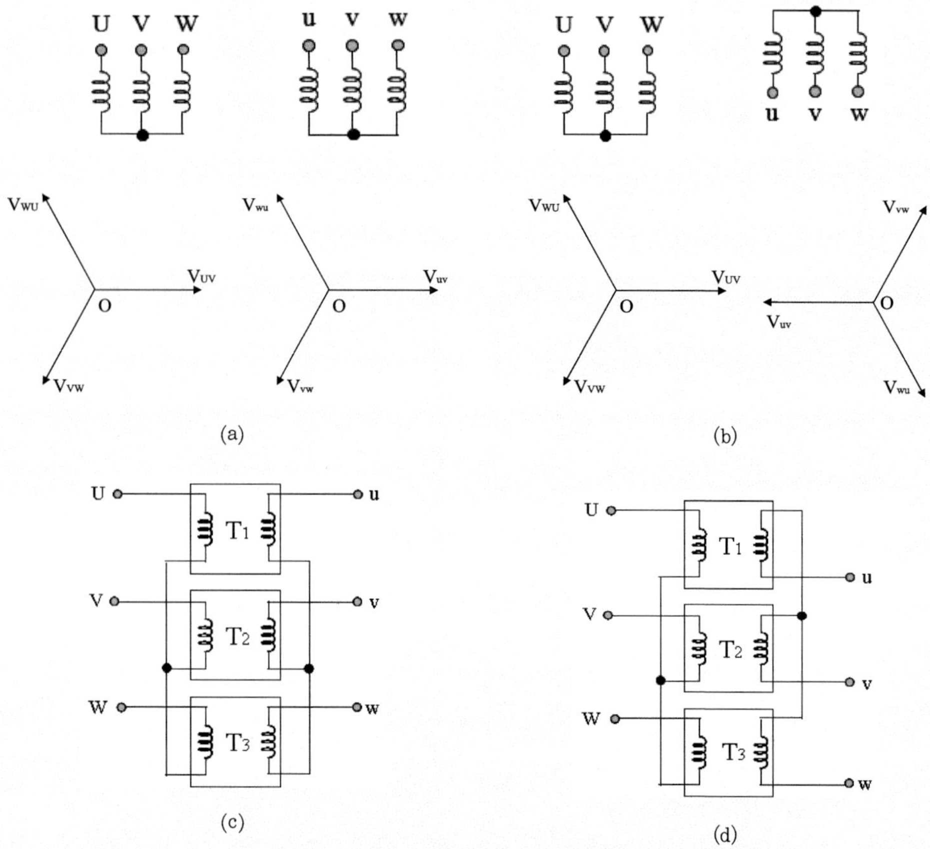

[그림 3.50] 3상결선과 벡터도 및 실제결선도

3상변압을 하는 경우에는 예를 들면, 같은 $Y-Y$결선이라도 [그림 3.50]과 같이 극성을 반대로 하는 두 가지 종류의 결선법이 된다. 따라서 모두 Y결선방식이라도 접속방법에 따라 1차측과 2차측의 전압 벡터 관계가 그림 (a), (b)와 같이 다르게 되며, 실제 결선도는 (c), (d)와 같은 차이점이 있다.

이 관계는 1차와 2차가 대응하는 유도전압사이의 위상차로 표시되며 위상변위라고 한다. 즉, 위상변위란 [그림 3.51]의 전압벡터도 중에서 1차측 중성점에서부터 U 와의 직선과 2차측 중심점에서부터 u 와의 직선 사이의 각도이며, 시계방향으로 측정한 각도를 (+)로 하고 반시계방향으로 측정한 각도를 (−)로 한다. [그림 3.51]은 각종 결선에 대해서 위상변위를 나타낸 것이다.

각변위	전압벡터도		접속도	
	고압	저압	고압	저압
0°	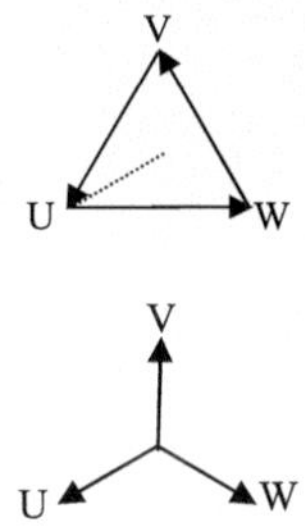	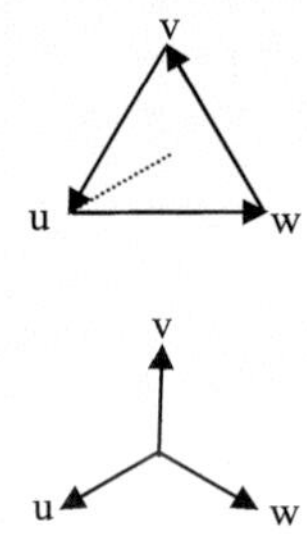	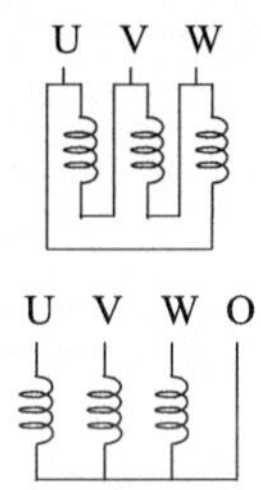	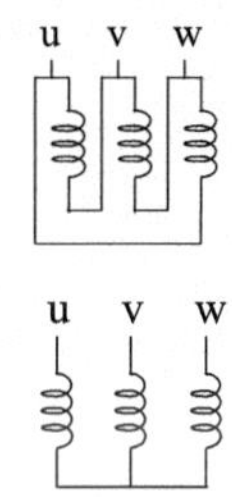
330° (−30°) 반시계 방향 위상이 앞섬	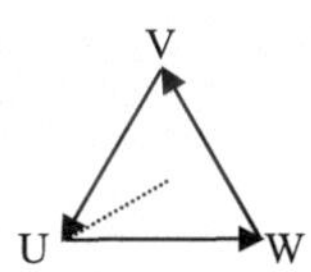	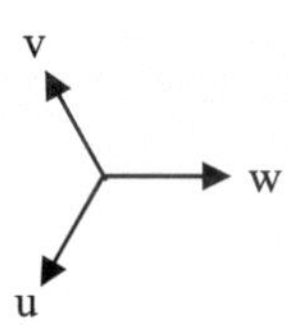	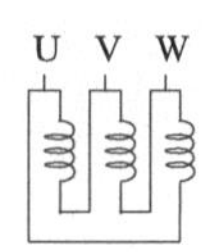	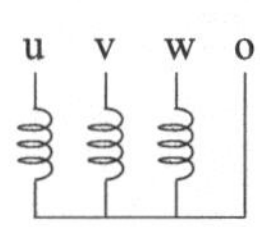
30° 시계 방향 위상이 뒤짐	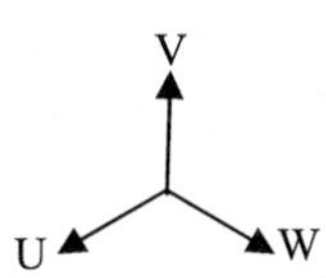	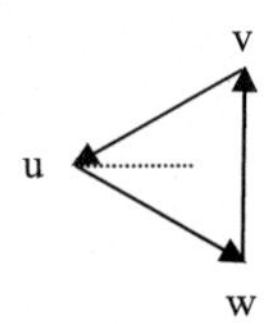	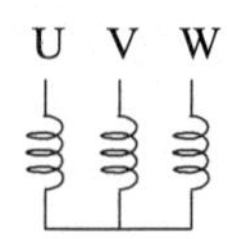	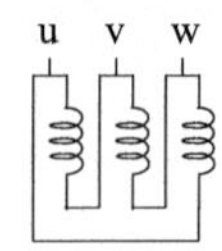
180°	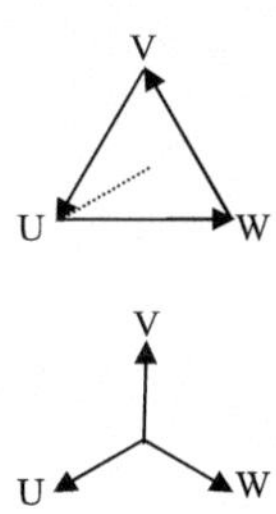	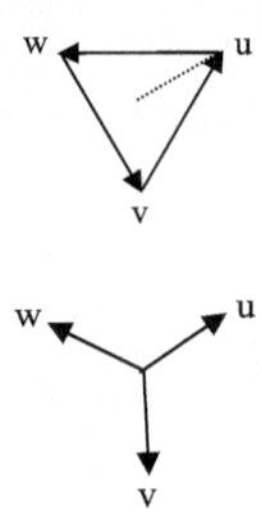	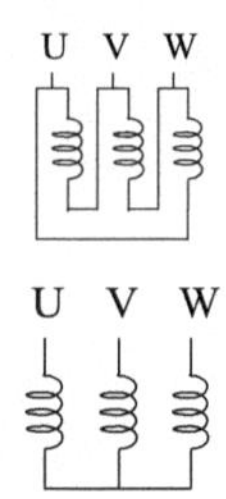	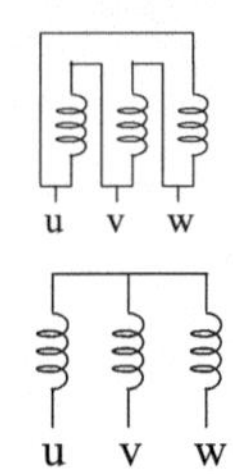

각변위	전압벡터도		접속도	
	고압	저압	고압	저압
150°	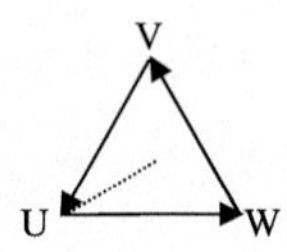	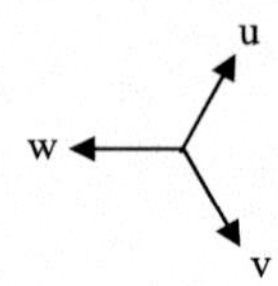	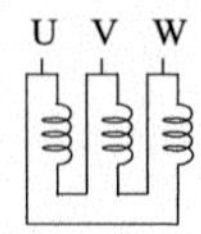	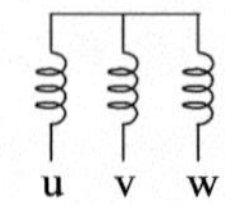
210°	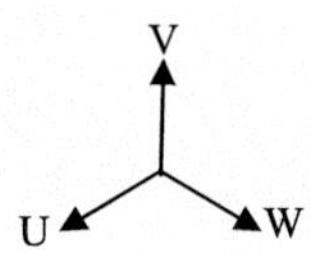	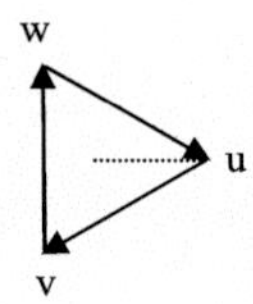	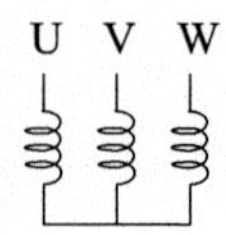	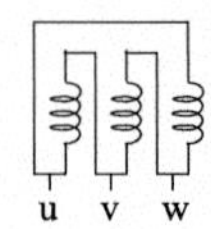

[그림 3.51] 3상 뱅크와 전압 위상변위 (계속)

병렬운전이 가능한 결선과 불가능한 결선의 조합을 나타내면 [표 3.4]와 같다. $V-V$는 $\Delta-\Delta$ 와 같이 취급해도 좋으므로 병렬운전의 가능, 불가능은 $\Delta-\Delta$ 에 준한다.

[표 3.4] 3상변압기의 병렬운전 결선조합

가능		불가능	
$\Delta-\Delta$(0°)와	$\Delta-\Delta$ (0°)	$\Delta-\Delta$(0°)와	$\Delta-Y$ (−30°)
$Y-Y$(0°)와	$Y-Y$(0°)	$\Delta-Y$ (−30°)와	$Y-Y$(0°)
$Y-\Delta$ (30°)와	$Y-\Delta$ (30°)	$\Delta-\Delta$(0°)와	$Y-\Delta$ (30)°
$\Delta-Y$ (−30°)와	$\Delta-Y$ (−30°)	$Y-Y$(0°)와	$Y-\Delta$ (30)°
$\Delta-\Delta$ (0°)와	$Y-Y$(0°)		
$\Delta-Y$ (−30°)와	$Y-\Delta$ (210°) [예제 63]에 설명		

예제 62 E·x·e·r·c·i·s·e

$\Delta-\Delta$ 결선의 변압기와 $\Delta-Y$ 결선의 변압기가 병렬로 운전하는 것이 불가능한 이유를 말하시오.

→ 해설 양쪽 결선은 각변위가 서로 각각 다르기 때문에 상차에 의한 순환전류가 흐르므로 병렬운전을 하지 않는다.

예제 63 E·x·e·r·c·i·s·e

$\Delta - Y$와 $Y - \Delta$ 는 위상변위가 다르지만, 병렬운전이 가능하다. 어떻게 결선하는가?

➔ 해설 [그림 3.52]에서 2차측의 u_1 과 w_2, v_1 과 u_2, w_1 과 v_2 를 결선하면 위상변위가 서로 같으므로 병렬운전이 가능하다.

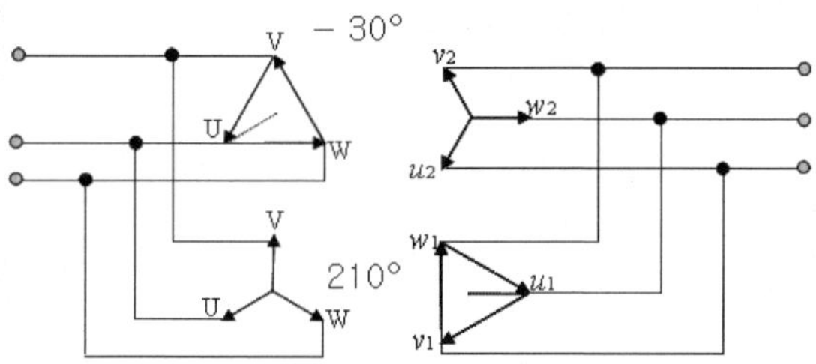

[그림 3.52 예제 63] $\Delta - Y$ 결선과 $Y - \Delta$ 결선의 병렬운전 결선도

3.5 각종변압기

3.5.1 3상변압기

(1) 구조

단상변압기 3대를 조합시켜서 [그림 3.53]의 (a)와 같이 1차권선과 2차권선을 한쪽 철심에 감고, 3상교류전원에 연결하면 이 부분의 자속은 $2\pi/3$ 씩 위상차가 있고 크기는 같기 때문에, 공통부분의 철심에서는 자속의 합성 값이 0으로 된다. 따라서 이 공통부분을 그림(b)와 같이 제거할 수 있으며 재료가 절약되나, 제 3고조파 자속 및 영상자속에 대하여 자기회로가 없으므로 이에 대한 자기저항이 대단히 높다. 이와 같은 변압기를 **3상변압기**라고 하며, 단상변압기와 똑같이 내철형과 외철형이 있다.

[그림 3.54]는 내철형을, [그림 3.55]의 (a)는 외철형을 나타낸다.

내철형의 권선을 감는 방법은 3상 모두가 동일하며 철심과 계철의 단면적은 같게 한다.

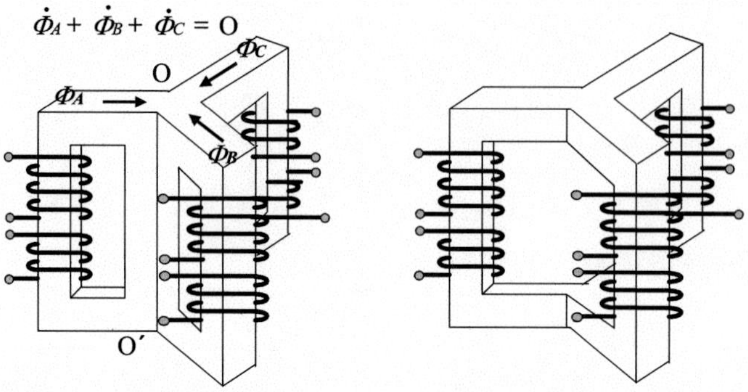

(a) 단상변압기의 3대의 조합 (b) OO'를 제거한 그림

[그림 3.53] 내철형 3상변압기의 원리

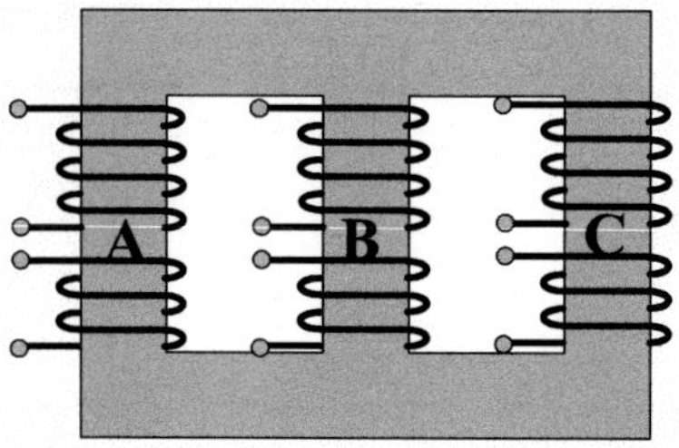

[그림 3.54] 내철형 3상변압기

외철형은 중앙 레그의 권선을 다른 레그의 권선과 반대로 감는다.

[그림 3.55] (a)에서 각 상의 자속을 $\dot{\Phi}_A, \dot{\Phi}_B, \dot{\Phi}_C$ 라 하면 이들은 대칭 3상자속이기 때문에, [그림 3.55]의 (b)에서처럼 d 부분의 자속 $(1/2)\dot{\Phi}_A + (1/2)\dot{\Phi}_B = (1/2)\dot{\Phi}_A$, e 부분의 자속은 $(1/2)\dot{\Phi}_B + (1/2)\dot{\Phi}_C = (1/2)\dot{\Phi}_B$이며, 크기는 벡터도에서 아는 바와 같이 주자속의 1/2이다. 따라서 계철부 d 및 e 의 단면적은 철심부의 $1/2$로 된다.

만약, 중앙권선을 감는 방법을 다른 상과 같게 감으면,

$$\frac{1}{2}\dot{\Phi}_A - \frac{1}{2}\dot{\Phi}_B = \frac{\sqrt{3}}{2}\dot{\Phi}_A \ , \quad \frac{1}{2}\dot{\Phi}_B - \frac{1}{2}\dot{\Phi}_C = \frac{\sqrt{3}}{2}\dot{\Phi}_B$$

이며, 벡터도에서 주자속의 $\frac{\sqrt{3}}{2}$배가 되는 것을 알 수 있다. 그러므로 d 및 e 의 단면적은 중앙권선을 반대로 감은 경우의 $\sqrt{3}$ 배가 된다.

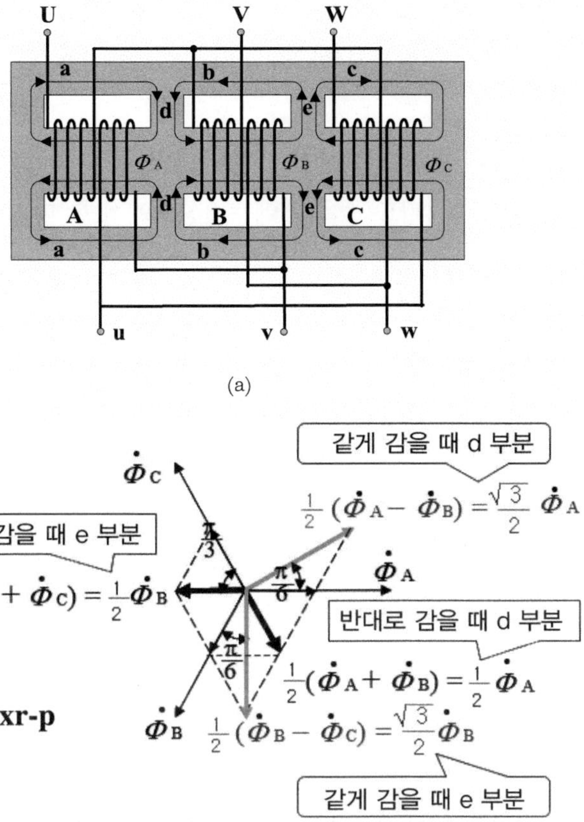

[그림 3.55] 외철형 3상변압기 및 자속분포도

반대로 감을 때 e 부분

(2) 단상변압기와 3상변압기의 비교

3상변압에서 3상변압기 한 대를 사용하는 것과 단상변압기 3대를 사용하는 것 중에서, 종래에는 3상 1뱅크에 대하여 한 대의 예비변압기를 비치하는 것으로 보아 단상변압기를 많이 사용하였으나 근래에는 거의 3상변압기를 사용하고 있다.

3상변압기를 사용하게 된 이유는 (1) 철심재료가 적어도 되고, 부싱과 유량이 3대의 단상변압기보다 적고 경제적이다. (2) 발전소에서 발전기와 변압기를 조합하여 1단위로 고려하는 방식(단위방식)이 증가하고 결선이 쉽다. (3) 냉각방식, 재료, 구조 등의 개량으로 3상변압기가 비교적 소형이 되고, 조립한 상태로 수송하는 것이 편하게 되었다. (4) 부하시에 탭 절환장치를 채용하는 데 유리한 점 등이다.

그러나, 단상변압기가 3대인 경우에 $\Delta-\Delta$ 결선으로 급전하고 있을 때에는 1대가 고장이 나도 나머지 2대를 V 결선으로 하여 그대로 운전을 계속 할 수 있으나 3상변압기에서는 이것을 할 수 없다.

또, 예비기로서 1뱅크의 변압기를 설치할 필요가 있는 경우에는 3상변압기 쪽이 유리하지만, 단상변압기 1대의 예비도 좋은 때에는 3상식에서 한 대의 3상변압기가 필요하기 때문에 단상식이 유리하다.

3.5.2 3권선변압기

3권선변압기는 [그림 3.56]과 같이 한 개의 변압기에 3개의 권선이 있는 것이다. 3차권선의 목적은 3대의 변압기를 뱅크로 했을 때, (1) 변압기의 결선이 $Y-Y$ 이면 제3고조파 전압이 생겨서 파형이 변형하기 때문에 소용량의 제3의 권선을 별도로 설치하여 이것을 Δ 결선으로 해서 변형을 방지하는 것이 주 목적이고, (2) 3차권선에 조상기를 접속하여 송전선의 전압조정과 역률개선에 사용되며, (3) 3차권선에서 발전소내용 전력 등 별개의 계통으로 전력을 공급한다. 또는 반대로 3권선중 2권선을 1차로 하고 다른 것을 2차로 하여 각각 다른 계통에서 전력을 받을 수도 있다.

1차와 2차 및 3차기전력을 각각 $E_1,\ E_2,\ E_3$ 또한, 권수를 각각 $w_1,\ w_2,\ w_3$이라 하면

$$E_2=\frac{w_2}{w_1}E_1,\quad E_3=\frac{w_3}{w_1}E_1 \tag{3.69}$$

2차권선과 3차권선에 부하를 건 경우의 전류를 $\dot{I}_2,\ \dot{I}_3$라고 하면, 1차전류는 이에 대응하여 흐르는 전류와 여자전류$\dot{I}_o$ 의 벡터합이다.

$$\dot{I}_1=\dot{I}_2{}'+\dot{I}_3{}'+\dot{I}_o=\frac{w_2}{w_1}\dot{I}_2+\frac{w_3}{w_1}\dot{I}_3+\dot{I}_o \tag{3.70}$$

따라서, 2차권선의 부하가 늦은 전류인 경우에는 3차권선에 앞선 전류를 취하는 부하를 접속하면 1차전류의 역률을 개선할 수 있다. 3권선변압기를 1차로 환산한 간이등가회로는 [그림 3.57]과 같이 나타낼 수 있다.

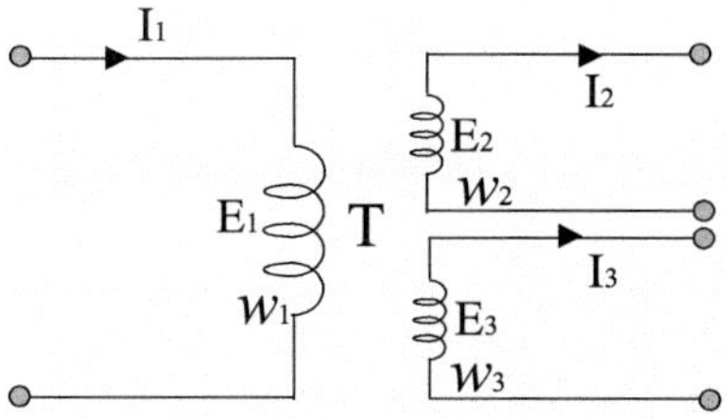

[그림 3.56] 3권선 변압기

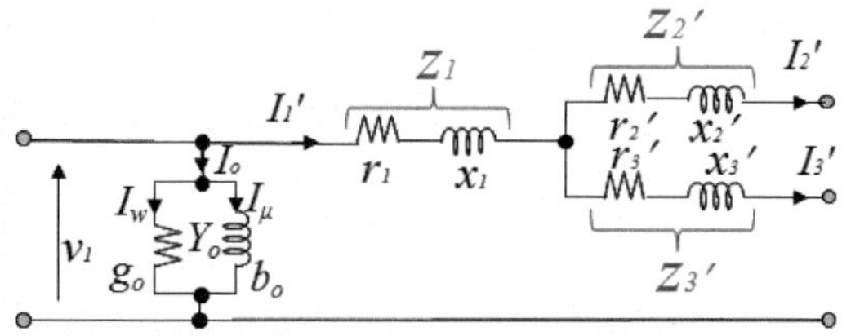

[그림 3.57] 3권선 변압기의 등가회로

예제 64 E·x·e·r·c·i·s·e

3권선 변압기가 있다. 1차 60[kV] 2차 20[kV] 3차 6[kV]이다. 2차측에 역률 80[%]의 유도성 부하 4,000[kVA]를 걸었고, 3차측에 용량성 무효전력 1,500[kvar]의 부하를 걸었을 때 1차측의 피상전력 및 역률을 구하라.

➔ 해설 2차측의 유효분은 $4,000 \times 0.8 = 3,200$[kW]

2차측의 무효분은 $4,000 \times 0.6 = 2,400$[kvar] (지상)

3차권선의 부하는 진상 1,500[kvar] 이므로

1차측의 유효분은 3,200[kW]

1차측의 무효분은 $2,400 - 1,500 = 900$[kvar]이다.

$\therefore$ 1차측의 피상전력$= \sqrt{3,200^2 + 900^2} = 3,324$[kVA]

$\therefore$ 1차측의 역률 $\cos\theta_1 = \dfrac{3,200}{3,324} = 0.963$

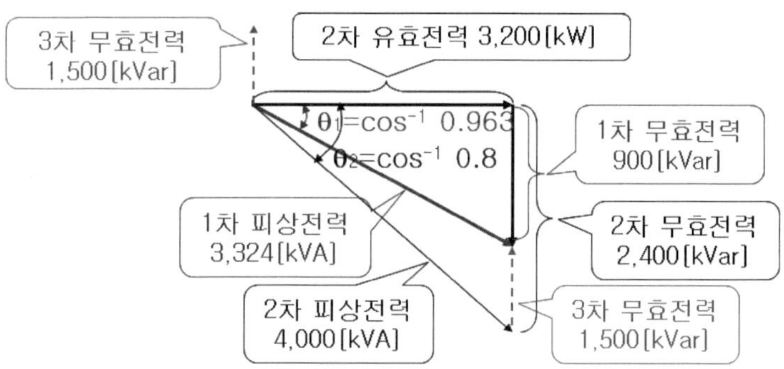

[그림 예제 64]

예제 65 E·x·e·r·c·i·s·e

1차측 Y 결선 100[kV], 20,000[kVA]와 2차측 Y 결선 66[kV] 22,000[kVA] 3차측 Δ 결선 11[kV], 10,000[kVA]의 3권선변압기 뱅크가 있다. 2차에는 역률 80[%]이며, 15,000[kW]의 부하가 있고, 3차에는 10,000[kVA]의 정전 콘덴서를 접속한 경우, 1차에는 어떠한 전류가 흐르는가? 또, 역률은 어떤가? (단, 여자전류와 손실은 무시한다.)

해설 $Y-Y-\Delta$ 결선에서 2차 유효전력은 15,000[kW]

2차 무효전력은 $\dfrac{15,000}{0.8}\times 0.6 = 11,250$[kvar] 지상

1차 무효전력은 $11,250 - 10,000 = 1,250$[kvar] 지상

1차 피상전력은 $\sqrt{15,000^2 + 1,250^2} = 15,052$[kVA]

$\cos\theta = 15,000 / 15,052 = 0.9965$

$$I_1 = \frac{15,052\times 10^3}{\sqrt{3}\times 100\times 10^3} = 87[\text{A}]$$

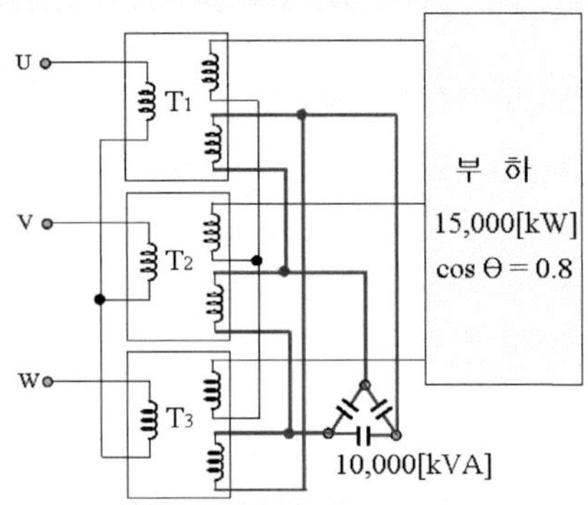

[그림 예제 65]

3.5.3 단권변압기

(1) 원리

단권변압기는 1차권선과 2차권선의 일부가 [그림 3.58]과 같이 공통으로 되어 있는 것이다. 공통부분 ab를 분로권선, 공통이 아닌 부분 bc를 직렬권선이라고 한다. a, b 사이의 권수를 w_1, b, c 사이의 권수를 w_2라고 하면, 일반적인 변압기와 같이 1차기전력 E_1[V]와 2차기전력 E_2[V] 사이에 $E_1 > E_2$의 경우 다음 식이 성립한다.

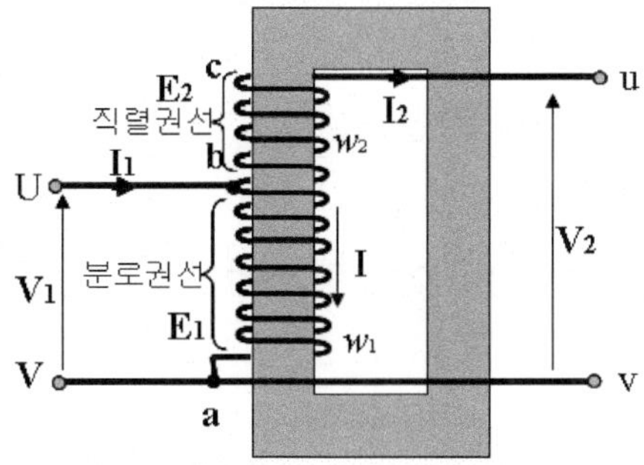

[그림 3.58]단권변압기

$$\frac{V_1}{V_2}=\frac{E_1}{E_1+E_2}=\frac{w_1}{w_1+w_2}=a \tag{3.71}$$

이것은 권선 안의 전압강하를 무시하면, 1차 단자전압 V_1[V] 와 2차단자전압 V_2[V] 의 비와 같다. 또, 여자전류를 무시하면, 1차전류 I_1[A] 와 2차전류 I_2[A] 사이에는 다음관계가 성립한다.

$$\frac{I_1}{I_2}=\frac{w_1+w_2}{w_1}=\frac{1}{a} \tag{3.72}$$

또, 분로권선 a, b 사이에 흐르는 전류 I[A]는

$$I=I_1-I_2=I_1-aI_1=(1-a)I_1 \tag{3.73}$$

(2) 장단점

분로권선의 전류 I는 I_1과 I_2의 차이로써 분로권선의 권선 굵기가 가늘어도 된다. 권수비 a가 1에 가까울수록 I는 적어져서 이 효과는 크고 동손이 적게 된다. 또, 분로권선은 공통으로 누설자속이 없기 때문에 전압변동률이 좋다.

단점은 1차권선과 2차권선이 공통으로 되어 있고 그 사이가 절연되어 있지 않으므로 저압측도 고압측과 같이 절연을 해야 한다.

(3) 용도

이 변압기는 (1) 고압배전선의 전압을 10[%] 정도 올리는 승압기, (2) 동기전동기나 유도전동기 등의 기동 보상기, (3) 형광등용 승압변압기 등에 많이 사용한다.

(4) 자기용량과 부하용량

이 변압기는 분로권선을 1차권선, 직렬권선을 2차권선으로 하는 일반적인 승압변압기로서 동작하기 때문에 변압기 자신의 용량은 직렬권선의 출력 $(V_2 - V_1)I_2$ 와 같고, 이것을 단권변압기의 자기용량(또는 등가용량)이라고 한다.

또, 이 변압기를 통하여 공급되는 부하 $V_2\ I_2$ 를 부하용량(또는 선로출력)이라고 한다. 자기용량과 부하용량 사이에는 다음 관계가 있다.

$$\left.\begin{aligned} \text{자기용량} &= I_2(V_2 - V_1) = I_2\,V_2\left(\frac{V_2 - V_1}{V_2}\right) = \text{부하용량}\left(\frac{V_h - V_l}{V_h}\right) \\ &= \text{부하용량} \times \frac{\text{승압전압(강압전압)}}{\text{고압측전압}}[\text{VA}] \end{aligned}\right\} \quad (3.74)$$

또, 강압단권변압기에서는 식 (3.74)의 승압전압 대신에 강압전압을 사용하여서 자기용량을 구한다.

예제 66 E·x·e·r·c·i·s·e

자기용량 10[kVA]의 단권변압기를 이용해서 배전선전압 3,000[V]를 3,300[V]로 승압하고 있다. 부하역률이 80[%]일 때 공급할 수 있는 부하는 몇 [kW]인가? (단, 변압기의 손실은 없다.)

➔ 해설

$$\text{자기용량} = \text{부하용량} \times \frac{\text{승압전압}}{\text{고압측전압}}$$

$$\therefore \text{부하용량} = \text{자기용량} \times \frac{\text{고압측전압}}{\text{승압전압}} = 10 \times \frac{3{,}300}{300} = 110[\text{kVA}]$$

[kW] 의 값은 $110 \times 0.8 = 88[\text{kW}]$

예제 67 E·x·e·r·c·i·s·e

3,000[V]의 단상배전선에 3,300/220[V]인 단상변압기를 승압기로 사용해서 40[kW]의 전등부하를 걸려면 변압기의 자기용량은 얼마가 되어야 하는가?

➔ 해설

3,000[V]에서 승압전압은 $V_2'' = V_1'' \times \frac{V_{2n}}{V_{1n}} = 3,000 \times \frac{220}{3,300} = 200[V]$

∴ 2차전압은 $3,000 + 200 = 3,200[V]$

∴ 자기용량 $= \frac{40 \times 10^3}{3,200} \times 200 \times 10^{-3} = 2.5[kVA]$

승압전압을 220[V]로 해서는 안된다.

3,300[V]를 가할 때에만 220[V]가 된다.

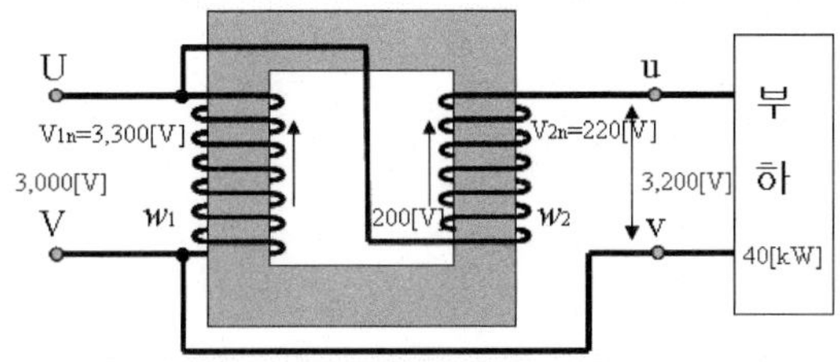

[그림 예제 67]

예제 68 E·x·e·r·c·i·s·e

고압배전선의 전압 3,000[V]를 3,300[V]로 승압하고, 150[kVA]의 부하에 전력을 공급하는 단권변압기의 자기용량을 구하시오.

➔ 해설

$$\frac{\text{자기용량}}{\text{부하용량}} = \frac{V_h - V_l}{V_h}$$

$$\text{자기용량} = 150 \times \frac{3,300 - 3,000}{3,300} = 13.6[kVA]$$

예제 69 E·x·e·r·c·i·s·e

[그림 예제 69]와 같이 단권변압기에 대하여 분로권선이 3,150[V] 직렬권선 210[V]의 경우 전압 V_1을 V_2로 승압하도록 한다.

(1) V_1이 3,000[V]일 때, V_2는 몇 [V]로 되는가?

(2) I_1 이 25[A]일 때, I_2는 몇 [A]로 되는가?

(3) 이 때의 변압기의 자기용량은 얼마인가? 단, 변압기의 임피던스, 여자전류 및 손실은 무시한다.

➔ 해설

(1) 3,000[V]에서 승압전압은 $V_2'' = V_1'' \times \frac{V_2}{V_1} = 3,000 \times \frac{210}{3,150} = 200[V]$,

$$V_2 = 3,000 + 200 = 3,200$$

(2) $V_1 I_1 = V_2 I_2$ 이므로 $3,000 \times 25 = 3,200 \times I_2$, $I_2 = 23.4[A]$

(3) 변압기용량(자기용량) $210 \times 23.4 \times 10^{-3} = 5[kVA]$

예제 70 E·x·e·r·c·i·s·e

단상교류회로에서 분로권선 3,300[V], 직렬권선 220[V]의 단권변압기를 [그림 예제 70]과 같이 접속하고 60[kW] 역률 0.85의 부하로 공급하는 경우 몇 [kVA]의 변압기를 사용해야 하는가? (단, A–B점 사이의 전압은 3,000[V]이다.)

➔ 해설

3,000[V]에서 승압전압은 $V_2'' = V_1'' \times \frac{V_2}{V_1} = 3,000 \times \frac{220}{3,300} = 200[V]$

2차단자전압 $3,000 + 200 = 3,200$

2차전류$= \frac{60 \times 10^3}{0.85 \times 3,200} = 22.1[A]$

변압기용량(자기용량)$= 220 \times 22.1 \times 10^{-3} \doteqdot 5[kVA]$

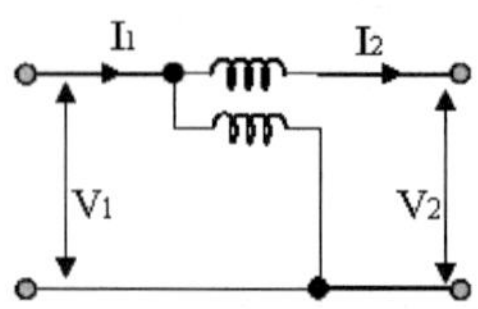

[그림 예제 69]

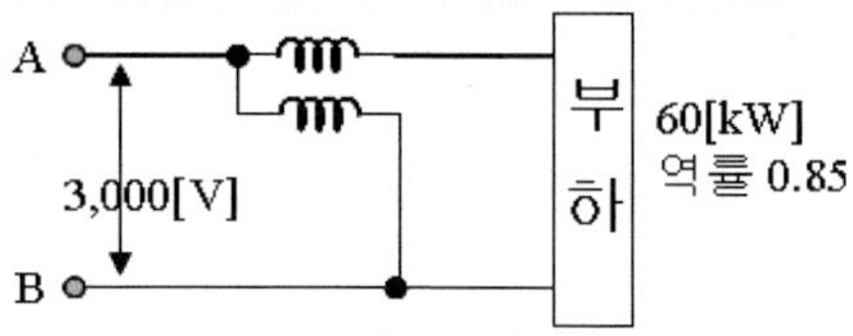

[그림 예제 70]

---

(5) 단권변압기의 3상접속

단권변압기에 의해서도 3상변압을 할 수 있다. 결선방법에는 Y 결선, Δ 결선, 변연장 Δ 결선 및 V 결선 등 네 가지가 있다.

① **Y 결선** : [그림 3.59]의 (a)는 Y 결선의 경우를 나타낸 것이며 그림에서 분로권선의 권수를 w_1, 직렬권수의 권수를 w_2 라 하면,

$$\dot{E}_w = \frac{w_2}{w_1}\dot{E}_W\ ,\quad \dot{E}_u = \frac{w_2}{w_1}\dot{E}_U\ ,\quad \dot{E}_v = \frac{w_2}{w_1}\dot{E}_V \tag{3.75}$$

따라서 이의 전압벡터는 그림 (b)와 같다. 이 경우에 단권변압기 한 대의 자기용량은 다음 식으로 표시된다.

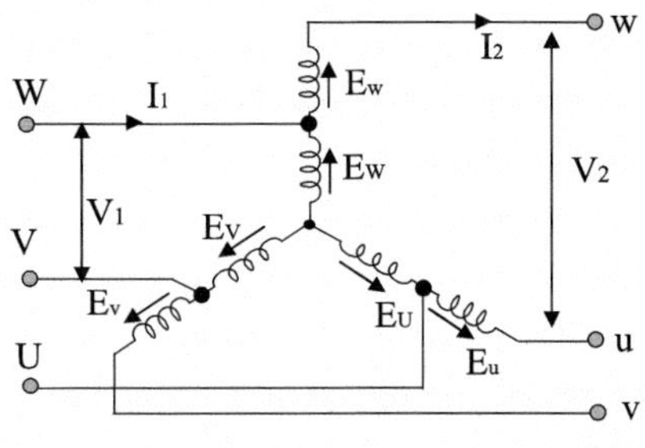

(a)

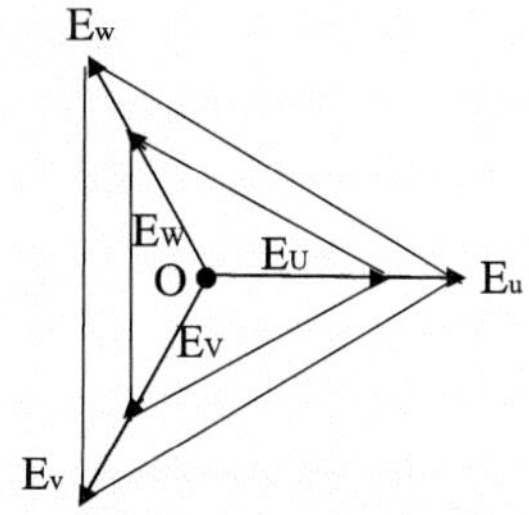

(b)

[그림 3.59] 단권변압기의 Y 결선

$$\left.\begin{aligned} \text{자기용량} &= I_2 \times \frac{V_2 - V_1}{\sqrt{3}} = \frac{\sqrt{3}\, V_2 I_2 (V_2 - V_1)}{\sqrt{3}\,\sqrt{3}\ V_2} \\ &= \frac{\sqrt{3}\, V_2 I_2}{3} \frac{V_h - V_l}{V_h} \\ &= \frac{\text{3상 부하용량}}{3} \times \frac{\text{승압전압}}{\text{고압측전압}} \end{aligned}\right\} \quad (3.76)$$

단권변압기 3대의 자기용량은 3상 부하용량 $\times \dfrac{\text{승압전압}}{\text{고압측전압}}$ 이 된다.

②**V 결선** : 이 결선은 [그림 3.60]과 같이 2대의 단권변압기를 사용하는 것으로 1대의 자기용량은

$$\left.\begin{aligned} \text{자기용량} &= I_2 (V_2 - V_1) = \frac{\sqrt{3}\, V_2 I_2 (V_2 - V_1)}{\sqrt{3}\ V_2} \\ &= \frac{\text{3상 부하용량}}{\sqrt{3}} \times \frac{\text{승압전압}}{\text{고압측전압}} \end{aligned}\right\} \quad (3.77)$$

이 되고 2대의 자기용량은 $2 \times \dfrac{\text{3상 부하용량}}{\sqrt{3}} \dfrac{\text{승압전압}}{\text{고압측전압}}$ 이 된다.

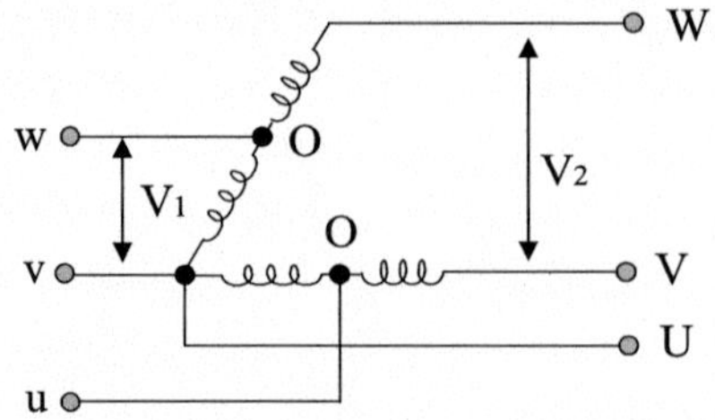

[그림 3.60] 단권변압기의 V 결선

예제 71 E·x·e·r·c·i·s·e

단상단권변압기를 사용해서 3상전압 3,000[V]를 300[V]승압하여 3,300[V]로 하고, 150[kVA]를 송전하려고 한다. 이 경우에 적용하는 단권변압기의 저전압측전압, 승압전압, 자기용량을 성형결선과 V 결선에 대비하여 각각 설명하시오.

해설

① Y 형 : 저압측 $\dfrac{3,000}{\sqrt{3}}=1,732[\mathrm{V}]$

승압(직렬권선의 전압) $\dfrac{300}{\sqrt{3}}=173.2[\mathrm{V}]$

$I_{2l}=\dfrac{150\times 10^3}{\sqrt{3}\times 3,300}=26.24[\mathrm{A}]$

자기용량 $=173\times 26.24\times 10^{-3}=4.54[\mathrm{kVA}]$ 1대분

$4.54\times 3=13.62[\mathrm{kVA}]$ 3대분

② V 결선 : 저압측 3,000[V], 승압(직렬권선의 전압) 300[V]

자기용량 $=300\times 26.24\times 10^{-3}=7.87[\mathrm{kVA}]$ 1대분

$7.87\times 2=15.74[\mathrm{kVA}]$ 2대분

③ **Δ 결선** : 이 결선은 [그림 3.61]의 (a)와 같이 3대의 단권변압기를 사용하는 것으로 3대의 자기용량은

$$\text{자기용량} = \text{부하용량}\times\frac{(V_1{}^2-V_2{}^2)}{\sqrt{3}\;V_1V_2} \qquad (3.77')$$

[그림 3.61]의 (a), (b)는 각각 Δ 결선, 변연장 Δ 결선의 단권변압기에 대한 결선을 나타낸 것이다.

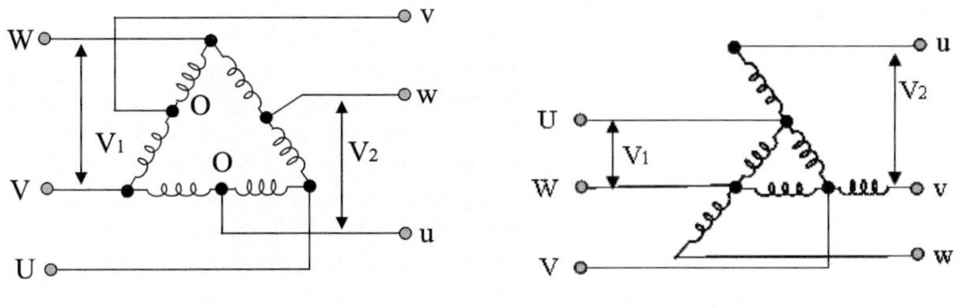

(a) Δ 결선　　　　(b) 변연장Δ 결선

[그림 3.61] 단권변압기의 3상결선

3.5.4 정전류변압기

아크등이나 방전등, 또는 아크 용접기등과 같이 기동시에는 고압이 필요하나 사용상태에서는 저압이 필요하고, 또한 전압과 전류특성이 음(−)으로 된 부하를 정전압의 전원에서 안정하게 동작시키기 위해서는, 1차측에 일정한 전압을 가해두고 2차측의 부하를 변화해도 2차전류가 일정한 것이 필요하다. 이러한 목적에 사용하는 변압기를 **정전류변압기**, 또는 **누설변압기**라고 한다.

이와 같은 **수하특성**을 주기 위하여 부하임피던스에 비하여 변압기의 누설 리액턴스를 대단히 크게 하는 구조로 되어 있다.

즉, [그림 3.62]와 같이 누설자속의 통로 L를 설치하고 있다.

따라서 2차전류가 증가하면, 누설자속이 증가해서 주자속을 감소시키므로 2차유도기전력이 감소하게 되고 동시에 2차전압강하가 증가하므로 전류의 변화를 방지해서 일정한 전류값의 범위에서는 일정한 전류를 유지한다.

이 변압기는 리액턴스가 크기 때문에 전압변동률이 대단히 크고 역률도 낮다.

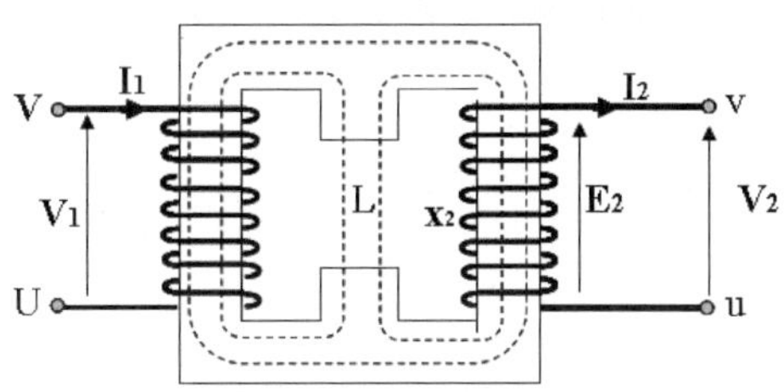

$$E_2 - I_2X_2 = V_2$$

[그림 3.62] 누설변압기

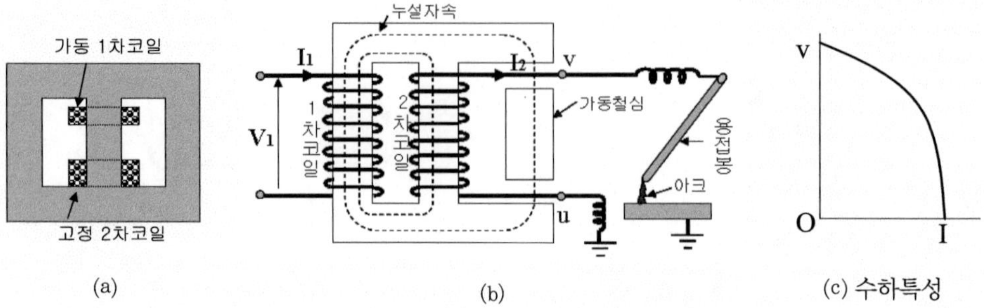

[그림 3.63] 용접용 변압기

[그림 3.63]은 용접용변압기를 나타내며 그림 (a)는 고정2차코일에 대하여 1차코일을 이동시켜서 조정하도록 되어 있다. 그림 (b)는 누설 자기회로의 가동철심을 출입(또는 작동)시켜서 전류를 조정하는 것이다. 이와 같은 변압기의 2차전압과 전류특성은 그림 (c)와 같이 된다.

3.5.5 계기용변성기

고압회로의 전압, 전류 또는 저압회로의 큰 전류를 측정하는 경우와 계전기 등을 사용하는 경우에는 취급에 대한 안전을 위하여 **계기용변성기**를 사용한다.
계기용 변성기에는 계기용변압기와 변류기가 있으며, 2차측 부하는 계기나 계전기이고, 선로의 부하와 구별하기 위하여 이것을 **부담**이라고 한다. 계기용변압기는 1차전압이 정격전압의 경우에 2차전압이 110[V]가 되도록 설계하고, 변류기는 1차측에 정격전류가 흐를 때에 2차전류가 5[A]가 되도록 하는 것이 표준이다.

(1) 계기용변압기(P.T)

이것은 [그림 3.64]와 같이 1차측을 피측정회로에, 2차측을 전압계 또는 전력계의 전압코일 등에 접속한다. 일반적인 전력용변압기의 원리와 구조를 비교해서 큰 차이가 없다. [그림 3.64]의 (b)는 계기용변압기를 간단히 그린 것이다.

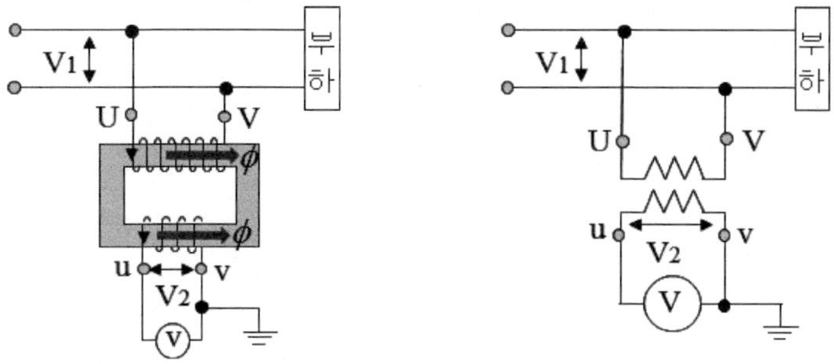

(a) (b)

[그림 3.64] 계기용 변압기의 접속

① **변압비** : 1차, 2차전압을 V_1, V_2, 권수를 w_1, w_2라 하면

$$\left.\begin{aligned} V_1 &= \frac{w_1}{w_2}V_2 = a\,V_2 = K_P\,V_2 \\ a &= K_P = \text{변압비} \end{aligned}\right\} \tag{3.78}$$

전압계의 내부저항(R_v)는 수만[Ω]이므로 계기용 변압기의 2차측은 개방된 상태나 다름이 없다.

계기용 변압기는 사용 중에 절대로 2차측을 단락해서는 안 된다. 이것은 전력용 변압기와 마찬가지로 커다란 단락전류가 흘러서 코일을 소손하기 때문이다.

② **구조** : 계기용변압기는 비교적 저전압에서는 컴파운드함침의 건식, 또는 합성수지로 싼 몰드형을 사용하고, 고전압에서는 오일이 들어있는 것을 사용한다. 냉각방식은 어느 것이나 자냉식이다. [그림 3.65]는 계기용변압기의 예를 나타낸다.

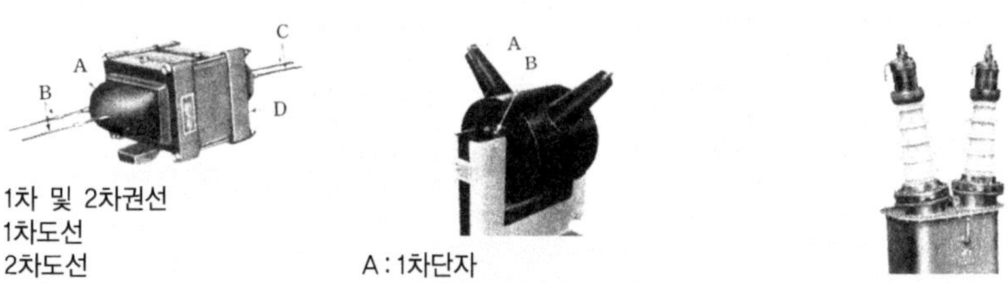

A : 1차 및 2차권선
B : 1차도선
C : 2차도선
D : 철심

A : 1차단자
B : 1차단자

(a) 건식(6,600/110[V]) (b) 몰드형(11,000/110[V] (c) 유입식(44,000/110[V])옥외용)

[그림 3.65] 계기용 변압기

(2) 변류기(C.T)

변류기는 [그림 3.66]과 같이 1차권선을 측정하려는 회로에 직렬로 접속하고, 2차권선에는 전류계 또는 전력계의 전류코일 등을 접속한다.
변류기의 특성은 전류비와 1차전류 및 2차전류의 위상차가 일정한 것이 좋다. [그림 3.66]의 (b)는 계기용변류기를 간단히 그린 것이다.

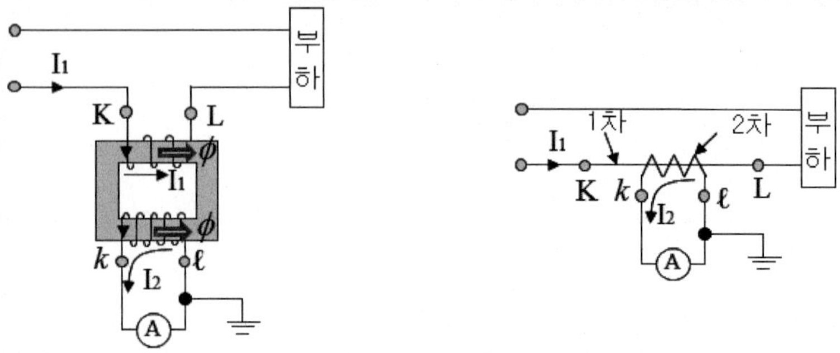

(a) (b)

[그림 3.66] 변류기의 접속

① **변류비** : 계기용 변류기의 1차, 2차전류를 I_1, I_2 라하고 권수를 w_1, w_2라 하면

$$\left.\begin{aligned} I_1 &= \frac{w_2}{w_1} I_2 \fallingdotseq \frac{1}{a} I_2 = K_c I_2 \\ \frac{I_1}{I_2} &= \frac{w_2}{w_1} = \frac{1}{a} = K_c \ (\text{변류비}) \end{aligned}\right\} \quad (3.79)$$

의 관계가 되며, 예를 들어 $K_c = \frac{1}{a} = \frac{w_2}{w_1} = 100$ 일 때, I_2가 1[A]로 측정되어도 I_1은 100[A]인 것을 알 수 있다. 또 변류기의 2차 정격전류는 1차 전류여하에 관계없이 5[A]로 정해져 있으므로 2차측에 1[Ω]의 저항이 접속되어 있으면 정격전류에서 단자전압은 5[V]로 되어 정격부담은 $5 \times 5 = 25$[VA]로 된다.

② **특성개량** : 변압기의 특성을 좋게 하고 측정오차를 적게 하기 위해서는 철심에 비투자율이 크고 철손이 적은 재료를 사용한다. 또한 단면적을 크게 해서 자속밀도를 낮게 하여 여자전류를 작게 한 것과 권선의 저항 및 누설리액턴스를 작게 하는 것이 필요하다.

③ **구조** : 변류기는 1차권선의 구조에 따라 권선형과 봉형으로 나눈다. 권선형은 1차권선이 수회선이고, 대개 1,000[A]이하에 사용된다. [그림 3.67]의 (a)와 같이 봉형은 1차권선이 1개의 도체로 되어 있으며 대전류의 경우에 사용된다. 회로 전압이 비교적 낮은 경우에는 그림 (b)와 같은 건식 또는 몰드형이 사용되고 고압용에는 유입식으로 한다. 유입식은 옥내외 공용이며, 그림 (c)와 같이 강판유조를 사용하는 것과 그림 (d)와 같이 애자유조를 사용하는 것이 있다.

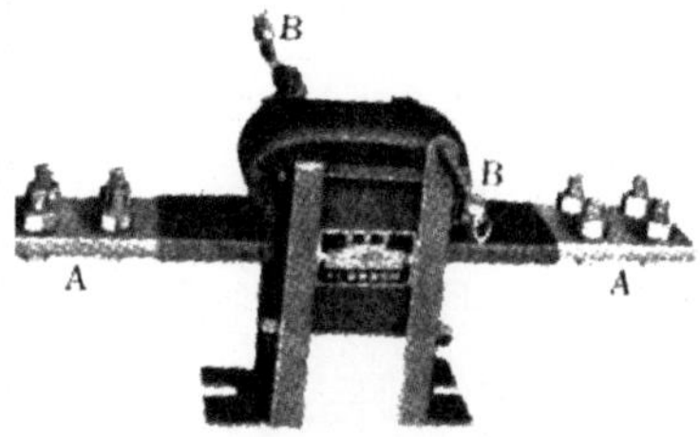

(a) 봉형건식(3.5[kV])

(b) 몰드형(6.9[kV])

(c) 강판유조형 유입식(44[kV], 30/5[A])

(d) 애자유조형 유입식(69[kV], 400/5[A])

[그림 3.67] 변류기

예제 72 E·x·e·r·c·i·s·e

2차 부담에 관하여 설명하시오.

➔ 해설 계기용 변성기에는 계기용변압기와 변류기가 있으며, 2차측 부하는 계기나 계전기이고, 선로의 부하와 구별하기 위하여 이것을 부담이라고 한다.

예제 73 E·x·e·r·c·i·s·e

변류비 100/5[A]의 변류기(C.T)와 5[A]의 전류계를 사용해서 부하전류를 측정한 경우 전류계의 지시가 4[A]이었다. 이 때 부하전류는 몇 [A]인가?

➔ 해설

$$\frac{I_1}{I_2}=\frac{w_2}{w_1}=\frac{1}{a}=K_c\ (\text{변류비})$$

$$\text{부하전류(1차전류)}=K_cI_2=\frac{100}{5}\times 4=80[\text{A}]$$

---

④ **변류기의 2차회로** : 변류기의 사용 중에 2차회로를 개방해서는 안 된다. 전류계가 부착된 상태에서는 전류계의 내부저항이 매우 적으므로 단락상태나 다름이 없다. 계전기나 전류계가 고장이 나서 2차회로를 열 필요가 있을 때에는 우선 2차회로를 단락해 놓은 다음에 전류계를 교체해야 한다.

만약, 2차회로를 개방하면 I_2는 흐르지 못하며 $I_1w_1=I_2w_2$에서 2차기자력은 없어지고 I_1은 계속 흐르므로 1차전류가 전부 여자전류로 된다. 1차전류가 흘러서 생긴 자속에 의해 철손은 급격이 증가함은 물론 1차권선수보다 훨씬 많은 2차권선에는 매우 높은 전압이 유기되어 절연을 파괴하고 소손될 염려가 있다.

⑤ **변류기의 3상결선** : 변류기를 단독으로 사용할 때는 그 극성이 문제되지 않지만 2대 이상 변류기를 조합하여 사용할 때는 각각의 극성을 고려해야 한다.

[그림 3.68]은 3대의 $C.T$를 Y형으로 접속한 경우이며 3상에서 각 선의 전류를 측정할 수 있다.

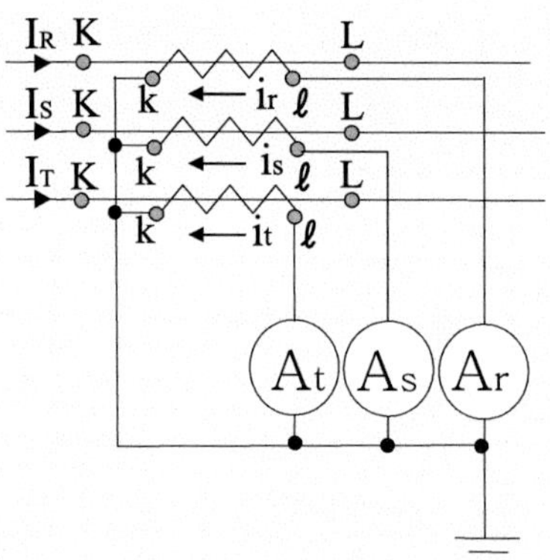

[그림 3.68] C.T의 3상결선

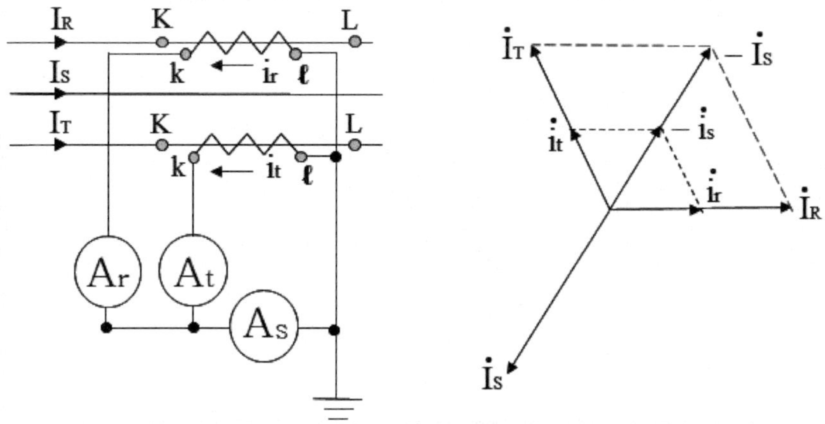

(a) C.T 의 V 결선 (b) C.T 의 V 결선시의 벡터도

[그림 3.69] C.T 의 V 결선

3상3선식(비접지식)선로의 전류를 특정할 때 $C.T$ 2대로 V결선으로 해서 [그림 3.69]와 같이 접속하면

또한 R 및 T선의 각 변류기의 2차전류를 $\dot{i}_r$,$\dot{i}_t$ 라 하면

$$\dot{i}_r = \frac{1}{K_c}\dot{I}_R, \quad \dot{i}_t = \frac{1}{K_c}\dot{I}_T$$

가 되고 전류계 A_s 의 전류를 i_s 라 하면

$$\dot{i}_s = \dot{i}_r + \dot{i}_t = \frac{1}{K_c}(\dot{I}_R + \dot{I}_T)$$

가 된다. 그런데 1차선로는 3상3선식이므로

$$\dot{I}_R + \dot{I}_S + \dot{I}_T = 0$$

$$\therefore \dot{I}_R + \dot{I}_T = -\dot{I}_S \tag{3.80}$$

$$\therefore \dot{i}_s = \frac{1}{K_c}(-\dot{I}_S)$$

즉, $\therefore i_s(2차) = \frac{1}{K_c}I_S(1차)$가 된다.

⑥ **C.T의 교차접속** : [그림 3.70]의 (a)는 교차접속법으로 전류계 A 에 흐르는 전류를 i 라 하면

$$\dot{i} = \dot{i}_r - \dot{i}_t = \dot{i}_r + (-\dot{i}_t) = 2\times \dot{i}_r \;\; \cos 30^\circ = 2\times \dot{i}_r \times \frac{\sqrt{3}}{2} = \sqrt{3}\; \dot{i}_r \qquad (3.81)$$

즉, 선전류가 대칭 3상교류이면 전류계는 i_r의 $\sqrt{3}$ 배의 값을 지시한다. 이 접속법은 2회선 송전선의 역전력 계전기를 동작시킬 때에 사용한다.
전류계 A에 흐르는 전류 i는

$$\dot{i} = \dot{i}_r - \dot{i}_t = \frac{1}{K_c}\dot{I}_R - \frac{1}{K_c}\dot{I}_T = \frac{1}{K_c}(\dot{I}_R - \dot{I}_T) = \frac{1}{K_c}\times \sqrt{3}\,\dot{I}_R \qquad (3.82)$$

이다. 식 (3.82)에서 1차전류(선전류)는

$$\therefore \;\; I = K_c \times \frac{1}{\sqrt{3}} \times i \qquad (3.83)$$

가 된다.

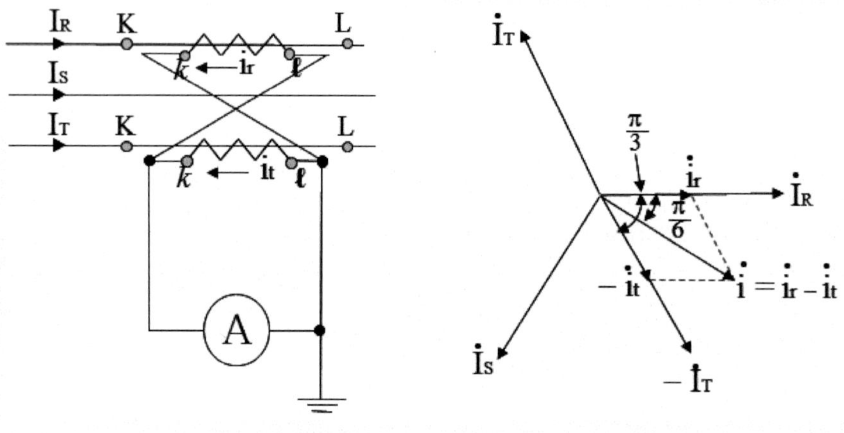

(a) C.T 의 교차접속도 (b) C.T 의 교차접속시의 벡터도

[그림 3.70] C.T 의 교차접속법

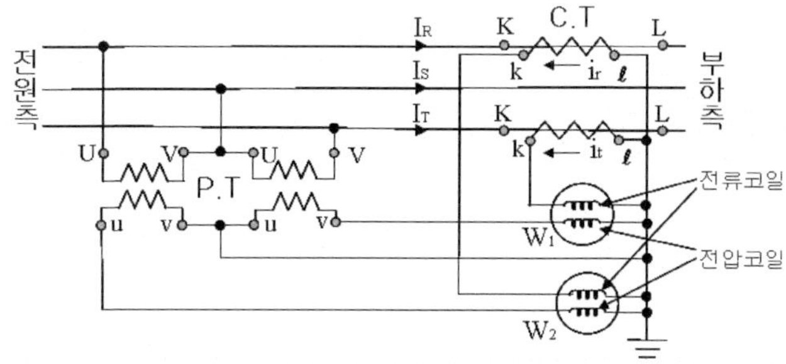

[그림 3.71] 2전력계의 접속도

[그림 3.71]은 3상3선식에서 가장 많이 사용되는 결선으로 $C.T$와 P, T를 각각 2대씩 사용해서 2차측에 전력계의 전압코일과 전류코일에 접속한 것이다.
2차전력계법에서 3상전력은(W_1의 값 + W_2의 값)이지만 여기서는 C, T 및 $P.T$의 2차측에 전력계를 접속했으므로

$$3상전력= K_P \times K_C \times (W_1의\ 값 + W_2의\ 값) \tag{3.84}$$

이다.

예제 74 E·x·e·r·c·i·s·e

평형 3상전류를 측정하기 위해서 변류비 K_c가 60/5인 두 대의 변류기를 [그림 3.70]과 같이 접속할 때 전류계 A의 지시가 2.5[A]로 되었다. 1차전류(선전류)는 얼마인가?

➔ 해설 전류계 A_S에 흐르는 전류를 i라 하면, 1차전류(선전류)는 식 (3.83)에서

$$I = K_c \times \frac{1}{\sqrt{3}} \times i = \frac{60}{5} \times \frac{1}{\sqrt{3}} \times 2.5 = 17.32[A]$$

예제 75 E·x·e·r·c·i·s·e

변류비 30/5인 $C.\ T$ 2대를 교차 접속하였을 때 전류계에 2[A]가 흐른다고 하면 $C.\ T$의 1차측에 흐르는 전류는 몇 [A]인가?

➔ 해설 식(3.84)에서 수전전력=3상전력 $= K_P \times K_c \times$ (전력계의 값)

$$= \frac{6,600}{110} \times \frac{50}{5} \times 500 \times 10^{-3} = 300[kW]$$

예제 77 E·x·e·r·c·i·s·e

$C.T$의 2차회로는 사용 중에 개방하지 않는 이유는 무엇인가?

➔ 해설 1차전류가 흘러서 생긴 자속에 의해 철손은 급격이 증가함은 물론 1차권선수보다 훨씬 많은 2차권선에는 매우 높은 전압이 유기되어 절연을 파괴하고 소손될 염려가 있다.

예제 78 E·x·e·r·c·i·s·e

평형 3상 3선식 선로에 $P.T$ 2대와 전압계 V_1, V_2, V_3를 그림과 같이 접속하고 선간 전압을 측정하고 있을 때 퓨즈 F_B가 절단되었다고 하면 각 전압계의 지시는 몇 [V]인가?

➔ 해설 3상 3선식($3\phi\ 3l$) 선로에서 퓨즈 F_B가 절단되었다고 하면 단상 3선식($1\phi\ 3l$)이 된다.

$\therefore V_1 = V_2 = 1{,}500[\text{V}],\ V_3 = 3{,}000[\text{V}]$ 가 된다.

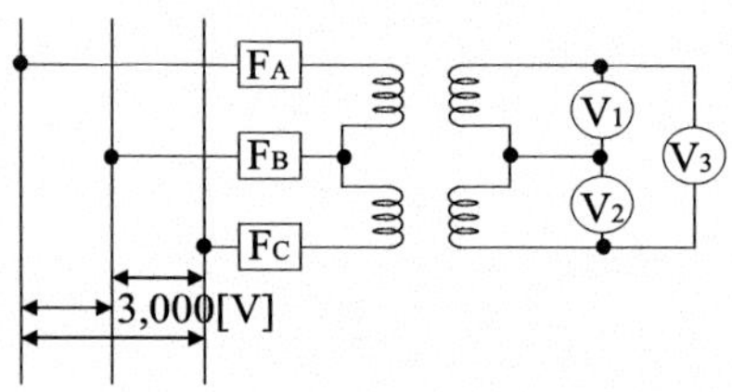

[그림 예제 78]

3.5.6 시험용변압기

시험용변압기는 주로 전기기계기구의 내전압시험 및 고압현상의 실험 등에서 고압을 발생하기 위하여 사용하는 변압기이다. 이 변압기는 일반적인 전력 변압기에 비하여 권수비가 대단히 크기 때문에, 권선의 절연 및 전위의 기울기 등의 점에서 설계상 특별한 주의를 해야 한다.

시험용변압기는 전압이 높으나 전류용량은 적어도 되기 때문에, 전압의 비율로는 용량이 적고 비교적 저압용에는 건식으로 된 것도 있으나 보통 유입식이 많다.

유입식변압기에서는 1대가 대지전압1,000[kV]로 된 것도 있으나, 보통 500[kV] 이상이 되면 2대이상으로 단위를 나누어서 권선을 직렬로 접속하여서 **종속시험용변압기**로 하는 것이 일반적이다. [그림 3.72]는 종속시험용변압기의 예를 나타낸 것이다.

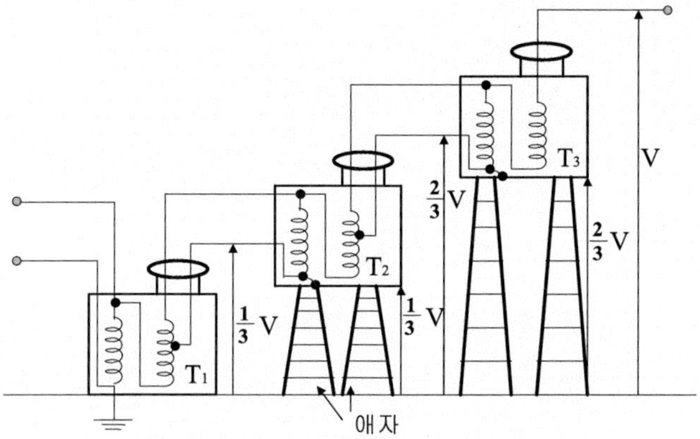

[그림 3.72] 종속시험용 변압기의 예

그림 (a)의 변압기 T_1, T_2에 대한 고압권선의 일부를 여자권선으로 하여 변압기 T_2, T_3 저압권선을 여자한다. 이에 따라 각각 변압기의 고저압권선사이 및 대지절연을 경감한다. 변압기 T_2 및 T_3의 외함은 어느 것이나 애자에 의하여 대지로부터 절연된다.

3.6 변압기의 시험

변압기는 사용 전에 사용하는데 적당한가를 시험해서 확인할 필요가 있다. 변압기는 대개 다음 각 항에 대해서 시험을 한다.

① 권선저항
② 극성
③ 권수비
④ 여자전류와 철손(무부하시험)
⑤ 동손 및 임피던스전압(단락시험)
⑥ 온도상승
⑦ 절연내력

이미 설명한 바와 같이 무부하시험에 의하여 여자어드미턴스는 알 수 있다. 단락시험에서 리액턴스, 백분율저항강하(p), 백분율리액턴스강하(q)를 알 수 있고 전압변동률(ε)이 산출된다. 또 철손이나, 동손을 알 수 있기 때문에 임의 역률, 또는 임의의 부하효율(η)을 계산 할 수 있다.

이들 중 ①~⑤에 대해서는 이미 설명을 하였으므로 ⑥과 ⑦에 대하여 알아보기로 한다.

3.6.1 온도시험

온도시험은 변압기에 전부하를 연속적으로 가해서, 권선이나 오일 등의 온도상승을 시험하는 것이다. 전구나 저항 등을 부하로 하여 사용하는 실부하법은 전력이 낭비되어서 비경제적이기 때문에 소형변압기를 시험하는 것 이외에는 별로 사용하지 않는다. 일반적으로 전력을 낭비하지 않고 철손과 동손만을 공급해서 행하는 **반환부하법**을 사용한다.

3.6.2 절연내력시험

이것은 충전부분과 대지사이 또는, 충전부분 상호간의 절연강도를 보증하기 위한 시험이며 가압시험, 유도시험, 충격전압시험 등 세 가지 종류로 구별된다.

(1) 오일의 절연파괴전압시험

시험용기에 변압기유를 약 150[cm^2]를 넣고, 직경 12.5[mm]의 구상전극을 사용하여, 이의 갭을 2.5[mm]로 해서, 상용주파수의 전압을 가한 경우에 파괴전압이 30,000[V] 이상이면 좋다. 측정회로는 [그림 3.73]과 같으며, 유도전압 조정기 IR을 조정하여 전압을 올리고, 전극사이에 방전시켜서 이때의 전압을 전압계로 측정한다.

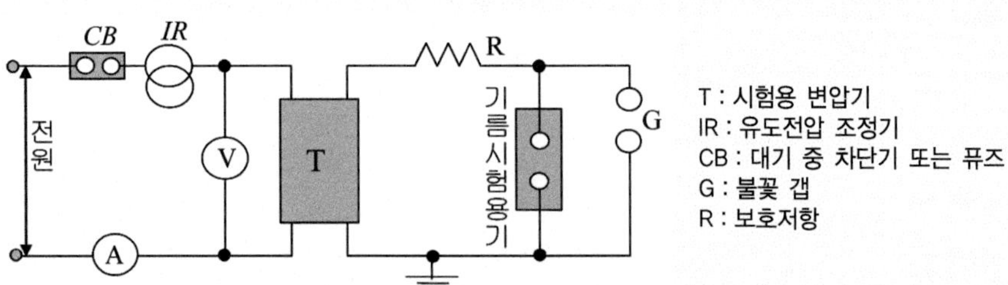

[그림 3.73] 변압기유의 절연파괴 전압시험

(2) 가압시험

온도시험 직후 변압기의 절연저항이 적당함을 확인하고, 60[Hz]의 정현파에 가까운 전압으로 절연내력을 시험하여 1분 동안에 견디어야 한다.

(3) 유도시험

변압기나 그 외의 기기는 층간절연을 시험하기 위하여, 권선의 단자 사이에 상규유도전압의 2배 전압을 유도시켜서 유도절연시험을 한다. 유도시험의 계속 시간은 시험전압의 주파수가 정격주파수의 2배 이하인 경우에는 1분으로 하고, 2배를 넘는 경우에는 다음 식으로 산출한 시간으로 한다. 단, 최저를 15초로 한다.

$$\text{시험시간} = 60 \times \frac{2 \times \text{정격주파수}}{\text{시험주파수}} [\text{s}] \tag{3.85}$$

(4) 충격전압시험

변압기에 번개와 같은 충격전압이 가해진 경우에는 권선내에 상용주파수전압의 경우와는 다른 전압분포가 생겨서 절연파괴가 될 염려가 있으며, 상용주파수 전압에 의한 시험만으로는 충분하지 않기 때문에, 3.3[kV] 이상의 유입변압기에는 절연계급이 정해지고 충격전압시험에 견디는 설계로 하지 않으면 안 된다. 충격전압은 표준파형으로 $1 \times 40 [\mu s]$를 사용한다.

예제 79 E·x·e·r·c·i·s·e

변압기에 대하여 보통 행하는 시험을 열거하시오.

→ 해설
① 권선저항 ② 극성
③ 권수비 ④ 여자전류와 철손(무부하시험)
⑤ 동손 및 임피던스전압(단락시험) ⑥ 온도상승
⑦ 절연내력

3.7 변압기의 건조

분해 수송된 변압기는 현지에서 조립한 다음, 권선과 철심을 건조하고 이 안에 있는 습기를 제거해서 절연을 향상시킨다. 건조방법에는 열풍법과 단락법 및 진공법이 있다.

(1) 열풍법

송풍기와 전열기로 열풍을 공급해서 건조시킨다. 여기서 사용하는 건조 박스는 내면에 철판을 붙인 본체로 된 것이며, 변압기의 외함을 사용하는 일도 있고, 발전소에서는 건조실을 만들어서 이 속에 변압기를 넣고 열풍을 공급하는 것도 있다.

건조시키는 정도는 철심 사이 및 권선상호간의 절연저항을 메거(megger)로 측정해서 알 수 있다. 처음 10시간 정도는 절연저항이 내려가나 그 뒤에는 상승하여 1,000[V]메거에서 2,000[MΩ]이상이 된다. 저항값이 일정한 값 이상이 되면 건조를 정지한다.

(2) 단락법

변압기의 1차권선, 또는 2차권선의 한쪽을 단락하고, 다른 쪽의 권선에 임피던스 전압의 약 20[%]정도를 가해서 단락전류를 보내고 동손에 의하여 가열 건조한다.

(3) 진공법

주로 공장에서 하는 방법이며 건조가 빠르고 결과가 좋다. 변압기를 탱크[tank]에 넣어서 밀폐하고, 이 속에 증기(steam)를 공급하여 가열하는 한편, 진공펌프(vacum pump)로 탱크 안의 공기를 빼고 절연물 안의 습기를 증발 건조시킨다. 탱크 안의 온도 80~90[℃]정도로 한다.

객관식 문제

Electrical Instrument

01 **주상변압기의 고압 측에 몇 개의 탭을 놓는 이유는?**

① 역률개선 ② 단자고장대비
③ 선로전압조정 ④ 선로전류조정

답 ③

02 **1차 공급전압이 일정할 때 변압기의 1차 코일의 권수를 두 배로 하면 여자 전류와 최대자속은 어떻게 변하는가? 단, 자기회로는 포화상태가 되지 않는다.**

① 여자전류 1/4감소, 최대자속 1/2감소 ② 여자전류 1/4감소, 최대자속 1/2증가
③ 여자전류 1/4증가, 최대자속 1/2감소 ④ 여자전류 1/4증가, 최대자속 1/2증가

풀이 $E_1 = 4.44 f w_1 \phi_m \fallingdotseq V_1$에서 $\phi_m = \dfrac{V_1}{4.44 f w_1}$[Wb]

권수를 2배로 할 때의 최대자속을 ϕ_{m2}라하고 여자전류를 I_{o2}라 하면

$$\phi_{m2} = \frac{V_1}{4.44 f\ 2w_1} = \frac{1}{2}\frac{V_1}{4.44 f\ w_1} = \frac{1}{2}\phi_m[\text{Wb}]$$

자기회로는 포화상태가 되지 않으므로 최대자속은 기자력에 비례하며

$$\phi_m = \frac{\text{기자력[AT]}}{\text{자기저항}} \propto I_o w_1$$

$$\frac{I_{o2}\ 2w_1}{I_o w_1} = \frac{\phi_{m2}}{\phi_m} = \frac{\frac{1}{2}\phi_m}{\phi_m} = \frac{1}{2}\text{에서 } \frac{I_{o2}\ 2w_1}{I_o w_1} = \frac{1}{2}, \quad \therefore I_{o2} = \frac{1}{4}I_o$$

답 ①

03 **변압기에서 철심만을 서서히 빼면 2차권선에 흐르는 전류의 변화는?**

① 불변 ② 감소
③ 증가 ④ 감소 후 증가

답 ②

04 변압기의 누설리액턴스는 권수를 w 이라고 할 때 다음 중 어느 것이 맞는가?

① w 에 관계없음　　② w 에 비례한다.
③ w^2 에 비례한다.　　④ w 에 반비례한다.

풀이 리액턴스전압은 $e_r = -L\dfrac{di}{dt} = -w\dfrac{d\phi}{dt}$,　　$\therefore L = \dfrac{w\phi}{i}$

$$\phi = \frac{\text{기자력[AT]}}{\text{자기저항}} = \frac{iw}{\dfrac{l}{\mu S}} = \frac{\mu S\, iw}{l}\text{[Wb]이므로}$$

$$\therefore L = \frac{w\,\phi}{i} = \frac{w\dfrac{\mu S\, iw}{l}}{i} = \frac{\mu\, w^2 S}{l} \propto w^2$$

답 ③

05 변압기의 누설리액턴스를 줄이는 가장 효과적인 방법은?

① 철심의 단면적을 크게 한다.
② 코일의 단면적을 크게 한다.
③ 권선을 동심 배치한다.
④ 권선을 분할하여 조립한다.

답 ④

06 변압기 여자전류에 많이 포함된 고조파는?

① 제2고조파　　② 제3고조파
③ 제4고조파　　④ 제5고조파

답 ②

07 변압기의 2차를 단락한 경우에 1차 단락전류 I_{S1}은? (단, V_1 : 1차 단자전압, Z_1 : 1차권선의 임피던스, Z_2 : 2차 권선의 임피던스, a : 권수비, Z : 부하의 임피던스)

① $I_{S1} = \dfrac{V_1}{Z_1 + a^2 Z_2}$　　② $I_{S1} = \dfrac{V_1}{Z_1 + a Z_2}$

③ $I_{S1} = \dfrac{V_1}{Z_1 - a Z_2}$　　④ $I_{S1} = \dfrac{V_1}{Z_1 + Z_2 + Z}$

답 ①

08 임피던스 강하가 5[%]인 변압기가 운전중 단락되었을 때 단락 전류는 정격 전류의 몇 배인가?

① 1　　② 5
③ 20　　④ 25

답 ③

09 어느 변압기의 백분율 저항 강하가 3[%], 백분율 리액턴스 강하가 4[%]일 때 역률(지역률) 80[%]인 경우의 전압 변동률[%]은?

① −4.8　　② 3.4
③ 4.8　　④ −3.4

풀이 $\epsilon = p\cos\theta + q\sin\theta = 3\times 0.8 + 4\times 0.6 = 4.8[\%]$

답 ③

10 역률 100%인 때의 전압변동률 ε 은 어떻게 표시되는가?

① %저항강하　　② %리액턴스강하
③ %써셉턴스강하　　④ %임피이던스전압

답 ①

11 정격주파수가 50[Hz]의 변압기를 일정기간 60[Hz]의 전원에 접속하여 사용했을 때 여자전류 철손 및 리액턴스 강하는?

① 여자전류와 철손 $\frac{5}{6}$감소　　리액턴스강하 $\frac{6}{5}$증가
② 여자전류와 철손 $\frac{5}{6}$감소　　리액턴스강하 $\frac{5}{6}$감소
③ 여자전류와 철손 $\frac{6}{5}$증가　　리액턴스강하 $\frac{6}{5}$증가
④ 여자전류와 철손 $\frac{6}{5}$증가　　리액턴스강하 $\frac{5}{6}$감소

답 ①

12 **전기기계에 있어 와전류손을 감소시키려는 방법은?**

① 보상권선 설치　　② 교류전원을 사용
③ 규소강판 성층철심을 사용　　④ 냉간압연을 한다.　　답 ③

13 **변압기에서 생기는 철손 중 와류손(eddy current loss)은 철심의 규소강판의 두께와 어떤 관계에 있는가?**

① 두께에 비례　　② 두께의 2승에 비례
③ 두께의 1/2승에 비례　　④ 두께의 3승에 비례　　답 ②

14 **변압기의 부하전류 및 전압이 일정하고 주파수만 낮아지면?**

① 철손이 증가　　② 철손이 감소
③ 동손이 증가　　④ 동손이 감소

풀이 히스테리시스손실은 $P_h = \sigma_h f B_m^{1.6} \sim \sigma_h f B_m^{\ 2}$, $P_h \propto \frac{1}{f^{0.6}} \sim \frac{1}{f}$ 이므로 주파수만 낮아지면 P_h는 증가한다. 와류손 P_e 는 주파수에 관계없이 일정하므로 철손 P_i 는 히스테리시스손 P_h 와 와류손 P_e 의 합이므로 결국 증가하게 된다.　　답 ①

15 **변압기의 부하가 증가할 때의 현상으로서 옳지 않은 것은?**

① 온도가 상승한다.　　② 철손이 증가한다.
③ 동손이 증가한다.　　④ 여자 전류는 변함이 없다.

풀이 철손은 무부하시에도 생기는 손실이므로 부하가 증가에 관계없다.　　답 ②

16 **변압기의 2차측을 개방하였을 경우 1차측에 흐르는 전류는 무엇에 의하여 결정되는가?**

① 여자어드미턴스　　② 누설 리액턴스
③ 저항　　④ 임피이던스　　답 ①

17 변압기 여자 전류, 철손을 알 수 있는 시험은?

① 유도시험 ② 부하시험
③ 무부하시험 ④ 단락시험

답 ③

18 변압기의 개방회로 시험으로 구할 수 없는 것은?

① 무부하 전류 ② 동손
③ 철손 ④ 여자임피던스

답 ②

19 변압기의 시험 중 단락시험으로 측정할 수 있는 것은?

① 철손 ② 풍손
③ 저항손 ④ 와류손

답 ③

20 변압기의 임피이던스 와트와 임피이던스 전압을 구하는 시험 방법은?

① 충격전압시험 ② 부하시험
③ 무부하시험 ④ 단락시험

답 ④

21 단락시험과 관계없는 것은?

① 여자어드미턴스 ② 임피이던스 와트
③ 전압변동률 ④ 임피이던스전압

답 ①

22 **변압기의 %임피이던스 전압이란 정격부하를 걸었을 때 변압기 내부에서 일어나는 임피이던스에 의한 전압 강하분이 정격 전압의 몇 [%]가 강하되는가의 백분율[%]이다. 다음 어느 시험에서 구할 수 있는가?**

① 무부하시험　　② 단락시험
③ 온도시험　　④ 내전압시험

답 ②

23 **임피이던스 전압을 걸때의 입력은?**

① 정격용량　　② 철손
③ 임피이던스 와트　　④ 전부하시의 전손실

답 ③

24 **변압기의 임피이던스 전압이란?**

① 정격전류시 2차측 단자 전압
② 변압기의 2차를 단락, 1차에 1차 정격전류와 같은 전류를 흐르게 하는데 필요한 1차 전압
③ 변압기 누설임피던스와 정격전류와의 곱인 내부전압 강하이다.
④ 변압기의 2차를 단락, 2차에 2차 정격전류와 같은 전류를 흐르게 하는데 필요한 2차 전압

답 ②

25 **변압기의 임피이던스 전압이란?**

① 정격전류가 흐를 때의 변압기내의 전압강하
② 여자전류가 흐를 때의 2차측의 단자전압
③ 정격전류가 흐를 때의 2차측의 단자전압
④ 2차 단락전류가 흐를 때의 변압기내의 전압강하

답 ①

26 **변압기의 정격을 정의한 것 중 옳은 것은?**

① 2 차단자간에서 얻을 수 있는 유효전력을 [kW]로 표시한 것이 정격출력이다.
② 정격 2 차 전압은 명판에 기재되어 있는 2차 권선의 단자전압이다.
③ 정격 2 차 전압을 2 차 권선의 저항으로 나눈 것이 정격 2 차 전류이다.
④ 전부하의 경우 1 차 단자전압을 정격 1 차 전압이라 한다.

답 ②

27 **변압기의 등가회로 작성에 필요 없는 시험은 어느 것인가?**

① 단락시험 ② 반환부하시험
③ 무부하시험 ④ 저항측정시험

답 ②

28 **변압기 시험 중 정수 측정에 필요 없는 것은?**

① 저항 측정 ② 무부하 시험
③ 절연 내력 시험 ④ 단락 시험

답 ③

29 **변압기의 효율이 가장 좋을 때의 조건은?**

① 철손=동손 ② 철손=1/2동손
③ 1/2철손=동손 ④ 철손=2/3동손

답 ①

30 **변압기의 효율이 회전기기의 효율보다 좋은 이유는?**

① 철손이 적다.
② 동손이 적다.
③ 동손과 철손이 적다.
④ 기계손이 없고 여자전류가 적다.

답 ④

31 변압기의 철손이 P_i, 전부하동손이 P_c일 때 정격출력의 $\frac{1}{m}$의 부하를 걸었을 때 전손실은 어떻게 되는가?

① $(P_i+P_c)\left(\frac{1}{m}\right)^2$　② $P_i+P_c\left(\frac{1}{m}\right)$

③ $P_i+\left(\frac{1}{m}\right)^2 P_c$　④ $P_i\left(\frac{1}{m}\right)+P_c$

답 ③

32 변압기의 철손이 전부하 동손보다 크게 설계되었다면 이 변압기의 최대효율은 어떤 부하에서 생기는가?

① 1/2부하　② 3/4부하

③ 전부하　④ 과부하

답 ④

33 전부하에 있어 철손과 동손의 비율이 1 : 2인 변압기의 효율이 최대인 부하는 전부하의 대략 몇[%]인가?

① 50.5　② 60.6

③ 70.7　④ 80.8

풀이 $m=\sqrt{\frac{P_i}{P_c}}=\sqrt{\frac{1}{2}}=0.707=70.7[\%]$

답 ③

34 변압기의 전일효율을 최대로 하기 위한 조건은?

① 전부하 시간이 짧을수록 무부하손을 적게 한다.

② 전부하 시간이 짧을수록 철손을 크게 한다.

③ 부하시간에 관계없이 전부하 동손과 철손을 같게 한다.

④ 전부하 시간이 길수록 철손을 적게 한다.

답 ①

35 사용시간이 짧을수록 변압기의 전일효율을 좋게하기 위해서는 P_i (철손)와 P_c (전부하동손)와의 관계는?

① $P_i > P_c$
② $P_i < P_c$
③ $P_i = P_c$
④ 무관계

답 ②

36 변압기유의 열화방지 방법 중 틀린 것은?

① 개방형 콘서베이터
② 수소봉입방식
③ 밀봉방식
④ 흡착제방식

답 ②

37 변압기 기름이 가져야할 성능이 아닌 것은?

① 절연내력이 적을 것
② 인화점이 높고 응고점이 낮을 것
③ 점도가 낮을 것
④ 변질하지 말아야 한다.

답 ①

38 변압기 기름의 열화의 영향에 속하지 않는 것은?

① 냉각효과의 감소
② 침식작용
③ 공기 중 수분의 흡수
④ 절연내력의 저하

답 ③

39 권수비가 a 인 단상변압기 3대가 있다. 이것을 1차에 Y, 2차에 Δ로 결선하여 3상교류평형 회로에 접속할 때 1차측의 단자전압을 V[V], 전류를 I[A]라고 하면 2차측의 단자전압 및 선전류는 얼마인가? 단, 변압기의 저항, 누설리액턴스, 여자전류는 무시한다.

① $\frac{V}{\sqrt{3}}a$ [V], $\frac{\sqrt{3}\,I}{a}$ [A]
② $\sqrt{3}\,a\,V$ [V], $\frac{I}{\sqrt{3}\,a}$ [A]
③ $\frac{\sqrt{3}\,V}{a}$ [V], $\frac{a\,I}{\sqrt{3}}$ [A]
④ $\frac{V}{\sqrt{3}\,a}$ [V], $\sqrt{3}\,a\,I$ [A]

답 ④

40 권수비 a 인 단상변압기 3대로 Y－Δ 결선하여 3상 평형부하 P[kVA]에 전력을 공급할 때 변압기의 1차 권선에 흐르는 전류는? (단, V_2는 2차 선간전압이다.)

① $\frac{P}{3V_2}$ ② $\frac{P}{\sqrt{3}\,V_2}$

③ $\frac{P}{3aV_2}$ ④ $\frac{P}{\sqrt{3}\,aV_2}$

답 ③

41 변압기 결선에서 부하단자에 제3고조파 전압이 발생하는 것은?

① △－△ ② △－Y

③ Y－Y ④ Y－△

답 ③

42 "절연이 용이하나 제3고조파의 영향으로 통신장애를 일으키므로 3권선 변압기 설치할 수 있다."라는 설명은 3상 변압기의 결선법의 어느 것을 말하는가?

① △－△ ② Y－△ or △－Y

③ Y－Y ④ V결선

답 ③

43 변압기 2대로 P[kW], 역률$\cos\theta$ 의 3ϕ 유도전동기에 전력을 공급할 때 변압기 1대의 용량[kVA]은?

① $\frac{P}{3\cos\theta}$ ② $\frac{P}{\sqrt{3}\,cos\theta}$

③ $3\frac{P}{\cos\theta}$ ④ $\sqrt{3}\,\frac{P}{\cos\theta}$

풀이 유도전동기의 입력$=\dfrac{\frac{P}{\cos\theta}}{\eta}=\dfrac{P}{\cos\theta\,\eta}=\dfrac{P}{\cos\theta\times 1}$[kVA]

변압기 2대로 V결선의 출력($\sqrt{3}\,V_n\,I_n$)은 유도전동기의 입력이므로

$\sqrt{3}\,V_n\,I_n=\dfrac{P}{\cos\theta}$, $\therefore V_n\,I_n=\dfrac{P}{\sqrt{3}\cos\theta}$[kVA]

답 ②

44 **변압기를 설명하는 다음 말 중 틀린 것은?**

① 사용 주파수가 증가하면 전압 변동률은 감소한다.
② 전압 변동률은 부하의 역률에 따라 변한다.
③ △−Y 결선에서는 고조파 전류가 흘러서 통신선에 대한 유도장애는 없다.
④ 효율은 부하의 역률에 따라 다르다.

답 ①

45 **3상 전원에서 2상전원을 얻기 위한 변압기의 결선방법은?**

① △ ② T
③ Y ④ V

답 ②

46 **3상전원에서 2상 전압을 얻고자 할 때 결선 중 틀린 것은?**

① Meyer 결선 ② Scott 결선
③ 우드브리지 결선 ④ Fork 결선

답 ④

47 **같은 권수의 2대의 단상 변압기의 3상 전압을 2상으로 변환하기 위하여 스코트 결선을 할 때 T좌 변압기의 권수는 전권수의 어느 점에서 택하여야 하는가?**

① $\frac{1}{\sqrt{2}}$ ② 0.75
③ $\frac{1}{\sqrt{3}}$ ④ $\frac{\sqrt{3}}{2}$

답 ④

48 **변압기의 병렬운전에서 필요한 조건은?**

단, A. 극성을 고려하여 접속할 것
B. 권수비가 상등하며 1차, 2차 정격전압이 상등 할 것
C. 용량이 꼭 상등할 것.
D. 퍼센트 임피이던스 강하가 같을 것
E. 권선의 저항과 누설리액턴스의 비가 상등 할 것

① A,B,C,D ② B,C,D,E
③ A,C,D,E ④ A,B,D,E

답 ④

49 **단상 변압기를 병렬 운전하는 경우 부하 전류의 분담은 어떻게 되는가?**

① 용량에 비례하고 누설 임피이던스에 비례한다.
② 용량에 비례하고 누설임피이던스에 역비례한다.
③ 용량에 역비례하고 누설임피이던스에 비례한다.
④ 용량에 역비례하고 누설임피이던스에 역비례한다.

답 ②

50 **변압기의 병렬운전시 필요하지 않은 것은?**

① 각 변압기의 극성이 같을 것
② 각 변압기의 권수비가 같고 1차 및 2차의 정격전압이 같을 것
③ 정격 출력이 같을 것
④ 각 변압기의 임피던스가 정격용량에 반비례할 것

답 ③

51 **변압기의 병렬운전에 있어서 각 변압기가 그 용량에 비례해서 전류를 분담하고 변압기 상호 간에 순환전류가 흐르지 않도록 하기 위해서 다음의 조건을 만족하여야 한다. 다음에서 적당하지 못한 것은?**

① 권수비가 같을 것
② 각 변압기의 1차, 2차의 정격전압 및 극성이 같을 것
③ %저항강하 및 %리액턴스강하가 각 변압기의 용량에 반비례 할 것
④ 3상식에서는 상회전 방향 및 위상 변위가 같을 것

답 ③

52 A, B 2대의 단상 변압기의 병렬운전조건이 안되는 것은?

① 극성이 일치할 것
② 절연저항이 같을 것
③ 권수비가 같을 것
④ 백분율 저항강하 및 리액턴스 강하가 같아야 한다. 답 ②

53 3상 변압기의 병렬운전 조건으로 틀린 것은?

① 상회전의 방향과 각변위가 같을 것
② % 저항강하 및 리액턴스강하가 같을 것
③ 각군의 임피이던스가 용량에 비례할 것
④ 정격전압 권수비가 같을 것 답 ③

54 변압기를 병렬운전하는 경우에 불가능한 조합은?

① △－△와 Y－Y ② △－Y와 Y－△
③ △－Y와 △－Y ④ △－Y와 △－△ 답 ④

55 내철형 3상변압기를 단상변압기로 쓸 수 없는 이유는?

① 1차, 2차간의 각변위가 있기 때문에
② 각 권선마다 독립된 자기회로가 없기 때문이다.
③ 각 권선이 만든 자속이 $2\frac{\pi}{3}$의 위상차가 있기 때문에
④ 각 권선에 독립된 자기회로가 있기 때문에 답 ②

56 3상 외철형 변압기의 권선 A, B, C중 중앙권선의 접속을 반대로 하는 이유는?

① 자속이 서로 상쇄된다.
② 중앙자기통로가 절약된다.
③ 자속파형이 좋아진다.
④ 계철부의 철심단면적이 반으로 줄어든다. 답 ②

57 3권선 변압기의 3차권선의 용도가 아닌 것은?

① 소내용 전원공급 ② 승압용
③ 조상설비 ④ 3 고조파 제거

답 ②

58 단권변압기에서 고압측을 V_h, 저압측을 V_ℓ, 2차출력을 P, 단권변압기의 용량을 P_{in} 이라 하면 P_{in}/P는?

① $\dfrac{V_\ell + V_h}{V_h}$ ② $\dfrac{V_\ell - V_h}{V_h}$
③ $\dfrac{V_\ell + V_h}{V_\ell}$ ④ $\dfrac{V_h - V_\ell}{V_h}$

답 ④

59 단권변압기의 3상 결선에서 △결선인 경우 1차측 선간전압 V_1, 2차측 선간전압 V_2일 때 단권변압기용량/부하용량은? (단, $V_1 > V_2$ 인 경우)

① $\dfrac{V_1 - V_2}{V_1}$ ② $\dfrac{{V_1}^2 - {V_2}^2}{\sqrt{3}\ V_1 V_2}$
③ $\dfrac{\sqrt{3}\,({V_1}^2 - {V_1}^2)}{V_1 V_2}$ ④ $\dfrac{V_1 - V_2}{\sqrt{3}\, V_1}$

답 ②

60 같은 출력에 대하여 단권변압기를 표시한 글이다. 잘못 표시된 것은 어느 것인가?

① 사용재료가 적게 들고 손실도 적다.
② 효율이 높다.
③ % 임피이던스 강하가 적다.
④ 3상에는 사용할 수 없다.

답 ④

61 **부하시 전압조정 변압기의 설명이 잘못된 것은?**

① 부하 전류를 끊지 않고 권수를 변환할 수 있는 변압기를 말한다.
② 전력계통 사이에 무효전력 또는 유효전력을 자유 이동시킬 수 있다.
③ 전력계통의 전압 또는 부하부담을 희망하는 값으로 유지하기 위하여 사용한다.
④ 부하시 신속하고 정확한 탭절환장치를 하나, 변환용 보조변압기를 시설할 필요가 없다.

답 ④

62 **누설 변압기에 필요한 특성은 무엇인가?**

① 정전압 특성 ② 고저항특성
③ 고임피이던스 특성 ④ 수하특성

답 ④

63 **C.T와 P.T의 2차측에 있는 계기를 교체할 때에 2차측을 어떻게 하는가?**

① C.T는 단락해야 하고, P.T는 개방해야 한다.
② C.T는 단락해야 하고, P.T는 단락해야 한다.
③ C.T는 개방해야 하고, P.T는 단락해야 한다.
④ C.T는 개방해야 하고, P.T는 개방해야 한다.

답 ①

64 **변류기 개방시 2차측을 단락하는 이유는?**

① 2차측 절연보호 ② 2차측 과전류보호
③ 측정오차방지 ④ 1차측 과전류방지

답 ①

65 3상 3선식(비접지식)선로의 전류를 측정할 때 C.T 2대로 그림과 같이 접속할 때 전류계 A_s의 전류 i_s는? 단, K_c는 변류비이다.

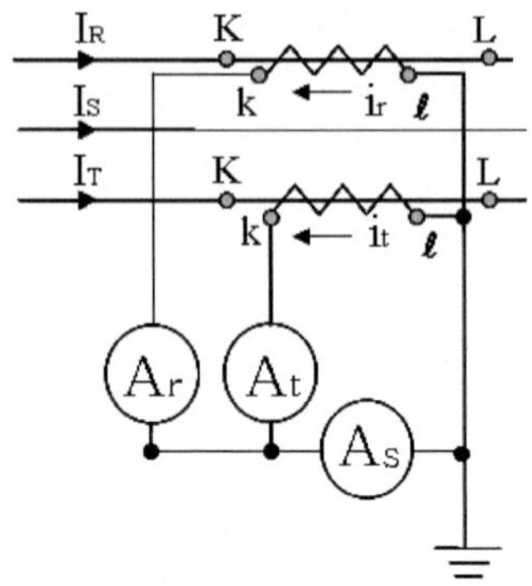

① $i_s = \frac{1}{K_c} I_s$　　② $i_s = \frac{1}{K_c} \times \sqrt{3} I_s$

③ $i_s = K_c \frac{1}{\sqrt{3}} I_s$　　④ $i_s = \frac{1}{\sqrt{3} K_c} I_s$

답 ①

66 변압기의 온도시험을 하는데 가장 좋은 방법은?

① 실부하법　　② 반환부하법

③ 단락시험법　　④ 내전압법

답 ②

67 온도 측정장치 중 변압기의 권선온도 측정에 가장 적당한 것은?

① 탐지 코일　　② 열동 계전기

③ dial 온도계　　④ 봉상 온도계

답 ①

68 다음 시험 중 변압기의 절연 내력 시험을 하기 위한 것은? (단, A : 온도 상승 시험, B : 유도 시험, C : 가압 시험, D : 단락 시험, E : 충격 전압 시험, F : 권선저항 측정시험이다.)

① B, C, E
② A, B, E
③ B, E, F
④ D, E, F

답 ①

69 변압기의 층간 절연 내력을 시험하는 데 가장 적당한 방법은?

① 상용주파 가압 시험
② 비접지의 충격 전압 시험
③ $\tan\delta$ 측정
④ 1단 접지 충격 전압 시험

답 ④

70 변압기 권선과 철심의 건조법이 아닌 것은?

① 열풍법
② 단락법
③ 반환부하법
④ 진공법

답 ③

71 변압기의 제조 과정에서 건조가 완전히 되었는가를 판단하는 데 가장 정확한 측정 방법은?

① 구속 시험
② $\tan\delta$ 측정
③ 직류 저항 측정
④ 충격 전압 시험

답 ②

72 변압기의 보호 방식 중 비율 계전기를 사용하는 경우는?

① 변압기의 포화 억제
② 고조파 발생 억제
③ 여자 돌입 전류 보호
④ 변압기의 상간 단락 보호

답 ④

73 수은 접점 2개를 사용하여 아크 방전 등의 사고를 검출하는 계전기는?

① 과전류 계전기
② 가스 검출 계전기
③ 부호홀츠 계전기
④ 차동 계전기

답 ③

74 철심의 단면적이 0.085$[m^2]$이고 최대 자속밀도가 1.5$[Wb/m^2]$의 변압기가 있다. 60[Hz]에서 동작하고 있다. 이 변압기의 1차 및 2차 권수는 120, 60이다. 이 변압기의 1차측에 발생하는 전압의 실효치는 약 몇 [V]인가? [11년]

① 4,076 ② 2,037
③ 918 ③ 496

풀이 $\phi_m = 0.085 \times 1.5[Wb/m^2] = 0.1275[Wb]$

$E_1 = 4.44 f w_1 \phi_m$, $E_1 = 4.44 \times 60 \times 120 \times 0.1275 = 4{,}075.9$ **답** ①

75 권수비 $a = 6{,}600/220$, 60[Hz], 변압기의 철심 단면적 0.02$[m^2]$, 최대자속 밀도 1.2$[Wb/m^2]$일 때 1차 1차 유도 기전력은 약 몇$[V]$인가? [13년]

① 1,407 ② 3,521
③ 42,198 ④ 49,814

풀이 $E_1 = 4.44 f w \Phi_m[V]$ 식에서 $E_1 = 4.44 \times 60 \times 6{,}600 \times (1.2 \times 0.02) = 42{,}198[V]$ **답** ③

76 1차 전압 6,600[V], 권수비 30인 단상 변압기로 전등부하에 30[A]를 공급할 때의 입력[kW]은? (단, 변압기의 손실은 무시한다.) [11년]

① 4.4 ② 5.5
③ 6.6 ④ 7.7

풀이 $V_2 = \frac{V_1}{a} = \frac{6{,}600}{30} = 220[V]$, $V_2 I_2 = 220 \times 30 = 6{,}600[kW]$ **답** ③

77 1차전압 6,000[V], 권수비 20인 단상 변압기로 전등부하에 10[A]를 공급할 때의 입력[kW]은? (단, 변압기의 손실은 무시한다.) [14년]

① 2　　② 3
③ 4　　④ 5

풀이 $I_1 = \frac{I_2}{a} = \frac{10}{20} = 0.5[\text{A}]$, 입력 $V_1 I_1 = 6{,}000 \times 0.5 = 3[\text{kVA}]$

답 ②

78 m부하 운전시 변압기의 최대효율 운전조건에 해당되지 않는 것은? [14년]

① 철손=동손　　② $P_i = m^2 P_c$
③ 전손실은 $P_i - m^2 P_c$ 가 된다.　　④ $m = \sqrt{\frac{P_i}{P_c}}$

답 ③

79 3,150/210[V] 5[kVA]의 단상변압기가 있다. 2차를 개방하고 정격 1차 전압을 가할 때의 입력은 60[W], 2차를 단락하고 여기에 정격 1차 전류가 흐르도록 1차측에 저전압을 가했을 때의 입력은 120[W] 이었다. 역률 100[%]에서 전부하 효율[%]은? [11년]

① 약 96.5　　② 약 95.5
③ 약 86.5　　④ 약 70.7

풀이 2차를 개방하고 정격 1차 전압을 가할 때의 입력은 철손(P_i)를 말하며, 2차를 단락하고 여기에 정격 1차 전류가 흐르도록 1차측에 저전압을 가했을 때의 입력은 임피던스 와트(P_s)를 말하며 이것은 전부하 동손 (P_c)와 같다.

$$\therefore \eta = \frac{5 \times 10^3 \times 1}{5 \times 10^3 \times 1 + 60 + 120} \times 100 = 96.5[\%]$$

답 ①

80 **변압기의 3상 결선방식에 대한 설명으로 틀린 것은? [14년]**

① △-△결선에서 1상분이 고장이 나면 나머지 2대로써 V결선 운전이 가능하다.

② Y-Y 결선에서 1차, 2차 모두 중성점을 접지할 수 있으며, 고압의 경우 이상전압을 감소 시킬 수 있다.

③ Y-Y 결선에서 중성점을 접지하면 제5고조파 전류가 흘러 통신선에 유도장해를 일으킨다.

④ Y-△결선에서 1상에 고장이 생기면 전원공급이 불가능해진다.

풀이 Y-Y 결선에서 중성점을 접지하면 제3고조파 전류가 흐르고 통시장해를 주는 일이 있다.

답 ③

81 **단상 변압기 3대를 1차 Y, 2차 △로 결선하고 1차에 선간전압 3,300[V]를 가했을 때의 무부하 2차 선간 전압은 몇 [V]인가? (단, 전압비 30 : 1이다.) [13년]**

① 63.5
② 190.5
③ 330.5
④ 380.5

풀이 1차상전압 $V_{1p}=E_1=\dfrac{3,300}{\sqrt{3}}=1,905$, $a=\dfrac{E_1}{E_2}=\dfrac{w_1}{w_2}$ 에 의해서 $\therefore E_2=\dfrac{1,905}{30}=63.5[\mathrm{V}]$

$\therefore$ 2차 선간 전압 $V_{2l}=E_2=63.5[\mathrm{V}]$

답 ①

82 **1차 및 2차 정격전압이 같은 2대의 단상 변압기가 있다. 그 용량 및 임피던스강하가 A변압기는 5[kVA], 3[%], B변압기는 20[kVA], 2[%]일 때 이것을 병렬운전하는 경우 부하를 분담하는 비(A : B)는? [13년]**

① 1 : 4
② 1 : 6
③ 2 : 3
④ 3 : 2

풀이 각 변압기의 분담 부하를 $P_a[\mathrm{kVA}]$, $P_b[\mathrm{kVA}]$, 전부하를 $[\mathrm{kVA}]$ 라고 하면

(3.67)에서 $\dfrac{P_a}{\%z_b}=\dfrac{P_b}{\%z_a}\dfrac{P_{an}}{P_{bn}}$ 이므로, $\dfrac{P_a}{2}=\dfrac{P_b}{3}\dfrac{5}{20}=\dfrac{P_a+P_b}{2+12}$

$P_a=2\times\dfrac{P_a+P_b}{14}$ 에서 $7P_a=P_a+P_b$, $6P_a=P_b$, $P_a:P_b=1:6$이 된다.

답 ②

83 100[V]에서 120[V]로 승압하는 단권 변압기의 자기 용량[kVA]은? (단, 부하용량은 6[kVA] 이다.) [14년]

① 1 ② 3.3
③ 5 ④ 10

풀이 $\frac{\text{자기 용량(등가 용량)}}{\text{부하 용량(2차 출력)}} = \frac{V_h - V_l}{V_h}$

자기 용량(등가 용량) $=$ 부하 용량 $\times \frac{V_h - V_l}{V_h} = 6 \times \frac{120-100}{120} = 1$

답 ①

84 손실 중 변압기의 온도상승에 관계가 가장 적은 요소는? [14년]

① 철손 ② 동손
② 유전체손 ② 와류손

답 ④

85 변압기의 절연 내력을 시험법이 아닌 것은? [11년]

① 단락시험 ② 가압시험
③ 오일의 절연파괴시험 ④ 충격전압시험

답 ①

86 어떤 변류기의 2차측에 1[Ω]의 저항이 접속되어 있으면 2차 부담은 몇 [VA]의 변류기를 선택하는 것이 가장 적당한가?

① 25 ② 30
③ 40 ④ 100

답 ①

풀이 변류기의 2차 정격전류는 1차 전류여하에 관계없이 5[A]로 정해져 있으므로 2차측에 1[Ω]의 저항이 접속되어 있으면 정격전류에서 단자전압은 5[V]로 되어 정격부담은 $5 \times 5 = 25$ [VA]로 된다.

CHAPTER 4 · 유도기

유도기에는 유도전동기 외에 주파수를 변환하는 유도주파수변환기, 교류전력을 발생시키는 유도발전기 및 교류전압을 조정하는 유도전압조정기 등 응용분야는 대단히 넓으나, 기본을 이루는 것은 유도전동기이다. 유도전동기는 전동기 중에서 가장 많이 사용되는 것이며, 전동기라고 하면 유도전동기라고 생각해도 될 정도이다.

이와 같이 유도전동기가 널리 사용되는 이유는 ① 전원을 간단히 얻을 수 있다. ② 구조가 간단하고 튼튼하다. ③ 가격이 싸다. ④ 취급이 간단하고 운전이 쉽다. ⑤ 정속도전동기이며, 부하의 증감에 대하여 속도의 변화가 적다.

4.1 3상 유도전동기의 원리 및 구조

4.1.1 원리

(1) 유도전동기의 기본원리

[그림 4.1]과 같이 동 또는 알루미늄 원판의 중심을 축으로 지지하고, 회전할 수 있게 하였다. 이 원판을 강한 자석의 중간에 놓고 자석을 급속히 회전하면 원판은 자석보다 늦지만 같은 방향으로 회전한다. 이것을 **아라고원판**이라고 한다.

그 이유는 자석의 극성은 원판의 상측을 N극, 하측을 S극이라 할 때 자속은 위에서 아래로 통과한다. 이 자석을 시계방향으로 급속히 회전하면 원판의 일부분이 자속을 쇄교하므로, 원판에는 기전력이 발생하고, 와전류가 흐른다.

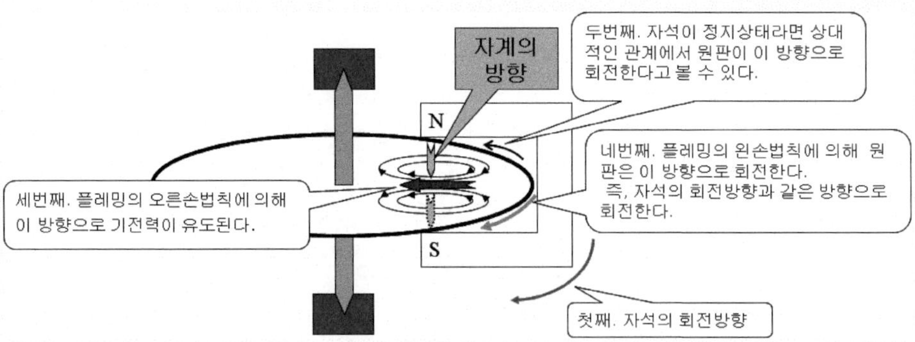

[그림 4.1] 아라고원판

지금 시계방향으로 회전하는 자석과 원판과의 관계를 상대적으로 고려하면 자석이 정지하고 원판이 자석의 회전방향과는 반대방향(반시계방향)으로 회전한다고 생각할 수 있다. 이때 **플레밍의 오른손법칙**에 따라 원판의 기전력의 방향을 구하면 원판의 중심으로 향하는 와전류가 흐른다. 다음에 이 와전류의 방향과 자속과의 방향에서 **플레밍의 왼손법칙**을 적용하여 원판의 회전방향을 구하면 자석의 회전방향과 같은 것을 알 수 있다. 이와 같이 원판은 자석의 회전방향과 같은 방향으로 약간 늦게 회전하게 된다. 이러한 회전자계를 이용한 것이 유도전동기의 원리이며, 이동자계를 이용한 것이 적산전력계의 원리이다.

(2) 회전자계

동기전동기에서 회전자계를 설명하였는데 다시 간단히 언급하면, 고정자를 3상 권선으로 한 후에 3상 교류를 공급하면, 고정자에는 권선을 감는 방식에 따라 극수가 정해지고 일정한 크기의 회전자계가 생긴다.
이 경우에 회전자계는 교류의 1사이클마다 $2/P$회전하기 때문에 회전속도 n_s[rps]는 다음과 같이 된다.

$$n_s = \frac{2f}{P}[\text{rps}] \quad N_s = \frac{120f}{P}[\text{rpm}]\,(P:\ \text{극수}) \tag{4.1}$$

이러한 회전자계의 속도를 **동기속도**라고 한다.

(3) 고정자와 회전자

유도기에는 서로 독립한 두 개의 권선이 있고, 한쪽 권선에서 **전자유도작용**에 의하여 다른 쪽의 권선으로 에너지를 전해서 회전하는 전동기를 유도전동기라고 한다.
보통 1차 권선은 **고정자**에, 2차 권선은 **회전자**에 설치한다.

4.1.2 구조

(1) 고정자

고정자는 고정자 프레임과 철심 및 권선 등 세 가지 부분으로 구성되어 있다.

① **철심의 강판** : 철심에는 두께 0.35 ~ 0.5[mm]의 규소강판이나 자성강판을 사용한다. 강판은 한 장마다 양쪽 면에 절연 바니시를 구어서 붙이는 방법으로 와전류손을 적게 한다.

② **고정자프레임** : 주철제 또는 연강판을 용접해서 조립한 고정자 프레임의 안쪽에 [그림 4.3] (a)의 A 와 같은 키이 또는, 그림 (b)의 A 와 같은 더브테일 슬롯을 안내로 하여 겹친 다음 양쪽에 고정쇠를 단단히 죄어서 고정시킨다.

A : 고정자철심
B : 통풍닥트
C : 1차권선

[그림 4.2] 3상유도 전동기의 고정자

③ **통풍닥트** : 강판을 성층한 두께가 큰 경우에는 적당한 간격을 두고 폭 10[mm] 정도의 통풍닥트를 [그림 4.2]와 같이 만든다.

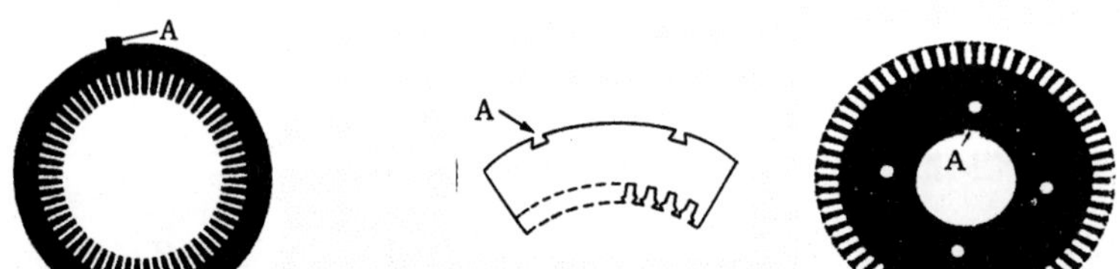

(a) 소형 및 중형고정자용 (b) 대형 고정자용 (c) 소형 회전자용

[그림 4.3] 철심의 예

④ **권선법** : 1차권선은 일반적으로 2층권의 중권이며, 전절권 또는 단절권으로 한다. 3상의 접속은, 고압용에서는 Y 결선을 사용하고, 저압용에는 Y 결선과 △ 결선을 함께 사용한다.

(2) 회전자

회전자는 축, 철심, 권선 등 세 가지 주요 부분으로 구성되어 있다. 또, 대형으로 된 것에는 축과 철심 사이에 스파이더를 설치한다.

① **철심의 강판** : 회전자의 철심도 고정자 철심과 같은 규소강판을 사용하며 한 장마다 절연한다.

② **통풍닥트** : 고정자와 똑같이 철심의 양쪽 및 중간에 적당한 간격을 두고 통풍닥트를 설치한다. 축 방향으로 통풍구멍을 만드는 일도 있다.

③ **회전자에 의한 분류** : 슬롯 안에 끼워진 코일의 종류에 따라 회전자는 농형 회전자와 권선형 회전자로 크게 나눈다.

- **농형회전자** : 농형회전자철심의 슬롯 속에 동일한 모양의 단면으로 된 나동봉을 넣고 철심 양쪽에 나와 있는 봉의 양쪽 끝은 보통 동의 링을 설치해서 전기적으로 접속한다. 이 링을 **단락환**이라고 한다.
  소형은 알루미늄 주물로 슬롯 안의 도체와 단락환 및 통풍날개를 하나로 해서 주입하는 방법을 널리 사용하고 있다.
  - ▸ **농형유도전동기의 장단점** : 농형유도전동기는 회전자의 구조가 간단하고 튼튼하며 취급하기 쉽고 또, 운전 중일 때의 성능은 우수하나 기동할 때의 성능이 뒤떨어진다.

- **권선형회전자** : 철심의 구조는 고정자와 거의 같으나, 고정자 자극과 같은 수의 자극을 만들도록 3상권선이 감겨져 있다.

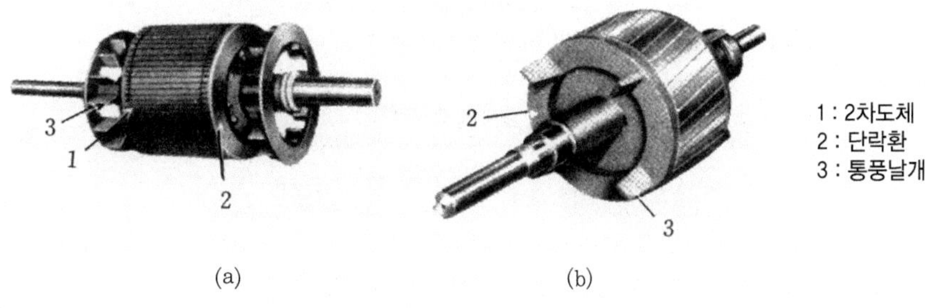

[그림 4.4] 농형회전자의 예

▸**슬립링** : 권선형 회전자의 3상 권선에 있는 3개의 단자는 [그림 4.6]과 같이 축 위에 절연되어 설치한 3개의 슬립링과 접속되어 있다. 따라서 권선형 회전자는 슬립링을 단락시킨 경우 외에는 외부에 있는 저항기를 통하여 하나의 폐회로를 만들고 있다.

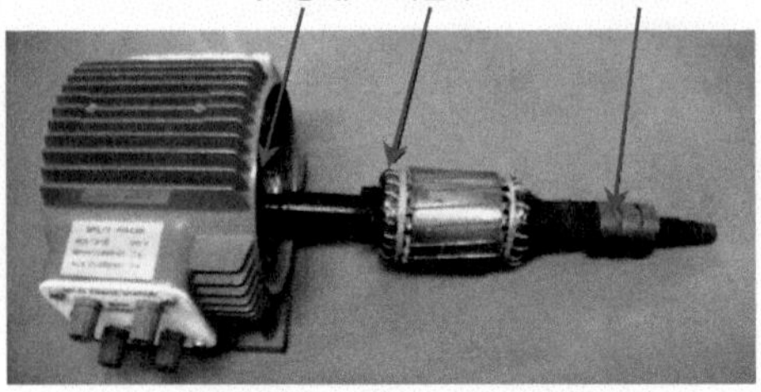

[그림 4.5] 권선형 회전자의 예

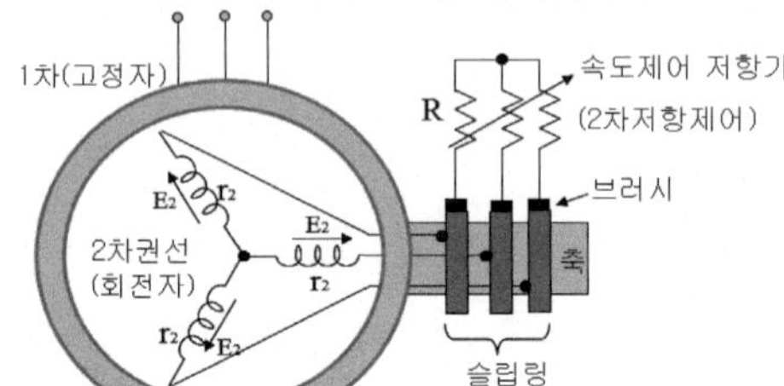

[그림 4.6] 권선형 회전자와 슬립링

(3) 공극

유도전동기의 고정자와 회전자 사이에는 약간의 공극이 있다.

1차권선의 기자력에 따라 생기는 회전자계의 자기회로는 1극에 대해서 보면 공극을 두 번 가로질러서 한 개의 자기회로를 만들고 있다. 일반적으로 공극의 자기저항은 철심에 비하여 대단히 크기 때문에, 공극을 가능한 한 적게 하지 않으면 여자전류가 커져서 전동기의 역률이 현저하게 떨어진다. 그러므로 공극의 길이는 일반적으로 $0.3 \sim 2.5$ [mm]정도로 하고 있다.

4.2 3상 유도전동기의 이론

4.2.1 변압기와의 유사

변압기에서는 1차권선에 흐르는 전류에 의하여 생긴 교번자속(교번자계)이 2차권선과 쇄교하고, 전자유도작용으로 2차권선에 전압을 유도한다.

유도전동기에서도 이와 같이 1차권선에 흐르는 전류에 의하여 생긴 회전자속(회전자계)이 2차권선과 쇄교하고, 전자유도작용으로 2차권선에 전압을 유도하며, 이에 따라 2차

전류가 흘러서 2차전류와 회전자속 사이에 생기는 전자력에 의하여 토크가 발생한다. 이와 같이 유도전동기에 대한 자속, 전압, 전류의 관계는 변압기의 작용과 비슷하다. 따라서 그 이론도 변압기와 비슷한 점이 많고 변압기와 거의 똑같이 취급할 수 있다. 그렇기 때문에 유도전동기의 고정자측을 1차측, 회전자측을 2차측이라고 한다.

(1) 2차회로가 개방된 경우(권선형에서)

1차권선에 전압을 가하면 변압기의 경우와 같이 여자전류가 흐르고, 기자력에 의하여 회전자속이 생겨서 이 자속으로 각각의 권선에 기전력을 유도한다. 2차회로가 개방된 경우에는 2차전류가 흐르지 않기 때문에 회전자는 회전하지 않는다. 이러한 상태의 유도전동기는 무부하일 때의 변압기와 다른 것이 없다. 따라서 전압, 전류, 자속의 관계를 나타내는 벡터도는 [그림 4.7]과 같다. 실제로 2차회로를 개방 할 수 있는 것은 권선형의 경우에 한정된다. 농형은 단락환으로 단락되어 있으므로 개방할 수 없다.

① **벡터도** : [그림 4.7]에서 I_o는 1차측에 유입하는 여자전류이며, 자속 $\varPhi$보다 철손각 α만큼 위상이 앞서고 있다. 또 I_o는 회전자속 $\varPhi$를 만들기 위한 자화전류 I_μ와 철손을 공급하기 위한 철손전류 I_w의 합이다.

$E_1,\ E_2$는 각각 1차권선과 2차권선의 유도기전력이며, 코일측에서 보면 $\varPhi$를 최대값으로 하는 교번자속에 의하여 유도되므로 자속 $\varPhi$보다 $\pi/2$ 늦다. $\dot{V}_1{}' = -\dot{E}_1$은 I_o에 의한 1차임피던스강하를 무시하면 1차공급전압(상전압)이 된다. 또, $\cos\theta_o$은 이 경우의 역률이다.

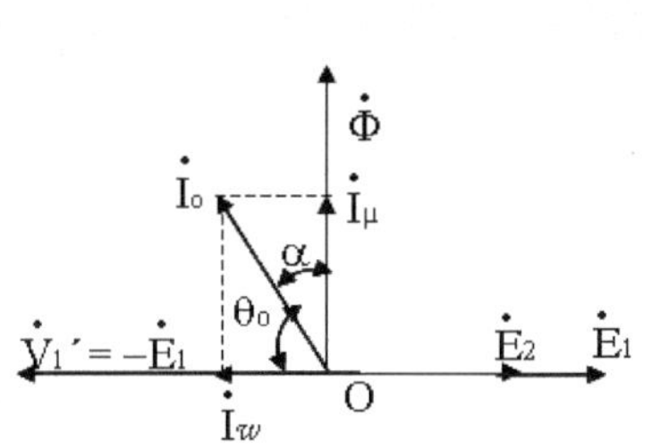

(a) 무부하시 변압기의 벡터도

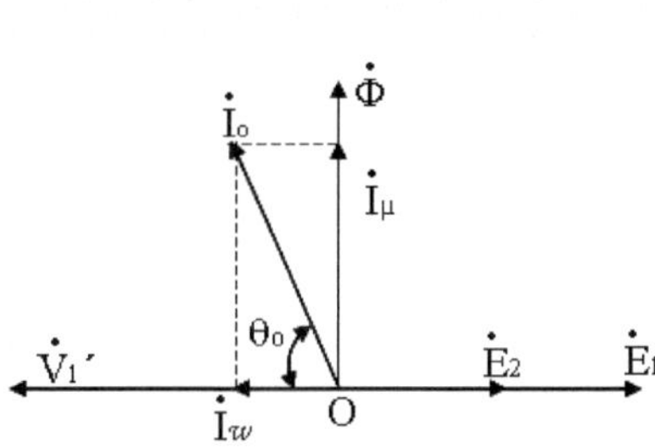

(b) 권선형 회전자 개방시의 벡터도

[그림 4.7] 벡터도

(2) 2차회로를 단락한 경우

① **1차전류** : 이 경우에는 2차회로의 임피던스를 통하여 2차전류 I_2가 흐르고, 변압기에서 부하가 있는 경우와 같이 1차측에는 I_2에 의한 기자력을 해소하기 위한 1차 부하전류 I_1'가 흐른다.

이와 같은 사실은 변압기와 비슷하나 전동기의 자기회로에는 공극이 있기 때문에 변압기에 비하여 I_o가 I_1에 대한 비율이 대단히 크다. 일반적으로 전부하 전류의 25 ~ 50[%] 에 도달한다. 더욱이 I_o의 대부분을 차지하는 자화전류 I_μ는 $\pi/2$ 만큼 뒤진 전류이기 때문에 유도전동기는 역률이 낮고 특히 경부하에서 심하다.

② **2차전류와 토크** : 회전자에 전류가 흐르면 이 전류와 회전자속의 곱에 비례하는 토크가 발생하여 회전자는 회전자계와 같은 방향으로 회전한다.

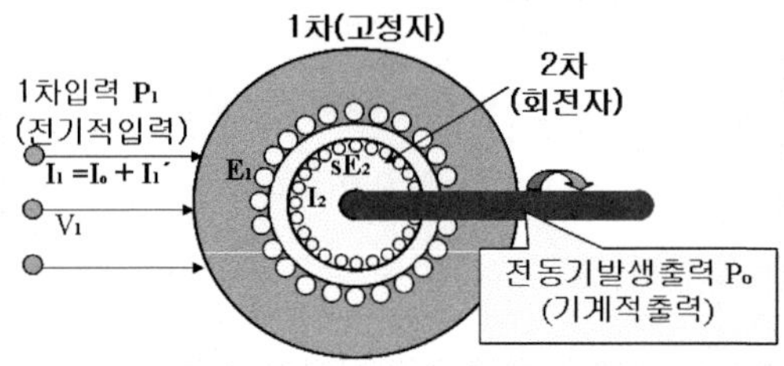

[그림 4.8] 유도전동기의 1차전류와 2차전류

4.2.2 슬립

회전자계의 속도(동기속도)를 n_s[rps], 유도전동기의 회전자 속도를 n[rps]라 하면 다음 식으로 표시되는 s를 슬립이라고 한다.

$$s = \frac{n_s - n}{n_s}, \quad s = \frac{n_s - n}{n_s} \times 100[\%] \tag{4.2}$$

회전자계의 회전자에 대한 상대속도 $n_s - n = s\,n_s$[rps]

$$\text{회전자속도}\, n = (1-s)n_s [\text{rps}] \tag{4.3}$$

슬립의 값은 $0 < s < 1$의 범위이며 무부하일 때에는 $s \fallingdotseq 0$, 전동기가 정지하고 있을 때에는 $s = 1$이다. 일반적으로 유도전동기의 슬립은 대단히 적고 전체 부하에 대한 슬

립의 값은 소용량으로 10~5[%], 중용량과 대용량은 5~2.5[%] 정도이다. 또 같은 용량에서 저속도인 것은 고속도인 것보다 슬립이 크다. 같은 정격의 것이면 권선형보다 농형의 슬립이 약간 적다.

(3) 부하, 2차전류, 슬립과 토크의 관계

[그림 4.9] (a)는 부하와 속도의 관계를 나타낸 것이며, 유도전동기는 부하변화에 대한 속도의 변화가 대단히 적은 정속도 특성의 전동기이다.

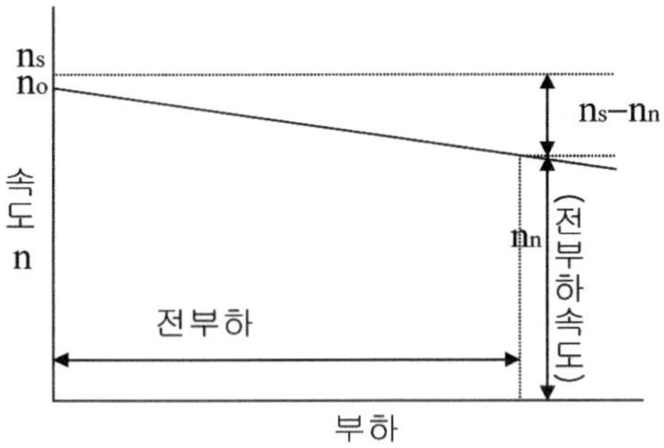

(a) 부하와 속도의 관계

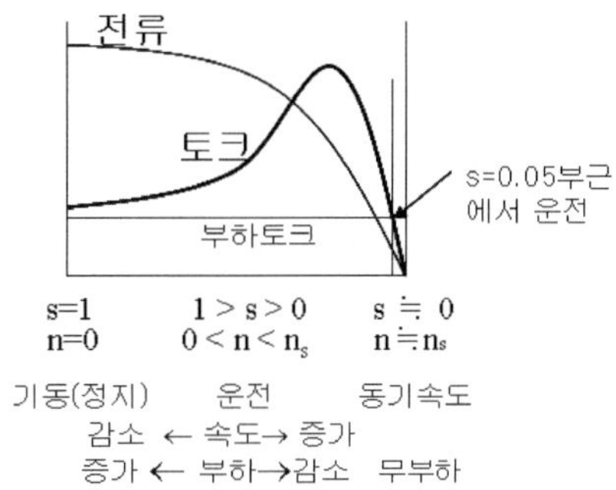

(b) 전류, 토크와 슬립의 관계

[그림 4.9] 부하와 속도의 관계

① 무부하 일 때 : [그림 4.9]의 (b)와 같이 유도전동기의 회전자가 동기속도로 회전하면 2차도체와 회전자계의 상대속도는 0이 되고 2차도체는 자속을 자르지 않기 때문에 2차전압은 유도되지 않는다. 따라서 2차회로에 전류가 흐르지 않고 토크도 발생하지 않기 때문에 전동기가 토크를 발생해서 회전하려면, 회전자의 속도가 반드시 동기속도 이하이어야 한다.

전동기가 무부하일 때 마찰손이나 풍손 등의 기계손보다 큰 토크를 발생하면 그 속도(무부하속도라고 한다)는 거의 동기속도와 같다.

② 부하가 증가할 때 : 전동기에 부하를 걸면, 회전자의 속도는 감소하고 회전자 속에 대한 상대속도 $(n_s - n)$가 증가해서 슬립 S가 증가하므로 2차전압 $(s\,E_2)$이 증가하며 동시에 2차전류 $(I_2 = \dfrac{E_{2s}}{Z_{2s}})$가 커져서, 부하의 토크와 평형하게 되는 크기만큼의 토크 $(\tau = K\Phi I_2 \cos\theta_2\,[\mathrm{N \cdot m}])$를 발생하려는 회전속도가 된다. 따라서 부하가 증가할수록 유도전동기의 속도는 저하된다.

[표 4.1] 출력과 슬립의 예

저압농형			저압권선형		
정격출력[kW]	극수	슬립[%]	정격출력[kW]	극수	슬립[%]
0.2	2	9.5	5.5	4	5.5
0.4	4	8.5	7.5	4	5.5
0.4	6	9.5	11	4	5.5
0.75	4	7.5	15	4	5.0
0.75	6	8.0	15	6	5.5
3.7	4	6.0	37	4	5.0
3.7	6	6.0	37	8	5.0
3.7	8	6.5	37	12	5.0

예제 1 E·x·e·r·c·i·s·e

유도전동기에서 농형과 권선형의 차이점을 설명하시오.

➔ 해설 ① 농형 : 2차도체가 단락환으로 단락되어서 2차측전압을 측정할 수 없다.
② 권선형 : 2차권선에 슬립링이 있어서 2차측전압을 측정할 수 있고 2차저항법으로 속도제어를 할 수 있다

예제 2 E·x·e·r·c·i·s·e

60[Hz], 6극의 3상유도전동기가 슬립 2[%]로 운전하고 있다. 이 때의 회전수는 얼마인가?

➔ 해설 동기속도 N_s는 $N_s = \frac{120}{P} \times f = \frac{120}{6} \times 60 = 1{,}200[\text{rpm}]$ 이고,

유도전동기의 회전수 N은 식(4.3)에서

$N = N_s(1-s) = 1{,}200(1-0.02) = 1{,}176[\text{rpm}]$이 된다.

예제 3 E·x·e·r·c·i·s·e

3상 유도전동기가 주파수 60[Hz], 회전수 1,765[rpm]으로 운전하고 있다. 이 전동기의 극수와 슬립은 얼마인가?

→ 해설 $P=\dfrac{120f}{N_s}$ 에서 $N_s > N$ 이지만, $N_s \fallingdotseq N$ 이라하면,

$P=\dfrac{120\times 60}{1,765} \fallingdotseq 4$ 극이라고 할 수 있다.

$$\therefore\ N_s=\frac{120f}{P}=\frac{120\times 60}{4}=1,800[\text{rpm}]$$

$$s=\frac{N_s-N}{N_s}=\frac{1,800-1,765}{1,800}=0.019 \fallingdotseq 0.02$$

4.2.3 유도기전력 및 전류

(1) 전동기가 정지하고 있는 경우

① 1차유도기전력 : 1차권선에 여자전류가 흐르면 1차권선과 2차권선에 각각 기전력이 유도되는 관계는 변압기의 경우와 같다. 1차유도기전력 E_1 은

$$E_1 = 4.44\,k_1\,w_1\,f_1\,\Phi[\text{V}] \tag{4.4}$$

여기서 f_1 : 공급전압의 주파수(1차주파수)[Hz]

w_1 : 1차 1상코일의 권수

k_1 : 1차권선의 권선계수

Φ : 1극의 평균자속[Wb]

이 전압 E_1 은 리액턴스전압($e_r=-w_1\dfrac{d\varphi}{dt}$)에 해당되는 전압이며, 단자전압 V_1 에서 1차 임피던스에 의한 전압강하를 벡터적으로 감소시킨 전압($V_1{}'$)과 크기는 같다. 즉, [그림 4.7]에서 $-\dot{E}_1=\dot{V}_1{}'$ 인 관계이다.

② 2차유도기전력 : 회전자가 정지하고 있을 때에는 회전자계가 1차권선을 쇄교하면 동일한 속도로 2차권선을 쇄교하기 때문에 2차유도기전력 E_2 는 다음과 같이 E_1과 같은 형식으로 표시된다.

$$E_2 = 4.44\, k_2\, w_2\, f_1\, \Phi [\mathrm{V}] \tag{4.5}$$

여기서 k_2 : 2차권선의 권선계수

w_2 : 2차 1상 코일의 권수

농형회전자에서는 $k_2 = 1$, $w_2 = 0.5P$이다.

③ **권선비** : 식 (4.4)와 식 (4.5)의 비를 취하면

$$\frac{E_1}{E_2} = \frac{k_1 w_1}{k_2 w_2} = \alpha \tag{4.6}$$

즉, 유도전동기의 1차권선과 2차권선에 유도되는 기전력의 비는 권선과 권선계수의 곱에 대한 비와 같다. 이 α를 권선비라고 한다.

(2) 전동기가 회전하고 있는 경우

① **2차유도기전력 및 2차주파수** : 회전자가 슬립 s로 회전하고 있을 때, 2차도체와 회전자계의 상대속도는 식 (4.3)에서 $n_s - n = sn_s$와 같이 회전자가 정지하고 있을 때의 s배이기 때문에, 이런 경우에 대한 2차유도기전력 E_{2s} 및 주파수 f_{2s}는 다음과 같이 정지할 때의 s배가 된다.

$$E_{2s} = sE_2, \quad f_{2s} = sf_1 \tag{4.7}$$

2차주파수 f_{2s} 는 **슬립주파수**라고도 한다.

② **2차전류와 2차역률** : $r_2[\Omega]$을 2차권선 1상의 저항이라 하고, $x_2[\Omega]$을 전동기가 정지하고 있을 때의 2차권선 1상의 리액턴스라고 한다. 전동기가 슬립 s로 회전하고 있을 때에 2차권선 1상의 리액턴스 $x_{2s}[\Omega]$ 및 2차권선 1상의 임피던스 $Z_{2s}[\Omega]$은 다음과 같이 된다.

$$x_{2s} = s\,x_2[\Omega] \quad Z_{2s} = r_2 + j\,s\,x_2[\Omega] \tag{4.8}$$

따라서 전동기가 슬립 s로 운전하고 있을 때의 2차전류 $I_2[\mathrm{A}]$는

$$I_2 = \frac{E_{2s}}{Z_{2s}} = \frac{s\,E_2 \times \frac{1}{s}}{\sqrt{{r_2}^2 + (s\,x_2)^2} \times \frac{1}{s}} = \frac{E_2}{\sqrt{\left(\frac{r_2}{s}\right)^2 + (x_2)^2}}\,[\mathrm{A}] \tag{4.9}$$

$$\theta_2 = \tan^{-1}\frac{s\,x_2}{r_2}$$

$$\cos\theta_2 = \frac{r_2}{\sqrt{{r_2}^2 + (s\,x_2)^2}} \tag{9}$$

② **1차전류** : 2차전류 I_2[A]가 흐르면, 이에 따른 기자력을 해소하기 위하여 1차측에 1차부하전류 $I_1{}'$[A]가 흐르고, 1차권선과 2차권선의 상수를 각각 m_1 및 m_2라 하면 다음 관계가 성립한다.

$$\left.\begin{aligned} &I_1{}'\,m_1\,k_1\,w_1 = I_2\,m_2\,k_2\,w_2 \\ &\therefore I_1{}' = \frac{m_2\,k_2\,w_2}{m_1\,k_1\,w_1} I_2 = \frac{1}{\alpha\beta} I_2 \\ &\text{단, } \beta = \frac{m_1}{m_2} = \text{상수비} \end{aligned}\right\} \tag{4.11}$$

1차부하전류 $I_1{}'$ 와 여자전류 I_o 의 벡터합을 1차전류 I_1 이라 한다.

이와 같이 2차측의 전압, 주파수, 리액턴스 및 역률 등은 슬립 s 에 의하여 변화한다.

④ **기동할 때의 전압 및 전류** : 전동기가 정지상태에서 기동하는 경우에 2차유도기전력과 2차전류 및 2차회로의 역률은 각각 식(4.7)과 (4.9) 및 (4.10)에서 $s = 1$로 하면 얻을 수 있다.

예제 4 E·x·e·r·c·i·s·e

권선형 유도전동기가 있다. 정격전압 200[V], 주파수 60[Hz], 6극이다. 지금 슬립링에 있는 브러시를 열고 회전자를 정지한 다음 슬립링간의 전압을 측정하면 200[V]이었다. 이 전동기의 전부하 운전시 슬립이 4[%]이라면 회전자 기전력, 회전자 주파수 및 속도는 얼마인가?

➜ 해설 $E_{2s} = s\,E_2 = 0.04 \times 200 = 8[\mathrm{V}]$

$f_{2s} = s\,f_1 = 0.04 \times 60 = 2.4[\mathrm{Hz}]$

$N = (1-s)\,N_s = (1-s)\,\dfrac{120f}{P} = (1-0.04)\dfrac{120 \times 60}{6}$

$= 1{,}152[\mathrm{rpm}]$

예제 5 E·x·e·r·c·i·s·e

유도전동기의 회전자전류에 의해서 생기는 회전자계의 속도는 동기속도와 어떤 차이가 있는가?

➜ 해설 회전자가 $n = (1-s)\,n_s[\mathrm{rps}]$ 로 회전하고 있을 때, 회전자의 전류에 의해서 생기는 회전자계는 회전자전류의 주파수가 $s\,f_1[\mathrm{Hz}]$ 이기 때문에 $sn_s[\mathrm{rps}]$ 의 속도로 회전하며 ($\because\ n_s = \dfrac{2f}{P}$ 에서, $n_s \propto f$ 하므로)회전자와 같은 방향으로 돌고 있다.

그러므로, 회전자 속도에 회전자가 만드는 회전자계의 속도를 합하면 동기속도인 $n + sn_s = (1-s)n_s + sn_s = n_s[\mathrm{rps}]$ 가 되며, 고정자의 회전자계와 같은 방향과 같은 속도로 회전하고 있는 것을 알 수 있다.

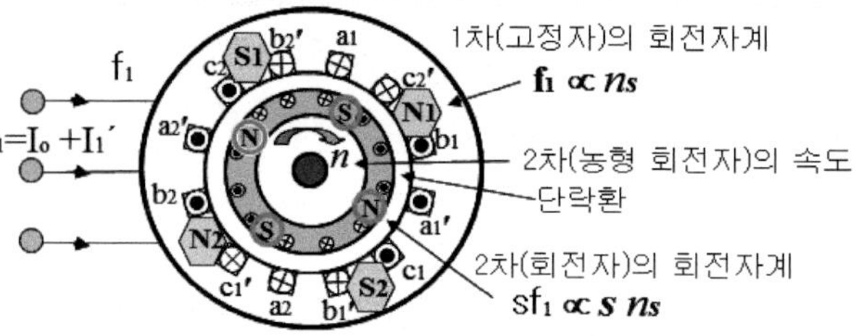

[그림 예제 5]

4.2.4 토크의 발생

유도전동기의 1극의 자속 Φ 와 각 2차도체에 흐르는 전류 I_2 에 의해서 생기는 토크τ 는

$$\tau = K\Phi\, I_2 \cos\theta_2\,[\mathrm{N \cdot m}] \tag{4.12}$$

여기서, $K = \dfrac{1}{2\sqrt{2}}\,m_2\,w_2\,P$

즉, 토크는 1극의 자속 Φ와 2차유효전류 $I_2 \cos\theta_2$ 의 곱에 비례한다. 식 (4.12)에서 식 (4.9) 및 식 (4.10)을 대입하면

$$\left.\begin{aligned} \tau &= K\Phi \times \frac{sE_2}{\sqrt{{r_2}^2+(s\,x_2)^2}} \times \frac{r_2}{\sqrt{{r_2}^2+(s\,x_2)^2}} \\ &= K\Phi \frac{s\,E_2 r_2}{{r_2}^2+(s\,x_2)^2}[\mathrm{N \cdot m}] \end{aligned}\right\} \tag{4.13}$$

또, 식 (4.5)에서

$$\Phi = \frac{E_2}{4.44\,k_2\,w_2\,f_1} = K'E_2[\mathrm{Wb}] \text{ 단, } K' = \frac{1}{\sqrt{2}\,\pi\,k_2\,w_2\,f_1}$$

이 Φ를 식 (4.13)에 대입하면

$$\tau = KK'\frac{s\,{E_2}^2 r_2}{{r_2}^2+(sx_2)^2} = K_o\frac{s\,{E_2}^2 r_2}{{r_2}^2+(sx_2)^2}[\mathrm{N \cdot m}] \tag{4.14}$$

여기서, $k_2 = 1$ 로 해서 $KK' = K_o = \dfrac{m_2 P}{4\pi f_1}$ 이다.

이 식에서 토크는 전압 E_2 의 제곱 및 2차권선의 저항 r_2 에 비례하고, 2차임피던스 Z_{2s} 의 제곱에 역비례하는 것을 알 수 있다.

4.2.5 유도전동기의 회로 및 등가회로

변압기의 등가회로는 그 특성을 조사하거나 계산하는 경우에 대단히 편리하다. 유도전동기도 변압기와 같이 등가회로로 표시할 수가 있다. 다만, 변압기의 경우에는 그 출력이 전력이기 때문에 그 부하는 [그림 4.10]과 같이 등가임피던스로 표시하지만, 전동기가 회전하고 있는 경우의 출력은 기계동력이기 때문에, 이 동력에 상당하는 에너지를 소비하는 저항부하로 바꾸어서 생각해야 하는 점이 다를 뿐이다.

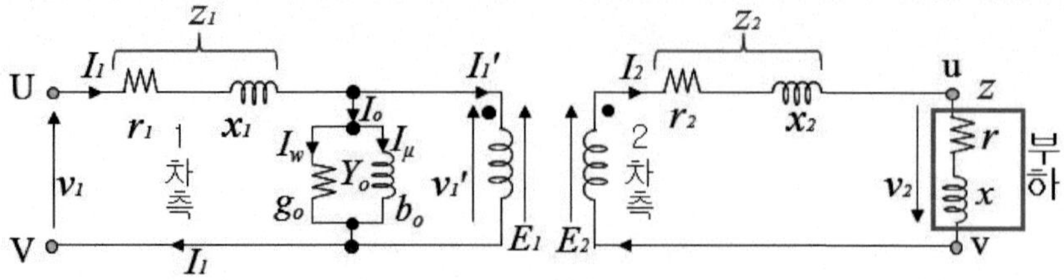

[그림 4.10] 변압기의 회로

(1) 정지중인 유도전동기의 회로

2차측에는 식 (4.9)에서 다음과 같은 2차전류가 I_2 가 흐르는데 정지 중에는 $s=1$ 이므로 이 경우의 회로는 변압기와 같이 [그림 4.11]로 나타낸다.

$$I_2 = \frac{E_{2s}}{Z_{2s}} = \frac{s\,E_2}{\sqrt{{r_2}^2 + (s\,x_2)^2}} = \frac{E_2}{\sqrt{\left(\frac{r_2}{s}\right)^2 + (x_2)^2}} = \frac{E_2}{\sqrt{r_2^2 + x_2^2}}[A] \tag{4.15}$$

1차측에는 이와 대응하여 1차부하전류 I_1' 가 흐르고, I_1' 와 여자회로의 여자전류 I_o 와의 합성인 1차전류 I_1 가 흐른다.

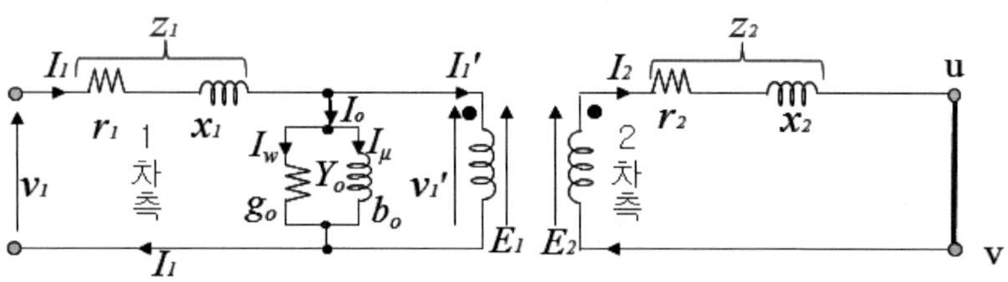

[그림 4.11] 정지 중인 유도전동기의 회로

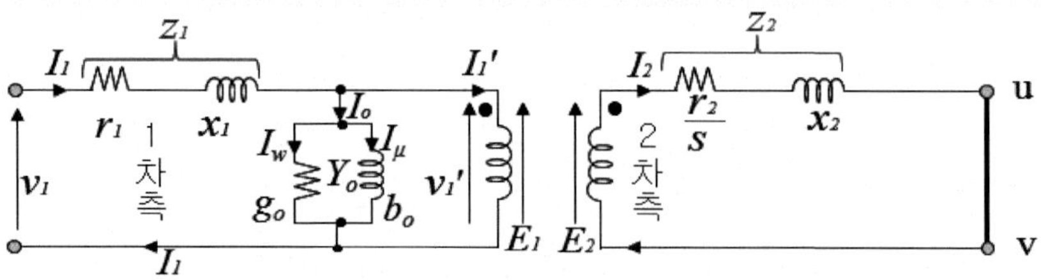

[그림 4.12] 운전 중인 유도전동기의 회로

(2) 운전중인 유도전동기의 회로

슬립 s 로 회전중인 유도전동기의 2차 유도기전력은 $sE_2,$ 2차리액턴스는 $sx_2,$ 2차저항은 r_2 이기 때문에 이 경우의 회로는 [그림 4.12]와 같이 나타내고, 2차전류 I_2 는 식(4.15)와 같다.

이 식에서 슬립 s 로 회전중인 유도전동기의 2차회로는 전동기가 정지하고 있는 것으로 하고 다만, 2차저항만을r_2/s 로 바꾸어 놓은 것이라고 생각할 수 있다. 따라서 2차측을 1차측과 동일한 주파수의 회로로 하여 취급할 수 있으며 [그림 4.12]와 같은 회로가 된다.

그 이유는 s 가 변하면 $f_{2s}= sf_1$도 변하는데 2차측에는 E_2 나 x_2 에는 s 가 없으며 r_2/s 에는 s 가 있지만 저항은 주파수에 무관하기 때문이다.

① 기계적인 출력을 대표하는 부하저항

유도전동기의 1차측에서 2차측으로 공급되는 입력을 p_2[W] 로 하고 2차철손을 무시하면, 운전 중 2차주파수 sf_1 은 대단히 낮으므로 2차손실은 2차저항손(p_{2c}) 뿐이기 때문에, p_2 에서 이 저항손을 뺀 나머지 유도전동기 안에서 발생한 기계적 출력 p_o[W] 로 된다.

따라서,

$$p_o = p_2 - p_{2c} = p_2 - r_2 I_2^{\,2}\,[\mathrm{W}] \tag{4.16}$$

그런데, 운전 중에 2차측으로 공급되는 입력을 p_2[W] 는 [그림 4.12]에서

$p_2 = \dfrac{r_2}{s} I_2^{\,2}$ 이기 때문에

$$p_o = \frac{r_2}{s} I_2^{\,2} - r_2 I_2^{\,2} = r_2\left(\frac{1-s}{s}\right) I_2^{\,2} = r I_2^{\,2} \tag{4.17}$$

$$\text{단, } r = r_2\left(\frac{1-s}{s}\right)$$

이 식에서 아는 바와 같이 기계적 출력 p_o 는 $r_2\left(\dfrac{1-s}{s}\right)$ 라는 부하를 대표하는 하나의 저항 r 에서의 소비전력으로 표시 된다.

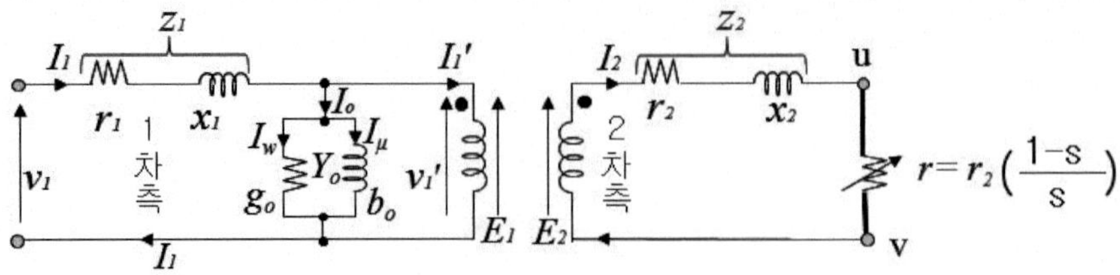

[그림 4.13] 운전 중인 유도전동기의 회로

② 운전중인 유도전동기의 회로

$r + r_2 = r_2(1-s)/s + r_2 = r_2/s$ 이므로 r_2/s 는 2차회로의 저항 r_2 와 기계적인 출력을 대표하는 부하저항 r 과의 합으로 생각 할 수 있다. 따라서 부하를 걸고 운전 중인 유도전동기는 [그림 4.13]과 같은 회로로 표시 할 수 있으며 변압기와 같이 취급할 수가 있다.

(3) 등가회로

[그림 4.13]과 같은 유도전동기의 회로를 등가회로로 고칠 때에는 변압기의 경우와 같이 2차측의 제량을 1차측으로 환산하여야 한다.

① **2차전압을 1차측으로 환산** : 2차측의 전압 E_2 를 1차측으로 환산한 것을 E_2' 라 하면 E_2' 는 식 (4.6)에서

$$E_1 = \frac{k_1 w_1}{k_2 w_2} E_2 = \alpha E_2 = E_2' \tag{4.18}$$

② **2차전류를 1차측으로 환산** : 2차전류 I_2 를 1차측으로 환산한 것을 I_2' 라 하면

$$I_1' = \frac{m_2 k_2 w_2}{m_1 k_1 w_1} I_2 = \frac{1}{\alpha\beta} I_2 = I_2' \tag{4.19}$$

③ **2차임피던스를 1차측으로 환산** : 2차측의 임피던스 Z_2 를 1차측으로 환산한 것을 Z_2' 라 하면

$$Z_2' = \frac{E_2'}{I_2'} = \frac{\alpha E_2}{\frac{I_2}{\alpha\beta}} = \alpha^2 \beta Z_2 [\Omega] \tag{4.20}$$

따라서, 2차측의 저항 r_2, 기계적 출력을 대표하는 부하저항 r 및 리액턴스 x_2 를 1차측으로 환산한 것을 각 각 r_2', r' 및 x_2' 라 하면

$$r_2{}' = \alpha^2 \beta r_2 \, [\Omega], \quad r' = \alpha^2 \beta r \, [\Omega], \quad x_2{}' = \alpha^2 \beta x_2 \, [\Omega] \tag{4.21}$$

④ **등가회로** : 2차측을 이와 같이 1차측으로 환산하면 [그림 4.13]의 회로는 [그림 4.14]와 같은 회로로 바꿀 수가 있다. 이것이 유도전동기의 등가회로라는 것이다.

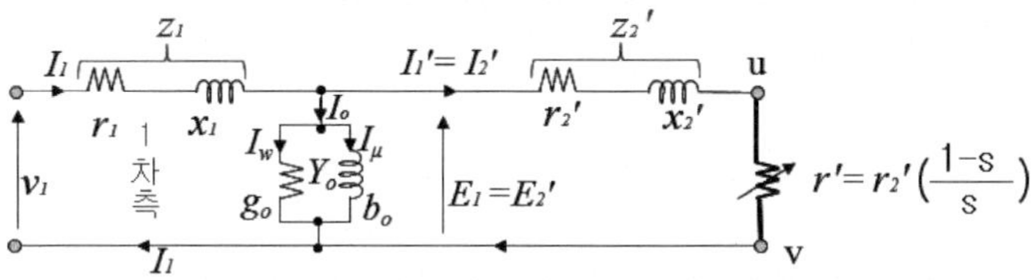

[그림 4.14] 유도전동기의 등가회로

⑤ **L형등가회로** : 지금 $Z_1 I_o$ 강하를 무시하여 여자어드미턴스를 전원측으로 이동시키고 [그림 4.15]와 같이 하면 근사적이기는 하나 계산이 간단하게 된다. 이것을 L형 등가회로로 하고 하며 일반적인 계산을 하는 데는 이 등가회로를 사용한다.

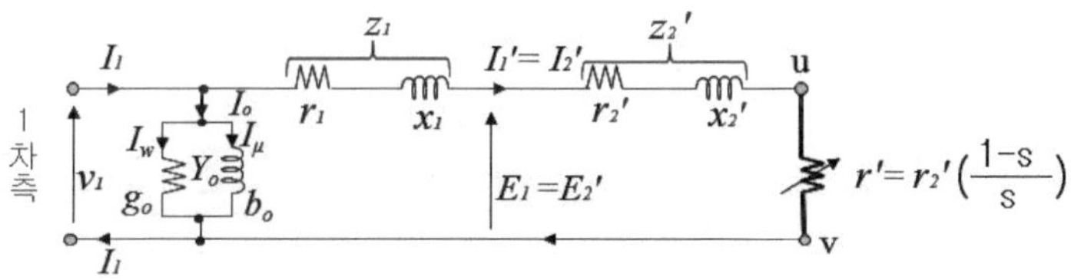

[그림 4.15] 유도전동기의 간이등가회로

4.2.6 벡터도

유도전동기의 운전상태에 대한 전압과 전류 및 자속의 관계를 벡터도로 그리면 [그림 4.16]과 같이 되어서 무유도 부하의 변압기벡터도와 비슷하게 된다.

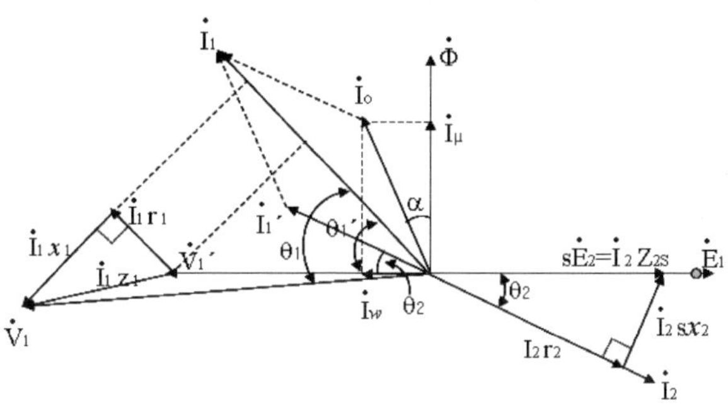

[그림 4.16] [그림 4.13]에 따른 벡터도

예제 6 E·x·e·r·c·i·s·e

유도전동기를 무부하에서 운전하면 역률이 나쁘고, 부하를 증가함에 따라 좋아지는 것을 설명하시오.

해설 부하를 증가함에 따라 속도N는 감소하고 따라서 $s=\dfrac{N_s-N}{N_s}$ 에서 슬립 s 는 증가하며, 슬립s 로 회전시 2차전압은 $E_{2s}=sE_2$ 로서 E_{2s} 가 증가한다. 2차전류I_2는 $I_2=\dfrac{E_{2s}}{Z_{2s}}$ 에서 증가하므로, $I_1{}'=\dfrac{I_2}{\alpha\beta}$ 에서 1차부하전류 $I_1{}'$ 가 증가하게 되고 [그림 4.16]의 벡터도에서 θ_1 가 적어지게 되므로 역률이 좋아진다.

예제 7 E·x·e·r·c·i·s·e

변압기와 유도전동기의 차이점은?

해설 ① 변압기 : 회전하지 않는 기기이며, 2차단자전압 V_2 가 있다.
부하(전기적인 부하)를 증가해 가면 I_2 가 증가, $I_1{}'$ 가 증가,
$I_1=I_o+I_1{}'$ 이므로 I_1 이 증가, 전기적인 입력이 증가

② 유도전동기 : 회전하는 기기이며, 농형인 경우 2차단자전압 V_2 가 없다.
부하(기계적인 부하)를 증가해 가면 I_2 가 증가, $I_1{}'$ 가 증가,
$I_1=I_o+I_1{}'$ 이므로 I_1 이 증가, 전기적인 입력이 증가

4.2.7 전력의 변환

[그림 4.17]과 같이 유도전동기에서 공급되는 1차입력(전기적입력)에서 1차동손(P_{1c})과 1차철손(P_i, 생략할 때가 많음)을 빼면 1차출력, 즉 2차입력(P_2)으로 되고, 2차입력의 일부는 주로 2차동손(P_{2c})이 되어서 없어지며, 나머지는 전동기 발생출력(기계적인 출력)(P_o)으로 된다. 전동기 발생출력(P_o)에서 기계적 손실(P_M)(마찰손, 풍손 등)을 빼면 실제출력이 되며 이 실제출력을 [HP, [kW]] 등으로 사용하는 것이다.

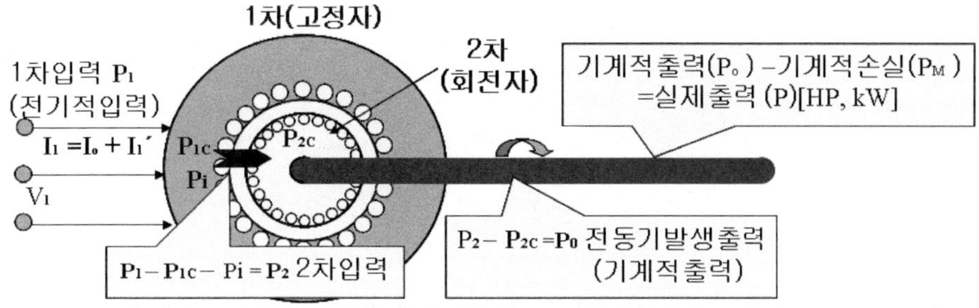

[그림 4.17] 전기적입력과 기계적출력

다음에 이들 여러 전력이 슬립 s 와 어떤 관계가 있는지 알아보기로 한다.

(1) 1차입력(고정자입력)

[그림 4.15]의 간이등가회로에서 1상에 대하여

$$\text{철손 } p_i = V_{1p} I_w$$
$$\text{1차동손 } p_{1c} = (I_1')^2 r_1$$

$$\text{2차동손 } p_{2c} = (I_1')^2 r_2'$$
$$\text{기계적 출력 } p_o = (I_1')^2 r' = (I_1')^2 r_2' \left(\frac{1-s}{s}\right) \tag{4.22}$$

이 되며 1차 1상의 입력 p_1 는

$$p_1 = p_i + p_{1c} + [p_{2c} + p_o] = p_i + p_{1c} + p_2 = V_{1p} I_{1p} \cos\theta_1 \tag{4.23}$$

단, I_{1p} 은 1차측의 1상의 전류이고, V_{1p} 은 1차측의 1상의 전압이며 $\cos\theta_1$ 은 1차측의 역률이다.

1차(고정자)상수를 m_1 이라 하면 1차입력 P_1 은

$$P_1 = m_1 V_{1p} I_{1p} \cos\theta_1$$

이지만 일반적으로 3상을 사용하므로 1차 선간전압을 V_{1l}, 1차 선전류를 I_{1l}이라 하면

$$\text{Y결선에서 } V_{1p} = \frac{V_{1l}}{\sqrt{3}}, \quad I_{1p} = I_{1l}$$

$$\triangle \text{ 결선에서 } V_{1p} = V_{1l}\ ,\quad I_{1p} = \frac{I_{1l}}{\sqrt{3}}$$

이므로 3상 1차입력 P_1 은

$$P_1 = 3\, V_{1p}\, I_{1p} \cos\theta_1 = \sqrt{3}\ V_{1l}\, I_{1l} \cos\theta_1 \tag{4.24}$$

이 된다.

(2) 2차입력(회전자입력, 고정자출력)

2차의 1상 입력 p_2 는 1차입력에서 철손과 1차동손을 제외한 2차동손과 기계적 출력이 된다. 그러므로

$$p_2 = p_{2c} + p_o = (I_1{}')^2 r_2{}' + (I_1{}')^2\, r_2{}'\left(\frac{1-s}{s}\right) = (I_1{}')^2 \frac{r_2{}'}{s} \tag{4.25}$$

1차상수가 m_1 , 2차상수 m_2 인 경우 2차 전체의 입력 P_2 는

$$P_2 = m_1 (I_1{}')^2 \frac{r_2{}'}{s} \tag{4.26}$$

이며 이식에 식(4.19)의 $I_1{}'$ 와 식(4.21)의 $r_2{}'$ 를 대입하면

$$\left.\begin{aligned} P_2 &= m_1 (I_1{}')^2 \frac{r_2{}'}{s} = m_1 \left(\frac{I_2}{\alpha\beta}\right)^2 \frac{\alpha^2 \beta r_2}{s} = m_1 I_2{}^2 \frac{1}{\beta}\frac{r_2}{s} \\ &= m_1 I_2{}^2 \frac{1}{\dfrac{m_1}{m_2}} \frac{r_2}{s} = m_2 I_2{}^2 \frac{r_2}{s} \end{aligned}\right\} \tag{4.27}$$

이 된다. 또한, 간이등가회로에서

$$\begin{aligned} I_1{}' &= \frac{V_1}{\sqrt{(r_1 + r_2{}' + r')^2 + (x_1 + x_2{}')^2}} \\ &= \frac{V_1}{\sqrt{\left(r_1 + \dfrac{r_2{}'}{s}\right)^2 + (x_1 + x_2{}')^2}}\ [\mathrm{A}] \end{aligned} \tag{4.28}$$

이 되며 식 (4.28)을 식 (4.26)에 대입하면, 2차전체의 입력은

$$P_2 = m_1 {I_1}'^2 \frac{r_2'}{s} = \frac{m_1 {V_1}^2 \dfrac{r_2'}{s}}{\left(r_1 + \dfrac{r_2'}{s}\right)^2 + (x_1 + x_2')^2} [\mathrm{W}] \tag{4.29}$$

가 된다.

(3) 2차저항손(회전자동손)

식 (4.27)의 양변에 s 를 곱하면 2차 전체동손 P_{2c} 는

$$sP_2 = m_1 {I_1}'^2 r_2' = m_2 {I_2}^2 r_2 = P_{2c} \tag{4.30}$$

$P_{2c} = s P_2$ 에서 2차 입력에 슬립 s 를 곱한 만큼의 전력이 2차전체 저항손이 되어 없어지는 것을 알 수 있다. 또, $s = \dfrac{P_{2c}}{P_2}$ 에서 슬립 s 는 2차전체 저항손에 비례하기 때문에 2차 권선의 저항이 적으면 슬립도 적게 된다.

(4) 회전자출력(기계적 출력)

$$\text{회전자 전체출력 } P_o = m_1 ({I_1}')^2 r' = m_1 ({I_1}')^2 r_2' \left(\frac{1-s}{s}\right)$$

$$= m_1 ({I_1}')^2 \frac{r_2}{s} - m_1 ({I_1}')^2 r_2' \tag{4.31}$$

$$= P_2 - P_{2c} = P_2 - s P_2 = P_2 (1-s)$$

가 되고 이 회전자출력 중에는 기계손도 포함되어 있기 때문에 이것을 뺀 것이 전동기의 실제의 기계적 출력[HP, kW]이다.

즉 기계적출력(P_o)−기계적손실(P_M)=실제출력(P)[HP, kW]이다.

그러므로 식 (4.30)과 식 (4.31)에서 다음과 같은 비례식이 성립한다.

$$P_2 : P_{2c} : P_o = P_2 : sP_2 : (1-s)P_2 = 1 : s : (1-s) \tag{4.32}$$

또한,

$$2차효율(회전자효율)\ \eta_2 = \frac{P_o}{P_2} = (1-s) \tag{4.33}$$

$$전체효율\ \eta = \frac{P_o}{P_1} \tag{4.34}$$

$$토크\ \tau = \frac{P_2}{\omega_s} = \frac{1}{\omega_s} m_1 (I_1{}')^2 \frac{r_2{}'}{s} \tag{4.35}$$

예제 8 E·x·e·r·c·i·s·e

정격출력 7.5[kW] 4극, 60[Hz]의 3상 유도전동기가 1,710[rpm]에서 전 부하 운전을 하고 있다. 이 때의 2차 입력 및 2차 동손은 각각 얼마인가? (단, 기계손은 100[W]라 한다.)

➔ 해설

$$N_s = \frac{120f}{P} = \frac{120 \times 60}{4} = 1{,}800[\text{rpm}]$$

$$s = \frac{N_s - N}{N_s} = \frac{1{,}800 - 1{,}710}{1{,}800} = 0.05$$

P_o(기계적출력) = 7,500(실제출력 P) + 100(기계손 P_M) = 7,600

$P_2 : P_o = 1 : (1-s)$

$$P_2 = \frac{P_o}{1-s} = \frac{7{,}600}{1-0.05} = 8{,}000[\text{W}] = 8[\text{kW}]$$

$P_{2c} = sP_2 = 0.05 \times 8{,}000 = 400[\text{W}]$

예제 9 E·x·e·r·c·i·s·e

정격출력 10[kW]인 3상 유도전동기가 전 부하로 운전하고 있을 때에 2차 저항손이 500[W]이었다고 하면 이때의 슬립은 얼마인가?

➔ 해설

$P_{2c} : P_o = s : (1-s)$

$500 : 10{,}000 = s : (1-s)$

$10{,}000\ s = 500 - 500s$

$$s = \frac{500}{10{,}500} = 0.0476 \qquad 4.76[\%]$$

예제 10 E·x·e·r·c·i·s·e

2차저항과 2차리액턴스가 0.04[Ω], 0.06[Ω]인 3상유도전동기가 슬립이 4[%]일 때, 1차전류가 10[A]이었다면 기계적 출력은 얼마인가? (단, 권선비 $\alpha=2$, 상수비 $\beta=1$이다.)

해설 $r_2{}'=\alpha^2\beta r_2=2^2\times1\times0.04=0.16[\Omega]$

식(4.31)에서

$$P_o=m_1(I_1{}')^2r_2{}'\left(\frac{1-s}{s}\right)=3\times10^2\times0.16\times\left(\frac{1-0.04}{0.04}\right)$$
$$=1{,}152[\text{W}]=1.152[\text{kW}]$$

(5) 동기 와트

일반적으로 각속도와 토크의 곱은 기계적인 출력이다. 따라서 전동기가 토크 τ[N·m], 회전수 n[rps] (각속도 $\omega=2\pi n$[rad/s])로 회전하고 있는 경우의 기계적 출력 P_o[W]는

$$\left.\begin{aligned}P_o&=\omega\tau=2\pi n\tau[\text{W}]\\ \therefore\ \tau&=\frac{P_o}{2\pi n}[\text{N}\cdot\text{m}]=\frac{60}{2\pi}\frac{P_o}{N}[\text{N}\cdot\text{m}]\end{aligned}\right\}\quad(4.36)$$

$$\left.\begin{aligned}\tau&=\frac{1}{9.8}\frac{60}{2\pi}\frac{P_o}{N}[\text{kg}\cdot\text{m}]=0.975\frac{P_o}{N}[\text{kg}\cdot\text{m}]\\ &=0.975\frac{(1-s)P_2}{(1-s)N_s}=0.975\frac{P_2}{N_s}[\text{kg}\cdot\text{m}]\end{aligned}\right\}\quad(4.37)$$

식 (4.37)에서 $P_o=9.8\dfrac{2\pi}{60}N\cdot\tau\times10^{-3}=1.026\,N\tau\times10^{-3}$[kW] 이다. 그런데, 식 (4.3)에서 $n=(1-s)n_s$, 식 (4.31)에서 $P_o=(1-s)P_2$ 이기 때문에 식 (4.36)에서

$$\left.\begin{aligned}\tau&=\frac{P_o}{2\pi n}=\frac{(1-s)P_2}{2\pi(1-s)n_s}=\frac{P_2}{2\pi n_s}=\frac{P_2}{\omega_s}=\frac{P_2}{2\pi\dfrac{2f_1}{P}}\\ &=\frac{P_2}{\dfrac{4\pi f_1}{P}}[\text{N}\cdot\text{m}]\end{aligned}\right\}\quad(4.38)$$

이 식에서 **2차입력** P_2[W]는 전동기가 이 토크τ[N · m]를 동기속도 N_s[rpm]에서 발생하고 있는 것으로 가정한 경우의 출력과 같다는 것을 알 수 있다.
따라서 2차입력 P_2는 유도전동기의 토크 대소를 표시하는 척도로서 동기 와트로 표시한 토크라고 한다. 즉

$$\tau' = P_2 = \omega_s \tau = 2\pi \times \frac{N_s}{60} \times \tau [\mathrm{W}] \quad (4.39)$$

이때 토크가 τ[kg · m]로 주어진 경우라면

$$\tau' = P_2 = 9.8 \times \omega_s \tau = 9.8 \times 2 \times \pi \times \frac{N_s}{60} \times \tau [\mathrm{W}] = 1.026\,\mathrm{N_s}\,\tau [\mathrm{W}] \quad (4.40)$$

라 한다.

예제 11 E·x·e·r·c·i·s·e

정격출력 5[kW], 4극, 50[Hz]의 3상 유도전동기가 토크 2.8[kg · m]를 발생하고 회전속도가 1,440[rpm]으로 운전하고 있을 때 다음 물음에 대한 값을 구하시오. (단, 기계손은 무시한다.)
(1) 기계적 출력 (2) 2차입력 (3) 2차 동손

해설 (1) 기계적 출력

$$N_s = \frac{120f}{P} = \frac{120 \times 50}{4} = 1{,}500[\mathrm{rpm}],$$

$$s = \frac{N_s - N}{N_s} = \frac{1{,}500 - 1{,}440}{1{,}500} = 0.04$$

$$P_o = \omega\tau = 9.8 \times 2\pi \times \frac{N}{60} \times \tau = 1.026 \times 1{,}440 \times 2.8 \times 10^{-3}$$
$$= 4.14[\mathrm{kW}]$$

(2) 2차입력

$$P_2 : P_o = 1 : (1-s),\ P_2 = \frac{1}{1-s} P_o = \frac{1}{1-0.04} \times 4.14$$
$$= 4.31[\mathrm{kW}]$$

(3) 2차 동손

$$P_{2c} = s P_2 = 0.04 \times 4.3 = 0.172[\mathrm{kW}]$$

예제 12 E·x·e·r·c·i·s·e

200[V], 50[Hz], 4극, 15[kW]인 3상 유도전동기의 전부하 회전수가1,460[rpm]이라 하면 토크 및 동기 와트는 얼마인가?

해설

$$N_s = \frac{120f}{P} = \frac{120 \times 50}{4} = 1{,}500[\text{rpm}]$$

$$\tau = \frac{15 \times 1{,}000[\text{W}]}{2\pi \frac{1{,}460}{60}} = 98.2[\text{N} \cdot \text{m}]$$

동기왓트 : $P_2 = 2\pi \times \frac{N_s}{60} \times \tau \times 10^{-3} = 2\pi \times \frac{1{,}500}{60} \times 98.2 \times 10^{-3} = 15.4[\text{kW}]$

예제 13 E·x·e·r·c·i·s·e

3상유도전동기의 출력 11[kW] 전부하 때의 슬립이 3[%]라 하면, 2차입력 및 2차동손은 얼마인가? (단, 기계손은 무시한다.)

해설 2차입력 P_2 와 2차출력 P_o 와의 관계는 $P_o = (1-s)P_2$ 이다.

따라서 이 식을 사용하여 2차입력 P_2 를 구하면

$$P_2 = \frac{P_o}{(1-s)} = \frac{11}{(1-0.03)} = 11.34[\text{kW}]$$

또, 2차동손 P_{2c} 와 2차입력 P_2 와의 사이에는

$P_{2c} = s\,P_2 = 0.03 \times 11.34 = 0.34[\text{kW}]$가 된다.

예제 14 E·x·e·r·c·i·s·e

출력 160[kW] 4극의 3상유도전동기를 50[Hz]에서 전부하운전할 때의 슬립이 2[%]라 하면 전부하 토크는 얼마인가?

해설

동기속도 : $N_s = \frac{120 \times 50}{4} = 1{,}500[\text{rpm}]$

슬립이 2[%]일 때의 회전수 N은 $N = 1{,}500 \times (1-0.02) = 1{,}470[\text{rpm}]$

$$\tau = \frac{P_o}{2\pi n}[\text{N} \cdot \text{m}] = \frac{60}{2\pi}\frac{P_o}{N}[\text{N} \cdot \text{m}] = \frac{60 \times 160 \times 10^3}{2\pi \times 1{,}470} \fallingdotseq 1{,}040[\text{N} \cdot \text{m}]$$

$$\tau = \frac{1{,}040[\text{N} \cdot \text{m}]}{9.8} \fallingdotseq 106[\text{kg} \cdot \text{m}]$$

예제 15 E·x·e·r·c·i·s·e

정격출력 7.5[kW] 4극 60[Hz]의 3상 농형유도전동기가 전부하시에서 1,750[rpm]으로 운전하고 있다. 이때의 토크 및 동기와트를 구하시오.

해설 출력을 P_o, 각속도를 ω, 토크를 τ라 하면 $P_o=\omega\tau$ 이다.

회전속도를 N[rpm]이라 하면 $\omega=2\pi N/60$ 으로 되기 때문에

$$\tau=\frac{P_o}{2\pi n}[\mathrm{N\cdot m}]=\frac{60}{2\pi}\frac{P_o}{N}[\mathrm{N\cdot m}]=\frac{60\times 7.5\times 10^3}{2\pi\times 1{,}750}=40.9[\mathrm{N\cdot m}]$$

$$P_2=\omega_s\tau=2\pi\times\frac{N_s}{60}\times\tau[\mathrm{W}]=\frac{2\pi}{60}\frac{120\times 60}{4}\times 40.9$$

$$=7{,}709[\mathrm{W}]=7.709[\mathrm{kW}]$$

예제 16 E·x·e·r·c·i·s·e

8극의 3상 유도전동기가 있다. 50[Hz]의 전원으로, 운전한 결과 720[rpm]의 속도일 때 토크는 494[N·m]이었다. 이 때의 기계적 출력과 동기 와트를 구하시오.

해설

$$P_o=\omega\tau=2\pi\times\frac{N}{60}\times\tau\times 10^{-3}=2\pi\times\frac{720}{60}\times 494\times 10^{-3}=37.2[\mathrm{kW}]$$

$$N_s=\frac{120f}{P}=\frac{120\times 50}{8}=750[\mathrm{rpm}]$$

동기왓트 : $P_2=2\pi\times\frac{N_s}{60}\times\tau\times 10^{-3}=2\pi\times\frac{750}{60}\times 494\times 10^{-3}=38.8[\mathrm{kW}]$

예제 17 E·x·e·r·c·i·s·e

20극의 권선형 유도전동기를 60[Hz]의 전원에 접속하고 전 부하로 운전하였을 때 2차 회로의 주파수가 3[Hz]이었다. 이때의 2차 손실이 600[W]이라면 기계적 출력 및 토크는 어느 정도인가?

해설 $f_{2s}=s\times f_1,\quad 3=s\times 60\quad,\quad s=\frac{3}{60}=0.05\quad,\ P_{2c}:\ P_o=s:(1-s)$

$$P_o=\frac{1-s}{s}\times P_{2c}\times 10^{-3}=\frac{1-0.05}{0.05}\times 600\times 10^{-3}=11.4[\mathrm{kW}]$$

① $N_s = \dfrac{120 \times 60}{20} = 360[\text{rpm}]$

$N = N_s - s N_s = 360 - 0.05 \times 360 = 342[\text{rpm}]$

$\tau = \dfrac{P_o}{2\pi n} = \dfrac{11.4 \times 10^3[\text{W}]}{2\pi \times \dfrac{342}{60}} = 318[\text{N} \cdot \text{m}]$

② $P_2 = \dfrac{P_{2c}}{s} = \dfrac{600}{0.05} = 12{,}000$

$\tau = \dfrac{P_2}{2\pi \times \dfrac{N_s}{60}} = \dfrac{12{,}000}{2\pi \times \dfrac{360}{60}} = 318[\text{N} \cdot \text{m}]$

4.2.8 손실 및 효율

(1) 손실

① **고정손** : 철손, 베어링 마찰손, 브러시 마찰손, 풍손

② **직접부하손** : 1차권선의 저항손, 2차회로의 저항손, 브러시 전기손

③ **표류부하손** : ①과 ② 외에 부하가 걸리면 측정하기 곤란한 약간의 손실이 도체 속과 철심 안에 생긴다. 이것을 표류부하손이라 하며 효율을 계산하는데 무시하는 것이 보통이다. 브러시 전기손은 브러시 전류와 다음 브러시 전압강하의 곱으로 산정한다.
탄소 브러시 또는 흑연 브러시의 경우를 1상에 대해 1.0[V]
금속 브러시의 경우를 1상에 대해 0.3[V]

(2) 효율

효율 η는 다른 기기와 같이 다음 식으로 표시된다.

$$\eta = \frac{\text{출력}}{\text{입력}} \times 100 = \frac{\text{입력} - \text{손실}}{\text{입력}} \times 100[\%] \tag{4.41}$$

효율에 실측효율과 규약효율이 있는 것도 다른 기계의 경우와 같다. 유도전동기의 효율은 원선도법으로 구하는 규약효율을 사용하는 것이 보통이다.

3상유도전동기의 정격전압을 $V_n[\text{V}]$, 출력을 $P_o[\text{kW}]$, P_o에 상당하는 1차전류를 $I_1[\text{A}]$, 역률을 $\cos\theta_1$ 라고 하면 1차입력 $P_1[\text{kW}]$는

$$\left.\begin{aligned} &P_1 = \sqrt{3}\, V_n I_1 \cos\theta_1 \times 10^{-3}[\mathrm{kW}] \text{ 이므로 효율 } \eta\text{는} \\ &\eta = \frac{P_o \times 1{,}000[\mathrm{W}]}{\sqrt{3}\, V_n I_1 \cos\theta_1 [\mathrm{W}]} \times 100[\%] \end{aligned}\right\} \tag{4.42}$$

따라서, 1차전류 $I_1[\mathrm{A}]$는

$$I_1 = \frac{P_o \times 1{,}000 \times 100}{\sqrt{3}\, V_n \eta \cos\theta_1}[\mathrm{A}] \tag{4.43}$$

① **2차효율** : 2차입력 P_2와 출력 P_o의 비를 2차효율이라 하면

$$\begin{aligned} \eta_2 &= \frac{P_o}{P_2} \times 100 = \frac{(1-s)P_2}{P_2} \times 100 = (1-s) \times 100 \\ &= \frac{(1-s)n_s}{n_s} \times 100 = \frac{n}{n_s} \times 100[\%] \end{aligned} \tag{4.44}$$

예제 18 E·x·e·r·c·i·s·e

12극의 3상 유도전동기가 50[Hz]의 주파수, 정격전압에서 운전하고, 7.5[kW]의 출력을 내고 있다. 이 때의 회전자 동손은 350[W]라 하면 회전수는 얼마인가?

해설 ① $P_{2c} : P_o = s : (1-s)$, $350 : 7500 = s : (1-s)$

$7{,}500s = 350 - 350s$, $7{,}850s = 350$

$s = \dfrac{350}{7{,}850} = 0.0446$. $N_s = \dfrac{120f}{P} = \dfrac{120 \times 50}{12} = 500[\mathrm{rpm}]$

$0.0446 = (500 - N)/500$, $\therefore N \fallingdotseq 478[\mathrm{rpm}]$

② $N_s = \dfrac{120f}{P} = \dfrac{120 \times 50}{12} = 500[\mathrm{rpm}]$

$P_2 = P_o + P_{2c} = 7{,}500 + 350 = 7{,}850$

$\eta_2 = \dfrac{P_o}{P_2} = \dfrac{7{,}500}{7{,}850} = 0.955$

$\therefore N = (1-s)N_s = \eta_2 \times N_s = 0.955 \times 500 = 477.7[\mathrm{rpm}]$

예제 19 E·x·e·r·c·i·s·e

3상 유도전동기를 전압 200[V]에서 운전하고 있다. 이 때의 전류가 50[A], 효율이 0.84에서 역률 0.86이라 하면 전동기출력은 얼마인가?

해설 출력 = 입력 × 효율, $P_o = \sqrt{3}\ V_n I_1 \cos\theta_1 \times \eta$ [W]

$P_o = \sqrt{3} \times 200 \times 50 \times 0.84 \times 0.86 \times 10^{-3} = 12.5$[kW]

예제 20 E·x·e·r·c·i·s·e

출력 30[kW], 8극의 3상유도전동기를 1차전압 220[V], 주파수 60[Hz], 1차전류 110[A], 역률 81[%], 슬립 3.5[%]에서 운전을 하고 있다.

(1) 전동기의 회전수는 얼마인가?
(2) 1차입력은 얼마인가?
(3) 전동기의 효율은 얼마인가?
(4) 2차입력은 얼마인가?
(5) 토크는 얼마인가?
(6) 2차동손은 얼마인가?

해설 (1) 동기속도 N_s는 식 (4.1)에서

$$N_s = \frac{120f}{P} = \frac{120 \times 60}{8} = 900[\text{rpm}]$$ 이 된다.

전동기의 회전수 N은

$N = N_s(1-s) = 900(1-0.035) \fallingdotseq 869$[rpm]

(2) 1차 입력 P_1은

$$P_1 = \sqrt{3}\ V_n I_1 \cos\theta_1 \times 10^{-3}[\text{kW}]$$

$$= \sqrt{3} \times 220 \times 110 \times 0.81 \times 10^{-3} \fallingdotseq 34.0[\text{kW}]$$

(3) 효율 η은, 식 (4.42)에서

$$\eta = \frac{P_o \times 1{,}000}{\sqrt{3}\ V_1 I_1 \cos\theta_1} \times 100[\%] = \frac{30[\text{kW}]}{34[\text{kW}]} \times 100[\%] \fallingdotseq 88[\%]$$

(4) 2차입력 P_2는, 식 (4.31)에서

$$P_2 = \frac{P_o}{(1-s)} = \frac{30}{(1-0.035)} = 31.1[\text{kW}]$$

(5) 토크 τ는, 식 (4.38)에서

$$\tau = \frac{P_2}{2\pi n_s}[\text{N}\cdot\text{m}] = \frac{60}{2\pi}\frac{P_2}{N_s}[\text{N}\cdot\text{m}]$$

$$= \frac{60}{2\pi}\frac{31.1\times 1{,}000}{900}[\text{N}\cdot\text{m}] = 330[\text{N}\cdot\text{m}]$$

(6) 2차동손 P_{2c}는

$$P_{2c} = P_2 - P_o = 31.1 - 30.0 = 1.1[\text{kW}]$$

또는, $P_{2c} = s\,P_2 = 0.035\times 31.1 ≒ 1.1[\text{kW}]$

예제 21 E·x·e·r·c·i·s·e

전 부하 운전 중 슬립이 4[%], 정격출력이 100[kW]의 3상 유도전동기가 있다. 이 전동기의 1차 입력, 2차 입력, 2차 저항손 및 2차 효율은 얼마인가? (단, 전동기의 전 부하 효율을 90[%]로 한다.)

해설 $P_2 : P_o = 1 : (1-s)$

$$P_2 = \frac{P_o}{1-s} = \frac{100}{1-0.04} = 104.2[\text{kW}],\quad P_{2c} = s\,P_2 = 0.04\times 104.2 = 4.16[\text{kW}]$$

$$1\text{차입력} = \frac{\text{출력}}{\text{전부하효율}} = \frac{100}{0.90} = 111[\text{kW}]$$

$$2\text{차효율} = \frac{P_o}{P_2} = \frac{100[\text{kW}]}{104.2[\text{kW}]} = 0.96$$

예제 22 E·x·e·r·c·i·s·e

직류발전기를 3상유도전동기에서 구동하고 있다. 이 발전기에 55[kW]의 부하를 걸 때, 다음 문제에 답하시오. (단, 발전기의 효율 88[%], 전동기의 단자전압 400[V], 전동기의 효율 88[%], 전동기의 역률 82[%]로 한다.)

(1) 전동기출력

(2) 전동기입력

(3) 전동기전류

해설 (1) $\text{전동기 출력(발전기 입력)} = \dfrac{\text{발전기 출력}}{\text{발전기 효율}} = \dfrac{55}{0.88} = 62.5[\text{kW}]$

(2) $\text{전동기 입력} = \dfrac{\text{전동기 출력}}{\text{전동기 효율}} = \dfrac{62.5}{0.88} = 71.0[\text{kW}]$

(3) 전동기 전류 $= \dfrac{\text{전동기 출력}}{\sqrt{3}\times \text{전압}\times \text{전동기 효율}\times \text{전동기 역률}}[\text{A}]$

$$I_1 = \frac{P_o \times 1{,}000 \times 100}{\sqrt{3}\ V_n \eta \cos\theta_1}[\text{A}] = \frac{62.5 \times 1{,}000 \times 100}{\sqrt{3} \times 400 \times 88 \times 0.82}[\text{A}] = 125[\text{A}]$$

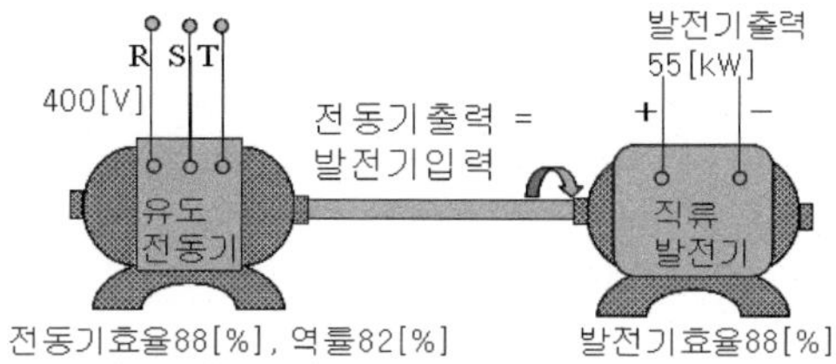

[그림 예제 22]

예제 23 E·x·e·r·c·i·s·e

3상 유도전동기에 직결시킨 펌프가 있다. 펌프의 출력이 100[HP], 효율이 75[%], 또한 전동기의 효율이 88[%], 역률 90[%]라고 하면 전동기의 입력 [kVA]은 얼마인가?

해설 펌프의 입력(전동기 출력)

$$P_{in} = \frac{100[\text{HP}] \times 746}{0.75} \times 10^{-3} = 99.46[\text{kW}]$$

$$\text{전동기 입력} = \frac{\text{전동기 출력}}{\eta_m \times \cos\theta} = \frac{99.46[\text{kW}]}{0.88 \times 0.9} = 126[\text{kVA}]$$

예제 24 E·x·e·r·c·i·s·e

22[kW] 3상 유도전동기 1대를 운전하기 위해서 2대의 단상변압기를 사용한다. 이 변압기의 용량을 결정하시오. (단, 유도전동기의 피상효율은 0.75라고 함.)

해설 전동기입력=변압기출력($\sqrt{3}\times$ 단상용량[kVA])

$$\text{유도전동기의 피상효율} = \frac{\text{유도기의 출력}[\text{kW}]}{\text{유도기의 입력}[\text{kVA}]} = \frac{22[\text{kW}]}{\sqrt{3}\times \text{단상용량}[\text{kVA}]}$$

$$\text{단상용량}[\text{kVA}] = \frac{22[\text{kW}]}{\sqrt{3} \times 0.75} = 16.9[\text{kVA}]$$

4.2.9 온도상승한도

전동기의 내부에 발생하는 손실은 열이 되기 때문에 기계 각 부분의 온도는 점점 높아지며 주위 공기 사이의 온도차, 즉 온도가 상승한다. 온도상승이 허용되는 한도는 주로 사용된 절연물의 종류나 온도측정방법에 따라 다르다.

[표 4.2] (단위 : ℃)

구분	절연의 종류	온도계법	저항법
전기자 권선	E B F	– – –	75 80 100
철심 기타 기계적 부분에서 절연된 권선과 가까운 부분	E B F	75 80 100	– – –
베어링(자냉식)	표면에서 측정할 때 55℃, 또한 특수내열윤활제에 의할 때는 당사자 간의 협정에 따른다.		

예제 25 E·x·e·r·c·i·s·e

60[Hz]로 설계된 3상 유도기를 동일전압에서 50[Hz]으로 사용될 때 각 항에 따라 그 증감을 쓰고, 또 간단히 이유를 쓰시오.

➔ 해설

① 자속은 $\Phi = \dfrac{V_1}{f}$ 이므로 $\dfrac{\Phi'}{\Phi} = \dfrac{\frac{1}{f'}}{\frac{1}{f}} = \dfrac{\frac{1}{50}}{\frac{1}{60}} = \dfrac{60}{50}$ 으로 증가하므로 여자 전류중 자화 전류 I_μ가 증가하여서 역률이 낮아진다.

② 철손은 fB^2 에 비례하므로 $\dfrac{P_i'}{P_i} = \dfrac{P_e' + P_h'}{P_e + P_h} = \dfrac{f'\left(\frac{1}{f'}\right)^2}{f\left(\frac{1}{f}\right)^2} = \dfrac{\frac{1}{50}}{\frac{1}{60}} = \dfrac{60}{50}$ 으로 증가하며 냉각속도가 $\dfrac{50}{60}$ 으로 감소하여 냉각효과가 감소하므로 이러한 두 작용으로 온도는 상승한다. [와류손(P_e)는 주파수에 무관함]

③ $N_s = \dfrac{120f}{P}$ 에서 속도가 $\dfrac{50}{60}$ 으로 떨어진다. 슬립의 변화는 극히 적고 동기속도가 $\dfrac{50}{60}$ 으로 되기 때문이다.

④ 최대토크는 증가한다. 누설리액턴스가 $\dfrac{50}{60}$ 으로 감소하므로 그 비율만큼 최대토크는 증가한다. $\left[\text{식 (4.49)에서} \quad \tau = k\dfrac{V^2}{X_1 + X_2'}\right]$

⑤ 리액턴스의 감소로 인하여 기동전류가 증가한다.

4.3 3상 유도전동기의 특성

4.3.1 속도특성

지금까지 설명으로 유도전동기에 대해 슬립 s 는 대단히 중요하다는 것을 알 수 있다. 즉, 1차전류, 2차전류, 토크, 기계적출력, 역률, 효율 등은 각각 식에서 모두 슬립 s 의 함수로 표시된다.

1차전압을 일정하게 유지하고 슬립 또는, 속도에 의하여 이들의 값이 어떻게 변하는 가를 나타내는 곡선을 **속도특성곡선**이라고 하는데 [그림 4.18]에 나타내었다.

4.3.2 출력특성

유도전동기에 기계적인 부하를 가했을 때에 그 출력에 의한 전류, 토크, 속도, 효율, 역률 등의 변화를 나타내는 곡선을 출력특성곡선이라 하고 [그림 4.19]와 같이 나타낸다. [표 4.3]은 일반용 저압3상유도전동기에 대한 특성의 예이다. 이 표에서 아는 바와 같이, 유도전동기는 거의 무효전류인 무부하전류가 크기 때문에 그 역률이 낮고, 전부하에 대한 값은 [표 4.3]에 표시하는 정도로는 약 73 ~ 85[%] 이나, 특히 극수가 많은 것은 70[%] 정도, 대형고속도로 된 것은 90[%] 정도인 것도 있다.

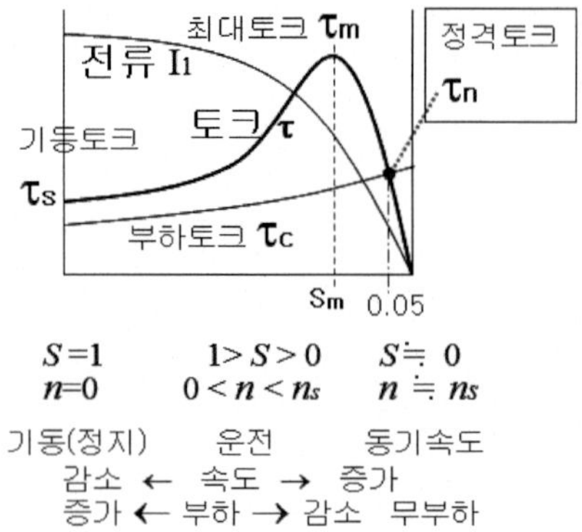

[그림 4.18] 속도특성곡선

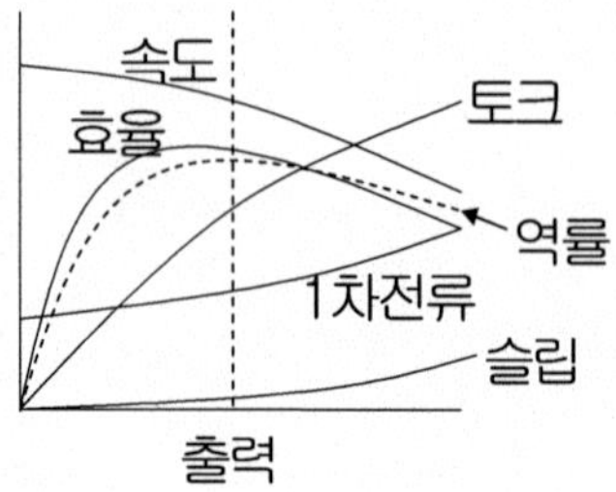

[그림 4.19] 출력특성곡선

[표 4.3] 3상유도전동기의 특성의 예

정격 출력 (kW)	극수	동기 속도 (rpm)	전부하 특성		전부하 특성		
			효율(η) [%]	역률(pf) [%]	무부하 전류 I_0(A) (각상의 평균치)	전부하 전류 I(A) (각상의 평균치)	전부하 슬립 s(%)
0.2			56.0이상	65.0이상	1.0	1.5	10.0
0.75			70.0 〃	77.0 〃	1.9	3.5	7.5
3.7	2	3600	82.5 〃	82.5 〃	6.3	14.0	6.0
15			88 〃	83 〃	20.9	52.7	5.5
37			90 〃	84.5 〃	49.0	125.5	5.0
0.2			58.0 〃	53.0 〃	1.4	1.6	10.5
0.75			71.5 〃	70.0 〃	2.5	3.8	8.0
3.7	4	1800	83.0 〃	78.0 〃	8.2	14.6	6.5
15			88.0 〃	80.5 〃	25.5	54.5	5.5
37			90.0 〃	82.5 〃	53.6	128.2	3.5
0.4			64.0 〃	55.0 〃	2.3	2.9	10.0
0.75			70.0 〃	63.0 〃	3.1	4.4	8.5
3.7	6	1200	82.5 〃	73.0 〃	9.1	15.8	6.5
15			87.5 〃	76.5 〃	291	58.2	6.0
37			89.5 〃	79.0 〃	59.1	135.5	5.5

4.3.3 슬립과 토크의 관계

식 (4.40)와 식 (4.29)에서

$$\tau' = P_2 = m_1 (I_1')^2 \frac{r_2'}{s} = \frac{m_1 V_1^2 \frac{r_2'}{s}}{\left(r_1 + \frac{r_2'}{s}\right)^2 + (x_1 + x_2')^2} [\mathrm{W}] \fallingdotseq k' V_1^2 [\mathrm{W}] \tag{4.45}$$

기동 시에는 $s = 1$ 이고, 이때의 토크를 **기동토크** τ_s 라고 하며

$$\tau_s = \frac{m_1 V_1^2 r_2'}{(r_1 + r_2')^2 + (x_1 + x_2')^2} \tag{4.46}$$

으로 되고 공급전압 2승에 비례한다.

다음에 토크 곡선 중에서 **최대 토크** τ_m 을 만드는 슬립의 값 s_m 을 구해보자.

$$\left.\begin{aligned} \tau &= m_1 (I_1')^2 \frac{r_2'}{s} = \frac{m_1 V_1^2 \frac{r_2'}{s}}{\left(r_1 + \frac{r_2'}{s}\right)^2 + (x_1 + x_2')^2} [\mathrm{W}] \\ &= \frac{m_1 V_1^2 r_2'}{s\left\{r_1^2 + (x_1 + x_2')^2\right\} + \frac{r_2'^2}{s} + 2 r_1 r_2'} [\mathrm{W}] \end{aligned}\right\} \tag{4.47}$$

τ' 가 최대로 되려면 분모는 최소가 되어야 한다.

그러기 위해서 변수 s 를 포함한 분모의 제1항과 제2항의 곱이 일정해야 하므로 이 두개의 항이 같으면 된다. 즉,

$$\left.\begin{aligned} & s\left\{r_1^2 + (x_1 + x_2')^2\right\} = \frac{r_2'^2}{s} \\ \therefore\ & s = s_m = \pm \frac{r_2'}{\sqrt{r_1^2 + (x_1 + x_2')^2}} \fallingdotseq \pm \frac{r_2'}{(x_1 + x_2')} \fallingdotseq \pm \frac{r_2}{x_2} \end{aligned}\right\} \tag{4.48}$$

일 때 분모는 최소로 되고, 토크는 최대가 된다. 이 때 최대 토크가 생기는 슬립 (s_m)은

보통의 전동기에서는 30[%]부근이다. 또 이때의 최대토크 $\tau_m{}' = P_{2\max}$ (동기와트)는 s_m 의 값을 식 (4.45)에 대입해서 계산한다.

$$\left.\begin{aligned}\tau_m{}' = P_{2\max} &= \frac{m_1 V_1{}^2}{2\left\{r_1 \pm \sqrt{r_1{}^2 + (x_1 + x_2{}')^2}\right\}}[\mathrm{W}] \\ &\fallingdotseq K_o \frac{V_1{}^2}{2\,x_2} = K_o \frac{E_2{}^2}{2\,x_2}\end{aligned}\right\} \tag{4.49}$$

이 된다. 여기서, +는 전동기, −는 발전기의 경우를 나타낸다.
위의 식에서 최대토크는 2차저항 r_2 와 슬립에 관계없이 일정하며 또, 최대토크가 생기는 슬립 s_m 은 2차저항이 커질수록 커지는 것을 비례추이라고 한다.
부하토크가 최대 토크 이상(정동토크)이 되면 전동기는 정지한다. τ_m 의 값은 특히 지정이 없는 한 정격부하 상태인 토크의 160[%]이상이어야 한다. 이상과 같이 전류와 토크를 슬립 s 에 관하여 추적한 그림이 [그림 4.18]이다.

예제 26 E·x·e·r·c·i·s·e

주파수가 일정한 3상유도전동기를 운전하고 있는 경우, 전원전압이 90[%]로 떨어졌다 하면 토크는 몇 [%]가 되는가? (단, 회전수는 일정하다.)

해설 토크 τ는 $\tau = KP_2 = K' V_1{}^2$ 가 되고, 토크는 전압의 2승에 비례한다.
따라서, 90[%]의 전압이 된 때의 토크 τ' 는

$$\frac{\tau'}{\tau} = \frac{K'(0.9\,V_1)^2}{K' V_1{}^2}, \quad \therefore\ \tau' = \tau(0.9)^2 = 0.81\,\tau$$

즉 81[%]가 된다.

4.3.4 비례추이

(1) 토크의 비례추이

식(4.45)에서 $\tau' = P_2 = m_1 (I_1')^2 \dfrac{r_2'}{s}$ 에서 토크 τ는 $\dfrac{r_2'}{s}$ 가 일정하면 r_2'을 m배함과 동시에 s 도 m 배하면 토크는 변하지 않는다. 지금 [그림 4.20]에서 2차회로의 저항이 2차권선의 저항만인 경우의 속도 토크곡선을 τ'라 하고, 부하토크 τ_c와 슬립 s_1 에서 같은 것이라고 하면, 2차회로의 저항을 m 배한 경우에는 같은 토크 τ_c은 슬립 $m s_1$ 에서 생기는 것으로

$$\frac{r_2'}{s_1} = \frac{m\, r_2'}{m\, s_1}$$

의 관계가 된다.

따라서 2차회로의 저항이 r_2 인 경우의 속도토크 곡선 τ'가 주어지면 2차회로의 저항이 $m r_2$ 인 경우의 속도토크곡선 τ''는 곡선 τ'위의 각 토크 값을 이들에 대응하는 슬립의 m 배인 슬립점으로 이동시켜서 구할 수가 있다.

이와 같이 r_2 가 m 배가 될 때, 토크가 앞서 있었던 슬립의 m 배인 점에서 일어난다는 것은 3상유도전동기의 재미있는 성질이며, 이것을 토크의 **비례추이**라고 한다.

① **토크의 비례추이 응용** : 토크의 비례추이는 농형유도전동기와 같이 2차회로의 저항을 바꿀 수 없는 것에는 응용할 수 없으나, 권선형 전동기와 같이 2차회로의 저항을 가감시켜서 비례추이에 따라 기동토크를 크게 하거나 속도를 제어할 수 있다.

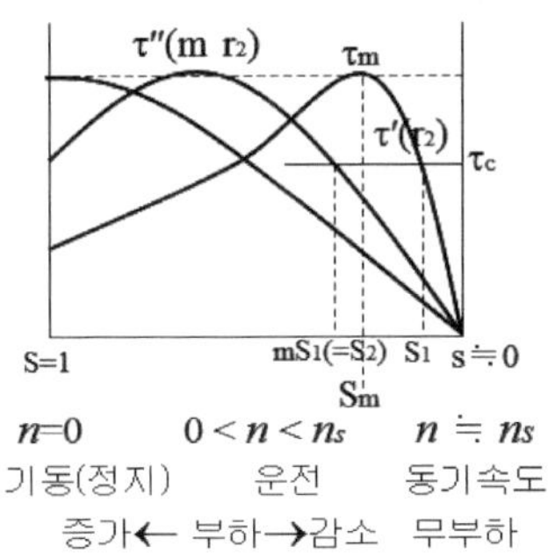

[그림 4.20] 토크의 비례추이

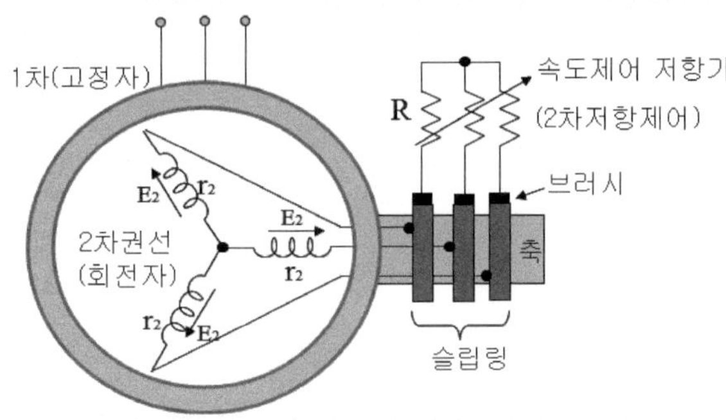

[그림 4.20′] [그림 4.6] 권선형 회전자와 슬립링

$$\frac{r_2{}'}{s_1}=\frac{m\,r_2{}'}{m\,s_1}=\frac{r_2{}'+R'}{s_2}\text{에서}\quad \frac{\alpha^2\beta\,r_2}{s_1}=\frac{\alpha^2\beta\,r_2+\alpha^2\beta R}{s_2}$$

$$\therefore\ \frac{r_2}{s_1}=\frac{m\,r_2}{m\,s_1}=\frac{r_2+R}{s_2},\quad \text{여기서}\ R=\left(\frac{s_2-s_1}{s_1}\right)r_2 \tag{4.50}$$

기동시($s=1$ 일 때) 최대의 토크를 얻기 위하여 회전자권선에 접속한 외부 기동저항을 R_s 라 하고 최대토크를 발생하는 슬립을 s_m 이라 하면

$$\frac{r_2{}'}{s_m}=\frac{r_2{}'+R_s{}'}{1} \tag{4.51}$$

$$\therefore\ \frac{r_2}{s_m}=\frac{r_2+R_s}{1},\ \text{여기서}\ R_s=\left(\frac{1-s_m}{s_m}\right)r_2 \tag{4.52}$$

식 (4.51)에 식 (4.48) $s_m=\dfrac{r_2{}'}{\sqrt{r_1{}^2+(x_1+x_2{}')^2}}$ 을 대입하면

$$\left.\begin{aligned} r_2{}'+R_s{}' &= \sqrt{r_1{}^2+(x_1+x_2{}')^2} \\ \therefore\ R_s{}' &= \sqrt{r_1{}^2+(x_1+x_2{}')^2}-r_2{}' \end{aligned}\right\} \tag{4.53}$$

그러므로 기동시에 최대토크를 발생하려면 1차로 환산한 기동저항 $R_s{}'$ 을 회전자에 접속하면 된다.

(2) 비례추이를 하는 제량

토크 τ만이 아니고 1차 전류 I_1, 역률 $\cos\theta$, 1차 입력 P_1도 또한, $r_2{}'/s$, 즉 r_2/s의 함수로 되어 있으며, 이들도 2차 회로 저항의 크기에 따라 비례추이를 하는 것이 쉽게 이해될 수 있다.

[그림 4.21]에서 파선으로 나타낸 곡선은 전류의 비례추이를 표시한 것이며, 실선은 이에 대응하는 토크를 표시하는 것이다.

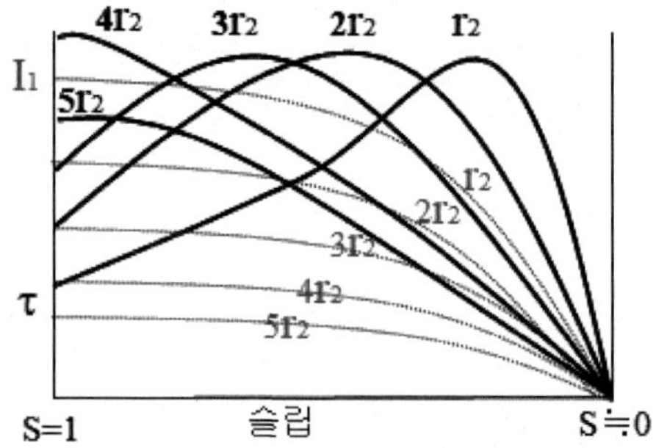

[그림 4.21] 전류 및 토크의 비례추이

그렇지만, 2차동손, 출력, 효율, 2차효율 등은 식 (4.30), (4.31), (4.33), (4.34)에서 아는 바와 같이 r_2/s 의 함수는 되지 않으므로 비례추이는 하지 않는다.

예제 27 E·x·e·r·c·i·s·e

6극의 권선형 유도전동기가 주파수 50[Hz]에서 960[rpm]으로 운전하고 있다. 지금 동일 토크로 회전수를 700[rpm]으로 하는 데는 2차측에 얼마의 저항을 넣으면 좋은가? (단, 2차권선은 성형결선이고, 각 상의 권선저항은 r_2 라 한다.)

해설 처음에 960[rpm]때의 슬립 s_1 을 구한다. 6극, 50[Hz]의 동기속도는1,000[rpm]이기 때문에,

$$s_1 = \frac{N_s - N}{N_s} = \frac{1,000-960}{1,000} = 0.04$$

다음에 700[rpm]일 때의 슬립 s_2는

$$s_2 = \frac{N_s - N}{N_s} = \frac{1,000-700}{1,000} = 0.3$$

비례추이에서 동일토크의 슬립 $s_1 = 0.04$ 에서 $s_2 = 0.3$ 으로 하기위해

2차에 넣는 저항을 R이라 하면,

$$\frac{r_2}{0.04} = \frac{r_2 + R}{0.3}, \quad 0.3r_2 = 0.04(r_2 + R)$$

$$\therefore \; R = \frac{0.3-0.04}{0.04} \times r_2 = 6.5r_2$$ 로 된다.

예제 28 E·x·e·r·c·i·s·e

200[V], 11[kW], 50[Hz]의 정격을 갖는 권선형 3상유도전동기가 있다. 이것이 정격부하시에 따라 역률 80[%], 회전수 950[rpm]일 때 다음 물음에 답하시오. (단, 전동기 효율은 88[%]라 한다.)

(1) 정격부하시의 전류는 얼마인가?

(2) 극수는 얼마인가?

(3) 정격부하시의 슬립은 얼마인가?

(4) 이 전동기의 회전수를 800[rpm]으로 하고 정격토크를 얻기 위해서는 2차회로에 넣는 저항값은 얼마인가? 단, 2차회로는 Y접속에서 각상의 저항은 0.3[Ω]이라 한다.

해설 (1) 정격부하시의 전류 I_1은 다음 식과 같이 된다.

$$I_1 = \frac{P_o \times 1,000}{\sqrt{3}\ V_n \eta \cos\theta_1} = \frac{11 \times 1,000}{\sqrt{3} \times 200 \times 0.88 \times 0.8}[\mathrm{A}] = 45.1[\mathrm{A}]$$

(2) 50[Hz]에서 정격부하시의 회전수가 950[rpm]이기 때문에 슬립을 5[%]로 하면, 동기속도는 1,000[rpm]으로 된다. 따라서 구하는 극수P는

$$N_s = \frac{950}{1-0.05} = 1,000, \qquad P = \frac{120f}{N_s} = \frac{120 \times 50}{1,000} = 6\text{극}$$

(3) 정격부하시의 회전수가 950[rpm]이기 때문에 구하는 정격 부하의 슬립 s_1은

$$s_1 = \frac{N_s - N}{N_s} = \frac{1,000-950}{1,000} = 0.05$$

(4) 이 전동기의 800[rpm]에 따라 슬립 s_2는

$$s_2 = \frac{N_s - N}{N_s} = \frac{1,000-800}{1,000} = 0.2 \quad \text{로 된다.}$$

다음에 슬립 0.05를 0.2로 하기 위해 2차 회로에 삽입할 외부 저항 R을 비례추이에 의해 구하면

$$\frac{r_2}{s_1} = \frac{r_2+R}{s_2} \quad \therefore\ R = \frac{s_2 - s_1}{s_1} r_2 = \frac{0.2-0.05}{0.05} \times 0.3 = 0.9[\Omega]$$

예제 29 Exercise

슬립링이 부착된 3상 유도전동기가 있다. 50[Hz]의 회로에서 전부하의 회전속도가 1분간에 950이다. 지금 동일한 전압에서 전 부하 토크로 기동시키기 위해서는 회전자 회로의 각 상에 삽입하려는 저항은 얼마인가? (단, 회전자는 성형결선이며 각 상의 저항은 $r_2[\Omega]$으로 한다.)

해설 N_s는 N보다 약간 속도가 빠르므로 극수를 6이라고 하면

$$N_s = \frac{120f}{P} = \frac{120 \times 50}{6} = 1,000[\mathrm{rpm}]$$

$$s = \frac{N_s - N}{N_s} = \frac{1,000-950}{1,000} = 0.05$$

$$\frac{r_2}{s} = \frac{r_2 + R_s}{1}, \qquad \frac{r_2}{0.05} = \frac{r_2+R_s}{1}$$

$$r_2 = 0.05 r_2 + 0.05 R_s \qquad \therefore R_s = \frac{0.95}{0.05} \times r_2 = 19 r_2$$

예제 30 E·x·e·r·c·i·s·e

전 부하로 운전 중인 50[Hz], 4극의 권선형 유도전동기가 있다. 전부하속도가 1,440[rpm]일 때에, 2차회로의 저항을 3배로 하면 회전수는 어떻게 변하는가?

→ 해설

$$N_s = \frac{120f}{P} = \frac{120 \times 50}{4} = 1500[\text{rpm}]$$

$$s = \frac{N_s - N}{N_s} = \frac{1,500 - 1,440}{1,500} = 0.04$$

$$\frac{r_2}{s} = \frac{3r_2}{s'}, \qquad s' = 3s = 3 \times 0.04 = 0.12$$

$$0.12 = \frac{1,500 - N'}{1,500}, \qquad N' = N_s - sN_s = 1,500 - 0.12 \times 1,500 = 1,320[\text{rpm}]$$

예제 31 E·x·e·r·c·i·s·e

3상권선형유도전동기가 주파수 60[Hz] 회전수 1,152[rpm]으로 회전하고 있다. 이 전동기를 전 부하토크에서 기동시키기 위해서는 어떻게 해야 좋을까? (단, 1차 전압은 일정하고 2차 권선은 Y결선이며 단자간 저항은 0.1[Ω]이다.)

→ 해설

$$N_s = \frac{120f}{P} = \frac{120 \times 60}{6} = 1,200[\text{rpm}]$$

$$s = \frac{N_s - N}{N_s} = \frac{1,200 - 1,152}{1,200} = 0.04$$

$$1\text{상의 저항} : r_2 = \frac{0.1}{2} = 0.05[\Omega]$$

$$\frac{0.05}{0.04} = \frac{0.05 + R_s}{1}, \quad R_s = \frac{0.05}{0.04} \times 1 - 0.05 = 1.2[\Omega]$$

예제 32 E·x·e·r·c·i·s·e

8극의 3상권선형전동기를 200[V], 50[Hz]로 운전하고 있다. 이 전동기의최대토크는 회전수 660[rpm]에서 생긴다. 2차는 Y결선이며 각 상의 권선저항 r_2의 몇 배의 저항을 외부에 접속하면 최대토크로 기동시킬 수 있는가?

➔ 해설

$$N_s = \frac{120 \times 50}{8} = 750[\text{rpm}]$$

$$S_m = \frac{750-660}{750} = 0.12, \qquad \frac{r_2}{0.12} = \frac{r_2+R_s}{1}$$

$$R_s = \left(\frac{1}{0.12} - 1\right) r_2 = 7.3 r_2, \qquad \left[R_s = \left(\frac{1-S_m}{S_m}\right) r_2\right]$$

예제 33 E·x·e·r·c·i·s·e

60[Hz] 전원에 접속한 3상권선형 유도전동기가 정격 부하시에 회전속도는 1,140[rpm]이다, 이 전동기를 동일공급전압에서 전 부하토크로 기동시키려면 어떻게 하는가? (단, 회전자권선은 Y 접속이며 슬립링간의 저항은 0.1[Ω] 이다.)

➔ 해설

$$N_s = \frac{120 \times 60}{6} = 1,200[\text{rpm}]$$

$$s = \frac{1,200-1,140}{1,200} = 0.05, \qquad r_2 = \frac{0.1}{2} = 0.05[\Omega]$$

$$\frac{0.05}{0.05} = \frac{0.05+R_s}{1}, \qquad R_s = 1-0.05 = 0.95[\Omega]$$

예제 34 E·x·e·r·c·i·s·e

3상유동전동기가 있다. 슬립 s [%] 때 최대토크가 된다고 하면 기동토크를 최대로 하기 위하여 회전자회로의 각 상에 넣으려는 저항은 얼마인가? (단, 회전자는 3상 성형접속이며 각상의 저항은 r_2 로 한다.)

➔ 해설

$$\frac{r_2}{s_m} = \frac{r_2+R_s}{1}, \qquad R_s = \frac{1-s_m}{s_m} \times r_2$$

4.3.5 원선도

유도전동기가 무 부하로 운전할 때에는 1차측에 여자전류 I_o 만이 흐르나, 부하가 걸리면 슬립이 생겨서 2차전류가 흐르고 이에 대응하여 1차측의 전류 I_1은 증가한다. 이 경우에 [그림 4.16]에서 I_1 의 벡터는 크기와 방향이 모두 변화하며 벡터 I_1 의 앞 끝은 항상

하나의 반원주상에 있다.

따라서, 주어진 유도전동기에 대하여 간단한 시험의 결과로 이 반원을 그려두면 전동기의 특성은 실부하시험을 하지 않아도 이 선도에서 쉽게 구할 수 있으므로 대단히 편리하다. 이와 같은 그림을 유도전동기의 원선도라 하고 이 원선도에서 전동기의 특성을 구하는 방법을 원선도법이라고 한다.

(1) 원선도의 이론

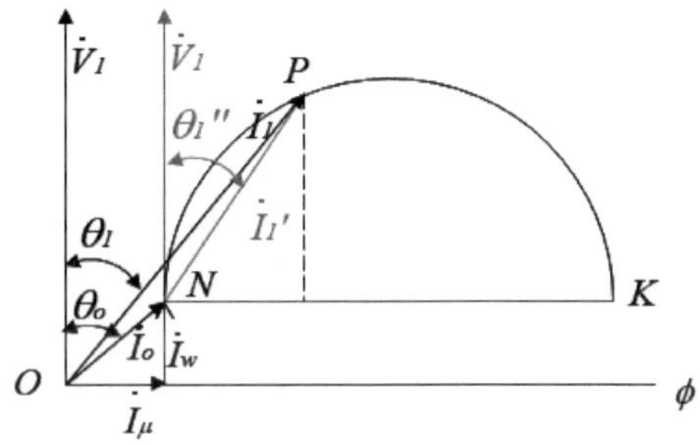

[그림 4.22]

[그림 4.15]에서 $\dot{I}_1 = \dot{I}_1' + \dot{I}_o$, $I_o = I_w + jI_\mu$이다. 그러므로 [그림 4.22]와 같이 I_w을 $\overline{NV_1}$과 평행으로 하고 I_μ를 $\overline{NV_1}$과 직각으로 그리면, $\overline{ON}$가 I_o가 되고 I_o의 끝에서 I_o와 I_1'와의 벡터합이 I_1이 된다. 또한 $\cos\theta_1$이 역률을 나타낸다.

여기서, $\overline{NK} = \dfrac{V_1}{x_1 + x_2'}$ 이 되며 이것이 원의 지름이 된다.

다음에 식 (4.28)에서 $s = 1$이라 하면 [그림 4.15]에서

$r' = r_2'\left(\dfrac{1-s}{s}\right) = 0$ 이 된다. 이 경우 회전자는 정지상태에 있고 2차 측을 단락한 변압기와 같은 것이 되어 큰 단락전류 I_s'가 흐른다.

I_s' 및 이때의 역률 $\cos\theta_s'$는

$$I_s' = \frac{V_1}{\sqrt{(r_1 + r_2')^2 + (x_1 + x_2')^2}} \tag{4.54}$$

$$\cos\theta_s{}' = \frac{r_1 + r_2{}'}{\sqrt{(r_1 + r_2{}')^2 + (x_1 + x_2{}')^2}} \tag{4.55}$$

으로 된다.

이 $I_s{}'$을 [그림 4.23]과 같이 $\overline{NS} = I_s{}'$로 하면 S점은 직각삼각형의 1점이며 반원주상의 1점이 된다.

다음에 S에서 $\overline{NV_1}$와 평형으로 $\overline{SU}$라는 선을 그리고, 이 $\overline{SU}$을 $\overline{ST} : \overline{TU} = r_2{}' : r_1$의 비로 내분해서 T점을 잡으면 $\overline{ST}$, $\overline{TU}$의 길이는 $I_s{}'$에 의한 2차동손 P_{2c} 및 1차동손 P_{1c}를 대표하는 것이 된다. (여기서는 [그림 4.15]의 등가회로에 의한 것이므로 I_o의 증가에 의한 1차 동손은 포함되지 않는다.) 즉, 1차와 2차의 동손의 합은

$$\left.\begin{aligned} V_1 I_s{}' \cos\theta_s{}' &= V_1 I_s{}' \frac{r_1 + r_2{}'}{\sqrt{(r_1 + r_2{}')^2 + (x_1 + x_2{}')^2}} \\ &= \frac{V_1}{\sqrt{(r_1 + r_2{}')^2 + (x_1 + x_2{}')^2}} I_s{}'(r_1 + r_2{}') = I_s{}'^2 (r_1 + r_2{}') \end{aligned}\right\} \tag{4.56}$$

으로 나타나고, $I_s{}'\cos\theta_s{}' = \overline{SU}$가 되고, 이 $\overline{SU}$를 $r_2{}'$와 r_1 과의 내분하면 V_1은 일정하기 때문에 $\overline{ST}$, $\overline{TU}$가 2차 및 1차 동손을 대표하는 셈이다.

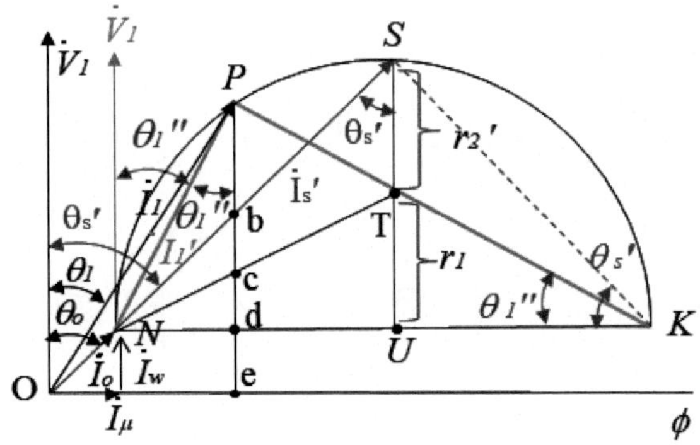

[그림 4.23] 원선도

다음에 임의의 부하전류 $I_1{}'$일 때의 2차 및 1차 동손은 [그림 4.23]의 $\overline{bc}$ 및 $\overline{cd}$로 표시되며, 철손 P_i는 $V_1 I_w$ 이므로 $\overline{de}$가 철손을 나타낸다.

지금까지의 설명으로부터 임의의 전류 I_1일 때의 1상의 입력은

$$\left.\begin{aligned} V_1 I_1 \cos\theta_1 &= V_1 \overline{Pe} = V_1(\overline{Pb} + \overline{bc} + \overline{cd} + \overline{de}) \\ &= P_o + P_{2c} + P_{1c} + P_i \end{aligned}\right\} \quad (4.57)$$

으로 되고 P_o 는 출력(발생기계동력)으로 된다. 또한 동기 와트로 나타낸 토크는

$$\overline{Pc} = P_o + P_{2c} = P_2 = \text{회전자입력(2차입력)}$$

으로 나타내고 슬립 s 는 식 (4.30)에서

$$s = \frac{P_{2c}}{P_2} = \frac{\overline{bc}}{\overline{Pc}}$$

로 나타낸다.

이와 같이 원선도에서 전동기의 특성을 구해보면 다음과 같다.

① **전류표시** : 1차전류$I_1 = \overline{OP}$, 여자전류$I_o = \overline{ON}$, 1차부하전류 $I_1' = \overline{NP}$.

② **전력표시** : 1차 입력(전입력) : $P_1 = \overline{Pe}$

$$\left.\begin{aligned} &\text{철손} : P_i = \overline{de} \\ &\text{1차동손} : P_{1c} = \overline{cd} \\ &\text{2차동손} : P_{2c} = \overline{bc} \\ &\text{회전자입력(2차입력)} : P_2 = \overline{Pc} \\ &\text{출력(발생기계동력)} : P_o = \overline{Pb} \\ &\text{역률} : \cos\theta_1 = \frac{\overline{Pe}}{\overline{OP}} \\ &\text{회전자효율(2차효율)} = (1-s) = \frac{P_o}{P_2} = \frac{\overline{Pb}}{\overline{Pc}} \\ &\text{효율(기계손은 무시)} = \frac{P_o}{P_1} = \frac{\overline{Pb}}{\overline{Pe}} \end{aligned}\right\} \quad (4.58)$$

(2) 원선도작성에 필요한 기본량

유도전동기의 원선도를 그리는 데는 다음과 같은 두 가지 시험을 하고 그 결과로 산출된 기본량을 사용한다.

① **저항측정** : 임의의 주위온도 t [℃]에서 1차권선의 각 단자 사이를 직류로 측정한 저항의 평균값을 R_1[Ω] 을 산출한다. 단, T의 값은 A, E 및 B종절연에 대해서는 75[℃]이고, F 및 H종 절연에 대해서는 115[℃]이다.

$$r_1 = \frac{R_1}{2} \times \frac{234.5 + T}{234.5 + t} [\Omega] \tag{4.59}$$

② **무 부하시험** : 유도전동기를 무 부하에서 정격전압 V_n [V], 정격주파 f_1 [Hz]로 운전하고 이때의 무 부하전류 I_o [A]와 무 부하입력 P_{oin} [W]를 측정한다.

다음 식에 따라 I_o 를 유효분 I_w 와 무효분 I_μ 로 나눈다.

$$I_o = I_w + j\, I_\mu, \quad I_w = \frac{P_{oin}}{\sqrt{3}\ V_n}, \quad I_\mu = \sqrt{I_o^{\,2} - I_w^{\,2}} \tag{4.60}$$

③ **구속시험** : 유도전동기의 회전자를 회전하지 않도록 구속하여 권선형 회전자이면 2차 권선을 슬립링에서 단락하고, 1차측에 정격주파수의 저압을 가하여 정격 1차전류와 같은 구속전류 I_s' [A]를 보내서, 이때의 임피던스전압 V_s' [V] 와 1차입력 임피던스와트 P_s' [W]를 측정한다.

이 결과로 정격전압 V_n [V]를 가했을 때의 구속전류 I_s [A]와 1차입력 P_s [W] 의 값을 다음 식에 의하여 추정한다.

$$I_s = I_s' \frac{V_n}{V_s'}, \quad P_s = P_s' \left(\frac{V_n}{V_s'} \right)^2 \tag{4.61}$$

I_s 을 다음 식에 의하여 유효분I_{s_1}과 무효분I_{s_2}로 나눈다.

$$I_s = I_{s\,1} + j\, I_{s\,2}, \quad I_{s\,1} = \frac{P_s}{\sqrt{3}\ V_n} = \frac{P_s'\ V_n}{\sqrt{3}\ V_s'^{\,2}}, \quad I_{s\,2} = \sqrt{I_s^{\,2} - I_{s\,1}^{\,2}} \tag{4.62}$$

r_2'를 구하는 법 : r_2'는 구속시험의 결과에서 다음과 같이 구한다.

$$\left. \begin{aligned} & P_s' = 3\, I_s'^{\,2} (r_1 + r_2') \text{ 에서} \\ & (r_1 + r_2') = \frac{P_s'}{3\, I_s'^{\,2}}, \quad \therefore\ r_2' = \frac{P_s'}{3\, I_s'^{\,2}} - r_1 \end{aligned} \right\} \tag{4.63}$$

예제 35 E·x·e·r·c·i·s·e

[그림 예제 35]에 표시한 3상유도전동기의 원선도에 의해 P_o, P_1, P_N 은 각각 슬립 0, 1 및 정격상태에 상당하는 점이라고 한다. 무부하전류, 기동전류 및 정격출력일 때의 전류와 역률은 각각 이 그림에서 어떻게 표시되는가?

해설 [그림 예제 35]에 의해 원점 O와 P_o, P_1 및 P_N을 연결하면 각 전류는 다음과 같이 된다.

무부하전류 $= \overline{OP_o}$, 정격출력시의 전류$= \overline{OP_N}$, 기동전류$= \overline{OP_1}$

정격출력시의 원선도상의 점에서 Y축에 내린 점을 각각 P_o', P_1' 및 P_N' 라 하면 각 전류의 역률은 다음과 같이 된다.

무 부하역률 $= \dfrac{\overline{OP_o'}}{\overline{OP_o}}$

기동역률 $= \dfrac{\overline{OP_1'}}{\overline{OP_1}}$

정격 출력시 역률 $= \dfrac{\overline{OP_N'}}{\overline{OP_N}}$

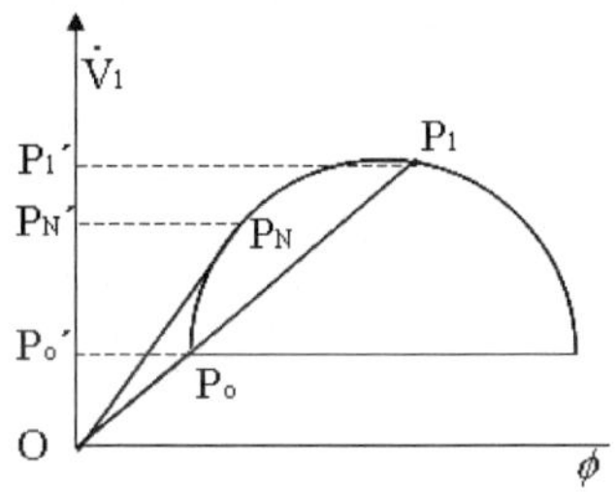

[그림 예제 35]

예제 36 E·x·e·r·c·i·s·e

3상유도전동기의 특성을 구하기 위해 구속시험을 해서 전류 I_S', 전압 V_s', 전력 P_s'를 측정하였다. 이때의 기동전류 I_s 및 역률 $\cos\theta_s$ 를 구하는 식을 쓰시오.

해설 식(4.61)에서 $\dfrac{I_s}{I_s'} = \dfrac{V_n}{V_s'}$, $P_s = P_s'\left(\dfrac{V_n}{V_s'}\right)^2$ 이므로 $I_s = I_s' \times \dfrac{V_n}{V_s'}$

$$\cos\theta_s = \frac{P_s}{\sqrt{3}\,V_n \times I_s} = \frac{P_s'\left(\dfrac{V_n^{\,2}}{V_s'^{\,2}}\right)}{\sqrt{3}\,V_n \times \left(I_s'\dfrac{V_n}{V_s'}\right)} = \frac{P_s'}{\sqrt{3}\,V_s' I_s'}$$

예제 37 E·x·e·r·c·i·s·e

원선도를 구하려면 어떤 실험이 필요한가?

해설 저항측정, 무부하시험, 구속시험

예제 38 E·x·e·r·c·i·s·e

3상유도전동기의 원선도를 그리고 1차전류, 역률, 효율, 2차효율, 슬립, 토크를 설명하시오.

해설 ① 1차전류 : $I_1 = \overline{OP}$[A]

② 1차부하전류 : $I_1' = \overline{NP}$[A]

③ 입력 : $P_1 = \sqrt{3}\, V_1 \overline{Pe}$ [W]

④ 출력 : $P_o = \sqrt{3}\, V_1\, \overline{Pb}$ [W]

⑤ 2차입력=동기왓트로 표시한 토크 $P_2 = \sqrt{3}\, V_1\, \overline{Pc}$ [W]

⑥ 무부하손= $\sqrt{3}\, V_1\, \overline{de}$ [W]

⑦ 1차동손= $\sqrt{3}\, V_1\, \overline{cd}$ [W]

⑧ 2차동손= $\sqrt{3}\, V_1\, \overline{bc}$ [W]

⑨ 토크 : $\tau = \dfrac{P_2}{9.8\,\omega_s} = \dfrac{\sqrt{3}\, V_1 \overline{Pc}}{9.8\,\omega_s}$ [kg · m]

⑩ 효율 : $\eta = \dfrac{P_o}{P_1} = \dfrac{\overline{Pb}}{\overline{Pe}}$

⑪ 2차 효율 : $\eta_2 = \dfrac{P_o}{P_2} = \dfrac{\overline{Pb}}{\overline{Pc}}$

⑫ 슬립 : $S = \dfrac{P_{2c}}{P_2} = \dfrac{\overline{bc}}{\overline{Pc}}$

⑬ 역율 : $\cos\theta_1 = \dfrac{\overline{Pe}}{\overline{OP}}$

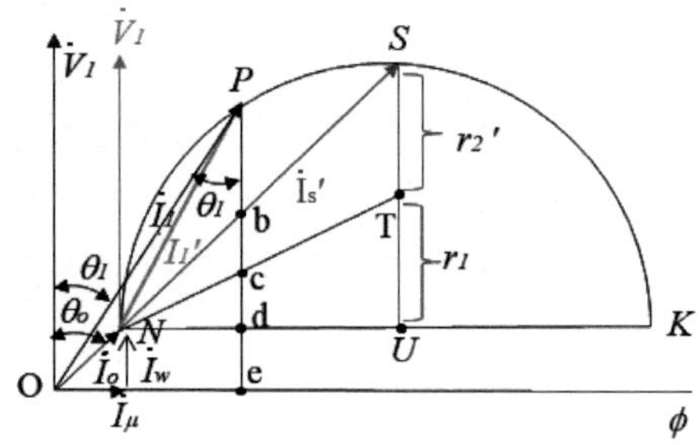

[그림 예제 38]

4.4 3상 유도전동기의 운전 및 역률개선

4.4.1 기동특성

[그림 4.24]와 같이 전동기의 기동토크 τ_s가 부하토크 τ_c보다 약간 크면 그 차이 $(\tau_s - \tau_c)$로 전동기는 기동하고 점점 속도가 증가해 나간다. 속도가 증가하면 점 m까지는 전동기의 토크 τ가 증가하기 때문에 두 토크의 차이 $(\tau - \tau_c)$가 가속 토크로 작용하고 그 속도는 갑자기 빨라진다.
최대토크가 생기는 슬립 s_m을 지나면 τ가 감소하기 때문에 가속토크는 감속하나 전동기의 속도는 계속 증가하여 전동기의 토크와 부하의 토크가 평행되는 $\tau = \tau_c$의 점 b' (슬립 s_1)에서 일정한 속도로 회전한다.

기동상태인 유도전동기는 2차측이 단락된 변압기와 같기 때문에 1차측에 직접 정격전압을 가하면 큰 기동전류가 흐르고 권선을 소손시킬 염려가 있다. 또 역률이 대단히 낮기 때문에 기동토크도 비교적 적고 따라서 기동하는데 필요한 피상전력[kVA]이 크므로 접속되어 있는 배전계통에 지장을 초래할 염려가 있다.

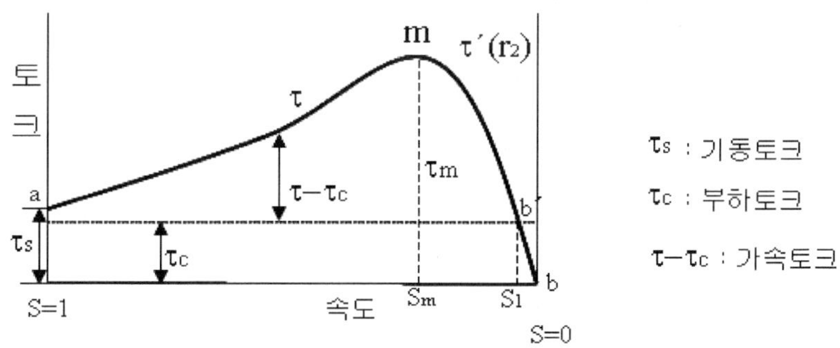

[그림 4.24] 기동경과

4.4.2 농형유도전동기의 기동법

(1) 전전압기동

농형유도전동기는 구조가 튼튼하고 운전조작이 간단한 것이 특징이다. 기동방법이 가장 간단한 것은 정지하고 있는 전동기에 정격전압을 직접 가하는 방법이며 이런 방법을 **전전압기동** 또는 **직접기동**이라 한다.

기동시에는 역률이 대단히 나쁘기 때문에 기동전류가 전부하전류의 400~600[%]에 도달하는데 비해 기동토크는 작다. 5[kW] 이하의 소용량 또는 기동전류가 특히 적게 설계된 특수농형전동기에서는 중용량까지 전전압기동이 이루어지고 있다.

(2) $Y-\Delta$ 기동법

전전압기동이 곤란할 때에는 [그림 4.25]와 같이 1차권선에 있는 각 상의 양쪽 끝을 단자에 인출해 두고, 기동할 때에는 스위치S를 기동 측으로 닫아서 1차권선을Y 접속하며, 전 속도에 가깝게 가속되었을 때에 운전 측으로 전환시켜 Δ 접속한다.

이 방법에 의하면 기동할 때에는 1차 각상의 권선에는 정격전압의 $1/\sqrt{3}$ 전압이 가해지기 때문에, 기동전류는 Δ 결선한 대로 전 전압기동을 한 경우보다 1/3이 되므로, 기동전류는 전 부하전류의 200~250[%] 정도로 제한된다. 그리고 토크는 전압의 제곱에 비례하기 때문에 기동토크도 1/3로 감소한다.

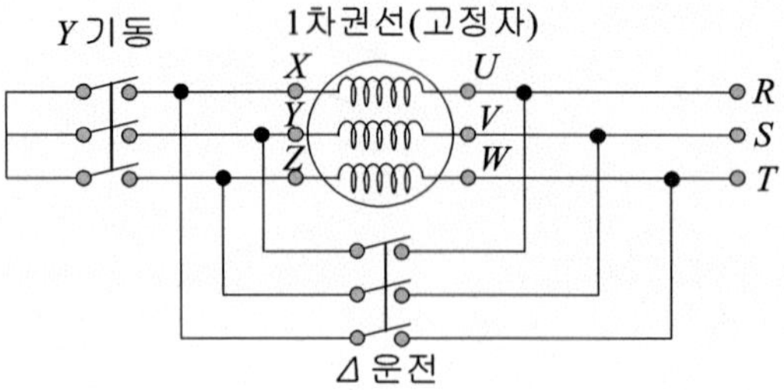

Y결선			Δ결선		
R	S	T	R	S	T
U	V	W	U	V	W
Y−Z−X			Y	Z	X

[그림 4.25] $Y-\Delta$ 기동법

예제 39 E·x·e·r·c·i·s·e

5.5[kW]의 전동기가 있다. 정격전압 200[V]에서 기동하면 기동전류는 120[A], 기동토크는 150[%]이다. 이 전동기를 $Y-\Delta$ 기동법으로 하면 기동전류 및 기동토크는 얼마인가.

➜ 해설 I_{Yl}, $I_{\Delta l}$을 $Y-\Delta$ 운전시의 기동전류(선전류)라 하고 Z를 1상의 임피던스라 하자.

Y 결선에서 선전류 $I_{Yl}=$ 상전류이므로 $I_{Yl}=\dfrac{V}{\sqrt{3}\ Z}$,

이것을 Δ 결선으로 하면 $I_{\Delta l}=\dfrac{V}{Z}\times\sqrt{3}$ 이다.

$$\frac{I_{Yl}}{I_{\Delta l}}=\frac{\dfrac{V}{\sqrt{3}\ Z}}{\dfrac{V}{Z}\times\sqrt{3}}=\frac{1}{3}$$

$\therefore\ I_{Yl}=I_{\Delta l}\times\dfrac{1}{3}=120\times\dfrac{1}{3}=40\,[\mathrm{A}]$ 이다.

기동토크는 1상에 가하는 전압(상전압)의 2승에 비례한다.

$$\frac{T_Y}{T_\Delta}=\frac{\left(\dfrac{V}{\sqrt{3}}\right)^2}{V^2},\quad \therefore\ T_Y=\tau_\Delta\times\frac{1}{3}=150\times\frac{1}{3}=50\,[\%]$$ 가 된다.

(3) 기동보상기법

약 15[kW] 정도 이상의 전동기에서 기동전류를 제한하려는 경우와 고압의 농형전동기에서는 **기동보상기**로서 **3상단권변압기**를 사용하여 기동전압을 낮추는 방법이 사용된다. 이 방법은 [그림 4.26] (a)와 같이 우선 조작핸들을 기동 측에 넣으면 기동보상기의 1차측이 전원에, 2차측이 전동기에 접속되며 기동전압이 전동기에 가해져서 기동한다. 거의 최종속도에 가까워졌을 때에 핸들을 운전 측으로 이동하여 정격전압을 공급함과 동시에 기동보상기를 회로에서 분리하는 것이다.

기동보상기에는 전원전압이 어떤 값 이하로 내려간 경우에 자동적으로 개폐기를 정지위치로 보내는 **저압해방장치**를 설치하는 것이 보통이다.

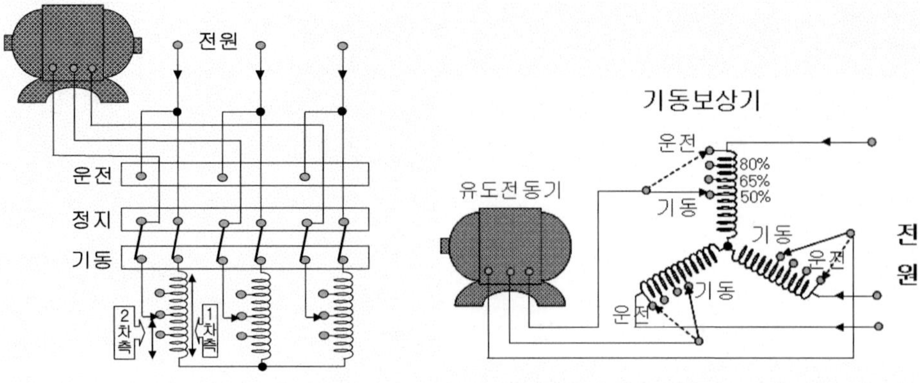

(a) (b)

[그림 4.26] 기동보상기에 의한 기동

그림 (b)는 그림 (a)를 알기 쉽도록 다시 그린 그림이다. 또, 와전류인 경우에도 회로를 열어서 정지위치로 보내는 보호장치를 설치한 것도 있다. 일반적인 단권변압기는 전전압의 50, 65, 80[%]의 탭을 갖고 있다.

(4) 리액턴스 또는 저항을 사용하는 방법

농형유도전동기의 1차측에 가감 리액턴스 또는 가감저항을 직렬로 접속하여 기동전류를 제한하고 가속한 다음 이것을 단락시키는 방법이다.
이 방법은 같은 기동전류에 대하여 기동보상기법보다 기동토크가 감소하는 결점이 있으나 장치가 간단하고 값이 싸며 또, 기동전류를 임의로 가감할 수 있기 때문에 기동토크를 적게 해서 기동할 때의 충격을 피하는 목적으로 사용되는 일이 있다.

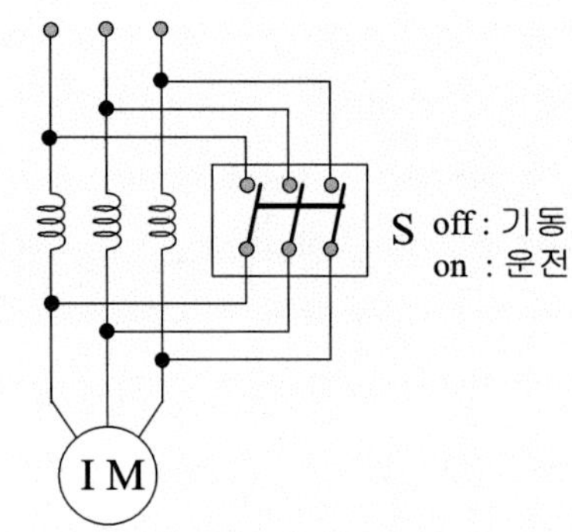

[그림 4.27] 리액턴스 사용

예제 40 E·x·e·r·c·i·s·e

200[V], 10[kW], 6극의 3상 유도전동기가 있다. 기동전류가 270[A], 기동토크는 160[%]이다. 이 전동기에 표준형 기동보상기를 사용하면 기동전류와 기동토크는 얼마인가.

➔ 해설 50[%]탭이 최저이므로 이 탭을 사용하면 전동기의 기동전류 I_{SM}는 공급전압에 비례하므로 $\frac{I_{SM}}{I_s}=\frac{0.5V}{V}$, $I_{SM}=270\times 0.5=135[A]$

기동보상기는 Y결선이고 손실이 없다고 하면 기동보상기의 입력은 기동보상기의 출력과 같다. 전원에서의 기동전류, 즉 단권변압기의 1차전류 I_s는

기동보상기 입력 = 기동보상기 출력에서

$\sqrt{3}\,VI_s=\sqrt{3}\,(0.5V)\,I_{SM}$, $I_s=0.5\times 135=67.5[A]$

또 기동토크는 $\frac{\tau_s}{\tau_n}=\left(\frac{0.5V}{V}\right)^2$, $\tau_s=160\times(0.5)^2=40[\%]$ 이다.

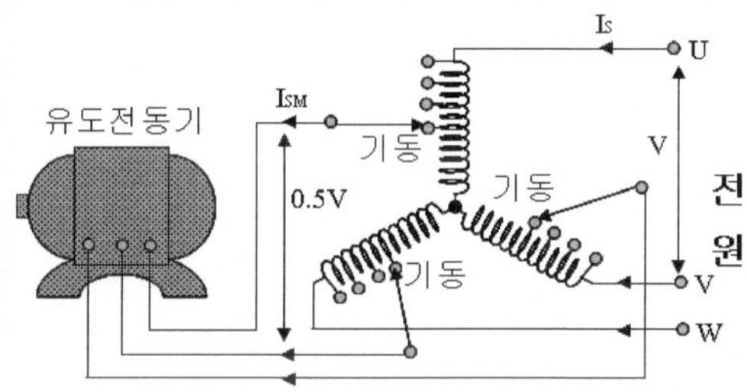

[그림 예제 40]

4.4.3 권선형 유도전동기의 기동법

유도전동기를 기동할 때에는 기동전류를 안전한 값으로 억제하고 기동 토크를 충분히 크게 해서 가속하는 것이다. 농형유도전동기의 기동방법은 1차측의 기동전압을 낮추므로 기동토크가 감소하는 결점이 있다.

유도전동기는 식 (4.45)와 같이 r_2'/s가 일정하면 토크의 값은 일정하다. 따라서 2차회로의 저항을 크게 하면 비례추이의 원리에 의하여 [그림 4.29]와 같이 기동시에 큰 토크를 얻을 수 있고 기동전류를 억제할 수도 있다.

그러나 유도전동기의 2차 권선저항을 크게 하면 운전상태의 특성이 나빠지므로 권선형 전동기에서는 저저항의 2차권선을 사용하고 슬립링을 통하여 외부에 가감저항기를 접

속한다. 이에 따라 기동할 때에는 2차 회로에 적당한 저항을 갖게 해서 필요한 기동토크를 얻으며, 동시에 기동전류를 억제토록 한다. 전동기의 속도가 상승함에 따라 외부저항을 점점 감소해 나가고 최후에는 슬립링이 있는 곳에서 단락하여 저항손의 증대를 방지하며 좋은 특성이 되도록 한다.

이와 같은 기동법을 **2차저항법**이라 하며 [그림 4.28]은 접속도이다. [그림 4.29]는 기동저항을 5단으로 조정한 경우이며 기동 중의 토크와 전류의 변화를 나타내고 있다.

권선형 유도전동기는 이와 같이 우수한 기동특성이 있으므로 대형으로 된 것은 이 형식을 많이 사용한다.

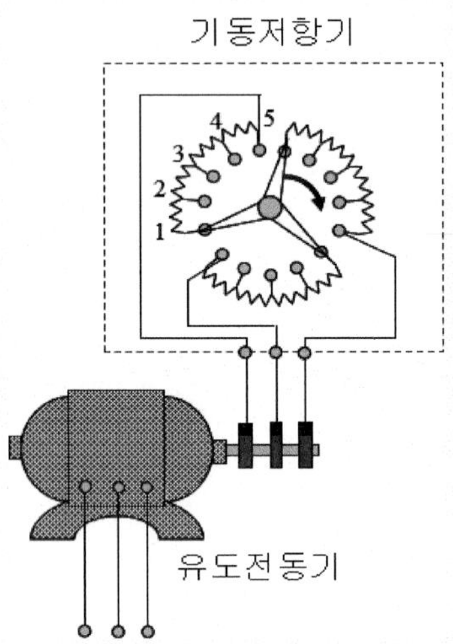

[그림 4.28] 2차 저항법

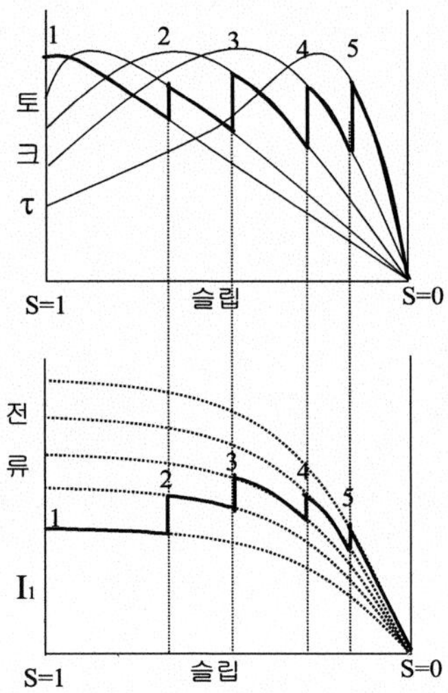

[그림 4.29] 기동중의 토크 및 전류의 변화

4.4.4 기동시 입력

농형유도전동기를 기동시킬 때에 기동전류를 제한하는 것은 과대한 기동전류에 의한 전동기 자체 및 개폐장치 등의 장해를 방지하고, 전동기에 접속되어 있는 배전계통에 나쁜 영향을 미치지 않도록 하기 위해서이다. 배전계통 측에서 보면 기동할 때에 전동기가 취하는 기동시 입력[kVA]의 대소가 중요한 문제로 된다.

기동장치를 사용하지 않은 경우에 기동시의 입력 P_s[kVA]는 다음 식으로 구할 수가 있다.

$$P_s = \sqrt{3} \times V_n \times I_s \times 10^{-3} [\text{kVA}]$$

이 식에다 식(4.61)을 대입하면

$$P_s = \sqrt{3}\ V_n \times (I_s' \times \frac{V_n}{V_s'}) \times 10^{-3} = \sqrt{3} \times \frac{V_n^{\ 2}}{V_s'} \times I_s' \times 10^{-3}[\mathrm{kVA}] \quad (4.64)$$

여기서, V_n : 정격1차전압[V]

I_s' : 전부하전류와 거의 같은 구속전류[A]

V_s' : I_s'를 보내는 데 요하는 전압[V]

① **기동계급** : 농형유도전동기를 사용하는 경우에는 그 전동기의 기동시 입력을 알아둘 필요가 있기 때문에, 이에 대한 규정이 있다.
기동계급이란, 기동장치를 사용하지 않은 경우의 출력 1[kW] 당에 대한 기동시 계급을 말하고, 출력 [kW] 당의 입력[kVA]에 따라 [표 4.4]와 같이 19계급으로 나누고, A, B, C, D, E, F, G, H, J, K, L, M, N, P, R, S, T, U, V의 기호로 표시하고 있다. 0.2[kW] 이상 37[kW] 이하인 저압 3상유도전동기 또는, 단상 유도전동기의 명판에는 기동계급의 기호가 기재되어 있다.

[표 4.4] 기동계급

기동 계급	1kW 당의 입력[kVA]		기동 계급	1kW 당의 입력[kVA]	
A	–	4.2 미만	L	12.0 이상	13.4 미만
B	4.2 이상	4.8 미만	M	13.4 이상	15.0 미만
C	4.8 이상	5.4 미만	N	15.0 이상	16.8 미만
D	5.4 이상	6.0 미만	P	16.8 이상	18.8 미만
E	6.0 이상	6.7 미만	R	18.8 이상	21.5 미만
F	6.7 이상	7.5 미만	S	21.5 이상	24.1 미만
G	7.5 이상	8.4 미만	T	24.1 이상	26.8 미만
H	8.4 이상	9.5 미만	U	26.8 이상	30.0 미만
J	9.5 이상	10.7 미만	V	30.0 이상	
K	10.7 이상	12.1 미만			

※ 비고 : 1kW 당의 기동시 입력(단상의 경우)$= \dfrac{E\,I_{st}}{1{,}000 \times \text{정격출력}[\mathrm{kW}]}$

1kW 당의 기동시 입력(3상의 경우)$= \dfrac{\sqrt{3}\ E^2\ I_s'}{1{,}000\ E_s' \times \text{정격출력}[\mathrm{kW}]}$

식에서 E : 정격전압[V]

I_s' : 전부하 전류에 근사한 구속전류[A]

E_s' : I_s'에 대한 임피던스 전압[V]

I_{st} : 기동전류 [A]

4.4.5 회전방향 및 역회전

전동기를 [그림 4.30]과 같이 1차측의 3선중 임의의 2선을 바꾸면 1차권선에 흐르는 3상교류의 상순서가 반대로 되기 때문에 자계의 회전방향이 바뀌며, 따라서 전동기의 회전방향이 반대방향으로 역전된다.

[그림2.41]에서 상순서가 반대인 경우를 적용해보면 회전자계가 반대로 회전하는 것을 알 수 있다.

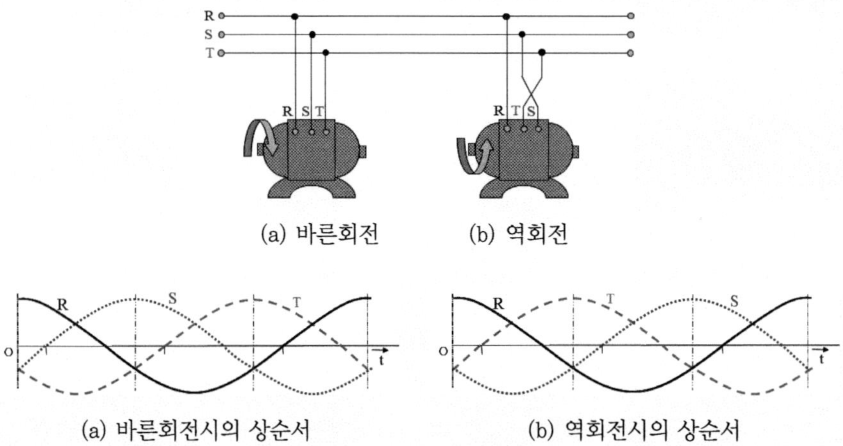

[그림 4.30] 역전방법

4.4.6 운전의 안정 및 불안정

[그림 4.31]의 곡선 τ 을 유도전동기의 토크속도곡선이라 한다. 지금 부하가 요구하는 토크를 파선 τ_c 로 표시하는 것으로 하면 τ 와 τ_c 의 곡선 a' 와 b' 의 두 점에서 교차한다. 두 점에서는 어느 것이나 $\tau_c = \tau$ 이기 때문에 토크의 평형을 유지하여 일정한 속도로 운전되는 것같이 보인다.

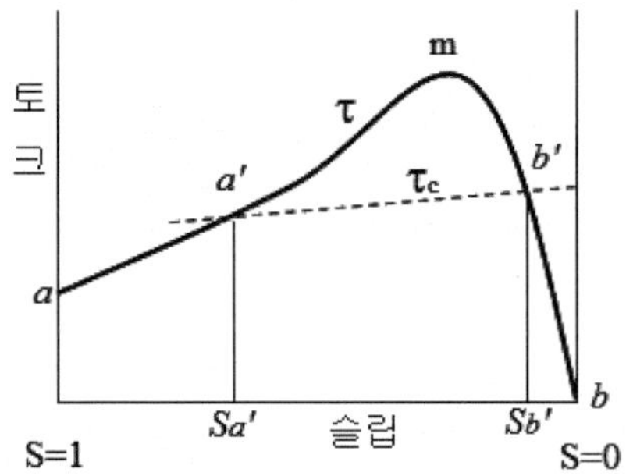

[그림 4.31] 운전의 안정과 불안정

그러나 a' 에서 어떤 원인으로 전동기의 속도가 약간 증가했다고 하면 점 a' 에서 운전은 $\tau > \tau_c$ 로 되기 때문에 전동기의 속도는 상승하고, 속도가 약간 감소하면 $\tau < \tau_c$ 가 되므로 속도는 계속 감소하여서 운전이 불안전하다. 그런데, 점 b' 의 운전에서 속도가 약간 증가하면 $\tau < \tau_c$가 되므로 속도는 감소하고, b' 보다 속도는 감소하면 $\tau > \tau_c$가 되므로 속도는 상승하여 원래의 회전속도가 되기 때문에 일정한 속도를 유지하여 안정된 운전을 계속할 수 있다.

그러므로 b' 점에서는 $\dfrac{d\tau}{dn} < \dfrac{d\tau_c}{dn}$ 이므로 안전운전을 하고, a' 점에서는 $\dfrac{d\tau}{dn} > \dfrac{d\tau_c}{dn}$ 이므로 불안전 상태라 할 수 있다.

따라서, 토크속도곡선 중의 m 과 b 사이에서만 안정된 운전이 이루어지고, m 과 a 사이에 대한 운전은 불안정하다는 것을 알 수 있다. 그리고 이미 설명한 바와 같이, 2차회로의 저항이 적을수록 곡선의 정점 m 은 b 쪽에 가까워지고 mb 부분의 경사가 급하므로, 2차권선의 저항이 적을수록 부하의 변화에 따라 생기는 속도의 변화가 적어진다.

4.4.7 이상기동현상

3상유도전동기를 기동할 때, 회전자가 정격속도보다 낮은 어떤 속도에서 일정하며 그 이상 가속하지 않고 전류도 대단히 커져서 소손될 염려가 생기는 일이 있다.

(1) 차동기운전

3상유도전동기에서 회전자속의 기본파에 의한 토크속도곡선은 [그림 4.32]의 τ_1 과 같이 된다. 실제로 고정자자속에는 공간고조파가 포함되는 일이 있으며, h 를 고조파차수, m 을 상수, n 을 정수라고 할 때

$$h = 2nm \pm 1 \tag{4.65}$$

에서 +일 때에 7, 13 고조파는 기본파와 같은 방향으로, −일 때는 5, 11, 17 고조파는 기본파와 반대방향으로 n_s/h 의 속도로 회전자계가 발생한다. (그러나, $h = 3k$, k : 기수 즉 3, 9, 15의 고조파는 회전자계가 발생하지 않는다.)
제 7고조파에 의하는 것은 그림의 τ_7 과 같은 곡선으로 표시되어 이것이 τ_1 에 겹치기 때문에 합성토크는 그림의 τ_o 과 같이 된다. 부하토크가 τ_c 로 표현된다고 하면 두 곡선은 d, g 에서 교차하기 때문에 기동하는 경우 먼저 g 에 상당하는 슬립에서 한층 안전상태가 되고 그 이상 가속하지 않는 일이 있다. 이러한 현상을 **차동기운전**(crawling)이라고 한다.

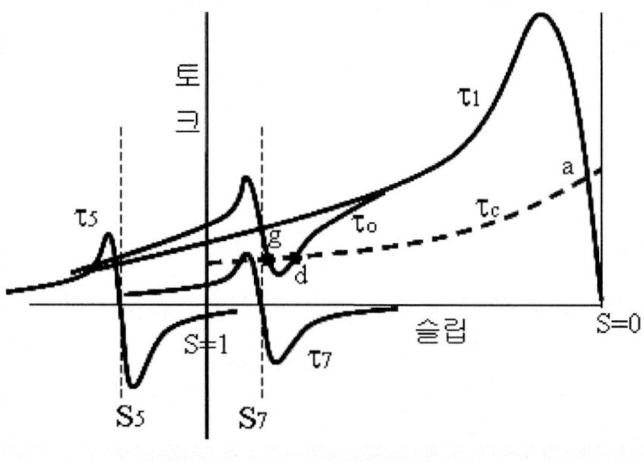

[그림 4.32] 차동기운전의 설명

이와 같은 슬립에서는 1차전류가 크므로 잘못하면 전동기를 소손시킬 염려가 있다.
차동기운전이 생기는 것은 소용량의 농형전동기에 많고, 주된 원인은 고정자슬롯과 회전자슬롯의 수에 대한 상대적 관계에 따르는 것으로 생각되며 어떤 고정자 슬롯수에 대하여 부적당한 회전자 슬롯수가 있다. 따라서 경사슬롯(스큐슬롯. [그림 4.4]의 (b)와 같이 회전자축에 대하여 경사지게 만든 슬롯)을 채용해서 어느 정도 이것을 피할 수가 있다.

(2) 게르게스현상

3상권선형유도전동기의 2차회로가 한 개 단선된 경우에는 2차회로에 단상전류가 흐르므로 부하가 약간 큰 정도에서는 $s =$ 50[%] 인 곳에서 걸리며 그 이상 가속하지 않는

다. 이는 이 점에서 토크가 낮은 부분이 생기기 때문이며 **게르게스현상**이라고 한다.

예제 41 E·x·e·r·c·i·s·e

3상유도전동기를 정격전압, 정격주파수에서 기동할 때 기동전류가 650[%] 기동토크가 120[%]이었다. 이 전동기를 65[%] 탭의 리액터로 기동하면, 기동전류 및 기동토크는 얼마인가?

➔ 해설

$$\frac{\tau'}{\tau}=\left(\frac{V'}{V}\right)^2 \qquad \tau'=\tau\times\left(\frac{0.65\,V}{V}\right)^2=120\times(0.65)^2=51[\%]$$

$$\frac{I'}{I}=\frac{V'}{V} \qquad I'=I\times\frac{0.65\,V}{V}=650\times 0.65=423[\%]$$

예제 42 E·x·e·r·c·i·s·e

정격전압에서 기동하면 기동전류가 500[%], 토크가 150[%]의 3상농형유도전동기가 있다. 기동 보상기를 사용하여 기동전류를 250[%]로 제한할 때의 기동토크는 얼마인가?

➔ 해설

$$\frac{250}{500}=\frac{m\,V}{V},\ m=\frac{250}{500}=0.5 \qquad \therefore\ 50[\%]\text{ 의 탭을 사용}$$

$$\frac{\tau'}{150[\%]}=\left[\frac{0.5\,V}{V}\right]^2 \qquad \tau'=150\times0.5^2=37.5[\%]$$

예제 43 E·x·e·r·c·i·s·e

3상농형 유도전동기를 전전압기동하는 경우의 토크 및 기동전류는 각각 전부하에 따른 값 1.8배 및 4.5배이다. 지금 기동보상기를 사용하여 전압을 2/3로 해서 기동하는 것으로 하면 토크 및 기동전류는 각각 전부하에 따른 값의 몇 배가 되는가?

➔ 해설

$$\frac{\tau'}{\tau}=\left[\frac{\frac{2}{3}V}{V}\right]^2, \qquad \tau'=\tau\times\left(\frac{2}{3}\right)^2=1.8\times\left(\frac{2}{3}\right)^2=0.8[\text{배}]$$

$$I'=I\times\frac{2}{3}=4.5\times\frac{2}{3}=3\text{배}$$

예제 44 E·x·e·r·c·i·s·e

200[V], 7.5[kW] 6극의 3상 농형 유도전동기가 있다. 정격전압에서 기동하면 기동전류 615[%] 기동토크 225[%]이다. 지금 기동보상기를 이용하여 기동토크를 전부하토크와 같게 하려면 보상기의 탭은 몇 [%]가 되는가? 또, 이때의 기동전류는 몇 [%]로 되는가?

➔ 해설 $\frac{100}{225}=\left(\frac{mV}{V}\right)^2$ $m=\sqrt{\frac{100}{225}}=0.66$ 65[%] 의 탭을 사용.

$\frac{I'}{I}=\frac{0.65V}{V}$, $I'=615\times 0.65=400[\%]$

4.4.8 속도제어법

유도전동기는 정격부하시의 슬립이 적고, 무부하와 전부하시 회전수가 거의 변하지 않는 정속도전동기이다. 그런데, 부하의 종류에 따라 회전수를 변화시킬 필요가 있으며 유도전동기의 속도제어방법은 다음과 같다.

① 1차 전압제어 ② 1차 주파수제어
③ 2차 저항제어 ④ 2차 여자제어
⑤ 극수변환 ⑥ 전자계수
⑦ 종속접속

(1) 1차전압제어

식 (4.49)에서 유도전동기의 토크는 전압의 2승에 비례해서 변화하는 성질을 이용하여 운전하는 전동기의 슬립을 바꾸는 방법이다. [그림 4.33]은 1차 전압을 변화하는 경우의 토크-슬립 곡선을 표시한 것이다. 1차전압이 V_1 일 때, 슬립 s_1 으로 운전한다고 하면, 1차전압을 V_2 로 낮출 때에는 토크는 전압의 2승으로 낮아지므로 슬립 s_2 로 운전되어서 슬립은 커지고 속도는 감소한다. 즉, 전부하시의 슬립은 공급전압의 2승에 반비례하는 것을 알 수 있다.

$$\frac{s_2}{s_1}=\frac{{V_1}^2}{{V_2}^2} \tag{4.66}$$

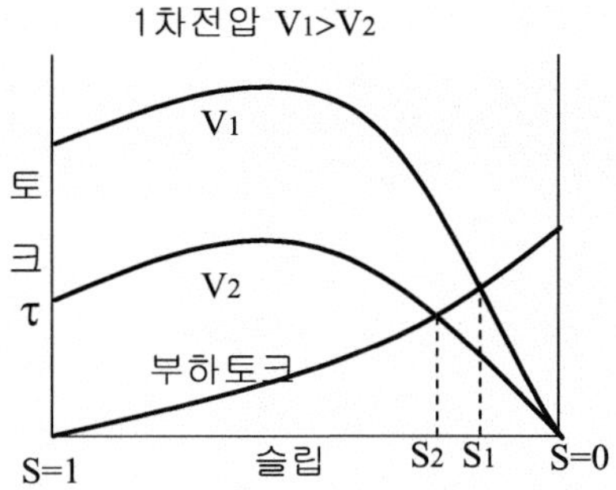

[그림 4.33] 토크－슬립곡선

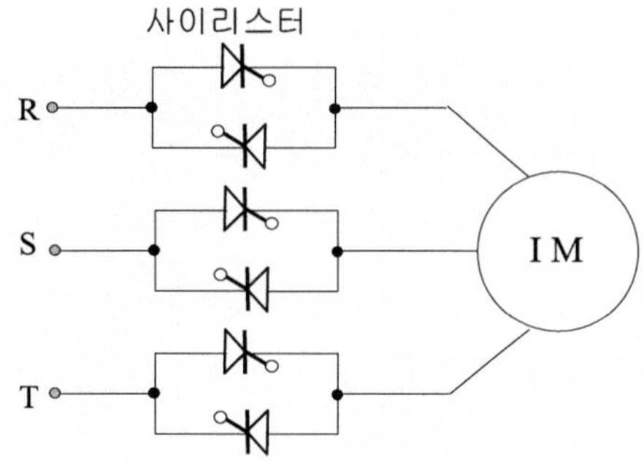

[그림 4.34] 1차전압제어

예제 45 E·x·e·r·c·i·s·e

정격전압이 220[V]인 3상유도전동기의 전부하 슬립이 3[%]이다 공급전압이 200[V]일 때 전부하 슬립은 얼마인가?

→ 해설 식 4.66에서

$$\frac{s_2}{s_1}=(\frac{V_1}{V_2})^2$$

$$s_2=s_1\times\left(\frac{V_1}{V_2}\right)^2=0.03\times\left(\frac{220}{200}\right)^2=0.0363 \qquad 3.63[\%]$$

전압은 다음과 같은 방법으로 바꾼다.

① **사이리스터를 이용하는 방법** : [그림 4.34]와 같이 유도전동기의 1차측에 사이리스터를 접속하고, 주파수 1[Hz]의 주기마다 통전시간(제어각)을 변하는 것에 의해 전압을 바꾸는 방법이다.

② **리액터을 이용하는 방법** : 전동기의 1차측에 리액터를 접속하고, 그 리액턴스를 변화하는 것에 의해 1차전압을 제어하는 방법이다.

(2) 1차주파수제어

전동기의 회전수는 1차주파수에 비례하는 것을 이용하여 속도제어를 할 수가 있다.

전동기에서 회전자계의 자속 $\varPhi$는 식 (4.4)에서 $\varPhi=\dfrac{E_1}{4.44\ k_1 w_1 f_1}$ 이므로 1차전압에 비

례하고 주파수에 반비례한다. 따라서 주파수를 바꾸어서 속도제어를 하는 경우, 자속을 일정하게 유지하기 위해 주파수와 그 전압을 동시에 바꾸어서 V_1/f_1를 일정하게 해야 한다. 이때, 전압을 일정하게 하고, 주파수만 낮추면 자속 Φ 는 증가하고 그 자속 Φ 를 만들기 위해 여자전류가 현저히 증가하게 된다.

다음에 주파수를 변화할 때 최대토크가 어떻게 변화하는가를 생각하여 보자.

식 (4.38)에서

$$\tau = \frac{P_2}{\omega_s}[\mathrm{N \cdot m}] = \frac{P_2}{2\pi \frac{2f_1}{P}}[\mathrm{N \cdot m}] = \frac{P_2}{\frac{4\pi f_1}{P}}[\mathrm{N \cdot m}]$$

이며, 최대토크일 때 2차입력을 설명한 식 (4.49)는

$$\tau_m' = P_{2\max} = \frac{m_1 V_1^2}{2\left\{r_1 \pm \sqrt{r_1^2 + (x_1 + x_2')^2}\right\}}[\mathrm{W}]$$

이였다. 식 (4.38)에 식 (4.49)을 대입하면 최대토크의 식은 다음과 같이 된다.

$$\tau_m = \frac{m_1 V_1^2}{\frac{4\pi f_1}{P} \, 2\left\{r_1 \pm \sqrt{r_1^2 + (x_1 + x_2')^2}\right\}} \fallingdotseq \frac{V_1^2}{f_1^2} \tag{4.67}$$

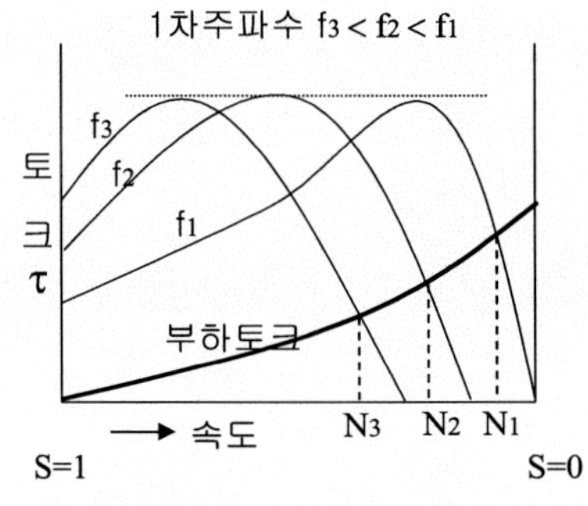

[그림 4.35] 1차 주파수제어

이 식에 의해 r_1 이 x_1 및 x_2'에 대하여 대단히 적기 때문에 생략한다고 하면, $x_1,\ x_2'$ 는 모두 주파수에 비례하기 때문에, V_1/f_1 가 일정하게 되도록 주파수와 전압을 변화하

면, 최대토크 T_m 은 [그림 4.35]와 같이 거의 일정하게 속도제어가 된다.

그러나, 이 방법은 가변주파수의 전원이 필요하므로 설비비가 많이 들며 포트모터나 유도전동기로 선박을 추진시키는 것과 같은 특수한 경우에 사용한다.

가변주파수전원으로는 회전기를 이용하는 일도 있지만, 최근에는 사이리스터 회로를 응용한 주파수 변환회로가 많이 이용하게 된다.

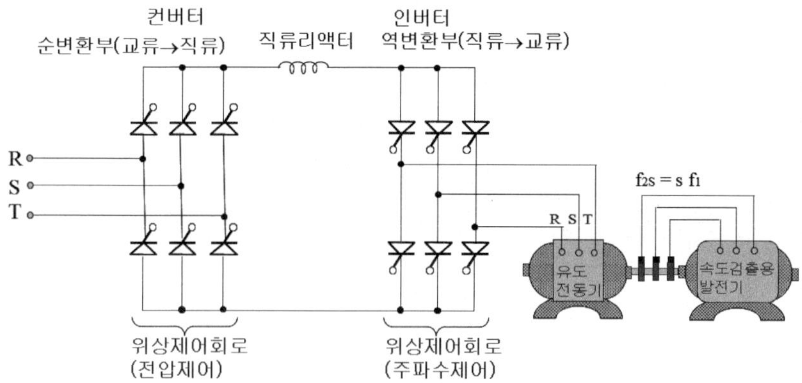

[그림 4.36] 주파수 변환회로

[그림 4.36]은 사이리스터에 의한 주파수 변환회로이다. 상용주파수의 교류전압을 가하여 순변환부(컨버터)에서 가변의 직류전압으로 변환하는 것을 다시 역변환부(인버터)에서 다른 주파수의 교류전압으로 변환하는 것이다.

이 교류전압으로 구동시키는 전동기의 속도제어는 속도검출용 발전기와 속도설정기의 기준치와를 비교하여 그 속도차에 의한 순변환부의 위상을 변화하여 전압을 제어한다. 그리고 속도검출용 발전기의 회전속도를 기준으로 하고, 슬립주파수를 가한 주파수에서 역변환부의 주파수를 정하고 있다.

(3) 2차저항제어

2차저항제어법은 권선형전동기에 한하여 이용하는 방법으로 2차측에 슬립링을 부착하고 속도제어용 저항을 넣은 것이다. 4.3.3 **비례추이**에서 설명한 바와 같이 저항에 따라 조정하여 부하토크와의 교점을 변화시켜서 속도를 제어하는 방법이다.

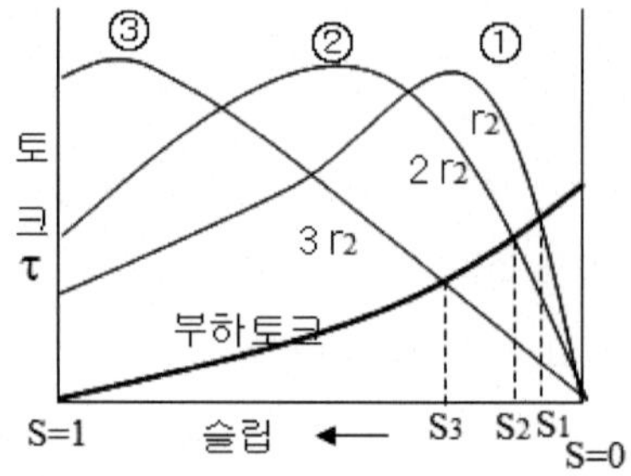

[그림 4.37] 2차저항에 의한 속도제어

[그림 4.37]에 의해 슬립 s_1 에서 운전할 때, 2차저항을 r_2 에서 2 r_2 로 변환시키면, 토크곡선을 ①에서 ②로 바뀌고 토크곡선 ②와 부하토크와의 교점 s_2 에서 운전되는 것이 된다. 이와 같이 2차저항을 조정하는 것에 의해 속도제어를 할 수 있으며 [그림 4.28]과 같이 2차저항을 접속한다.

그러나, 기동저항기는 단시간(30~60초정도)만 사용하도록 설계되었으므로 장시간 연속 사용하는 속도제어에는 사용되지 않는다. 따라서 속도제어용에는 전류용량이 큰 저항기가 필요하므로 대형이 되고 가격도 비싸진다. 이러한 목적에 사용하는 저항기를 **속도조정기**라고 하며, **기동기**로도 쓰인다. 저항을 가감하기 위하여 제어기를 사용하는 일도 있으며 제어기에는 회전방향을 제어할 수 있는 것도 있다.

이 방법은 전류가 큰 2차회로에 저항을 넣고 제어하는 것이기 때문에 2차저항손이 매우 커지며 효율이 저하되는 결점이 있다. 그러나 이 방법은 조작이 간단하고 값이 싸며 기동토크나 전류의 특성이 좋고 또, 동기속도 이하의 속도제어를 연속적으로 원활하게 넓은 범위에 걸쳐서 할 수 있으므로 크레인이나 권상기 등에 널리 채용되고 있다. 속도제어의 한도는 동기속도의 40[%] 정도까지이며, 이보다 저속도로 하면 [그림 4.31]에서 아는 바와 같이 약간의 토크변동에 따라 속도가 크게 변화하기 때문에 안정된 운전을 할 수 없게 된다.

(4) 2차여자제어

2차여자제어법은 2차저항제어법과 같이 권선형전동기에 한하여 이용되고 있다. 따라서 2차저항제어법과 다른 점은 2차측에 저항을 넣은 대신에 2차저항에 의해 생기는 전압강하분의 전압을 2차측의 외부에서 슬립링을 통하여 공급하는 방법이다.

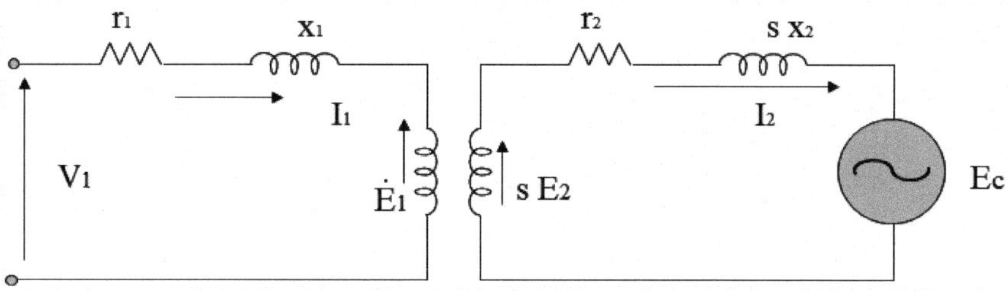

[그림 4.38] 2차여자제어법

위의 설명을 1상분으로 표시하면 [그림 4.38]과 같이 된다.

유도전동기에서 2차전류의 크기는 2차회로의 임피던스와 2차유도기전력 $s\,E_2$ 에 따라 결정된다.

① 2차주파수와 같은 주파수의 전압 E_c 를 $s\,E_2$ 와 반대위상으로 외부에서 2차회로에 가하면, 2차전류 I_2 를 다음과 같이 된다.

$$I_2 = \frac{s\,E_2 - E_c}{\sqrt{{r_2}^2 + (s\,x_2)^2}} \tag{4.68}$$

여기서, s 가 적을 때는 $(sx_2)^2 \ll {r_2}^2$ 이므로 $(sx_2)^2$ 을 무시하면

$$I_2 = \frac{s\,E_2 - E_c}{r_2}$$

이 식에서 r_2 는 일정하므로 I_2 도 일정하고 따라서 토크를 일정하다고 생각하면 $s\,E_2 - E_c$ 는 일정하다.

② 이 때에 E_c 을 크게 하면 $s\,E_2$ 는 커져야 하므로 슬립 s 는 증가하고 속도는 감소한다.

③ 다음에 E_c 를 $s\,E_2$ 와 같은 위상으로 가하면, 합성 2차전압은 $s\,E_2 + E_c$ 로 되므로 E_c 만으로 부하토크에 상당하는 2차전류를 보낼 수 있으면 $s\,E_2 = 0$ 이 되고 전동기는 부하를 건 상태에서 동기속도로 회전하게 된다.

④ 다시 E_c 를 증가시키면 $s\,E_2 + E_c$ 가 일정하게 되기 위해서 $s\,E_2$ 는 $-$값이 되어야 하므로 s 는 $-$값이 되고 동기속도 이상으로 회전하게 된다.

이와 같은 방법을 **2차여자**라고 하며, 전동기의 속도를 동기속도의 이하로 광범위하게 제어할 뿐만 아니라 역률도 개선할 수가 있다.

예제 46 E·x·e·r·c·i·s·e

권선형 유도전동기의 2차 회로에 교류여자기를 접속시켜 동기속도에 대하여 30[%] 감속시킬 때의 여자기전압 및 주파수는 얼마나 되는가?

해설 E_c를 sE_2와 반대위상으로 외부에서 2차회로에 가하면,

2차전류 I_2는 $I_2 = \frac{sE_2 - E_c}{r_2}$ 에서 $sE_2 - E_c$는 일정하다.

동기속도에서 $n \fallingdotseq n_s \quad s \fallingdotseq 0 \quad sE_2 \fallingdotseq 0 \quad I_2 \fallingdotseq 0$ 이 된다.

이 때에 E_c를 크게 하면 sE_2는 커져야 하므로 슬립 s는 증가하고 속도는 감소한다.

N가 Ns에 비해서 30[%]감속은 $N = 0.7N_s$ 라는 말이다.

즉, $s = \frac{N_s - N}{N_s} = \frac{N_s - 0.7N_s}{N_s} = 0.3$ 가 된다.

$\therefore\ E_c = sE_2 = 0.3E_2 \quad , f_{2s} = sf_1 = 0.3f_1$

---

① **역률개선** : 유도전동기의 역률이 낮은 주요한 원인은 회전자속을 만들기 위한 여자전류 I_o를 1차측에서 공급하기 때문이다. 더욱이 I_o의 대부분인 자화전류 I_μ가 1차 전압보다 거의 $\pi/2$ 늦은 위상의 무효전류가 되고 그 크기는 자기회로에 공극이 있기 때문에 비교적 크다.

지금 2차회로에 외부로부터 2차주파수의 전압 E_c를 2차유도기전력 sE_2보다 $\pi/2$ 만큼 앞선 위상으로 가하고 E_c의 전원회로 임피던스를 무시하면 이경우에 흐르는 2차전류 I_{2c}는 다음과 같이 된다.

$$I_{2c} = \frac{\sqrt{(sE_2)^2 + E_c^{\,2}}}{\sqrt{r_2^{\,2} + (sx_2)^2}} = \sqrt{\frac{(sE_2)^2}{r_2^{\,2} + (sx_2)^2} + \frac{E_c^{\,2}}{r_2^{\,2} + (sx_2)^2}}$$

$$= \sqrt{\left(\frac{sE_2}{\sqrt{r_2^{\,2} + (sx_2)^2}}\right)^2 + \left(\frac{E_c}{\sqrt{r_2^{\,2} + (sx_2)^2}}\right)^2} = \sqrt{I_2^{\,2} + I_c^{\,2}} \qquad (4.69)$$

여기서, $I_2 = \frac{sE_2}{\sqrt{r_2^{\,2} + (sx_2)^2}}, \quad I_c = \frac{E_c}{\sqrt{r_2^{\,2} + (sx_2)^2}}$

또, I_2가 sE_2보다 늦은 각도를 θ_2라고 하면 $\theta_2 = \tan^{-1}\frac{sx_2}{r_2}$ 이며, I_c가 E_c보다 늦

은 각도도 또한, $\theta_2 = \tan^{-1}\dfrac{s\,x_2}{r_2}$ 이다. 따라서 이러한 경우의 벡터도는 철손을 무시해서 그리면 [그림 4.39]와 같이 된다.

2차전류 I_{2c} 의 위상은 2차여자를 하지 않는 경우의 2차전류 I_2 보다 위상이 앞서 있는 것을 알 수 있다.

따라서 1차전류의 위상도 앞서게 되어서 이것과 1차전압 사이의 위상차가 적어지며 역률이 개선된다. 2차여자기에는 **정류자형 주파수변환기**를 사용하는 경우가 있다.

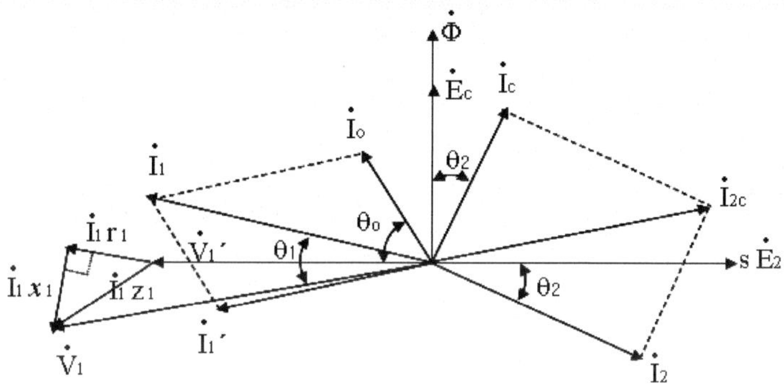

[그림 4.39] 역률개선

(5) 극수변환

유도전동기의 속도는 식 $N_s = \dfrac{120\,f}{P}$ [rpm] 에서 극수에 반비례하기 때문에 고정자 권선구성을 바꾸어서 극수를 바꾸면 단계적으로 속도를 바꿀 수가 있다.

[그림 4.40] (a)는 8극의 접속도에서, 전류는 A 단자에 들어가서 4개의 코일을 직렬로 흘러 B로 나오기 때문에 자극은 N, S로 표시한 것과 같이 8개로 된다.

다음에 (b)와 같이, 단자 A와 B를 접속해서 단자 C로 하고 전류가 여기에서 들어가서 코일의 중간단자 D에서 나오면, 자극은 N, S로 표시한 것과 같이 4극이 되고, 전류회로는 두 회로로 된다.

극수를 바꾸는 경우, 동일선간전압에서 코일에 가해진 전압이 크게 변화해도 절연강도의 관계에서 좋아지지 않기 때문에, 가능한 한 큰 차이가 나타나지 않도록 단자접속을 변경한다.

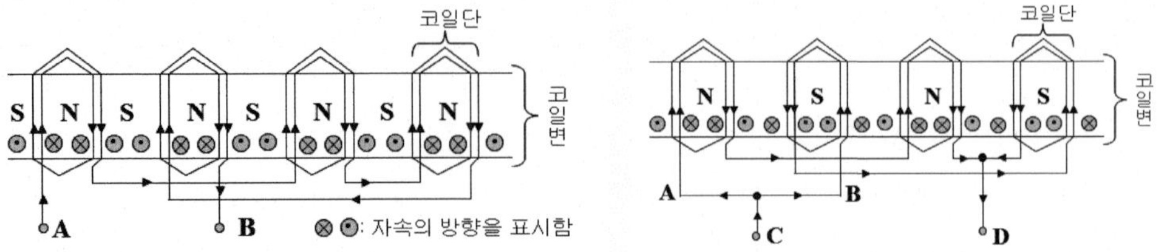

(a) 8극의 경우

(b) 4극의 경우

[그림 4.40] 극수변환접속의 예

(6) 전자계수

전자계수는 [그림 4.41]과 같이, 부하측에는 여자권선을 갖는 자극이 있고, 전동기측에는 MC원통이 직결되어 있으며, 자극과 MC원통은 좁은 공극을 사이에 두고 결합되어 있다. 전동기를 운전하면 전동기에 직결되어 있는 MC원통이 회전한다.

다음에 슬립링을 통하여 자극을 여자하면 MC원통에는 자속을 자르면서 와전류가 유도되어 부하측에 전자력이 발생하고, 전동기와 같은 방향으로 회전한다.

부하측에 전달하는 토크는 여자전류의 크기에 따라서 원통과 자극의 상대속도가 변화하기 때문에 직류여자전류를 조정하는 것에 의해 속도제어가 간단히 이루어진다.

전자계수에 의해 속도제어는 MC원통에 발생하는 와전류손의 전부가 열로 되기 때문에, 냉각에 대하여 충분히 고려해야 한다.

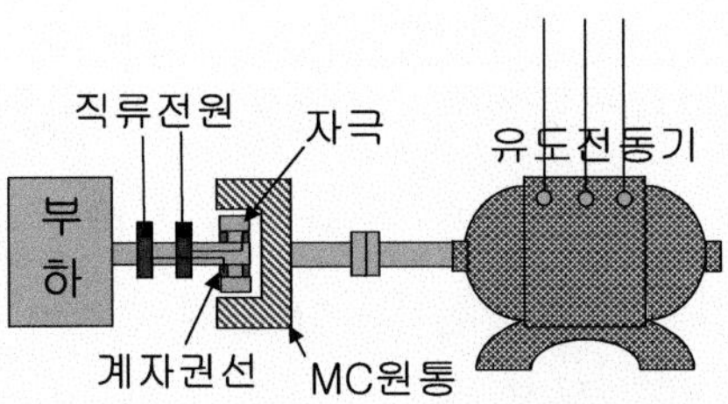

[그림 4.41] 전자계수

(7) 종속접속

① **직렬종속법** : 2대의 권선형 유도전동기를 기계적으로 직결하고, [그림 4.42]의 (a)와 같이 전원에 접속한 다음, 전동기M_1 의 2차를 다른 전동기의 1차에 접속하고 M_2 의 2차는 외부저항기에 접속한다.

M_1, M_2 의 극수를 P_1, P_2 라고 하면 무부하 회전속도 n 은

$$n = \frac{2f}{P_1}(1-s) = \frac{2sf}{P_2}[\text{rps}]$$

따라서, $$n = \frac{2f}{P_1 + P_2}[\text{rps}], \quad N = \frac{120f}{P_1 + P_2}[\text{rpm}] \qquad (4.70)$$

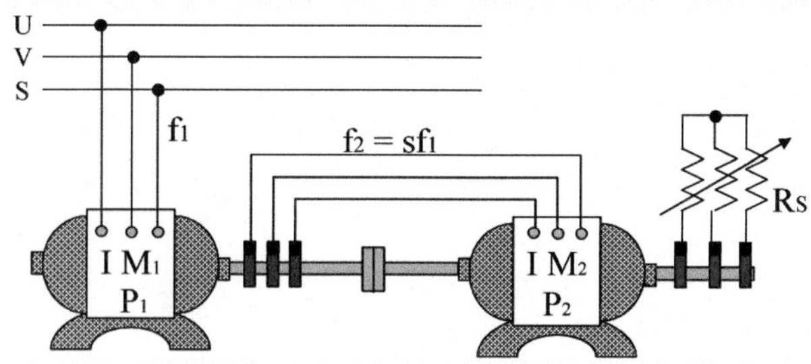

(a)

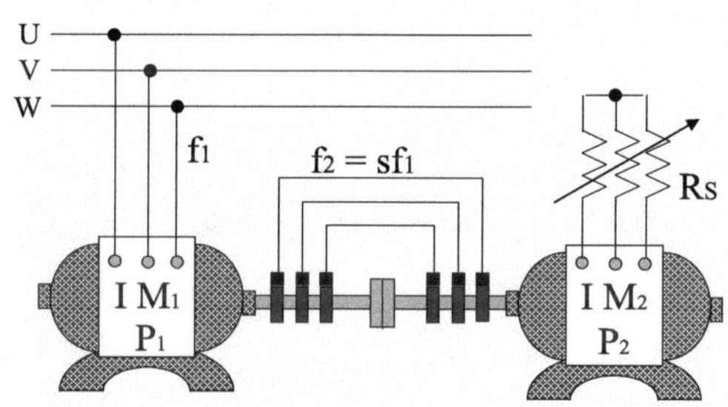

(b)

(a)에서 두전동기의 자계의 회전방향을 같게 하거나, (b)에서 자계의 회전방향을 서로 반대 방향으로 하는 것을 직렬종속법이라 한다.
(a)에서 두전동기의 자계의 회전방향을 반대로 접속하거나, (b)에서 자계의 회전방향을 같은 방향으로 하는 것을 차동종속법이라 한다.

[그림 4.42] 직렬종속법과 차동종속법

이것은 두 전동기 극수의 합을 극수로 하는 전동기의 동기속도이다.

2대의 전동기의 접속을 그림 (b)와 같이 M_1 의 2차를 M_2 의 2차에 접속하고, M_2 의 1차를 외부저항에 접속한다. M_1 의 고정자가 만드는 회전자계의 방향과 M_1 의 회전자가 만드는 회전자계의 방향이 서로 반대가 되도록 접속하여도 같은 결과가 얻어진다.

만일, 그림 (a)에서 두전동기의 자계의 회전방향을 반대로 접속하거나 그림 (b)에서 자계의 회전방향을 같은 방향으로 하는 것을 **차동종속법**이라 하며

$$n = \frac{2f}{P_1 - P_2}[\text{rps}], \quad N = \frac{120f}{P_1 - P_2}[\text{rpm}] \tag{4.71}$$

가 되고, 극수가 다른 2대의 전동기를 사용하면, 각 전동기가 단독 운전할 때까지 포함하여 4종의 무부하속도가 얻어질 수가 있다.

② **병렬종속법** : [그림 4.43]과 같이 2대의 전동기 M_1, M_2를 기계적으로 직결하고 고정자를 전원에 접속한 것을 병렬종속법이라 한다. 여기서, M_1, M_2의 회전자계의 방향은 같고 회전자권선의 상회전방향이 반대일 경우의 회전자속도 N는

$$N = \frac{240f}{P_1 + P_2}[\text{rpm}] \tag{4.72}$$

이 된다.

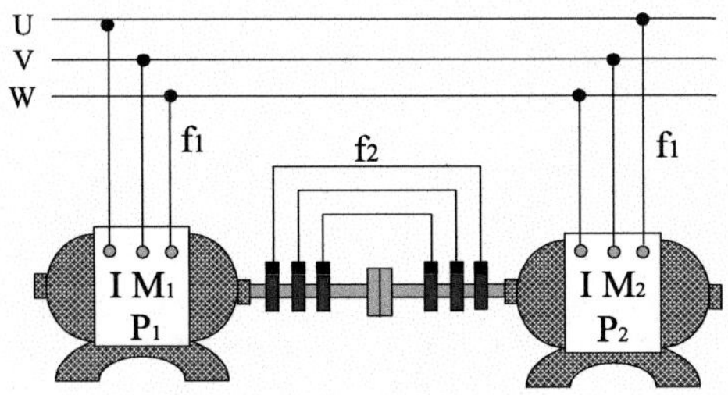

[그림 4.43] 병렬종속법

4.4.9 전기제동

회전중인 유도전동기를 빨리 정지시키거나, 크레인 등으로 중량물을 내리는 경우 또는 언덕길을 내려가는 전기기관차의 경우에 위험한 고속도가 되는 것을 방지하기 위한 제동법에는 기계적인 제동법과 전기적인 제동법이 있다.
여기서는 전동기 자체를 사용하는 제동법에 대해 설명하기로 한다.

(1) 발전제동

이 제동법은 전동기의 회전을 정지시키는 경우에 사용된다. 우선 전동기를 전원에서 분리시키고, [그림 4.44]와 같이 접속하여 1차측에 직류전압을 가해서 여자하면, 1차권선

에 의하여 만들어진 회전자계를 대신하여 고정된 자극이 생기기 때문에 전동기는 회전전기자형 교류발전기가 된다.

발생된 교류전력이 권선형 회전자이면 그림과 같이 2차단자 사이에 접속한 가감저항기 R로 소비시키고, 또 농형회전자이면 농형권선 안에서 소비시켜서 제동하지만 2차 도체가 과열할 염려가 있기 때문에 주의를 해야 한다.

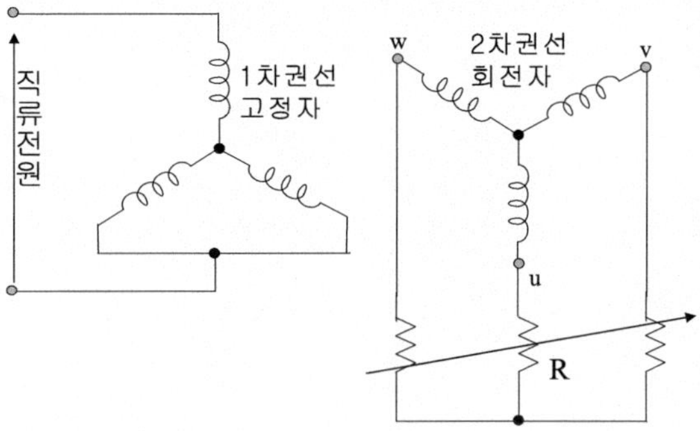

[그림 4.44] 발전제동법의 접속

(2) 역상제동

이 제동법은 전동기의 회전을 특히 급속하게 정지시키는 경우에 사용한다. 회전중인 전동기의 1차권선에 있는 세 개의 단자 중 임의로 두 개의 단자접속을 전원에 대해 [그림 4.45]와 같이 바꾸면, 상회전의 순서가 반대로 되고 회전자에 작용하는 토크의 방향은 반대가 되므로, 전동기는 제동되어서 급속히 감소하기 때문에 정지하기 직전에 전원으로부터 분리한다. 농형회전자에서는 2차회로가 과열될 염려가 있고, 권선형 회전자에서는 2차회로에 큰 저항을 넣으면 비례추이의 원리에 따라 큰 제동토크가 됨과 동시에 제동 중인 전류를 제한하는 이점이 있다.

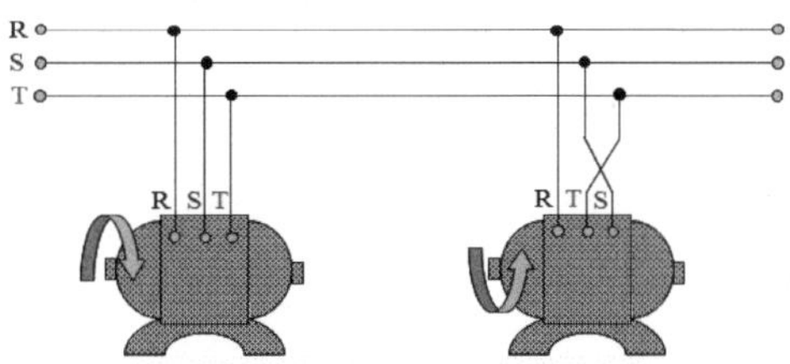

(a) 바른회전 (b) 역회전

[그림 4.45] 역전

(3) 유도제동

[그림 4.46]의 (a)와 같이 유도전동기의 역상제동의 상태를 크레인이나 권상기의 강하시에 이용하고, 속도제한의 목적에 사용하는 경우를 유도제동이라 한다.

N_s 의 방향과 N 의 방향이 반대이므로 $s = \dfrac{N_s + N}{N_s}$ 에서 $s > 1$가 된다.

2차저항을 크게 하면, 전류가 제한되는 동시에 커다란 제동토크가 얻어진다. 유도제동의 특성곡선은 [그림 4.47]의 $s > 1$ 의 부분에 해당한다.

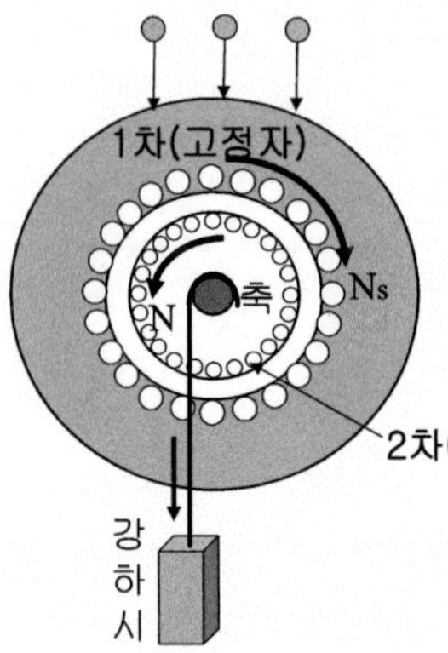

(a) 유도제동

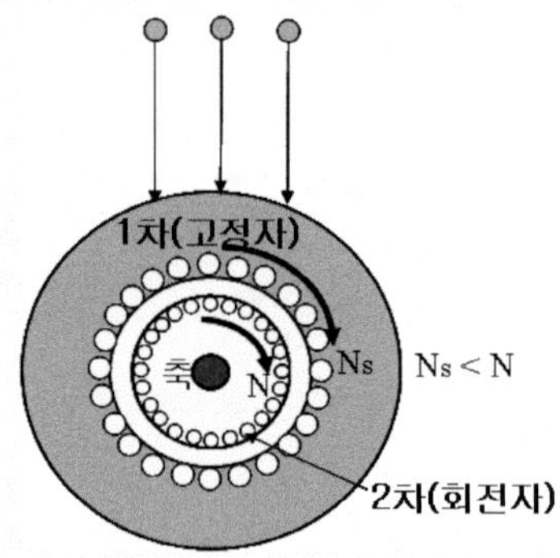

(b) 회생제동

[그림 4.46] 유도제동과 회생제동

(4) 회생제동

이 제동법은 크레인이나 언덕길에 운전되는 전기기관차 등에 사용되는 것이며, 유도전동기를 전원에 연결시킨 상태로 동기속도 이상의 속도에서 운전하여 유도발전기로 작동시키면 [그림 4.46]의 (b)와 같이 N_s 의 방향과 N 의 방향이 같으므로 $s = \dfrac{N_s - N}{N_s}$ 에서 $N_s < N$ 이므로 $s < 0$ 가 된다. 발생된 전력을 전원으로 반환하면서 제동하는 방법이다. 기계적인 제동과 같이 마찰로 인한 마모나 발열이 없고 전력을 회수할 수 있으므로 유리하다.

회생제동의 특성곡선은 [그림 4.47]의 $s < 0$ 의 부분에 해당한다.

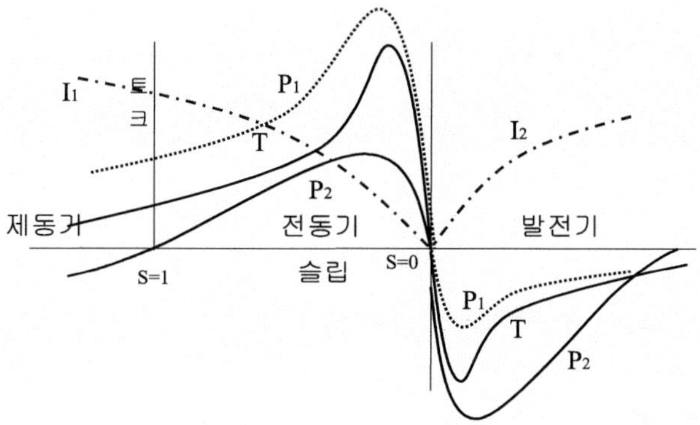

[그림 4.47] 유도 및 회생제동의 속도특성곡선

(5) 단상제동

[그림 4.48]의 (a)와 같이 권선형 유도전동기의 1차측을 단상교류로 여자하고 2측에 적당한 크기에 저항 R을 넣으면, (b)와 같이 전동기의 회전과는 반대방향의 크기가 발생하기 때문에 제동이 이루어진다.

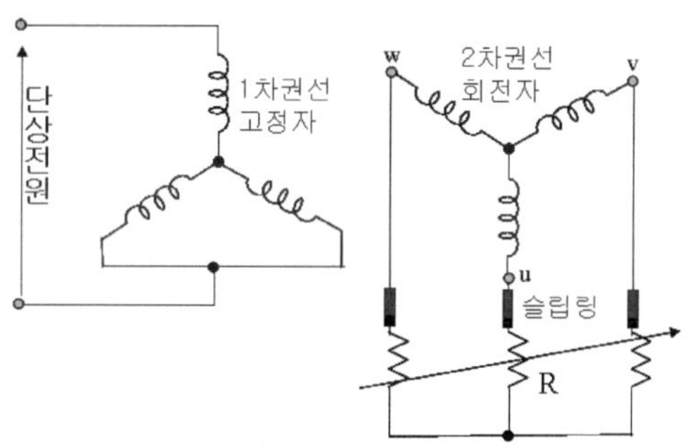

(a)

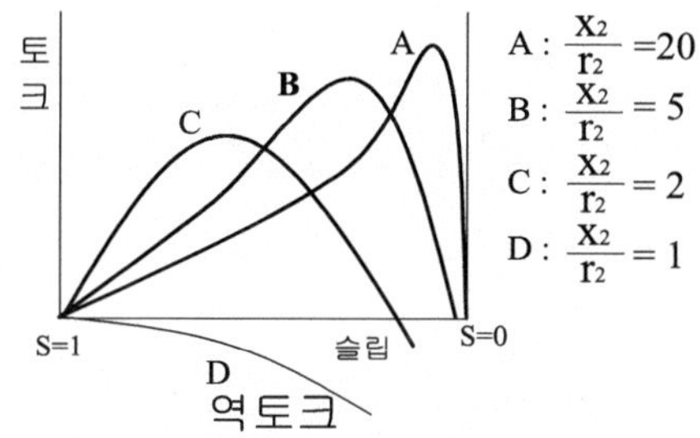

(b) [그림 4.60] 단상유도전동기의 토크와 x_2/r_2 의 관계

[그림 4.48] 단상제동법의 접속

4.5 3상 유도전동기의 시험

유도전동기의 시험중에서 일반적으로 행하는 것에 대해 알아보자.

(1) 공극의 측정

공극 게이지(gap gauge)를 사용하여 공극을 측정한다.

(2) 권선저항의 측정

식(4.59)에서 이미 설명하였다.

(3) 무부하시험

식(4.60)에서 이미 설명하였다.

(4) 구속시험

식(4.62)에서 이미 설명하였다.

(5) 2차유도기전력의 측정

권선형 유도전동기에서는 2차권선을 개방시킨 상태로, 1차권선에 정격주파수의 정격전압을 가하고 2차유도기전력을 측정해서 각상의 평균값을 구한다.

(6) 부하시험

3상유도전동기의 특성은 원선도에 의하여 구하는 것이 보통이지만, 실부하법이 편리한 경우에는 부하시험에 의하여 입력, 전류, 토크 및 회전수 등을 측정해서 전동기의 특성을 구한다.

실부하법으로는 전기동력계법, 프로니 브레이크법 및 손실을 알고 있는 직류발전기를 사용하는 방법 등이 있다.

(7) 온도시험

전동기를 정격출력으로 운전하고 연속정격인 것은 온도상승이 일정하게 될 때까지, 단시간정격의 것은 지정시간까지 운전한다.

온도는 운전 중인 온도 및 운전정지 후의 각 부분(권선, 철심, 베어링 등)의 최고온도를 온도계로 측정하고, 측정온도와 주위온도의 차이가 [표 4.5]를 초과하는 가에 대해서 조사한다.
운전 중 온도를 측정할 수 없는 권선의 온도는 정지시킨 뒤에 신속하게 온도계로 측정하든가, 저항을 측정하여 온도상승을 산출한다.

(8) 절연저항 및 내전압시험

온도 시험한 직후에 권선과 대지 사이에 절연저항을 절연저항계(보통 직류 500[V] 메거)로 측정하고 1[MΩ]이상 되는 것을 확인한 후에, 주파수 60[Hz]의 정현파에 가까운 [표 4.5]의 시험전압을 권선과 철심 및 대지 사이에 가해서 내전압시험을 하고 연속 1분동안 이에 견디어야 한다.
다만 다량생산의 전동기에는 [표 4.5]의 시험전압의 120[%]의 전압을 1초간 인가하여 이것으로 대치하여도 좋다.
3[kV] 이상의 고압3상유도전동기에서는 고정자권선(고정자권선에 접속되는 기동기를 포함한다)과 철심 및 대지 간에 $2E+1,000$[V] (E; 정격전압)이고, 권선형 회전자권선(회전자권선에 접속되는 기동기를 포함한다)과 철심 및 대지간의 $2E_i+1,000$[V] (최저1,200[V]) (E_i : 회전자 단자간의 최대유도전압[V])가 된다.

[표 4.5] 시험전압

전동기의 정격출력	시험전압(실효치)
1[kW]미만	2E + 500[V] (최저 1,000[V])
1[kW]이상	2E + 1,000[V] (최저 1,500[V])

(9) 슬립의 측정

① 회전계법 : 회전계로 직접 회전수를 측정해서 s을 구하는 방법이 있다.
② 직류 밀리볼트계 법 : 권선형 유도전동기에서 사용하며, 회전자의 2차권선이 슬립링으로 단락되어 있어도 그 사이에 전압강하가 있으므로 두 개의 슬립링사이에 직류 가동코일형 밀리볼트계를 넣으면 2차주파수의 1[Hz]마다 한 번씩 좌우로 흔들린다. 따라서, 1분 동안에 지침이 흔들리는 수 f_{2s}'를 세고 이것과 1차주파수 f_1 에서

슬립 s 는 다음 식으로 구한다.

$$s = \frac{f_{2s}'}{60 f_1} \tag{4.73}$$

이 방법에서는 슬립이 5[%] 이상이 되면 f_{2s}' 가 커져서 지침이 흔들리는 수를 세는 것이 곤란하다. 수화기법과 스트로보스코프법으로도 슬립이 클 때에는 똑같이 곤란한 점이 있다.

③ **수화기법** : 밀리볼트 대신에 전화의 수화기를 슬립링 사이에 대면, 2차주파수의 1[Hz] 동안에 2회 정도로 소리가 들리므로 1분 동안에 소리의 회수 f_2'' 를 세고 이것을 2로 나누고, 1분 동안에 1차주파수 f_1 로 나누면 슬립 $s = \dfrac{f_2''/2}{60 f_1}$ 를 구할 수 있다.

④ **스트로보스코프법** : 전동기의 축 끝에 전동기의 극수와 같은 수의 흑색 부채꼴을 같은 간격으로 그린 [그림 4.49]와 같은 판을 설치해서 운전하고, 이 원판을 전동기와 동일한 전원에 접속시킨 네온램프와 같은 방전등으로 비친다. 이 방법을 **스트로보스코프법**이라 한다.

전동기가 어떤 슬립 s 로 매초 n 회전하고 있는 경우에는 1/2[Hz]에 대하여 다음 부채모양이 먼저 부채모양보다도 약간 늦은 위치에 있으므로, 흑색 부채모양은 전동기의 회전방향과 반대방향으로 회전하고 있는 것같이 보인다. 그러므로 부채모양이 회전하는 회전수 N을 세어보면 N은 1분 동안의 상대 속도 $60(n_s - n)$ 과 같기 때문에 다음 식에서 s 을 구할 수 있다. {만약 $n = n_s$ 이라면 그림판은 정지한 것처럼 보인다.}

$$s = \frac{n_s - n}{n_s} = \frac{60(n_s - n)}{60\, n_s} = \frac{N}{60\, n_s} \tag{4.74}$$

실제의 경우에는 1분간의 원판회전수 N을 세는 것보다 초시계를 사용하여 t 초 동안에 원판회전수 N' 을 아는 것이 편리하다. 이 때는 $s = N'/t n_s$ 에 의하여 s 을 구할 수 있다.

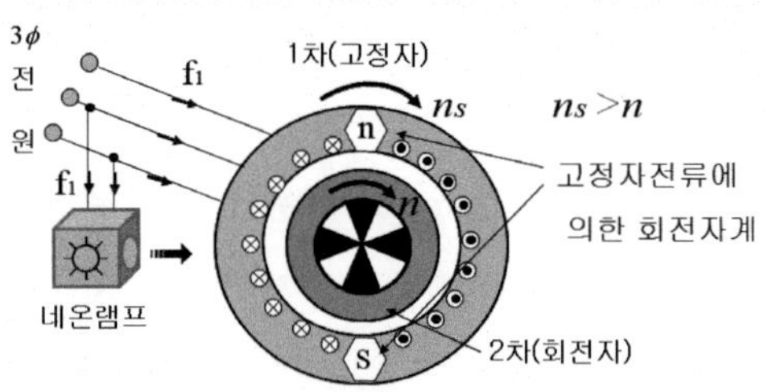

[그림 4.49] 스트로보스코프판(4극의 경우)

4.6 특수 농형 3상 유도전동기

4.6.1 2중농형유도전동기

(1) 회전자의 구조

이 전동기의 회전자는 [그림 4.50]의 A, B와 같이 농형권선을 내외 2중으로 설치한 것이며, 단락환은 그림과 같이 독립되어 있는 경우와 공통으로 되어 있는 경우가 있다.

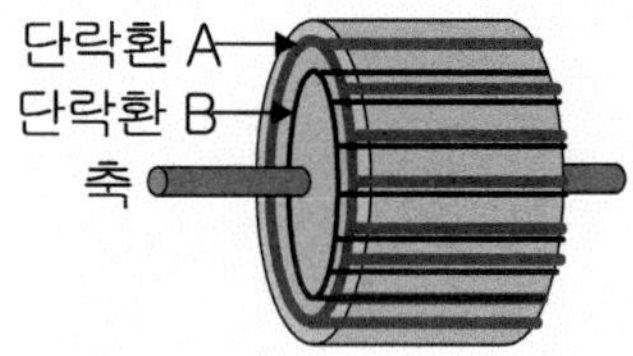

[그림 4.50] 2중 농형회전자의 단락환의 예

2중농형권선 중에서 [그림 4.50]에 있는 외측의 도체 A에는 황동(동저항의 약 4배) 또는 동니켈 합금(동저항의 7배)과 같은 특수합금으로 비교적 저항이 높은 도체를 사용하고, 내측의 도체 B에는 저항이 낮은 전기동의 도체를 사용한다.

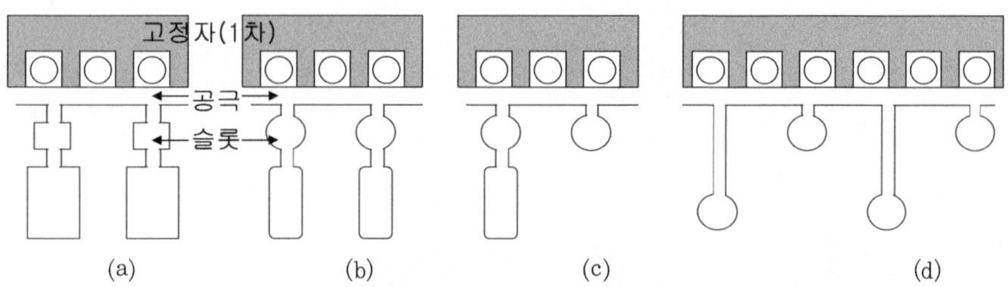

[그림 4.51] 2중 농형회전자의 슬롯

[그림 4.52] 2중 농형회전자의 예

[그림 4.51]은 회전자의 슬롯 모양이며 그림 (a)은 중형 및 대형전동기에, 그림 (b), (c), (d)는 주로 소형 전동기에 사용된다.
[그림 4.52]는 이 형식의 회전자에 대한 예를 나타낸 것이다.

(2) 2중농형권선의 작용

[그림 4.53]과 같이 2차 누설리액턴스는 외측의 농형도체 A 보다는 내측의 농형도체 B가 훨씬 크다. 기동할 때에는 2차주파수가 1차주파수와 같기 때문에, 2차전류는 저항보다도 오히려 리액턴스에 의하여 제한되므로 리액턴스가 큰 내측의 도체에는 전류가 거의 흐르지 않고, 대부분의 전류는 저항이 높은 외측도체로 흐르게 된다. 그런데, 기동토

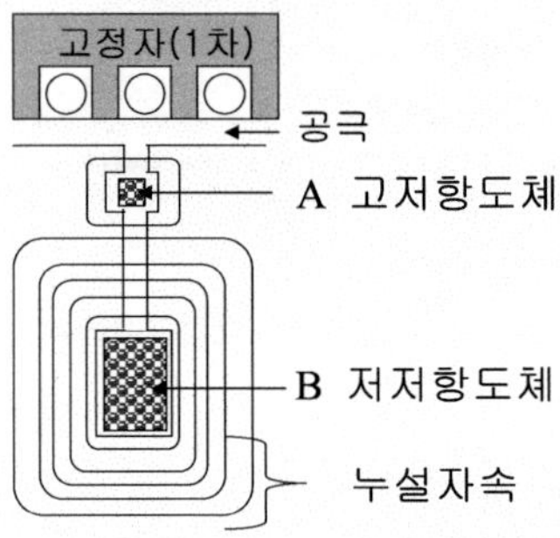

[그림 4.53] 누설자속의 분포

크는 2차저항손에 비례하기 때문에, 기동할 때에는 저항이 높은 외측 도체로 흐르는 전류에 의하여 큰 기동토크를 얻는다.
전동기가 기동하고 점점 가속해서 슬립이 적게 되면 2차주파수 sf_1 이 적기 때문에 2차 누설리액턴스는 대단히 적은 것이 된다. 따라서 2차전류는 거의 저항만으로 제한되고 대부분의 전류는 저항이 적은 내측도체로 흐르고, 일반적인 저저항 농형유도전동기와 같이 우수한 운전특성을 얻을 수 있다.

(3) 토크 특성

2중농형 회전자의 외측도체는 큰 기동토크를 발생시키나, 가속함에 따라 전류의 감소와 함께 토크가 급속히 감소하기 때문에, 토크는 [그림 4.54]의 곡선 τ_a 와 같은 모양이 된다. 내측의 도체는 일반적인 저저항 농형도체와 같은 특성이 있기 때문에, 토크는 곡선 τ_b 와 같이 된다. 따라서 이 두 가지 토크 특성곡선을 합성해서 얻어지는 곡선 τ 가 2

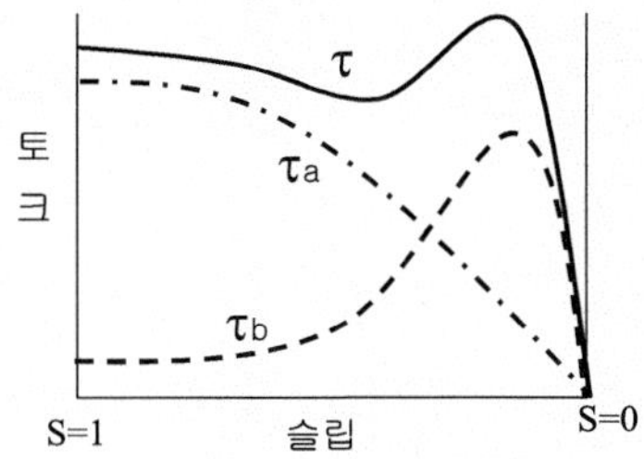

[그림 4.54] 토크-속도곡선

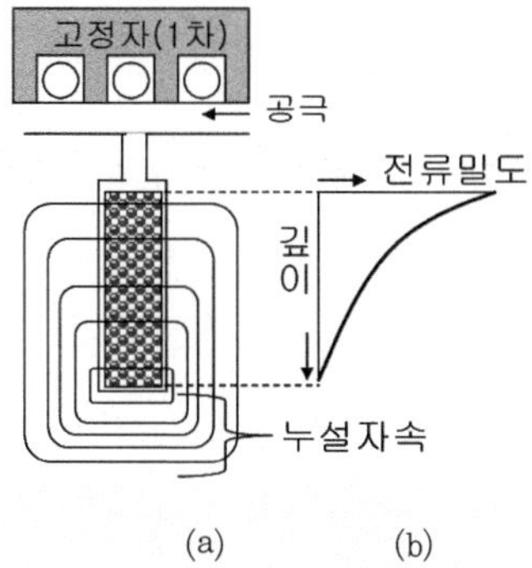

[그림 4.55] 누설자속과 전류의 분포

중농형유도전동기의 토크특성곡선을 표시하게 된다. 보통 기동토크는 전부하 토크의 100 ~ 250[%] 정도이다.

4.6.2 딥슬롯 농형유도전동기

(1) 회전자의 구조

이 전동기는 [그림 4.55]의 (a)와 같이 2차 도체로써 회전자의 반경방향 길이가 두께에 비교하여 대단히 큰 단면으로 된 것이다.

(2) 딥슬롯 농형권선의 작용

슬롯안의 도체에 전류가 흐르면 슬롯 밑 부분에 가까운 도체일수록 많은 누설자속과 쇄교된다. 기동할 때에는 2차주파수가 높기 때문에 슬롯 밑 부분에 가까운 도체부분의 누설리액턴스는 대단히 커지고, 도체 안의 전류분포는 그림 (b)와 같이 대단히 불균등하게 되어서 회전자표면 근처에 밀집하게 된다(**표피효과**라고 함). 회전자가 가속하면 슬립이 감소하고 2차주파수는 대단히 낮아지기 때문에, 표피효과는 거의 없어지고 2차도체 안의 전류분포가 균일하게 되며 2차저항이 적고 효율이 높은 일반적인 농형유도전동기로서 운전된다.

딥슬롯 농형유도전동기의 기동토크는 보통 전부하토크의 100~150[%] 정도이다.

4.7 단상 유도전동기

3상유도전동기는 원형회전자계와 이에 따라 유도된 2차전류에 의하여 토크가 생기는 것이기 때문에 회전계자가 없으면 기동할 수가 없다.

단상유도전동기에서는 2차권선이 농형유도전동기와 같은 농형이고 1차권선은 단상권선이다. 따라서 1차권선에 단상교류가 흐르면 권선의 축 방향으로 크기가 변화하는 **교번자계**가 생길 뿐이라서 기동토크는 발생하지 않고 또한, 기동할 수도 없게 된다.

그런데, 경부하로 회전중인 3상유도전동기에서 3개의 1차단자중 한 개를 전원으로부터 분리시켜서 단상으로 해도 전동기는 그대로 회전을 계속한다. 또, 기동토크를 주는 장치가 없는 단상유도전동기라도 1차측을 전원에 연결하고 회전자에 외력을 가하여 어느 방향으로 돌려도 그 방향에 토크가 생겨서 운전을 계속한다. 이러한 사실로서 단상유도전동기는 어떤 방향으로 회전하기 시작하면 3상유도전동기와 같이 동작하는 것을 알 수 있다.

4.7.1 단상유도전동기의 원리

단상유도전동기의 1차권선이 만드는 교번자속은 [그림 4.56]과 같이 그 크기가 원래 교번자속의 1/2 과 같고, 서로 반대방향으로 동기속도 n_s 로 회전하는 두 개의 회전자속 Φ_a, Φ_b 로 나누어서 생각할 수 있다.

$\Phi = \Phi_m \cos \omega t$ 을 Y 축의 방향으로 교번하는 하나의 교번자속으로 하고 Φ_a, Φ_b 는 크기가 $\Phi_m / 2$ 과 같고, 또, 같은 각속도 ω 로서 서로 반대방향으로 회전하는 두 개의 회전자속으로 한다.

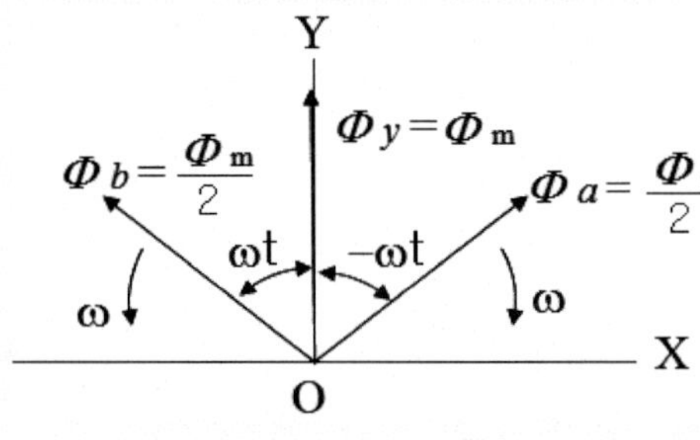

[그림 4.56] 교번자속의 분해

지금 Φ_a 및 Φ_b의 회전자속 중 X축 상에서 성분의 합을 Φ_x, Y축 상에서 성분의 합을 Φ_y라고 하면

$$\Phi_x = \Phi_a \sin(-\omega t) + \Phi_b \sin(\omega t) = -\frac{\Phi_m}{2}\sin\omega t + \frac{\Phi_m}{2}\sin\omega t = 0$$

$$\Phi_y = \Phi_a \cos(-\omega t) + \Phi_b \cos(\omega t) = \frac{\Phi_m}{2}\cos\omega t + \frac{\Phi_m}{2}\cos\omega t = \Phi_m \cos\omega t$$

$$\therefore \text{ 합성자속} = \sqrt{{\Phi_x}^2 + {\Phi_y}^2} = \Phi_y = \Phi_m \cos\omega t$$

즉, 두 개의 회전자속 합성은 한 개의 교번자속과 같다. 지금 회전자속 중 시계식으로 회전하는 것을 Φ_a, 반대방향으로 회전하는 것을 Φ_b라 하면, 단상유도전동기는 [그림 4.57]과 같이 하나의 축 위에 회전자속의 방향이 서로 다른 두 개의 2상유도전동기 A, B가 직결되어 있는 것으로 생각할 수 있다. 이것을 **2전동기설**이라고 한다.

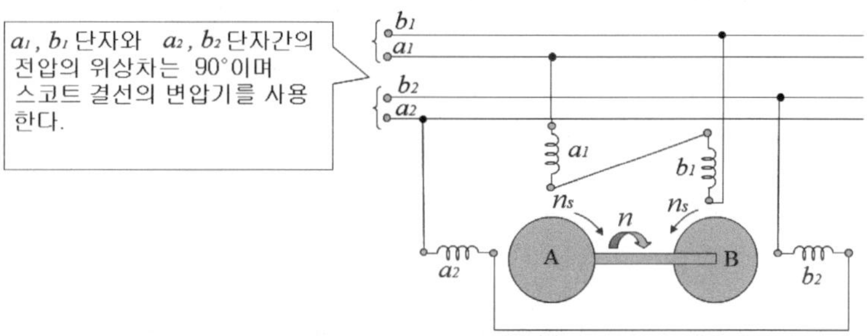

[그림 4.57] 단상유도전동기의 설명(2 전동기설)

지금 회전자가 슬립 s이고 따라서, $n = (1-s)n_s$의 속도로 시계방향으로 회전하고 있는 것으로 하면 2차권선(회전자권선)이 Φ_a에 대하는 상대속도는 $n_s - n = sn_s$가 되나 Φ_b에 대하는 상대속도는 $n_s + n = (2-s)n_s$가 된다.

즉, 2차권선 중에는 sf_1[Hz] 와 $(2-s)f_1$[Hz]의 전류가 동시에 존재하게 된다.

다음에 Φ_a, Φ_b와 2차전류 I_2 사이에 생기는 토크를 생각해 보자.

Φ_a와 I_2의 관계는 3상유도전동기의 경우와 같기 때문에 이의 토크속도곡선은 [그림 4.58]의 τ_a와 같이 된다. 또, Φ_b와 I_2 사이에 생기는 토크속도곡선은 τ_b와 같이 된다. 그리하여 슬립 s에 대하여는 τ_a, τ_b는 방향이 반대이다.

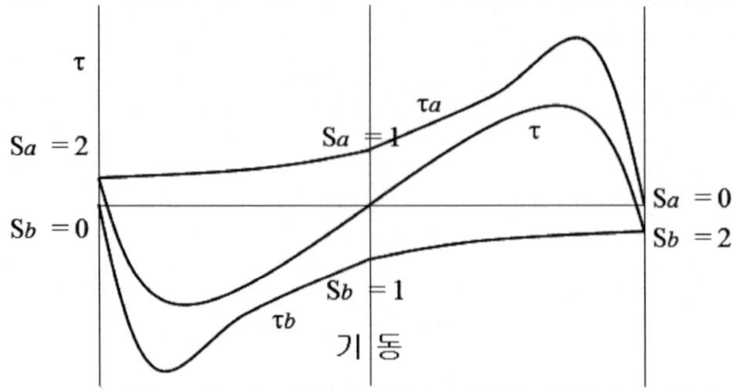

[그림 4.58] 단상유도전동기의 토크-속도곡선의 예

그림에서 아는 바와 같이 전동기가 정지하고 있을 때, 즉 $s=1$ 의 경우에는 $\tau_a+(-\tau_b)=0$ 이 되고 기동토크는 생기지 않는다. 그런데 시계방향으로 회전해주면, $\tau_a>\tau_b$ 가 되어서 시계방향의 토크가 생기기 때문에 시계방향으로 회전을 계속하고 무부하이면 거의 동기속도로 회전한다. 단상유도전동기의 토크속도곡선은 τ_a 와 τ_b 를 합성한 토크 중 A 전동기의 슬립 $s_a=1$ 과 $s_a=0$ 사이에 있는 곡선 τ 로 표시된다.

반시계방향으로 회전해 주면 $\tau_a<\tau_b$ 가 되기 때문에 반시계방향으로 회전을 계속한다. 이때의 토크속도곡선은 $s_b=1$ 과 $s_b=0$ 사이에 있는 곡선으로 표시된다.

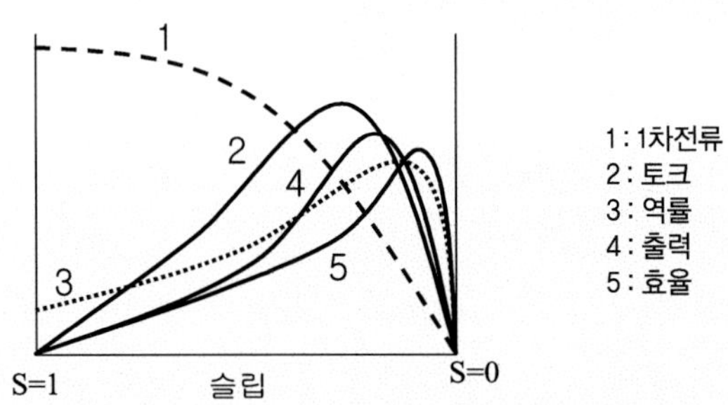

[그림 4. 59] 단상유도전동기의 속도특성

4.7.2 단상유도전동기의 특성과 용도

일반적으로 단상유도전동기는 전부하 전류에 대한 무부하 전류의 비율이 대단히 크고, 역률과 효율 및 그 밖의 성능은 동일한 정격의 3상유도전동기에 비하면 대단히 나쁘다. 또 중량도 크고 가격도 비싸게 된다. 그러나 전원으로부터 간단하게 사용된 수 있는 편리한 점이 있으며, 가정용, 소공업용, 농사용 등 주로 0.75[kW] 이하의 소출력으로 된 것이 널리 사용되고 있다.
일반용 단상유도전동기의 표준출력은 100, 200, 400[W] 이다.

4.7.3 토크에 대한 2차저항의 영향

3상유도전동기에서는 2차저항의 크기가 변화해도 최대토크의 값은 변화하지 않으며 토크가 생기는 슬립이 비례추이를 하지만, 단상유도전동기는 최대토크가 생기는 슬립뿐만 아니라 최대토크의 크기도 변화한다.

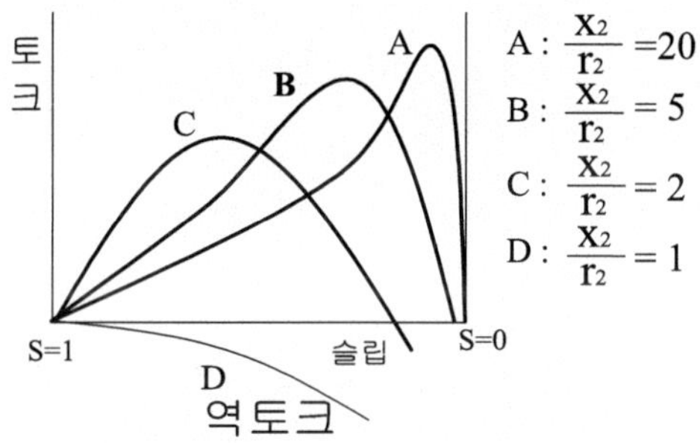

[그림 4.60] 단상유도전동기의 토크와 x_2/r_2 의 관계

[그림 4.60]은 단상유도전동기에서 x_2/r_2 의 값을 여러 가지로 바꾼 경우의 토크 변화를 표시한 한 가지 예이다. 이 그림에서 아는 바와 같이 x_2 을 일정하게 하면, r_2 을 크게 함에 따라 최대토크의 값은 감소하고 토크가 생기는 슬립은 증가한다. 그리하여, r_2 을 어느 정도 이상으로 크게 하면 곡선 D 와 같이 토크는 역 토크가 되고 전동기의 회전방향과는 반대로 작용하는 토크가 생긴다. 3상권선형 유도전동기의 단상제동은 이러한 역 토크를 제동에 사용한 것이다.

4.7.4 단상유도전동기의 기동장치에 의한 분류

단상유도전동기는 기동장치를 설치하지 않으면 기동토크가 0 이다. 따라서 자체기동을 위한 기동장치가 필요하며 기동장치의 종류에 따라 분류된다.

4.7.5 분상기동형 단상유도전동기

(1) 구조와 원리

이 형의 1차권선은 [그림 4.61]의 (a)와 같이 고정자철심에 감은 주권선 M과 전기적으로 $\pi/2$ 떨어진 다른 위치에 있는 보조권선(기동권선) A로 구성된다. A는 M과 병렬로 전원에 접속되고 M보다 가는 선을 사용하며 권수를 적게 감아서 권선저항을 크게 취하고 있다.

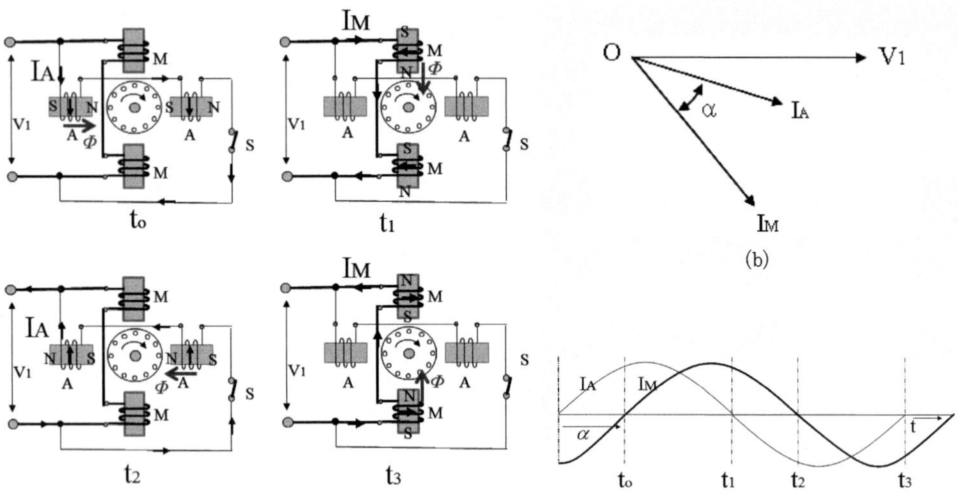

(a)

(c) 파형

[그림 4.61] 분상기동형의 원리

이와 같은 권선에 단상전압 V_1을 가하면 리액턴스가 큰 권선 M에는 단자전압 V_1보다 상당히 뒤진 위상의 전류 I_M이 흐르지만, 권선 A의 회로는 리액턴스가 적고 저항이 크므로 전류 I_A와 V_1의 위상차는 적다.

따라서 그림 (b)와 같이 I_M과 I_A 사이에 α만큼 위상차가 있으므로 타원형 회전자계가 생기고 기동토크가 발생한다. 이와 같이 단상전원에서 위상이 서로 다른 전류를 얻는 것을 **분상**이라고 한다. 전동기가 동기속도의 약 60 ~ 80[%] 정도가 되면 원심개폐기 S을 사용해서 권선 A의 회로를 자동으로 개방하여 손실을 줄이도록 한다.
또, 기동특성을 좋게 하기 위해서 농형권선에는 경사 슬롯을 사용한 것이 많다.

(2) 역회전

회전방향을 반대로 할 때는 주권선과 보조권선(기동권선) 중 어느 한쪽의 접속을 전원에 대해 반대로 하면 된다.

(3) 특징과 용도

전에는 단상유도전동기의 대표적인 것이었으나 기동토크가 적고, 원심개폐기가 기계적인 약점이 되기 쉽고, 또 기동전류가 크기 때문에 콘덴서 모터의 발달에 따라 이용도가 현저하게 감소되는 경향이 있다.

4.7.6 셰이딩코일형 단상유도전동기

(1) 구조

회전자는 농형이고, 고정자의 성층철심은 [그림 4.62]의 [a]와 같이 몇 개의 돌극으로 되어 있다. 자극철심에는 1차권선이 감겨있고, 또 자극의 일부 b 에는 셰이딩코일이 감겨져 있다. [b]에서는 단상 교류의 순시치에 따라 셰이딩코일에는 리액턴스전압이 유도되고, 셰이딩코일에 전류가 흘러서 생긴 자속과 계자자속의 합한 자속이 이동하는 과정을 그림으로 나타낸 것이다.
이와 같이 이동자계를 이용하는 계기로는 적산전력계가 있다.

(2) 원리

1차권선에 전압을 가하면 자극철심 안의 교번자속에 의해 셰이딩코일 C에 2차단락전류 I_s 가 흐른다. I_s 는 변압기의 원리에 따라 b 부분의 자속 Φ_b 를 방해 하도록 작용하기 때문에 Φ_b 는 Φ_a 의 변화에 따라 시간적으로 늦게 변화한다. 따라서 회전자의 주변에는 공극에 따라 a 부분에서 b 부분으로 **이동자계**가 이동한다. 이 자계에 의해 2차도체에는 유도기전력에 의한 2차전류가 흐르고, 이 2차전류와 자속에 의해서 기동토크가 생긴다.
이 전동기는 구조상 회전방향을 바꿀 수 없는 것이 흠이다.

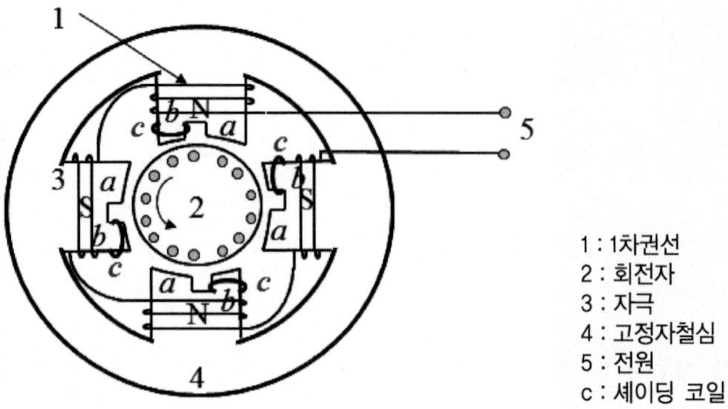

(a)

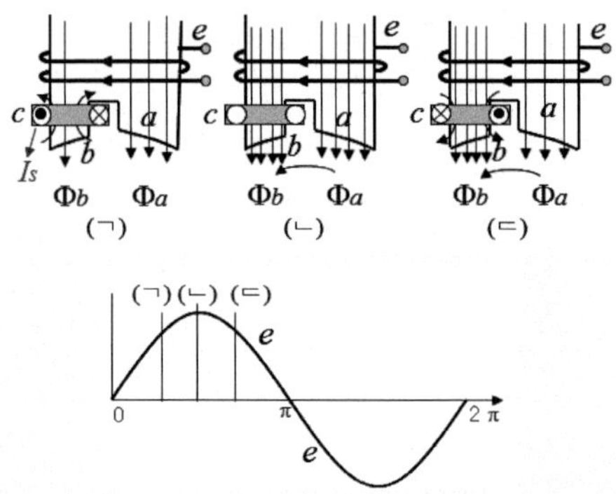

(b)

[그림 4.62] 셰이딩코일형 (계속)

(3) 특징과 용도

이 전동기는 기동토크가 대단히 적고 또, 운전 중에도 셰이딩코일에 전류가 흐르기 때문에 효율과 역률은 모두 낮고 속도변동률이 크다. 구조가 간단하고 견고하기 때문에 전축, 선풍기, 수 10[W] 이하의 소형전동기에 널리 사용된다.

4.7.7 반발기동형 단상유도전동기

(1) 구조와 원리

이 전동기의 회전자는 직류전동기의 전기자와 거의 같은 모양의 권선과 정류자로 되어 있다. 기동시에는 브러시를 통하여 외부에서 단락된 반발전동기 특유의 큰 기동토크에 의해 기동한다. 동기속도의 70~80[%]정도가 되면 원심력에 의해 단락편이 이동하여 정류자편을 측면에서 단락해서 농형단상유도전동기로 운전한다.

(2) 속도토크곡선

회전자는 직류기의 전기자 권선, 특별히 고안된 정류자, 그리고 전동기가 그 정격속도에 도달했을 시에는 [그림 38-1]의 (a)와 같이 모든 정류자들을 단락시키는 원심력장치를 갖추고 있다. [그림 38-1]의 (b)와 같이 정격속도의 80[%]가 되는 속도에서 정류자는 단락되는데, 이 작용으로 인하여 전기적으로 농형이 되어서 토크는 b 점에서 bc 상으로 이동하고 부하토크가 곡선 gf 로 표현되는 것이라면 교점 f 에서 안정된 운전을 한다.

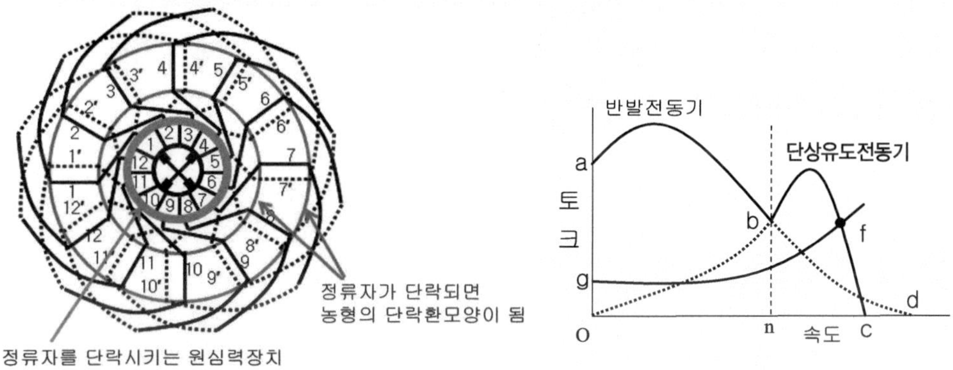

(a) 정류자를 단락시키는 원심력장치

(b) 토크-속도곡선

[그림 4.63] 반발기동형 단상 유도전동기

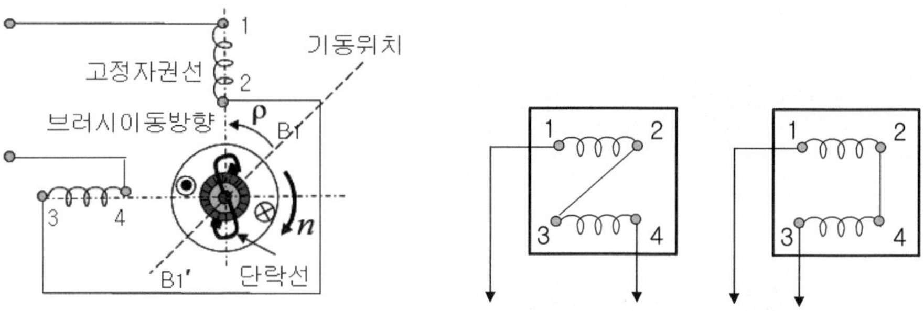

(a) 브러시의 위치를 이동

(b) 단자접속을 변경

[그림 4.64] 역전방법

(3) 역회전

[그림 4.64]의 (a)와 같이 고정자 권선축에 대한 브러시의 위치를 기동위치에서 반시계 방향으로 이동하면 회전자는 시계방향으로 회전하고, 회전방향을 반대로 할 때에는 기동위치에서 시계방향으로 이동하면 회전방향이 바뀌게 된다.[참고 P. 536 그림 5.4(c) 톰슨형] 또, 브러시를 일정한 위치에 고정하고 고정자권선에 있는 4개의 단자접속을 [그림 4.64]의 (b)와 같이 바꾸어서 회전방향을 반대로 한 것도 있다.[참고 P. 536 그림 5.4(b) 아트킨손형]

(4) 특징과 용도

반발기동형은 다른 단상유도전동기에 비하여 기동토크를 가장 크게 할 수 있기 때문에 전에는 우물 펌프용, 공기압축기용으로 사용하였으나 값이 비싸고 정류자가 있어서 보수하는데 난점이 있으므로 최근에는 콘덴서기동형을 사용하는 경향이 있다.
기동토크는 전부하토크의 300 ~ 500[%]정도, 기동전류는 전부하전류의 약 350[%]정도이다.

4.7.8 반발유도전동기

이 전동기 회전자는 [그림 4.65]와 같이 2개의 권선이 있으며 전기자권선은 정류자에 접속되어 반발기동시에 주로 동작하고 농형권선은 운전시에 사용된다. 속도와 토크의 관계는 [그림 4.66]과 같이 합성토크로서 마치 2중농형 유도전동기처럼 동작한다.
반발유도전동기의 전부하 효율은 반발기동형보다 나쁘지만 역률은 좋다. 기동토크는 반발기동형에 비해 적지만 속도의 변화는 크다.

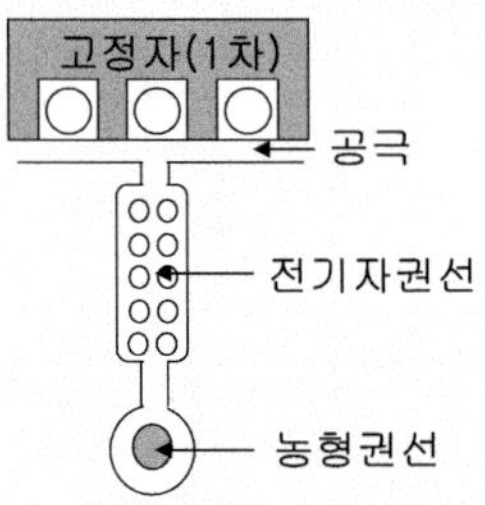

[그림 4.65] 반발유도전동기의 슬롯

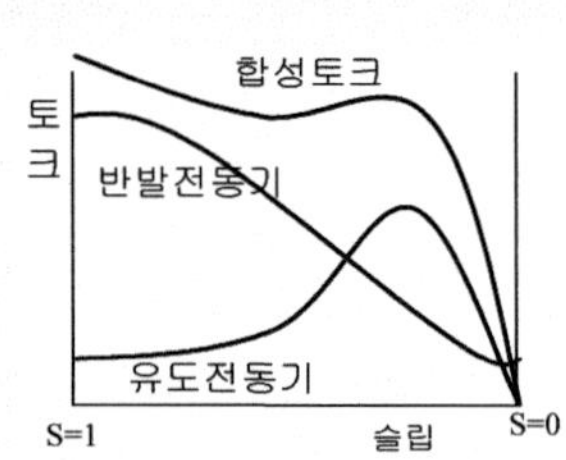

[그림 4.66] 반발유도전동기의 토크-속도특성

4.7.9 콘덴서전동기

콘덴서 전동기는 콘덴서를 어떤 상에 삽입하여 단상전원으로 기동 또는, 운전하는 유도 전동기이며 콘덴서의 사용방법에 따라 [그림 4.67]과 같이 분류된다.

콘덴서 전동기는 분상기동형의 일종이며 그림의 (a)와 같이 보조권선 A 에 직렬로 콘덴서를 접속해서 분상하는 것이다. 기동이 완료되면 원심개폐기 S로 보조권선 A 가 차단된다. 콘덴서를 분상에 사용하면 [그림 4.68]과 같이 보조권선의 A 의 전류 I_A 는 단자전압 V_1 보다 위상이 앞서고, 주권선 M의 전류 I_M은 V_1 보다 위상이 늦기 때문에 I_A 와 I_M 사이에 위상차 α 가 생긴다.

이 α는 C를 선정하는 방법에 따라, 저항과 리액턴스에 의한 분상기동형보다 훨씬 크고 거의 $\pi/2$ 에 가까운 것으로 할 수 있다. 따라서 회전자계는 훨씬 원형에 가까운 것이 되고 기동특성이 현저하게 개선되어서 200~300[%]의 기동토크를 얻을 수 있다.

그림 (c)와 같은 영구 콘덴서 전동기는 선풍기, 냉장고, 세탁기 등에 널리 사용된다.

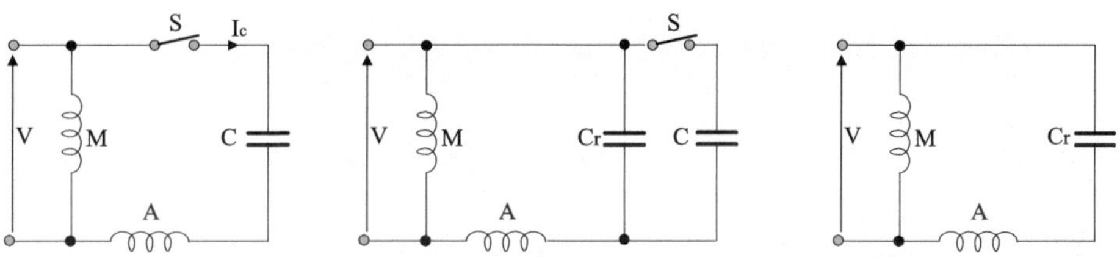

(a) 콘덴서 기동형 (b) 2가 콘덴서 전동기 (c) 영구 콘덴서 전동기

[그림 4.67] 콘덴서 전동기의 종류

* 역회전 – 회전방향을 반대로 할 때는 주권선과 보조권선 중 어느 한쪽의 접속을 전원에 대해 반대로 하면 된다.

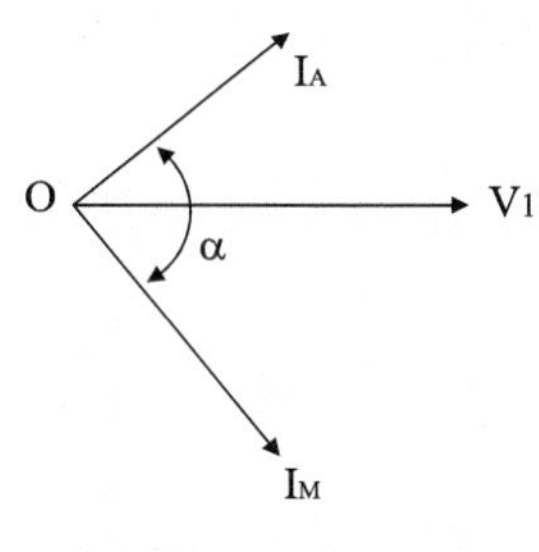

[그림 4.68] 콘덴서 기동형의 전류

4.7.10 모노사이클릭형 전동기

이 전동기의 회전자는 농형이고 1차권선(고정자)은 3상의 권선을 갖고 있는데 [그림 4.69] (a)와 같이 UV단자에는 단상전압을 공급하고 나머지 한 단자 W에는 리액턴스 X와 저항 R을 접속해서 각각 UV단자에 접속되어 있다.

단상전압을 공급하면 [그림 4.69] (b)와 같이 각 권선에 흐르는 전류는 위상차가 생겨서 불평형의 3상전압에 의한 회전자계가 발생하며 기동토크가 생긴다.

[그림 4.70]은 탁상선풍기의 결선도이며 핸들 H을 단자 1, 2, 3 으로 이동시켜 가면 회전속도가 감소되며 속도가 조정된다. 이 전동기는 기동토크가 대단히 적으며 손실이 크고 효율이 나쁘므로 50[VA] 이하의 선풍기에 많이 사용된다.

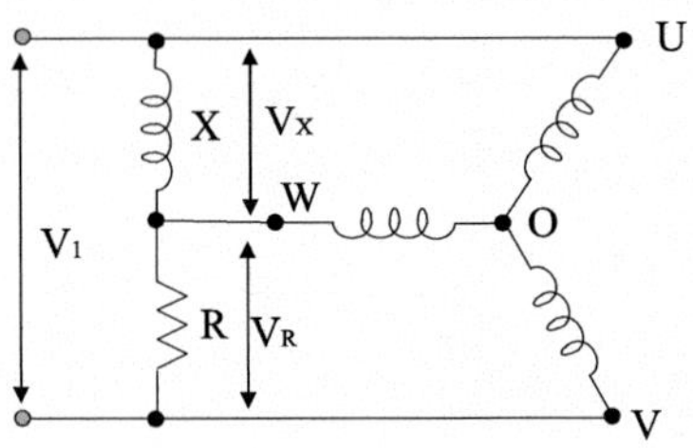

(a) 1차측 결선도

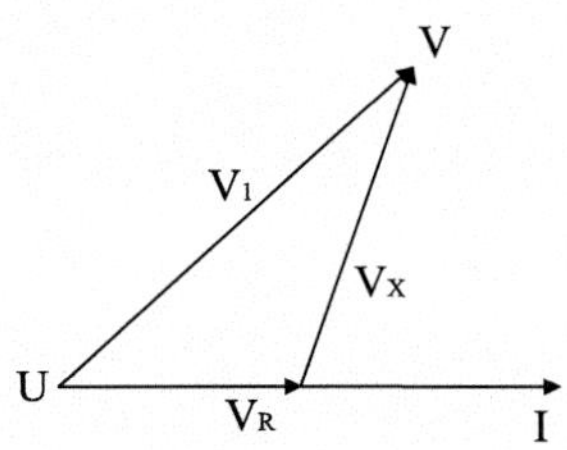

(b) 전압의 벡터도

[그림 4.69] 모노사이클릭형 전동기의 원리

* **역회전** – X 와 R 을 서로 바꾸어서 결선하고 운전하면 상회전이 바뀌므로 회전방향이 반대로 된다.

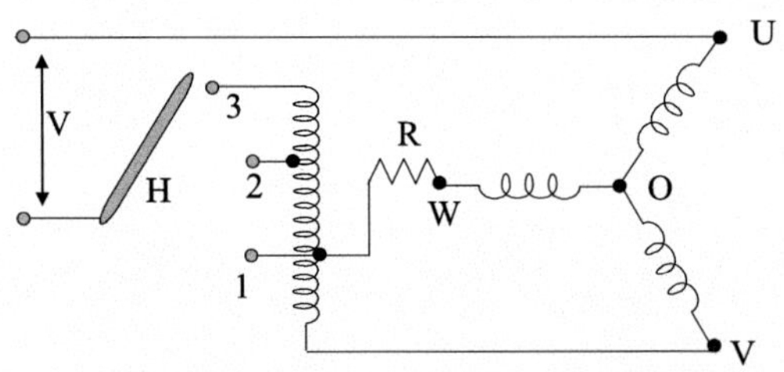

[그림 4.70] 탁상선풍기의 결선도

(1) 각종 단상유도전동기의 특성비교

[표 4.6]은 각종 단상유도전동기의 특성을 비교한 한 가지 예이다.

[표 4.6] 각종 단상유도전동기의 비교

종류	구조	기동		특성	적용출력 [W]
		토크	전류		
분상 기동형	원심력스위치부착	125[%] 이상	500[%] 이하	–	40~200
콘덴서기동형	콘덴서 원심력스위치부착	200[%] 이상	500[%] 이하	–	80~400
반발 기동형	정류자, 브러시 단락장치부착	300[%] 이상	300[%] 이하	–	100~800
콘덴서모터형	운전용콘덴서부착	40~100[%]	400~500[%]	역률 양호	극소~200
셰이딩코일형	셰이딩코일부착	40~80[%]	–	효율 나쁨	극소~80

4.7.11 3상유도전동기의 단상운전

농사용 혹은 특별한 경우에는 단상으로 소형의 3상유도전동기에 [그림 4.71]과 같이 콘덴서를 접속해서 운전할 수가 있다.

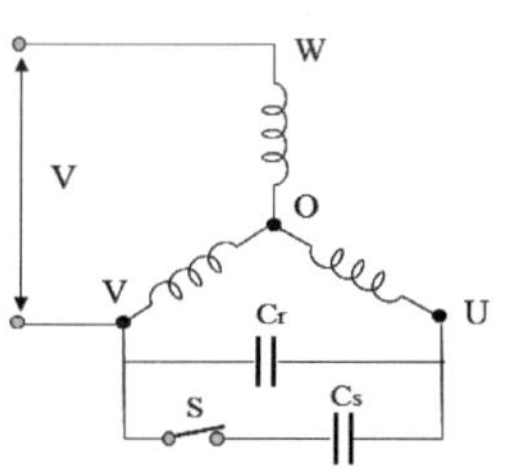

[그림 4.71] 3상유도전동기의 단상운전

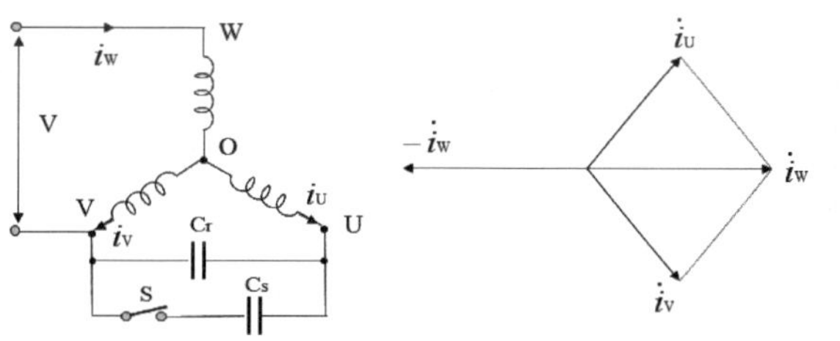

(a) 단상운전 (b) 벡터도

[그림 4.72] 3상유도전동기의 단상운전

이 때의 벡터도는 [그림 4.72]와 같이 되며 불평형의 3상전압에 의한 회전자계가 발생해서 회전자가 회전한다.

콘덴서의 용량은 필요한 기동토크와 운전 중의 좋은 특성을 한 개의 콘덴서로 만족시키는 것은 곤란하기 때문에 대부분은 기동 때 S을 닫아서 C_s 을 병렬로 하고, 기동 후에는 S을 여는 방식을 채용하고 있다.

단상운전시의 출력은 정격출력의 70 ~ 80[%] 정도가 되고 용량의 기동토크가 적다. 따라서 이 방법은 특수한 경우에서 쓰이지만 소용량 이외에는 사용되지 않는다.

* **역회전** – V 와 U 상간에 있던 C 를 W 와 U 상간에 C 를 결선하고 운전하면 회전자계의 방향이 바뀌므로 회전방향이 반대로 된다.

4.8 특수 유도전동기

4.8.1 유도발전기

직류전동기에 외력을 가해서 회전시키면 그대로 직류발전기가 되는 것처럼 유도전동기도 외력을 가해서 회전시키면 어떤 조건하에서는 유도발전기로 사용할 수 있다.

① 음(−)의 슬립 : 유도전동기의 슬립 s 는 언제나 $0 < s < 1$ 의 범위이며 항상 양 (+)의 값이다. 지금 3상유도전동기의 고정자를 전원에 접속한 대로, 다른 원동기에 의해 회전자를 고정자가 만드는 회전자계의 회전방향과 같은 방향으로 동기속도 이상의 속도로 회전시키면 슬립 s 는 음(−)의 값이 된다.
슬립 s 가 음(−)이 되면, 회전자권선은 전동기의 경우와 반대방향으로 회전자속을 자르고, 이때의 유도기전력 및 전류의 방향은 회전자속의 방향에 대하여 반대가 된다. 따라서 회전자전류와 회전자속에 의한 토크의 방향은 회전자의 회전방향과 반대가 되고, 고정자 부하전류의 방향도 전동기의 경우와 반대이기 때문에, 원동기에서 회전자로 가는 기계적인 입력은 전기적인 출력이 되어서 고정자에서부터 전원으로 돌려보내게 된다. 즉, 발전기가 된다.

② 유도발전기 : 유도기를 전동기로서의 회전방향과 같은 방향으로 동기속도 이상의 속도로 회전시켜서 발전기로 한 경우에 이것을 **유도발전기** 또는 **비동기발전기**라고 한다.

③ **특성** : 발전기의 경우에도 전동기의 경우와 같이 회전자속을 만들기 위한 여자전류는 발전기에 연결되어 있는 전원에서 공급해야 한다. 따라서 유도발전기는 단독으로 발전할 수는 없으므로 반드시 동기발전기가 있는 전원에 접속해서 운전하여야 한다.
이 발전기의 주파수는 전원의 주파수로 정하고 회전속도에는 관계가 없다. 또, 출력은 거의 상대속도($n - n_s$) 와 비례하기 때문에 출력을 증가하려면 속도를 증가시켜야 한다.

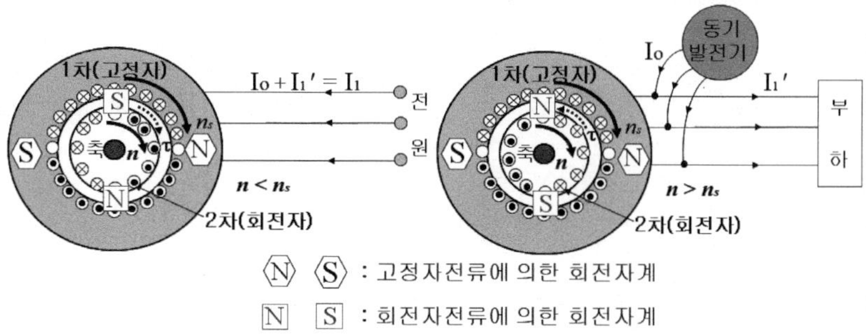

[그림 4.73] 3상유도전동기와 발전기

④ 장점

㉠ 동기발전기와 달리 가격이 싸다.

㉡ 기동과 취급이 간단하며 고장이 적다.

㉢ 동기발전기와 같이 동기화할 필요가 없으며 난조 등의 이상현상도 생기지 않는다.

㉣ 선로에 단락이 생긴 경우에는 여자가 상실되므로 단락전류는 동기기에 비해 적으며 지속 시간도 짧다.

⑤ 단점

㉠ 병렬로 접속되는 동기기에서 여자전류를 취해야 한다.

㉡ 공극의 치수도 작기 때문에 운전시 주의해야 한다.

㉢ 효율과 역률이 낮다.

⑥ 용도 : 유도발전기는 소출력의 자동수력발전기와 같은 특수한 경우에 가끔 사용한다.

4.8.2 유도전압조정기

(1) 단상유도전압조정기

① 구조 : 단상유도전압조정기는 직렬권선에 대한 분로권선의 위치를 연속적으로 바꾸는 단상단권변압기의 일종이다. 그러나 구조는 [그림 4.74]의 (a)와 같이 유도전동기와 비슷하며 고정자와 회전자로 구성되어 있다. 회전자철심의 슬롯 안에는 보통 2극이 되도록 분로권선 P가 있고, 고정자철심의 슬롯 안에는 직렬권선 S가 있다. 이 두 권선은 (b)와 같이 단권변압기와 동일하며 분로권선은 가는 동선으로 꼬은 피그테일로 입력측에 연결하고, 직렬권선은 출력 측에 연결한다.

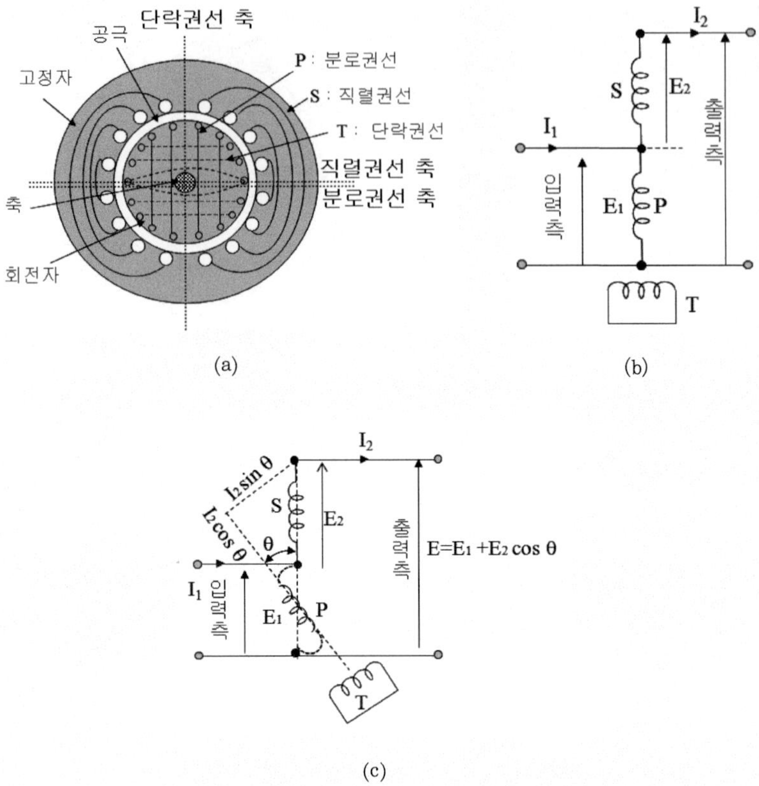

[그림 4.74] 단상유도 전압 조정기의 설명

② **원리** : [그림 4.74]의 (b)와 같이 분로권선과 직렬권선의 축이 이루는 각도가 θ 가 0 일 때, 분로권선이 만드는 교번자속 Φ 는 누설자속을 무시하면 모두가 직렬권선과 쇄교하기 때문에 직렬권선의 유도전압은 가장 크다. 그 값을 조정전압 E_2[V]라고 한다. 그림 (c)와 같이 회전자를 각도θ 만큼 회전시켰다고 하면, Φ 와 직렬권선의 쇄교수는 $\Phi\cos\theta$ 가 되므로 직렬권선의 유도기전력은 $E_2\cos\theta$ 가 된다.

즉, 회전자를 0 에서 π 까지 연속적으로 변화시켜서 직렬권선의 유도기전력을 $\pm E_2$ 의 범위로 변화시킬 수 있다. 따라서 직렬권선에 가해지는 전압 E_1 을 일정하게 하고 권선의 임피던스를 무시해서 생각하면 출력 측의 전압 $E=E_1 \pm E_2$ 의 범위에 연속적으로 가감할 수 있다. [그림 4.74]는 이러한 경우의 전압관계를 나타낸 것이며 입력측 전압 E_1 과 출력측 전압 E 와의 위상차는 없다.

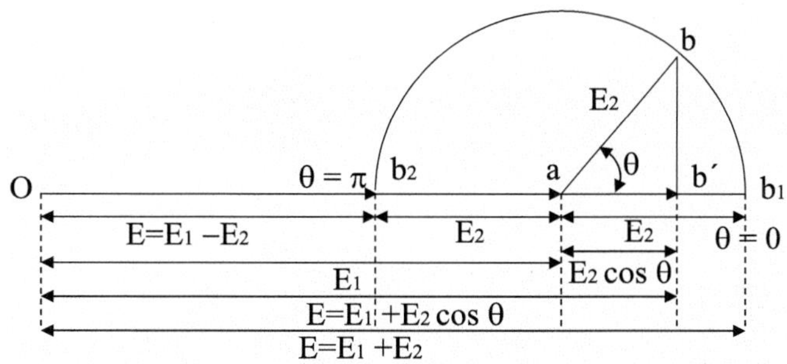

[그림 4.75] 단상유도전압조정기의 전압조정

③ **단락권선** : 실제로 단상유도전압조정기의 회전자에는 [그림 4.74]의 (a)와 같이 분로권선과 직각으로 단락권선 T(3차권선이라고도 한다)을 감고 단자에서 단락하였다. 이것은 회전자가 θ 만큼 회전한 위치에서 부하전류 I_2 에 의한 직렬권선의 기자력 중 분로권선의 축방향 기자력($I_2\cos\theta$에 의한다)은 분로권선에 유입하는 부하전류 I_1' 에 의한 기자력으로 해소되나 직각방향의 기자력($I_2\sin\theta$ 에 의한다)에 의한 자속은 누설자속으로 남는다. 단락권선은 분로권선과 직각위치에 있기 때문에 이 자속과 쇄교하면 단락전류가 생기고, 이에 따른 기자력은 직렬권선의 $I_2\sin\theta$ 에 의한 기자력은 해소하도록 작용한다. 따라서 직렬권선의 누설리액턴스를 감소하여 전압강하를 적게 할 수 있다.

④ **정격출력** : 단상유도전압조정기의 정격출력은 직렬권선에 흐르는 전류의 정격값을 $I_2[\mathrm{A}]$, 조정전압(직렬권선의 전압)의 정격값을 $E_2[\mathrm{V}]$ 라 하면 피상전력으로 표시된다.

$$\text{정격출력} = E_2 I_2 \times 10^{-3}[\mathrm{kVA}] \qquad (4.75)$$

⑤ **형식** : 실험 등에 사용되는 수평축이 있으나 대부분은 수직축형이다. 냉각방식은 저압소형에서 건식 또는 자냉식을 사용하고, 고압 또는 대형에서는 유입자냉식을 사용하고 있다.

예제 47 E·x·e·r·c·i·s·e

단상유도전압조정기 2차전압이 100±30[V]이고, 직렬권선의 전류(2차전류)가 5[A]인 경우의 정격출력은 몇 [kVA]인가?

➔ 해설 $E_1 \pm E_2 = 100 \pm 30$

정격출력$= E_2 I_2 \times 10^{-3} = 30 \times 5 \times 10^{-3} = 0.15[\text{kVA}]$

---

(2) 3상유도전압조정기

① **구조** : 3상유도전압조정기는 권선형 3상유도전동기의 1차권선 P와 2차권선 S을 [그림 4.76]의 (a)와 같이 3상성형단권변압기처럼 접속해서 회전자를 구속상태로 두고 사용하는 것과 같은 것이다.

단상유도전압조정기와 같이 보통 1차권선(분로권선)은 회전자에 감고 2차권선(직렬권선)은 고정자에 감으며, 두 권선은 2극 또는 4극으로 감는다.

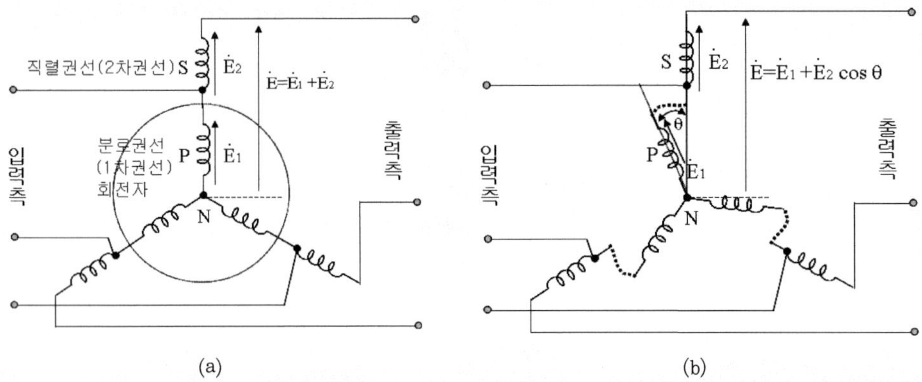

[그림 4.76] 3상유도전압조정기의 설명

② **원리** : 분로권선에 3상전압을 가하면 여자전류가 흐르고 3상유도전동기와 같이 회전자속이 생긴다. 이 회전자속에 의하여 직렬권선의 1상에 유도되는 기전력(조정전압이라고 한다)을 E_2[V]라 하면, E_2는 일정한 크기의 회전자속에 의하여 생기는 것이기 때문에 회전자와 고정자의 위치에 관계없이 항상 그 크기는 일정하다. 그러나 회전자의 위치가 변화함에 따라 분로권선전압 E_1에 대한 E_2의 위상이 변화한다. 이러한 점이 단상유도전압조정기의 E_2와 전혀 다른 점이다.

따라서 분로, 직렬, 두 권선의 축이 이루는 각도를 θ라 하면, 두 권선축이 같은 방향으로 일치하고 있는 [그림 76] (a)의 경우에는 $\theta = 0$ 이며, E_2와 분로권선의 유도기전력 E_1은 같은 위상이기 때문에 권선의 임피던스강하를 무시해서 생각하면 출력측 회로의 상전압 E는 E_1+E_2 가 되어서 최대의 값이 된다.

다음에 이 위치에서 회전자를 그림 (b)와 같이, 가령 반시계방향으로 θ 만큼 회전하면 E_1 과E_2 의 위상차는 θ 가 되고 출력측의 상 전압 E는$\dot{E}=\dot{E}_1+\dot{E}_2$ 이며, 크기는 $E=\sqrt{(E_1+E_2\sin\theta)^2+(E_2\cos\theta)^2}$ 가 된다.

이와 같이 θ 가 커짐에 따라 E는 점점 감소하고, $\theta=\pi$ 인 경우에는 $\dot{E}=\dot{E}_1-\dot{E}_2$ 가 되어서 최소의 값이 된다. 즉, 회전자를 0 에서부터 π 까지 회전시켜서 출력측 회로의 선간전압을 $\sqrt{3}\,(E_1\pm E_2)$ 의 범위로 조정할 수 있다. 또 3상유도전압조정기에서는 [그림 4.77]의 벡터도에서 아는 바와 같이 $\theta=0$ 및 $\theta=\pi$ 의 경우를 제외하고는 입력측의 전압 E_1 과 출력측의 전압 E사이에 위상차 α 가 생긴다.

이와 같은 위상차가 생기는 것을 이용하여 3상유도전압조정기의 직렬권선이 독립한 2차회로로 한 것을 **이상기**라고 하며, 어떤 3상전압에서 이것과 위상이 틀리는 3상전압을 얻는데 사용한다. 위상차가 있어 곤란한 경우에는 상회전이 서로 반대인 2개의 분로권선을 설치한 유도전압조정기를 사용한다.

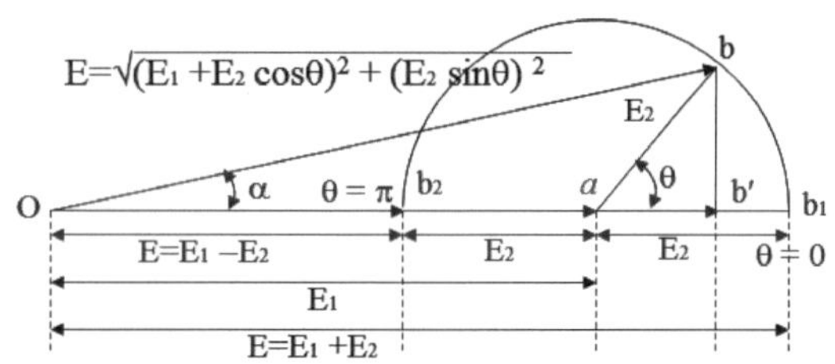

[그림 4.77] 3상유도전압조정기의 전압조정(1상의 경우)

[그림 4.78]과 같이 1차(분로권선)는 병렬로 2차(직렬권선)는 직렬로 접속한다. 회전자는 같은 회전을 하도록 기계적으로 연결하고 있다. 회전자가 θ 만큼 회전하면, [그림 4.79]의 벡터도와 같이 한쪽의 E_2 는 $+\theta$, 다른 쪽은 $-\theta$ 만큼 회전하는 것으로 그 벡터합은 E_1 과 같이 되어 위상차는 생기지 않는다. 이러한 전압조정기를 **대형(대각)유도전압조정기**라 한다.

③ **기자력의 평형** : 3상유도전압조정기에서는 3상유도전동기의 경우와 같이, 직렬권선에 의한 기자력은 회전자의 위치에 관계없이 항상 1차 부하전류에 따른 분로권선기자력에 의하여 해소되므로 단상식의 경우와 같은 단락권선이 필요 없다.

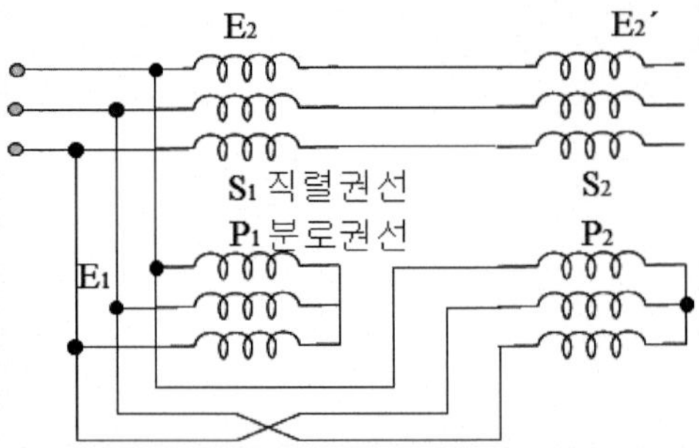

[그림 4.78] 유도전압조정기의 대형접속

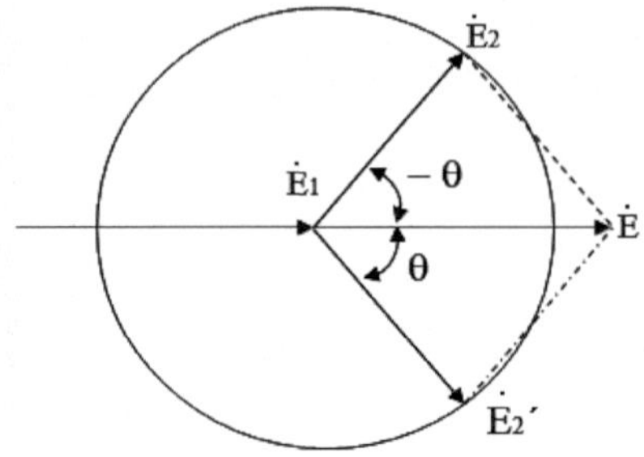

[그림 4.79] 대형유도전압조정기의 벡터도

④ **정격출력** : 3상유도전압조정기의 정격출력은 직렬권선에 흐르는 정격 2차전류를 I_2[A], 조정전압(직렬권선의 상전압)을 E_2[V]라 하고 E_2는 1상의 전압이므로

$$정격출력 = \sqrt{3}\,(\sqrt{3}\,E_2)\,I_2 \times 10^{-3}\,[\mathrm{kVA}] \tag{4.76}$$

⑤ **형식** : 3상유도전압조정기의 형식은 단상식과 같다. 3상유도전압조정기는 회전자를 구속한 유도전동기와 똑같이 회전자속과 직렬권선전류 사이에 토크가 생기기 때문에, 회전자를 조작하는 데는 워엄과 워엄기어를 사용하고 기어치를 적당히 선정하여 조작 축에서 회전자를 회전시키고, 회전자의 토크로 회전하지 않도록 한다.

예제 48 E·x·e·r·c·i·s·e

단상유도전압조정기와 3상유도전압조정기의 차이점을 설명하시오. (단, I_2 : 정격 2차전류, E_2 : 직렬권선의 상전압이라고 하자.)

➔ 해설

	단상유도전압조정기	3상유도전압조정기
같은 점	• 분로권선을 회전한다.	• 분로권선을 회전한다.
다른 점	• 분로권선에 교번자계발생. • 입력전압과 출력전압의 위상이 같음. • 단락권선이 필요함. • 정격출력 $= E_2 I_2 \times 10^{-3}$[kVA]	• 분로권선에 회전자계발생. • 입력전압과 출력전압의 위상이 다름. • 단락권선이 없음. • 정격출력 $= \sqrt{3}\,(\sqrt{3}\,E_2)\,I_2 \times 10^{-3}$[kVA]

예제 49 E·x·e·r·c·i·s·e

부하용량(선로출력) 6,600[kVA]이고, 전압조정을 6,600 ± 660[V]로 하려는 선로에 사용하려는 3상유도 전압조정기의 용량은 얼마인가?

➔ 해설 ① $\sqrt{3}\,V_2 I_2 = P$ 에서 $I_2 = \dfrac{6{,}600\times 10^3}{\sqrt{3}\times(6{,}600+660)}$

$\sqrt{3}\,E = \sqrt{3}\,(E_1 \pm E_2) = \sqrt{3}\,E_1 \pm \sqrt{3}\,E_2 = 6{,}600 \pm 660$ 이므로

$\therefore$ 정격출력$= \sqrt{3}\times(\sqrt{3}\times E_2)\times I_2 \times 10^{-3}$

$$= \sqrt{3}\times 660 \times \frac{6{,}600\times 10^3}{\sqrt{3}\times(6{,}600+660)}\times 10^{-3}$$

$$= 600[\mathrm{kVA}]$$

② 단권변압기 3대의 자기용량은 3상 부하용량 $\times \dfrac{\text{승압전압}}{\text{고압측전압}}$ 이 된다.

$$3\text{상 부하용량} \times \frac{\text{승압전압}}{\text{고압측전압}} = 6{,}600\times\frac{660}{6{,}600+660} = 600[\mathrm{kVA}]$$

예제 50 E·x·e·r·c·i·s·e

200±100[V] 5[kVA]인 3상 유도전압조정기의 직렬권선의 전류는 얼마인가?

➔ 해설 정격출력 $= \sqrt{3}\times\sqrt{3}\,E_2 I_2 \times 10^{-3}$

$$I_2 = \frac{\text{정격출력}}{\sqrt{3}\times(\sqrt{3}\,E_2)} = \frac{5\times 10^3}{\sqrt{3}\times(100)} = 28.9[\mathrm{A}]$$

4.8.3 유도주파수변환기

3상유도전동기의 2차주파수와 2차전압은 슬립 s 와 비례하기 때문에, 권선형전동기를 주파수 f_1 의 전원에 연결하여 동기속도 n_s 의 회전자속을 만들고, 2차측을 개회로로 한 다음 회전자에 외력을 가해서 임의의 속도 n 으로 회전시키면 슬립링에 나타나는 2차주파수(슬립주파수) f_{2s} 는 다음과 같이 된다.

$$f_{2s} = s\,f_1 = \frac{n_s - n}{n_s} f_1 \qquad (4.77)$$

따라서, [그림 4.80]의 (a)와 같이 회전자계와 같은 방향으로 회전시킨 경우에는 $s < 1$ 이기 때문에 $f_{2s} < f_1$ 의 교류가 된다.

[그림 4.80]의 (b)와 같이 회전자계와 반대 방향으로 회전시키면 2차주파수 f_{2s} 는

$$f_{2s} = s\,f_1 = \frac{n_s + n}{n_s} f_1 \tag{4.78}$$

$s > 1$ 이기 때문에 $f_{2s} > f_1$ 이 된다.

즉, 일종의 주파수변환기가 되는 것이다. 그러나 1차전압이 일정하면 2차전압이 주파수와 함께 변화하는 결점이 있다.

상용주파수에서 100 ~ 180[Hz] 정도의 주파수를 얻는데 사용한다.

이 **유도주파수변환기**는 단독으로 2차주파수를 얻을 수도 있지만, 보통 회전자는 다른 회전기와 연결하고 외력을 가하여 운전한다. 유도전동기와 연결하는 것을 **유도비동기주파수변환기**, 동기전동기와 연결한 것을 **유도동기주파수변환기**라고 한다.

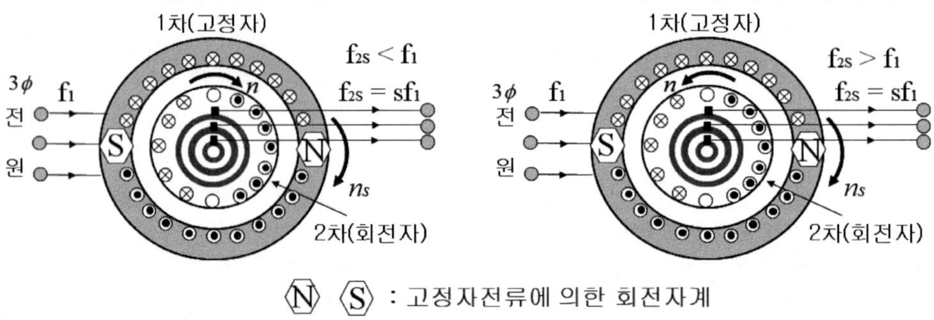

(a) 회전자계와 같은 방향으로 회전시킨 경우 (b) 회전자계와 반대 방향으로 회전시킨 경우

[그림 4.80] 유도주파수 변환기

4.8.4 셀신장치

셀신장치 중 지시싱크로라는 장치는 기계적인 각도의 변화를 전기적인 방법으로 먼 거리에 있는 장소에 전달해서 원격지시 또는, 원격 측정하는 데 사용하는 장치이다.

(1) 원리

구조가 똑같은 A, B 두 개의 싱크로 장치를 [그림 4.81]과 같이 두 기계의 고정자 권선은 대응적으로 접속하고, 회전자권선에 동일한 전원에서 교류전압을 가하면, 두 기계의 회전자권선에는 여자전류가 유입하고 교번자속이 생긴다. 이 자속 때문에 변압기작용으로 고정자 권선의 각 상에는 기전력이 유도되지만 그림과 같이 두 기계의 회전자가 똑같은 관계위치인 정지상태에서는 고정자의 유도기전력은 서로 평형을 유지하며 이 회로에는 전류가 흐르지 않는다.

가령 A 기계의 회전자를 각도 θ 만큼 오른쪽으로 움직였다면, 두 고정자사이의 유도기전력에 대한 평형이 파괴되어서 두 기계의 고정자권선사이에 전류가 흐르고, 이 전류와 B 기계의 교번자속과의 작용으로 토크가 발생한다. 그러면, 이 토크 때문에 B 기계의 회전자도 오른쪽으로 θ 만큼 움직여서 회전자와 고정자의 관계위치가 A, B 두 기계에

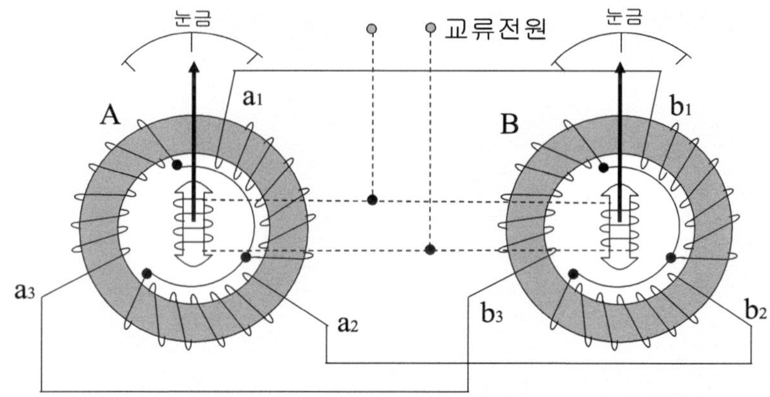

(a)

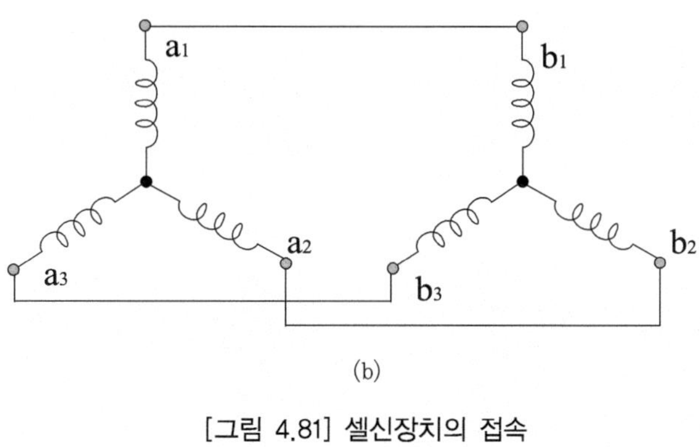

(b)

[그림 4.81] 셀신장치의 접속

서 같게 되며, 다시 두 개의 고정자권선 안에 있는 유도기전력이 평형을 이루게 된 다음 B기계는 정지한다.

이 경우 A 기계의 쪽을 **송량기**, B 기계의 쪽을 **수량기**라고 한다.

(2) 용도

지시싱크로는 원격신호, 원격측정, 원격제어 등 각 방면에 널리 사용되고 있다. 수위계나 발전용 수차입구 개구도의 원격지시, 자동급탄장치 등에 쓰인다.

객관식 문제

01 **유도전동기에서 공간적으로 본 고정자에 의한 회전자계와 회전자에 의한 회전자계는?**

① 슬립 만큼의 위상각을 가지고 회전한다.
② 항상 동상으로 회전한다.
③ 역률각 만큼의 위상각을 가지고 회전한다.
④ 항상 180만큼의 위상각을 가지고 회전한다.

답 ②

02 **부하 전동기는 역률이 낮지만 부하가 늘면 역률이 커지는 이유는?**

① 전류증가 ② 효율증가
③ 전압감소 ④ 2차저항 증가

답 ①

03 **권선형 유도전동기가 기동하면서 동기속도이하까지 회전속도가 증가하면 회전자의 전압은?**

① 증가한다. ② 감소한다.
③ 변함없다. ④ 0이 된다.

답 ②

04 **유도전동기에 부하가 증가하면? 단, $n[\text{rps}]$: 회전자속도, s : 슬립, sE_2 : 회전시의 2차전압, I_2 : 2차전류, I_1 : 1차전류이다.**

① $n[\text{rps}]$는 감소, s는 증가, sE_2는 증가, I_2는 증가, I_1은 증가한다.
② $n[\text{rps}]$는 감소, s는 감소, sE_2는 감소, I_2는 증가, I_1은 증가한다.
③ $n[\text{rps}]$는 감소, s는 증가, sE_2는 증가, I_2는 감소, I_1은 감소한다.
④ $n[\text{rps}]$는 증가, s는 증가, sE_2는 증가, I_2는 증가, I_1은 증가한다.

풀이 유도전동기에 부하가 증가하면, n[rps]는 감소하므로 $s = \frac{n_s - n}{n_s}$는 증가하고 sE_2도 증가하고, $I_2 = \frac{sE_2}{\sqrt{{r_2}^2 + (sx_2)^2}}$는 증가, $I_1 = \frac{I_2}{\alpha\beta}$도 증가한다. **답** ①

05 유도 전동기의 슬립(slip) S의 범위는?

① $1 > S > 0$　　② $0 > S > -1$
③ $0 > S > 1$　　④ $-1 > S > 1$

답 ①

06 1차 권선수 N_1, 2차 권선수 N_2, 1차 권선계수 kw_1, 2차 권선계수 kw_2인 유도전동기가 슬립 s로 운전하는 경우 전압비는?

① $\frac{k w_1 N_1}{k w_2 N_2}$　　② $\frac{k w_2 N_2}{k w_1 N_1}$
③ $\frac{k w_1 N_1}{s k w_2 N_2}$　　④ $\frac{s k w_2 N_2}{k w_1 N_1}$

답 ③

07 유도전동기의 회전자의 슬립이 s로 회전할때 2차 주파수를 f_{2S}[Hz], 2차측 유기전압을 E_{2S}라 하면 이들과 슬립 s와의 관계는? (단, 1차 주파수를 f_1[Hz]라고 함)

① $E_{2S} \propto s,\ f_{2S} \propto (1-s)$　　② $E_{2S} \propto s,\ f_{2S} \propto \frac{1}{s}$
③ $E_{2S} \propto s,\ f_{2S} \propto \frac{f_1}{s}$　　④ $E_{2S} \propto s,\ f_{2S} \propto sf_1$

답 ④

08 권선형 유도전동기에서 1차와 2차간의 상수비가 β 이고, 권선비가 α 이면, 2차전류가 I_2 일 때 1차 1상으로 환산한 전류 I_1는 얼마인가?

① $\alpha\beta I_2$　　② $\frac{1}{\alpha\beta} I_2$
③ $\frac{\beta}{\alpha} I_2$　　④ $\frac{1}{\alpha^2\beta} I_2$

답 ②

09 권선형 유도전동기의 슬립 s 에 있어서의 2차 전류는? (단, E_2, X_2는 전동기 정지시의 2차 유기전압과 2차 리액턴스로 하고 R_2는 2차 저항으로 한다.)

① $\dfrac{E_2}{\sqrt{\left(\dfrac{R_2}{s}\right)^2 + {X_2}^2}}$ ② $\dfrac{sE_2}{\sqrt{{R_2}^2 + \dfrac{{X_2}^2}{s}}}$

③ $\dfrac{E_2}{\left(\dfrac{R_2}{1} - s\right)^2} + X_2$ ④ $\dfrac{E_2}{\sqrt{(sR_2)^2 + {X_2}^2}}$

답 ①

10 3상 유도전동기의 설명 중 틀린 것은?

① 전부하 전류에 대한 무부하 전류의 비는 용량이 작을수록 극수가 많을수록 크다.
② 회전자의 속도가 증가할수록 회전자축에 유기되는 기전력은 감소한다.
③ 회전자 속도가 증가할수록 회전자 권선의 임피이던스는 증가한다.
④ 전동기의 부하가 증가하면 슬립은 증가한다.

답 ③

11 다상 유도 전동기의 등가회로에서 기계적 출력을 나타내는 정수는?

① $\dfrac{{r_2}'}{s}$ ② $(1-s){r_2}'$

③ $\dfrac{s-1}{s}{r_2}'$ ④ $\left(\dfrac{1}{s} - 1\right){r_2}'$

답 ④

12 유도전동기에 있어서 2차 입력 P_2, 출력 P_o, 슬립 s 및 2차동손 P_{c2}와의 관계를 선정하면?

① $P_2 : P_o : P_{c2} = 1 : s : (1-s)$ ② $P_2 : P_o : P_{c2} = 1-s : (1 : s)$

③ $P_2 : P_o : P_{c2} = 1 : \dfrac{1}{s} : (1-s)$ ④ $P_2 : P_o : P_{c2} = 1 : 1-(s : s)$

답 ④

13 유도 전동기의 2차 동손을 P_c 라 하고 2차 입력을 P_2 , 슬립을 s 라 할 때 이들 사이의 관계는?

① $s = P_c / P_2$　　② $s = P_2 / P_c$
③ $s = P_2 P_c$　　④ $1 = s P_2 P_c$　　답 ①

14 동기와트로 표시되는 것은?

① 1차입력　　② 출력
③ 동기속도　　④ 토크　　답 ④

15 유도전동기의 특성에서 토크 τ 와 2차 입력 P_2 , 동기속도 N_S 의 관계는?

① 토크는 2차 입력에 비례하고, 동기속도에 반비례한다.
② 토크는 2차 입력과 동기속도의 곱에 비례한다.
③ 토크는 2차 입력에 반비례하고, 동기속도에 비례한다.
④ 토크는 2차 입력의 자승에 비례하고, 동기속도의 자승에 반비례한다.　　답 ①

16 정격주파수 60[Hz]의 농형 유도전동기를 1차 전압을 정격치로 하고 50[Hz]에 사용할 때 감소하는 것은 어느 것인가?

① 온도상승　　② 최대토크
③ 역률　　④ 여자전류　　답 ③

17 유도전동기에서 인가전압이 일정하고 주파수가 정격치에서 수[%] 감소할 때 다음 현상 중 해당하지 않는 것은?

① 효율이 저하한다.
② 철손이 약간 증가한다.
③ 동기속도가 감소한다.
④ 누설 리액턴스가 증가한다.　　답 ④

18 50[Hz]로 설계된 3상 유도전동기를 60[Hz]에 사용하는 경우, 단자전압을 110[%]로 올리면 다음과 같은 점에서 지장없이 사용할 수 있다. 이중 옳지 못 한 것은?

① 철손 불변 ② 여자전류 감소
③ 역률 불변 ④ 온도상승 증가

답 ④

19 유도전동기의 토크(회전력)은?

① 단자전압에 무관 ② 단자전압에 비례
③ 단자전압의 2승에 비례 ④ 단자전압의 3승에 비례

답 ③

20 유도전동기의 회전력을 τ 라하고 전동기에 가해지는 단자전압을 V_1 [V]라고 할 때 τ 와 V_1 과의 관계는?

① $\tau \propto V_1$ ② $\tau \propto {V_1}^2$
③ $\tau \propto \frac{1}{2}V_1$ ④ $\tau \propto 2V_1$

답 ②

21 비례추이와 관계가 있는 전동기는?

① 동기전동기 ② 3상 유도전동기
③ 단상 유도전동기 ④ 정류자 전동기

답 ②

22 유도전동기의 토크-속도 곡선이 비례추이를 하는 것은 그 곡선이 무엇에 비례해서 이동하는 것을 말하는가?

① 슬립 ② 회전수
③ 공급전압 ④ 2차합성저항

답 ④

23 **유도전동기에서 비례추이 하지 않는 것은?**

① 1차 전류　　② 동기왓트
③ 효율　　④ 역률

풀이 1차 전류, 역률, 1차 입력, 동기왓트는 r_2'/s, 즉 r_2/s 의 함수로 되어 있으므로 2차회로 저항의 크기에 따라 비례추이를 한다. 그렇지만, 2차 동손, 출력, 효율, 2차 효율 등은 r_2/s 의 함수는 되지 않으므로 비례추이는 하지 않는다.　**답** ③

24 **권선형 3상 유도전동기에서 2차 저항을 변화시키며 속도를 제어하는 경우 최대 토크는?**

① 최대 토크가 생기는 점의 슬립에 비례한다.
② 최대 토크가 생기는 점의 슬립에 반비례한다.
③ 2차 저항에만 비례한다.
④ 항상 일정하다.　**답** ④

25 **그림과 같이 유도 전동기의 속도-토크 곡선에서 2차 저항이 최대인 것은?**

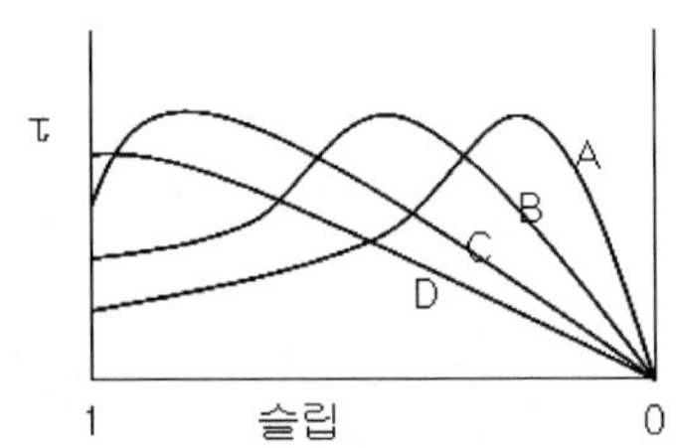

① A　　② B
③ C　　④ D　**답** ④

26 3상 유도전동기의 최대 토크를 τ_m , 최대토크를 발생하는 슬립 s_t , 2차 저항 R_2 와 관계?

① $\tau_m \propto R_2$, $s_t =$ 일정
② $\tau_m \propto R_2$, $s_t \propto R_2$
③ $\tau_m =$ 일정, $s_t \propto R_2$
④ $\tau_m \propto \frac{1}{R}$, $s_t \propto R_2$

답 ③

27 권선형 유도전동기의 2차측 저항을 2배로 증가시켰다. 그 때의 최대 회전력은?

① 2배
② $\frac{1}{2}$배
③ $\sqrt{2}$배
④ 불변

답 ④

28 슬립 s_t일 때 최대토크를 발생하는 3상 유도전동기에서 2차 1상의 저항을 r_2라 하면, 최대토크로 기동하기 위해 2차 1상에 외부로부터 가해 주어야 할 저항은?

① $\frac{1-s_t}{s_t}r_2$
② $\frac{1+s_t}{s_t}r_2$
③ $\frac{r_2}{1-s_t}$
④ $\frac{r_2}{s_t}$

답 ①

29 3상권선형 유도전동기의 2차회로에 저항을 삽입하는 목적이 아닌 것은?

① 속도는 감소하지만 최대토크를 크게 하기 위하여
② 속도제어를 하기 위하여
③ 기동토크를 크게 하기 위하여
④ 기동전류를 줄이기 위하여

답 ①

30 브러시와 접촉된 슬립링의 역할이 아닌 것은?

① 고정단자의 교류를 회전자에 교류로 전달한다.
② 고정단자의 직류를 회전자에 직류로 전달한다.
③ 회전자의 교류를 고정단자에 직류로 전달한다.
④ 회전자의 교류를 고정단자에 교류로 전달한다.

답 ③

31 유도전동기 원선도에서 원의 지름은? (단, V_1을 1차 전압, r_{21}은 1차로 환산한 저항, x_{21}를 1차로 환산한 누설임피이던스라 한다.)

① $r_{21} V_1$에 비례
② $r_{21} x_{21} V_1$에 비례
③ $\dfrac{V_1}{r_{21}}$에 비례
④ $\dfrac{V_1}{x_{21}}$에 비례

답 ④

32 유도전동기의 원선도를 그리기 위해서 필요하지 않은 시험은 어느 것인가?

① 저항측정
② 구속시험
③ 회전수측정
④ 무부하시험

답 ③

33 3상 유도전동기의 원선도를 그리려면 등가회로의 정수를 구할 때 몇가지 실험이 필요하다. 시험이 아닌 것은?

① 무부하시험
② 구속시험
③ 고정자 권선의 저항측정
④ 슬립측정

답 ④

34 유도전동기의 원선도에서 구할 수 없는 것은?

① 1차 입력
② 1차 동손
③ 동기와트
④ 기계적 출력

답 ④

35 3상 유도전동기의 단자전압을 일정하게 하고 1차코일의 접속을 Δ로부터 Y로 바꾸었을 때 최대토크의 크기는 다음 중 어떻게 변하는가?

① $\dfrac{1}{3}$배
② $1/\sqrt{3}$ 배
③ $\sqrt{3}$ 배
④ 3배

답 ①

36 유도전동기의 1차접속을 △에서 Y로 바꾸면 기동시의 1차전류는?

① $\frac{1}{3}$로 감소 ② $\frac{1}{\sqrt{3}}$로 감소
③ $\sqrt{3}$로 증가 ④ 3배로 증가

답 ①

37 유도전동기 기동 보상의 탭전압으로 보통 사용되지 않는 전압은 정격 전압의 몇[%] 정도인가?

① 35[%] ② 50[%]
③ 65[%] ④ 80[%]

답 ①

38 농형유도 전동기의 기동법을 든 것인데 옳지 않은 방법은?

① 전전압 기동법
② 2차저항 기동법
③ Y－△기동
④ 기동보상기법, 리액터기동법

답 ②

39 10[kW]정도의 농형 유도전동기 기동에 가장 적당한 방법은?

① 기동 보상기에 의한 기동 ② Y－△ 기동
③ 저항기동 ④ 직접기동

답 ②

40 3상 권선형 유도전동기의 기동방법은?

① 변연장△결선법 ② 콘도르파법
③ 게르게스법 ④ 기동보상기법

답 ③

41 유도전동기의 기동방식 중 권선형에만 사용할 수 있는 방식은?

① 리액터기동 ② Y−△ 기동
③ 2차회로의 저항 삽입 ④ 기동 보상기

답 ③

42 유도전동기의 기동계급은?

① 16종 ② 19종
③ 23종 ④ 26종

답 ②

43 유도전동기의 안정운전 조건은? (단, T_m : 전동기의 토크, T_l : 부하 토크, N : 회전속도)

① $\frac{dT}{dN} = \frac{dT_\ell}{dN}$ ② $\frac{dT}{dN} < \frac{dT_\ell}{dN}$
③ $\frac{dT}{dN} > \frac{dT_\ell}{dN}$ ④ $\frac{dT}{dN} \neq \frac{dT_\ell}{dN}$

답 ②

44 제 5차 고조파에 의한 기자력의 회전방향 및 속도가 기본파 회전자계에 대한 관계는?

① 기본파와 같은 방향이고 3배의 속도
② 기본파와 같은 방향이고 1/5배의 속도
③ 기본파와 역방향으로 5배의 속도
④ 기본파와 역방향으로 1/5배 속도

답 ④

45 9차 고조파에 의한 기자력의 회전방향 및 기본파 회전 자계와 비교할 때 다음중 적당한 것은?

① 기본파 역방향이고 9배의 속도
② 기본파 역방향이고 1/9배의 속도
③ 기본파 동방향이고 9배의 속도
④ 회전자계를 발생하지 않는다

답 ④

46 제 13차 고조파에 의한 기자력의 회전자계의 회전방향 및 속도와 기본파 회전자계의 관계는?

① 기본파와 반대방향이고, 1/13배의 속도
② 기본파와 동방향이고, 1/13배의 속도
③ 기본파와 동방향이고, 13배의 속도
④ 기본파와 반대방향이고, 13배의 속도 답 ②

47 3상 권선형 유도전동기의 2차회로가 단선이 된 경우에 부하가 약간 무거운 정도에서는 슬립이 50[%]인 곳에서 운전이 되는 것은?

① 차동기운전 ② 자기여자
③ 게르게스 현상 ④ 난조 답 ③

48 유도 전동기의 1차 전압 변화에 의한 속도제어에서 SCR 변환장치를 사용하는 경우 변화시키는 것은?

① 주파수 ② 위상각
③ 전압의 최대치 ④ 역상분 답 ②

49 3상 유도전동기의 속도를 제어시키고자 한다. 적합하지 않는 방법은?

① 주파수 변환법 ② 종속법
③ 2차여자법 ④ 전전압법 답 ④

50 일정 토크 부하에 알맞은 유도전동기의 주파수 제어에 의한 속도제어 방법을 사용할 때 공급전압과 주파수는 어떤 관계를 유지하여야 하는가?

① 공급전압이 항상 일정하여야 한다.
② 공급전압의 자승에 주파수는 비례되어야 한다.
③ 공급전압과 주파수는 비례되어야 한다.
④ 공급전압의 자승에 반비례하는 주파수를 공급하여야 한다. 답 ③

51 선박의 전기추진용 전동기의 속도제어에 가장 알맞는 것은?

① 주파수 변환에 의한 제어 ② 극수변환에 의한 제어
③ 1차 회전에 의한 제어 ④ 2차 저항에 의한 제어 답 ①

52 **포트모터의 속도제어에 쓰이는 방법은 어느 것인가?**

① 극수변환에 의한 제어 ② 1차 회전에 의한 제어
③ 저항에 의한 제어 ④ 주파수 변환에 의한 제어 답 ④

53 **권선형 유도 전동기의 저항 제어법의 장점은 다음 중 어느 것인가?**

① 부하에 대한 속도 변동이 크다.
② 구조 간단하며 제어 조작이 용이하다.
③ 역률이 좋고 운전효율이 양호하다.
④ 전부하로 장시간 운전하여도 온도 상승이 적다. 답 ②

54 **유도전동기의 속도 제어법중 저항 제어와 무관한 것은?**

① 농형유도 전동기 ② 비례추이
③ 속도제어가 간단하고 원활 ④ 속도조정 범위가 적다 답 ①

55 **유도전동기의 회전자에 슬립주파수의 전압을 공급하여 속도 제어를 하는 방법은?**

① 2차 저항법 ② 직류 여자법
③ 주파수 변환법 ④ 2차 여자법 답 ④

56 **유도 전동기의 속도 제어법이 아닌 것은?**

① 2차 저항법 ② 2차 여자법
③ 1차 저항법 ④ 주파수 제어법 답 ③

57 3상 권선형 유도전동기의 속도 제어를 위하여 2차 여자법을 사용하고자 할 때 그 방법은?

① 1차 권선에 가해주는 전압과 동일한 전압을 회전자에 가한다.
② 직류 전압을 3상 일괄해서 회전자에 가한다.
③ 회전자 주파수와 같은 주파수의 전압을 회전자에 가한다.
④ 회전자에 저항을 넣어 그 값을 변화시킨다.

답 ③

58 그림과 같은 sE_2는 권선형 3상 유도전동기의 2차 유기전압이고 E_c는 2차 여자법에 의한 속도제어를 하기 위하여 외부에서 회전자 슬립에 가한 슬립주파수의 전압이다. 여기서 E_c의 작용 중 옳은 것은?

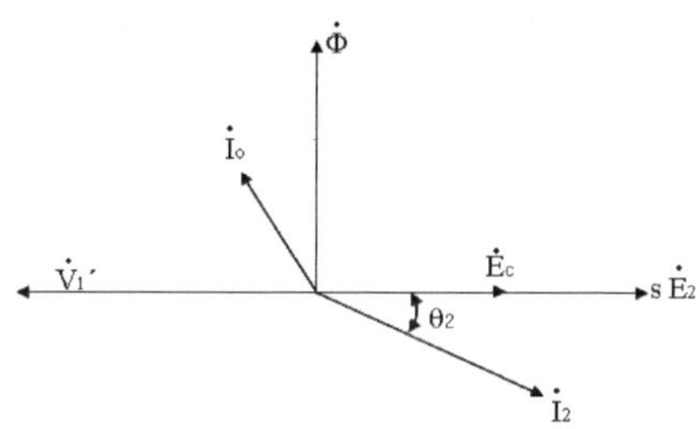

① 역률을 향상시킨다.
② 속도를 강하하게 한다.
③ 속도를 상승하게 한다.
④ 역률과 속도를 떨어뜨린다.

답 ③

59 다음 중 농형 유도전동기에 주로 사용되는 속도제어법은?

① 저항제어법
② 2차 여자법
③ 종속접속법
④ 극수변환법

답 ④

60 유도전동기의 제동방법 중 슬립의 범위를 1~2 사이로 하여 3선중 2선의 접속을 바꾸어 제동하는 방법은?

① 역상제동 ② 직류제동
③ 단상제동 ④ 회생제동 답 ①

61 유도 전동기의 동작 특성에서 제동기로 쓰이는 슬립의 영역은?

① 1 ~ 2 ② 0 ~1
③ 0 ~ −1 ④ −1 ~ −2 답 ①

62 유도전동기의 실부하법에서 부하로 쓰이지 않는 것은 다음 어느 것인가?

① 전기동력계 ② 프로니 브레이크
③ 전동 발전기 ④ 와전류 제동기 답 ④

63 유도 전동기의 슬립을 측정하려고 한다. 다음 중 슬립의 측정법이 아닌 것은?

① 직류 밀리볼트계법 ② 수화기법
③ 스트로보스코우프법 ④ 프로니 브레이크법 답 ④

64 유도전동기의 슬립(slip)을 측정하려고 한다. 다음 중 슬립의 측정법은 어느 것인가?

① 직류밀리볼트계법 ② 전기동력계법
③ 보조발전기법 ④ 프로니브레이크법 답 ①

65 2중 농형유도전동기에 외측(회전자 표면 가까운 쪽) 슬롯에 사용되는 전선으로 적당한 것은?

① 누설리액턴스가 적고, 저항이 커야한다.
② 누설리액턴스가 크고, 저항이 작아야 한다.
③ 누설리액턴스가 적고, 저항이 작아야 한다.
④ 누설리액턴스가 크고, 저항이 커야 한다. 답 ①

66 2중 농형 전동기가 보통 농형 전동기에 비해서 다른 점은?

① 기동 전류가 크고, 기동 토크도 크다.
② 기동 전류가 작고, 기동 토크도 작다.
③ 기동 전류는 작고, 기동 토크는 크다.
④ 기동 전류는 크고, 기동 토크는 작다.

답 ③

67 단상유도전동기를 2전동기설로 고찰한 등가회로에서 1차로 환산된 2차저항을 r_2'라고 하면, 역상 전동기의 발생동력을 표시한 저항의 값은? (단, 정상전동기의 슬립은 s임)

① $\frac{s-1}{2-s}r_2'$　② $\frac{1-s}{2-s}r_2'$
③ $\frac{s-1}{s-2}r_2'$　④ $\frac{2-s}{s-2}r_2'$

풀이 2차권선 중에는 정상 sf_1[Hz]와 역상 $(2-s)f_1$[Hz]의 전류가 동시에 존재하게 된다. 정상 발생동력을 해당한 저항의 값은 $\frac{1-s}{s}r_2'$이므로 역상 발생동력을 해당한 저항의 값은 $\frac{1-(2-s)}{(2-s)}r_2' = \frac{(s-1)}{(2-s)}r_2'$이 된다.

답 ①

68 단상 유도전동기의 특성을 나타낸 설명이 아닌 것은?

① 2차 저항을 증가하면 최대 토크의 값은 감소한다.
② 2차 저항이 어느 정도 이상이 되면 토크는 부(−)가 된다.
③ 슬립 $S=1$인 경우 토크는 발생하지 않는다.
④ $\frac{r_2}{S}$의 비가 일정하면 최대 토크는 일정하다.

답 ④

69 **단상유도 전동기의 특징이 아닌 것은?**

① 기동토크는 0이다. 따라서 어떤 방향으로 회전시켜 주면 슬립 S는 1보다 작게 되고 그 방향으로 토크가 높게 된다.
② 슬립 S가 0이 되기 전에 토크는 0이 되며 기계손이 없어도 무부하속도는 동기속도보다 작다.
③ 권선형 회전자는 비례추이를 한다. 그러나 저항이 증가함에 따라 최대 토크는 줄어들고 어느값 이상에서 역토크가 생긴다.
④ 2차저항을 감소하면 최대토크 값은 상승한다.

답 ③

70 **단상 유도전동기의 특징이 아닌 것은?**

① 기동토크가 없으므로 기동장치가 필요하다.
② 기계손이 없어도 무부하 속도는 동기속도보다 작다.
③ 슬립이 2보다 작고 0이 되기 전에 토크가 0이 된다.
④ 권선형은 비례추이를 하며 최대토크는 변화한다.

답 ④

71 **단상 유도 전동기의 기동에 브러시를 필요로 하는 것은 다음 중 어느 것인가?**

① 분상 기동형 ② 반발 기동형
③ 콘덴서 분상 기동형 ④ 세이딩 코일 기동형

답 ②

72 **단상 유도전동기의 기동방법 중 가장 기동토크가 작은 것은 어느 것인가?**

① 반발기동형 ② 반발유도형
③ 콘덴서기동 ④ 분상기동형

답 ④

73 분상기동형 단상유도전동기의 1차권선(고정자권선)이 그림과 같이 결선되었을 때 시계방향으로 회전한다면, 반시계방향으로 회전하려면 어떻게 결선해야 하는가?

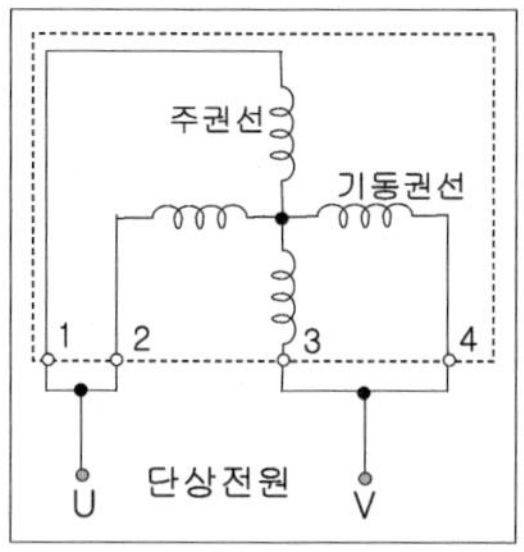

①
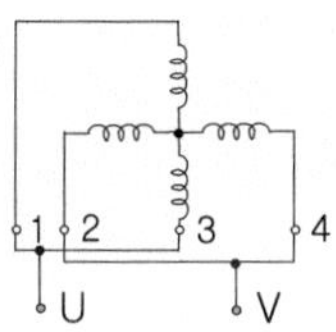

②
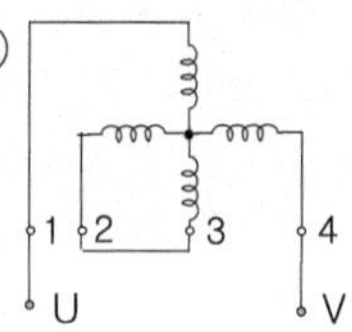

③
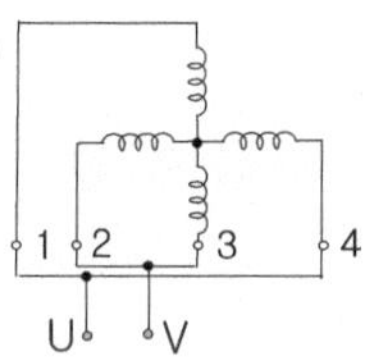

④
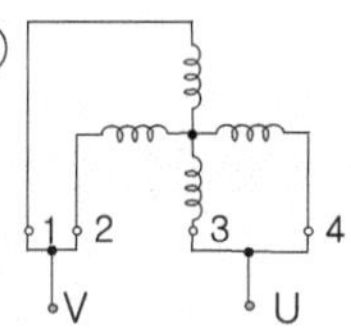

답 ③

74 단상 유도전동기를 기동토크가 큰 순서로 배열한 것은?

① ⓐ 반발유도형 ⓑ 반발기동형 ⓒ 콘덴서기동형 ⓓ 분상기동형
② ⓐ 반발기동형 ⓑ 반발유도형 ⓒ 콘덴서기동형 ⓓ 세이딩코일형
③ ⓐ 반발기동형 ⓑ 콘덴서기동 ⓒ 세이딩코일형 ⓓ 분상기동형
④ ⓐ 반발유도형 ⓑ 모노사이크릭형 ⓒ 세이딩코일형 ⓓ 콘덴서전동기

답 ②

75 **3상유도전동기가 75[%]의 부하를 가지고 운전하고 있던 중 1선이 개방되면 어떻게 되는가?**

① 즉시 정지한다.
② 계속 운전하며 전동기에 큰 지장이 없다.
③ 역 방향으로 회전하다.
④ 계속 운전하나 소손될 위험이 따른다.

답 ④

76 **3상 유도 전동기를 불평형 전압으로 운전하면 토크와 입력의 관계는?**

① 토크는 증가하고 입력은 감소
② 토크는 증가하고 입력은 증가
③ 토크는 감소하고 입력은 증가
④ 토크는 감소하고 입력은 감소

답 ③

77 **3상유도전동기에 불평형 3상 전압을 가한 경우 다음 전동기특성 중 옳은 것은?**

① 영상전압은 거의 고려할 필요 없다.
② 영상전압은 고려하여야 한다.
③ 정상전압과 역상전압에 의한 회전자계의 방향은 같다.
④ 정상운전상태에서 역상분은 제동작용을 하지 않는다.

답 ①

78 **비동기 발전기의 이점이 아닌 것은?**

① 동기속도 이외의 임의의 속도로 운전할 수 있다.
② 동기탈조의 현상이 없어 안정하다.
③ 선로전압으로 여자되기 때문에 선로 단락의 경우에는 여자가 없어지므로 단락전류는 감소한다.
④ 기동운전이 동기기에 비해서 복잡하다.

답 ④

79 단상 유도전압조정기의 1차 권선과 2차 권선의 축 사이의 각도 α일 때의 V_2는?

① $V_2 = V_1 + E_2 \cos\alpha$　② $V_2 = V_1 - E_2 \cos\alpha$
③ $V_2 = V_1 + E_2 \sin\alpha$　④ $V_2 = V_1 - E_2 \sin\alpha$

답 ①

80 단상 유도전압 조정기에 대한 설명 중 틀린 것은?

① 교번자계의 전자유도 작용을 이용한다.
② 회전자계에 의한 유도작용을 이용한다.
③ 무단으로 스무스(smooth)하게 전압의 조정이 된다.
④ 전압, 위상의 변화가 없다.

답 ②

81 유도 전압 조정기에 단락 권선을 1차권선과 수직으로 놓는 이유는?

① 2차 권선의 누설 리액턴스 강하를 방지
② 2차 권선의 주파수를 변화시키는 작용
③ 2차의 단자 전압과 1차의 전압과 위상을 같게 한다.
④ 부하시에 전압조정을 용이하게 하기 위하여

답 ①

82 단상 유도전압 조정기의 권선이 아닌 것은?

① 분로권선　② 직렬권선
③ 단락권선　④ 유도권선

답 ④

83 단상 유도 전압조정기에서 단락권선의 직접적인 역할은?

① 누설 리액턴스로 인한 전압강하방지　② 역률보상
③ 용량증대　④ 고조파방지

답 ①

84 **단상 유도 전압 조정기에는 1차 권선과 직각 방향으로 단락 권선을 설치한다. 이 단락 권선의 설치 목적 및 작용을 열거한 것 중 틀린 것은?**

① 2차 권선의 기자력을 1차 권선의 기자력으로 상쇄시키기 위하여
② $\alpha = 90°$ 에서 2차 기자력이 전부 남아 있다.
③ 부하 전류가 변동해도 2차 전압은 변화가 없다.
④ $\alpha = 90°$ 에서는 2차 권선의 누설 리액턴스가 크다.

답 ②

85 **3상 유도전압 조정기의 동작원리는?**

① 회전자계에 의한 유도작용을 이용하여 2차전압의 위상전압의 조정에 따라 변화한다.
② 교번자계의 전자유도작용을 이용한다.
③ 충전된 두 물체 사이에 적용하는 힘을 이용한다.
④ 두 전류 사이에 적용하는 힘을 이용한다.

답 ①

86 **1차 전압과 2차 전압간의 위상이 같도록 설계된 유도전압 조정기는?**

① 3상 유도 전압조정기
② 대각 유도 전압조정기
③ 단상 유도 전압조정기
④ 회전변류기

답 ②

87 **유도전압 조정기의 설명을 옳게 한 것은?**

① 단락권선은 단상 및 3상 유도전압 조정기 모두 필요하다.
② 3상 유도전압 조정기에는 단락권선이 필요없다.
③ 3상유도 전압 조정기의 1차와 2차 전압은 동상이다.
④ 단상유도 전압 조정기의 기전력은 회전자계에 의해서 유도된다.

답 ②

88 **단상 유도 전압 조정기와 3상 유도전압조정기의 비교 설명으로 잘못된 것은?**

① 모두 회전자와 고정자가 있으며 한편에 1차 권선을 다른 편에 2차권선을 둔다.
② 모두 입력전압과 출력전압사이에 위상차가 있으며, 단상조정기에는 단락코일이 필요하나 3상에서는 필요 없다.
③ 단상유도전압조정기에는 단락코일이 필요하나 3상에는 필요 없다.
④ 모두 회전자의 회전각에 따라 조정한다.

답 ②

89 **다음 술어 중 유도전압 조정기와 관련이 없는 것은? (단, 유도 전압 조정기는 단상, 3상 모두를 말한다.)**

① 위상의 연속 변화
② 분로권선
③ 회전 유도기기
④ 직렬권선

답 ①

90 **3상 유도 전압 조정기 원리에서 틀린 사항은? (단, E_1 을 분로권선의 전압, E_2 를 직렬권선의 전압이라 한다.)**

① 1차에 3상을 가하면 여자 전류가 흐른다.
② 자장이 생겨 1차, 2차에 각각 E_1, E_2의 전압이 유도된다.
③ 회전자의 위치와 관계없이 E_1, E_2 의 크기가 일정하고, 다만 회전자의 위치(θ)에 따라 출력전압의 위상(α)이 다를 뿐이다.
④ 정격출력은 $P = \sqrt{3}\,E_2 I_2 \times 10^{-3}$[kVA] 이다.

답 ④

91 **3상 유도전압조정기를 설명한 것 중 틀린 것은? 단, E는 출력 측의 상전압, E_1은 분로권선(회전자)의 상전압, E_2는 직렬권선의 상전압이다.**

① 회전자의 위치가 $\theta = 0$ 일 때 $E = E_1 + E_2$
② 회전자의 위치가 $\theta = \pi$ 일 때 $E = E_1 - E_2$
③ 회전자의 위치가 $0 < \theta < \pi$ 일 때 $E = \sqrt{(E_1 + E_2 \sin\theta)^2 + (E_2 \cos\theta)^2}$
④ 회전자의 위치가 $0 < \theta < \pi$ 일 때 E_1과 E 사이의 위상차 α 가 생긴다.

답 ③

92 유도전압 조정기에서 2차 회로의 전압을 V_2, 조정전압을 E_2, 직렬권선 전류를 I_2라 하면 3상 유도전압조정기의 정격출력은?

① $\sqrt{3}\,V_2 I_2$　　② $3\,V_2 I_2$

③ $\sqrt{3}\,E_2 I_2$　　④ $\sqrt{3}\,(\sqrt{3}\,E_2)\,I_2$

답 ④

93 분로권선 및 직렬권선 1상에 유도되는 기전력을 각각 E_1, E_2 [V]라 할 때 회전자를 0[°]에서 180[°]까지 돌릴 때 3상 유도전압조정기의 출력 측 선간전압의 조정 범위는?

① $(E_1 \pm E_2)/\sqrt{3}$　　② $\sqrt{3}(E_1 \pm E_2)$

③ $\sqrt{3}(E_1 - E_2)$　　④ $\sqrt{3}(E_1 + E_2)$

답 ②

94 유도전동기의 보호방식에 따른 종류가 아닌 것은?

① 방진형　　② 방수형

③ 전개형　　④ 방폭형

답 ③

95 권선형 유도전동기와 직류 분권전동기와의 유사한 점 두 가지는?

① 정류자가 있다. 저항으로 속도조정이 있다.

② 속도변동율이 작다. 저항으로 속도조정이 된다.

③ 속도변동율이 작다. 기동토크가 전류에 비례한다.

④ 속도가 가변, 기동토크가 기동전류에 비례한다.

답 ②

96 3상 유도전동기의 원선도작성에 필요한 시험과 원선도에서 구할 수 있는 것이 옳게 배열된 것은? [11년]

① 무부하시험, 1차입력　　② 부하시험, 기동전류

③ 슬립측정시험, 기동토크　　④ 구속시험, 고정자권선의 저항

답 ①

97 3상 유도 전동기의 기동법으로 사용되지 않은 것은? [11년]

①Y − Δ 기동법　　② 기동보상기법
③ 2차저항에 의한 기동법　　④ 극수변환 기동법

답 ④

98 권선형 유도전동기에 한하여 이용되고 있는 속도제어법은? [13년]

① 1차 전압제어법, 2차 저항제어법
② 1차 주파수제어법, 1차 전항제어법
③ 2차 주파수제어법, 2차 저항제어법
④ 2차 주파수제어법, 극수변환법

답 ③

99 유도전동기에서 역률이 나빠진 경우는? [14년]

① 2차 여자기의 전압을 회전자의 전압보다 위상을 90° 앞서게 공급한 경우
② 동일한 용량의 기계라도 극수가 증가한 경우
③ 무부하일 때보다 정격부하인 경우
④ 같은 극수라도 권선형보다 농형인 경우

풀이 같은 극수라도 권선형이 농형보다 역률이 낮다.

답 ②

100 단상 유도전동기의 기동법이 아닌 것은? [14년]

① 분상기동　　② Y−Δ 기동
③ 콘덴서기동　　④ 반발기동

답 ②

101 단상 유도전동기 중 콘덴서 기동형 전동기의 특성은? [13년]

① 회전자계는 타원형이다.　　② 기동전류가 크다.
③ 기동회전력이 작다.　　④ 분상 기동형의 일종이다.

답 ④

102 **3상 유도전동기의 슬립이 $s<0$인 경우를 설명한 것으로 틀린 것은? [14년]**

① 동기속도 이상이다.
② 유도발전기로 사용된다.
③ 유도전동기 단독으로 동작이 가능하다.
④ 속도를 증가시키면 출력이 증가한다.

답 ③

103 **단상 유도 전압조정기의 양 권선이 일치할 때 직렬권선의 전압이 150[V], 전원 전압이 220[V]일 경우 1차와 2차 권선의 축사이의 각도가 30° 이면, 양 권선이 일치할 때 2차측 유기전압이 220[V]일 경우 부하 측 전압은 약 몇 [V]인가? [11년]**

① 370 ② 350
③ 220 ④ 150

풀이 직렬권선의 전압(E_2)이 150[V], 전원 전압이 220[V]일 경우는 분로권선의 전압(E_1)가 220[V]라는 것이다

$E = E_1 + E_2 \cos\theta = 220 + 150\cos 30° = 349.9[\text{V}]$

답 ②

104 **유도 전동기의 동작원리로 옳은 것은? [14년]**

① 전자유도와 플레밍의 왼손법칙 ② 전자유도와 플레밍의 오른손법칙
③ 정전유도와 플레밍의 왼손법칙 ④ 정전유도와 플레밍의 오른손법칙

답 ①

105 **유도전동기의 권선형 회전자에 비해 농형 회전자의 특성이 아닌 것은? [13년]**

① 구조가 간단하고 효율이 좋다. ② 견고하고 보수가 용이하다.
③ 대용량에서 기동이 용이하다. ④ 중소형 전동기에서 사용된다.

답 ③

CHAPTER 5 · 교류정류자기

교류정류자전동기는 정류자를 갖고 있는 관계상 구조가 복잡하며, 교류전기철도 그 밖의 공업이나 실험실용 및 가정용 기계 중에 사용된다.
교류정류자전동기는 종류가 대단히 많은데 이 장에서는 다음과 같은 기계를 설명하기로 한다.

① 단상직권전동기와 단상반발전동기
② 3상 직권전동기와 3상 분권전동기
③ 정류자형 주파수변환기

5.1 단상 직권정류자전동기

5.1.1 원리

직류직권전동기에서는 계자권선과 전기자권선이 직렬로 접속되어 있으므로 권선에 교류를 통하면 두 권선을 지나는 전류의 방향은 [그림 5.1]과 같이 동시에 바뀐다.
따라서 동일한 방향으로 토크가 생겨서 운전을 계속할 수 있기 때문에 교류전압을 가해도 전동기로 사용할 수 있게 되는 것이다. 또한, 전기자권선의 축과 보상권선의 축은 서로 일치되어 있지만 계자권선의 축과는 수직인 관계가 된다.

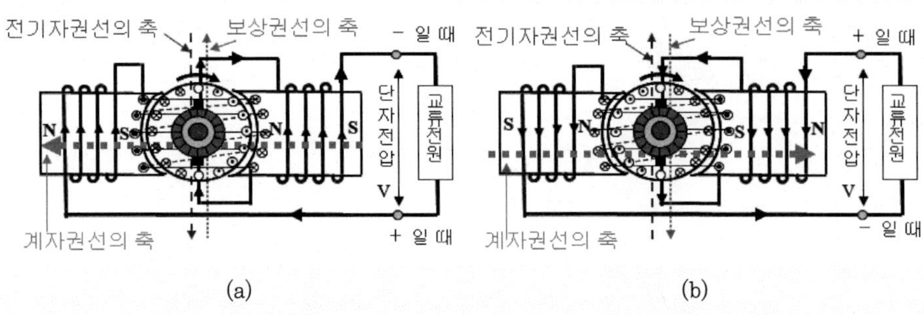

[그림 5.1] 직류직권전동기에서 교류일 때의 회전방향 및 각 권선의 축

단상직권전동기의 원리는 직류직권전동기와 같다. 제1장 직류기에서 E를 발전기의 유도기전력이라 하고, 전동기에서는 역기전력이라고 하였다.

교류정류자전동기에서는 직류전동기와 같은 원리로써 전기자권선이 회전하면서 자속을 쇄교하기 때문에 발생하는 기전력을 **속도기전력**이라고 한다.
지금 주자속의 최대치를 Φ_m, 자극수를 P, 전기자 병렬회로수를 a 전기자의 전도체수를 Z, 전기자의 속도를 N[rpm] 이라 하면 속도기전력의 최대치 E은

$$E_{rm} = \frac{P}{a} Z \frac{N}{60} \Phi_m [\mathrm{V}] \tag{5.1}$$

이고 주자속이 정현파이라면 실효치 E_r 은

$$E_r = \frac{E_{rm}}{\sqrt{2}} = \frac{1}{\sqrt{2}} \frac{P}{a} Z \frac{N}{60} \Phi_m [\mathrm{V}] \tag{5.2}$$

이다. 단상직권전동기에서는 속도가 높을수록 속도기전력이 커지므로 전압벡터와 전류벡터가 접근되어서 역률이 좋아진다.

5.1.2 구조

직류용의 직권전동기를 그대로 교류용에 사용하면 역률과 효율이 모두 나쁘고 토크는 약해져 정류는 불량하게 된다. 그러므로 교류용의 단상직권전동기에서는 다음과 같은 대책을 강구하여 좋은 특성을 갖도록 하고 있다.

① 자기회로의 자속은 교번자속이므로, 철손이 크게 되기 때문에, 전기자 뿐 만 아니라 계자에도 성층철심을 사용하여 원통형 고정자로 한다.
② 전기자나 계자권선의 리액턴스강하 때문에 역률이 대단히 낮아지므로 계자 권선의 권수를 적게 하고 계자속을 적게 한다. 그리고 이에 따른 토크의 감소를 보충하기 위하여 전기자 권선수을 많이 감는다. 이 때문에 동일한 정격의 직류기에 비하면 전기자가 커지고 정류자편의 수도 많아진다.
③ 전기자 권선수가 증가하면 전기자 반작용이 커지므로, 극히 소출력 이외에는 보상권선을 설치한다.
④ 브러시에서 단락되는 코일에는 인덕턴스에 의한 유도기전력 (역기전력$e_r = -L\dfrac{di}{dt}$)

이외에, 주자속의 교번에 의하여 변압기작용에 의한 **변압기기전력**($e_r = -w\dfrac{d\phi}{dt}$)이 유도되고, 단락전류가 크므로 정류작용은 직류기의 경우보다 악화된다.

이것을 개선하기 위해서 브러시에 접촉저항이 어느 정도 큰 것을 사용해서 저항정류를 하고, 또 대형으로 된 것은 보극을 설치하거나 전기자 코일과 정류자편 접속에 고저항의 도선을 사용하여 단락전류를 제한하기도 한다.

5.1.3 종류

단상직권전동기에는 [그림 5.2]와 같이 **직권형**, **보상 직권형**, **유도보상 직권형**등 세 가지 기본적인 형이 있다.
보상직권형의 전기자 A 와 보상권선 C는 [그림 5.1]과 같이 자기축이 일치되어 있기 때문에 마치 변압기의 1차권선과 2차권선의 관계와 같다. 따라서 그림 (b)와 같이 A 와 C를 직렬로 접속하지 않고 그림 (c)와 같이 C를 A 에서 분리 한 후 단락하여도 A 의 유도작용에 의하여 C에는 전류가 흐르므로 A 의 전기자 반작용은 거의 해소된다. 이러한 것을 **유도보상 직권형**이라고 한다.

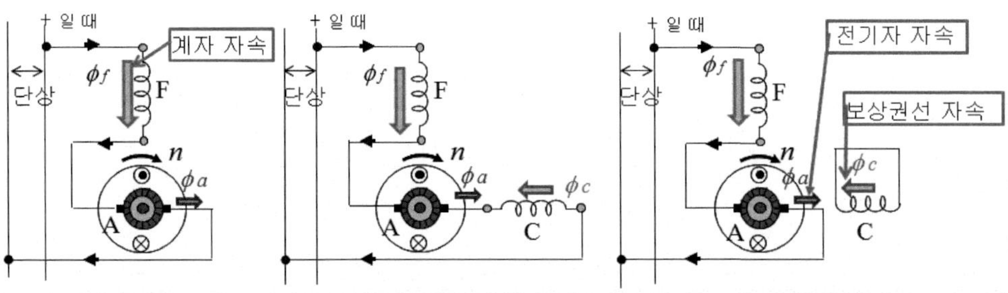

(a) 직권형　　(b) 보상직권형　　(c) 유도보상직권형

[그림 5.2] 단상직권전동기의 종류

[그림 5.3]은 보극 및 보상권선을 설치한 직류직권전동기와 단상직권정류자전동기의 구조상 비슷한 점을 나타낸 것이다.
단상직권정류자전동기는 집중 권선의 고정자를 사용하는 일이 많다.

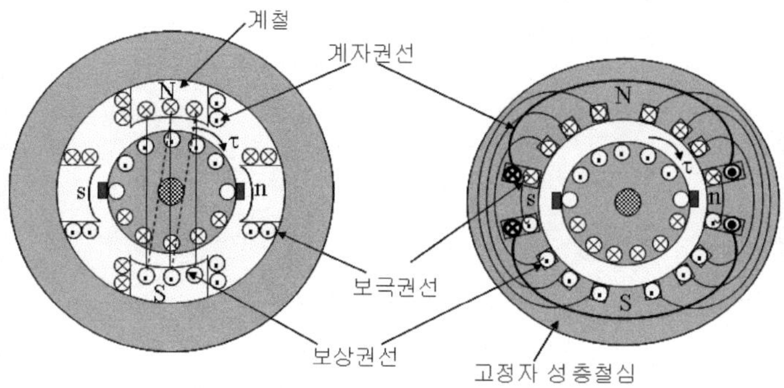

(a) 직류직권전동기 (b) 단상 직권정류자 전동기

[그림 5.3] 구조상의 비슷한 점

5.1.4 특성 및 용도

75[W]정도 이하의 소 출력으로 된 단순한 직권정류자전동기는 가정용 재봉틀, 소형공구, 영사기, 믹서, 치과의료용, 엔진 등에 사용되고 있다. 이들은 교류, 직류 양쪽 모두 사용되므로 **교직양용전동기** 또는 **만능전동기**라고도 한다.

대형으로 된 것은 [그림 5.2]의 (b), (c)의 형이며 주로 단상교류전기철도 용으로 수백[kW]의 대 출력에 사용되고 있다. 이 경우에 속도의 제어는 전압제어법에 의하고 있다.

5.2 단상 반발전동기

단상반발전동기는 분포권의 권선이 있는 고정자와 정류자가 있는 회전자로 구성되며 정류자에 접촉된 브러시는 단락되어 있다. 이 전동기는 직권정류자전동기에서 분화된 것이라고 생각하면 쉽게 이해된다.

전기자권선의 전압은 전원전압에는 관계없이 자유로이 선정할 수 있으므로 제작상 편리하다. C와 F는 자기축이 직교되었으므로 [그림 5.4] (c)와 같이 이들을 1조의 권선으로 바꾸어 놓을 수 있다. 이것이 **반발전동기**이다.

[그림 5.4]의 (b)와 같은 구조를 **아트킨손형**, (c)를 **톰슨형**, (d)를 **데리형**이라 한다. 데리형은 톰슨형의 정류자 위에 1조의 브러시 B_2, B_2' 을 고정하고, 다른 1조의 브러시 B_1, B_1' 를 이동하도록 해서 브러시의 이동에 따라 속도를 세밀히 할 수 있다.

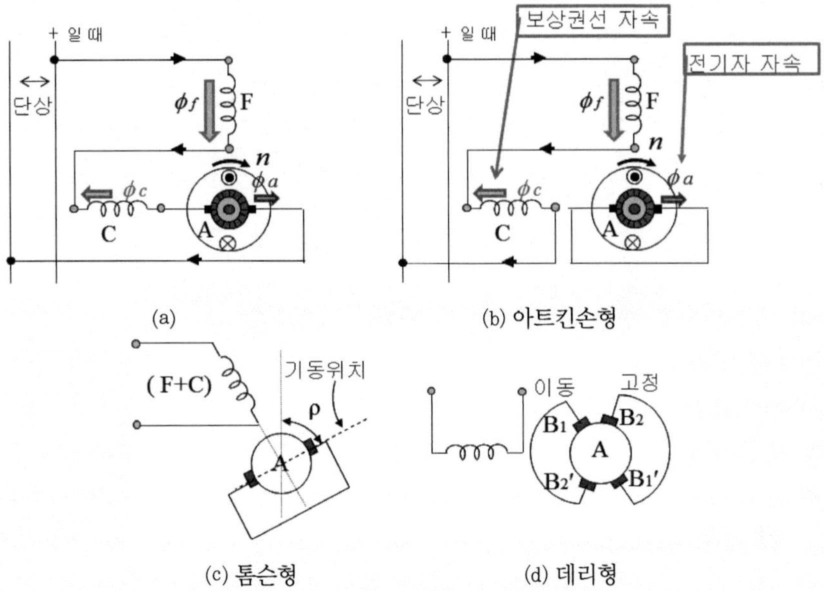

[그림 5.4] 단상반발전동기의 권선의 진화

[그림 5.5]에서 권선 $F+C$가 만드는 자속을 Φ_o라 하면, 계자권선 F의 자속 $\Phi_f=\Phi_o\cos\rho$에 상당하고, 보상권선 C의 자속은 $\Phi_c=\Phi_o\sin\rho$으로 작용을 하여 전기자 권선 A에 2차 전류 I_2을 보낸다. 따라서 ρ의 크기에 의하여 C와 F의 유효 권선비가 결정되므로 브러시를 이동함으로써 기동이나 속도제어도 자유롭게 할 수 있다.

① $\rho=0^\circ$ 인 경우에 Φ_o는 전기자권선과 직교한 상태이며 상호인덕턴스(M)가 0이므로 브러시 사이의 유도기전력은 0이 된다.

② 브러시를 시계방향으로 이동해서 ρ를 점점 크게 하면, 계자권선 F의 자속 $\Phi_f=\Phi_o\cos\rho$에 상당하고, 보상권선 C의 자속 $\Phi_c=\Phi_o\sin\rho$의 작용을 하여 전기자권선 A에 2차전류 I_2를 보낸다. 따라서 ρ의 크기에 의하여 C와 F의 유효권선비가 결정되므로 기동이나 속도제어도 자유롭게 할 수 있다. $\rho=70\sim80^\circ$ 에서 동기속도가 된다.

ρ를 다시 증대하면 동기속도이상이 되나 정류가 악화되므로 동기속도의 120[%]이상에서 사용하는 일은 적다.

* 역회전 — 브러시를 반 시계방향으로 이동하면 단상반발전동기는 반 시계방향으로 회전한다.

③ $\rho=90^{\circ}$ 인 경우에 전류 I_2 는 최대가 되나(이 위치를 단락위치라고 한다), 토크가 생기는 Φ_f 는 0 이 되므로 토크는 0 이 된다.

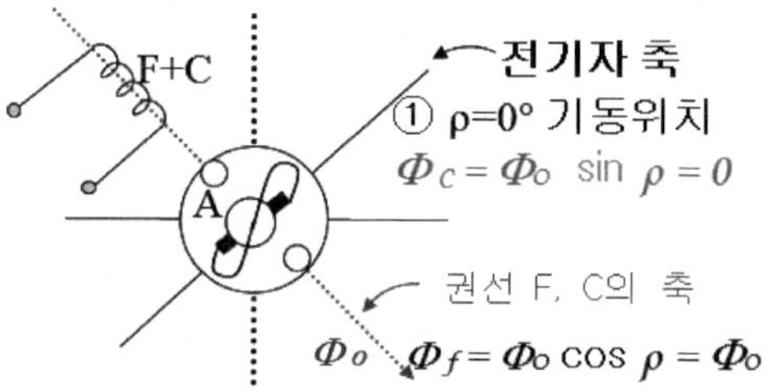

(a) $\rho=0^{\circ}$ (기동위치) (전기자권선의 축과 계자 권선의 축과는 수직인 관계)

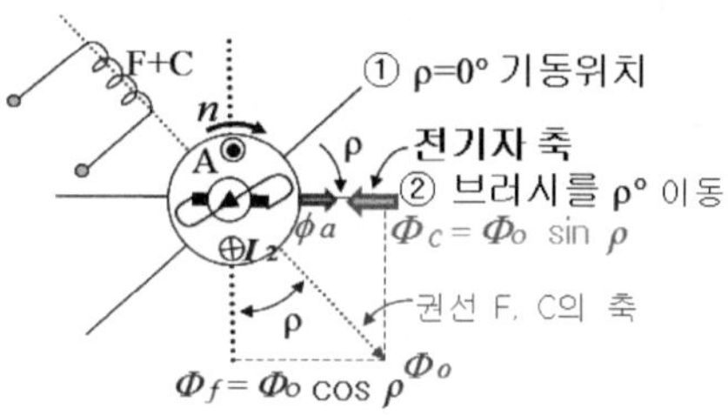

(b) $\rho=70\sim80^{\circ}$ (동기속도)

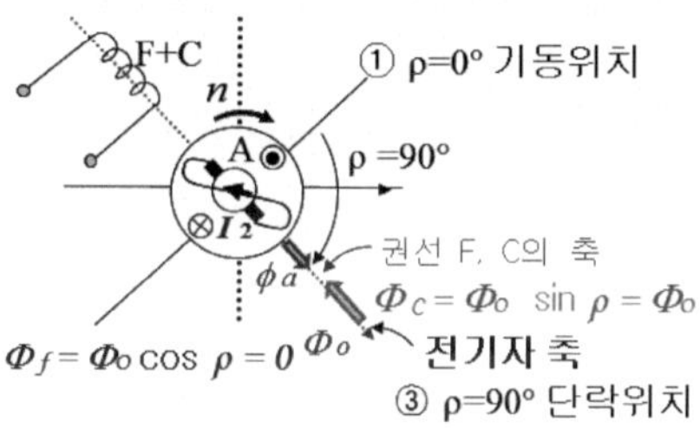

(c) $\rho=90^{\circ}$ (단락위치) (전기자권선의축과 계자권선의 축과는 평행인 관계)

[그림 5.5] 톰슨형 반발전동기의 회전

5.2.1 특성

이 형의 기동토크로 브러시의 위치를 적당히 하면, 전부하 토크의 400~500[%] 정도의 큰 토크를 얻을 수 있으며 기동전류는 전부하 전류의 200~300[%] 정도이다.

5.2.2 용도

반발전동기는 별로 사용되는 일이 적다. 그러나 운전할 때에 정류자를 모두 단락하면 단상유도전동기가 되므로 반발기동 단상유도전동기로서 큰 기동토크를 얻기 위하여 이 원리가 이용되고 있다.

5.3 3상 직권 정류자전동기

5.3.1 원리와 구조

3상직권 정류자전동기의 고정자에는 3상유도전동기와 같이 P극이 될 수 있는 3상분포 권선이 감겨져 있고 회전자는 직류기의 전기자와 거의 같다.

정류자 위에는 브러시가 전기각 $2\pi/3$의 간격으로 배치되고, 이 브러시를 통하여 고정자권선과 회전자권선이 직렬로 연결되어 있다. [그림 5.6]의 (a)는 이 전동기에 대한 접속의 원리를 나타낸 것이다.

고정자와 회전자의 두 권선은 직렬로 연결되기 때문에, 두 권선의 기자력은 같은 위상에 있으며, 합성기자력에 의하여 생기는 회전자계는 회전자의 회전에는 관계없이 항상 회전자에 대하여 $\omega = 2\pi f$ [rps]의 각속도로 회전한다.

[그림 5.6]에서는 고정자코일 S_1의 전류는 순시치가 최대인 상태이고 그림 (a)은 고정자기자력 F_1과 회전자기자력 F_2와 공간으로 겹치는 위치에 브러시가 놓인 경우(브러시 이동각 $\rho = 0°$)이며, 이때 F_1과 F_2의 기자력 F에 의해서 만들어지는 회전자속 Φ와 회전자전류에 의해서 생기는 토크는 서로 상쇄되어서 0이 되기 때문에 전동기는 회전하지 않는다. (이 위치를 기동위치라고 한다). 또, 전원전압과 2차유도기전력은 반대위상이 되므로 여자전류만이 흐른다.

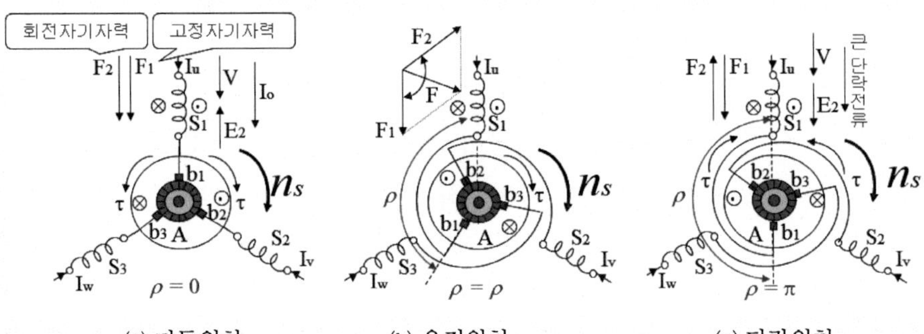

(a) 기동위치 (b) 운전위치 (c) 단락위치

[그림 5.6] 기동위치와 단락위치

다음에 브러시가 그림 (c)의 위치에 놓인 경우($\rho = \pi$)에는 회전자기자력과 고정자기자력은 반대 방향이 되어서 이 경우에도 토크는 0 이 된다(이 위치를 단락위치라고 한다). 그러나 이때에는 전원전압과 2차 유도기전력은 같은 상이 되기 때문에 큰 단락전류가 흐른다. 브러시의 위치를 그림 (b)와 같이 회전자계의 회전방향과 반대방향으로 ρ 만큼 이동하면, 회전자기자력은 고정자기자력보다 ρ 만큼 뒤지고, 합성기자력 F 에 의하여 만들어진 회전자속 Φ 와 회전자전류에 의하여 토크가 생기고 회전자는 회전자계방향으로 회전한다.

또, 브러시를 회전자계와 같은 방향으로 이동하면, 회전자는 회전자계와 반대방향으로 회전한다. 회전자의 속도상승과 함께 회전자주파수 및 유도전압이 증대하여 2차 철손이 증대하고, 브러시에서 단락되는 회전자코일의 전압이 커져서 정류가 곤란하게 되어 사용하는 데 적합하지 않다.

실제의 전동기에서는 [그림 5.7]과 같이 고정자권선과 회전자권선은 중간변압기를 거쳐서 직렬로 접속된다. 이 변압기를 사용하는 주된 이유는 다음과 같다.

① 전원전압의 크기에 관계없이 회전자전압을 정류작용에 맞는 값으로 선정 할 수가 있다.
② 중간변압기의 권수비를 바꾸어서 전동기의 특성을 조정할 수 있다.
③ 직권성이기 때문에 경부하에서는 속도가 현저하게 상승하지만 중간변압기를 사용하여 철심을 포화시켜 두면 속도의 상승을 억제할 수 있다.

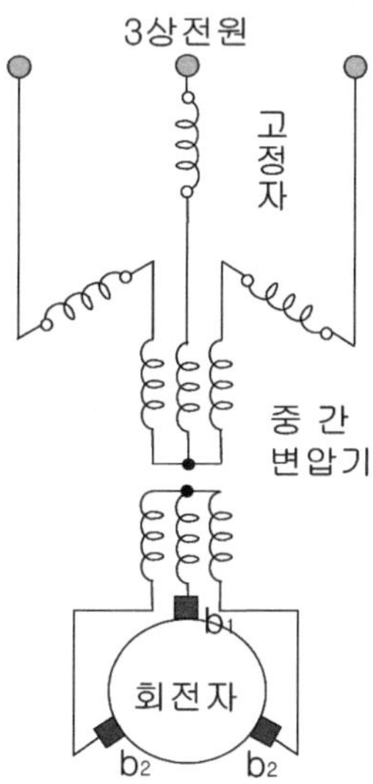

[그림 5.7] 3상직권 전동기의 접속도

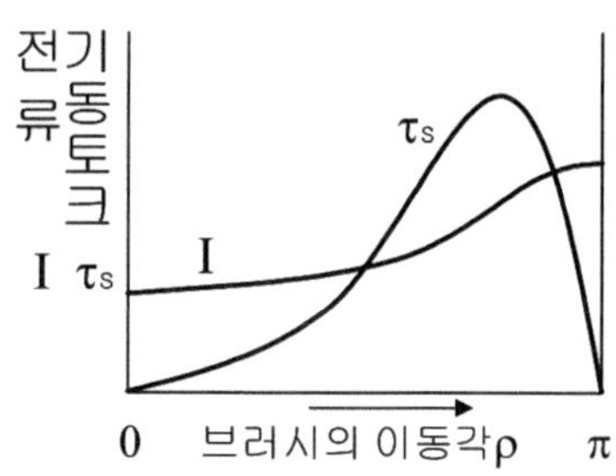

[그림 5.8] 브러시 이동각과 기동토크의 관계

5.3.2 특성

[그림 5.8]은 브러시 이동각 ρ와 기동토크 τ_s 및 전류 I의 관계를 나타낸 그림이며 최대 기동토크는 보통 $\rho = 150° \sim 160°$의 범위에서 생긴다. 일반적으로 전부하 토크의 250~300[%]인 기동토크에 대하여 기동전류는 350~400[%] 정도이다.

이 전동기는 직권성의 변속도전동기이며 토크는 거의 전류의 제곱에 비례하기 때문에 기동토크가 대단히 크다.

효율은 저속도에서는 별로 좋지 않으나 고속도에서는 거의 일정하며 동기속도 근처에서는 가장 좋지만 동일한 정격의 3상 유도전동기에 비하면 뒤진다.

또, 역률은 저속도에서는 좋지 않으나 동기속도 근처나 그 이상에서는 대단히 양호하며 거의 100[%]이다.

* 역회전 – 회전 방향을 반대로 하려면 고정자의 3개 단자 중 임의의 두 개를 전원에 대해 바꾸어서 연결함과 동시에 기동위치로부터 브러시의 이동방향도 반대로 하면 좋다.

5.3.3 용도

3상직권 정류자전동기는 송풍기, 펌프, 공작기계 등 기동토크가 크고 속도제어범위가 크게 요구되는 곳에 사용된다. 용량은 보통 5~10[kW] 정도이지만 300[kW] 정도의 것도 있다.

5.3.4 주파수변환작용

이미 설명한 바와 같이, P극의 3상고정자권선에 f_1[Hz]의 3상교류를 보내면 동기속도 $n_s = 2f_1/P$[rps]로 회전하는 자계가 생긴다. 지금 회전자가 이 회전자계와 동일한 방향으로 속도 n[rps]으로 회전한다고 하면 회전자 권선 안에 유도되는 전압의 주파수는 슬립주파수 $s\ f_1 = \dfrac{n_s - n}{n_s} f_1$ 이다.

이 전압에 의하여 회전자권선에 흐르는 전류는 회전자에 대하여 속도 $n_s - n = s\,n_s$ 의 회전자계를 만든다. 그런데, 회전자는 속도 n 으로 회전하고 있으므로 회전자전류가 만드는 회전자계의 속도와 고정자에 대한 상대속도는 $(n_s - n) + n = n_s$ 가 된다. 그러므로 고정자권선에서 f_1 에 의해 만들어지는 회전자계와 동일한 속도가 된다[유도기 예제 5에서 설명한 내용임]. 따라서 회전자가 정류자와 접촉하고 있는 고정브러시 사이에 나타나는 전압은 $f_1[\mathrm{Hz}]$ 가 되며 고정자와 회전자는 브러시를 거쳐서 직렬로 접속할 수가 있다.
이러한 일은 3상 직권 전동기에만 한하지 않고, 일반적으로 교류정류자전동기의 회전자는 회전자권선의 유도기전력 주파수 sf_1 을 고정자측와 동일한 주파수 f_1 으로 변환하는 작용 즉, **주파수변환작용**을 가지고 있다.

5.4 3상 분권 정류자전동기

3상분권 정류자전동기에는 여러 가지 종류가 있는데, 특성이 가장 우수하고 현재 많이 사용되고 있는 **시라게 전동기**에 대하여 설명하기로 한다.

5.4.1 구조

이 전동기는 권선형 유도전동기의 회전자에 정류자를 부착시킨 구조이지만, [그림 5.9]와 같이 회전자에 1차권선을 설치하고 슬립링 SR을 통하여 3상전원에 접속되어 있다. 또, 1차권선과 같은 슬롯의 상부에 조정권선 C가 들어 있고 이것이 정류자에 연결되어 있다. 정류자 위에는 서로 전기각 $2\pi/3$ 의 위치에 있는 3조의 브러시 a_1, a_2, a_3 와 다른 3조의 브러시 b_1, b_2, b_3 가 있으며, 이 브러시들은 브러시 이동장치로 동시에 a_1, a_2, a_3 와 b_1, b_2, b_3 사이를 조정 할 수 있도록 되어 있다.

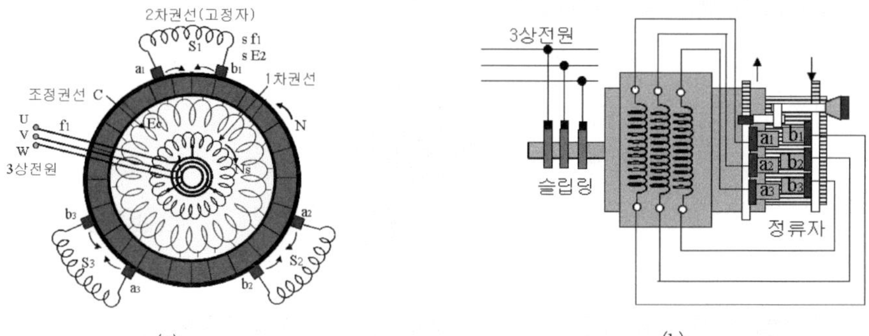

(a) (b)

[그림 5.9] 시라게전동기의 접속

2차권선이 고정자에 있고, s_1, s_2, s_3 의 3개 권선으로 3상권선이 구성되며 각 권선의 양 단자는 각각 브러시 a_1b_1, a_2b_2, a_3b_3 로 접속되어 있다. 즉, 시라게전동기는 3차권선을 설치하고, 1차권선이 회전자에, 2차권선이 고정자에 설치한 권선형 3상유도전동기로 볼 수 있다. [그림 5.9] (b)는 이러한 종류의 전동기에 대한 한 가지 예이며 왼쪽에 슬립링이 있고, 오른쪽에 정류자와 브러시 이동장치가 있다.

5.4.2 2차유도기전력

지금 슬립링을 통하여 1차권선에 주파수 f_1[Hz]의 3상전압을 가하면 회전자계가 생기는데, 이 회전자계는 회전자의 속도와 관계없이 회전자에 대하여 항상 동기속도 $n_s = \frac{2f_1}{P}$[rps] 로 상회전 방향으로 회전한다. 그러므로 1차권선에 E_1, 2차권선에 sE_2, 조정권선에는 E_c 라는 기전력을 유도한다.

즉 E_c 을 제외하면 유도전동기의 경우와 똑같다. 따라서 이 경우의 슬립 s 는 $s = \frac{n_s - n}{n_s}$ 로 되고 2차유도기전력 sE_2 의 주파수 f_2 는 $f_2 = sf_1$[Hz] 인 슬립 주파수로 되는 것도 유도전동기와 같다.

그러나, 이 전동기에서는 1차측이 회전자로, 2차측이 고정자로 되어 있으므로 회전자의 회전방향은 일반적인 유도전동기와 다르게 회전자계의 방향과는 반대로 회전한다.

5.4.3 조정권선의 작용

1차권선과 조정권선은 어느 것이나 회전자 위에 있고 같은 일정한 속도에서 일정한 값의 회전자계에 의하여 쇄교되므로 조정권선에 의해 유도되는 기전력 E_c 의 주파수는 E_1 과 똑같이 전원주파수가 f_1 이라는 것은 명백한 일이다.

그러나 이것은 조정권선 자체 안에 있는 E_c 의 주파수이며, 정류자 위에 있는 한 쌍의 브러시 사이에 나타나는 E_c 의 주파수는 교류정류자전동기의 주파수 변환작용에 의하여 sf_1[Hz] 로 변환되기 때문에 sE_2 와 같은 슬립주파수가 된다.

즉, sE_2 와 E_c 는 브러시를 통하여 동일한 회로 안에서 동일한 주파수의 두 가지 기전력으로 공존한다. 따라서 E_c 의 크기 및 sE_2 에 대한 위상을 바꾸면 2차여자를 할 수 있으므로 이것에 의하여 전동기의 속도를 제어하고 역률을 개선할 수 있다.
이 E_c 를 조정전압이라고 하는데 그 값은 한 쌍의 브러시 사이에 있는 코일의 권수, 즉 브러시 사이각 2α 에 비례한다.

5.4.4 속도제어

[그림 5.10]의 (a)는 2차권선의 중심 AA' 와 한 쌍의 $a_1 b_1$ 사이의 중심 BB' 가 일치한 경우이며, 이때 sE_2 와 E_c 는 반대 위상이다. 따라서 이 위치에서 브러시의 사이각 2α 을 가감하면 동기속도이하에서 전동기의 속도를 제어할 수 있다.
그림 (b)와 같이 $2\alpha = 0$, 즉 $E_c = 0$ 일 때에는 2차 권선을 단락한 유도전동기와 똑같으므로 무부하이면 $s \fallingdotseq 0$ 이 되고 전동기는 거의 동기속도로 회전한다. 브러시의 사이각 2α 는 sE_2 와 E_c 가 반대 위상에 있는 경우를 (+)로 하고, 같은 위상에 있는 경우를 (−)로 한다.
다음에 브러시를 다시 이동하여 그림 (c)와 같이 하면 E_c 는 sE_2 와 같은 상이므로 이 위치에서 2α 을 가감하면 전동기의 속도를 동기속도 이상으로 제어할 수가 있다.

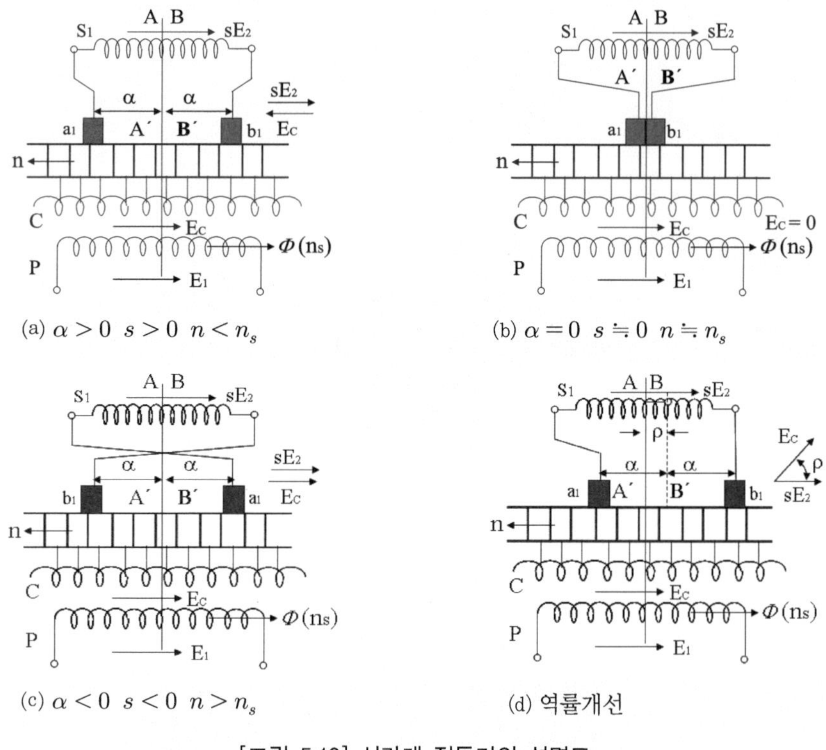

(a) $\alpha > 0$ $s > 0$ $n < n_s$ (b) $\alpha = 0$ $s \fallingdotseq 0$ $n \fallingdotseq n_s$

(c) $\alpha < 0$ $s < 0$ $n > n_s$ (d) 역률개선

[그림 5.10] 시라게 전동기의 설명도

(1) 역률개선

[그림 5.10]의 (d)와 같이 브러시 사이의 중심축 BB'을 회전자의 회전방향과 반대방향으로 전기각 ρ만큼 이동시키면, E_c의 위상은 sE_2보다 ρ만큼 앞선 상태가 되고 $E_c \sin \rho$만큼의 성분은 sE_2에 대하여 $\pi/2$ 위상이 앞선 전압이 되므로 전동기의 역률을 개선할 수가 있다.

(2) 기동

브러시의 사이각을 $2\alpha = \pi$ 가 되도록 하여 최저속도 위치에 놓고 1차측을 전원에 접속하면 기동전류는 보통 전부하전류의 250~300[%] 정도이고, 기동토크는 전부하토크의 150~200[%] 정도에서 기동하며 기동특성은 대단히 우수하다.

(3) 운전

회전방향을 반대로 할 때에는 유도전동기와 같이 1차권선의 3개 단자 중 임의로 2개를 전원에 대해 바꾸어서 연결하면 된다.

5.5 정류자형 주파수변환기

5.5.1 원리와 구조

정류자형 주파수변환기는 유도전동기의 2차여자를 하기 위한 교류여자기로서 사용된다. [그림 5.11]과 같이 회전자는 3상회전변류기의 전기자와 거의 같은 구조이며 정류자와 3개의 슬립링이 있다. 정류자 위에는 한 개의 자극마다 전기각 $2\pi/3$ 간격으로 3조의 브러시가 있고 3개의 슬립링은 회전자권선을 3등분한 점에 각각 접속되어 있다.
고정자에는 구조상 여러 가지 종류가 있으며 소용량이고 가장 간단한 것은 회전자만으로 고정자는 없다. 자기회로의 자기저항을 감소시키기 위하여 성층철심만으로 권선이 없는 고정자를 설치한 것도 있다. 용량이 큰 것에는 정류작용을 좋게 하기 위하여 보상권선과 보극 및 보극권선 등을 설치한 고정자도 있다.

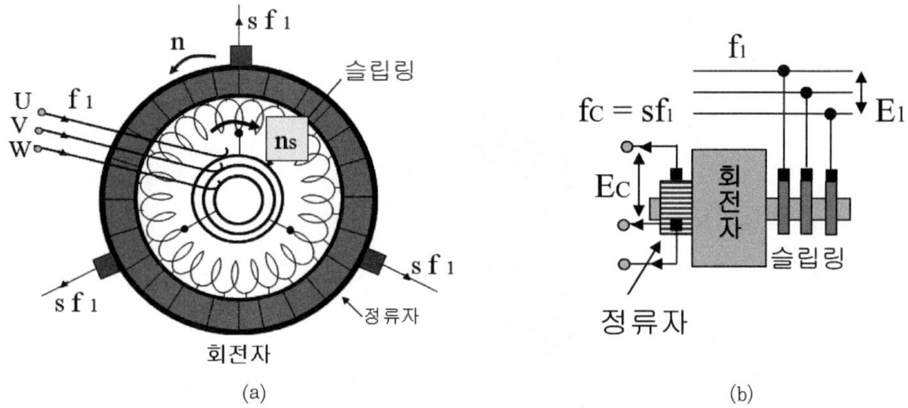

[그림 5.11] 정류자형 주파수변환기의 접속

회전자권선은 P극이 되도록 감겨져 있으며, 슬립링에서 주파수 f_1의 3상교류전압 E_1을 가하면 회전자계가 생기고 이것이 동기속도 $n_s = \dfrac{2f_1}{P}$ [rps]로 상회전 방향으로 회전하지만, 회전자의 회전과 속도 및 방향 여하에는 관계가 없다.

① 회전자가 정지하고 있는 경우에 권선은 동기속도 n_s으로 회전하는 자속 Φ에 의하여 쇄교되기 때문에, 정류자 위의 브러시 사이에 나타나는 전압 E_c의 주파수 f_c는 슬립링에 가한 전압주파수 f_1가 같다.

② 외부에서 회전자에 힘을 가하여 Φ와 반대 방향으로 속도 $n = n_s$로 회전시키면 공간에 고정된 브러시에 대한 Φ의 상대속도는 0이 되므로 E_c의 주파수 f_c는 0이며 직류전압이 된다.

③ 회전자의 속도 n이 Φ와 반대방향으로 $n < n_s$의 경우, 공간에 고정된 브러시에 대한 Φ의 상대속도는 $n_s - n$이 되기 때문에 E_c의 주파수 f_c는 다음과 같다.

$$f_c = (n_s - n)\frac{P}{2} = (n_s - n)\frac{P}{2} \times \frac{n_s}{n_s} = \left(\frac{n_s - n}{n_s}\right)\frac{P}{2}n_s = s f_1 [\text{Hz}] \tag{5.3}$$

즉, 주파수 f_1의 전압을 슬립링에 가하면 정류자 위의 브러시 사이에 슬립주파수 $s f_1$의 3상전압이 생긴다.

④ 회전자를 Φ와 같은 방향에 속도 n으로 회전시키면 공간에 고정된 브러시에 대한 Φ의 상대속도는 n_s+n이 되기 때문에 E_c의 주파수 f_c는

$$f_c=(n_s+n)\frac{P}{2}=\frac{P}{2}n_s+\frac{P}{2}n=f_1+f\ [\mathrm{Hz}] \tag{5.4}$$

즉, 전원의 주파수 f_1을 임의의 주파수 f_1+f로 변환할 수가 있다. 이러한 작용이 있으므로 이것을 **주파수변환기**로서 사용할 수가 있다.

5.5.2 2차여자기로서 응용

[그림 5.12]와 같이 정류자형주파수변환기를 이것과 동일한 전원에 접속시켜서 슬립 s로 운전하고 있는 권선형 유도전동기에 조합시키면 유도전동기의 2차여자를 할 수 있으므로 전동기속도의 제어 및 역률개선을 할 수 있다.

그러나, 이 주파수 변환기는 정류자작용을 하는 점으로 보아 대용량으로 된 것은 제작이 곤란하며, 보상권선이나 보극권선 등을 설치한 것이라도 거의 100[kVA]정도로 하기 때문에 대용량의 전동기에서는 응용되지 않는다. 또, 속도를 제어하는 범위도 동기속도의 상하 10~15[%] 정도로 되어 있다.

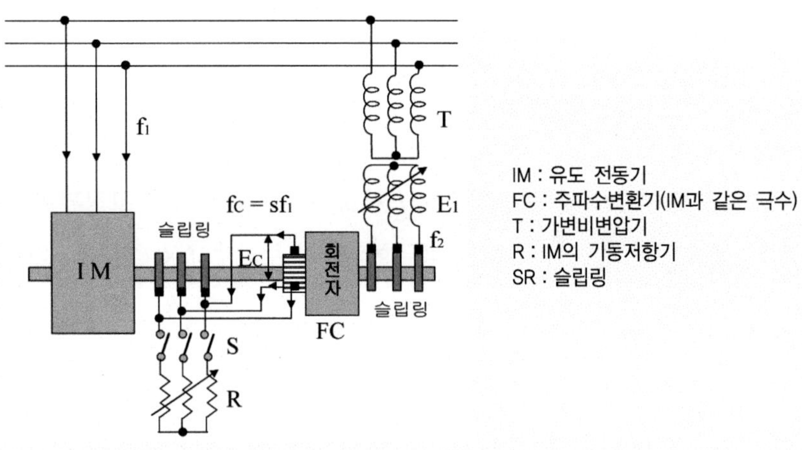

[그림 5.12] 정류자형 변환기를 사용한 2차여자방식

[그림 5.12]와 같이 IM과 FC를 직결하여 FC가 만드는 회전자계와 반대방향으로 회전하면, FC의 브러시 사이에는 항상 IM의 2차주파수와 같은 주파수의 전압 E_c를 얻을 수 있으므로 2차여자를 할 수 있다.
이 경우에 2차여자전압 E_c의 크기는 변압기 T로 조정하고, IM의 2차전압 sE_2에 대한 위상은 브러시의 위치를 적당히 이동시켜서 바꿀 수 있기 때문에 유도전동기의 속도제어 및 역률을 개선할 수 있다.
[참조. P.451 [그림 4.38] 2차여자제어법과 P.453 [그림 4.39] 역률개선]

객관식 문제

01 **직류직권 전동기를 단상 정류자 전동기로 사용하기 위하여 교류를 가했을 때 발생하는 문제점을 열거한 것이다. 이중에서 틀린 것은?**

① 철손이 크다.
② 계자권선이 필요없다.
③ 역률이 나쁘다.
④ 정류가 불량하다.

답 ②

02 **교류 단상 직권전동기의 구조를 설명하는 것 중 옳은 것은?**

① 역률 개선을 위해 고정자와 회전자의 자로를 성층철심으로 한다.
② 정류개선을 위해 강계자 약전기자형으로 한다.
③ 전기자 반작용을 줄이기 위해 약계자 강전기자형으로 한다.
④ 역률 및 정류개선을 위해 약계자 강전기자형으로 한다.

답 ④

03 **단상 직권 정류자 전동기는 그 전기자 권선의 권선수를 계자권수에 비해서 특히 많게 하고 있다. 다음은 그 이유를 설명한 것이다. 틀린 것은?**

① 주자속을 작게 하려고
② 속도기전력을 크게 하려고
③ 변압기 기전력을 크게 하려고
④ 역률저하를 방지하려고

답 ③

04 **단상직권정류자전동기에서 보상권선과 고저항도선의 작용을 설명한 것 중 틀린 것은?**

① 역률을 좋게 한다.
② 고저항도선은 변압기 기전력에 의한 단락전류를 작게 한다.
③ 변압기 기전력을 크게 한다.
④ 전기자반작용을 제거해 준다.

답 ③

05 단상직권정류자전동기에서 보상권선을 사용하는 가장 큰 이유는?

① 역률개선 ② 기동토크조절
③ 속도제어 ④ 정류개선

답 ①

06 다음은 직권 정류자 전동기의 브러시에 의하여 단락되는 코일내의 변압기 전압(e_t)와 리액턴스 전압(e_r)의 크기가 부하전류(I)의 변화에 따라 어떻게 변화하는가를 설명한 것이다. 맞는 것은?

① e_t 는 I가 증가하면 감소한다. ② e_t 는 I가 증가하면 증가한다.
③ e_r 는 I가 증가하면 감소한다. ④ e_r 는 I가 증가하면 증가한다.

답 ②

07 단상 직권 정류자전동기에서 주자속의 최대값을 Φ_m, 자극수를 P, 회전자의 병렬회로수를 a, 회전자의 전도체수를 Z, 회전자의 속도를 $N[\mathrm{rpm}]$이라하면 속도기전력의 실효값은?

① $E_r = \frac{1}{\sqrt{2}}\frac{P}{a}ZN\Phi_m[\mathrm{V}]$ ② $E_r = \frac{P}{a}ZN\Phi_m[\mathrm{V}]$
③ $E_r = \frac{1}{\sqrt{2}}\frac{P}{a}Z\frac{N}{60}\Phi_m[\mathrm{V}]$ ④ $E_r = \sqrt{2}\frac{P}{a}Z\frac{N}{60}\Phi_m[\mathrm{V}]$

답 ③

08 직류 교류 양용에 사용되는 만능 전동기는?

① 직권 정류자 전동기 ② 복권 전동기
③ 유도 전동기 ④ 동기 전동기

답 ①

09 단상 직권정류자 전동기의 설명 중 틀린 것은?

① 계자권선의 리액턴스 강하 때문에 계자권선수를 적게 한다.
② 토크를 증가하기 위해 전기자권선수를 많게 한다.
③ 전기자 반작용을 감소하기 위해 보상권선을 설치한다.
④ 변압기 기전력을 크게 하기 위해 브러시 접촉저항을 적게 한다.

답 ④

10 **단상 직권정류자전동기의 권선축의 관계 중 맞는 것은?**

① 전기자 권선축과 보상권선축은 계자권선축과 수직이다.
② 전기자 권선축과 계자권선축은 보상권선축과 수직이다.
③ 계자권선축과 보상권선축은 전기자권선축과 수직이다.
④ 계자권선축과 보상권선축 및 전기자권선은 다 같은 축이다. 답 ①

11 **단상 직권정류자전동기의 기본형이 아닌 것은?**

① 직권형 ② 보상직권형
③ 유도보상직권형 ④ 톰슨형 답 ④

12 **단상 직권 정류자 전동기의 회전 속도를 높이는 이유는?**

① 리액턴스 강하를 크게 한다.
② 전기자 유도되는 역기전력을 적게 한다.
③ 역률을 개선한다.
④ 토크를 증가시킨다. 답 ③

13 **교류 정류자 전동기에 대한 설명 중 틀린 것은?**

① 높은 효율과 연속적인 속도 제어가 가능하다.
② 회전자는 정류자를 갖고 고정자는 집중 분포권선이다.
③ 기동브러시 이동만으로 큰 기동토크를 얻는다.
④ 정류작용은 직류기와 같이 간단히 해결한다. 답 ④

14 **분권정류자 전동기의 전압정류 개선법에 도움이 되지 않는 것은?**

① 보상권선 ② 보극설치
③ 저저항리이드 ④ 저항브러시 답 ③

15 **단상반발전동기 중 톰슨형에 대한 설명 중 틀린 것은?**

① 계자권선과 보상권선은 1조의 권선으로 되어 있다.
② 브러시의 이동으로 계자자속분과 보상권선자속분의 크기는 바뀐다.
③ 기동브러시 이동만으로 큰 기동토크를 얻는다.
④ 정류작용은 직류기와 같이 간단히 해결된다. 답 ④

16 **단상 정류자 전동기의 일종인 단상 반발전동기에 해당되지 않는 것은 어느 것인가?**

① 데리전동기 ② 에트킨슨전동기
③ 톰슨전동기 ④ 시라게전동기 답 ④

17 **3상 직권 정류자 전동기에 중간(직렬)변압기가 쓰이고 있는 이유가 아닌 것은?**

① 정류자 전압의 조정 ② 회전자 상수의 감소
③ 정부하때 속도의 이상 상승방지 ④ 실효권수비 조정 답 ②

18 **3상 직권 정류자 전동기의 중간 변압기의 사용 목적은?**

① 실효권수비의 조정 ② 역회전을 위하여
③ 직권 특성을 얻기 위하여 ④ 역회전의 방지 답 ①

19 **3상분권 정류자 전동기에 조정권선을 사용하는 가장 큰 이유는?**

① 정류개선 ② 기동토크조절
③ 속도제어 ④ 기동전류감소 답 ③

20 **속도변화에 편리한 교류전동기는?**

① 농형전동기　　② 2중농형전동기
③ 동기전동기　　④ 시라게전동기

답 ④

21 **교류분권 정류자 전동기는 다음 중 어느 때에 가장 적당한 특성을 갖고 있는가?**

① 속도의 연속가감과 정속도 운전을 아울러 요하는 경우
② 속도를 여러 단으로 변화시킬 수 있고 각 단에서 정속도 운전을 요할 때
③ 부하토크에 관계없이 완전 일정속도를 요하는 경우
④ 무부하와 전부하의 속도 변화가 적고 거의 일정속도를 요하는 경우

답 ①

22 **정류자형 주파수 변환기의 구조에 관한 설명 중 틀린 것은?**

① 용량이 큰 것은 회전자에 보상권선과 보극권선을 설치한 것도 있다.
② 소용량이며 가장 간단한 것은 회전자만으로 고정자는 없다.
③ 회전자는 3상 회전변류기의 전기자와 거의 같은 구조이며 정류자와 3개의 슬립링이 있다.
④ 자기회로의 자기저항을 감소시키기 위해 성층철심만으로 권선이 없는 고정자를 설치한 것도 있다.

답 ①

23 **75[W]이하의 소 출력으로 소형 공구, 영사기, 치과의료용 등에 널리 이용되는 전동기는?**

① 단상 반발 전동기　　② 3상 직권정류자 전동기
③ 영구자석 스텝전동기　　④ 단상 직권정류자 전동기

답 ④

24 도체수 Z, 내부회로대수 a인 교류 정류자 전동기의 내부회로의 유효권수 w_e는? (단, 분포권계수 $\frac{2}{\pi}$ 라고 한다.)

① $w_e = \dfrac{Z}{2a\pi}$ ② $w_e = \dfrac{Z}{4a\pi}$

③ $w_e = \dfrac{Z}{2a}$ ④ $w_e = \dfrac{aZ}{2}$

풀이 $2a$를 병렬회로의 수라고 하면, 내부회로의 유효권수 $w_e = \dfrac{2}{\pi} \times \dfrac{Z}{2a} \times \dfrac{1}{2} = \dfrac{Z}{2a\pi}$

답 ①

25 톰슨형 단상반발전동기의 설명 중 틀린 것은?

① 동기속도 이상으로 얻을 수 없다.
② 회전방향을 바꾸려면 $\rho = 0°$ (기동위치)에서 브러시를 반대로 움직인다.
③ 운전 중 정류자를 모두 단락하면 단상유도 전동기가 되며 큰 기동토크를 얻는다.
④ 브러시의 위치를 적당히 하면 전부하 토크의 400 ~ 500[%] 토크를 얻을 수 있다.

풀이 기동위치에서 브러시의 위치를 $\rho = 70 \sim 80°$ 로 하면 동기속도가 되며, 다시 ρ 를 증가하면 동기속도 이상이 되나 정류가 악화되므로 동기속도의 120[%] 이상에서는 사용되는 일이 없다.

답 ①

26 3상 직권 정류자전동기의 특성이 아닌 것은?

① 직권성의 변속도 전동기이다.
② 토크는 전류의 제곱에 비례하기 때문에 기동토크가 크다.
③ 효율은 고속에서 거의 일정하며 동기속도에서 가장 좋다.
④ 역률은 동기속도 이상에서 나빠지며 거의 80[%]이다.

풀이 역률은 동기속도 근처나 그 이상에서는 대단히 양호하며 거의 100[%]이다.

답 ④

CHAPTER 6 · 전력용반도체소자

우리는 직류전원을 직류발전기나 회전변류기를 통하여 얻는 방법을 배웠지만 수은정류기에서도 직류를 얻을 수 있다. 그러나 최근에는 고전압 대전류 용량의 다이오드가 출현하여서 교류를 직류로 쉽게 변환하여 사용할 수 있게 되었다.

6.1 반도체 정류기

6.1.1 진성반도체

반도체라고 하는 것은 전기가 흐르는 구리와 같은 도체와 전기가 흐르지 않는 고무와 같은 절연체의 중간 성질을 갖는 원자로서 고유저항 값은 $10^{-4} \sim 10^{4}\,[\Omega \cdot \mathrm{m}]$의 범위를 갖고 있으며 게르마늄(Ge, 전자 32개), 실리콘(Si, 전자 14개) 등이 있다.

파울리(Pauli)**의 배타원리**에 의해서 원자핵중심에서 n 번째 궤도에는 $2n^2$개 이상의 전자가 들어 갈 수 없기 때문에 게르마늄(Ge)은 2-8-18-4의 전자배열이고, 실리콘(Si)은 2-8-4의 배열이 되어 외곽전자가 모두 4가원자라는 공통점이 있다.

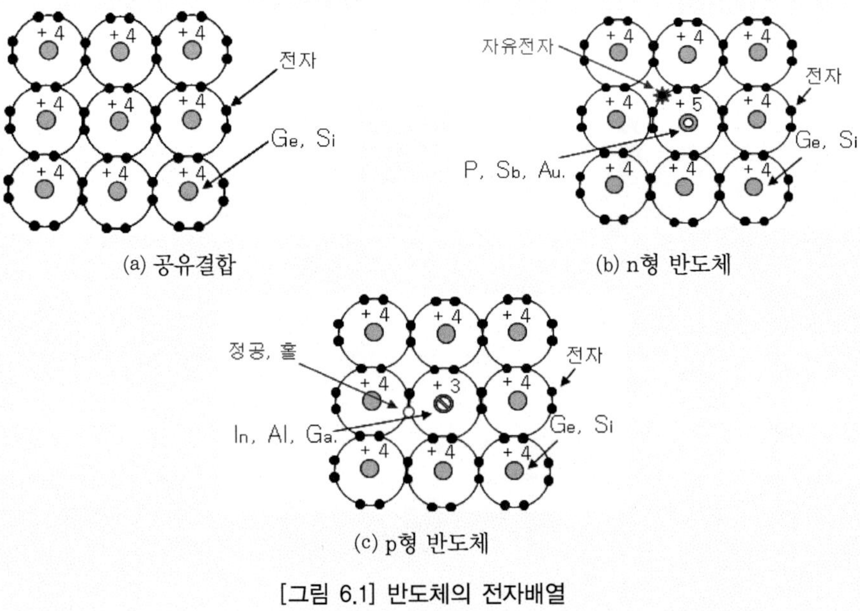

(a) 공유결합 (b) n형 반도체 (c) p형 반도체

[그림 6.1] 반도체의 전자배열

그런데 이들 4가 원자들은 [그림 6.1]의 (a)와 같이 이들끼리 공유결합을 하고 있어서 마치 외곽전자가 8개인 것처럼 안정하게 존재하고 있다.
이러한 4가의 순수한 반도체를 **진성반도체**이라고 한다.

6.1.2 불순물 반도체

진성반도체인 실리콘이나 게르마늄 등 4가의 원자에 3가의 원자 혹은 5가의 원자를 아주 약간만 섞으면 진성반도체의 결합은 변화가 생겨서 전기적 성질이 진성반도체와는 아주 다른 현상이 일어난다. 이러한 반도체를 불순물 반도체라고 하며 N형 반도체와 P형 반도체의 두 가지 종류가 있다.

① **N형 반도체 :** 4가의 실리콘 원자에다 5가 원자인 인(P), 안티몬(Sb), 금(Au) 등을 아주 약간만 첨가하면 [그림 6.1]의 (b)과 같이 4가의 원자와 5가의 원자가 공유결합을 해서 1개의 전자가 남게 된다.
이러한 전자는 다른 궤도의 전자보다 불순물 원자에 가볍게 구속되어 있기 때문에 낮은 전계를 가해도 (−)전하가 되어 결정내부를 쉽게 이동하게 되어 진성반도체보다 도전성을 더 띠게 되며 이러한 반도체를 **N형 반도체**라고 한다.

② **P형 반도체 :** 이번에는 진성반도체인 4가의 원자인 실리콘에 3가의 원자인 인듐(In), 알루미늄(Al), 가리움(Ga) 등을 아주 약간만 첨가하면 [그림 6.1]의 (c)와 같이 4가의 원자와 3가의 원자가 공유결합을 해서 전자 1개의 공석이 생긴다. 이 공석을 **정공**(positive hole)이라고 한다. 결정 중에서 공석이 생기면 옆에 있는 전자가 이곳을 채워 정공이 이동하는 현상이 일어난다. 이와 같은 반도체를 **P형 반도체**라 하고 이것은 진성 반도체보다 도전성을 더 띠게 된다.

6.1.3 P-N 접합

N형과 P형의 두 반도체가 [그림 6.2]의 (a)처럼 접합(junction)해 놓으면 N형 속의 과잉전자와 P형 속의 정공이 결합하여 접속면에서는 (−)의 전하와(+)의 정공이 전위를 잃고 어떤 층을 형성한다. 이와 같이 전자, 정공의 확산을 방해하는 접속면에 **전위장벽**(potential barrier)이 생긴다. 그리고 이 접합면 부근에는 전자, 정공이 없는 **공핍층**(depletion layer)을 형성한다.

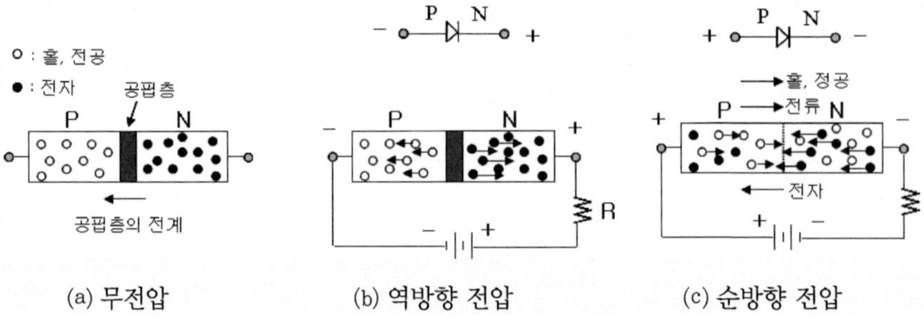

[그림 6.2] P-N 접합면의 공핍층 변화

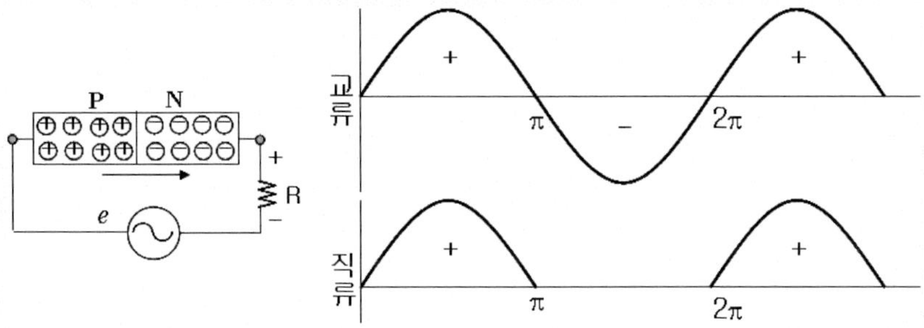

[그림 6.3 6] 다이오드의 성질

만일 [그림 6.2]의 (b)처럼 P 형에 (−)극, N 형에 (+)극의 전원이 연결되었을 때를 생각해보면 P 형의 (+)정공은 (−)전원 쪽으로, N 형의 (−)전자는 (+)전원 쪽으로 전계를 받아 공핍층은 더욱 넓어져서 전류는 흐르지 못하게 된다. 이러한 전압방식을 역방향 연결이라고 한다.

그러나, [그림 6.2]의 (c)처럼 P 형에 (+)극, N 형에 (−)극의 전원을 연결하면 (+)정공은 (+)전원에 반발하고, (−)전자는 (−)전원에 반발하여 공핍층 쪽으로 확산이 일어나 (+)정공과 (−)전자는 소멸되면서 전류는 (+)전원에서 (−)전원 쪽으로 즉, P 형에서 N 형 쪽으로 흐르게 된다. 이와 같은 방식을 순방향 연결이라고 한다.

이번에는 직류전원 대신 교류전압을 $P-N$ 접합에 연결했을 경우 교류전원은 (+), (−)의 진폭이 시간에 따라 변한다. 이때 [그림 6.3]과 같이 P 형이 (+) 전압이 되고 N 형이 (−)전압일 때만 전류가 흘러 저항 R 에는 (+)의 반파인 파형만 나타나게 되어 정류가 발생한다.

[그림 6.4]는 PN 반도체의 정류특성을 나타낸 것으로 P 에서 N 형 쪽으로는 약간의

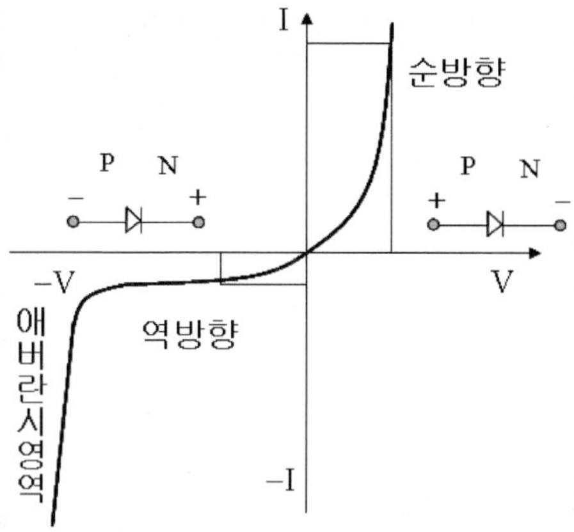

[그림 6.4] 반도체의 정류회로

전압(Si인 경우 0.6[V] 정도)만 가하면 전류는 급증한다. 그러나 역방향 쪽으로는 상당한 전압을 가해도 약간의 전류만 흐르다가 어떤 높은 전압에서는 급히 전류가 증가하며 이 전압을 **항복전압**(breakdown voltage)이라고 한다.

이것은 반도체의 파괴가 아니고 전압만 제거하면 원상복귀가 된다. 정류라고 하는 것은 교류를 직류로 바꾸는 것을 말하며 이와 같이 PN 접합의 순방향과 역방향을 이용한 것이 다이오드의 특성이다.

다이오드는 반도체인 관계로 열에 민감하여 일반 도체와는 반대로 온도가 올라가면 저항값이 떨어지는 **부저항 특성**이 있어 방열에 특별한 관심이 필요하다.

6.2 정류회로

6.2.1 단상반파 정류회로

[그림 6.5]의 (a) 처럼 $e = \sqrt{2}\,E\sin\omega t$[V]의 정현파 전압을 가하면 $0 \leq \omega t \leq \pi$ 기간에는 다이오드 D를 통해 도통되지만 $\pi \leq \omega t \leq 2\pi$기간은 도통되지 않아 [그림 6.5]의 (b)처럼 부하저항 R에는 (+)반파의 e_d 전압만 나타나는데 이것은 맥류이므로 직류의 평균치로 나타내려면 E_{do}는 다음과 같다. $\omega t = \theta$이므로

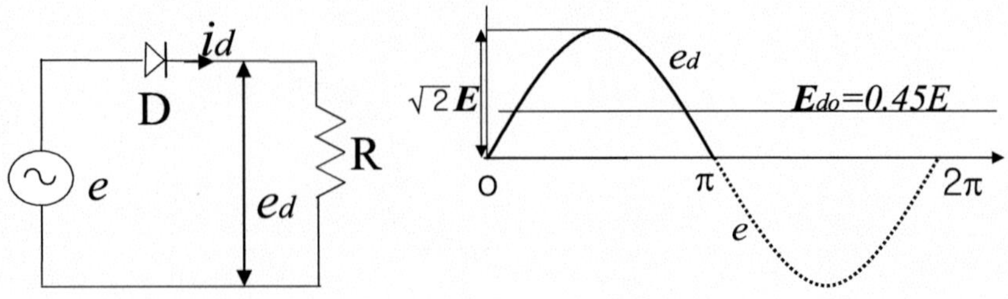

(a) 단상반파정류회로 (b) 반파정류파형

[그림 6.5] 단상반파 정류회로

$$E_{do} = \frac{1}{2\pi}\int_0^{2\pi} e_d \, d\theta = \frac{1}{2\pi}\int_0^{\pi} e_d \, d\theta = \frac{1}{2\pi}\int_0^{\pi} \sqrt{2}\, E\sin\theta \, d\theta$$

$$= \frac{\sqrt{2}\,E}{2\,\pi}[-\cos\theta\,]_0^{\pi} = \frac{\sqrt{2}\,E}{2\,\pi}[-\cos\pi-(-\cos 0)] \quad \textbf{(6.1)}$$

$$= \frac{\sqrt{2}}{2\pi}E[-(-1)+1] = \frac{\sqrt{2}}{\pi}E = 0.45E[\mathrm{V}]$$

정류기내의 전압강하를 e_a 라고하면 직류출력전압 E_d 는 $E_d = E_{do} - e_a$가 된다. 또 부하에 흐르는 직류 전류 i_d 의 평균전류 I_d 는

$$I_d = \frac{E_d}{R} = \frac{\sqrt{2}}{\pi}\frac{E}{R} = 0.45\frac{E}{R}[\mathrm{A}] \quad (6.2)$$

6.2.2 단상전파정류회로

[그림 6.6]의 (a)처럼 다이오드 D_1, D_2, D_3, D_4 4개를 브릿지 형태로 연결하고 $e = \sqrt{2}\,E\sin\omega t[\mathrm{V}]$ 의 교류전압을 가하면 (+)의 반 싸이클은 $D_1 \rightarrow R \rightarrow D_4$ 을 통하고 (-)반 싸이클은 $D_2 \rightarrow R \rightarrow D_3$ 을 통하여 [그림 6.6]의 (b)와 같이 입력전압의 (+), (-)전파가 부하저항 R에 모두 나타난다. R에 걸리는 e_d 의 평균치를 E_{do} 라 하면 반파의 평균치인 식(6.1)의 2배로 되어

$$E_{do} = 2\times\frac{1}{2\pi}\int_0^{2\pi} e_d \, d\theta = \frac{1}{\pi}\int_0^{\pi}\sqrt{2}\,E\sin\theta\, d\theta = \frac{2\sqrt{2}}{\pi}E = 0.90\,E[\mathrm{V}] \quad \textbf{(6.3)}$$

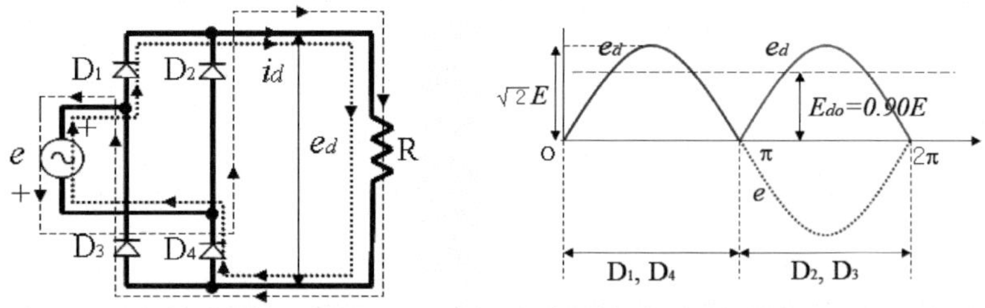

(a) 단상전파브리지회로 (b) 전파정류파형

[그림 6.6] 단상전파정류회로

즉, 반파정류의 2배가 되고, i_d 의 평균전류 I_d 도 반파정류의 2배가 된다.

$$I_d = \frac{E_d}{R} = 0.90\,\frac{E}{R}\,[\mathrm{A}] \tag{6.4}$$

예제 1 E·x·e·r·c·i·s·e

단상반파 정류회로와 단상전파 정류회로의 정류효율은 얼마인가?

➔ 해설

정류회로의 효율은 $\eta = \dfrac{P_{dc}(\text{직류출력})}{P_{ac}(\text{교류입력})} \times 100$ 으로 구한다.

① 반파인 경우 직류 평균치 I_d을 식 (6.2)에서

$$I_d = \frac{E_d}{R} = \frac{\sqrt{2}\,E}{\pi R} = \frac{E_m}{\pi R} = \frac{I_m}{\pi}\,[\mathrm{A}]$$

교류측 실효전류 I_r 은

$$I_r = \sqrt{\frac{1}{2\pi}\int_0^{2\pi} {i_d}^2\, d\theta} = \sqrt{\frac{1}{2\pi}\int_0^{2\pi} (I_m \sin\theta)^2\, d\theta}$$

$$= \sqrt{\frac{{I_m}^2}{2\pi}\left[\frac{\theta}{2} - \frac{\sin 2\theta}{4}\right]_0^{\pi}} = \sqrt{\frac{{I_m}^2}{4}} = \frac{I_m}{2}$$

단상반파 정류효율 $\eta_{\frac{1}{2}} = \dfrac{\left(\dfrac{I_m}{\pi}\right)^2 R}{\left(\dfrac{I_m}{2}\right)^2 R} \times 100 = \dfrac{4}{\pi^2} \times 100 = 40.6\,[\%]$

② 전파인 경우 직류 평균치 $I_d = \dfrac{2I_m}{\pi}$, 교류 실효치 $I_r = \dfrac{I_m}{\sqrt{2}}$ 이므로,

$$\text{단상전파정류효율은 } \eta_1 = \frac{\left(\frac{2}{\pi}I_m\right)^2 R}{\left(\frac{I_m}{\sqrt{2}}\right)^2 R} \times 100 = \frac{8}{\pi^2} \times 100 = 81.2[\%]$$

예제 2 E·x·e·r·c·i·s·e

기전력 100[V] 내부저항 0.2[Ω]의 축전지가 있다. 교류전압 180[V]를 단상브리지 정류회로로 정류하여서 축전지를 충전할 때의 전류 및 평균전력을 구하시오, (단, 정류장치의 순전압강하는 3[V], 축전지의 기전력은 100[V]로 일정하다.)

→ 해설

$$E_{do} = \frac{2\sqrt{2}}{\pi} \times E$$

$E_{do} = E_d + e_a$ 이므로

$$E_d = \frac{2\sqrt{2}}{\pi} \times E - e_a$$

$$= 0.9 \times 180 - 3 = 159[\text{V}]$$

$$I_d = \frac{159 - 100}{0.2} = \frac{59}{0.2} = 295[\text{A}]$$

$$E_d I_d = 159 \times 295 \times 10^{-3} = 46.9[\text{kW}]$$

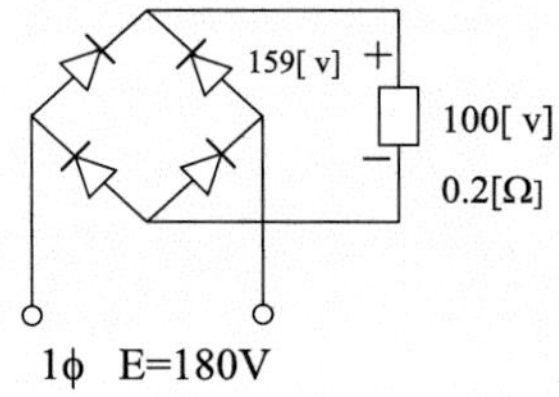

[그림 예제 2]

6.2.3 3상반파 정류회로

[그림 6.7]의 (a)와 같이 $\Delta - Y$ 변압기 2차측에 다이오드 D_1, D_2, D_3 를 접속하고 Y 결선의 중성점과 다이오드를 연결하면 [그림 6.7]의 (b)과 같이 3상파형 중 (+)반파만 나타난다. 교류 e_1 의 최대가 되는 점의 θ 을 0 으로 하게 되면 e_1 이 e_2, e_3 와 만나는 θ 의 값은 $\frac{\pi}{3}$, $-\frac{\pi}{3}$ 가 되므로 입력전압 $e_1 = \sqrt{2}\,E\cos\theta[\text{V}]$로 놓을 수 있다. E를 교류측 상전압의 실효치라 하면, 부하저항 R에 걸리는 e_d 의 직류평균치 E_{do} 는

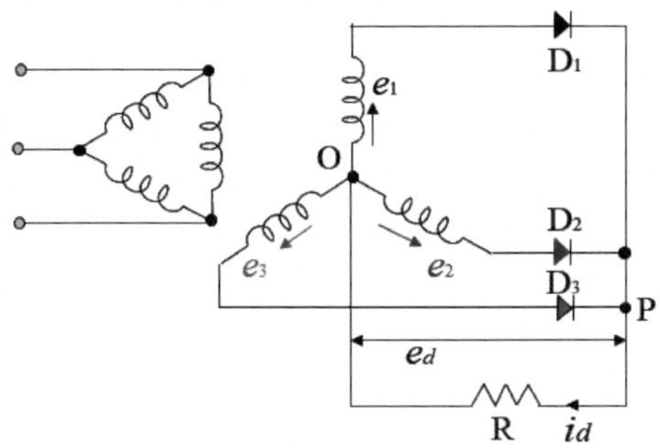

(a) 3상반파 정류회로

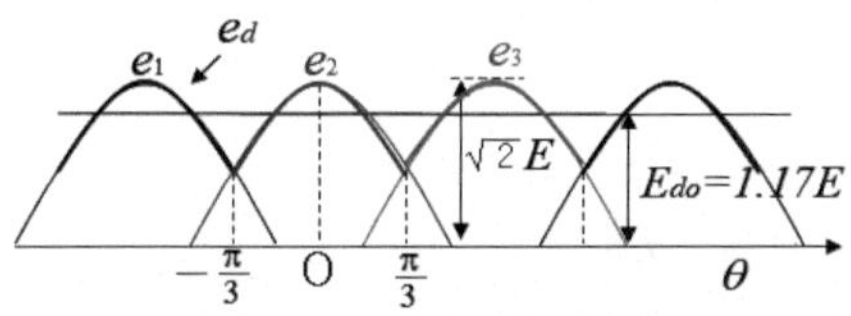

(b) 3상반파 정류파형

[그림 6.7] 3상반파 정류회로

$$\left.\begin{aligned} E_{do} &= \frac{1}{\frac{2}{3}\pi}\int_{-\frac{\pi}{3}}^{+\frac{\pi}{3}} \sqrt{2}\,E\cos\theta\,d\theta = \frac{3\sqrt{2}}{2\pi}E[\sin\theta]_{-\frac{\pi}{3}}^{+\frac{\pi}{3}} \\ &= \frac{3\sqrt{2}}{2\pi}E[\sin 60° - \sin(-60°)] = \frac{3\sqrt{2}}{2\pi}E\left[\frac{\sqrt{3}}{2} - \left(-\frac{\sqrt{3}}{2}\right)\right] \\ &= \frac{3\sqrt{2}}{2\pi}E\left[\frac{\sqrt{3}}{2} + \frac{\sqrt{3}}{2}\right)\right] = \frac{3\sqrt{2}\,\sqrt{3}}{2\pi}E = 1.17\,E[\mathrm{V}] \end{aligned}\right\} \tag{6.5}$$

전류 평균치 I_d 는

$$I_d = \frac{E_d}{R} = 1.17\frac{E}{R}[\mathrm{A}] \tag{6.6}$$

이 회로에서 직류파형의 맥동은 [그림 6.7]과 같이 직류전압, 전류에 전원전압 주파수의 3배의 교류분을 포함하고 있다.

맥동률 ν는

$$\left.\begin{aligned}\nu &= \frac{\text{출력전압(전류)에 포함된 교류성분}}{\text{출력전압(전류)의 직류성분}} \\ \therefore \nu &= \frac{\sqrt{I_r^2 - I_d^2}}{I_d} = \sqrt{\left(\frac{I_r}{I_d}\right)^2 - 1}\end{aligned}\right\} \quad (6.7)$$

으로 표시된다.

예제 3 E·x·e·r·c·i·s·e

단상전파 정류회로와 3상반파 정류회로의 저항부하시에 맥동률을 구하라.

해설

단상전파에서 교류실효치 $I_r = \frac{I_m}{\sqrt{2}}$, 직류평균치 $I_d = \frac{2I_m}{\pi}$ 이므로

$$\therefore \nu = \sqrt{\left(\frac{I_r}{I_d}\right)^2 - 1} = \sqrt{\frac{\left(\frac{I_m}{\sqrt{2}}\right)^2}{\left(\frac{2I_m}{\pi}\right)^2} - 1} = \sqrt{\left(\frac{\pi}{2\sqrt{2}}\right)^2 - 1}$$

$$= \sqrt{(1.11)^2 - 1} = 0.48, \qquad 48[\%]$$

3상반파에서 교류실효치 I_r 는

$$I_r = \sqrt{\frac{3}{2\pi}\int_{-\frac{\pi}{3}}^{\frac{\pi}{3}}\left(\frac{\sqrt{2}\,E\cos\theta}{R}\right)^2 d\theta} = \frac{0.838\times\sqrt{2}\,E}{R} = \frac{1.185\,E}{R}$$

식(6.6)에서 직류 평균치 $I_d = 1.17\frac{E}{R}$[A] 이므로

$$\therefore \nu = \sqrt{\left(\frac{I_r}{I_d}\right)^2 - 1} = \sqrt{\frac{\left(\frac{1.185\,E}{R}\right)^2}{\left(\frac{1.17\,E}{R}\right)^2} - 1}$$

$$= \sqrt{\left(\frac{1.185}{1.17}\right)^2 - 1} = 0.17, \quad 17[\%]$$

6.2.4 3상전파 정류회로

[그림 6.8]의 (a)와 같이 다이오드 $D_1 \sim D_6$ 까지 6개를 브릿지 형태로 각 상에 연결하면 [그림 6.8]의 (b)와 같이 부하저항 R에는 3상의 (+), (−)전파를 정류할 수 있다. e_1, e_2, e_3 사이에 교류분(−)이 다시 나타나고 e_2의 최대치를 $\theta = 0$으로 했을 경우 e_1과 e_3와 만나는 θ의 값은 $+\frac{\pi}{6}$, $-\frac{\pi}{6}$가 된다.

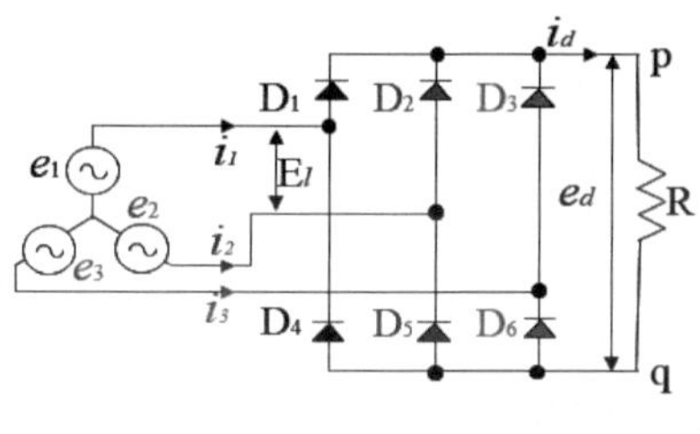

(a) 3상 전파정류회로

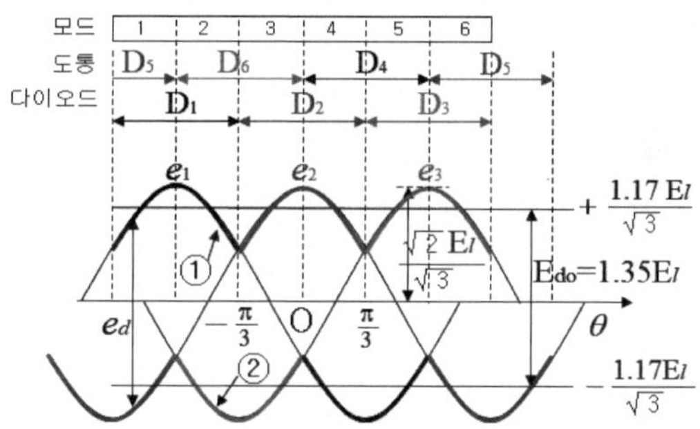

(b) 3상 전파정류파형

[그림 6.8] 3상전파정류회로

E_l는 교류측 선간전압의 실효치이며, R에 걸리는 직류평균치 E_{do}는

$$E_{do} = \frac{1}{\frac{2}{6}\pi}\int_{-\frac{\pi}{6}}^{+\frac{\pi}{6}} \sqrt{2}\,E_l \cos\theta\, d\theta = \frac{6\sqrt{2}}{2\pi}E_l\,[\sin\theta]_{-\frac{\pi}{6}}^{+\frac{\pi}{6}}$$
$$= \frac{6\sqrt{2}}{2\pi}E_l\,[\sin 30^\circ - \sin(-30^\circ)] = \frac{6\sqrt{2}}{2\pi}E_l\left[\frac{1}{2} - (-\frac{1}{2})\right] \tag{6.8}$$
$$= 1.35\,E_l\,[\mathrm{V}]$$

이 되고 3상전파 전류평균치 I_d는

$$I_d = \frac{E_d}{R} = 1.35\frac{E_l}{R}[\mathrm{A}] \tag{6.9}$$

또한 3상전파 직류평균치 E_{do}는 식(6.5)에서 설명한 3상반파의 두배로 해서도 구할 수 있다.

$$E_{do}=2\times\frac{1}{\frac{2}{3}\pi}\int_{-\frac{\pi}{3}}^{+\frac{\pi}{3}}\sqrt{2}\,E\cos\theta\,d\theta$$

$$=2\times\frac{3\sqrt{2}\ \sqrt{3}}{2\pi}E=2\times1.17\,E[\mathrm{V}]=2.34\mathrm{E}\,[\mathrm{V}]$$

여기서, E는 상전압이다.

그러면 $E_{do}=2.34E[\mathrm{V}]=2.34\times\frac{\mathrm{E}_{\iota}}{\sqrt{3}}=1.35\mathrm{E}_{\iota}$이 되어 식(6.8)과 같게 된다.

6.3 사이리스터의 구조 및 동작원리

실리콘정류소자가 P형, N형 반도체의 2층구조이지만 사이리스터는 [그림 6.9]의 (a)와 같이 $PNPN$의 4층 구조이다. 이 구조 중 가운데의 P층에 게이트라고 하는 제어극을 두고, 양측에 양극과 음극을 만든 구조이다. 사이리스터의 기호로는 [그림 6.9]의 (b)가 사용된다.

사이리스터는 [그림 6.10]의 (a)와 같이 $PNPN$의 4층 구조이지만, 그 동작을 이해하려면 (b)와 같이 PNP와 NPN 2개의 트랜지스터가 접속되었다고 생각해도 좋다. 이 회로는 (c)과 같다.

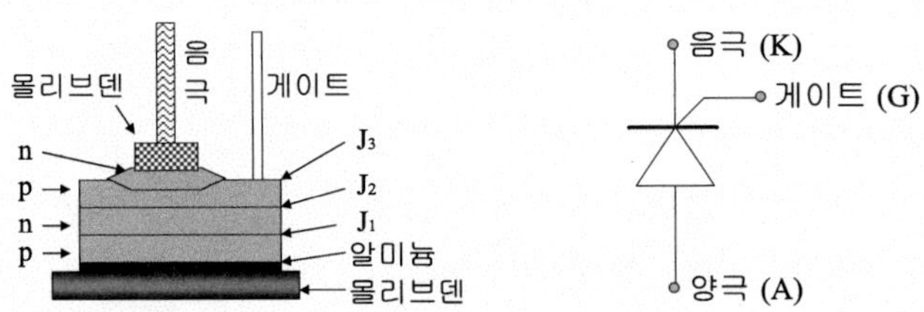

(a) 구조　　(b) 기호

[그림 6.9] 사이리스터의 구조와 기호

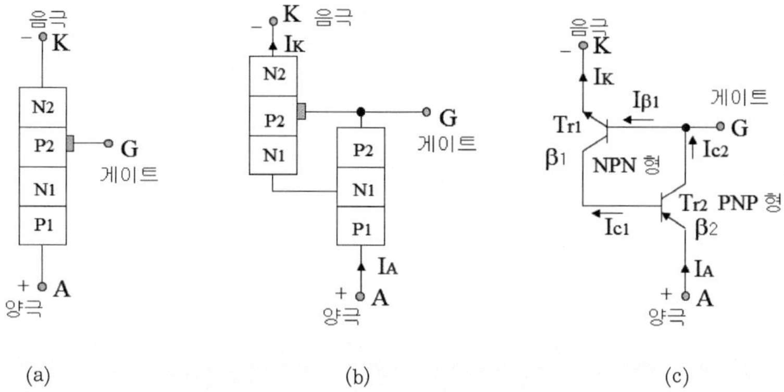

[그림 6.10] 사이리스터의 동작 원리

T_{r1}, T_{r2}의 전류증폭률을 β_1, β_2로 하고, T_{r1}의 게이트에 신호전류가 흘렸을 때를 생각하면, 게이트전류 $I_{\beta 1}$ 흐르고, 이것이 β_1배 되어 I_{c1} 된다.

이것이 T_{r2}의 베이스전류로 되어서 β_2배로 되어 I_{c2}가 된다. I_{c2}는 T_{r1}의 베이스에 피드백되어 있으므로 $I_{\beta 1}$이 증가하여, 이것이 I_{c1}을 증가시킨다. 이것이 반복되면 전류는 급속히 증대하여 도통상태로 된다. 이처럼 작은 신호전류를 베이스에 가하면, 가속적으로 전류가 증대하여 도통상태로 된다. 그리고 게이트신호를 제거해도 I_{c2}가 피드백되어 있으므로 도통상태가 유지된다.

또, 게이트신호를 가하지 않고 [그림 6.11]과 같이 순방향으로 양극전압을 서서히 증가하면, 어느 전압에서 양극전류 I_A가 급격히 크게 되어 도통상태로 된다. 이때의 전압을 **브레이크오버**이라고 하며 이 상태는 [그림 6.12]와 같다. 또, 역방향으로 전압을 가하면 역바이어스된 2개의 PN 접합이 직렬로 접속된 형으로 되므로, 실리콘 정류소자의 역방향특성과 완전히 같다.

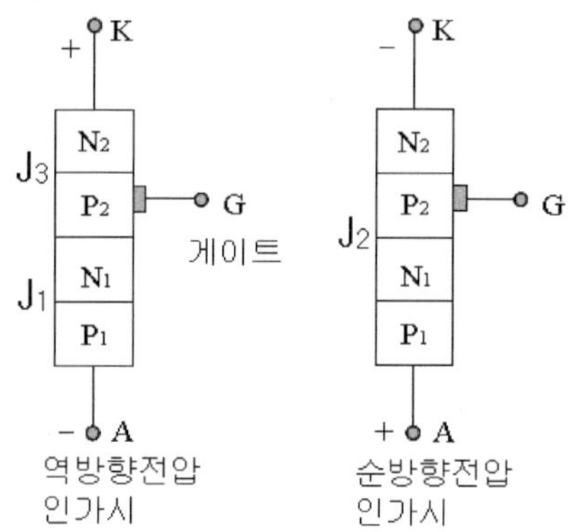

[그림 6.11] 사이리스터의 전압인가

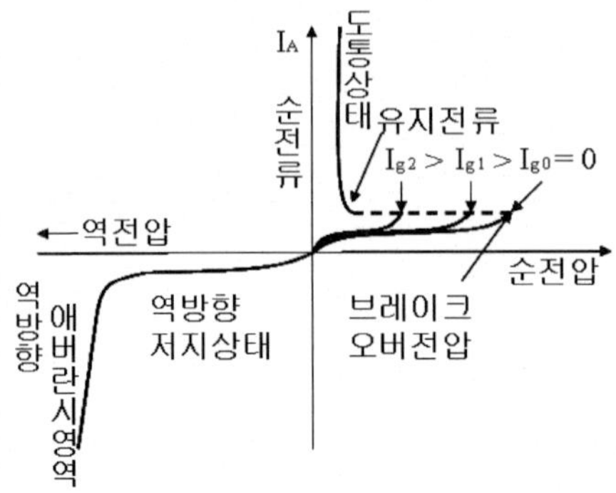

[그림 6.12] 사이리스터의 전압-전류특성

게이트전류 I_g 가 증가하면 낮은 전압으로 사이리스터는 도통상태로 된다. 사이리스터가 '오프'상태에서 '온'상태로 되는 것을 **턴온**이라고 하고, '온'상태의 사이리스터를 '오프'상태로 하는 것을 **턴오프**라고 한다.

'온'상태에 있는 사이리스터에 전류 I을 감소시키면, 어느 전류치에서 사이리스터는 '오프'상태로 된다. 이 때의 최소의 전류를 **유지전류**라고 하며, 보통 수 ~ 수십[mA] 이다. 사이리스터를 '턴오프'하는 하나의 방법은 이와 같이 흐르는 전류를 유지전류 이하로 하는 것이다. 다른 방법은 사이리스터에 역전압을 가하여 주는 것이며, 접합부 J_1, J_3 가 빠르게 장벽층이 형성되는 것으로, 사이리스터는 외견상 '오프'상태로 된다.

그러나, J_2 부근에서는 정공과 전자가 존재하기 때문에 완전한 '오프'상태는 아니고, 이것이 재결합할 때까지는 역전압을 주지 않으면 안 된다. 이 순전류가 0으로 된 순간부터, 브레이크오버 전압보다 낮은 전압을 가해도, '온'상태로 되지 않는 순간까지의 시간을 **턴오프시간**이라 한다. 보통 10~20[μs] 정도이다.

사이리스터는 사용온도가 −45~125[℃]에서 비교적 열에 약하고, 또 정격치 이상의 과전류와 과전압은 허용하지 않는 결점은 있지만, 상당히 작고 진동충격에 강하며, 히터용의 전류 등이 필요 없다. 정방향의 전압강하도 적기 때문에 효율이 좋고, 턴오프 시간이 짧은 점 외에 많은 장점을 갖고 있으므로 사이라트론과 수은정류기를 대신하여 널리 사용되게 되었다. 또, 턴오프시간이 짧아 고주파용에서도 이용범위가 확대되고 있다.

6.4 사이리스터의 단상정류회로

사이리스터를 이용한 정류회로는 실리콘정류기에서 사용하는 정류소자의 일부 또는 전부를 사이리스터로 치환한 것이며, 사이리스터의 게이트에 주어진 펄스의 위상을 제어함에 따라 직류출력전압을 광범위하게 제어할 수가 있다.
또, 교류회로에서는 반사이클 후에 반드시 전류가 0 으로 되므로 사이리스터는 자연적으로 '오프'로 되며, 특별히 '턴오프'하기 위한 회로가 없어도 된다.

6.4.1 단상반파 정류회로

사이리스터를 이용한 단상반파정류회로를 [그림 6.13]에 표시한다. 여기서 정류소자, 즉 사이리스터는 순방향저항이 0 이고, 역방향저항이 무한대인 이상적 소자로 **피크 역전압**(PIV)은 $\sqrt{2}E$ 이다. 정류기용 변압기의 저항이나 리액턴스는 영향이 없다고 하고 해석을 한다.

① **저항부하** : [그림 6.13]의 저항부하회로에서 교류전압을 $e=\sqrt{2}E\sin\omega t$ 로 하고 사이리스터의 통전개시, 즉 게이트에 신호를 주는 위치를 [그림 6.14]와 같이 하면, 교류전원도 α[rad] 만큼 지연시킨다.
이 α를 **점호제어각** 또는 **위상각**이라 한다. 이 때에 직류 e_d는 실선으로 나타낸다.
이 직류전압의 평균치 $E_{d\alpha}$는

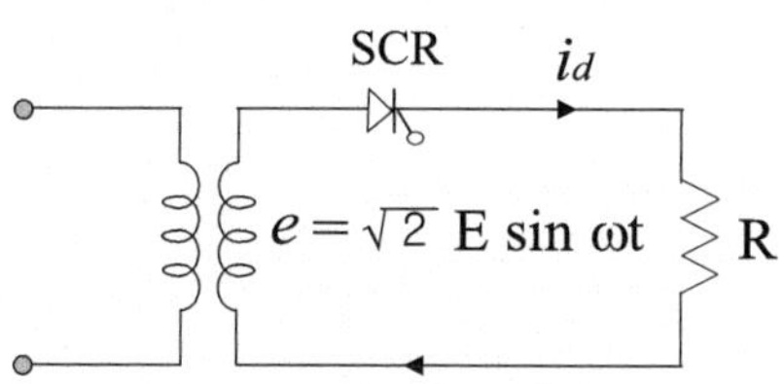

[그림 6.13] 단상반파정류회로(저항부하)

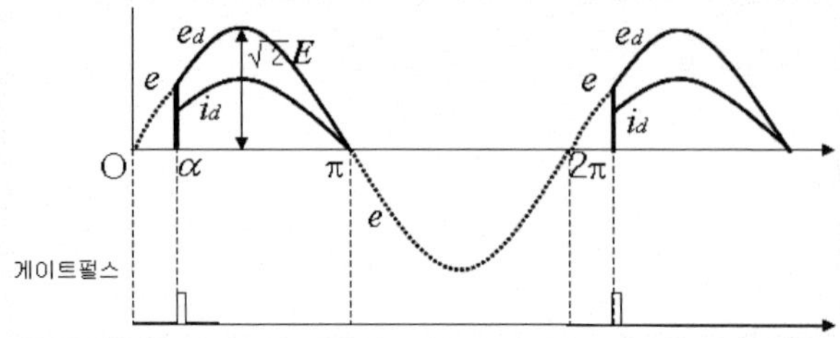

[그림 6.14] 단상반파 정류회로의 전압, 전류파형(저항부하)

$$E_{d\alpha}=\frac{1}{2\pi}\int_{\alpha}^{\pi}e_d\,d\theta=\frac{1}{2\pi}\int_{\alpha}^{\pi}\sqrt{2}\,E\sin\theta\;d\theta=\frac{\sqrt{2}\,E}{2\,\pi}[-\cos\theta\;]_{\alpha}^{\pi}$$

$$=\frac{\sqrt{2}\,E}{2\,\pi}[-\cos\pi-(-\cos\,\alpha)\,]=\frac{\sqrt{2}}{2\,\pi}E[-(-1)+\cos\,\alpha\,] \qquad \textbf{(6.10)}$$

$$=\frac{\sqrt{2}\,E}{2\,\pi}(1+\cos\,\alpha\,)=\frac{\sqrt{2}\,E}{\pi}\frac{(1+\cos\,\alpha\,)}{2}$$

직류전류 i_d는 저항부하의 경우 e_d와 같은 파형이므로, 평균치 I_d는

$$I_d=\frac{E_d}{R}=\frac{\sqrt{2}\,E}{2\,\pi R}(1+\cos\alpha\,)=\frac{\sqrt{2}\,E}{\pi R}\frac{(1+\cos\alpha\,)}{2} \qquad \textbf{(6.11)}$$

가 된다.

② 단상전파정류회로인 경우 : 또한 사이리스터를 이용한 단상전파정류회로에서 저항부하의 경우에 직류전압의 평균치 $E_{d\alpha}$는

$$E_{d\alpha}=\frac{2\sqrt{2}\,E}{\pi}\frac{(1+\cos\,\alpha\,)}{2}$$

예제 4 E・x・e・r・c・i・s・e

단상반파정류회로에서 직류전압 150[V]를 얻으려면 교류의 실효치전압은 얼마이며, 정류소자의 피크 역전압 [PIV]은 얼마인가? 또, 이때 점호제어각 $\alpha=30°$로 하면 직류의 평균치전압은 얼마인가? (단, 부하는 무유도저항이고, 변압기내의 전압강하는 무시하며 정류소자의 전압강하는 12[V]라 한다.)

➜ 해설

$$E_{do}=\frac{\sqrt{2}}{\pi}E=0.45\,E$$

$$E_{do}=E_d+e_a=150+12=162\,[\mathrm{V}]$$

$$\therefore \text{교류 실효치 } E=\frac{E_{do}}{0.45}=\frac{162}{0.45}=360\,[\mathrm{V}]$$

피크 역전압 : $[\mathrm{PIV}]=\sqrt{2}\,E=\sqrt{2}\times 360=509\,[\mathrm{V}]$

$\alpha=30^\circ$ 일 때

$$E_{d\alpha}=\frac{\sqrt{2}\,E}{\pi}\frac{(1+\cos\alpha)}{2}=\frac{\sqrt{2}\times 360}{\pi}\frac{\left(1+\frac{\sqrt{3}}{2}\right)}{2}=151\,[\mathrm{V}]$$

직류평균치 : $E_d=E_{d\alpha}-e_a=151-12=139\,[\mathrm{V}]$

예제 5 E·x·e·r·c·i·s·e

단상 반파정류회로에서 100[V]의 교류를 정류해서 100[V], 100[W]의 전열부하에 직류전력으로 공급하고 있다. 점호제어각 $\alpha=30^\circ$ 인 경우의 직류전압과 전류는 얼마인가?

➜ 해설 단상 반파 $\alpha=30^\circ$ 에서

$$E_{da}=\frac{\sqrt{2}\,E}{\pi}\frac{(1+\cos\alpha)}{2}=\frac{\sqrt{2}\,100}{\pi}\times\frac{\left(1+\frac{\sqrt{3}}{2}\right)}{2}=42\,[\mathrm{V}]=E_d$$

$W=\frac{V^2}{R}$, $R=\frac{V^2}{W}=\frac{100^2}{100}=100\,[\Omega]$ 이므로 $I=\frac{E_d}{R}=\frac{42}{100}=0.42\,[\mathrm{A}]$

---

③ 유도부하 : [그림 6.15]와 같이 부하에 인덕턴스 L을 포함할 때, 전류파형은 전압파형과 동일하게 되지 않는다. 이 경우에는 다음식이 성립한다.

직류전압 e_d 는 $e_L+e_R=e_d$ 에서

$$L\frac{d\,i_d}{dt}+R\,i_d=\sqrt{2}\,E\sin\omega t \tag{6.12}$$

여기서, $e_R=i_d\,R$ 이다.

전류 i_d 의 파형은 [그림 6.16]과 같이 교류전압 e 가 0 으로 되어도 인덕턴스 L 때문에 생긴 역기전력 $e_L=-L\left(\frac{d\,i_d}{d\,t}\right)$ 가 존재하고, 양극전위가 +로 되어 전류가 흐른다.

전류가 흐르지 않게 될 때는 $e = e_L$ 인 경우이다.

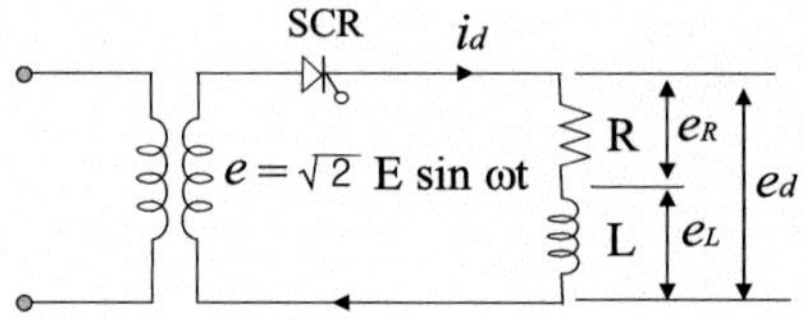

[그림 6.15] 단상반파 정류회로(유도부하)

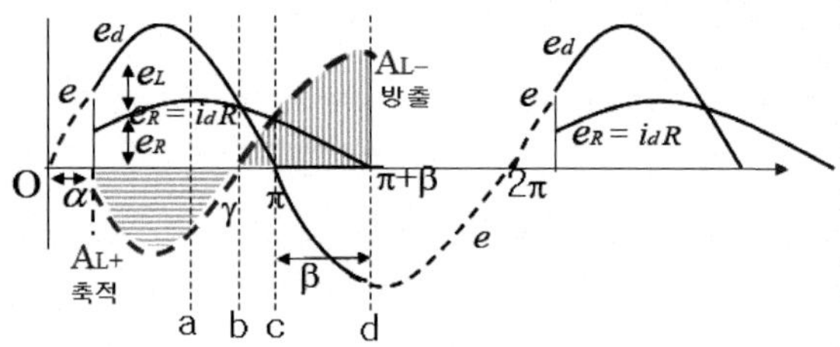

(a)

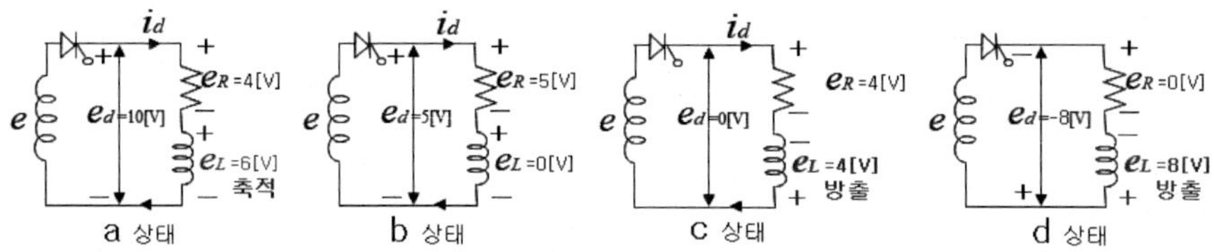

(b)

[그림 6.16] 단상반파 정류회로의 전압, 전류파형(유도부하)

$-e_L$은 [그림 6.16]의 파선처럼 변화하고, $\alpha \sim \gamma$ 사이에는 사선의 면적에 상당하는 에너지 A_{L+}을 축적하고 $\gamma \sim (\pi + \beta)$ 사이에서는 마찬가지로 사선의 면적에 상당하는 에너지 A_{L-}을 방출한다. 정상상태에서는 $A_{L+} = A_{L-}$로 된 시점에서 사이리스터는 턴오프한다.

이 때의 직류전압과 직류전류의 평균치 $E_{d\alpha}$, I_d는

$$\left.\begin{aligned} E_{d\alpha} &= \frac{1}{2\pi}\int_{\alpha}^{\pi+\beta} e_d\, d\theta = \frac{1}{2\pi}\int_{\alpha}^{\pi+\beta} e_L\, d\theta + \frac{1}{2\pi}\int_{\alpha}^{\pi+\beta} e_R\, d\theta \\ &= \frac{1}{2\pi}\int_{\alpha}^{\pi+\beta} \sqrt{2}\,E\sin\theta\, d\theta = \frac{\sqrt{2}\,E}{2\pi}[-\cos\theta]_{\alpha}^{\pi+\beta} \\ &= \frac{\sqrt{2}\,E}{2\pi}[-\cos(\pi+\beta)-(-\cos\alpha)] = \frac{\sqrt{2}\,E}{2\pi}(\cos\beta+\cos\alpha) \\ &= \frac{\sqrt{2}\,E}{2\pi}(\cos\alpha+\cos\beta) = \frac{\sqrt{2}\,E}{\pi}\frac{(\cos\alpha+\cos\beta)}{2} \end{aligned}\right\} \quad (6.13)$$

$$I_d = \frac{E_{d\alpha}}{R} = \frac{\sqrt{2}\,E}{2\pi R}(\cos\alpha+\cos\beta) = \frac{\sqrt{2}\,E}{\pi R}\frac{(\cos\alpha+\cos\beta)}{2} \quad (6.14)$$

L이 크게 되면 β가 크게 되고, 직류전압의 평균치 E_d는 작게 된다.

$L=\infty$ 에서는 $\phi=\tan^{-1}\left(\frac{\omega L}{R}\right)=\frac{\pi}{2}$ 로 되고, $\beta=\pi-\alpha$ 일 때에는 식 (6.13)에서

$$E_{d\alpha} = \frac{\sqrt{2}\,E}{\pi}\frac{(\cos\alpha+\cos(\pi-\alpha))}{2} = \frac{\sqrt{2}\,E}{\pi}\frac{(\cos\alpha-\cos\alpha)}{2} = 0$$

$\therefore\ I_d = 0$ 으로 된다. [#참고 $\cos(\pi+\beta)=-\cos\beta$, $\cos(\pi-\alpha)=-\cos\alpha$]

④ **환류다이오드** : 유도부하의 경우에는 앞의 설명과 같이 전원전압 e가 부(−)로 되어도 인덕턴스 L로 되는 역기전력 e_L 때문에 전류가 계속 흘러 $\theta=\pi+\beta$ 에서 턴오프한다. 그래서 [그림 6.17]과 같이 부하의 양단에 다이오드 D_f 을 접속하면, 전압과 전류의 파형은 [그림 6.18]과 같이 된다.
그림에 있어서 전원전압 e가 +일 때에 D_f 는 '오프' 상태이지만 전원전압이 π일 때 0으로 되면, 인덕턴스 L의 역기전력 때문에 D_f 는 도통상태로 된다. 따라서 사이리스터는 π의 위치에서 L의 대소에 관계없이 '오프'로 된다. 그래서 인덕턴스 L에 축적되어진 에너지는 D_f 을 통해 R로 방출된다.
이 경우에는 직류전압 e_d 의 파형은 그림과 같이 순저항부하인 때와 같게 된다.

직류전압 평균치 $E_{d\alpha}$는

$$E_{d\alpha}=\frac{1}{2\pi}\int_{\alpha}^{\pi}e_d\,d\theta=\frac{\sqrt{2}\,E}{2\pi}(1+\cos\alpha)=\frac{\sqrt{2}\,E}{\pi}\frac{(1+\cos\alpha)}{2} \tag{6.15}$$

직류전류의 평균치 I_d는 L의 대소에 무관하게 $I_d=\dfrac{E_{d\alpha}}{R}$으로 되지만, 그 파형은 L에 영향을 주어 변화한다. D_f가 없을 때에는 전류가 연속해서 흐르지는 않지만, D_f을 접속하면 L이 큰 경우에는 전류가 연속하게 되며, $L=\infty$에서는 완전히 평활한 직류로 된다. 이러한 D_f을 **환류다이오드**라고 한다.

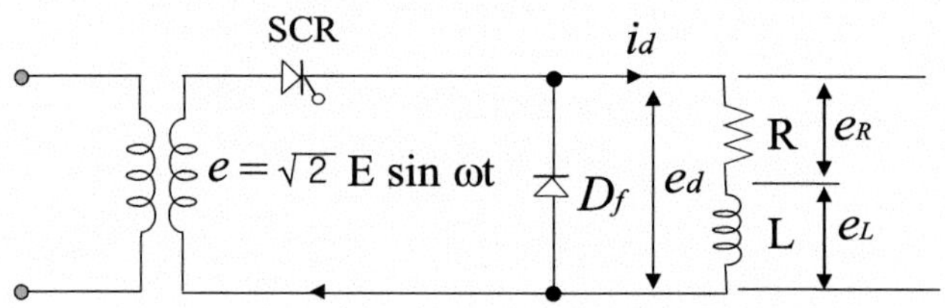

[그림 6.17] 단상반파 정류회로(환류다이오드 부착)

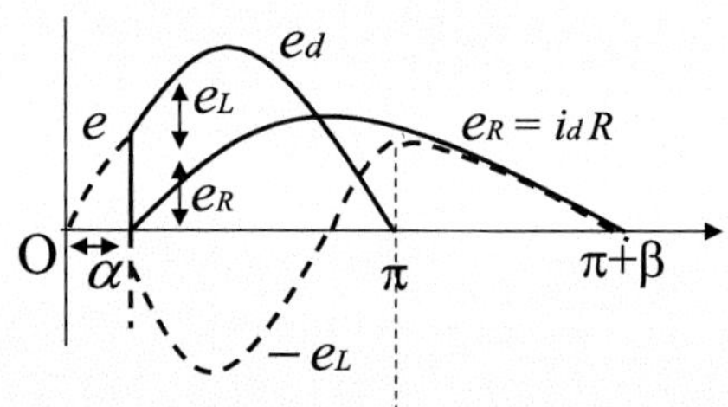

[그림 6.18] 단상반파 정류회로의 전압, 전류파형(환류다이오드 부착)

6.4.2 단상전파정류회로

단상반파정류회로는 전압과 전류의 맥동분이 크므로, 좀더 직류에 가깝게 하기 위해 전파정류회로가 쓰여진다.

[그림 6.19]는 중성점에 있는 변압기를 써서 **대칭 2상**을 만들어, 이것을 반파정류한 회로이다. 따라서 2상반파 정류회로라고 불리기도 하지만, 전원 측에서 보면 전파정류회로로 되어 있다.

이 회로에서 L이 작을 때, 혹은 α가 클 때에는 [그림 6.20]과 같이 직류전류 I_d는 단속하여 흐른다. 이 경우는 단상반파정류회로를 180° 차이가 나게 해서 겹치는 것과 같게 된다. 따라서, 직류전류 i_d는 식 (6.14)과 같게 되며, 직류전압과 전류의 평균치는 반파정류일 때의 2배로 되어

$$E_{d\alpha} = 2\times\frac{\sqrt{2}\,E}{\pi}\frac{(\cos\alpha+\cos\beta)}{2} = \frac{2\sqrt{2}\,E}{\pi}\frac{(\cos\alpha+\cos\beta)}{2} \tag{6.16}$$

$$I_d = 2\times\frac{\sqrt{2}\,E}{\pi R}\frac{(\cos\alpha+\cos\beta)}{2} = \frac{2\sqrt{2}\,E}{\pi R}\frac{(\cos\alpha+\cos\beta)}{2} \tag{6.17}$$

가 된다.

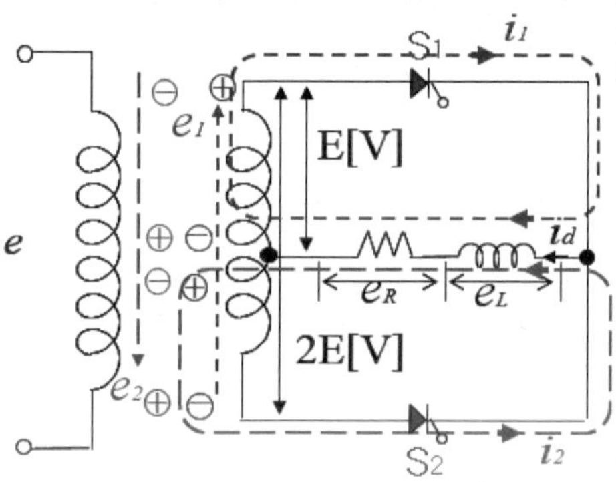

[그림 6.19] 단상전파 정류회로(단상중앙탭)

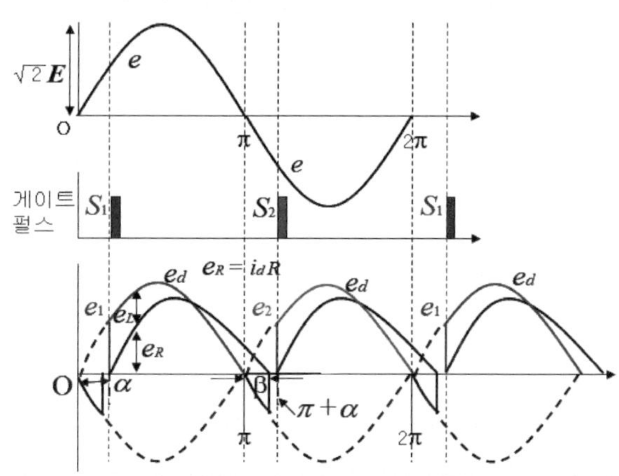

[그림 6.20] 단상전파 정류회로의 직류전압, 전류파형(전류가 단속하는 경우)

이 회로에서 한쪽의 정류소자가 도통상태에 있을 때, 다른 쪽의 정류소자에는 직류권선에 의해 $2E$의 역전압이 가해져서 피크 역전압은 $2\sqrt{2}E$가 된다.

다음에 인덕턴스 L이 크게 되면, [그림 6.21]과 같이 전류가 단속하지 않고 연속으로 흐르게 되어 있다. 여기서 i_d는 연속적으로 정상상태에서는 $\omega t = \alpha$와 $\omega t = \pi + \alpha$에서의 i_d는 같게 되지 않으면 안 된다.

직류전압과 전류의 평균치 $E_{d\alpha}$, I_d는 식(6.16)에서 β대신에 α를 넣으면

$$\left.\begin{aligned} E_{d\alpha} &= \frac{2\sqrt{2}E}{\pi}\frac{(\cos\alpha + \cos\alpha)}{2} = \frac{2\sqrt{2}}{\pi}E\cos\alpha = E_{do}\cos\alpha \\ I_d &= \frac{E_d}{R} = \frac{2\sqrt{2}}{\pi}\frac{E}{R}\cos\alpha = \frac{E_{do}}{R}\cos\alpha \end{aligned}\right\} \quad (6.18)$$

단, E_{do}는 위상제어를 하지 않은 경우의 전압의 평균치이며

$$E_{do} = \frac{2\sqrt{2}E}{\pi} = 0.90E \quad (6.19)$$

이다. 인덕턴스 L을 더욱 크게 하면, 전류파형은 평활하게 되고, $L = \infty$에서 전류는 완전히 평활하게 된다.

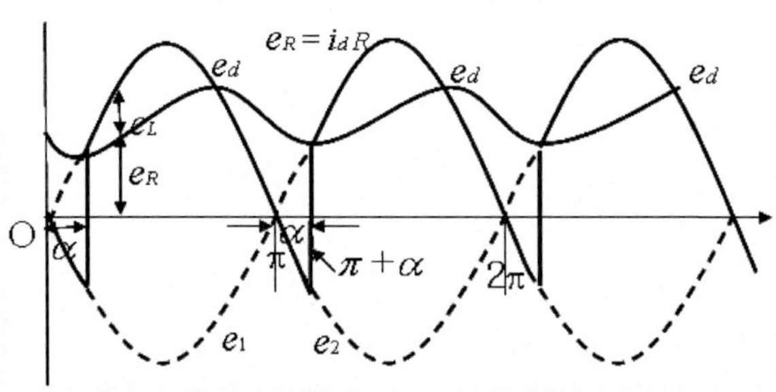

[그림 6.21] 단상전파 정류회로의 직류전압, 전류파형(전류가 연속하는 경우)

예제 6 E·x·e·r·c·i·s·e

그림과 같은 단상전파정류회로에서 변압기의 2차측 a, b 단자에 500[V]가 걸리면 직류전압 및 피크 역 전압은 얼마인가? (단, 정류기의 전압강하는 7[V]이다.)

→ 해설 $E_d = \frac{2\sqrt{2}}{\pi} \times E - e_a = 0.9 \times 250 - 7 = 218[V]$

$PIV(E_{in}) = 2\sqrt{2}E - e_a = 2\sqrt{2} \times 250 - 7 = 700[V]$

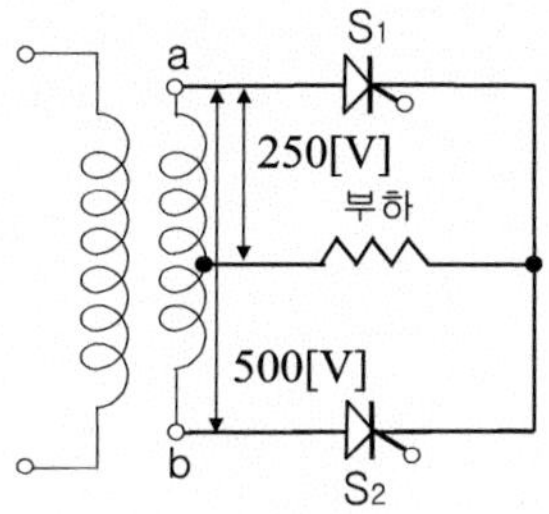

[그림 예제 6]

6.4.3 단상브리지정류회로

[그림 6.22]와 같이 4개의 정류 소자로 된 브리지회로를 단상브리지정류회로라 하며 정류 소자가 모두 사이리스터로 구성된 회로를 사이리스터 순브리지회로라고 한다.
이 방식은 변압기의 중성점을 필요로 하지 않고, 직류권선의 이용률이 좋다는 이점이 있으며, 가장 많이 이용되고 있다.

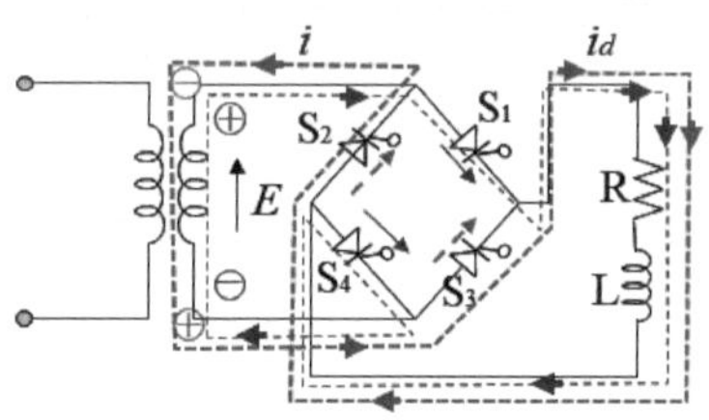

[그림 6.22] 단상브리지 정류회로(사이리스터 순브리지회로)

[그림 6.22]에 표시한 회로는 사이리스터 S_1 과 S_4, S_2 와 S_3 의 조를 교대로 '온'상태로 함으로써 정류가 된다. 이 회로에 있어 전압과 전류의 파형은 중성점이 있는 전파정류회로와 모두 같은 것이다. 직류전압의 평균치 E_{da}는 겹침각을 무시하면

① 전류가 단속하는 경우 : $E_{da} = \frac{2\sqrt{2}\,E}{\pi}\frac{(\cos\alpha + \cos\beta)}{2} = E_{do}(\frac{\cos\alpha + \cos\beta}{2})$

② 전류가 연속하는 경우 : $E_{d\alpha} = E_{do}\cos\alpha$

$$E_{do} = \frac{2\sqrt{2}E}{\pi} = 0.90E \tag{6.20}$$

직류전류의 평균치 I_d는

$$I_d = \frac{E_d}{R} \tag{6.21}$$

예제 7 E·x·e·r·c·i·s·e

100[V]의 교류전원에 접속된 권수비가 1:2인 변압기의 2차측에 SCR 2개를 사용한 전파정류 일 때와 SCR 4개를 사용한 브리지 회로에서의 직류 평균치전압과 SCR 1개의 피크 역전압 [PIV]을 구하시오. (단, SCR과 변압기내의 전압강하는 무시하고 점호제어각 $\alpha = 0^\circ$ 으로 하며, 부하는 무유도저항이다.)

해설 ① SCR 2개를 사용할 때에는 [그림 6.19]에서 변압기 2차에는 200[V]이지 만 단자와 중앙탭 사이의 전압은 100[V]이므로

$E_{do} = \frac{2\sqrt{2}}{\pi}E = \frac{2\sqrt{2}}{\pi} \times 100 = 0.9 \times 100 = 90$[V]

SCR 1개의 피크 역전압 (PIV) $= 2\sqrt{2}E = 2\sqrt{2} \times 100 = 282.8$[V]

② SCR 4개를 사용한 브리지 회로에서는 [그림 6.22]에서 변압기 2차권선에 200[V]이고

$E_{do} = \frac{2\sqrt{2}}{\pi}E = \frac{2\sqrt{2}}{\pi} \times 200 = 0.9 \times 200 = 180$[V]

SCR 1 개의 피크 역전압(PIV)$= \sqrt{2} \times 200 = 282.8$[V]

예제 8 E·x·e·r·c·i·s·e

사이리스터 순브리지회로에 있어서 교류측 전압 100[V], 부하저항 10[Ω]일 때, 직류평균전압과 전류의 최대치는 얼마인가? 또, 직류평균전압 100[V]를 구하기 위해 몇 [V]의 교류전압이 필요한가? (단, 각 정류소자의 순 전압강하는 1[V]로 한다.)

해설 전압의 최대치는 제어각 $\alpha = 0°$ 일 때이므로, (6.20)에 의해

$E_{do} = 2\sqrt{2}\,E/\pi = 0.90E = 0.90 \times 100[V] = 90[V]$.

정류소자의 전압강하가 각 1[V]이므로

직류 출력전압 : $E_d = E_{do} - e_a = 90 - 1 \times 2 = 88[V]$

따라서 직류전류의 평균치 I_d 는 $I_d = \frac{E_d}{R} = \frac{88}{10} = 8.8[A]$

다음에 직류 100[V]을 구하기 위해 필요한 교류전압 E는

$$E = \frac{\pi}{2\sqrt{2}} E_{do} = \frac{\pi}{2\sqrt{2}}(E_d + e_a) = \frac{\pi}{2\sqrt{2}}(100 + 1 \times 2) = 113[V]$$

예제 9 E·x·e·r·c·i·s·e

단상브리지정류회로에서 직류 160[V]를 얻는데 필요한 변압기 2차권선의 전압은 몇 [V]이며 SCR 1개의 피크역전압은 얼마인가? (단, 부하는 순저항이며 변압기 내의 전압강하는 무시하고 정류기의 전압강하는 20[V]라 한다.)

해설

$$E_{do} = \frac{2\sqrt{2}}{\pi} \times E, \quad E_{do} = E_d + e_a$$

$$E = \frac{\pi}{2\sqrt{2}} E_{do} = \frac{\pi}{2\sqrt{2}}(E_d + e_a) = \frac{\pi}{2\sqrt{2}} \times (160 + 20) = 200[V]$$

$$\text{PIV}(E_{in}) = \sqrt{2}\,E - e_a = \sqrt{2} \times 200 - 20 = 262.8[V]$$

6.5 사이리스터의 다상정류회로

대전력의 정류에는 3상전력이 입력으로 사용되는 경우가 많다. 이때에 상수가 많을수록 직류전압의 맥동률은 적어지지만, 변압기 각 상의 직류권선 및 정류소자의 통전기간이 짧게 되기 때문에 변압기 및 정류소자는 비경제적인 사용법이 된다. 또, 결선법에 의해서 변압기에 악영향을 미치므로 주의가 필요하다. 정류회로로서 가장 많이 사용되는 것은 3상브리지결선이다.

6.5.1 3상반파정류회로(성형 3상결선)

[그림 6.23]에 3상반파정류회로를 나타낸 것이며 이때의 전압과 전류의 파형은 [그림 6.24]와 같다. 지금 부하회로의 인덕턴스 X_L이 대단히 큰 것으로 하고, 변압기의 누설 인덕턴스 및 순전압강하을 무시하면, 직류권선의 전압 e_1, e_2, e_3의 경우 음극에 대해 가장 고전위에 있는 양극만을 통전하기 때문에 직류전압 e_d는 [그림 6.24]의 실선과 같이 된다. 양극전류는 $2\pi/3$씩 흐르고, X_L이 대단히 크므로 [그림 6.25]와 같이 평활한 직류로 된다.

지금 일반적으로 상수 m의 다상교류에 대하여 직류권선의 전압을 $e = \sqrt{2}\,E\cos\omega t$라 하고, 사이리스터의 제어각을 α로 하면, 직류전압은

$$\left.\begin{aligned} E_{d\alpha} &= \frac{1}{\frac{2\pi}{m}}\int_{-\frac{\pi}{m}+\alpha}^{+\frac{\pi}{m}+\alpha}\sqrt{2}\,E\cos\theta\,d\theta = E_{do}\cos\alpha \\ \text{단, } E_{do} &= \frac{\sqrt{2}\,E\sin\frac{\pi}{m}}{\frac{\pi}{m}} \end{aligned}\right\} \qquad (6.22)$$

$m = 3$일 때,

$$\begin{aligned} E_{do} &= \frac{\sqrt{2}\,E\sin\frac{\pi}{m}}{\frac{\pi}{m}} = \frac{\sqrt{2}\,E\sin\frac{\pi}{3}}{\frac{\pi}{3}} = \frac{3\sqrt{2}\,E}{\pi}\sin 60^\circ \\ &= \frac{3\sqrt{2}\,E}{\pi}\frac{\sqrt{3}}{2} = \frac{3\sqrt{6}\,E}{2\pi} = 1.17E \end{aligned} \qquad (6.23)$$

여기서, $\cos\alpha$를 **격자율**, $\sigma_r = \dfrac{E_{do} - E_d}{E_{do}} = 1 - \cos\alpha$을 **제어율**이라 부른다.

직류전류의 평균치 I_d는 $I_d = \dfrac{E_d}{R}$이다.

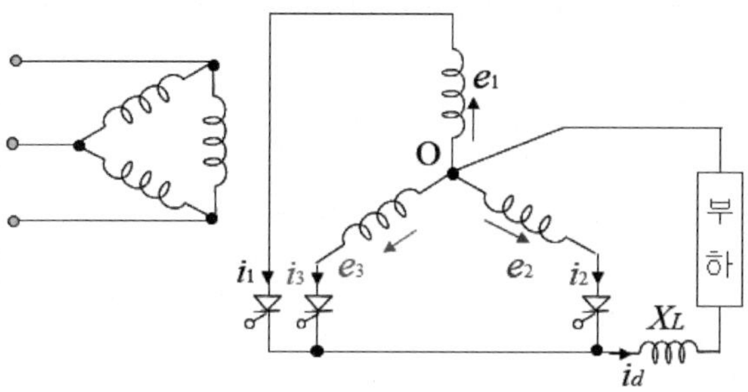

[그림 6.23] 3상반파 정류회로

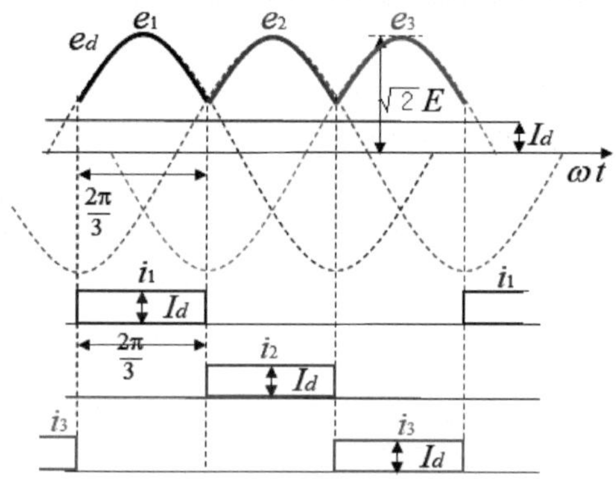

[그림 6.24] 3상반파 정류회로의 직류전압, 전류파형

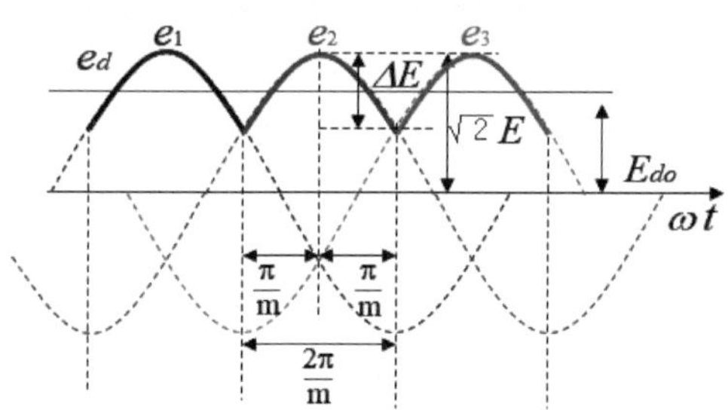

[그림 6.25] m 상정류전압파형

예제 10 E·x·e·r·c·i·s·e

3상반파 정류회로에서 변압기의 2차상전압 220[V]를 SCR로써 제어각 $\alpha = 60°$로 위상제어 할 때에는 몇 [V]의 직류전압을 얻을 수 있는가?

➔ 해설

$$m=3\text{일 때 } \frac{E_{do}}{E}=\frac{\sqrt{2}\sin\frac{\pi}{m}}{\frac{\pi}{m}}=1.17$$

$$E_{do}=1.17E=1.17\times 220=257.4[\mathrm{V}]$$

$$E_{d\alpha}=E_{do}\times\cos 60^\circ=257.4\times\frac{1}{2}=128.7[\mathrm{V}]$$

6.5.2 3상브리지정류회로(3상전파정류회로)

[그림 6.26]은 3상 브리지정류회로의 결선도를 표시한 것이다. 이 회로는 3상 반파정류회로를 2단으로 직렬 접속한 것과 등가이다. 변압기의 중성점도 불필요하고, 변압기의 이용률도 좋고, 정류소자의 통류기간이 $2\pi/3$ 로 길므로 소자의 부담이 가볍고, 접속도 간단하므로 가장 널리 이용되고 있다.

이 회로에서 직류전류는 가장 높은 전위의 직류권선으로부터 공급되어 가장 낮은 전위의 직류권선으로 돌아온다.

따라서, 직류전압은 [그림 6.27]과 같이 3상전압 e_u, e_v, e_w 의 상하의 포락선사이의 전압으로 된다.

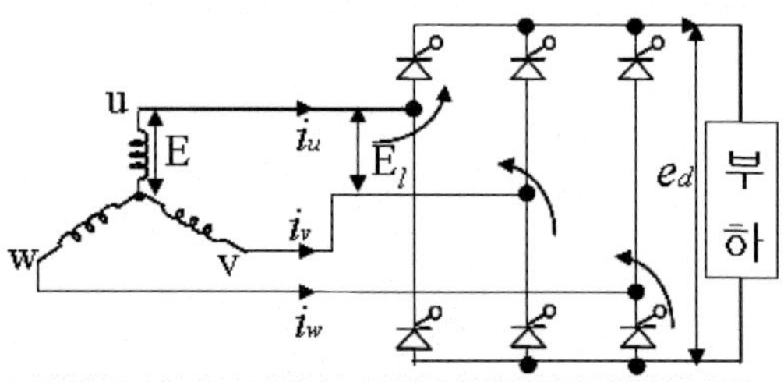

[그림 6.26] 3상브리지 정류회로의 전압, 전류파형

부극단자를 기준으로, 그 파형을 표시하면 [그림 6.28]과 같이 6상반파 정류파형으로 된다. 위상 제어한 경우의 직류전압 E_d 는 3상반파 직류전압 식 (6.22)의 2배이며

$$\left.\begin{aligned}E_{d\alpha}&=2\times\frac{1}{\frac{2\pi}{3}}\int_{-\frac{\pi}{3}+\alpha}^{+\frac{\pi}{3}+\alpha}\sqrt{2}\,E\cos\theta\,d\theta=2\times\frac{3\sqrt{6}\,E}{2\pi}\cos\alpha\\&=2.34\,E\cos\alpha\end{aligned}\right\}\quad(6.24)$$

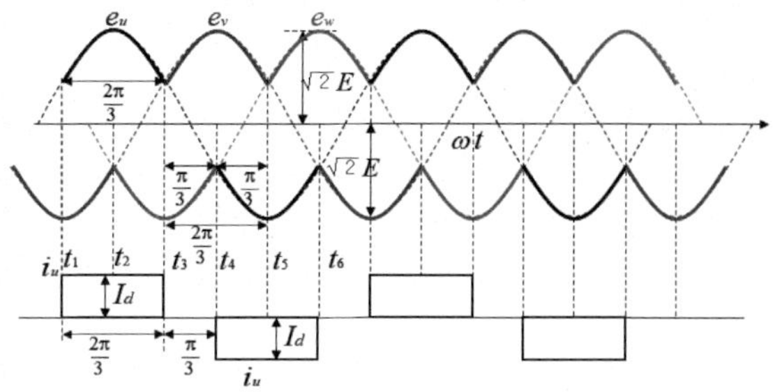

[그림 6.27] 3상브리지정류 회로의 전압, 전류파형

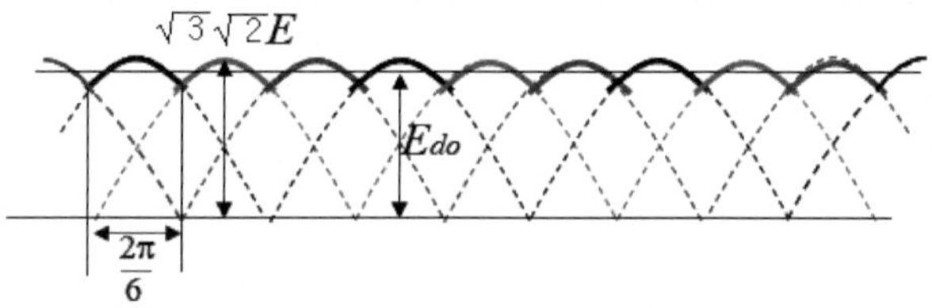

[그림 6.28] 3상전파 정류회로의 전압파형

예제 11 E·x·e·r·c·i·s·e

6상 성형 반파정류회로의 1상의 기전력이 105[V]일 때 직류측의 평균전압은 얼마인가? (단, 정류기의 전압강하는 무시한다.)

→ 해설

$$\frac{E_{do}}{E}=\frac{\sqrt{2}\,sin\frac{\pi}{m}}{\frac{\pi}{m}}=\frac{\sqrt{2}\times\frac{1}{2}}{\frac{\pi}{6}}=1.35$$

$E_{do}=1.35\times\ 105=141.8[\mathrm{V}]$

$E_d=E_{do}-e_a=141.8-0\ \ \therefore\ \ E_d=141.8[\mathrm{V}]$

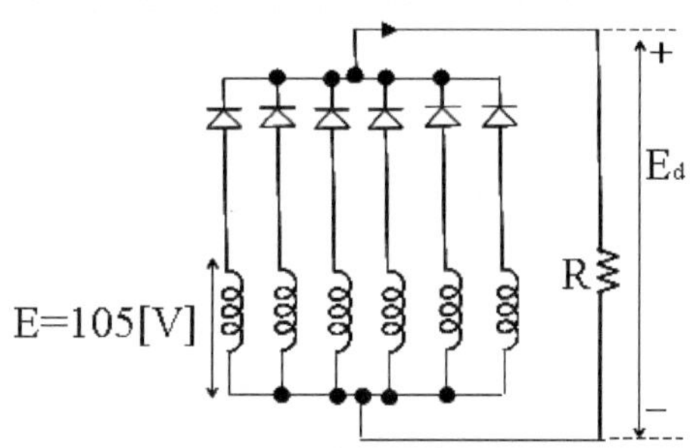

[예제 11]

객관식 문제

01 **다음 중 교류에서 직류를 얻는 방법이 아닌 것은?**

① M-G set ② 회전변류기
③ 수은정류기 ④ 셀신장치.

답 ④

02 **실리콘 정류기의 최고 허용온도[℃]는?**

① 20 ~ 50[℃] ② 60 ~ 90[℃]
③ 100 ~ 130[℃] ④ 140 ~ 200[℃]

답 ④

03 **다이오드를 사용한 정류회로에서 과대한 부하 전류에 의해 다이오드가 파손될 우려가 있을 때의 조치로서 가장 적당한 것은?**

① 다이오드 양단에 적당한 값의 콘덴서를 추가한다.
② 다이오드 양단에 적당한 값의 저항을 추가한다.
③ 다이오드를 직렬로 추가한다.
④ 다이오드를 병렬로 추가한다.

답 ④

04 **다이오드를 사용한 정류 회로에서 여러 개를 직렬로 연결하여 사용할 경우 얻는 효과는?**

① 다이오드를 과전류로 부터 보호
② 다이오드를 과전압으로 부터 보호
③ 부하출력의 맥동율 감소
④ 전력공급의 증대

답 ②

05 **다이오드에 순방향 전압이 걸렸을 때 전자, 전류, 홀(정공)의 이동방향을 표시한 것은?**

① 홀과 전류는 P형 반도체→N형 반도체로, 전자는 N형 반도체→P형 반도체로 이동한다.
② 홀, 전자, 전류는 모두 P형 반도체→N형 반도체로 이동한다.
③ 홀과 전류는 N형 반도체→P형 반도체로, 전자는 P형 반도체→N형 반도체로 이동한다.
④ 전류는 P형 반도체→N형 반도체로, 홀과 전자는 N형 반도체→P형 반도체로 이동한다.

답 ①

06 **실리콘 다이오드의 특성에서 잘못된 것은?**

① 전압강하가 크다.
② 정류비가 크다
③ 허용온도가 높다.
④ 역내전압이 크다.

답 ③

07 **단상반파 정류회로에서 변압기 2차 전압의 실효값을 E[V]라 할때 직류전류 평균값[A]은 얼마인가?(단, 정류기의 전압강하는 e[V]이다.)**

① $\dfrac{\frac{\sqrt{2}}{\pi}E-e}{R}$
② $\dfrac{1}{2}\cdot\dfrac{E-e}{R}$
③ $\dfrac{2\sqrt{2}}{\pi}\cdot\dfrac{E}{R}$
④ $\dfrac{\sqrt{2}}{\pi}\cdot\dfrac{E-e}{R}$

풀이 $E_{do}=\dfrac{\sqrt{2}}{\pi}E[\mathrm{V}]$, $E_d=E_{do}-e_a=\dfrac{\sqrt{2}}{\pi}E-e_a[\mathrm{V}]$에서

$$\therefore I_d=\frac{E_d}{R}=\frac{\frac{\sqrt{2}}{\pi}E-e_a}{R}[\mathrm{A}]$$

답 ①

08 그림과 같은 반파정류회로에서 변압기 2차전압의 실효값이 $E[\mathrm{V}]$라면 그 직류전류의 평균값은? (단, 정류기의 전압강하는 무시한다.)

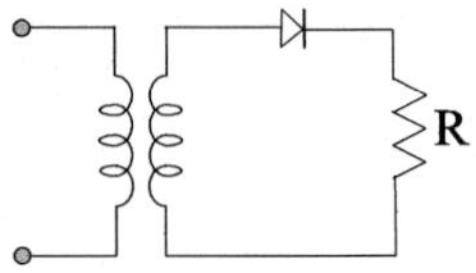

① $\dfrac{E}{R}$ ② $\dfrac{1}{2}\dfrac{E}{R}$

③ $\dfrac{2\sqrt{2}}{\pi}\dfrac{E}{R}$ ④ $\dfrac{\sqrt{2}}{\pi}\dfrac{E}{R}$

답 ④

09 다음 중 단상 전파정류회로 맞게 된 것은?

①

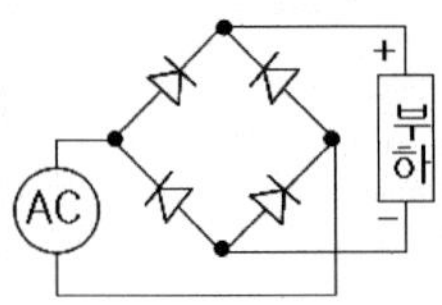

②

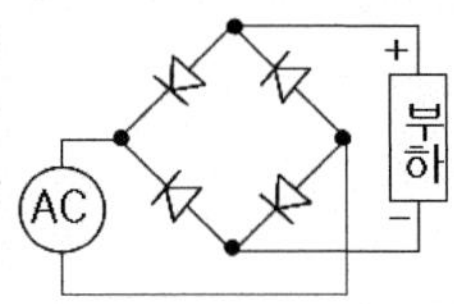

③

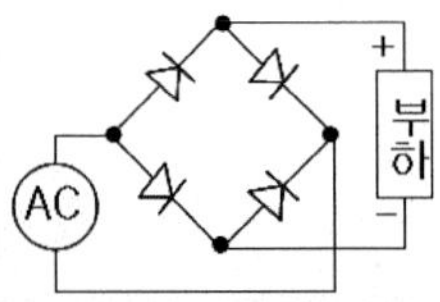

④

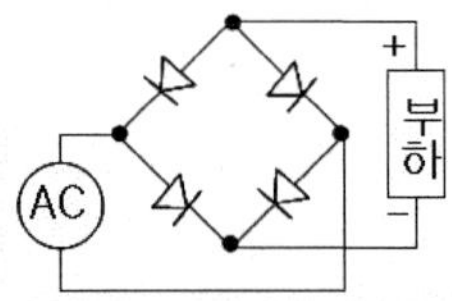

답 ①

10 E를 교류전압 V의 실효값이라고 할 때 단상전파 정류에서 얻을 수 있는 직류전압 E_d의 평균값은?

① $2E$ ② $1.5E$

③ $0.9E$ ④ $1E$

답 ③

11 단상 전파정류회로에서 저항 부하일 때의 맥동율 ν는?

① 0.48[%] ② 0.17[%]
③ 17[%] ④ 48[%]

답 ④

12 정류 회로의 상수를 크게 했을 경우 옳은 것은?

① 맥동 주파수와 맥동율이 증가한다.
② 맥동율과 맥동 주파수가 감소한다.
③ 맥동 주파수는 증가하고 맥동율은 감소한다.
④ 맥동율과 주파수는 감소하나 출력이 증가한다.

답 ③

13 3상 반파정류회로에서 직류전압의 파형은 전원 전압의 주파수의 몇 배의 교류분을 포함하는가?

① 1배 ② 2배
③ 3배 ④ 6배

답 ③

14 반도체 다이리스터에 의한 제어는 어느 것을 변화시키는가?

① 주파수 ② 위상각
③ 최대값 ④ 토크

답 ②

15 S.C.R(실리콘 정류소자)의 특성이 아닌 것은?

① 아아크가 생기지 않으므로 열의 발생이 적다.
② 과전압에 약하다.
③ 게이트에 신호를 인가할 때부터 도통할 때까지의 시간이 짧다.
④ 전류가 흐르고 있을 때의 양극 전압강하가 크다.

답 ④

16 **S. C. R의 설명으로 적당하지 않은 것은?**

① 게이트 전류(I_G)로 동작 시킨다.
② 주전류를 차단하려면 게이트 전압을 (0) 또는 (−)로 해야 한다.
③ 게이트 전류의 위상각으로 전류의 평균값을 제어시킬 수 있다.
④ 대전류 제어 정류용으로 이용된다. 답 ②

17 **SCR을 OFF상태에서 ON상태가 되게 하는 방법으로 잘못된 것은?**

① 게이트 전류를 흘린다.
② 온도를 높인다.
③ 애노드에 +의 전압을 내압까지 인가한다.
④ 애노드에 인가하는 전압상승율을 작게 잡는다. 답 ②

18 **S.C.R의 특징이 아닌 것은?**

① 과전압에 약하다.
② 아아크가 생기지 않으므로 열발생이 적다.
③ 전류가 흐르고 있을 때 양극 전압강하가 크다.
④ 도통 시간이 짧다. 답 ③

19 **다음은 SCR에 관한 설명이다. 적당하지 않은 것은?**

① 3단자 소자이다.
② 적은 게이트 신호로 대전력을 제어한다.
③ 직류전압만을 제어한다.
④ 도통상태에서 전류가 유지전류 이하로 되면 비도통 상태로 된다. 답 ③

20 다음 그림에서와 같이 사이리스터에 교류 e [V]를 가할 때 어떤 게이트 펄스가 사이리스터를 턴온 시키는가?

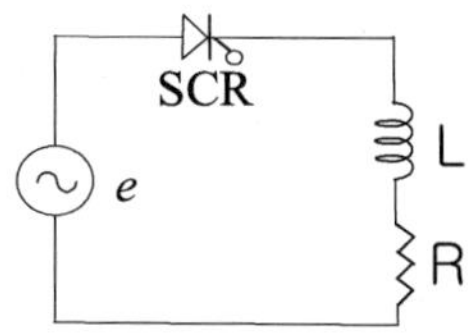

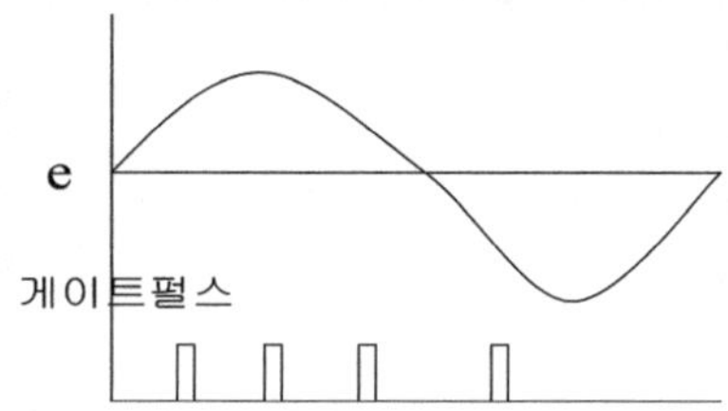

① ② ③ ④ 답 ①

21 그림과 같이 단상반파정류회로에서 사이리스터의 점호각을 α 라 하고, 유도부하를 사용하므로 $\pi+\beta$ 시점에서 사이리스터가 턴오프한다고 하면 직류전압의 평균치 $E_{d\alpha}$는 얼마인가?

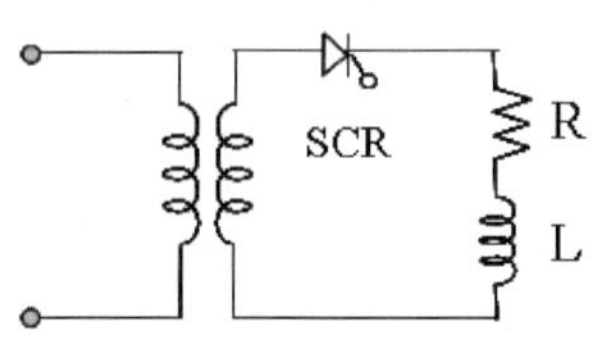

① $E_{d\alpha}=\dfrac{\sqrt{2}\ E}{\pi}\dfrac{(\cos\alpha+\cos\beta)}{2}$[V] ② $E_{d\alpha}=\dfrac{\sqrt{2}\ E}{\pi}(\cos\alpha+\cos\beta)$[V]

③ $E_{d\alpha}=\dfrac{2\sqrt{2}\ E}{\pi}\dfrac{(\cos\alpha+\cos\beta)}{2}$[V] ④ $E_{d\alpha}=\dfrac{\sqrt{2}\ E}{\pi}\dfrac{(\cos\alpha-\cos\beta)}{2}$[V]

답 ①

22 단상 반파 정류회로에서 환류 다이오드(free Whee ling diode)를 사용할 경우에 대한 설명 중 해당되지 않는 것은?

① 유도성 부하에 잘 이용된다.
② 부하전류의 평활화를 꾀할 수 있다.
③ PN 다이오드의 역바이어스 전압이 부하에 따라 변하다.
④ 저항 R에 소비되는 전력이 약간 증가한다.

답 ③

23 그림과 같이 환류다이오드(D_f)를 사용할 때의 직류 평균치 전압은? (단, α : 위상각이다.)

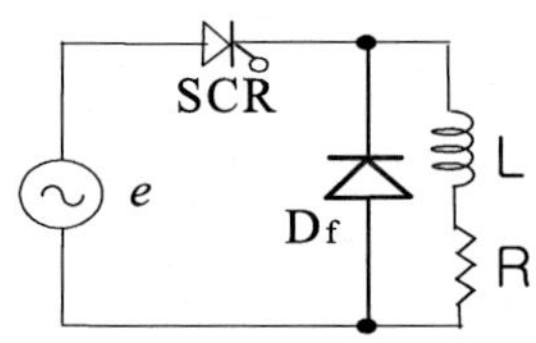

① $E_d = \dfrac{\sqrt{2}\,E}{2\pi}(1+\cos\alpha)$　② $E_d = \dfrac{\sqrt{2}\,E}{\pi}(1+\cos\alpha)$

③ $E_d = \dfrac{2\sqrt{2}}{\pi}(1+\cos\alpha)$　④ $E_d = \dfrac{2\sqrt{2}}{\pi}(1-\cos\alpha)$

답 ①

24 2개의 SCR로 단상 전파정류를하여 $\sqrt{2}\times100$[V]의 직류 전압을 얻는데 필요한 1차측 교류 전압[V]은?

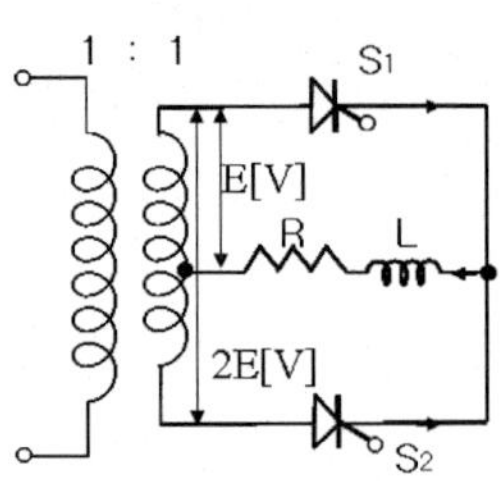

① 약 111　　② 약 141
③ 약 157　　④ 약 314

풀이 $E_{do}=\frac{2\sqrt{2}}{\pi}E[V]$, $E_{do}=E_d+e_a$이며, $\frac{2\sqrt{2}}{\pi}E=E_d+e_a[V]$에서

$E=\frac{\pi}{2\sqrt{2}}(E_d+e_a)=\frac{\pi}{2\sqrt{2}}(\sqrt{2}\times 100+0)=157[V]$

그림에서 권수비가 1 : 1 이므로 1차측 교류 전압은

$2E=2\times 157=314[V]$　　답 ④

25 그림과 같이 단상전파정류회로(단상중앙탭사용)에서 피크 역전압(PIV)은?

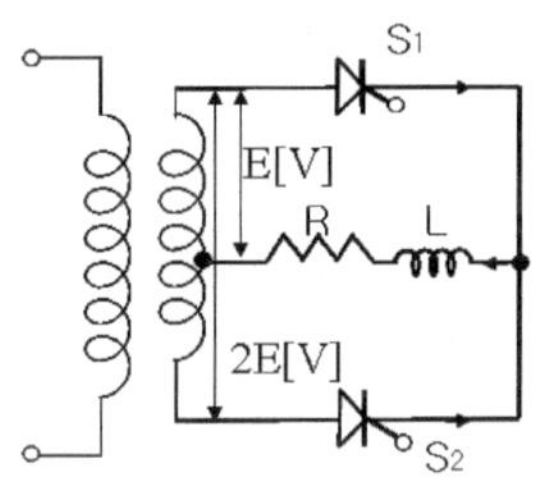

① $\sqrt{2}E[V]$　　② $2\sqrt{2}E[V]$
③ $\frac{\sqrt{2}}{\pi}E[V]$　　④ $\frac{2\sqrt{2}}{\pi}E[V]$

풀이 한 쪽의 SCR이 도통상태에 있을 때, 다른 쪽의 SCR에는 $2E$의 역전압이 가해져서 피크 역전압(PIV)은 $2\sqrt{2}E[V]$가 된다.　　답 ②

26 정류기에서 부하전류가 연속하는 경우 직류전압의 평균치는 $E_d=\frac{2\sqrt{2}E}{\pi}\cdot\cos\alpha$로 주어진다. 이 때 $\cos\alpha$를 무엇이라 하는가? (단, $E[V]$는 교류전압 실효치이며, 정류기는 전파정류, 유도부하이다.)

① 격자율　　② 맥동율
③ 왜형율　　④ 파형율　　답 ①

27 권수비가 1 : 2인 변압기(이상변압기로 한다.)를 사용하여 교류 100[V]의 입력을 가했을 때 브리지 정류회로에서 출력전압의 평균값은?

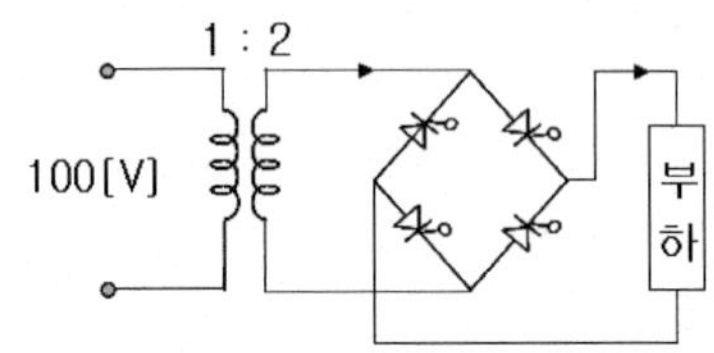

① $400\sqrt{2}/\pi$　　② $300\sqrt{2}/\pi$

③ $600\sqrt{2}/\pi$　　④ $200\sqrt{2}/\pi$

풀이 권수비가 1 : 2인 변압기이므로 2차권선의 전압은 $E=200$[V]이며

$\alpha=0^\circ$ 이므로 $E_{d\alpha}=\dfrac{2\sqrt{2}E}{\pi}(\dfrac{1+\cos\alpha}{2})=\dfrac{2\sqrt{2}\times 200}{\pi}(\dfrac{1+1}{2})=\dfrac{400\sqrt{2}}{\pi}$[V]

답 ①

28 전파제어(단상) 회로에서 점호각이 α일 때 출력전압의 반파 평균치를 내는 식은?

① $\dfrac{\sqrt{2}V_1}{\pi}(1-\cos\alpha)$　　② $\dfrac{\sqrt{2}V_1}{\pi}(1+\cos\alpha)$

③ $\dfrac{\pi}{\sqrt{2}V_1}(1-\cos\alpha)$　　④ $\dfrac{\pi}{\sqrt{2}V_1}(1+\cos\alpha)$

풀이 점호각이 α° 일 때 전파 평균치는

$E_{d\alpha}=\dfrac{2\sqrt{2}E}{\pi}(\dfrac{1+\cos\alpha}{2})=\dfrac{\sqrt{2}E}{\pi}(1+\cos\alpha)$[V]이며 전파 평균치는 반파 평균치와 같다

답 ②

29 3상 반파정류회로에서 변압기의 2차 상전압 E[V]를 SCR로서 점호제어각 $\alpha°$로 위상제어를 할 때에 몇[V]의 직류전압이 되는가?

① $E_{d\alpha} = 0.9E$[V]
② $E_{d\alpha} = 1.35E$[V]
③ $E_{d\alpha} = 2.34E \times \cos\alpha°$ [V]
④ $E_{d\alpha} = 1.17E \times \cos\alpha°$ [V]

풀이 $\dfrac{E_{do}}{E} = \dfrac{\sqrt{2}\sin(\frac{\pi}{m})}{\frac{\pi}{m}} = 1.17,\ E_{do} = 1.17E$[V],

$E_{d\alpha} = E_{do} \times \cos\alpha° = 1.17E \times \cos\alpha°$ [V]

답 ④

30 그림과 같은 6상 반파정류회로에서 450[V]의 직류 전압을 얻는데 필요한 변압기의 직류전압(1상의 전압)은 몇 [V]인가?

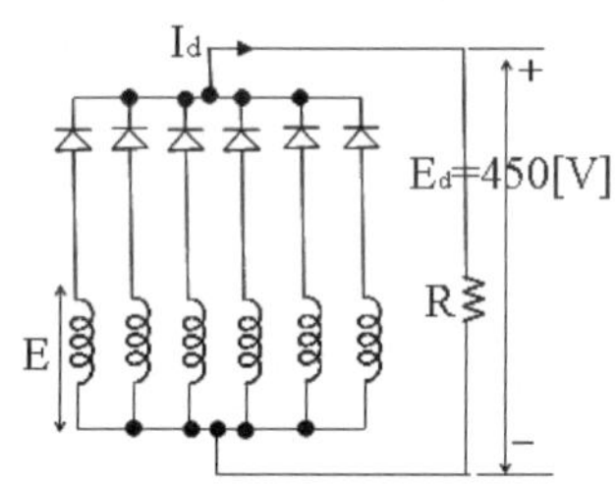

① 333
② 348
③ 356
④ 375

풀이 $\dfrac{E_{do}}{E} = \dfrac{\sqrt{2}\sin\frac{\pi}{m}}{\frac{\pi}{m}} = \dfrac{\sqrt{2}\times\frac{1}{2}}{\frac{\pi}{6}} = 1.35$

$E = \dfrac{E_{do}}{1.35} = \dfrac{450}{1.35} = 333.3$[V]

답 ①

31 다이오드를 이용한 저항부하의 단상반파 정류회로에서 리플률(맥동률)은? [11년]

① 0.48　　② 1.11
③ 1.21　　④ 1.41

풀이 반파인 경우 직류 평균치 I_d을 식(6.2)에서 $I_d = \frac{E_d}{R} = \frac{\sqrt{2}E}{\pi R} = \frac{E_m}{\pi R} = \frac{I_m}{\pi}$[A]

교류측 실효전류 I_r은

$$I_r = \sqrt{\frac{1}{2\pi}\int_0^{2\pi} i_d{}^2 d\theta} = \sqrt{\frac{1}{2\pi}\int_0^{2\pi}(I_m \sin\theta)^2 d\theta}$$

$$= \sqrt{\frac{I_m{}^2}{2\pi}\left[\frac{\theta}{2} - \frac{\sin\theta}{4}\right]_0^{\pi}} = \sqrt{\frac{I_m{}^2}{4}} = \frac{I_m}{2}$$

$$\therefore \nu = \frac{\sqrt{I_r{}^2 - I_d{}^2}}{I_d} = \sqrt{\left(\frac{I_r}{I_d}\right)^2 - 1} = \sqrt{\left(\frac{\frac{I_m}{2}}{\frac{I_m}{\pi}}\right)^2 - 1}$$

$$= \sqrt{\left(\frac{\pi}{2}\right)^2 - 1} = \sqrt{(1.57)^2 - 1} = 1.21$$

답 ③

32 단상반파 정류회로에서 교류 전압 $v = 628\sin 315t$[V], 부하저항 20[Ω]일 때 직류측 전압 평균치는? [11년]

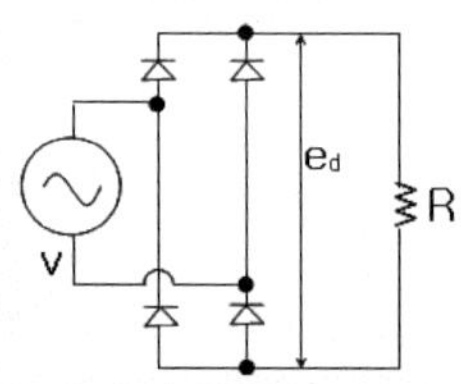

① 약 200　　② 약 400
③ 약 600　　④ 약 800

풀이 $E = \frac{E_m}{\sqrt{2}} = \frac{628}{\sqrt{2}} = 444$

$$E_d = E_{do} = \frac{2\sqrt{2}}{\pi}E = 0.90 \times 444 = 399.6\,[\text{V}]$$

답 ②

33 다음 정류기 중에서 전압 맥동률이 가장 작은 정류기는 ? [14년]

① 단상 반파 정류기　　② 단상 전파 정류기
③ 3상 반파 정류기　　④ 3상 전파 정류기

답 ④

34 **S. C. R에 대한 설명으로 옳은 것은? [13년]**

① 턴온을 위해 게이트 펄스가 필요하다.
② 게이트 펄스를 지속적으로 공급해야 턴온 상태를 유지할 수 있다.
③ 양방향성의 3단자소자이다.
④ 양방향성의 3층 구조이다.

답 ①

35 **순저항 부하를 갖는 3상 반파 위상제어 정류회로에서 출력전류가 연속이 되는 점호각 α 의 범위는? [12년]**

① $\alpha \leq 30^\circ$　② $\alpha > 30^\circ$
③ $\alpha \leq 60^\circ$　④ $\alpha > 30^\circ$

답 ①

36 **정류기에 있어 출력측 전압의 리플(맥동)을 줄이기 위한 가장 좋은 방법은? [11년]**

① 적당한 저항을 직렬로 접속한다.
② 적당한 리액터를 직렬로 접속한다.
③ 커패시터를 직렬로 접속한다.
④ 커패시터를 병렬로 접속한다.

답 ④

37 **트랜지스터에 비해 스위칭 속도가 매우 빠른 이점이 있는 반면에 용량이 적어서 비교적 저전력용에 주로 사용되는 전력용 반도체 소자는? [13년]**

① SCR　② GTO
③ IGBT　④ MOSFT

답 ④

INDEX

2

3

T

V

ㄱ

ㄴ

ㄷ